호 모
사이언티피쿠스

호 HOMO SCIENTIFICUS 모 사이언티피쿠스

과학으로 바라본 인류 문명사

정갑수 지음

열린과학

과학은 인류의 문명을 어떻게 바꾸었나?

우리는 어디서 왔으며 누구이고 어디로 가는가? 이 책은 인류의 탄생부터 현재, 그리고 미래에 이르기까지 과학이 우리의 삶을 어떻게 바꾸었으며, 또 앞으로 어떻게 바꿀 것인지에 대한 소박한 물음에서 시작되었다. 이 책의 목적은 지구가 우주의 중심이 아니며 인간은 오직 수많은 동물의 하나일 뿐이라는 깨달음에서 시작하여 현재에 이르기까지, 그리고 지구의 환경을 바꾸는 선택받은 인간으로서 미래 세계까지 과학의 전체 모습을 보여주는 것이다.

인생이 한 편의 연극이라면 우리 인류는 우주의 중심 무대에서 벗어나 주역에서 조연으로, 그리고 단역으로 세 차례나 강등되는 모욕을 당했다. 첫 번째는 코페르니쿠스 이전까지만 해도 우리 인간은 우주의 중심에서 살고 있었다. 하지만 지동설로 인해 우리의 지구가 우주의 중심이 아니라 드넓은 우주 속의 한 점 티끌에 지나지 않음을 깨달아야만 했다.

두 번째는 다윈이 진화론을 주장하기 이전에 인간은 신에 의해 창조된 선택받은 존재였다. 하지만 진화론에 의해 신의 피조물로서 인간의 특권까지 강탈당하고 원숭이의 한 후손으로 격하되었다. 그리고 마지막으로 프로이트 이전까지만 해도 인간은 이성적인 동물로 대접받았다. 하지만 정신분석 이론은 인간을 생각하는 존재가 아니라 무의식의 지배를 받는 노예의 위치로 끌어내렸다.

인간은 어디까지 초라해질 것인가? 마치 어둡고 끝도 없는 갱도에서 자신이 가야 할 길을 잃어버리고 방황하는 듯하다. 그러나 인류는 끝없이 스스로를 창조해 왔다. 나무에서 내려와 땅에 첫발을 내디딘 이후 인류는 직립 보행과 도구 사용, 불과 언어 습득, 사회적 행동 같은 집단 지능을 통해 지구의 중심 무대에 나섰다. 그리고 달에 첫발을 내디딤으로써 우주에 진출하였다.

과학사란 과학과 역사의 결합이다. 현대는 과학기술의 눈부신 발달로 말미암아 끊임없이 변해가는 세상이다. 21세기가 시작되자 과학은 세계를 지배했고, 과학자들은 기존의 정형화된 학문뿐만 아니라 기후, 환경, 경제, 문화를 비롯해 모든 분야에서 활동함으로써 어떤 의미에서 과학의 역사는 모든 것의 역사가 되었다. 그렇기 때문에 과학기술의 의미를 파악하기 위해서 과학의 역사적 의미를 밝히는 노력이 필요하다.

1500년경 유라시아 대륙 서쪽 끝 몇몇 작은 국가들은 어떤 이유로 훨씬 복잡한 사회를 이루고 있던 유라시아 대륙 동쪽 국가들을 포함해 전 세계를 지배하게 된 것일까? 이 질문은 다른 질문들에 꼬리를 물고 이어진다. 만약 과거 서양의 패권을 제대로 설명할 수 있다면 미래도 예측할 수 있지 않을까?

서구 유럽에서 르네상스와 종교개혁을 거쳐 과학혁명과 계몽 시대를 동력으로 산업혁명과 제국시대를 거쳐 절정에 달한 인류 문명의 황혼기를 목도하는 것일까? 아니면 공상과학 소설이나 영화에서처럼 상상할 수 없을 정도로 눈부신 문명의 꽃을 피울까? 여기에 대한 해답은 어느 한 분야의 학문이나 사조를 통해 구할 수 없을 것이다. 하지만 오늘날 서구 문명의 가장 핵심적인 기반인 과학기술을 통해 어렴풋이나마 그 해답을 알 수 있지 않을까?

이 책은 다른 과학사 개론서와는 그 범위가 다르다. 첫째 과학의 시작을 생명의 기원, 인류의 탄생에서 시작해 문명의 건설과 오늘날 현대와 미래사회까지 바라본다면 흥미로울 뿐 아니라 거시적인 시야도 얻지 않을까 하는 관점에서 서술되었다. 둘째 많은 과학사 책이 현대과학까지만 다루는 것에 반해, 이 책은 20세기 이후를 살고 있는 우리의 현재 삶을 반영하고 있는 과학기술의 모습을 정확히 파악하고자 노력하였다.

이 책의 또 다른 특징은 과학뿐만 아니라 기술의 발전도 상당한 비중을 갖고 다루었다. 과학혁명의 시작이 인쇄술, 망원경과 현미경 같은 기술의 발전에서 비롯되었다는 사실은 그리 놀라운 일이 아니다. 사실 고대에는 기술의 발전이 과학의 발전보다 우선했는데, 그것은 작동원리를 이해하지 못해도 시행착오를 겪으면서 도구나 기계를 만드는 것이 가능했기 때문이다. 하지만 과학과 기술이 결합하면서 이전과는 차원이 다른 엄청난 도약이 시작되었다. 오늘날 기술을 응용과학으로 정의하는 것처럼 사회의 정치, 경제 구조는 과학기술의 연구와 개발을 주축으로 돌아간다. 과학기술을 통한 발견과 혁신은 정치, 경제, 사회, 문화 등 현대문명에 지대한 영향을 미치고 있다. 따라서 문명사의 흐름에서 과학기술이 차지하고 있는 비중은 다른 어떤 분야보다 크다고 하지 않을 수 없다.

이 책에서 언급하는 모든 사례는 과학에서 이정표를 세웠던 사람들의 업적을 통해 핵심적 사건들을 기술하고 있다. 과학에서 대표적인 인물의 이야기를 선택해서 집중적으로 보여줌으로써 과학의 발달 과정을 특징적으로 보여주려고 했다. 이를테면 어떤 과학자의 연구 결과가 다른 과학자와 다음 세대의 연구에 어떤 영향을 미쳤는지 살펴보는 식이다. 또한 각 장의 앞에 세계사와 과학사 연표를 정리해 한눈에 살펴볼 수 있게 했다. 이를 통해 과학의 진보와 사회의 발전이 어떻게 맞물리는지 자연스럽게 알 수 있으며, 향후 과학과 사회의 행보를 이해하는 데 자그마한 실마리를 얻을 수 있을 것이다.

CONTENTS

1

인류의 탄생

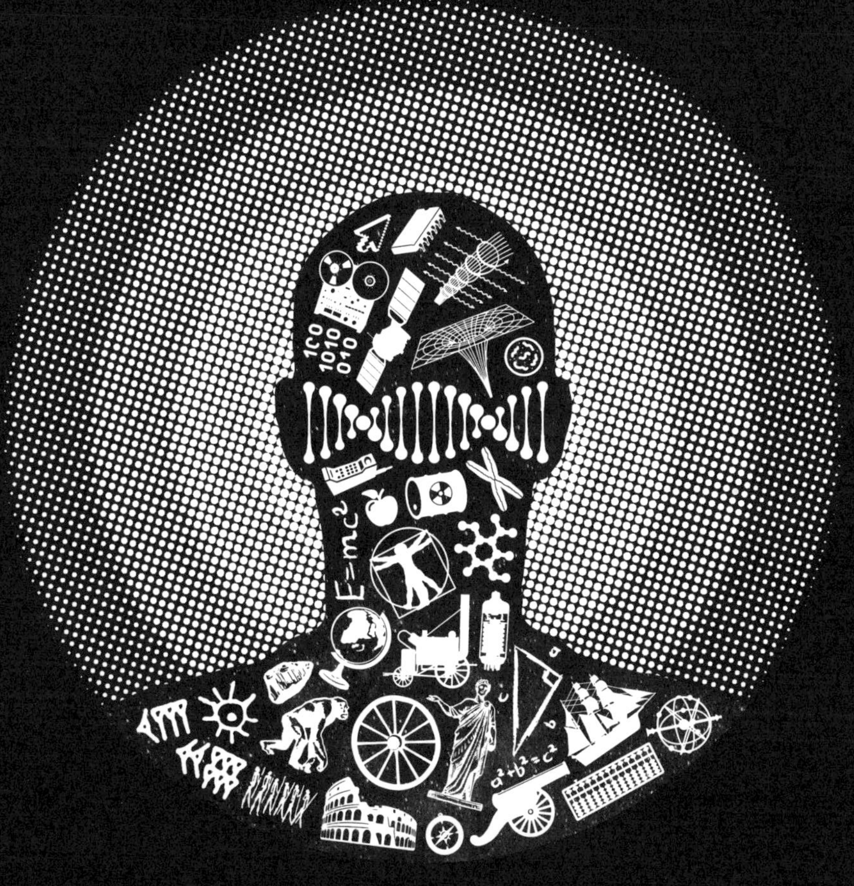

HOMO SCIENTIFICUS

인류의 탄생

| 기원전 600만 년 ~ 기원전 12000년 인류의 역사 |

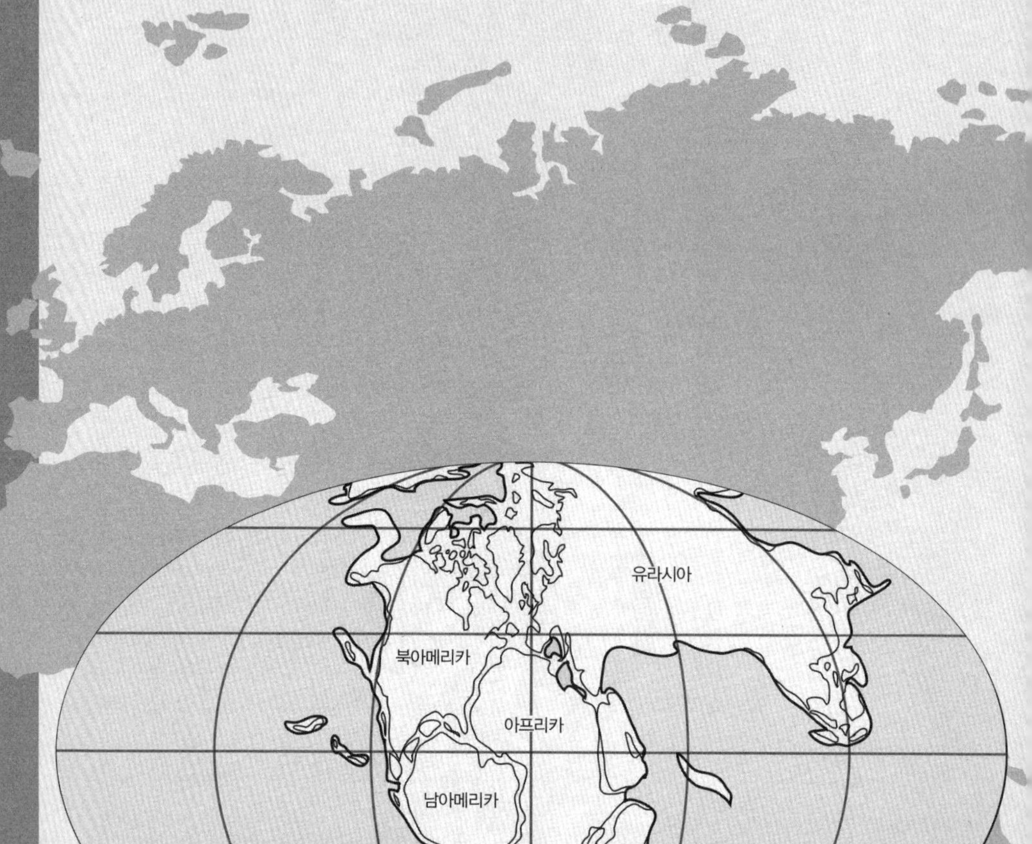

판게아

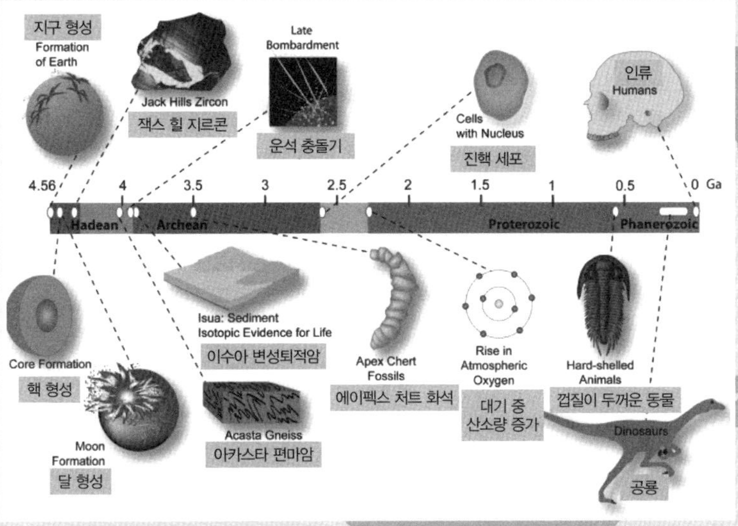

대	기		절대연대 (단위: 백만년 전)	생물의 출현
신생대	제4기	홀로세	00.1	호모사피엔스의 출현
		플라이스토세	1.6~0.01	가장 최근의 빙하기
	제3기	플라이오세	5.3~1.6	원시 인류 출현
		마이오세	23.7~5.3	알프스, 히말라야 산맥 형성
		올리고세	36.6~23.7	
		에오세	57.8~36.6	
		팔레오세	66.4~57.8	
중생대		백악기	144~66.4	로키 산맥 형성, 공룡 멸종
		쥐라기	280~144	공룡 출현, 시조새 등장
		트리아스기	245~208	포유류 출현
고생대		페름기	286~245	
		석탄기	360~286	파충류 출현
		데본기	408~360	양서류, 곤충류 출현, 빙하기 시작
		실루리아기	438~408	육상식물 등장(리니아)
		오르도비스기	505~438	어류 출현, 애팔래치아 산맥 형성
		캄브리아기	570~506	삼엽충 출현
원생대 시생대		선 캄브리아기	2500~570 2500이전	박테리아 등의 미생물 출현

생명의 기원

지구의 역사는 45억 년 전이고 지구상에 최초의 생명이 탄생한 것은 35억 년 전이라고 한다. 기껏 한 세기를 살지 못하는 인간으로선 감히 상상할 수 없는 역사다. 지구가 태어났을 당시 지구는 지금 크기의 약 10분의 1에 불과했다. 수성에서부터 화성에 이르는 영역에 약 20개의 조그만 행성들이 태양 주위를 공전하고 있었다. 그런데 서로의 중력에 의해 공전 궤도가 바뀌면서 충돌이 일어나기 시작했으며, 충돌 횟수가 많은 행성일수록 점점 더 크게 성장했다. 화성의 경우 한 번도 충돌을 겪지 않은 것으로 추정되는 반면, 지구는 약 10개 정도의 소행성이 충돌해 지금과 같은 크기가 되었다. 소행성 충돌이라는 위기 속에서 변화를 겪었느냐 안정적이었느냐의 차이가 화성과 지구의 운명을 갈라놓았다.

한편 지구는 약 22억 년 전과 6억 년 전에 동결되어 온통 얼음으로 뒤덮인 적이 있다. 육지는 남극대륙처럼 두꺼운 얼음에 덮였고 바다는 1000미터 깊이까지 얼어붙었다. 평균 기온은 영하 50도로 빙하기와는 비교할 수 없는 엄청난 추위였다. 이 같은 동결현상은 수백만 년에서 수천만 년이나 지속되었는데, 당시엔 미생물밖에 없던 생명체들도 전멸의 위기에 몰렸다. 그러나 화산이 폭발할 때 생긴 이산화탄소가 얼어붙은 바다에 녹지 않고 온실가스 효과를 발생함으로써 지구를 녹였고, 기온이 올라감에 따라 겨우 살아남은 생명체들은 커다란 진화를 이루었다. 22억 년 전에 지구 동결현상을 겪어낸 세균은 크기가 약 1000배나 되는 진핵생물로 진화했으며, 6억 년 전의 지구 동결현상 후엔 지구 역사상 최초의 대형생물이 등장했다.

상상력을 발휘하여 지구 생명의 역사 35억 년을 90분짜리 영화로 만들어보자. 영화의 배경에는 푸른 언덕도 없고 해변의 모래밭도 없다. 주위는 온통 뜨거운 물속에 잠겨 있기 때문에 대양이라는 말이 적당할 것 같다. 이 뜨거운 바다를 가르는 대륙이라고는 전혀 없고 여기저기에 화산 봉우리가 수면 위로 솟아올라 유독한 기체 구름을 내뿜고 있다. 밤이면 밝은 유성들이 하늘을 가로질러 대양 속으로 사라진다. 때때로 거대한 혜성이 대기를 관통하여 대양과 충돌하여 무시무시한 해일을 만든다. 거대한 대양의 해저 바닥은 우리가 알고 있는 암석과는 다르다. 해저 바닥에는 커다란 균열이 생겨서 열에 녹은 용암이 분출되어 나온다. 이렇게 가열된 해저의 어두운 곳에서는 지구의 모양을 재창조할 생명이 태어나고 있었다.

생명의 기원은 빛이 아니라 천둥, 번개와 함께 시작된다. 자외선과 전자기파로부터 유기물들이 생겨난다. 지구라는 창백한 작은 점, 그 태초의 수프 속에서 유기분자들이 합쳐져 처음으로 단세포들을 만들어낸다. 길쭉한 공 모양의 단세포들은 박테리아를 닮았다. 이들은 다시 다세포 집단으로 합쳐진다. 영화의 첫 부분은 현미경으로만 볼 수 있는 미생물 사진을 담고 있다. 한 시간이 지난 다음에야 이끼와 버섯이 등장하고 그 다음 성게, 환형동물, 해파리가 보인다. 모든 생물은 바다의 깊은 곳이 아니라 해안 지역에만 나타난다.

영화가 시작된 지 75분 지나서야 비로소 삼엽충들이 출현한다. 그리고 그때부터 생명의 출현 속도가 약간 빨라진다. 80분이 되면 처음으로 물고기들이 모습을 드러낸다. 그로부터 1분 뒤 식물들이 바다 근처의 육지를 점령하기 시작한다. 그 뒤를 따라 처음으로 동물, 단단한 껍질로 수분을 조절하는 절지동물이 나타난다. 이들은 아직 폐가 없기 때문에 아가리를 축축하게 유지해야 한다. 이와 동시에 최초의 곤충들, 아직 날개가 없고 습한 땅속에 사는 곤충이 등장한다.

영화가 끝나기 10분 전, 척추동물이 처음으로 물 밖으로 나온다. 곧이어 파충류가 발생하고 여러 종류의 다양한 공룡들이 나타난다. 낮에는 거대한 공룡들이 세계를 지배하지만, 밤에는 포유류들이 먹이를 찾아 나선다. 그들은 곤충을 잡아먹는 몸집이 작고 보잘 것 없는 족속들이다. 최초의 영장류는 영화가 끝나기 1분 30초 전인 7000만 년 전에 나타났다. 곧이어 작은 운석이 멕시코 유카탄 반도에 부딪히고 대기는 엄청난 지진과 먼지로 가득 찬다. 지축을 뒤흔드는 엄청난 기후 재앙이 시작된 것이다. 이어서 공룡들이 멸종하고 포유류들에겐 절호의 기회가 왔다. 특히 원숭이, 유인원과 비슷한 동물들이 처음으로 생겨났다. 영화가 끝나기 10초 전인 600만 년 전, 인간이라고 부르는 최초의 선행 인류들이 아프리카에 살게 된다.

영화가 끝나기 3초 전인 200만 년 전, 인간이 최초의 석기 도구들을 제작했다. 그리고 영화가 끝나기 1초 전에 베이징 원인이 동굴 속의 불가에 앉아 있다. 영화는 마지막 1/20초 동안 아프리카에서 호모 사피엔스가 나타나고, 지구의 날씨는 따뜻해져서 빙하가 녹는다. 그 후 인간이 수렵채집에서 농경목축으로 정착하고 문명을 건설하게 되는 걸로 끝을 맺는다.

포유류의 탄생

바다 생명체가 육상으로 진출한 것은 바로 대륙이동이란 끊임없는 지구의 변동 덕분이었다. 약 4억 5천만 년 전 적도 부근에는 세 개의 대륙으로 둘러싸인 '이아페투스 해'라는 얕은 바다가 있었다. 산호가 많고 햇빛이 잘 비치는 생명의 낙원인 그곳에는 길이 약 20센티미터의 '아란다스피스'라는 물고기가 살았다. 그런데 세 개의 대륙이 합쳐지며 서서히 좁혀져 오자 이아페투스해의 산호들이 모두 사라지고 아란다스피스는 대형 포식어류들을 피해 숨을 곳이 없어졌다. 그래서 대륙의 강으로 진출했으며, 비가 적게 오는 건기 때 산소가 부족해 물속 호흡이 곤란해지자 부레를 폐로 진화시켰다. 또 거기서 새로운 강자를 만나자 나뭇가지가 쌓인 강바닥의 은폐 공간을 기어 다니며 숨기 위해 지느러미를 손과 발로 진화시켰다. 강한 포식어류들은 그 자체로 살아남을 수 있어 변화할 필요가 없었지만, 위기 속에 내몰린 아란다스피스는 끊임없는 변화로 육지로 진출할 수 있었다. 아란다스피스라는 허약한 물고기가 바로 포유류의 선조였을 것으로 추정된다.

육상으로 진출한 아란다스피스의 후예들을 포유류로 진화시킨 것은 약 2억 5천만 년 전에 벌어진 지상 최대의 화산 분출 사건이었다. 당시 화산 분출로 생명체의 95퍼센트가 멸종하고 산소 농도는 30퍼센트에서 10퍼센트로 떨어졌다. 이처럼 산소가 부족한 세상에서 공룡이나 새의 기낭구조는 산소 에너지 효율이 높아 살아남는 데 적합했지만, 아란다시피스의 후예들에겐 견디기 힘든 시련이었다.

저산소를 이겨내기 위해서 선택한 것이 배의 갈비뼈를 없애는 것이었으며, 그 결과 알로 번식하는 대신 그 속에 새끼를 키우는 태생 방식으로 진화했다. 포유류는 그 후 약 6천 5백만 년 전의 대량 멸종 사태 때 공룡을 제치고 육상의 지배자로 우뚝 설 수 있었다. 진화론의 창시자 다윈은 적자생존의 개념에 대해 다음과 같은 말을 남겼다. "살아남는 것은 가장 강한 종도, 가장 똑똑한 종도 아니다. 그것은 변화에 가장 잘 적응하는 종이다."

모든 생명체를 분류하고자 했던 18세기 스웨덴의 식물학자 칼 폰 린네는 신과 닮은 존재였던 인간을 '호모 사피엔스(homo sapiens)'라는 이름의 영장류로 격하시켜 수많은 동물 중의 하나로 추락시켰다. 덕분에 린네는 당시 종교계로부터 고소를 당하기도 했지만, 인간의 지위를 실추시킨 덕분에 과학자들은 인간과 동물이 어떻게 다른지 고민하기 시작했다. 생물학자들은 생물을 '종'으로 분류한다. 동물을 같은 종으로 구분하는 기준은 간단하다. 서로 교배를 하는 경향이 있고 그래서 번식 가능한 후손을 낳으면 된다. 또한 같은 조상에서 진화한 각기 다른 종들을 묶어서 '속'이라 부른다. 사자와 호랑이, 표범과 재규어는 '표범 속'에 속하는 각기 다른 종이다. 생물학자들은 두 개의 라틴어로 생물의 학명을 붙인다. 속이 먼저 나오고 종은 나중에 쓴다. 속의 위에 있는 것이 '과'다. 고양이과(사자, 치타 고양이), 개과(늑대, 여우, 자칼) 등이 그런 예다. 같은 과에 속하는 모든 동물은 동일한 조상을 갖고 있다. 호모 사피엔스도 마찬가지로 하나의 과에 속한다. '생각하는 사람'이라는 뜻의 호모 사피엔스는 현생 인류, 크로마뇽인, 네안데르탈인 등으로 모두 같은 과에 속한다. 생물 분류체계인 도메인(Domain)에는 계(Kingdom 界), 문(Phylum 門), 강(Class 綱), 목(Order 目), 과(Family 科), 속(Genus 屬), 종(Species 種)이 있는

데, 사람의 경우는 동물 계, 척추동물 문, 포유 강, 영장 목, 사람 과, 사람 속, 호모 사피엔스 종이다.

인간의 조상

인류는 언제, 어디서, 어떻게 탄생해 오늘날의 인간에 이르렀을까? 우리는 어디서 왔으며 누구이며 어디로 가는가에 대한 물음은 우주의 기원과 함께 우리 인간을 사로잡아 온 주제였다. 그리고 이를 밝히려는 과정은 오류와 편견과의 끊임없는 투쟁의 역사였다.

현생 인류는 인류 진화의 큰 강물 어디쯤에서 갈라져 나왔을까? 우리는 아프리카 기원설처럼 약 20만 년 전 아프리카의 한 여인으로부터 전 세계로 퍼져 나갔을까, 아니면 다지역 기원설처럼 전 지역에서 개별 진화했을까? 무려 6만 년 동안 중동 지방에서 현대인(크로마뇽인)과 공존하다가 약 3~4만 년 전에 홀연히 사라진 네안데르탈인은 우리와 어떤 관계가 있을까? 이처럼 인류의 기원과 관련된 온갖 주제들은 과학의 엄밀성과 탐정 소설의 낭만이 어우러진 한 편의 대서사시와 같다. 인류 진화라는 수수께끼를 풀기 위해 고고학, 지질학, 인류학, 고생물학, 분자생물학 등의 과학적 사실과 언어, 예술을 비롯한 인간 정신에 대한 폭넓은 이해와 풍부한 상상력이 필요하다.

오스트랄로피테쿠스라든지 호모 에렉투스가 우리의 조상이라고 읊조리면서도 그들에 대해 별로 궁금하지 않았던 까닭은 한 순간을 살아가는 우리에게 수백만 년이라는 기나긴 세월의 무게가 느껴지지 않았기 때문인지도 모른다. 하지만 그들은 적어도 300만 년 전에 시작된 인류 진화의 드라마에서 우리보다 먼저 무대에 오른 수많은 배우들이다. 그 속에서 우리는 우리 조상들의 원시적인 눈길을 느끼고, 동물원 원숭이의 멍한 눈빛에서 진화로부터 밀려난 진한 슬픔을 발견한다. 그리고 우리는 누구이며 어디로 가는가를 질문하게 된다.

인생이 한 편의 연극이라면 우리 인류는 우주의 중심 무대에서 벗어나 주역에서 조연으로, 그리고 단역으로 세 차례나 강등되는 모욕을 당했다. 첫 번째는 코페르니쿠스 이전까지만 해도 우리 인간은 우주의 중심에서 살고 있었다. 하지만 지동설로 인해 우리의 지구가 우주의 중심이 아니라 드넓은 우주 속의 한 점 티끌에 지나지 않음을 깨달아야만 했다. 두 번째는 다윈이 진화론을 주장하기 이전에 인간은 신에 의해 창조된 선택받은 존재였다. 하지만 진화론에 의해 신의 피조물로서 인간의 특권까지 강탈당하고 원숭이의 한 후손으로 격하되었다. 그리고 마지막으로 프로이트 이전까지만 해도 인간은 이성적인 동물로 대접받았다. 하지만 정신분석 이론은 인간을 생각하는 존재가 아니라 무의식의 지배를 받는 노예의 위치로 끌어내렸다. 인간은 어디까지 초라해질 것인가? 마치 어둡고 끝도 없는 갱도에서 자신이 가야 할 길을 잃어버리고 방황하는 듯하다. 그러나 인류는 끝없이 스스로를 창조해 왔다. 나무에서 내려와 땅에 첫발을 내디딘 이후 인류는 직립 보행과 도구 사용, 불과 언어 습득, 사회적 행동 같은 집단 지능을 통해 지구의 중심 무대에 나섰다. 그리고 달에 첫발을 내디딤으로써 우주에 진출했다. 인간은 어디까지 위대해질 것인가?

영장류는 크게 원숭이와 유인원으로 분류된다. 원숭이는 아시아, 아프리카 등의 구대륙 원숭이와 콧구멍이 양쪽으로 벌어진 신대륙 원숭이로 나누어진다. 원숭이에 비해 꼬리가 없는 유인원에는 침팬지, 보노보, 고릴라, 오랑우탄, 그리고 인간이 있다. 유전적인 증거에 따르면 사람과 침팬지, 고릴라, 오랑우탄, 긴팔원숭이는 모두 공통 조상을 가지고 있다. 원숭이 조상에서 약 2천만 년 전에 긴팔원숭이의 조상이 분화되고, 1천500만 년 전에 오랑우탄의 조상이, 1천만 년 전에는 고릴라의 조상이 갈라져 나왔다. 인간과 침팬지는 약 600만 년 전에 갈라져 나온 것으로 본다. 인류 문명 간의 불평등을 다룬 『총, 균, 쇠』의 저자인 진화생물학자 제레드 다이아몬드는 '인간을 제3의 침팬지'라고 비유했을 정도로 인간과 침팬지는 유전적으로 매우 비슷하다. 우리와 가장 가까운 침팬지와 보노보의 DNA는 인간과 단지 1.23퍼센트의 차이를 보일 뿐이다. 그 다음은 고릴라로 인간의 DNA와 2.3퍼센트의 차이를 보인다.

우리의 과거를 알고 싶다면 침팬지와 인간의 진화 방향이 언제 그리고 왜 분리되었는지 알아야 한다. 우리는 유인원, 특히 침팬지와 무엇이 비슷하고 어떻게 다를까? 몸집이 큰 유인원들은 몸에 털이 나 있고 앞으로 튀어나온 주둥이와 크고 날카로운 송곳니가 있다. 또한 유인원의 뇌는 인간에 비해 매우 작고, 그들은 대개 네 다리로 움직이며 특별한 경우에만 두 다리로 걷는다. 반면 인간은 몸의 털이 거의 없어져 벌거벗은 듯이 보이며, 얼굴은 납작하고 큰 뇌를 가지고 있다. 또한 인간은 두 다리로 걸으며 송곳니도 거의 퇴화되어 있다.

영국의 인류학자 루이스 리키(Louis Leakey, 1903~1972)는 1960년대 아프리카 탄자니아에서 돌로 만들어진 도구 근처에서 인류 화석을 발견했다. 그는 인간을 인간답게 만드는 것은 도구라고 생각하여 이 화석에 도구를 사용하는 인간이라는 의미로 '호모 하빌리스(homo habilis)'라고 이름 붙였다. 그 후 인간의 고유한 특성으로 직립 보행, 문화, 언어, 유머, 큰 뇌 등이 거론되었다. 하지만 동물의 세계에서도 이와 유사한 성질들이 밝혀졌다. 침팬지는 초보적인 문화를 형성하고, 앵무새는 말을 할 줄 알고, 일부 쥐는 신나는 일이 있으면 낄낄대며 웃는 것처럼 보인다.

독일 막스플랑크 연구소의 파보(Svante Paabo)는 언어 유전자가 인간에게만 있다는 연구 논문을 발표했다. 물론 침팬지와 고릴라도 다수의 언어를 갖고 그들끼리 정보를 교환한다는 것은 잘 알려진 사실이다. 하지만 영장류의 언어중추는 본능과 관련된 대뇌변연계에 위치한 반면, 인간의 언어중추는 사고를 주관하는 대뇌피질에 위치한다. 인간의 언어중추가 안쪽의 '느끼는 뇌'에서 앞쪽의 '생각하는 뇌'로 옮겨진 것이 다른 영장류와 엄청난 차이를 만드는 계기가 되었다.

인간의 역사는 약 600만 년 전 직립 보행을 하는 최초의 영장류가 나타남으로써 시작되었다. 지구에 살고 있는 생물 중에 성공적인 다른 과(family)와 마찬가지로 인류의 경우에도 계속 새로운 종(species)들이 나타났다. 얼마 전까지만 해도 아르디피테쿠스 라미두스가 가장 오래된 선행 인류라고 알려져 있었다. 라미두스 종의 화석들은 1992년 에티오피아의 아라미스에서 처음 발견되었는데, 440만 년 전 아프리카 동부 지역에 살았었다. 원숭이와 비슷했지만 최초의 오스트랄로피테쿠스보다 100만 년 오래되었으며, 최초의 호모 속(genus)인 에렉투스보다 200만 년을 앞선 존재들이다.

그런데 2000년 말, 케냐의 투겐 산악지대에서 600만 년 된 선행 인류의 화석이 발견되었다. 발굴팀은 그 화석을 오로린 투게넨시스라고 이름을 붙였는데, 이는 투겐 지방의 말로 '원래의 사람'이란 뜻이다. 그들의 진화 방향은 두 개로 갈라졌다. 한 방향은 침팬지로, 다른 하나는 인간으로 진화되었다. 즉 단 한 마리의 암컷 유인원이 딸 둘을 낳았다. 이 중 한 마리는 모든 침팬지의 조상이 되었고 다른 한 마리는 우리 종의 할머니가 된 것이다. 오로린 투게넨시스는 약 여섯 종의 오스트랄로피테쿠스 종으로 진화했거나, 아니면 우리의 직계 조상일지도 모른다. 학자들은 아직도 오로린 투게넨시스의 정확한 위상에 대해 의견의 일치를 보지 못하고 있다.

이제까지 알려진 선행 인류의 화석들을 조사한 결과, 많은 선행 인류들이 공존했다는 사실이 밝혀졌다. 심지어 인류의 선조인 호모 속이 생겨난 시대에도 마찬가지였다. 1859년 다윈은 『종의 기원』에서 유인원과 인간의 '잃어버린 연결고리'를 아프리카에서 찾아야 한다고 주장했다. 하지만 1891년 자바인이 발견되고, 1927년 베이징인이 잇달아 발굴되자 모든 관심이 아시아로 쏠렸다. 당시 베이징인은 세계에서 가장 오래된 선행 인류의 흔적이었는데, 약 50만 년 전의 화석이었다. 그러나 이 화석들은 현대인과 너무 닮아서 도저히 '잃어버린 연결고리'라고 할 수 없었다.

한편 1913년 탄자니아의 올두바이 협곡에서는 선행 인류의 해골과 수많은 동물 화석들이 발견되었다. 또한 1924년 남부 아프리카의 타웅 지역에서 오스트랄로피테쿠스 아프리카누스 화석이 발견되었다. 타웅의 어린이 해골은 원숭이와 인간의 특징을 동시에 보여주었기 때문에 유인원과 인간의 잃어버린 연결고리라고 생각했다. 1959년 올두바이 협곡에서 오스트랄로피테쿠스 보이세이 화석이 발견된 이래 선행 인류의 화석들이 계속 발굴되었다. 에티오피아와 케냐 부근의 그레이트 리프트 밸리는 화석 사냥꾼들의 열기로 후끈 달아올랐으며, 그곳에서 발견된 화석들은 현재 약 3000개가 넘는다.

다른 지역에서 발견된 선행 인류의 화석들 중 - 자바인, 베이징인, 네안데르탈인, 크로마뇽인, 오스트레일리아와 아메리카의 이전 원주민 - 그 어느 것도 아프리카에서 발견된 선행 인류만큼 오래된 것은 없었다. 다른 지역의 화석들은 모두 200만 년이 채 못 되었지만 아프리카의 선행 인류들은 300~400만 년, 심지어 600만 년이 넘었다. 따라서 고고학적 증거에 따르면 인류의 기원은 아시아가 아니라 아프리카에서 발생했다고 믿어진다.

직립 보행

1500만 년 전의 아프리카로 돌아가 보자. 서쪽에서 동쪽까지 융단을 깔아 놓은 듯한 숲을 볼 수 있을 것이다. 이곳은 원숭이와 유인원을 포함한 다양한 종류로 이루어진 영장류의 서식지였다. 열대우림에서는 높이 올라갈 수 있는 자만이 살아남을 수 있었다. 바닥에 머무는 자에게는 희망이란 없다. 바닥까지 들어오는 빛이 별로 없기 때문에 식물들은 높이 자라려고 애쓴다. 나무들은 점점 더 커지고 성장속도를 맞추지 못하는 키 작은 식물들을 밀쳐낸다. 동물의 세계도 마찬가지다. 그들의 삶은 대체로 나무 위에서 이루어진다. 그곳에는 곤충, 거미, 새, 뱀 그리고 가지를 타고 이 나무에서 저 나무로 이동하는 작은 원숭이들이 산다. 몇몇 커다란 원숭이들은 땅에 내려와 음식을 먹고 서로의 털을 골라준다.

600만 년 전, 어쩌면 그 전에도 그들의 먼 조상들은 그렇게 살았을 것이다. 그들은 긴 팔과 나뭇가지들을 잡기 편하게 굽은 손과 발을 가지고 있었다. 그들은 나무 열매를 먹고 살았다. 하지만 지구는 점차 식어 갔고 건조해지면서 그들의 생활은 변해야 했다. 전 세계적으로 열대우림이 줄어들었는데, 특히 아프리카 동부 지역에는 엄청난 변화가 닥쳤다. 아프리카는 대서양에서 인도양까지 양탄자처럼 숲으로 뒤덮여 있었는데, 지구의 대륙판이 솟아나면서 고지대가 생겨난 것이다. 당시 아프리카 대륙의 동부 지각은 홍해에서 시작하여 현재의 에티오피아, 케냐, 탄자니아를 거쳐 모잠비크에 이르기까지 남북으로 갈라지는 중이었다. 약 1200만 년 전 지각판의 힘이 계속 작용해서 '그레이트 리프트 밸리'라고 알려진 북쪽에서 남쪽으로 긴 계곡이 형성되었다.

그레이트 리프트 밸리에는 해발 1000미터에 달하는 차가운 숲으로 이루어진 고원과 뜨겁고 건조한 저지대가 형성되었다. 이러한 동서 장벽이 유인원과 인간의 분리에 결정적인 역할을 했다. 서쪽에 사는 유인원들은 나무에 사는 생활환경에 적응하는 쪽을 택했고, 동쪽의 사방이 탁 트인 환경에 사는 유인원들은 나무에서 내려와 두 발로 걷는 새로운 생활방식을 추구했다. 세월이 흘러 이처럼 개체군이 격리되거나 자연선택에 노출된 유인원은 오늘날까지 고릴라, 침팬지, 보노보의 세 종류만 살아남았다. 대부분의 유인원 종은 환경 변화에 고통을 당했지만 오직 한 종만이 새로운 환경에 적응하는 축복을 받았다. 이것이 우리의 선

조이자 두 발을 가진 최초의 유인원이었다.

그 후 유인원은 계통수에 따라 두 가지 기본 형태를 가지고 진화하기 시작했다. 한 형태는 작은 뇌와 큰 어금니를 가진 다양한 오스트랄로피테쿠스 종으로 100만 년 전쯤 모두 멸종되었다. 또 다른 형태는 큰 뇌와 작은 어금니를 가진 호모 속으로 궁극적으로 우리와 같은 사람으로 진화했다. 화석 기록을 연구한 생물학자들에 따르면 새로운 종이 주어진 환경에 가장 적합한 생리적, 형태적 분화를 일으켜 진화하면 그 후 몇 백만 년 동안 다양한 형질을 가진 후손 종이 출현한다고 하는데, 이것을 '적응방산(adaptive radiation)'이라고 한다. 케임브리지 대학교의 인류학자인 로버트 폴리(Robert Foley)는 두 발을 가진 유인원의 진화 역사가 통상적인 유형의 적응 방산을 따른다면 초기의 600만 년 전과 오늘날 사이에 적어도 16가지의 종이 존재해야 한다는 계산 결과를 얻었다.

인간은 왜 직립 보행을 하게 되었을까? 몇몇 영장류들이 두 발로 걷게 된 이유에 대해서는 여러 가지 가설들이 제기 되었다. 그 중 한 가설은 서 있으면 뜨거운 햇볕에 직접 몸을 노출시키지 않아도 된다는 것이다. 탁 트인 들판에서 뜨겁게 내리쪼이는 태양에 의해 몸은 열을 감당하기 어려웠다. 몸을 일으켜 서게 되면 넓은 면적의 등 대신 머리와 어깨 부위만 태양빛을 받게 될 뿐만 아니라 지표면 열의 영향을 덜 받게 된다. 매우 오랜 세월이 흐른 뒤, 아마도 호모 에렉투스에 와서야 체모가 줄어들고 땀샘이 형성되었을 것이다. 이렇게 직립 보행과 체모의 감소, 땀을 흘리는 능력이 합쳐지면서 숲 밖에서의 삶이 완전히 가능하게 되었다.

또 다른 가설은 두 발 보행이 에너지를 덜 사용하는 방식이라는 것이다. 숲이 줄어들어 과일나무가 넓은 지역에 흩어지게 되어 효율적으로 음식을 먹을 수 없었을 것이다. 하지만 두 발로 걷는 방식이 네 발로 걷는 것보다 훨씬 비효율적이라는 것은 개나 고양이를 키워 본 사람들은 금방 알 것이다. 그러나 이런 비교는 사람과 다른 네 발 달린 동물이 아니라 사람과 침팬지 사이에서 이뤄져야 적절하다. 자연선택에 의한 사람의 진화는 당초 일어났던 생태 변화와 잘 맞아 떨어진다는 점에서 후자의 가설이 훨씬 설득력 있게 다가온다.

네 발 대신 두 발로 걷는다는 것은 위험하고 힘들다. 에너지 소모가 적지만 골반을 구성하는 세 뼈 중 하나인 좌골에 가해지는 체중의 부담이 커지고 관절의 마모가 심해진다. 또한 온몸의 무게를 견뎌낼 수 있도록 골반이 변형되어야 한다. 그렇기 위해서는 여성의 산란관이 상당히 좁아져야 한다. 그런 변화는 아기를 낳는 산모에게 엄청난 고통을 주게 되고, 산모와 아기의 사망률을 크게 증가시킨다. 또한 아기의 머리가 좁은 공간을 빠져나오려면 뇌가 작아서 아기가 무력할 때에 출산해야만 한다. 그것은 신생아를 오랫동안 돌보아주어야 하고, 남성과 여성의 긴밀한 협력이 필요하다는 뜻이다. 어쨌든 두 다리로 걷게 되면서 몸에 가해지는 일련의 변화가 불가피했다. 몸의 중심이 두 다리 위로 올라갔고 머리의 위치도 척추 바로 위로 올라가 두 눈이 앞을 향하게 되었다. 몸을 똑바로 유지시켜 주는 근육들이 발달했으며, 척추는 걸을 때마다 가해지는 충격을 흡수하기 위해 S자 형태가 되었다. 또한 무릎 관절도 근육이 불필요한 운동을 하지 않도록 완전히 펴질 수 있게 되었다. 이처럼 직립 보행은 매우 복잡하고 힘든 과정으로 그에 따른 많은 변화들이 뒤따랐다.

1976년 9월의 어느 날 저녁, 앤드루 힐(Ardrew Hill)은 탄자니아의 라에톨리에서 코뿔소나 코끼리의 발자국들처럼 보이는 것들 사이에서 인간의 것처럼 보이는 발자국 둘을 발견했다. 여행객들이 바닷가 모래밭에 자신의 흔적을 남기듯이, 모든 동물들은 그곳 화산재에 자신의 발자국을 남긴 것이다. 화산암에 포함된 방사성 동위원소를 이용하여 측정한 결과 360만 년 전의 것으로 밝혀졌다. 이 뜻밖의 발견은 롱펠로의 〈인생찬가〉라는 시를 생각나게 한다.

위인들의 모든 생애는 말해주느니
우리도 숭고한 삶을 살 수 있고
떠날 때는 시간의 모래 위에
우리 발자국을 남길 수 있느니

아마도 훗날 다른 사람이
장엄한 인생의 바다를 항해하다가
외롭게 파도에 난파하는 때를 만나면
다시금 용기를 얻게 될 발자국임을

두 보행자 중 큰 쪽은 키가 1.4미터쯤 되었을 것이다. 따라서 아주 오래 전 현대인의 뇌 용량만큼 커지기 전에 두 발로 서서 걸었던 선행 인류가 있었던 것이다. 직립 보행은 장거리를 여행하는 데 효율적인 방법이다. 다리로 서자 먼저 자유롭게 움직이는 팔이 진화했다. 자유로워진 손은 정밀하게 조작하고 다루는 법을 터득했다. 그리고 멀리 보게 됨에 따라 눈의 협력이 필요했다. 이처럼 손과 눈이 정교해지자 뇌의 용량이 커지기 시작했다. 첫걸음을 내딛는 것은 결코 쉬운 일이 아니다. 목도 제대로 가누지 못하던 갓난아이가 어느 순간 두 발로 아장아장 걷기 시작할 때 감격하지 않을 부모가 어디 있으랴. 하지만 사람들은 인류가 나무에서 내려와 처음 두 발로 걷기 시작했을 때는 그다지 주목하지 않는다.

아기가 첫걸음을 내딛는 순간을 생각해보자. 부모는 아기의 몸을 받쳐주고, 손을 잡아주고, 아기에게 잘한다고 칭찬을 해준다. 걸음마를 배우는 아기는 붙들고 있던 의자 다리에서 엄마의 뻗은 팔에 닿을 때까지 첫걸음을 내딛을 때 자신이 중요한 일을 했다는 것을 알아차리기도 한 것처럼 기쁜 표정을 짓는다. 인간이 달에 첫발을 디딤으로써 지구의 영원한 속박에서 벗어날 수 있었듯이 초기 인류의 조상이 내딛었던 작은 걸음은 인류에게 커다란 한 걸음이 된 것이다.

비록 직립 보행이 나름대로 이점이 있지만 드러나지 않는 단점도 있다. 우리는 다양한 이유로 척추에 문제가 생겨서 제대로 움직이지 못할 때가 많다. 그것은 우리 몸이 네 발로 걸었던 과거를 아직 완전히 잊지 못하고, 때때로 우리 뼈가 나무 위를 신나게 기어오르던 시절로 돌아가기를 갈망하기 때문이 아닐까? 하지만 먹을거리가 드문드문 있는 지역에서는 장거리를 걸을 수 있는 쪽이 확실히 유리했을 것이다. 직립 보행이 어느 한 순간에 갑자기 나타난 것이 아닐 수도 있다. 발 뼈의 화석들을 자세히 관찰해보면 초기 오스트랄로피테쿠스가 나무 위에 살던 습성을 어느 정도 간직하고 있었을 것으로 짐작된다.

유인원과 인간의 뇌

모든 역사가 그러하듯 인간의 뇌는 예정된 수순에 따라 형성되지 않았다. 수많은 생물체들은 시간의 강물을 따라 변화하는 환경에 적응해왔다. 진화는 강물처럼 변덕스러운 궤적을 따라 발생, 전진, 후퇴, 우회를 거듭하면서 강 언덕에 굴곡의 역사를 그려왔다. 우리는 생물체의 적응이 점진적이고 발전적이라는 개념을 좋아한다. 하지만 미국자연사박물관의 큐레이터 닐스 엘드리지(Niles Eldredge)와 하버드대학의 고생물학자 스티븐 제이 굴드(Stephen Jay Gould, 1941~2002)는 화석의 증거를 통해 진화의 과정이 지속적인 변화가 아니라 폭발적이고 단속적인 변형의 시기들로 점철되어 있다고 주장했다. 환경이 빠르게 변하거나 환경에 유리한 돌연변이가 발생할 때는 변형된 생물체들이 폭발적으로 만들어질 수 있다는 것이다.

최초의 뇌는 물속에 사는 물고기가 몸체의 각 부분을 신경으로 연결하기 위해 하나의 관을 만들면서 시작되었다. 원시적인 뇌는 척추 끝의 돌출부위에 지나지 않았지만, 신경세포들이 역할을 분담하면서 독립적인 기능이 만들어졌다. 예를 들어 빛에 민감한 부분은 눈이 되고 소리에 반응하는 곳은 귀가 되는 방식이었다. 이러한 기능들이 운동을 지배하는 소뇌와 연결되면서 기계적이고 의식이 없는 뇌간이 되었다.

인간의 두뇌 발달은 계획적이고 치밀하게 완성된 것이 아니라 단지 우연의 산물이다. 미국의 뇌과학자인 폴 매클린(Paul MacLean)에 의하면 인간의 뇌는 진화의 시점에 따라 세 개의 뇌로 구성되어 있으며, 각각의 뇌는 진화의 역사에서 서로 다른 시대에 만들어진 것이라고 한다. 세 개의 뇌는 서로 긴밀하게 연결되어 있지만, 어떤 정보는 전달 과정에서 불가피하게 없어지기도 한다. 각각의 뇌가 가지고 있는 기능과 성질, 화학 작용이 서로 다르기 때문이다.

인류의 첫 번째 뇌는 생명을 유지하는 뇌로서 '파충류의 뇌'라고도 한다. 파충류의 뇌는 식물의 둥근 뿌리처럼 생겼으며, 중추신경계를 이루고 있는 부분이다. 이곳에는 생명을 조절하는 중앙 통제실이 있다. 파충류의 뇌는 살아 있는 동안 심장박동을 유지하고 폐를 확장, 수축시키며, 혈액 속의 염분과 물의 균형을 조절한다. 생존에 필요한 생리 기능을 담당하는 파충류의 뇌는 뇌사 상태에 빠진 사람에게도 여전히 작용한다. 파충류의 뇌는 감정이 없으며 공격과 구애, 짝짓기와 세력 다툼 같은 기본적인 본능만을 허락한다.

인류의 두 번째 뇌인 대뇌변연계는 첫 번째 뇌를 부드럽게 둘러싸고 있으며 '포유류의 뇌'라고도 한다. 19세기 후반 프랑스의 외과의사인 폴 브로카(Paul Pierre Broca, 1824~1880)는 대뇌 표면의 주름 사이에서 포유동물에게 공통적으로 발견되는 뇌를 발견했다. 뇌의 기본을 이루는 뇌간은 파충류의 뇌와 거의 변함이 없지만, 대뇌변연계라고 부르는 또 다른 기능이 추가되었다. 대뇌변연계는 시각, 청각, 후각을 종합적으로 제어하는 시상, 원시적인 기억 시스템인 편도체와 해마, 외부로부터의 자극에 민감하게 반응하는 시상하부 등으로 이루어져 있다. 대뇌변연계를 통해 감정은 생성되었지만 의식은 아직 나타나지 않았다.

보통 생물책에서는 신체 구조를 기준으로 포유류와 파충류의 차이를 설명하고 있다. 예를 들어 파충류에는 비늘이 덮여 있고, 포유류에는 털이 자란다. 파충류는 햇빛을 이용하여 체온을 조절하지만, 포유류는 스스로 체온을 조절한다. 포유류는 알이 아니라 새끼를 낳는다. 하지만 이러한 이분법적인 분류는 뇌의 구조와 기능에 대해 오해를 불러올 수 있다.

포유류가 파충류의 계통에서 갈라져 나올 때 그들의 두개골에는 새로운 신경구조가 생성되었다. 새로운 부속품은 번식 방법뿐 아니라 양육에 대한 태도까지도 바꾸어 놓았다. 파충류는 알을 낳고 어디론가 사라지며, 자식에 대해서는 무관심으로 반응한다. 반면 포유류는 파충류와 달리 살아 있는 새끼를 낳고, 그 새끼가 성숙할 때까지 젖을 먹이고 보호한다. 대뇌변연계를 가진 포유동물은 부모와 자식 사이에 음성으로 교신한다. 새끼 고양이나 강아지를 어미와 떼어놓으면 새끼들은 끊임없이 울어댄다. 하지만 파충류인 새끼 도마뱀은 부모로부터 격리되어도 얌전하기만 하다. 그들 사이에는 목숨을 부지하기 위한 침묵으로 연결되어 있을 뿐이다.

인류의 세 번째 뇌는 대뇌피질로서 '인간의 뇌'라고도 한다. 포유류로 진화하는 동물 가운데 감각 기관에 의해 자극을 받은 얇은 세포들이 형성되면서 많은 신경들이 연결되었다. 인간으로 진화한 포유동물은 이 부위가 상당히 커졌기 때문에 소뇌가 뒤쪽으로 밀려나 버렸다. 이 영역을 신피질 또는 대뇌피질이라고 부르며, 오늘날 우리가 말하는 의식의 근원이 되었다. 신피질은 새로움을 뜻하는 그리스어의 네오(neo)와 껍질을 뜻하는 라틴어 코텍스(cortex)가 결합된 이름이다. 신피질은 뇌간과 대뇌변연계보다 훨씬 큰데, 이처럼 크기가 증가한 것은 진화의 흐름을 잘 보여준다. 원숭이의 신피질은 개나 고양이보다 더 크고, 인간의 신피질은 원숭이보다 크다. 인간의 신피질은 대칭을 이루는 두 개의 반구로 되어 있으며, 각각의 반구는 두꺼운 냅킨만한 크기로 수많은 주름이 접혀 있다. 신피질을 펼치면 신문지 한 장 정도의 크기가 된다. 인식이라고 알려진 감각적 경험과 의지라고 알려진 의식적 마음은 모두 신피질에서 비롯된다.

의식을 창조하는 인간의 뇌에서 또 다른 능력은 추상화의 기술이다. 상징적 표현, 전략, 계획, 문제 해결 등을 요구하는 모든 작업은 신피질에서 처리된다. 그중 언어야말로 인간이 발명한 가장 위대하고 유용한 추상화 능력이다. 복잡한 개념을 단순하게 표시해서 자신의 의도를 전달하는 상징화 능력은 말재주를 부리기 위해서가 아니라 생존을 위해 존재했다. 이러한 의미에서 우리는 상상과 추상을 통해 정신적으로 미래를 볼 수 있게 되었다.

오스트랄로피테쿠스 아프리카누스라는 유인원의 뇌는 300만 년 전에 현생 인류의 뇌와 같은 형태를 갖고 있었지만, 그 크기는 3분의 1밖에 안되었다. 150만 년 전, 인간의 뇌가 폭발적으로 커지면서 두개골이 밖으로 돌출되었고, 높고 평평한 이마에 반구형의 머리를 가지게 되었다. 원시인에서 현생 인류로 진화한 최대의 결정적인 요인은 언어를 가졌다는 점이다. 이로 인해 우리 조상들은 많은 생각을 할 수 있게 되었고 그에 따라 새로운 뇌 조직이 필요해졌다. 전두엽은 처음보다 1.4배나 커져 대뇌피질의 대부분을 차지하게 되었다. 특히 전전두엽이라고 하는 곳이 커지면서 이마 앞으로 튀어나와 현재의 두개골 형태가 완성되었다.

최초의 인류

1886년 오늘날 남부 아프리카의 요하네스버그 근처에서 아프리카의 첫 금이 발견되었다. 하지만 사금이나 덩어리를 물로 씻어낼 수 있는 미국이나 오스트레일리아와 달리 남부 아프리카에서는 채굴 과정을 통해서만 금을 얻을 수 있었다. 그런데 석회암 채굴이야말로 많은 선행 인류를 발견하게 된 계기가 되었다. 타웅의 어린이 해골도 석회암 속에서 나왔는데, 그것은 최초의 오스트랄로피테쿠스이자 중요한 초기 선행 인류의 화석이었다.

1924년 요하네스버그의 비트바테르스란트 대학에서 레이먼드 다트(Raymond Arthur Dart, 1893~1988)는 해부학 강의를 하고 있었다. 그런데 한 여학생이 타웅 근처의 석회암 지대에서 발파 작업을 하던 중 발견한 두개골 화석을 그에게 보내왔다. 두개골 화석은 석회암으로 인해 심하게 변형되어 있었다. 그러나 다트는 이 화석의 의미를 알아차렸고 수개월간의 작업을 통해 시멘트처럼 단단한 석회암 더미에서 화석화된 해골을 분리했다. 그것이 원숭이 해골이 아님을 확신한 다트는 그 해골을 오스트랄로피테쿠스 아프리카누스(아프리카의 남쪽 원숭이라는 뜻)라고 이름 붙였다.

해골은 안면 부위가 비교적 평평하고 높고 둥근 이마를 가지고 있었지만, 호모 에렉투스처럼 눈썹뼈가 돌출되어 있지는 않았다. 매우 부드러운 아래턱뼈는 그 해골이 어린이였음을 보여준다. 치아는 전체적으로 매우 현대적이었다. 유인원은 송곳니와 첫 어금니 사이에 빈틈이 있지만, 타웅의 어린이에게는 그런 빈틈이 없었다. 특히 눈에 띈 것은 척수와 연결되는 두개골 구멍의 위치였다. 네 발로 걷는 영장류는 두개골의 뒷부분에 구멍이 있었지만, 타웅의 어린이는 두개골의 아래쪽에 있었다. 이는 그 화석이 직립 보행을 하는 인간이란 것을 의미한다.

침팬지 이전의 역사에 대해서는 거의 알려진 것이 없지만, 약 600만 년 전에 무엇인가 엄청난 일이 일어났다. 새로운 존재가 아프리카의 열대 밀림에서 등장해서 광활한 사바나 지역을 돌아다니기 시작했다. 그들은 바로 오스트랄로피테쿠스들이었고, 그 후 500만 년 동안 세계를 지배했다. 몇몇 변종들이 있었지만 가장 성공하지 못했던 종이라고 하더라도 현재의 우리보다 훨씬 오랜 역사를 가지고 있었다.

선행 인류가 나무에서 내려와서 숲을 빠져나온 이유는 무엇일까? 당시 세계는 극심한 빙하기로 접어들면서 동아프리카에까지 영향을 미쳤다. 파나마 지협이 서서히 솟아오르면서 태평양에서 대서양으로 흐르는 해류가 단절되었고, 극지방으로 흐르던 난류의 방향이 바뀌면서 북위도 지역에는 갑자기 극심한 빙하기가 시작되었다. 그 결과 계절적으로 가뭄과 추위가 찾아오게 된 아프리카는 우거진 밀림이 초원으로 바뀌게 되었다. 선행 인류가 숲을 떠난 것이 아니라, 숲이 그들을 떠난 셈이다. 똑바로 섰던 초기 인류는 더 잘 볼 수 있지만, 더 쉽게 눈에 띌 수밖에 없었다. 따라서 그들보다 더 강하고, 더 빠르고, 더 예리한 이빨을 가진 대형 동물의 먹이가 될 수밖에 없었다.

공격에 직면하면 현대 인류는 두 가지 장점만을 사용할 수 있다. 전략을 짜낼 수 있는 뛰어난 뇌와 위험한 물체를 던지거나 휘두를 수 있는 손을 이용할 수 있다는 점이다. 생존의 필요에 직면했던 선행 인류는 서둘러서 지능을 개발해야 했다. 하지만 300만 년 이상 그들의 뇌는 커지지 않았고, 아주 단순한 도구를 사용했다는 흔적도 없다. 더욱 이상한 것은 오스트랄로피테쿠스들은 거의 100만 년 동안이나 도구를 사용했던 다른 초기 인류들과 함께 살았다는 것이다. 오랫동안 큰 뇌와 똑바로 서서 걷는 것이 직접적으로 연결되어 있다고 생각했지만, 화석의 증거는 전혀 관계가 없다는 사실을 보여준다.

시간의 모래밭에 발자국을 남긴 최초의 직립원인은 오스트랄로피테쿠스 아파렌시스일 가능성이 높다. 이러한 화석들 중에서 가장 온전한 것은 루시다. 인간의 몸에는 206개의 뼈가 있지만, 루시의 남아 있는 유골은 약 40퍼센트에 가까웠다. 310만 년 전의 화석치고는 상당히 많은 뼈가 남았다고 볼 수 있다. 1974년 에티오피아의 하다르에서 미국의 고인류학자 도널드 조핸슨(Donald Carl Johanson) 팀은 온종일 메마른 비탈을 오르락내리락 하면서 포유류의 뼈들을 주웠다. 온갖 동물들의 뼈가 있었지만 선행 인류의 뼈는 없었다. 저기까지만 가보고 오늘은 이만 끝내자고 결정한 바로 그때, 다리뼈 하나가 눈에 들어왔다. 몇 분 지나지 않아 조핸슨은 작은 두개골의 뒷부분도 찾아냈다. 주위에는 더 많은 파편들이 있었는데, 놀랍게도 한 개체의 뼈 조각들만 있는 듯했다. 점점 어둠이 밀려왔지만 그들의 꿈은 점점 더 확고한 현실이 되어가고 있었다. 그들은 그날 밤이 새도록 맥주를 마시면서 인류학자의 미래와 꿈을 얘기했다. 당시 녹음기에서는 '다이아몬드처럼 빛나는 하늘의 루시'라는 비틀스의 노래가 울려 퍼지고 있었다. 다음 날 아침 그 화석은 루시라는 이름을 얻었다.

루시는 젊은 처녀였다. 나중에 발견된 선행 인류에 비해서 다리가 짧았다. 그것은 유인원에게서 물려받은 특징이다. 하지만 송곳니는 사촌인 침팬지에 비해 이미 작아져 있었다. 그녀가 인간으로 이어지는 길로 들어섰다는 데에는 의문의 여지가 없었다. 루시는 키가 1미터 정도인 작은 사람이었으며, 걸을 수 있었으며 나무도 잘 탔을 것이 분명하지만 다른 것은 대부분 알 수가 없다. 그녀의 두개골은 거의 완전히 사라졌기 때문에 뇌의 크기에 대해서는 확실하게 말할 수 없지만, 두개골의 파편을 보면 그리 크지는 않았을 것으로 보인다.

몇몇 오스트랄로피테쿠스 종들로 이루어진 진화의 덤불 속에서 호모 속이 기어 나오기 시작했다. 처음 도구를 만든 우리의 선조들 중 가장 오래된 뼈는 약 200만 년 전의 것이다. 호모 속의 뼈들은 일종의 기하학적 법칙을 따르는데 현대에 가까워질수록 뼈가 더 많아진다. 가장 오래된 종은 탄자니아 북부의 올두바이에서 발견되었는데, 호모 하빌리스라는 이름이 붙었다. 올두바이 협곡은 세계에서 가장 오래된 구석기 문화유적지다.

호모 하빌리스

우리가 서 있는 땅은 마그마의 끈적끈적한 바다 위에 뜬 얇은 껍질에 불과하다. 땅이 흔들리고 화산이 폭발할 때 우리는 이러한 사실을 상기한다. 지진은 맞물려 있는 두 개의 대륙판이 어긋나면서 압축된 힘이 번개처럼 풀어질 때 생긴다. 지구상에는 이런 변화들을 보여주는 곳들이 많다. 미국의 그랜드 캐년이나 탄자니아에 있는 길이 40킬로미터, 깊이 90미터의 올두바이 협곡도 마찬가지다. 하지만 그랜드 캐년에서는 인간의 초기 역사를 찾을 수 없는 반면, 올두바이 협곡의 지층 하나하나에는 지난 190만 년의 인류사가 고스란히 적혀 있다. 1960년 루이스 리키는 올두바이 협곡에서 두개골 조각과 석기 도구를 찾아냈다. 그 해골에서 무엇보다 가장 중요한 것은 오스트랄로피테쿠스의 뇌보다 거의 50퍼센트 컸다는 사실이다. 하지만 현대인의 뇌와 비교할 때 절반에도 못 미쳤다. 이 화석은 호모 하빌리스(도구를 쓰는 사람이라는 뜻)란 이름을 얻었으며, 그 이전의 모든 선행 인류보다 뇌가 컸으며 석기를 사용한 최초의 선행 인류였다.

호모 속의 선행 인류들은 고기를 먹기 시작했다. 그러나 석기 도구가 없었다면 육식은 거의 불가능했을 것이다. 그들은 작은 치아, 약한 근육, 작은 앞니, 거의 발달하지 않은 송곳니를 가지고 있었다. 그것은 채식을 주로 했기 때문에 치아가 퇴화된 것이다. 이들 선행 인류는 이가 너무 약해서 동물의 가죽을 물어뜯을 수 없었다. 하지만 석기 도구로 동물의 가죽을 벗겨낼 수 있을 뿐만 아니라 뼈를 부수고 골수를 꺼내 먹기도 했다. 직립 보행은 두 손을 자유롭게 해주었지만, 자유롭게 된 두 손으로 돌 도구를 만들기까지 200만 년 이상이 걸렸다.

최초의 석기 도구를 제작함으로써 엄청난 정신적 도약이 이루어졌음에도 불구하고 진정한 기술적 진보는 이루어내지 못했다. 하나의 기술이 100만 년 동안이나 본질적인 면에서 아무런 변화도 겪지 않는 채 그대로 이어져왔기 때문이다. 하지만 호모 하빌리스의 등장은 인류 진화에 있어 하등한 원숭이에서 고등한 인간으로 진화하는 과정에서 매우 중요한 이정표였다. 당시 급격한 기후 변화가 있었는데, 이것은 환경의 변화를 가져왔다. 연구에 의하면 약 600만 년 전 지구의 빙하기가 끝나면서 기온이 상승했다. 그런데 약 250만 년 전에 기온이 다시 하강하면서 짧은 빙하기가 찾아왔다. 바로 이 시기에 초기 인류가 두 부류로 갈라지는 시점이었다. 하나는 선행 인류인 오스트랄로피테쿠스가 계속 살아남았으며, 다른 하나는 현생 인류의 조상인 호모 하빌리스가 태어나는 계기가 되었다. 150만 년 전에 와서야 비로소 선행 인류의 다른 종, 아마도 초기 호모 에렉투스(직립인간)가 새로운 타입의 석기 도구를 만들었는데, 그것을 아슐리안 석기라고 한다.

호모 에렉투스

150만 년 전 케냐의 투르카나 호수 서쪽 기슭에는 한 무리의 인간이 살고 있었다. 그들은 키가 크고 민첩하며 검은 피부에는 거의 털이 없었다. 그들은 이른 아침에 사냥을 위해 길을 떠났다. 막내둥이도 지난번 사냥에서부터 함께 따라나섰다. 소년은 키도 크고 힘도 셌지만 어른들에 비해 경험이 부족했다. 호숫가에는 영양이 다녀간 흔적이 있었다. 그들이 나무 그늘에서 쉬고 있는 영양을 만난 건 해가 중천에 떠 있을 때였다. 그 뒤에는 모든 일이 매우 신속하게 이루어졌다. 덤불 속에 숨어 있던 사냥꾼들은 갑자기 영양들의 길을 막고 창으로 찌른다. 어린 새끼들을 거느린 어미가 창에 맞았다. 뿔을 단단히 붙들고 다리를 부러뜨려야 했지만, 영양이 발굽과 머리로 거세게 저항했기 때문에 사고가 생겼다. 뿔이 소년의 배를 깊게 찌른 것이다. 소년은 큰소리로 울며 고통에 떨고 있다. 어른들은 소년을 물가로 데려간다. 그러나 어른들은 소년을 위해 더 이상 해줄 것이 없다. 소년은 이제 통증을 느끼지 못한다. 해는 머리 위로 하늘 높이 떠 있다. 어른들은 소년을 두고 떠난다. 바로 그날 비가 억수로 왔고, 소년은 호수 밑의 진창으로 떠밀려 가라앉았다.

150만 년 뒤 소년을 다시 찾아낸 사람들은 그에게 '투르카나 소년'이란 이름을 지어주었다. 소년의 뼈는 매우 완벽한 수준이어서 키를 추정할 수 있었다. 소년은 사망 당시 열 살 전후로 키는 160센티미터였다. 그가 소년이라는 것은 치아 상태가 말해 주었다. 성년이 되었다면 아마 180센티미터쯤 되었을 것이다. 초기의 호모 에렉투스는 키가 크고 억센 근육을 가졌다. 가장 강한 현대의 프로레슬러라도 평균적인 호모 에렉투스와 경기를 벌인다면 형편없이 패하고 말 것이다.

초기 호모 에렉투스의 뇌는 그 선조인 오스트랄로피테쿠스의 뇌보다는 컸지만, 현생 인류에 비하면 훨씬 작았다. 현대인의 뇌가 1350cc인데 비해 호모 에렉투스는 900cc 정도였다. 호모 에렉투스의 두개골은 길고 얇았으며, 이마 부분이 작고 두개골은 더 두꺼웠다. 턱은 조금 튀어나오고 눈 위쪽에 두드러진 두덩이 있었다. 이러한 해부학적 기본 패턴은 약 50만 년 동안 지속되었다. 물론 이 기간 동안 뇌의 용량은 1100cc 이상으로 늘어났다.

호모 에렉투스는 다른 육식동물들처럼 꼭 필요한 경우에만 사냥을 했을 것이다. 오늘날 살아있는 영장류는 다소 차이가 있지만 채식을 하는데, 주로 나뭇잎이나 나무 열매를 먹고 산다. 몸집이 큰 아프리카 유인원 침팬지와 고릴라는 곤충과 애벌레도 먹는다. 하지만 영장류는 주로 채식자이며 이따금 고기를 먹을 뿐이다. 식물성 음식을 주로 먹으며 가끔씩 고기를 먹는 이런 잡식 성향은 호모 에렉투스 이전의 모든 선행 인류들의 공통된 특징이다. 호모 에렉투스가 등장하면서 석기들이 아주 다양해졌다. 그들이 만든 도구들의 종류를 보면 사냥하거나 죽은 동물의 고기가 중요한 먹거리였음을 짐작할 수 있다.

그 무렵 불을 피운 모닥불 흔적들도 있다. 심지어 인류는 자기 주변에 일부러 불을 놓았을지도 모른다. 인류는 빛과 온기의 믿을만한 원천이자 생명을 위협하는 사자에 대항할 수 있는 불을 가지게 되면서 먹이사슬의 최정점에 올라설 수 있었다. 불을 조심스럽게 잘 지르면 통행이 불가능하던 잡목 숲을 사냥감이 우글거리는 최고의 초원으로 바꿀 수도 있었다. 하지만 무엇보다 불이 할 수 있는 최고의 역할은 음식을 익히는 일이다.

불로 인해 인류는 자연 상태로는 소화할 수 없는 밀, 쌀, 감자 등을 주식으로 삼을 수 있었다. 불은 식품의 화학적 조성뿐 아니라 생물학적 구조도 바꿔놓았다. 불에 익히면 고기를 씹고 소화하기가 훨씬 쉬워졌을 뿐 아니라 음식을 오염시키는 세균과 기생충도 죽는다. 침팬지는 날것을 씹어 먹느라 하루 다섯 시간을 소모하지만 사람은 한 시간이면 족하다. 일부 학자는 익혀먹는 화식의 등장으로 인간의 창자가 짧아진 것과 뇌가 커진 것 사이에 직접적인 연관이 있다고 생각한다. 기다란 창자와 커다란 뇌를 함께 유지하기에는 에너지 소모가 너무 크기 때문이다.

150만 년 전에는 약 여섯 종류의 선행 인류가 동시에 지구상에 살았다. 하지만 100만 년 전 쯤에는 그중 단 하나의 선행 인류인 호모 에렉투스만이 살아남게 된다. 오스트랄로피테쿠스는 100만 년 전에 신비스럽게 사라져버렸다. 그들이 왜 사라졌는가에 대해서는 아무도 모른다. 어쩌면 우리의 조상들이 그들을 잡아먹었을지도 모른다. 이 무렵이 되자 호모 에렉투스는 아프리카를 벗어나 아시아와 유럽으로 퍼져나가기 시작했다. 그런데 그들은 왜 아프리카를 떠났을까? 기후가 결정적인 역할을 했음에 틀림없다. 사바나와 열대우림은 기후의 영향에 따라 항시 변화했다. 숲이 사라지고 사바나가 넓어졌다가 다시 숲이 우거지거나 황야가 되는 등 변화무쌍했다. 당시 지구의 주민이었던 그들은 누구였든 이러한 변화에 대처해야만 했다.

아프리카를 떠날 때 가장 큰 장애물은 사막이었다. 다행히 강수량이 많은 시기에는 사막에도 식물이 자라났고 동물들이 모여들었다. 그리고 사막이 건조해지면서 물웅덩이가 마르고 식물이 말라 죽자 동물과 인간들은 새로운 삶의 원천을 찾아 나섰다. 최초의 이주자들은 아마 나일강 계곡을 따라 이동했을 것이다. 당시의 사막은 계속 이어진 하나의 공간이 아니라 이따금씩 나타나 북쪽으로 길을 알려주는 이정표 역할을 했을 것이다. 새로운 땅을 찾아 나선 그들은 한 세대 당 20킬로미터의 속도로 퍼져나갔다고 가정하면, 케냐의 나이로비에서 베이징까지 2만 년밖에 걸리지 않았을 것이다. 중국, 동남아시아, 인도의 화석 증거로부터 알 수 있듯이 호모 에렉투스는 세계 곳곳으로 퍼져나갔다. 놀랍게도 유럽에서는 아직도 확실한 화석들이 나오지 않고 있다. 그 이유는 아마도 당시 빙하기로 인해 추운 얼음으로 뒤덮여 있던 북쪽으로는 이동이 쉽지 않았기 때문일 것이다.

약 180만 년 전부터 2만 년 전까지 살았던 호모 에렉투스는 유인원과 인간의 경계선이었다. 호모 에렉투스는 처음으로 사냥을 했고, 처음으로 불을 사용했고, 처음으로 복잡한 도구를 만들었고, 처음으로 집단생활의 흔적을 남겼고, 처음으로 늙고 병든 동료를 돌보아주었다. 그 이

전에 살았던 초기 인류와 비교해볼 때 그들은 모습이나 행동은 지극히 인간적이었고, 팔다리가 길고, 현대 인류보다 더 강했고, 엄청나게 넓은 지역으로 퍼질 정도의 욕구와 지능을 가지고 있었다. 이들에게 직립 원인이라는 이름이 붙여진 것은 직립 보행을 한 오스트랄로피테쿠스보다 시기적으로 먼저 발견되었기 때문이다.

1887년 크리스마스 직전에 유진 뒤부아(Eugène Dubois, 1858~1940)라는 네덜란드 의사가 초기 인류의 유해를 찾아내기 위해 수마트라에 도착했다. 당시 의도적으로 옛날 사람의 유골을 찾아내려는 사람은 아무도 없었으며, 그때까지는 모두 우연히 발견된 것들이었다. 뒤부아가 인류의 연결고리를 찾기 위한 계획을 세울 때까지만 하더라도 인간의 화석 기록은 많지 않았다. 불완전한 네안데르탈인의 유골 다섯 개, 출처가 분명하지 않은 턱뼈 일부가 한 개, 프랑스 레제이지 부근의 동굴에서 크로마뇽이라고 부르는 빙하기 인간의 유골 대여섯 개뿐이었다. 뒤부아는 네덜란드 정부로부터 50명의 죄수들을 제공받아 1년 동안 수마트라에서 발굴 작업을 한 후에 자바로 옮겨갔다. 뒤부아 자신은 발굴 현장에 잘 가보지도 않았지만, 1891년 고대 인류의 두개골 일부를 찾아냈다. 그는 그것을 유인원과 인간 사이의 잃어버린 연결고리라고 주장하며 '피테칸트로푸스 에렉투스'라고 불렀다. 그 화석은 곧 '자바인'으로 일반에게 알려졌다. 오늘날 우리는 그들을 호모 에렉투스라고 부른다.

그리고 중국에서는 데이비슨 블랙(Davidson Black)이라는 재능 있는 캐나다 고생물학자가 오래된 유골이 많은 곳으로 유명했던 룽구산 주변에서 화석화된 어금니 하나를 발견했다. 그것만을 근거로 곧바로 '베이징인'으로 알려지게 된 '시나트로푸스 페키넨시스'를 발견했다고 발표했다. 그 후 더욱 본격적인 발굴 작업이 시작되면서 다른 유골들이 발견되었다. 그러나 불행히도 1941년 일본군의 진주만 공격으로 유골들을 가지고 빠져나가려던 미국 해병대가 일본군에 체포되었다. 빼앗은 상자에는 유골만 들어 있자 일본군은 그 상자들을 길가에 버렸다. 그것이 그 유골의 마지막 모습이었다. 그로부터 더 많은 유골들이 발견되면서 호모 오리그나켄시스, 오스트랄로피테쿠스 트란스바알렌시스, 파란트로푸스 크라시덴스, 진얀트로푸스 보이세이를 비롯한 새로운 이름들이 홍수처럼 쏟아졌다. 1950년대 말에 이르러서는 이름이 붙여진 사람 과(family)의 숫자는 100가지가 훨씬 넘게 되었다.

그런데 1980년대 리처드 리키가 케냐에서 거의 완벽한 호모 에렉투스의 골격을 발견하고부터 현대 인류의 선조로서 중요성을 띠게 되었다. 그것은 154만 년 전에 사망한 10살 전후의 남자 어린이의 유골이었다. 그 유골은 완벽하게 현대인의 구조로서 우리와 똑같았다. 과학자들로 하여금 호모 에렉투스가 생각보다 훨씬 흥미롭고 복잡하다는 생각을 하게 만든 170만 년 된 여성의 유골도 찾아냈다. 그녀의 뼈들은 변형되어 있었고, 육식동물의 간을 먹어서 생기는 비타민 과다증 A라는 고통스러운 질병의 결과로 나타나는 종양의 흔적을 갖고 있었다. 그것은 무엇보다도 호모 에렉투스가 육식을 했다는 증거였다. 더욱 놀라웠던 사실은 종양의 크기로 보아서 몇 달 동안 앓다가 죽었다는 것이다. 누군가가 그녀를 돌보아주었던 셈인데, 인류의 진화에서 처음 발견된 애정의 징후였다. 그리고 호모 에렉투스의 두개골에는 언어와 관련된 뇌의 전두엽 부분인 브로카 영역이 있었다는 사실도 밝혀냈다.

네안데르탈인

독일 에크라트 지역의 박물관에는 양복을 입고 넥타이를 맨 사나이가 전시되어 있다. 그러나 자세히 살펴보면 인간과는 약간 다른 모습을 하고 있다. 이들은 현생 인류보다 훨씬 키가 컸고, 무거운 골격, 억센 근육, 큰 콧구멍, 튀어나온 턱을 가졌다. 눈 바로 위의 이마 아래 부분이 툭 튀어나온 것 또한 특징이다. 그는 바로 독일 네안데르 계곡의 석회암 동굴에서 처음 발굴된 네안데르탈인이다. 아프리카 기원설이 등장하기 전까지 현생 인류의 직계 조상이라고 믿어져 왔다.

네안데르탈인의 게놈을 추출해 분석한 결과 그들은 현생인류의 유전자에 영향을 남겼으며, 유럽인들 역시 4% 정도는 네안데르탈인으로부터 유전자를 물려받았다는 사실이 드러났다. 또한 연구를 통해 점차 드러난 네안데르탈인의 모습은 더 이상 짐승처럼 울부짖는 미개한 원시인이 아니었다. 도구를 사용했고, 척박한 환경 속에서도 사냥을 하고 채집을 했다. 적갈색 안료를 사용해 몸을 치장할 줄 알았으며, 죽은 사람을 정성을 들여 매장하는 풍습도 있었다. 어쩌면 그들은 사람 못지않게 유창한 말을 했을지도 모른다. 심지어 현생인류의 독창적인 발명품이라고 생각했던 동굴 벽화 역시 네안데르탈인이 먼저 시작했다는 연구결과도 나오고 있다.

아프리카에서 출현한 호모 사피엔스가 각 대륙으로 대탈출을 시작한 것은 5만 년 전쯤이다. 흥미로운 사실은 이때 이미 네안데르탈인은 유럽과 중동 지방에 살고 있었다는 점이다. 그렇다면 네안데르탈인은 어떻게 해서 갑자기 사라진 것일까? 그동안 다지역 기원론을 지지하는 인류학자들은 네안데르탈인이 멸종한 게 아니라 현생 인류와 피가 섞이면서 자연스럽게 흡수됐다고 생각해 왔다. 하지만 현생 인류가 네안데르탈인을 몰살했을 가능성도 제기되었다. 런던 자연사박물관 크리스 스트링거(Chris Stringer) 같은 인류학자들은 현생 인류가 구인류인 네안데르탈인을 마치 인종 청소하듯 살육했을 가능성이 높다고 주장한다.

아프리카에서 탄생한 현생 인류가 유럽에 진출해 이곳에 먼저 와 있던 네안데르탈인과 맞부딪치기 시작한 지 불과 수천 년 만에 네안데르탈인이 지구에서 사라져 버린 것이 그 증거라는 것이다. 컴퓨터 시뮬레이션에 의하면 경쟁에서 2퍼센트의 번식률 차이만으로도 천 년이면 두 종 가운데 인구가 적은 종족은 멸종할 수밖에 없다는 결과를 보여준다. 네안데르탈인과 호모 사피엔스인 크로마뇽인인 처음 만난 것은 아마도 약 10만 년 전에 일어났을 것이다.

현대인은 오늘날 이스라엘의 카프제 동굴에서 약 10만 년 전의 동굴에서 살았다. 한편 고인류학자들은 근처의 케바라 동굴에서 약 4만년 된 것으로 추정되는 네안데르탈인의 뼈를 발견했다. 이것은 약 6만 년 동안 네안데르탈인과 크로마뇽인이 같은 지역에서 함께 존재했다는 것을 의미한다. 기후가 추운 시절 네안데르탈인은 유럽이 빙하로 바뀌면서 지중해 동쪽으로 이주했을 것으로 추측된다. 그리고 기후가 더운 시절 호모 사피엔스는 아프리카에서 빠져나와 중동에서 자리 잡고 있었다. 그러다가 약 4만 년 전쯤 기후가 온화해진 틈을 타서 크로마뇽인이 유럽으로 들이닥쳐 네안데르탈인들을 정복한 것으로 보인다. 네안데르탈인은 약 1만 년 동안 지브롤터 해협에서 버텼지만 결국 지구에서 사라졌다.

흔히 네안데르탈인은 '어리석은 야만인'으로 여겨져 왔다. 하지만 최근 들어 많은 유적이 발굴되면서 이들도 현생 인류 못지않은 문명을 이루었다는 사실이 밝혀지고 있다. 네안데르탈인의 뇌 용적은 약 1,450cc로 현생 인류보다 오히려 약간 컸다. 또한 상당한 손 기술로 돌칼과 창을 만들어 집단적으로 사냥을 했고, 말하며 계획도 짤 수도 있었다. 기하학적 모양의 집을 만들어 살기도 했고, 집단을 형성해 약한 사람을 돌볼 줄 알았으며, 죽은 가족과 동료의 장례식을 치르고 꽃을 바쳤으며, 곰 뼈로 피리를 만들어 불었다.

호모 사피엔스

호모 사피엔스는 선행 인류가 지난 200만 년 동안 이룬 것보다 더 많은 혁신을 이루었다. 잘 연마된 손도끼들 중에는 완벽한 대칭성을 보이는 것처럼 장인 정신을 볼 수 있다. 최근의 유전적 증거를 보면 아프리카 토착 부족들 사이의 유전적 변이가 전 세계 나머지 지역의 모든 사람들의 변이보다 더 크다. 아프리카 칼라하리 사막의 원주민들은 인류의 시조와 가장 가깝다. 이런 다양한 증거들이 결합되어 호모 사피엔스는 비교적 최근에 기원했다는 주장이 설득력을 지니게 되었다. 하지만 인류 계통에 관한 개념과 이름들도 지금까지 무수히 바뀌어 왔다. 잃어버린 연결고리가 무엇인지에 대해 의견이 난무하며, 앞으로도 바뀌지 않으리라고 가정하면 어리석은 짓이 될 것이다.

초기 인류는 두 차례에 걸쳐 아프리카를 떠났다. 첫 번째는 호모 에렉투스로서 새로운 종으로 탄생된 직후였던 200만 년 전부터 곧바로 아프리카를 떠났다. 그들은 시간이 지나면서 아시아와 유럽을 비롯한 여러 지역에 정착했다. 그리고 약 10만 년 전에 아프리카에서 호모 사피엔스라는 또 다른 종이 출현해서 두 번째로 세계 곳곳으로 퍼지기 시작했다. 호모 사피엔스는 가는 곳마다 그들보다 덜 똑똑한 선행 인류를 대체했다. 그들이 바로 오늘날 우리 모두의 선조들이다.

호모 사피엔스는 한 가지 측면에서 인간다움을 여실히 드러냈다. 바로 예술가로서의 삶이었다. 프랑스의 라스코 지방이나 스페인의 알타미라 같은 곳의 어두운 동굴 구석에서 그들이 신성시하거나 사냥했던 동물들의 뛰어난 초상을 그렸다. 숯 또는 천연색소로 그린 윤곽선 그림들은 매머드, 영양, 물소, 소, 말의 모습을 담고 있다. 몇몇 동굴에서는 마치 자신이 그린 그림을 주장하려는 듯이 손바닥 자국도 있다. 이 그림들은 아이들이 스케치처럼 엉성하게 흉내낸 것이 아니라 능숙한 대가의 솜씨로 그린 것이다.

어떻게 기원했든 간에, 호모 사피엔스는 지난 4만 년 전 기후 변화에 맞추어 이동하고 적응하면서 전 세계로 퍼졌다. 동물의 가죽으로 옷을 만들면서 인간은 그 어떤 동물보다도 기온 변화에 훨씬 잘 대처할 수 있었다. 인간은 아프리카에서 나와 아라비아 반도를 거쳐 중동과 아시아로 이동했다. 이런 분산의 시기에 피부색과 체격이라는 피상적인 차이와 인종 구분의 토대가 된 유전적 차이들이 형성되었다.

약 1만 5천 년 전에 있었던 빙하기에는 너무 많은 물이 빙원에 갇힘으로써 지구의 해수면이 낮아지고 베링 해협이 육지로 연결되었다. 고대 아시아인들은 영양을 뒤쫓아 천천히 그곳을 건넜다. 그들은 남쪽으로 계속 내려가서 대초원의 인디언이 되었다. 일부는 더 내려가서 파나마 지협을 건너 아마존 유역을 지나 남미의 최남단인 티에라 델 푸에고까지 갔다. 그들은 가장 외진 곳에서 오랜 기간을 홀로 견디며 살았다. 그랬으니 1834년 비글호를 타고 온 찰스 다윈을 보고 깜짝 놀란 것도 당연했다.

도구를 만든 초기 인류

침팬지는 흰 개미를 잡기 위해 막대기를 쓰고, 물을 먹기 위해 나뭇잎을 사용하고, 딱딱한 과일을 먹기 위해 돌을 이용한다. 그러나 야생의 침팬지가 석기를 만드는 것은 한 번도 관찰된 적이 없다. 사람들은 250만 년 전에 두 개의 돌을 서로 부딪쳐 끝이 날카로운 도구를 만들기 시작했다. 호모 하빌리스가 처음 만든 도구들은 망치 역할을 하는 돌로 가공하려는 돌을 쳐서 조각들을 떼어내는 식으로 만들어졌다. 이러한 도구들은 통일된 규칙도 없으며 아름답지도 않았는데, 돌을 두들겨 만든 단순한 자갈 형태였다. 자갈은 길이가 약 2.5센티미터였고 놀랄 만큼 날카로웠다. 비록 겉모습은 단순했지만 여러 가지 용도로 쓰였다.

1959년에 올두바이에서 발굴된 가장 초기의 석기 유물은 박편 외에 찍개, 긁개, 그리고 다각면의 원형으로 된 도구들도 있었다. 이들을 정밀 분석한 결과, 연마 방법에 따라 여러 종류가 있다는 사실을 알아냈다. 다시 말해 고기를 자르거나 나무를 자르고 풀을 베어내는 석기들의 모양이 달랐다. 약 140만 년 전 호모 에렉투스가 사용했던 도구들은 프

인류의 화석 이름과 화석 연대

발견 지역	화석 이름	화석 연대	발견자	발견 연대
파이윰(이집트)	에집토피테쿠스	2,800만 년	E. 시몬스	1965년
시왈라크(인도)	라미피테쿠스	1,400만 년	가이 필그림	1910년
아라미스 (에티오피아)	아르디피테쿠스 라미두스	440만 년	팀 화이트	1994년
카나포이(케냐)	오스트랄로피테쿠스 아나멘시스	410만 년	미브 리키 앨런 워커	1995년
라에톨리(탄자니아)	오스트랄로피테쿠스 아파렌시스(발자국)	360만 년	메리 리키, 앤드류 힐	1978년
하다르 (에티오피아)	루시 (오스트랄로피테쿠스 아파렌시스)	320만 년	도널드 조핸슨	1974년
하다르 (에티오피아)	최초의 가족 (오스트랄로피테쿠스 아파렌시스)	320만 년	마이클 부시	1975년
하다르 (에티오피아)	오스트랄로피테쿠스 아파렌시스(두개골)	370만 년	도널드 조핸슨	1992년
타웅 (남아프리카공화국)	타웅 아이 (오스틀랄로피테쿠스 아프리카누스)	100만 년	레이먼드 다트	1924년
스테르크폰테인 (남아프리카공화국)	오스트랄로피테쿠스 로부스투스	200만 년	로버트 브룸	1938년
올두바이 (탄자니아)	오스틀랄로피테쿠스 보이세이	180만 년	메리 리키	1959년
올두바이 (탄자니아)	호모 하빌리스	170만 년	루이스 리키	1963년
쿠비포리(케냐)	호모 하빌리스	170만 년	리처드 리키	1972년
자바(인도네시아)	자바 원인 (호모 에릭투스)	100만 년	외젠 뒤부아	1890년
베이징(중국)	베이징 원인 (호모 에렉투스)	100만 년	페이	1914년
나리오코토메(케냐)	투르카나 소년 (호모 에렉투스)	160만 년	리처드 리키	1984년
뒤셀도르프(독일)	네안데르탈인 (호모 사피엔스 네안데르탈렌시스)	25만 년		1856년
크로마뇽(프랑스)	크로마뇽인 (호모 사피엔스 사피엔스)	3만 5,000년		1868년

랑스 생 아슐에서 발견되어 아슐리안 석기라고 부른다. 당시 초기 인류는 자신들이 만들고자 했던 모양을 이미 머릿속에 계획했는데, 이는 제작에 상당한 기술과 인내가 필요한 주먹도끼와 찍개, 눈물방울 모양의 도구들에서 볼 수 있다. 유럽에서 아슐리안 문화는 약 50만~15만 년 전까지 지속되었다.

20만 년 전 유럽에서 등장한 새로운 도구 제작 기술은 프랑스의 발굴지 이름을 따라 '무스티에'란 이름으로 분류된다. 이것은 네안데르탈인의 전형적인 도구 문화지만 아시아 지역의 현생 인류도 같은 기술을 사용했다. 이 도구들은 아슐리안 문화의 석기들과 비슷하지만 크기가 작아졌고 형태는 다양해졌다. 무스티에 문화는 3만 5천 년 전까지 계속되었다.

석기 제작은 육식을 하는 사람들의 중요한 특성의 하나였을 것이다. 초식을 하는 사람들은 이러한 도구 없이도 살 수 있었기 때문이다. 그리고 도구를 연구하고 실제로 만들어봄으로써 알 수 있던 흥미로운 특징은 오늘날의 현대인처럼 오른손잡이가 압도적으로 많았다는 사실이다. 이러한 발견을 통해 우리는 진화에 대한 중요한 통찰을 얻을 수 있는데, 그것은 약 200만 년 전에 살았던 사람의 뇌와 현대인의 뇌가 거의 같다는 사실이다.

해변에서 시작한 현생 인류들은 이후 1만 5천 년에 걸쳐 동북아시아로부터 아메리카 대륙으로 퍼져나갔다. 이들은 먼 친척을 쓸어 없애는 데 매우 능숙했을 뿐 아니라 상당수 동물들에게도 무자비했다. 3만 년 전 프랑스 남부 쇼베 동굴의 원시인들은 특히 코뿔소에 푹 빠져 있었다. 그로부터 1만 5천 년 뒤 프랑스 라스코 동굴에서 발견된 벽화를 보면 코뿔소는 없어지고 아메리카 들소, 황소, 말을 주로 그렸다. 처음에 지중해 근방의 현생 인류는 주로 대형 포유동물로부터 고기를 얻었다. 작은 사냥감은 동작이 느린 거북과 삿갓조개들이었다. 그러다 중동 지방에서 시작해 점차 토끼, 가젤 같이 빨리 번식하는 작은 동물들에 관심을 돌리기 시작했다. 이스라엘, 터키, 이탈리아의 유적지에서 나온 고고학적 기록이 모두 같은 이야기를 말해준다. 이처럼 사냥 대상이 바뀐 이유는 인구밀도가 급속히 높아졌기 때문이다.

번식 속도가 느린 거북, 말, 코끼리로는 늘어난 인구를 먹여 살릴 수 없게 된 것이다. 이 같은 추세는 1만 5천 년 전쯤 가속화되기 시작해서, 이때쯤 지중해 연안 사람들의 식탁에는 대형 사냥감과 거북이 완전히 사라졌다. 가는 곳마다 대형 동물을 모두 잡아먹은 다음 작은 동물로 사냥 대상을 바꾸는 것은 아프리카 출신의 현생 인류를 특징짓는 패턴이 되었다. 호주에서는 인류가 도래한 지 얼마 지나지 않아 디프로토돈(하마처럼 생긴 대형 유대류)에서 큰 캥거루까지 거의 모든 대형 동물종이 멸종했다. 아메리카 대륙에서는 인류가 도래한 시기와 번식이 느리고 몸집이 가장 큰 대형 동물이 갑자기 멸종한 시기가 일치한다.

세월이 흐르면서 도구의 발전도 혁신적으로 발전했다. 약 4만 5천 년 전부터 서부 유라시아 대륙 사람들이 원통형 바위를 내리쳐서 얇고 날카로운 칼을 만들었다. 3만 4천 년 전에 이르자 창의 촉으로 뼈를 사용하고, 2만 6천 년 전에는 바늘을 만들었다. 창이 날아가는 속도를 크게 높여주는 뼈로 만든 투창기는 1만 8천 년 전에 등장했고, 곧이어 활과 화살도 출현했다. 이러한 기술은 실용적 용도뿐만 아니라 장식품과 물건들을 만드는 데도 사용되었다. 모스크바 북동쪽 블라디미르 인근의 순기리에는 2만 8천 년 이상 된 야외 거주지 유적이 있다. 여기 매장된 어린이 주검 두 구에 입혀진 옷은 공들여 깍은 상아 구슬 수천 개로 장식돼 있다. 심지어 뼈로 만든 작은 바퀴 모양의 장식품도 출토되었다.

기후와 돌연변이, 그리고 집단 지능

침팬지를 말하게 하는 모든 시도는 지금까지 허사로 돌아갔다. 그 이유는 침팬지가 인간과 같은 발성기관을 갖고 있지 않기 때문이다. 인간처럼 말하기 위해서는 코와 입 뒤에 커다란 공명 공간이 있어야 하며 성대가 있어야 한다. 침팬지는 인간과 같은 해부학적 전제 조건이 없기 때문에 말을 할 수 없다. 침팬지에게는 말하는 것이 결코 중요하지 않다. 하지만 인간은 왜 언어를 발명했을까?

초기 선행 인류에게는 공동체를 이루며 사는 것이 분명 장점이었을 것이다. 그러나 공동체가 클수록 사회생활은 복잡해진다. 무리의 인원이 많을수록 연합을 할 가능성이 늘어나고, 연합의 수가 늘어날수록 무리와 무리 사이의 관계나 위상에 대해 생각해야만 한다. 자신이 연계하는 직접적인 사회적 관계의 수는 무리의 일원이 늘어감에 따라 산술적으로 증가하지만, 다른 일원들 사이의 관계는 기하급수적으로 증가한다. 따라서 커다란 무리 안에서 사는 인간은 늘 사회적 관계에 대해 생각해야 하며, 자신의 행동이 사회적으로 어떤 영향을 미칠지 추측해야만 한다. 두뇌가 발달한 것도 아마 이러한 이유 때문일 것이다.

연구에 의하면 인간이 수용할 수 있는 공동체의 크기는 약 150명 정도에 불과하다고 한다. 도시와 마을의 역사는 불과 몇 천 년에 불과하지만 인간은 거의 모든 시간을 수렵채집인으로 소규모 공동체를 이루며 살아왔다. 오늘날에도 아프리카나 오스트레일리아에 남아 있는 소수 민족의 공동체 크기는 대개 150명 내외로 구성된다.

최대 50~60마리로 구성된 개코원숭이와 침팬지는 '털 고르기'로 공동체의 결속을 유지한다. 하지만 이보다 무리가 커지면 털 고르기만으로는 사회적 결속을 다질 수 없다. 각 개체가 사회적 결속을 위해 소비하는 시간이 너무 많아져서 생존에 필요한 활동을 소홀히 하게 된다. 개코원숭이는 활동 시간의 20퍼센트를 털 고르기에 할애한다. 인간이 150명과 사회적 관계를 유지하려면 털 고르기로 시간의 40퍼센트를 소비해야만 한다. 하지만 우리 조상들은 신체 접촉인 털 고르기 대신 언어를 발명했다. 언어를 통한 청각적 털 고르기는 자신이 믿을 수 있는 존재라는 정보를 사회 전체에 전달할 수 있는 효과적인 수단이다. 언어의 기원은 무리를 결속시키기 위한 사회적 행위라고 볼 수 있다.

선행 인류는 우리가 '인간'이라고 부를만한 특징을 대부분 가지고 있다. 두 발, 두 손, 큰 뇌, 다른 손가락과 마주볼 수 있는 엄지, 불, 익힌 음식, 도구, 기술, 협동, 긴 성장 과정 등… 그러나 문화적인 발전이나 기술의 진보는 미미했으며, 거주 범위나 생태적 지위도 거의 확장되지 못했다. 그런데 지구상에 새로운 종류의 유인원이 나타났다. 신체 구조는 다르지 않았지만 다른 종보다 기술적으로 더 빨리 변화했는데, 그들은 바로 호모 사피엔스다. 아프리카 동부와 에티오피아에서 도구의 변화가 보이기 시작한 시점은 28만 5000년이다. 이들은 조개와 갑각류를 익혀 먹고, 창끝에 다는 작고 날카로운 돌촉을 만들어 썼다.

제4간빙기에 속하는 12만 년 전에 기후가 따뜻해지고 비가 자주 내리며 해수면이 상승했다. 이 온난기에 오늘날 모로코에 해당하는 지역의 동굴에서 돌 박편, 톱날 긁개, 손질한 창촉 등이 발견되었다. 한편 이들의 거주지 바로 맞은 지브롤터 해협 건너편에는 뇌 용적이 비슷했던 네안데르탈인들이 살고 있었지만 목걸이나 돌 박편을 만들었다는 흔적조차 남기지 못했다. 아프리카의 호모 사피엔스는 뭔가 달랐던 것이 분명하다.

무언가 중대한 일이 8만 년 전부터 시작되었음에 틀림없다. 그러한 증거는 도구가 아니라 염색체에 들어 있다. 당시 아주 작은 단일집단의 후손들이 아프리카 대륙 전체에 거주했다는 것이 DNA 분석에서 드러났다. 이들 중 일부는 아프리카를 벗어나 세계 각지로 폭발적으로 퍼져나가 지구를 지배하기 시작했다. 그 다음 일어난 일은 소위 '역사'라고 부른다. 인류학자들은 아프리카에 신기술과 신인류가 등장한 것을 두 가지 이론으로 설명한다.

첫 번째는 기후 이론이다. 아프리카의 기후는 변덕이 심하다. 덕분에 환경에 적응하는 능력이 가장 중요해졌을 것이고, 그 결과 새로운 능력을 가진 인류가 자연선택 되었다는 것이다. 하지만 똑같은 상황에서 유인원에게는 이런 일이 일어나지 않았다는 것을 설명하기 어렵다. 두 번째는 행운의 돌연변이설이다. 유전자에 우연한 돌연변이가 일어나 뇌가 생성되는 방식에 미묘한 변화를 일으켰고, 이것이 인류에게 근본적인 변화의 방아쇠를 당겼다는 것이다. 하지만 약 40만 년 전에 네안데르탈인과 현생 인류의 공통 조상이 이미 상당히 복잡한 언어를 사용하고 있었다는 증거가 있다.

언어가 문화적 진화의 핵심이고 네안데르탈인이 언어를 가지고 있었다면, 왜 그들이 사용한 도구들에서 문화적 변화가 나타나지 않았을까? 더구나 20만 년 전 이후 식량, 여가, 출산이라는 기본적 욕구가 채워진 기간 동안 유전자들도 분명히 변했지만, 이는 새로운 습성의 결과이지 원인이라고 할 수 없다. 예를 들어 음식을 익혀먹음에 따라 창자와 입이 작아지는 돌연변이가 선택된 것이지, 그 반대는 아니다. 마치 우유를 마시게 됨에 따라 성인이 된 후에도 젖당을 소화시킬 수 있는 돌연변이가 선택된 것과 같다.

20만 년 전 이후 인류의 기술은 빠르게 진보해왔다. 매트 리들리는 『이성적 낙관주의자』에서 인류와 유인원 사이의 차이점은 기후나 유전이 아니라 '집단지능'에 있다고 주장한다. 사람들끼리 서로 물건을 교환하는 것이 전문화를 촉진했고, 전문화는 기술 혁신을, 기술 혁신은 더 많은 전문화를 초래했으며, 이것은 다시 더 많은 물물 교환을 통한 진보가 이루어졌다. 어째서 인간은 물건을 교환하게 됐을까?

『요리 본능』을 쓴 하버드 대학의 진화인류학자 리처드 랭엄(Richard Wrangham)은 아마도 음식을 익혀먹는 것과 관계가 있다고 주장한다. 그는 불을 사용하게 된 것이 인간의 진화에 광범위한 영향을 미쳤다고 설득력 있는 주장을 제시했다. 인류는 불 덕분에 나무에서 내려와 땅 위에서 안전하게 살 수 있게 되었을 뿐 아니라 고에너지 음식을 먹음으로써 뇌를 더 크게 키울 수 있었다. 또한 음식을 익혀 먹게 되면서 인간은 각기 다른 종류의 음식을 서로 맞바꾸려는 경향을 띠게 되었다. 물물 교환은 화식 때문에 일어났다고 주장하는 것이다.

야생 침팬지는 먹거리를 씹는 데 하루에 다섯 시간 이상을 쓴다. 그리고 육식동물들은 고기를 씹지 않고 삼키는 경우도 있다. 하지만 위장에서 고기를 소화시키는 데 여러 시간을 소비한다. 씹느라 오랜 시간이 걸리는 것과 별로 다르지 않다. 음식을 불에 익혀 먹는 것은 시간이 별로 걸리지 않는다는 장점이 있다. 이것은 무엇을 의미할까? 누군가 다른 사람이 마련한 음식을 먹을 수 있다는 것이다.

수렵채집 사회에서 음식을 불에 익히는 요리 행위는 인간의 모든 활동 중 가장 우선적으로 여성의 몫으로 치부되는 행위다. 즉 음식을 익혀 먹는 것은 남자와 여자의 성별 분업화를 촉진한 것이다. 최초이자 가장 중요한 노동의 분업이 성별 분업을 만들었다는 것이다. 수렵채집 사회에서 남자는 사냥하고 여자와 아이들은 채집했다. 영국 리버풀의 머지 강어귀에는 8천 년 전의 발자국 수십 개가 남아 있다. 여자와 아이들은 맛조개와 새우를 잡고 있었던 것으로 보인다. 남자들의 발자국은 급하게 움직였는데, 그 옆에는 붉은 사슴과 노루의 발자국이 나란히 찍혀 있다.

아프리카에 기원을 둔 현생 인류 호모 사피엔스는 노동의 성별 분업을 했고 네안데르탈인은 그러지 못했다. 4만 년 전 유라시아 대륙에서 양쪽이 정면으로 마주쳤을 때 결정적인 생태적 우위를 점할 수 있었던 것은 호모 사피엔스였다. 남녀의 전문화와 분업에 스스로 익숙해지고 다른 사람들과 노동을 교환하는 습성이 생긴 다음, 호모 사피엔스는 분업과 노동의 교환을 좀 더 확장하기 시작했다. 다시 말해 집단 내에서 집단 사이로 전문화가 이루어졌던 것이다. 후자의 단계는 실행하기가 매우 어려웠다. 인류는 유인원 중에서 유일하게 낯선 상대를 만나면 서로를 죽이려는 종으로 유명하기 때문이다. 이 같은 본능은 아직도 인류의 가슴속에 잠복해 있다. 하지만 서로의 필요에 대한 이익이 적대감을 상쇄시켰다. 영국의 소설가 조지 웰스(Herbert George Wells, 1866~1946)의 말처럼 "우리는 캠프로부터 영원히 철수해 길 위로 나섰다." 즉 물물 교환이 시작된 것이다.

미토콘드리아와 Y염색체의 DNA 변이 연구에 의하면 약 6만 5천 년 전, 불과 몇 백 명 되지 않는 하나의 집단이 아프리카를 떠났다. 그들은 아마도 홍해 남단의 좁은 지역을 건넜을 것이다. 당시 이곳 해협은 지금보다 훨씬 좁았다. 그들은 계속해서 아라비아 반도의 남부 연안을 따라 후손을 남긴 뒤, 대부분 물이 없었던 페르시아 만을 건넜다. 이어 인도와 당시 인도에 연결되어 있던 스리랑카 외곽을 돌아서 점차 아래쪽으로 이동했다. 미얀마와 말레이 반도를 통과한 뒤, 당시 인도네시아의 섬들이 있던 순다 대륙의 연안을 따라 퍼져나갔다. 그들은 발리 부근에 있던 여덟 개 이상의 해협을 카누나 뗏목을 타고 노를 저어 이동했다. 이어서 줄줄이 늘어선 섬들을 지나 호주와 뉴기니 등이 연결돼 있던 사훌 대륙에 상륙했다. 아마도 4만 5천 년을 전후한 시기였을 것이다.

아프리카에서 호주까지 이어지는 이런 대장정은 이주가 아니라 팽창이었을 것이다. 아마도 스토리텔링으로 얘기하면 다음과 같을 것이다. 먹거리가 풍부한 어느 바닷가에 여러 무리의 사람이 살았다. 코코넛, 조개, 거북, 생선을 신나게 먹다 보니 인구가 급증하고 과밀해졌다. 그러자 일단의 개척자들이 동쪽으로 이동하면서 새로운 캠프 사이트를 찾기 시작했다. 개척자들은 때때로 바닷가를 이미 차지하고 있는 집단을 피해 내륙 쪽으로 걸어서 우회하거나 카누를 타고 바다 쪽으로 이동했을 것이다. 그들은 가는 도중에 수렵채집인 후손들을 남겼다.

그들의 후손 중 극히 일부는 유전적으로 다른 종족들과 섞이지 않은 채 오늘날까지 살아남았다. 말레이 반도 숲속의 오랑 아슬리 족이나 뉴기니, 호주의 몇 부족은 약 6만 년 전 아프리카 계통수로부터 갈라져 나온 미토콘드리아 유전자를 가지고 있는 것으로 확인되었다. 가장 눈에 띄는 것은 안다만 제도의 자라와 원주민들이다. 검은 피부에 곱슬머리를 한 이들은 세상의 다른 어느 것과도 관련이 없는 언어를 구사한다. 이들의 Y염색체와 미토콘드리아는 6만 5천 년 전 인류의 공통 조상으로부터 갈라져 나온 것이다.

인류의 선조는 왜 백인이 아니라 흑인이었을까? 아프리카, 호주, 아시아 등 많은 사람의 검은 피부는 과거 해양생활에서 비롯된 흔적이다. 아프리카의 사바나 초원에 사는 수렵채집인에게는 아주 검은 피부가 필요하지 않다. 피그미 족의 피부색이 상대적으로 덜 검은 것이 그 증거다. 하지만 해변에서 생활했던 종족에게는 최대한의 햇빛 차단책이 필요했다. 하지만 그들이 남긴 고고학적 증거는 거의 없다. 당시의 해안선은 오늘날 바닷속 60여 미터 아래에 있기 때문이다. 당시는 한랭하고 건조한 시기였다. 고위도 지방은 광대한 얼음층이, 산악 지역은 거대한 빙하가 뒤덮고 있었다. 여러 대륙의 내륙은 사람이 거주하기 어려울 정도로 건조하고 바람이 많이 불고 추웠다. 하지만 저지대 해안에는 신선한 샘이 솟는 오아시스가 점점이 박혀 있었다. 또한 해안은 먹을거리가 풍부한 장소이기도 했다.

인구가 붐비는 일부 종족들은 동물을 사냥하고 과일을 채집하는 과거의 아프리카 생활방식을 재개했다. 그리고 매머드, 말, 코끼리가 무리를 지어 풀을 뜯는 북쪽의 초원지대로 점차 진출하면서 사냥에 점점 더

의존하게 되었다. 머지않아 이들은 선행 인류의 후손인 먼 친척들과 마주치게 된다. 50만 년 전 공통 조상을 가졌던 사람들이다. 하지만 호모 사피엔스는 네안데르탈인이라고 알려진 유라시아 선행 인류의 영토로 가차 없이 밀고 들어가 그들을 전멸시켰다. 인류는 기후와 돌연변이의 변화가 아니라 물물교환과 전문화로 인한 집단지능 때문에 50만 년 전 공통 유전자를 가진 선행 인류를 몰아내고 지구의 지배자가 된 것이다.

구석기 시대

고고학자들은 도구 제조와 사용된 재료에 기초하여 구석기 시대, 청동기 시대, 철기 시대로 구분한다. 석기 시대는 돌로 된 도구를 만들어 사용했던 시기로, 구석기와 신석기로 나눌 수 있다. 지질학적 시간으로 홍적세(Pleistocene)라고 부르는 이 시기는 200만 년 동안 계속 되었으며, 대륙빙하가 네 번이나 전진과 후퇴를 거듭했다. 선사시대 연구자들은 200만 년 전부터 마지막 빙하기의 끝 무렵인 약 1만 2천 년 전까지를 구석기 시대라고 부른다. 그 시대의 핵심적인 특징은 수렵채집이었다. 구석기 시대의 도구는 동물을 사냥하거나 버려진 동물의 사체를 다듬거나 식물을 채집하고 처리하는 데 사용되었다. 수렵채집은 집단 경제와 공동체 사회를 만들었다. 계절에 따라 이동하는 생활 방식은 잉여를 거의 생산하지 못했다. 따라서 사회적 지위나 권력의 분화가 필요 없는 평등사회였다. 잉여식량을 저장하거나 재분배하는 계급화된 사회에 필요한 여러 가지 제도가 존재하지 않았다.

그 당시의 사람들은 일반적으로 100명이하의 인원으로 구성된 작은 가족 집단속에서 살았다. 식량 채집의 패턴에 따른 성별의 분업이 이루어졌는데, 남성은 사냥과 동물의 사체 처리에 종사했고 여성은 대부분 식물을 채집했다. 집단의 생존을 위해 남성과 여성이 모두 기여했지만, 흔히 여성이 공급하는 식량이 더 많았다. 연중 사냥이나 낚시가 가능한 좁은 지역에서 살았던 집단을 제외하면 구석기 시대의 식량 채집자들은 떠돌이 생활을 했다. 그들은 계절에 따른 동물의 움직임과 식물의 성장에 따라 이동하며 살았다. 약 3만 년 전인 구석기 시대 후기에는 활과 화살이 등장했고, 늑대를 길들여 개를 키우며 사냥에 활용했다.

호모 속이 처음 출현했을 때부터 200만 년 동안 지속된 구석기 시대의 인구밀도는 아마도 1제곱킬로미터 당 1인 이하였을 정도로 낮았다. 인구증가율이 그토록 낮았던 이유는 여러 가지 원인이 있었다. 유아의 젖 떼는 시기가 늦어져서 어느 정도 피임 효과가 있었고, 떠돌이 생활에 따른 신생아 살해가 자행되었던 것 등이다. 그럼에도 인간은 천천히 지구 전역으로 퍼져나갔다. 구석기 시대의 사람들은 아프리카, 아시아, 유럽, 오스트레일리아 등지로 생활 터전을 확장시켰고, 최소한 1만 2천 년 전에 북아메리카에 도달하여 남아메리카 남단까지 식량 채집 생활 양식을 퍼뜨렸다.

이때에 이르러서야 빙하시대가 물러나고 기후가 따뜻해지자 식물 분포가 바뀌었으며, 이것은 식물을 먹고 사는 동물 분포에 변화를 가져왔다. 사냥감과 먹을 수 있는 식물이 풍부한 지역에 사는 사람들은 더 오래 머무르는 경향이 있었다. 이들 집단은 점점 수가 늘어나면서 수렵채집에 따른 먹거리가 인구 증가를 따라가지 못하자 비로소 농업이나 목축 형태의 식량 생산으로 바뀌게 되었다. 기후와 환경의 변화에 따라 떠돌이 식량 채집에서 새로운 식량 생산 방식을 채택함으로써 인류는 비로소 에덴동산을 떠나 신석기 시대로 들어섰다.

불의 발견

지질학적으로 1만 2000년 전에 빙하가 마지막으로 후퇴했던 때부터 현재까지를 충적세(Holocene)라고 하며 인류가 처음으로 문명을 이루었던 시기로 이때를 신석기 시대라고 부른다. 목초지가 있는 지역에서는 짐승 떼를 몰고 다니는 유목이 시작되었고, 야생 곡류와 물이 풍부한 지역에서는 농업과 정착 생활이 시작되었다.

불을 이용하면서 초기 인류는 생활방식이 근본적으로 변했다. 인류는 불을 이용하여 조명으로 사용하고 체온을 보존하고 짐승으로부터 안전을 유지하고 음식물을 익혀 먹는 등 많은 이익을 얻었다. 불은 또한 문명의 상징이었다. 인류가 사용할 수 있었던 최초의 기술은 불의 사용이었다. 불을 사용하여 도기를 만들고 광석에서 금속을 제련했다. 불을 처음 이용한 것은 기원전 75만 년 전 호모에렉투스였다. 초기 인류는 하늘에서 번개가 치면서 마른나무와 풀에 불이 붙는 것을 보았을 것이다. 화산이 폭발하여 뜨거운 용암과 재가 주변의 초목을 불태우는 모습도 보았을 것이다. 이렇게 만들어진 자연적인 불을 꺼지지 않도록 하는 것이 그들의 생존에 도움을 주었을 것이다. 그 후 야영지에는 밤이건 낮이건 모닥불이 끊임없이 타올랐다. 새롭게 불을 피운다는 것은 불을 계속 유지하는 것보다 힘들었기 때문이다.

초기에 불을 피우는 방법은 마찰을 이용했다. 마른 나무 조각 두 개를 서로 마찰시켜 뜨거워질 때까지 비비는 방법이었다. 기원전 7000년경에는 막대기와 드릴을 이용했다. 조금 더 큰 나무에 홈처럼 구멍을 판 다음 작은 나무 막대기를 꼽고 돌려서 불을 얻었다. 손바닥에 마른 나뭇가지를 끼고 앞뒤로 빠르게 움직이면 구멍에서는 나뭇가지 사이의 마찰열이 발생하여 불이 붙는다. 오늘날에도 아프리카나 호주 원주민들이 야생에서 불을 피우는 방법이다. 막대기를 더 빨리 돌리기 위해서는 활처럼 생긴 드릴을 이용하기도 한다. 또는 황철석 조각에 부싯돌 조각을 부딪쳐 만들어지는 불꽃을 사용해 불을 피웠다. 2천여 년간 불쏘시개 통에는 부싯돌, 황철석, 불이 계속 붙어있도록 하는 불쏘시개 같은 도구들이 사용되었다. 고대 그리스 사람들은 거울을 이용하여 햇빛을 한곳에 집중시켜 불을 만들었다. 마지막 획기적인 발명은 19세기에 황으로 만든 성냥을 이용하는 방법이었다.

신석기 시대는 돌을 갈아 만든 간석기와 질그릇(토기)을 도구로 사용하여 식량 생산 단계로 전환된 시대를 말한다. 인류는 구석기 시대의 채집 경제로부터 신석기 시대의 생산 경제로 발전하는데, 이러한 생산 경제로의 전환은 인류 문화에 있어 커다란 변화를 가져온 사건이다. 때문에 이러한 전환을 신석기 혁명이라고도 한다. 이러한 비약을 가져온 이유의 하나로서 기후의 변화를 들 수가 있는데, 그것은 플라이스토세 빙하기(약 258만 년 전부터 1만 년 전까지의 지질 시대, 홍적세)가 끝나고 홀로세(약 1만 년 전부터 현재까지의 지질 시대, 충적세)에 들어오면서 오늘날과 같은 기후로 변해 농업 생산에 적합한 시기에 돌입했기 때문이다. 지금까지 알려진 가장 이른 신석기 문화는 팔레스타인의 예리코(Jericho)와 이라크의 자르모(Jarmo)이다. 이들 중동의 문화는 석기 시대의 말기인 기원전 9600~9500년 전에 시작되었다.

신석기 시대 사람들은 부족과 씨족으로 구성된 150명에서 2000명 정도의 작은 공동체를 이루며 살았다. 대부분의 신석기 사회에서는 계층화가 이루어지지 않았다. 이런 사회 계층화는 청동기 시대에 형성되었다. 따라서 신석기 사회는 상대적으로 단순하면서 평등했지만 구석기보다는 더 계층적인 사회였다. 기원전 8000년경 동물의 가축화는 급격한 사회적 불평등을 초래했다. 가축을 소유한다는 것은 남보다 더 뛰어난 경쟁력을 가진다는 의미였고, 부의 불평등은 대를 이어 계승되었다. 대규모의 가축을 소유하게 된 신석기의 부자들은 보다 많은 가축을 소유하게 되었고, 이것은 경제적 불평등을 더욱 심화시켰다.

2

농업혁명

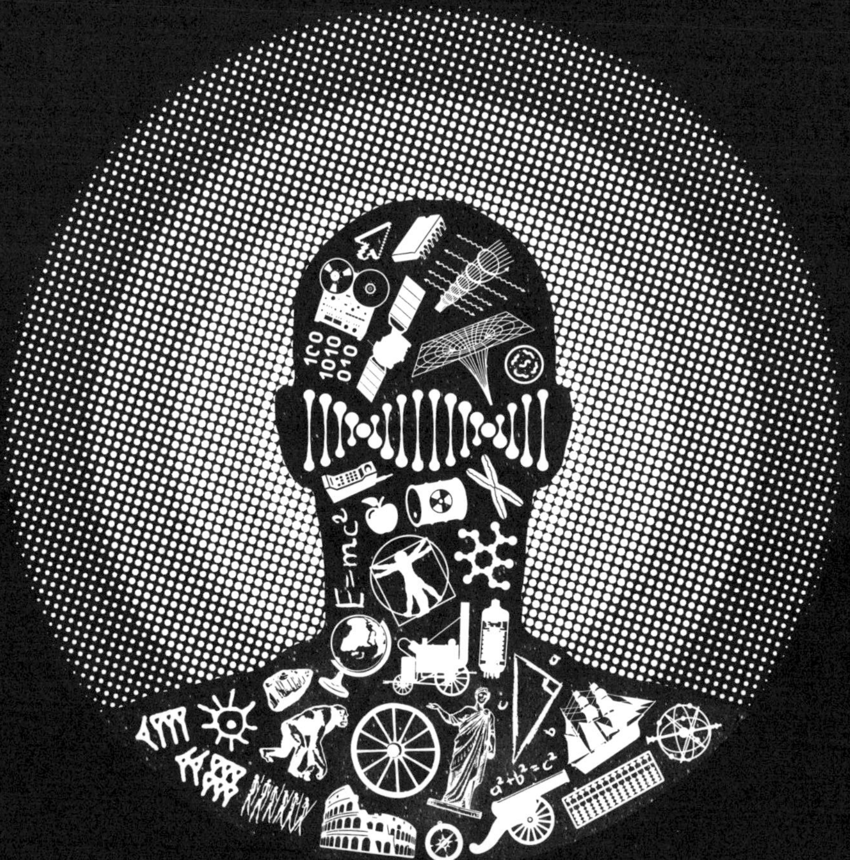

HOMO SCIENTIFICUS

농업혁명

| 기원전 12000년 ~ 기원전 1000년의 과학기술사 연표 |

	기원전 5000	기원전 4000	기원전 3000	기원전 2000	기원전 1000
물질	기원전 5000년경 이집트에서 구리를 사용하다.	기원전 4000년경 태국에서 청동을 사용하다.	기원전 3500년경 메소포타미아에서 바퀴가 발명되다. 기원전 3000년경 그리스 키프로스에서 구리광산이 개발되다. 기원전 3200년경 메소포타미아에서 청동이 만들어지다.	기원전 2600년경 메소포타미아에서 유리를 만들다. 기원전 2000년 이탈리아에서 청동기 문명이 출현하다. 기원전 1200년경 중국에서 금, 구리, 주석, 아연의 네 가지 금속을 이용하다. 기원전 2000년경 북아메리카에서 구리를 채굴하다.	기원전 1450년 이집트에서 물시계를 발명하다. 기원전 1350년 히타이트 사람들이 철기를 사용하다.
우주		기원전 4236년 이집트에서 365일 달력을 사용하다.		기원전 2300년경 바빌로니아에서 혜성과 별을 관측하다. 기원전 1600년경 바빌로니아에서 황도대를 발견하다.	

	기원전 5000	기원전 4000	기원전 3000	기원전 2000	기원전 1000
생명		기원전 4000년경 우크라이나에서 말을 가축화하다. 기원전 4000년경 중국에서 물소를 가축화하다. 기원전 4000년경 안데스 지역에서 감자를 재배하다.	기원전 3000년경 페루에서 리마를 가축화하다.	기원전 2900년경 인도에서 목화를 재배하다. 기원전 2600년경 이집트에서 죽은 사람을 미라로 만들다. 기원전 2500년경 중국에서 질병을 치료하기 위해 침술을 이용하다. 기원전 2500년경 이집트에서 수술기구를 이용해 외과수술을 하다.	기원전 1700년경 중국에서 소를 이용해 농사를 짓다.
인간		기원전 4000년경 이집트 문명이 탄생하다.	기원전 3300년경 수메르 문명과 설형문자가 출현하다. 기원전 3100년경 이집트인이 상형문자를 사용하다.	기원전 2550년 이집트에서 대피라미드가 완성되다. 기원전 2500년경 중앙아메리카에서 마야 문명이 탄생하다. 기원전 2100년경 수메르인이 흙벽돌로 지구라트를 쌓다. 기원전 2000년경 중국에서 상형문자를 만들다.	기원전 1900년경 그리스 미노스 문명이 시작되다. 기원전 1400년경 영국에서 스톤헨지가 완성되다. 기원전 1000년 페니키아인이 알파벳을 개발하다. 기원전 1000년경 중국에서 대나무를 이용하여 글을 쓰다.

신석기 시대

창백한 푸른 점, 지구는 수많은 온난화와 한랭화의 주기를 반복했다. 지난 1백만 년 동안 평균 10만 년마다 빙하기가 있었다. 마지막 빙하기는 7만5천 년~1만5천 년 전이었다. 특별히 혹독한 것은 아니었지만 이 기간 중 두 차례의 절정기가 있었는데, 첫 번째는 약 7만 년 전이었고 그다음은 2만 년 전쯤이었다. 마지막 빙하기 말인 1만 2천 년 전 무렵에 신석기 시대가 시작되었다. 신석기 시대는 구석기 시대처럼 돌을 서로 부딪쳐 날카로운 돌조각을 만드는 것이 아니라 돌의 표면을 갈아 매끄러운 상태로 만든 간석기를 사용한다는 점이다. 간석기는 이가 빠지거나 날이 무디어진 상태에서도 다시 갈아 재활용이 가능했다는 점에서 놀라운 기술의 발전이라고 볼 수 있다.

신석기 시대와 구석기 시대의 차이점은 도구 제작 이외에도 먹거리를 획득하는 경제활동에도 근본적인 차이가 있었다. 즉 동물을 사냥하거나 식물을 수집하는 식량 채집에서 동물을 사육하는 유목이나 식물을 키우는 농업과 정착 생활 같은 식량 생산의 사회 경제적 변화를 의미했다. 농업혁명은 몇몇 작은 지역에서 기원하여 지구 전체로 퍼졌다. 그렇게 신석기 시대가 시작되었다.

인류가 농업을 시작한 것은 기원전 9천5백 년경 터키 남동부, 서부 이란, 에게 해 동부 지방에서였다. 밀을 재배하고 염소를 가축화한 것은 기원전 9천 년경이었다. 완두콩과 렌즈콩은 기원전 8천 년경, 올리브나무는 기원전 5천 년경, 포도는 기원전 3천5백 년경 재배하기 시작했으며, 말은 기원전 4천 년경부터 기르기 시작했다. 하지만 기원전 3천5백

년이 되자 동물의 가축화와 식물의 재배는 모두 끝났다. 그러면 왜 이 시기에 동식물이 집중적으로 사육되었을까? 1만2천 년 전, 마지막 빙하기가 끝날 무렵 지구의 기온이 크게 치솟으며 기후가 안정되었기 때문이다.

온갖 기술이 발달한 오늘날에도 우리가 먹는 음식의 90퍼센트 이상이 밀, 쌀, 옥수수, 감자, 수수, 보리처럼 우리 선조들이 기원전 9천5백 년에서 3천5백 년 사이에 재배했던 식물에서 비롯되었다. 지난 2천 년 동안 새로운 식물을 재배하거나 동물을 가축화한 사례는 없었다. 놀라운 사실은 신석기 사회가 기원전 1만 년 이후 중동, 인도, 아프리카, 아시아, 중남아메리카 등 전 세계의 다양한 지역에서 여러 차례 독립적으로 등장했다는 점이다. 중미 사람들은 중동에서 밀과 완두콩을 재배했다는 사실을 전혀 모른 채 옥수수와 콩을 키웠다. 남미 사람들은 다른 곳에서 어떤 일이 일어나는지 모르는 채 감자를 재배했다. 중국 사람들은 쌀과 수수를 재배하고 돼지를 키웠다. 뉴기니 사람들은 사탕수수와 바나나를 길렀다.

이처럼 지리적으로 제한된 여러 지역에서 서서히 농업이 시작되었지만 기원후 1세기쯤이 되자 전 세계 대부분의 사람들이 농민이 되었다. 중동, 중국, 중미에서 일어난 농업혁명이 호주, 알래스카, 남아프리카에서 일어나지 않은 이유는 무엇일까? 그 지역에는 대부분의 식물과 동물이 작물화나 가축화에 맞지 않았기 때문이다. 우리 선조들이 채취했거나 키웠던 수천 종의 식물과 동물 중에 농업과 목축업에 맞는 후보는 얼마 되지 않았다. 이들 종은 특정 장소에 살았고 그 장소들이 바로 농업혁명이 일어난 지역이었다.

농업혁명의 실상

한때 학자들은 농업혁명이 인간의 위대한 도약이라고 생각했다. 마치 진화는 진보를 의미하는 것처럼… 진화는 점점 더 지능이 뛰어난 사람들을 만들어냈고, 사람들이 똑똑해짐에 따라 자연의 비밀을 파악하고 가축을 길들이고 온갖 식물을 재배할 수 있었다고 생각했다. 그에 따라 가혹했던 수렵채집인의 삶을 기꺼이 포기하고 즐겁고 만족스러운 농부의 길을 택했다는 식이다. 농업혁명 덕분에 인류가 먹을 수 있는 식량의 양은 늘어났지만, 여분의 식량이 더 나은 식사나 더 많은 여유를 주지는 못했다. 실제로 구석기 시대의 경제나 생활양식과 비교할 때 신석기 시대의 사람들은 삶의 질이 더 낮아졌다. 농부는 수렵채집인보다 더 열심히 일했으며 그 대가로 더 열악한 식사를 했다.

고대 유골을 조사한 바에 따르면, 농업으로 인해 디스크 출혈증, 관절염, 탈장 등 수많은 병이 생겨났다. 새로운 농업은 노동에 너무나 많은 시간을 필요로 했기 때문에 사람들은 밀과 쌀 옆에 영구히 정착해야만 했다. 이로써 사람들의 삶은 완전히 바뀌었다. 우리가 식물을 길들인 것이 아니라 식물이 우리를 길들였던 것이다. '길들이다'를 의미하는 도메스틱(domestic)이라는 단어는 집을 의미하는 라틴어인 도무스(domus)에서 나왔다. 인간은 식물이나 동물을 길들이면서 자기 자신도 길들인 셈이다.

사람들의 정착생활과 농업에 따른 식량의 증가로 말미암아 급속한 인구팽창을 초래했다. 피할 수 없는 인구증가의 압력으로 인해 수렵채집이 가능한 동물과 식물의 자원이 부족해지자 결국 농업에 대한 의존성이 커졌다. 밀 경작은 단위 토지 당 식량생산을 크게 늘렸고, 그 덕분에 사람들은 기하급수적으로 늘어만 갔다. 기원전 1만3천 년경 야생식물을 채취하고 야생동물을 사냥하던 팔레스타인의 여리고(Jericho) 주변 지역에서 인구는 기껏해야 백 명 정도에 불과했다. 기원전 8천5백 년 야생식물이 밀에게 자리를 내준 뒤, 이 지역에는 천 명이 사는 마을이 생길 정도였다. 마을은 커졌지만 집은 다닥다닥 붙어 있었고 사람들은 과거보다 많은 질병과 영양실조에 허덕였다. 농업혁명은 사람들의 삶을 근본적으로 바꾸었으며, 사람들의 주거 조건도 바꾸었다. 농업혁명의 기원에 대해서는 다양한 해석이 존재하지만, 그 혁명이 인간의 역사를 바꾸어놓았다는 점에 대해서는 이견이 없다.

신석기 시대는 최초의 단순한 농부와 유목민에서부터 후기 신석기 시대의 복잡한 도시에 거주하는 집단에 이르기까지를 말한다. 구석기 시대라는 엄청나게 긴 기간에 비해 신석기 시대는 한순간에 불과했다. 구석기 시대에서 벗어나 식량을 생산하기 위한 길은 다음과 같은 두 가지였다. 하나는 채집에서 원시농업의 형태인 곡물 재배로, 이어서 밭을 일구는 경작농업으로 나아가는 길이다. 다른 하나는 사냥에서 짐승 사육과 유목으로 나아가는 길이다. 어느 길을 선택하느냐는 지리적 조건에 의해 결정되었다.

물이 풍부한 지역에서는 농업과 정착촌이 나타났고, 풀이 많은 초원 지역에는 짐승 떼를 몰고 다니는 유목 생활양식이 채택되었다. 사람들은 차츰 방랑하는 생활방식을 포기하고 정착하기 시작했다. 영구 정착촌에 살면서 야생곡물을 집약적으로 채취하고 가공하는 데 많은 시간을 보냈다. 사람들은 돌집과 곡물 저장소를 짓고, 야생 밀을 수확하기 위해 돌로 된 도끼와 낫, 맷돌, 절구, 공이 등의 새로운 도구를 발명했다.

영구 정착촌에 살면서 식량공급이 증가하자 인구가 늘기 시작했다. 방랑하는 삶을 포기하자 여성은 매년 아기를 가질 수 있었다. 아기는 죽 같은 이유식을 먹을 수 있었기 때문에 일찍부터 젖을 뗐다. 하지만 인구가 늘어나면서 식량도 재빠르게 고갈되었고, 따라서 경작지를 더욱 늘릴 필요가 있었다. 동물을 키우고 질병이 많아지면서 어린이 사망률은 급격히 치솟았다. 대부분의 농경사회에서는 20세가 되기 전에 최소한 어린이 세 명 중 한 명이 사망했다. 하지만 출생률 증가가 사망률 증가를 앞질렀다. 사람들은 계속해서 아이를 더 많이 낳았다. 사람들은 일을 더 열심히 하면 삶이 더 나아질 것으로 생각했다. 가령 씨를 표면에 뿌리기보다 괭이로 땅을 파면 수확량이 늘어날 것으로 기대했다. 사람들의 계획은 원활하게 진행되었지만, 아이들의 숫자가 늘어날 것이라는 사실은 내다보지 못했다.

그렇다면 왜 사람들은 농경을 포기할 수 없었을까? 가장 주된 이유는 인구증가로 인해 더 이상 수렵채집 생활방식으로는 생존할 수 없었기 때문이다. 또 다른 이유는 다음과 같다. 작은 변화가 축적되어 사회를 바꾸는 데는 여러 세대가 걸린다. 그때쯤이면 사람들은 자신들이 과거에 다른 방식으로 살았다는 것을 아무도 기억하지 못한다. 결국 좀 더 쉬운 삶을 추구한 결과 더 어렵게 되어버렸다.

오늘날 우리에게도 똑같은 일이 벌어지고 있다. 역사의 철칙 가운데 하나는 사치품은 필수품이 되고, 그에 따라 점점 더 물질을 갈망하고 의존하기 시작한다. 결국 그것 없이는 살 수 없을 지경이 되고, 그것이 충족되지 않으면 우리의 삶은 더욱 피폐해진다. 지난 몇 백 년 동안 우리는 시간과 노동을 절약하기 위해 많은 기계들을 발명했다. 기차, 자동차, 비행기, 세탁기, 청소기, 전화, 컴퓨터, 이메일 … 이들 기계는 우리 삶을 더 여유 있고 풍족하게 만들 것으로 기대했다. 하지만 우리는 시간을 절약한다고 생각했지만, 실은 인생이 돌아가는 속도를 옛날보다 열 배 빠르게 만들었다. 그래서 우리 일상생활에는 항상 불안과 걱정이 넘쳐난다.

중동의 신석기 문화가 몇 천 년 지난 후에는 농업과 유목을 결합한 새로운 혼합경제가 시작되었다. 구석기 시대의 생활양식이 부분적으로 생물학적 진화에서 비롯되었다면, 신석기 시대의 농업혁명은 환경에 대하여 스스로를 변화시킨 역사적 진화를 보여준다. 신석기 시대에는 여러 가지 기술들이 발달했는데, 대표적인 것은 바퀴와 방직 기술, 그리고 도기의 발명이다.

잉여식량과 사회조직

구석기 시대에도 일부 집단이 바구니를 만들기 위해 엮어짜기와 같은 기술을 사용했다. 하지만 옷과 그릇의 수요가 증가하면서 방직 기술이 꽃을 피운 것은 신석기 시대에 이르러서였다. 방직 기술에는 양털깎기나 아마, 목화의 재배 및 수확, 처리, 실잣기, 베틀 제작, 염색, 직물짜기 등 여러 가지 다양한 기술이 필요하다. 세계 곳곳에서 독립적으로 발생한 도기 역시 신석기 시대의 핵심적인 또 하나의 새로운 기술이다. 구석기 시대에도 구운 진흙으로 만든 그릇이 있었다. 그러나 구석기 시대의 경제는 도기 기술의 발달이 필요하지 않았다.

도기는 식량을 저장하기 위해 발명된 것이다. 단지나 그릇은 최초의 농업 사회에서 발생한 잉여 생산물을 저장하고 운반하기 위해 만들어졌다. 신석기 시대의 집단은 집을 짓는 데 흙 반죽을 썼으므로 이로부터 그릇 제작에 활용되면서 도기가 탄생했을지도 모른다. 결국 도기의 생산지들이 생겨나고 근거리 운반이 이루어지기 시작했다. 도기 기술의 핵심은 '불 조절'이다. 진흙을 불로 구우면 수분이 날아가 인공적인 돌이 만들어지기 때문이다. 신석기 시대의 가마는 섭씨 900도 이상의 온도에 도달할 수 있었다. 이처럼 도기를 제작하기 위한 신석기 시대의 불 조절 기술은 훗날 청동기 시대와 철기 시대의 야금 기술을 가능하게 만들었다.

신석기 시대에는 수많은 기술들이 결합하여 새로운 생활양식을 만들었다. 사람들은 목재와 진흙벽돌, 돌을 이용하여 영구적인 집을 지었다. 그들은 밧줄을 만들고 보석을 세공했으며, 심지어 천연구리를 이용하는 일종의 야금술을 개발했다. 그러한 냉간 금속세공은 생활에 필요한 여러 가지 도구들을 만들었다. 예를 들어 1991년 알프스 빙하가 후퇴하면서 발견된 '아이스맨(Ice man)'은 발견 당시만 해도 죽을 때 지니고 있던 정교한 구리 도끼 때문에 청동기 시대의 사람이라고 오해했다. 그러나 그는 기원전 3300년경에 유럽에서 살았던 사람으로 판명되었다. 그는 냉간 단조기술로 만든 도끼를 지닌 신석기 시대의 부유한 농부였던 것이다.

신석기 시대의 농업혁명은 사회적 혁명이기도 했으며 사람들의 삶을 근본적으로 바꾸어놓았다. 구석기 시대에 더욱 작은 집단을 이루었던 것과 비교할 때 신석기 시대에는 수십 가구와 수백 명의 주민으로 이루어져 자급자족하는 정착촌이 형성되었다. 정착생활은 가족들이 모여 부족을 형성하는 집단을 만들었다. 집은 당연히 사회조직의 중심이 되었으며, 생산은 가정을 기반으로 이루어졌다. 가족 간의 관계뿐만 아니라 집단 사이의 관계에서 소통이 매우 중요하게 되었으며 사람들 사이에는 위계질서에 기반한 기초적인 사회조직이 만들어졌다. 사냥이 감소하면서 성별에 따른 분업에도 변화가 생겨 남녀평등이 더욱 강화되었을 것이다. 정착생활, 곡물의 증가, 모유 수유 기간의 단축에 따라 여성은 더 많은 아이를 낳고 돌볼 수 있게 되었다. 그에 따라 출산율도 높아졌다. 신석기 사회는 가부장 중심으로 이루어졌지만, 당시의 남성은 그 이후 문명 시대의 남성들만큼 지배적이지는 않았다.

초기 신석기 시대에는 전문적인 기술로 먹고 사는 특수한 계층의 직업인들이 없었다. 하지만 잉여 식량이 많아지고 물물 거래가 증가한 후기 신석기 시대에 이르러 사회적으로 많은 변화가 발생했다. 정착촌은 더 복잡해지고 부유해졌으며 전문적인 도공, 직공, 석공, 도구 제작자, 성직자 등이 등장했다. 후기 신석기 시대에 이르러 우두머리를 중심으로 하는 낮은 수준의 계급 사회가 등장했다. 이제 지도자들은 5천~2만 명의 인력을 통제하는 부족을 다스렸으나, 아직 왕으로 불릴 정도는 아니었다. 신석기 시대에는 한 사람이 큰 부를 이룰 정도로 재산을 소유하는 것이 불가능했기 때문이다.

신석기 시대의 농업은 더 많은 노동을 요구했지만, 식량은 다양하지 못했고 영양가도 적었다. 하지만 더 많은 식량을 생산했으며 인구는 팽창했고 사람들은 살기에 적합한 지역들로 급속하게 퍼져나갔다. 기원전 3000년경에는 중동에 수천 곳의 농촌이 존재하고 사회는 더 부유하고 복잡하게 발전했다. 후기 신석기 시대에는 진정한 의미의 도시들이 등장했다. 전형적인 예로 신석기 시대에 대표적인 도시로 예리코를 들 수 있다. 팔레스타인의 요르단강 서쪽에 있는 예리코는 이미 기원전 7350년에 2천 명 이상의 인구가 잘 갖춰진 수로와 벽돌로 건설된 건축물들을 가진 전형적인 도시 형태를 띠었다. 예리코에는 높이 9미터, 지름 10미터인 탑과 두께 3미터, 높이 4미터, 총길이 700미터의 성벽이 있었는데, 그것은 잉여 저장물의 약탈을 막기 위한 것이었다. 구석기 시대에도 영토 문제, 여자 약탈을 위한 전쟁들이 벌어졌다. 하지만 신석기 시대에 이르러 인간은 최초로 빼앗거나 지킬 가치가 있는 식량이나 부를 만들어냈다.

문명의 수레바퀴

아주 오랜 옛날 인류는 집단을 이루어 매머드나 곰 같은 커다란 동물을 사냥하곤 했다. 잡은 동물은 그 자리에서 토막을 내어 운반할 때도 있었지만, 가죽을 벗기거나 사람들에게 공평하게 나누어 주기 위해 정착지까지 그대로 옮기는 경우도 많았다. 사냥에 지친 몸으로 무거운 동물을 끌고 가기에는 속도도 느리고 무척 힘들었을 것이다. 자연스럽게 인류는 무거운 것을 쉽고 빠르게 옮길 방법을 궁리하기 시작했다. 여러 번의 시행착오 끝에 마찰력을 줄이는 것이 물건을 쉽게 움직일 수 있다는 사실을 발견했다.

이처럼 물건을 운반하기 위한 도구의 발전은 다음과 같다. 먼저 나무와 짐승의 가죽을 이용해 운반 도구를 만들어 그 위에 물건을 올려놓고 끌었다. 극지방과 겨울이 긴 지역에서는 마찰력이 적은 눈 위에서 폭이 좁은 평평한 나무판을 얹은 썰매를 만들기도 했다. 곧이어 회전운동을 하는 둥근 물체를 사용하면 편리하다는 사실도 알게 되었다. 따라서 썰매나 평평한 나무 밑에 굴림대를 놓고 끌기 시작했다. 영국의 스톤헨지나 이집트에서 피라미드를 건설할 때, 또는 이스터 섬 사람들이 석상을 만들어서 이동할 때 굴림대를 이용한 것이 그 증거다. 곧이어 나무판이나 썰매에 굴림판을 부착시킨 것이 오늘날 바퀴라고 불리는 마찰력이 적고 회전운동을 하는 도구를 만들게 되었다.

회전운동을 이용한 도구로는 도기를 만들 때 사용하는 물레가 있다. 사람들이 물레를 사용하기 시작한 것은 기원전 3500년경으로 바퀴보다 빠르거나 거의 동시대였다. 바퀴는 역사를 통틀어 세계 각지에서 여러 번 발명되었다. 바퀴가 처음 등장한 곳은 4대 문명의 탄생지인 유프라테스강과 티그리스강 사이에서 발생한 메소포타미아 문명의 수메르였다. 야생 밀이 자생하던 지역적인 특색으로 다른 지역에 비해 이른 시기에 농업이 발달했다. 기원전 4000년 무렵에 수메르인들은 황소 두 마리로 쟁기를 끌고 흙을 가는 농사법을 시작했다. 잉여 생산물이 늘어남에 따라 인구가 밀집하게 되었다. 인구가 많아지자 사람과 물자 이동이 빈번해지면서 자연스럽게 효율적인 운송 수단을 만들려는 시도가 생겨났다.

최초의 바퀴는 통나무를 원판 모양으로 자른 것이다. 하지만 통나무 원판은 나뭇결에 따라 쪼개지기 쉽다는 단점이 있다. 따라서 두세 장의 나무 조각을 맞추어 원판을 만들고 나무못으로 고정시킨 바퀴가 등장했다. 마침내 기원전 2000년경 나무 테두리에 바퀴살을 박아 가운데를 비우는 기술이 개발되었다. 나무로 만든 바퀴는 울퉁불퉁한 돌길을 만나면 부서지거나 마모되어 바퀴 테가 매끄럽지 못한 경우가 많았다. 이를 방지하기 위해 나무 테두리에 짐승의 가죽이나 구리판을 씌워 바퀴를 보호하기도 했다. 금속 기술의 발달로 쇠테를 만들어 씌우게 되면서 바퀴는 더욱 튼튼해졌다. 기원전 4세기경에는 그리스에서 바퀴를 변형시킨 톱니바퀴나 도르래를 발명하기도 했다.

바퀴를 이용한 수레를 문명의 상징으로 보기도 한다. 수레가 등장한 이후 사람들은 도로를 닦고 다리를 놓았다. 수레를 이용하여 많은 물건들을 손쉽게 운반할 수 있게 됨에 따라 시장과 도시가 발달하기 시작했다. 수레는 전쟁터에서도 큰 위력을 발휘했다. 말이 끄는 전차로 활용되었을 뿐만 아니라 군수품을 보급하는 도구로 사용하기도 했다. 수레를 효율적으로 이용하고자 하는 인간의 노력은 마침내 자동으로 움직이는 수레, 즉 오늘날의 자동차와 기차를 발명하기도 했다.

문명의 길로 나아가다

기원전 7세기경 고대 그리스의 시인 헤시오도스는 그리스의 역사를 다섯 시대로 구분했다. 황금 시대, 은의 시대, 청동 시대, 영웅 시대, 철의 시대가 그것이다. 다섯 시대에서 네 시대를 구분하기 위해 금속을 택한 이유는 고대 사회에서 금속의 사용이 시대의 변화를 가장 잘 대변하기 때문이었다. 누가 최초로 구리를 발견해서 문명의 길을 열었을까? 누가 최초로 철을 발견해서 문명의 수레바퀴를 돌렸을까? 고대의 금속 탐험가들은 익명의 깊은 강물 속에 가라앉아 있을 뿐이다.

불은 석기 시대 사람들에게 가장 중요한 힘의 원천이었다. 초원에 불을 질러 농경지로 개간하는 화전 농법은 사람들에게 환경을 변화시킬 새로운 힘을 주었다. 문명의 토대를 쌓아 올리는 데 있어 가장 커다란 발전의 하나는 인류가 불을 이용하여 금속을 제련하는 방법을 터득한 것이었다. 고고학자들은 인류의 시대를 석기, 청동기, 철기의 순서로 분류한다. 사람들이 처음 금속을 접한 것은 산과 강에서 눈에 띄는 원석 상태였을 것이다. 그들은 부싯돌이나 처트(규소와 석영을 함유한 퇴적암) 같은 암석에 열을 가하면 쉽게 가공할 수 있다는 것을 알아냈다. 또는 구리 같은 원석을 망치로 때려 적절한 도구를 만들 수 있다는 사실을 알아냈다.

시간이 흐르면서 돌, 나무, 뼈보다 금속이 가진 장점이 더 뚜렷해졌다. 초기의 야금술은 광석을 불에 녹여 금속을 추출하는 제련법밖에 없었다. 구리 광석은 비옥한 초승달 지역의 산에서 쉽게 발견된다. 모닥불은 음식을 조리하기에는 충분하지만 화력은 기껏해야 600도 정도다. 하지만 기원전 4000년경에 밑에 불이 있고 위에 항아리가 있는 두 칸짜리 가마가 발명되었다. 이런 가마에서는 1200도의 고온을 만들 수 있으므로 제련이 가능했다.

구리 제련법은 기원전 4300년경에 개발되었으며 기원전 3800년경에는 여러 지역에서 폭넓게 이용되었다. 현재까지 알려진 가장 오래된 금속 도구는 기원전 2900년경에 제작된 것이다. 초기 야금술에서 구리

제련법이 사용된 후 점차 청동과 철을 이용하여 다양한 도구를 만들기 시작했다. 기원전 4000년경 이후 사람들은 구리에 약간의 주석을 섞기 시작했다. 구리와 주석의 합금을 청동이라고 하는데, 구리보다 훨씬 단단하다. 청동은 기원전 3200년경 현재의 이라크 남부에서 처음 만들어졌다.

중동에서 최초로 청동기 시대가 시작된 것과 관련하여 두 가지 미스터리가 존재한다. 첫째 구리와 섞으면 더욱 단단한 청동을 만들 수 있는 주석이 상대적으로 희귀했음에도 불구하고 어떻게 청동을 만들 수 있었을까? 둘째는 그럼에도 불구하고 청동이 세계 각지에 어떻게 급속히 퍼졌을까? 사실 초기 청동기 시대는 합금의 시대라고 불러야 한다. 기원전 2000년경 제작된 청동기 물건들은 화학적 구성이 다양하기 때문이다. 구리와 섞은 금속들은 주석뿐만 아니라 납, 철, 비소 등 여러 가지였다. 이로 미루어 짐작컨대 사람들은 도구와 무기의 날을 더 날카롭게 만들려고 했지만, 만족스러울 만큼 정교한 가공은 어려웠던 듯하다.

구리, 금, 은은 자연 상태에서 덩어리로 존재한다. 하지만 주석은 자연에서 순수한 상태로 발견되지 않는다. 주석은 다른 금속과 화학적으로 결합해 있으므로 순수한 주석을 얻기 위해서는 녹여야만 했다. 구리는 어느 지역에서나 대량으로 찾을 수 있었으나 주석은 그렇지 못했다. 그럼에도 불구하고 청동은 구리보다 훨씬 부드러워 주조하기 쉬웠으므로 여러 가지 도구와 무기를 만드는데 널리 사용되었다.

구리에서 청동으로의 결정적인 전환은 기원전 1000년경이었다. 주석 함유량이 10퍼센트일 경우 청동으로 만든 물건의 날은 구리보다 두 배 이상 단단하다. 이와 같이 단단한 청동을 이용하게 됨에 따라 칼날이

칼끝 못지않게 중요해져 검이 발달하게 되었다. 때마침 유럽의 스텝 지역에서 말이 사육되었고, 수메르에서는 바퀴가 발명되었다. 이로 인해 전쟁의 양상이 순식간에 달라졌다. 기원후 10세기 중국에서 화약이 발명되기 전까지 전쟁 무기는 그 어느 때보다 급속히 변모했다.

기원전 1400년경 터키의 아나톨리아 반도에 있던 히타이트족은 역사상 최초로 철제 도구를 발명했다. 처음에 제작된 철은 너무 연해서 사용한 후 매번 펴주어야 했으므로 청동에 비할 바가 못 되었다. 하지만 숯불에서 나오는 탄소를 흡수하면 강철로 바뀌는데다 빨갛게 달아 있을 때 물에 집어넣으면 훨씬 더 강해진다는 사실을 알아냈다. 철의 제련은 무엇보다 구리보다 가공하기가 쉬웠다. 바람을 불어넣는 풀무만 있으면 한 단짜리 가마로도 충분했다.

히타이트족은 당시 세계 최강이던 바빌로니아를 멸망시켰으며, 이집트의 파라오인 람세스 2세의 군대와 싸워 크게 무찔렀다. 그보다 1세기 앞선 투탕카멘의 무덤 속에는 각각 철과 금으로 된 단검 2개가 발견되었다. 고대 이집트에서는 철기가 드물었던 데다 철로 된 단검은 녹이 슬지 않아 고고학자들을 혼란에 빠뜨렸다. 인류는 기원전 4천년 이래 구리, 금, 동 등을 이용해 생활을 영위했지만, 제철 기술은 훨씬 뒤에 나왔고 고대 이집트에서는 드물었기 때문이다. 연구에 의하면 이 철은 운철(철과 니켈, 코발트가 주성분인 운석)인 것으로 밝혀졌다.

야금술은 처음부터 매우 정교했다. 기원전 3000년부터 못, 리벳이 사용되었으며, 도금은 기원전 2000년대에 발명되었다. 곧이어 청동 조각상을 제작하기 위한 밀랍주조법도 개발되었다. 초기에 금속의 중요한 용도는 단검, 거울, 주화였다. 거울은 특히 중국에서 인기가 높았으며, 솜씨는 로마인들이 우수했다. 구리에 주석 25퍼센트와 납 5퍼센트를 섞으면 최고의 거울을 만들 수 있었다.

최초의 화폐는 소금이나 쌀, 가축 같은 상품 화폐였다. 급여를 뜻하는 '샐러리(salary)'라는 영어 단어의 어원은 라틴어의 살라리우스(salarius)에서 나왔는데, 이는 바로 소금이라는 뜻이다. 원시 화폐에서 주화로 바뀐 것은 기원전 640년 터키에서 비롯되었다. 최초의 주화는 금과 은의 자연 합금인 엘렉트룸(electrum)으로 만들어졌는데, 크기는 엄지손톱만 했다. 주화가 널리 통용되기 시작한 것은 그리스에서 투표를 통해 정치 요직에 선출된 사람들에게 급여를 주기 위한 용도였다.

화폐의 발명은 사람들의 생활을 완전히 변모시켰다. 화폐가 발명되면서 온갖 종류의 직업과 활동이 생겨났다. 보다 큰 변화는 친족 단위에서 벗어나 새로운 교역 체계를 만들어냈다. 노동은 상품이 되어 화폐로 가치가 매겨졌다. 그리스에서는 화폐의 등장이 정치의 민주화를 촉진시켰다. 이전에도 셈법은 있었지만 시장과 화폐 경제가 등장하면서 부를 바탕으로 여가 시간이 늘어나면서 수학을 비롯한 모든 학문이 발전하기 시작했다. 화폐 경제에서는 물질적 생산 능력이 없는 문학가, 예술가, 학자, 관료 같은 전문가 집단을 만들어냈다.

문자의 발명

문명을 구성하는 요소는 도시, 문자, 직업의 분화, 건축물 등이다. 기원전 3000년대 후반부터 사람들은 큰 도시에 모여 살게 되었다. 최초의 도시 유적은 메소포타미아 북부, 현재 이라크-시리아 국경 지대로서 면적이 12만 제곱미터에 불과했다. 최초의 본격적인 도시는 기원전 3400년경에 메소포타미아 남부에서 출현했으며, 기원전 3100년에는 최초의 이집트 왕국이 생겼다. 파라오들은 수천 제곱킬로미터에 이르는 땅에서 수십만 명의 백성을 다스렸다. 기원전 2250년경 아카드 제국의 왕인 사르곤은 여러 도시국가들을 정복하여 메소포타미아 최초의 통일국가를 건설했다. 아카드 제국이 수립되면서 바빌로니아(남부 메소포타미아)의 북반부를 아카드, 남반부를 수메르라고 부르게 되었다.

당시 아카드에는 백만 명이 넘는 사람들이 살고 있었다. 그 후 중동에는 아시리아, 바빌론, 페르시아 같이 수백만 명의 사람들과 수만 명의 군대를 거느린 거대 국가들이 탄생했다. 새로운 환경 속에서 사람들은 예전과는 다른 사고방식과 다양한 생활양식으로 서로 협력해야만 했다. 그 결과 함께 살아가기 위한 기본적인 도구, 즉 문자, 법, 행정 체계, 새로운 직업, 교육 등이 발달하게 되었다. 이처럼 복잡한 사회를 유지하기 위해서는 말하기(구어)와 쓰기(문어)라는 문자가 필요해서 중요한 사건이나 기록을 유지하고 보존해야만 했다.

그림은 가장 단순한 형태의 기록이다. 약 1만 5천 년 전에 만들어진 프랑스 라스코 동굴 벽화는 종교의식을 위해 그림을 이용했다고 한다. 벽화에 그려진 동물들은 동물 그 자체를 의미했다. 그림들은 형태적으로 더 단순해졌는데, 태양은 원으로 나타내고 물은 굽이치는 선으로 표현되었다. 이처럼 단순한 기호들은 시간이 흐름에 따라 한 가지 이상의 상징, 즉 추상적인 의미를 갖게 되었다. 예컨대 태양은 단순히 해를 뜻하기도 하지만, 낮을 의미하기도 한다. 기호가 물체나 대상을 표현할 뿐만 아니라 추상적인 의미를 더함으로써 마침내 글자가 탄생했다.

그림 문자는 가장 원시적인 문자로서 그림을 통해 의미를 전달하는 문자로서 오늘날 시각 디자인으로 표현하는 올림픽 종목이나 교통 표지판 같은 것들이 있다. 그 후 그림 문자가 물체나 대상을 의미할 뿐만 아니라 소리를 나타내는 것, 즉 언어와 대응하는 형태의 글자를 '상형문자'라고 한다. 가장 잘 알려진 상형문자는 기원전 3100년경 이집트에서 만들어졌으며, 중국의 한자도 상형문자에 속한다. 오늘날에도 일종의 상형문자인 특수문자들이 존재하는데, 예를 들어 하늘에서 빛나는 별의 모양을 본뜬 문자(☆)나 사람의 심장 모양을 본뜬 문자(♡) 등이 있다.

비슷한 시기에 메소포타미아에서도 또 다른 형태의 문자가 발달했는데, 글자를 쓰기 위해 사용하는 도구 때문에 이집트 상형문자와는 매우 다르게 발전했다. 이집트의 필경사들이 갈대 펜과 잉크로 갈대와 비슷한 파피루스 종이 위에 글을 쓴 반면, 메소포타미아의 수메르에서는 갈대 가지로 만든 도구를 이용해 부드러운 점토판에 쐐기 형태로 눌러서 글을 썼다. 이러한 형태의 글자를 '설형문자'라고 하는데, 기원전 3000년경 사용되기 시작했다.

고고학자들이 발견한 수메르의 점토판에 찍힌 글씨들은 대부분 실용적이고 경제적인 글과 계산이었다. 다시 말해 초기 문명에서 지식은 그 자체를 일반화하거나 추상화하는 목적의식 없이 단순한 사실을 기록했다는 점이다. 그 후 문자는 일반적인 기록과 상업적인 거래 방식을 표현하는 데서 벗어나 말을 표현하는 방식으로 바뀌었다. 언어의 모든 부분을 문자로 바꿀 수 있게 되면서 사람들은 새로운 지적 활동, 즉 종교, 정

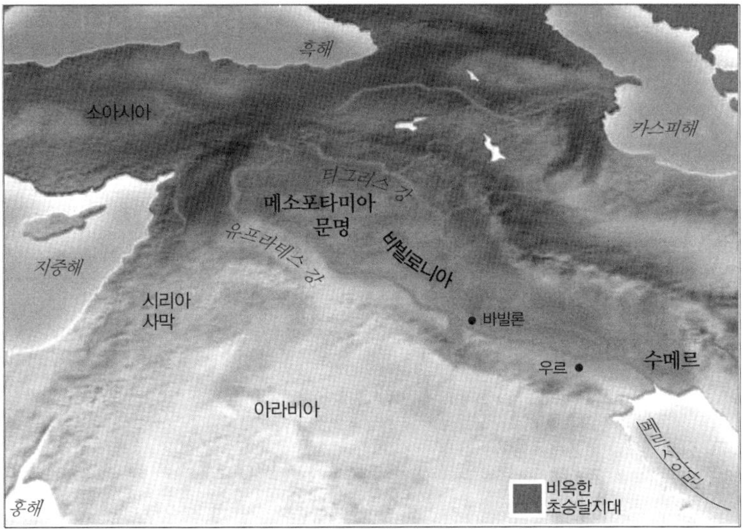

메소포타미아 지역의 지도

치, 역사, 신화까지 확장되어 문학을 낳기에 이르렀다. 문자가 인류 역사에 가장 중요한 역할은 세상을 생각하는 방식과 세상을 보는 방식을 바꿨다는 점이다.

숫자의 발견

수는 어떻게 생겨났을까? 이 질문을 바꿔 말하면 다음과 같다. 수학은 발견일까 아니면 발명일까? 우주 만물이 수학이라는 미묘한 조화의 구체적인 산물이라면 인간은 자연의 비밀을 밝혀내는 과정에서 수학을 발견한 셈이 된다. 마치 천문학자가 지금까지 알려지지 않은 은하를 새로 발견하듯 우리는 그저 수학의 진리를 발견한 것이다. 만약 인간의 머릿속에서 상상한 것이고 인간의 마음을 벗어나서 존재할 수 없는 것이라면 수학은 인간의 발명품일 수밖에 없다. 수학이 발견일까 아니면 발명일까에 대해서는 답이 없을지라도 확실한 것은 숫자 없는 세상은 상상할 수 없다는 점이다. 전화번호, 주민등록번호, 아파트번호, 전철과 버스 번호 등은 우리가 숫자 속에 파묻혀 살고 있음을 보여준다.

원래 수학은 개수, 크기, 모양이라는 개념으로부터 시작되었다. 사물이나 자연을 관찰할 때 우리는 비슷한 것보다는 서로 다른 것을 구별하기 쉽다. 예를 들어 사과 한 개와 여러 개를 구별하는 것보다는 사과와 늑대를 구별하는 것이 쉽다. 그리고 사과 한 개, 늑대 한 마리로부터 공통적으로 1이라는 수의 개념을 떠올릴 수 있다. 이처럼 서로 다른 성질로부터 같은 크기나 모양을 가진 닮은꼴들을 추려내어 공통으로 적용되는 개념을 우리는 '수'라고 인식한다.

우리는 특정한 패턴이나 상징을 나타낼 때도 수를 사용한다. 수학을 언어라고 하면 수는 단어인 셈이다. 인간은 언어를 구사하는 유일한 종족인 동시에 숫자로 얘기하는 유일한 종족이다. 우리는 사과 한 개와 여러 개, 나무 한 그루와 숲을 보면서 사과와 나무를 일대일로 대응하는 공통된 개념으로 받아들인다. 이처럼 인간은 다른 동물들과는 달리 사물의 개수와 모양을 추상화시키는 능력이 있다.

아주 먼 옛날 사람들은 가축이 몇 마리인지 알기 위해 손가락을 사용했다. 가축이 많을 때는 손가락만으론 부족하니까 돌멩이나 조가비를 이용했을 것이다. 그러나 돌멩이는 너무 흔해서 기록으로 남기기에는 적합하지 않았다. 당시 쓰인 돌멩이들은 사라졌지만 우리는 고고학적 유물을 통해 인간이 수의 개념을 가지고 있었다는 초기 흔적을 찾아볼 수 있다. 바로 막대기나 뼈에 새겨진 금들이다. 동유럽의 체코에서 발견된 3만 년 전의 늑대 뼈에는 수를 나타낼 때 사용했던 것으로 보이는 금이 새겨져 있는데 첫째 줄에는 25개, 둘째 줄에는 30개의 금이 새겨져 있다. 그런데 자세히 살펴보면 특이한 점을 발견할 수 있다. 금들이 다섯 개씩 한 묶음으로 표시된 것이다.

초기 인류는 어째서 5의 배수로 수를 나타냈을까? 그것은 인간의 손가락과 발가락이 다섯 개이기 때문이다. 오늘날 10진법이 널리 쓰인 까닭도 인간이 해부학적으로 10개의 손가락과 발가락을 가진 우연에 지나지 않는다. 아프리카 오지에 사는 원시 부족들 중에는 아직도 '하나', '둘'까지만 세고 그 이상은 '많다'라고 나타내는 경우가 있다. 그리스어에도 '하나, 둘, 많다'라고 하는 세 가지 구별이 문법에 남아 있다. 현재 우리가 사용하는 대부분의 언어들 역시 단수와 복수의 두 가지 구분법밖에 없다. 이처럼 2와 3을 기본으로 헤아리는 방법이 5와 10을 기본으로 세는 습관보다 오래되었다. 그럼에도 불구하고 2진법이나 3진법은 모두 10진법으로 대체되었다. 이것은 수를 나타내는 '표시'가 '말'보다 먼저 생겨났기 때문이다. 즉 수를 나타내는 말을 만들기보다는 막대기에 칼자국을 내는 쪽이 쉬웠던 것이다.

손가락이 인류의 첫 번째 계산 도구라면, 조약돌은 두 번째에 해당한다. 이집트인들은 문자를 발명한 후에도 덧셈과 뺄셈을 위해 조약돌을 사용했으며, 이는 로마인들에게 그대로 전해졌다. 로마인들은 이 조약돌을 깔꿀리(calculi)라고 불렀는데, 이로부터 영어의 계산(calculation)과

미적분(calculus)이라는 단어가 만들어졌다. 영국인들은 계산에 쓰는 조약돌을 카운터(counter)라고 했으며, 거래가 이루어질 때 계산을 했던 탁자에도 카운터라는 이름을 붙였다. 오늘날에는 조약돌 대신 금전등록기를 사용하는데, 이 역시 카운터라고 부른다.

수렵채집 생활을 했던 유럽과 아시아 지역의 구석기 시대 문명은 거의 비슷했다. 그런데 기원전 1만 년경 무렵부터 커다란 강을 중심으로 비옥하고 기름진 평원에서 농경과 목축이 시작되면서 신석기 문명이 발달했다. 우리가 4대 문명 발상지라고 부르는 나일강 유역의 이집트 문명, 현재는 이라크 영토인 티그리스강과 유프라테스강 유역의 메소포타미아 문명, 오늘날 파키스탄 영토인 인더스강 유역의 인더스 문명, 중국의 황허강과 양쯔강 유역의 황허 문명에서는 농경과 목축으로 인해 잉여 생산에 따른 거래가 활발해졌다.

이 무렵에는 바퀴와 도자기가 발명되었으며, 구리와 청동을 이용해 도구를 만들었다. 쟁기질에 황소를 이용하고 관개 시설을 만들어 물을 효율적으로 사용했다. 농업이 발달함에 따라 도시가 성장하기 시작했는데, 그에 따라 관리해야 할 소유물의 목록들과 세금을 걷기 위한 새로운 기록 방식으로 숫자와 문자가 생겨났다.

그러면 수를 더하거나 빼는 셈은 어떻게 시작되었을까? 역사에서 가장 오래된 셈의 기록은 메소포타미아의 설형문자, 이집트의 상형문자, 중국의 표의문자에서 볼 수 있다. 요즘 우리가 사용하고 있는 10진법은 고대 이집트와 중국에서 발전되었다. 이와 달리 수메르 문화를 이어받은 바빌로니아에서는 60진법을 사용했으며, 점토판에 설형문자로 숫자를 기록했다. 왜 그들은 손가락 열 개로 수를 세는 10진법이 아니라

60진법을 사용했을까? 추측건대 60은 약수가 많아서 10보다 나눗셈에 편리했을 것으로 보인다. 10의 경우 약수는 2와 5뿐이다. 그러나 60의 약수는 2, 3, 4, 5, 6, 10, 12, 15, 20, 30으로 훨씬 많다. 따라서 물건을 나눌 때 10보다 다루기 쉬웠을 것이다.

60진법을 사용한 또 다른 이유는 원의 작도법과 밀접한 관계가 있다. 그들은 원을 60등분하여 사용하면 편리하다는 사실을 알고 있었다. 오늘날 각도와 시간을 60분, 60초로 나누어 구분하는 것은 바빌로니아의 60진법에서 비롯된 것이다. 또한 바빌로니아인들은 매년 별들이 같은 위치에 오는 기간을 60의 여섯 배, 즉 360으로 나누어 일 년을 구분했다.

인도-아라비아 숫자가 널리 쓰이기 전까지는 곱셈과 나눗셈 계산이 쉽지 않았기 때문에 나눠서 떨어지는 수가 많다는 것은 매우 중요했다. 하지만 고대 바빌로니아 이후 60처럼 큰 수를 기본으로 하는 진법은 더 이상 생겨나지 않았다. 오히려 손가락과 발가락 개수를 모두 더한 20을 기본수로 하는 20진법이 더 많았다. 기록에 의하면 그린란드의 에스키모족, 사할린섬의 아이누족, 마야족과 아즈텍족은 20진법을 사용했다고 한다.

인류 최초로 수를 사용한 기록을 남긴 사람들은 기원전 3000년경 청동기 시대의 수메르인이다. 오늘날 이라크 지역에 해당하는 티그리스강과 유프라테스강 유역에는 고대 메소포타미아 문명이 꽃을 피웠다. 터키 동쪽에서 시작된 티그리스강은 남동쪽으로 흘러 이라크 남부 지역에서 유프라테스강과 합류하여 페르시아 만으로 흘러간다. 원래 메소포타미아라는 말은 '두 강 사이의 땅'을 뜻했다. 메소포타미아 문명의

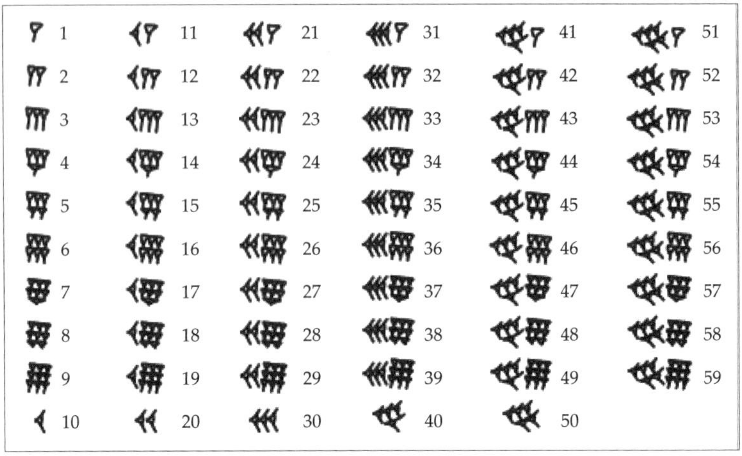

기원전 1800년경 제작된 바빌로니아의 숫자

발상지인 바빌로니아는 동서양의 교류가 활발했던 길목에 있었다. 때문에 아프리카 대륙의 북단에 치우친 이집트에 비해 산술이 더욱 발달했다. 설형문자를 기록한 바빌로니아의 점토판은 이집트의 파피루스보다 보존이 용이했기 때문에 오늘날까지 많은 기록이 남아 있다.

미국 컬럼비아 대학의 박물관에 보존되어 있는 바빌로니아 점토판은 당시 수학이 얼마나 발달되었는지를 잘 보여 준다. 점토판에는 피타고라스 정리가 성립하는 세 쌍의 수들이 적혀 있는데, 피타고라스가 활동한 시기는 기원전 6세기경인 반면, 점토판은 이보다 앞선 기원전 1800년경에 제작되었다. 피타고라스 정리가 만들어지기 전에 바빌로니아인들은 이미 그 원리를 알았던 셈이다.

바빌로니아인들은 또 같은 숫자라도 위치에 따라 수의 크기가 달라지는 자릿수 개념을 도입해 계산을 빠르고 효율적으로 만들었다. 반면 이집트에서는 자릿수를 표현하는 방식이 없었는데, 이 차이로 인해 바빌로니아인들은 산수와 대수가 발달하고 이집트인에서는 기하학이 발달했다. 그런데 자릿수 개념을 잘 이용하려면 0이라는 숫자가 필요하다. 왜냐하면 101과 11을 구분할 수 있는 방법이 있어야하기 때문이다. 바빌로니아인들은 자릿수를 위해 특별한 기호를 사용했지만, 그것이 숫자로 취급될 수도 있다는 사실을 몰랐다. 그래서 인류가 0이라는 숫자를 발명하기까지는 오랜 시간이 필요했다.

이집트인들은 상형문자에 가까운 숫자를 사용했다. 그들은 나일강 삼각주에서 자라는 파피루스라는 갈대 식물의 껍질에 문자를 기록했는데, 종이(paper)라는 말은 여기서 유래했다. 이집트 수학에 대한 대부분의 지식은 아메스 파피루스를 통해 알 수 있는 데, 몇몇 문제들만 제시되어 있을 뿐 연산에 대한 설명이나 이유는 적혀 있지 않다. 그 까닭은 아마도 이집트의 신정통치와 관련이 있을 것이다. 고대의 성직자들은 행성의 움직임과 별의 위치를 관찰해 규칙성을 찾아내기 위해 수학을 이용했다. 자연현상에 대한 지식을 독점한 성직자들은 이를 바탕으로 자연의 변화를 예측하고 미래에 대한 예언을 할 수 있었다. 당시 수학을 포함한 모든 지식은 통치를 위한 수단이었기 때문에 성직자들은 권력을 독점하기 위해 기록이 아닌 입에서 입으로만 지식을 전달했다.

이집트와 바빌로니아의 기하학은 경험에 의한 어림짐작으로 이루어졌기 때문에 실용적인 측면이 강했다. 직선은 단지 쭉 뻗은 줄을 의미했고, 평면은 평평한 땅 조각의 표면이었다. 그들은 파피루스와 점토판에 신용장, 임금, 거래액 등을 새겼다. 그리고 기하학 공식을 이용해 들판

기원전 1650년경 제작된 이집트의 아메스 파피루스

의 넓이를 계산하고 곡물창고에 저장된 곡식의 양을 계산했다.

이집트에서는 나일강의 범람 때문에 기하학이 특히 발달했다. 그리스의 역사가 헤로도토스에 의하면 기원전 14세기 세소스트리스 왕은 모든 이집트인들에게 똑같은 크기의 땅을 나누어주고 그에 따라 세금을 매겼다고 한다. 만일 누군가 나일강의 범람으로 땅을 잃으면 파라오에게 손실을 보고하고, 파라오들은 측량관을 파견해 피해 상황을 조사하고 토지의 경계를 다시 만들도록 했다. 이집트인들은 밧줄을 이용해 땅을 삼각형과 사각형으로 분할함으로써 넓이를 계산했다. 그래서 기하학이란 말의 어원도 '땅을 측정'한다는 의미에서 나왔다.

나일강의 범람은 자연스럽게 달력의 계산과 천문학을 발달시켰다. 왜냐하면 매년 같은 날 새벽에 시리우스별이 하늘에 나타나면 나일강이 범람해 카이로까지 홍수가 났기 때문이다. 그들은 시리우스별의 주기가 1460일(=365x4)이라는 것을 알고 있었기 때문에 1년을 365일로 나누었다. 하지만 달력에서 1년은 실제 태양년보다 하루의 1/4만큼 짧았기 때문에 윤년을 집어넣었다.

고대 문명의 밤하늘

고대 문명에서 성직자는 천문학 지식의 관리자였다. 성직자는 태양과 달, 별의 궤도와 주기를 관찰해서 언제 씨를 뿌리고 곡식을 거둬야할지를 결정했다. 이처럼 천문학이 발전하게 된 계기는 농업, 종교, 상업 같은 실용적인 이유 때문이었다. 고대 문화에서는 일식과 월식, 혜성의 출현 등과 같은 천문학적 사건들을 지상에서 일어날 사건들의 징조로 받아들였다. 고대의 천문학자는 하늘의 움직임이 개인의 삶이나 국가의 운명에 어떤 영향을 미치는지 알아내는 점성술사의 역할도 같이 했다. 별은 풍요와 기근, 전쟁과 평화 같은 징후를 알려주는 하늘의 거룩한 계시와 같았다. 따라서 계절을 예측하고 달력을 만들기 위한 천문학과 더불어 점성술은 고대 문명에서 최초의 응용과학이라고 할 수 있다.

모든 고대 과학에서 가장 먼저 발달한 것은 바빌로니아의 천문학이었다. 바빌로니아에서는 동물의 내장으로 점을 치다가 별로 점을 치는 방법으로 바뀌어가면서 천체 관측이 활발하게 이루어졌다. 바빌로니아의 천문학자들은 하지와 동지, 춘분과 추분, 그리고 태양과 달의 주기를 잘 알고 있었다. 그들은 일식과 월식이 언제 그리고 얼마나 큰 규모로 일어날지를 예측할 수 있었다.

그들은 일식과 월식을 예측했지만 단순히 대수적인 방법으로만 천문학적 계산을 했고, 훗날 그리스 천문학자들처럼 기하학적인 모형을 사용한 것은 아니었다. 예를 들어, 바빌로니아사람들은 똑같은 지역에서 월식이 18년마다 일어난다는 것을 알았지만, 주기적인 현상으로만 이해했으며 기하학적 우주 구조에 의한 추론은 아니었다. 그들은 3차원의 기하학적 도표를 그리는 대신 복잡한 곱셈과 나눗셈을 이용하여 관측자료들과 별들의 위치에 관한 산술식을 만들었다.

바빌로니아인들은 하늘의 변화를 단순히 기록하다가 점차 변화의 시기를 예측했다. 약 100만 건에 이르는 관측자료 중 3분의 1일이 기원전 8세기에서 기원후 1세기 사이에 기록되었는데, 이는 역사상 가장 긴 목록이었다. 그들은 기록을 통해 하늘에서 반복적으로 일어나는 패턴을 알아냈고, 태양과 달을 비롯한 여러 별들의 움직임을 예측할 수 있었다. 당시 사람들은 하늘과 땅을 가르는 기준이 달랐다. 그들은 대기를 별에 속하는 세계로 생각해서 구름의 형태나 모양을 일식이나 유성 같은 하늘의 신비로운 현상으로 여겼다. 오늘날 기상학(meteorology)이라는 단어는 유성(meteor)에서 유래했으며, 이 같은 하늘에 대한 인식은 17세기 말까지 유럽인들의 사고를 지배했다.

오늘날까지 남아 있는 방대한 관측 자료와 계산법은 그리스 천문학자들에게 중요한 가치가 있었다. 그 중 하나가 태양이 지나간 자리에 있는 12개의 별자리인 황도 십이궁이다. 바빌로니아인들은 하늘을 12구역으로 나누고, 각각의 구역에 별자리 이름을 하나씩 대응시켰다. 오늘날 신문에서 볼 수 있는 별자리 운세로 친숙한 십이궁도는 그렇게 탄생했다.

이집트의 피라미드

세계 7대 불가사의란 기원전 2세기경 그리스 시인 안티파트로스가 쓴 시에 당시 놀랄 만한 건축물을 언급한데서 유래한 말이다. 세계 7대 불가사의 중 이집트 기자의 사막고원에 있는 쿠프 왕의 대피라미드는 규모의 웅장함이나 건축공학적 기법으로 봤을 때 오늘날에도 여전히 불가사의로 남아 있다. 광활한 사막에 우뚝 서 있는 피라미드가 약 4500년이 지난 지금까지 존재한다는 사실은 고대 문명인이 고도의 기술과 독창성, 조직력을 갖고 있었음을 증명해준다.

이집트 전 지역에 현존하는 70여 개의 피라미드 중 최초의 피라미드는 기원전 2630년경 당시 살아있는 신으로 여겨졌던 파라오인 죠세르 왕의 무덤이었다. 가장 규모가 큰 대피라미드는 기원전 2500년에 세워진 쿠푸 왕의 무덤으로 세계 최대의 건축물답게 내부 구조가 매우 복잡하다. 대회랑과 왕의 방, 왕비의 방, 오르내리는 통로, 환기통 등이 얽혀 있어 대피라미드가 단지 돌을 적당히 쌓아놓은 돌무더기가 아님을 알 수 있다.

사람들은 대피라미드를 보고 두 번 놀란다. 먼저 피라미드의 엄청난 규모에 일종의 신비로움을 느끼고, 구조물의 기하학적 정밀성을 확인하고는 새삼 감탄하게 된다. 평균 2.5톤 무게의 어른 키만 한 돌로 쌓은 피라미드의 네 변의 길이는 230미터 정도로 각 변의 길이는 소수점 첫째 자리에서 값의 차이가 날 뿐 거의 비슷하다. 피라미드 밑변은 각각의 모서리가 정확히 90도를 이루며 동서남북을 가리키고 있다. 현대의 건축학자들은 이런 정밀도를 가진 거대한 건물을 짓는 일이 불가능하다고 입을 모은다. 피라미드 밑변의 길이를 높이로 나눈 값은 1.57인데, 이는 원주율(3.1416)의 절반에 해당하는 수치다. 이런 점까지 고려해 피라미드를 만들었다면 건축 과정은 더욱 복잡했을 것이다.

쿠푸 왕의 대피라미드는 많은 수학적 비밀을 담고 있다. 피라미드는 정확하게 남북 축을 따라 건설되었는데, 대피라미드의 밑변은 230미터로서 거의 완벽한 정사각형을 이룬다. 또 바닥면의 기울기 차이가 16밀리미터에 지나지 않을 만큼 정확하다. 대피라미드의 정확한 비율을 따져 보면 더욱 신비롭다. 옆면을 이루는 삼각형의 높이는 186미터이고 밑면인 한 변의 길이의 반은 115미터인데, 그 비를 구하면 1.618로서 세상에서 가장 아름답다고 하는 황금비율이 된다. 또한 피라미드의 높이는 146미터이며, 밑면의 전체 둘레는 922미터이다. 이 비를 구하면 6.28로서 원주율 π의 2배, 즉 원의 반지름에 대한 둘레의 비와 일치한다.

피라미드와 관련해 고고학자들을 가장 당혹스럽게 만든 것은 거대한 돌들을 어떻게 옮겼으며 그 높은 곳까지 어떻게 올렸는가 하는 점이다. 대피라미드를 만드는 데 사용된 돌 한 개의 무게는 2.5톤으로 모두 230

만개의 돌이 사용되었다. 기원전 5세기의 그리스 역사가인 헤로도토스에 따르면 대피라미드 건축을 위해 10만 명의 노동자가 20년 동안 일했다고 한다. 피라미드를 지은 사람들은 노예가 아니라 1년 중 나일강이 범람하는 3개월 동안 징집된 노동자로서 국가에서 식량을 배급받았다.

이집트는 나일 강을 중심으로 산 자와 죽은 자의 도시로 나누어져 있다. 서쪽의 죽은 자들의 모래밭에는 오늘도 거대한 피라미드들이 우리를 내려다보고 있다. 피라미드는 이집트의 왕과 백성들에게 실제적인 의미를 지니고 있었기 때문에 수십 년 동안 수많은 백성들이 오랜 시간 땀을 흘려 거대한 돌들을 쌓아 올렸을 것이다. 왕은 백성들에게 신적인 존재로 간주되었으며, 왕이 죽을 때는 본래 태어났던 신에게로 다시 돌아간다고 생각되었다. 하늘로 치솟아 있는 피라미드는 아마도 왕의 승천을 도와준다고 여겼을 것이다. 그리고 이집트인들은 왕의 신성한 시신을 썩지 않게 보존해야만 했다. 그들은 영혼이 저승에서 계속 살아가려면 반드시 육체가 보존되어 있어야 한다고 믿었기 때문이다. 바로 이러한 이유 때문에 시체를 정교한 방법으로 미라로 만들고 얇은 천으로 감아 썩지 않게 했다. 왕의 시신은 석관 속에 넣고 거대한 피라미드의 중심부에 매장되었으며, 묘실 주변에는 그가 다른 세계로 가는 여행을 도와주기 위한 온갖 주문과 부적들이 배치되었다.

그리스의 역사가 헤로도토스에 의하면 미라 제작과정은 다음과 같다. 먼저 금속으로 된 고리를 이용하여 뇌의 척수를 콧구멍으로 꺼낸 뒤, 돌로 만든 칼로 복부를 절개하거나 항문을 통해 내장을 꺼냈다. 이어서 야자로 빚은 술과 곱게 빻은 향료로 복부를 깨끗이 헹궈낸 뒤 몰

기원전 1650년경 제작된 이집트의 아메스 파피루스

약, 계피, 유향 등의 향료를 집어넣고 마지막으로 절개한 곳을 봉했다.

그런 다음 시체를 질산칼슘 속에 70일 동안 두어 근육이 분해되기를 기다렸다. 70일이 지나면 다시 시체를 씻고 아마포로 시체의 머리에서 발끝까지 전체를 감싼 다음 다시 송진을 발랐다고 한다.

3

고대 그리스 시대

고대 그리스 시대

| 기원전 6세기~기원전 3세기의 과학기술사 연표 |

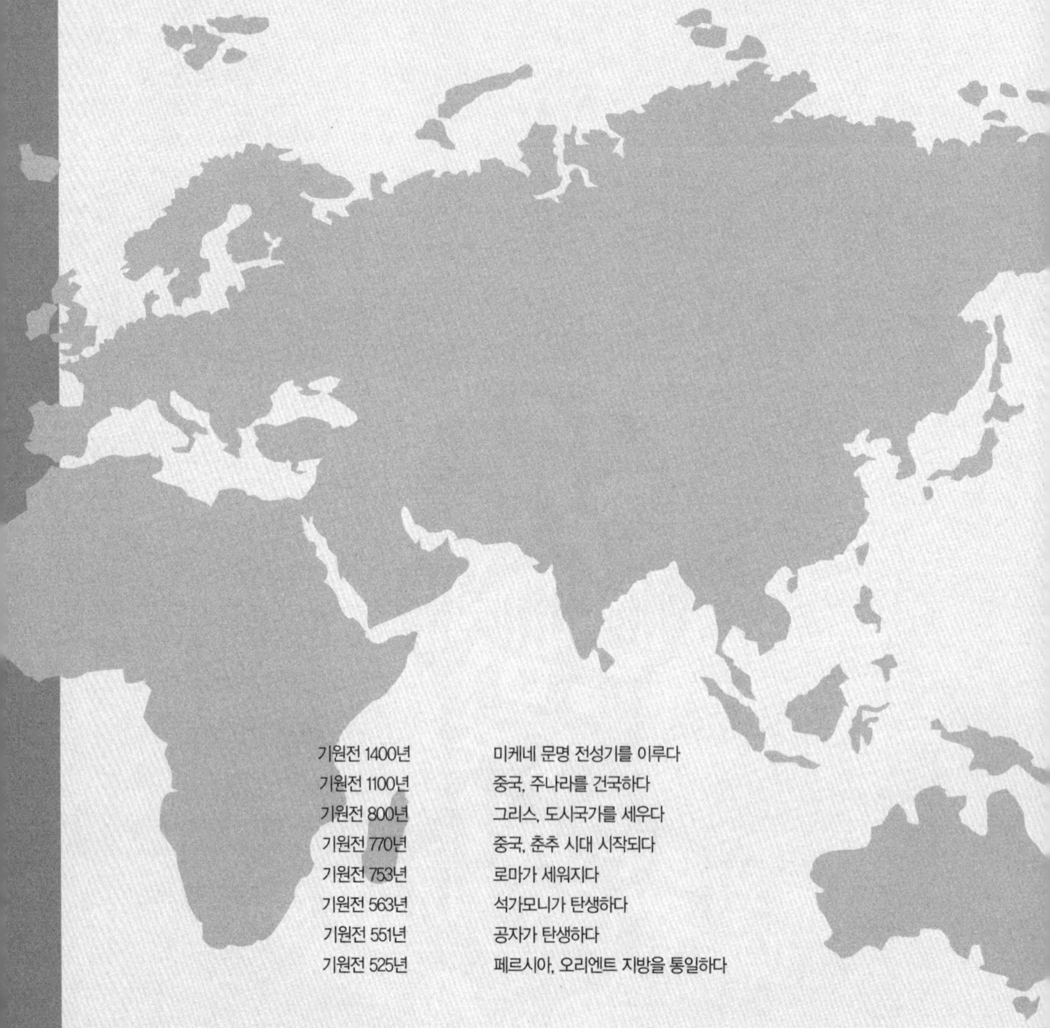

기원전 1400년	미케네 문명 전성기를 이루다
기원전 1100년	중국, 주나라를 건국하다
기원전 800년	그리스, 도시국가를 세우다
기원전 770년	중국, 춘추 시대 시작되다
기원전 753년	로마가 세워지다
기원전 563년	석가모니가 탄생하다
기원전 551년	공자가 탄생하다
기원전 525년	페르시아, 오리엔트 지방을 통일하다

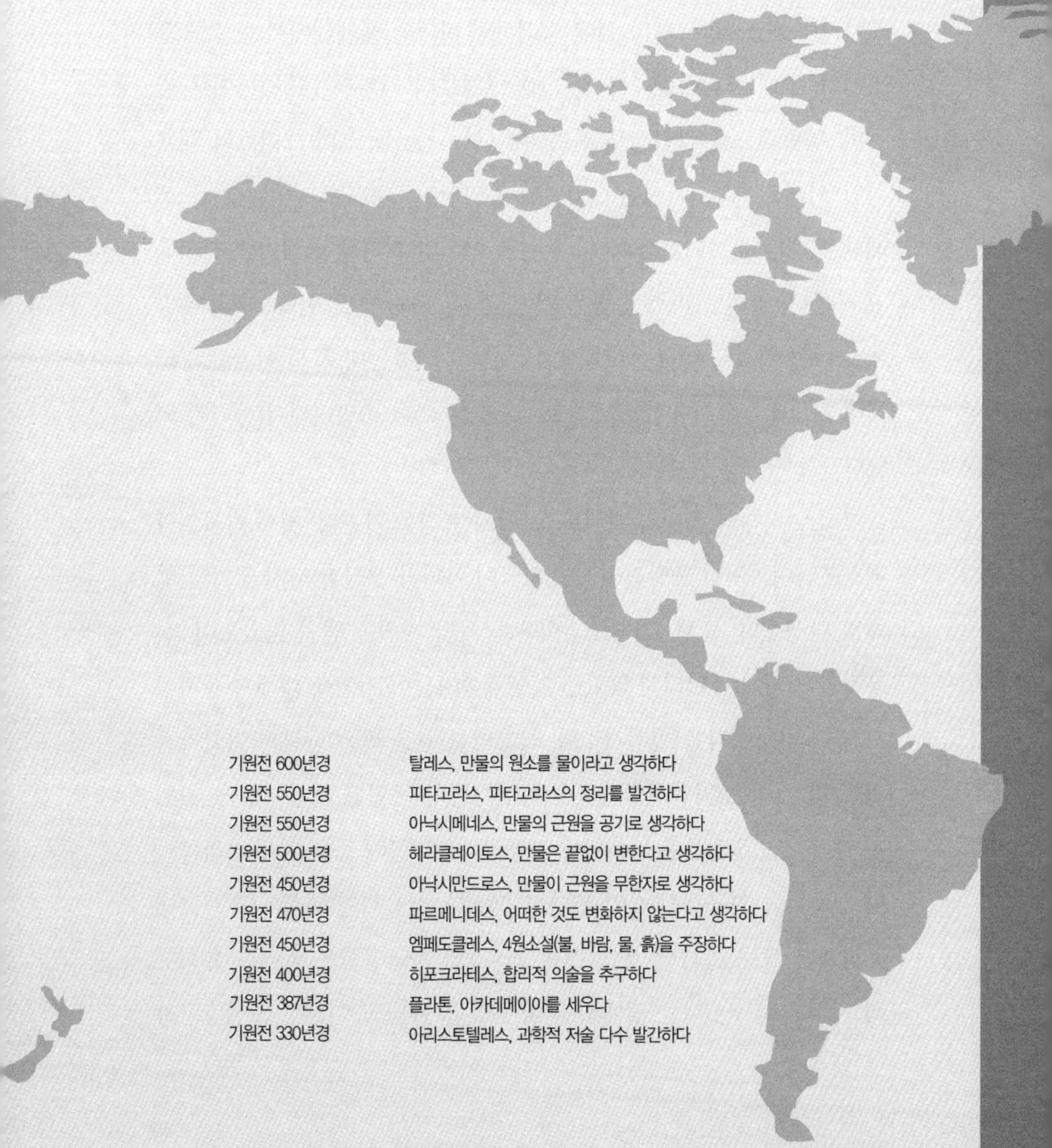

기원전 600년경	탈레스, 만물의 원소를 물이라고 생각하다
기원전 550년경	피타고라스, 피타고라스의 정리를 발견하다
기원전 550년경	아낙시메네스, 만물의 근원을 공기로 생각하다
기원전 500년경	헤라클레이토스, 만물은 끝없이 변한다고 생각하다
기원전 450년경	아낙시만드로스, 만물이 근원을 무한자로 생각하다
기원전 470년경	파르메니데스, 어떠한 것도 변화하지 않는다고 생각하다
기원전 450년경	엠페도클레스, 4원소설(불, 바람, 물, 흙)을 주장하다
기원전 400년경	히포크라테스, 합리적 의술을 추구하다
기원전 387년경	플라톤, 아카데메이아를 세우다
기원전 330년경	아리스토텔레스, 과학적 저술 다수 발간하다

과학의 기원

고대 그리스 문명은 중동 문명의 서쪽인 지중해 동부, 즉 그리스와 소아시아 반도 및 크레타 섬에 둘러싸인 바다의 에게해에서 탄생한 문명이다. 고대 그리스란 기원전 1100년경부터 기원전 146년까지를 말하며, 일반적으로 그리스 고전기(기원전 510~323)를 고대 그리스의 대표적인 시대로 본다. 기원전 600년에서 기원전 300년까지의 시기를 헬레나 시대라 부르며, 알렉산더의 정복 이후의 시기를 헬레니즘 시대라고 부른다. 고대 그리스 문명은 언어, 정치, 교육 제도, 철학, 과학, 예술에 크나큰 업적을 남겼고 후대에 큰 영향을 끼쳤는데, 특히 이슬람 황금시대(9~15세기)와 서유럽 르네상스(14~16세기 말)를 촉발시킨 원동력이 되었다.

그리스 시대의 문명과 과학은 두 가지 특징을 가진다. 첫째 이집트와 메소포타미아처럼 중앙집권적인 왕국이 아니라 분산된 도시 국가의 형태로 발생했다. 둘째 그리스 과학은 국가의 지원을 받지 않았으며, 실용적인 지식에 매달리지 않았던 자연철학자들이 자연에 대해 추상적이고 합리적인 생각을 발전시켰다. 국가의 지원을 받은 중동의 과학자들과 달리 그리스 자연철학자들은 유한계급의 독립된 개인이었다. 기원전 약 390년 플라톤은 『국가』에서 농업, 전쟁, 항해 등을 위해 기하학이나 천문학을 연구해서는 안 된다고 말했다. 실용적인 과학기술은 고대 문명에서 모두 발생했지만, 고대 그리스의 자연철학은 놀이나 유희로서 지식을 추구했다는 점에서 전혀 새로운 개념의 이론적 자연탐구라고 할 수 있다.

"과학은 언제 시작되었을까"라는 질문은 "과학이란 과연 무엇인가"처럼 과학의 본질 문제를 집고 넘어가지 않을 수 없다. 현대의 유명한 과학자 중 한 사람인 리처드 파인만은 "과학은 어떤 것에 대해 관찰을 통해 무언가를 발견하는 것"이라고 했다. 즉 기술이 응용에 초점이 맞추어져 있다면 과학은 발견 그 자체가 목적인 셈이다. 또한 과학을 바라보는 관점에 따라 크게 실용적인 관점과 이론적인 관점으로 나눌 수 있다. 실용적인 관점에 의하면 과학은 인간이 자연을 지배하기 위해 여러 가지 행동을 하는 것이라고 할 수 있다. 이 경우 과학에 대한 정의는 기술과 밀접한 관계를 갖기 때문에 과학의 기원은 기술의 출현과 시기를 같이 한다.

좀 더 좁은 의미로 과학을 이론적인 지식의 한 형태로 본다면, 과학에 대한 정의는 자연현상이 왜 그리고 어떻게 일어나는지를 이해하기 위해 실험적 증거와 생각의 논리를 가지고 기술하거나 설명하는 것이라고 할 수 있다. 이 경우 기술은 실제적인 문제를 해결하기 위해 이론적 지식을 응용하는 것으로 볼 수 있다. 헬레나 시대의 그리스 자연철학자들은 사회적, 경제적 목적과는 달리 순수한 지식을 추구했다. 어찌됐던 과학이 합리성과 객관성의 학문이라고 한다면 과학의 기원은 고대 그리스의 자연철학자들로부터 시작되었다고 말할 수 있다.

대부분 고대 문명의 과학기술은 관개농업과 식량생산에 기반을 두고 발생했지만, 그리스 도시국가의 농업은 전적으로 계절적인 강수와 산악지대의 눈 녹은 물에 의존했다. 또한 신석기 시대의 산림 감소와 침식으로 인해 그리스의 생태계와 생산력은 적은 인구만 겨우 지탱할 수 있을 정도였다. 고대 그리스 시대에는 식량을 자급자족할 수 없어 곡물을

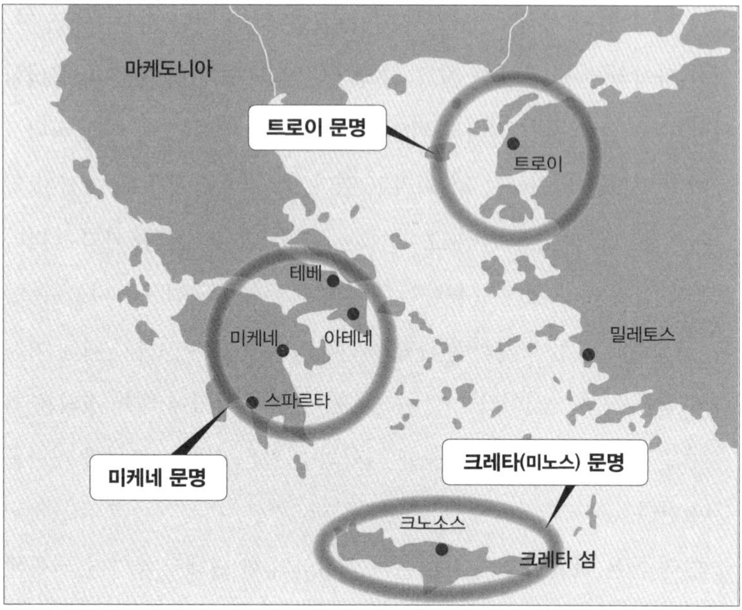

고대 그리스의 세계. 그리스 문명은 에게 해 주변의 작은 도시국가들에서 집단적으로 발생했다. 그리스과학은 소아시아의 이오니아 해안을 따라 분포한 도시들에서 최초로 출현했다.

수입해야만 했다. 따라서 그리스 농업은 양과 염소, 그리고 올리브와 포도의 재배 등을 통해 다른 나라와 해상무역을 하는 형태를 띠었다. 그리스의 산들이 지역을 여러 계곡으로 나눈 것처럼 헬레나 문명은 여러 개의 작은 도시국가들로 나뉘어 있었다. 이러한 도시국가들은 이집트의

파라오처럼 사회적, 경제적 활동을 국가로 집중시키는 관료체계를 형성할 만큼 엄청난 부를 축적하는 것이 불가능했다.

사실 그리스 과학은 그리스에서 기원한 것이 아니라 소아시아의 지중해 연안, 즉 오늘날의 터키에서 발생했다. 특히 처음에는 밀레투스라는 도시에서 시작해 이오니아라 불리는 지역의 여러 도시로 퍼져나갔

다. 즉 기원전 7세기경 그리스 문명의 중심은 그리스 본토가 아니라 변경인 이오니아였던 것이다. 최초의 자연철학자 대부분 도시가 발달되고 경제적으로 발전한 이오니아 출신이었다. 이오니아학파를 비롯한 초기 그리스 자연철학자는 모두 '소크라테스 이전 철학자'라고 부른다. 그들은 소크라테스 이전에 그리스 철학과 과학이 형성되던 시기에 활동한 사람들이기 때문이다.

고대 그리스의 대표적인 자연철학자들

탈레스	기원전 585년
아낙시만드로스	기원전 555년
아낙시메네스	기원전 535년
엠페도클레스	기원전 445년
피타고라스	기원전 525년
헤라클레이토스	기원전 500년
파르메니데스	기원전 480년
레우키포스	기원전 435년
데모크리토스	기원전 410년
소크라테스	기원전 470~399
플라톤	기원전 428~347
아리스토텔레스	기원전 384~322

자연철학과 만물의 근원

일반적으로 그리스 자연철학은 소아시아 지역 밀레투스의 탈레스(기원전 624~545) 에서 시작되었다고 이야기한다. 탈레스는 부유한 상인이며 정치가였을 뿐 아니라 천문학자, 수학자였다. 그는 이집트와 메소포타미아를 여행하며 기하학과 천문학을 배운 것으로 전해진다. 현재 그의 저작은 남아있지 않으며 단지 후대의 학자들이 전하는 기록에 의해서만 간접적으로 파악할 수 있을 뿐이다.

탈레스는 기원 전 585년 5월 28일 일식이 일어나리라는 것을 예언함으로써 사람들을 놀라게 했다. 그 당시 태양이 달에 가려진다고 예언하는 일은 상상도 할 수 없는 일이었다. 마침내 그 날이 오자, 한낮에 하늘은 갑자기 밤이 된 것처럼 어두워졌다. 그 사건으로 인해 탈레스는 단지 수학자뿐만 아니라 천문학자로서 명성이 그리스 전역에 떨쳐졌으며, 훗날 고대 그리스의 "7대 현자" 가운데 한 명이 되었다. 그래서 어느 역사가는 "그리스의 철학은 기원전 585년 5월 28일에 시작되었다"라고 말하기도 한다.

그는 올리브의 수확량을 예측하여 올리브 압착기를 매점해서 많은 돈을 벌었다. 그리고 원주는 지름에 의해 이등분된다는 사실을 증명했으며, 기하학의 지식을 이용하여 이집트 쿠프 왕의 대피라미드 높이를 측정하기도 했다. 또한 지진은 지구가 물위에 떠 있으면서 흔들릴 때 발생한다고 주장했다. 그는 이집트 나일강의 범람을 남쪽에서 부는 계절풍 때문이라고 주장하기도 했다. 그의 철학은 이와 같이 속세와는 무관한 지식을 추구했다. 그래서 다음과 같은 일화가 전해내려 온다. 어느 날 탈레스가 밤하늘의 별을 보면서 걷다가 우물에 빠졌다. 그것을 본 하녀는 "하늘의 이치를 알려고 하면서 바로 앞의 우물은 보시지 못하는군요!" 라며 비웃었다고 한다.

탈레스가 제시한 설명들은 신이나 초자연적인 존재에 호소하지 않고 일반화, 객관화 시켰다. 즉 인간의 마음과 자연 현상을 분리하여 합리적인 유추를 통해 설명했다는 점이다. 그가 이룩한 가장 큰 업적은 처음으

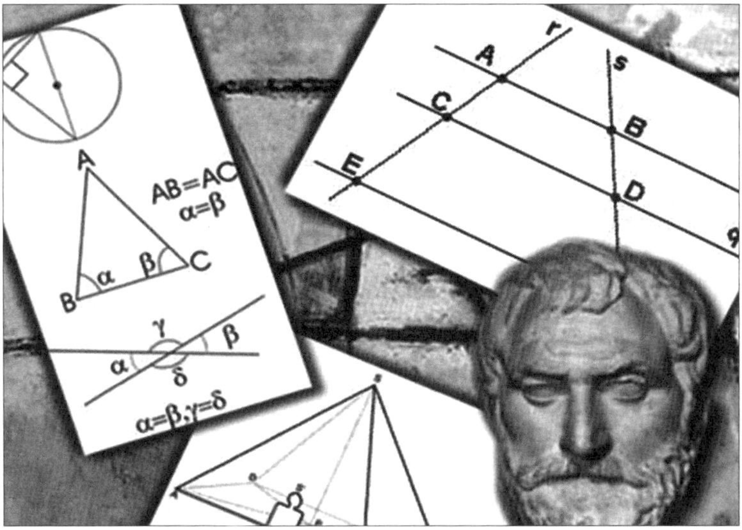

고대 그리스 시대 최초의 자연철학자 탈레스

로 세상을 구성하는 근본물질에 대해 의문을 제기했다는 점이다. 그는 모든 물질의 근본이 물이라고 주장했으며, 물은 만물을 낳고 만물은 다시 물로 돌아간다고 생각했다. 이는 물질이론의 출발점이자 일상적인 지각의 밑바탕에 있는 물리적 세계에 대한 과학이론의 첫 시도였다고 할 수 있다.

탈레스의 제자였던 것으로 추정되는 아낙시만드로스(기원전 610~546)는 만물의 근본을 무한자(apeiron)로, 무형의 초기 상태에서 이원성이 나오면서 세계가 시작되었다고 주장했다. 그 역시 신화에서 비롯된 비자연적인 요인에 의한 설명을 배제하고 합리적인 설명을 추구했다. 그는 천둥은 바람이 갈라질 때 생기고, 번개는 구름이 갈라질 때 생긴다고 주

라파엘로가 그린 아테네 학당(바티칸 성당의 벽화). 왼쪽에 책을 들고 앉아 있는 사람이 피타고라스다

장했다. 또한 그는 지구가 우주의 중심에 정지해있다고 믿었다. 더 나아가 지구는 직경이 높이의 3배인 원통처럼 생겼고, 지구에서 별, 달, 태양까지의 거리는 지구 직경의 9배, 18배, 27배라고 주장하는 등 그리스 천문학 최초로 천체에 대한 기계적 모형을 제시하기도 했다.

아낙시메네스(기원전 585~525)는 만물의 근원을 공기라고 주장했다. 그는 우주 속에 대립하는 두 힘, 즉 농축화와 희박화의 원리에 의해 공기가 다양한 밀도로 농축되어 액체와 고체가 되기도 하고 희박해지면 불이 된다고 설명했다. 밀레투스학파는 1세기 후 엠페도클레스(기원전 493~430) 때 절정기에 이르렀다. 그는 만물의 근원이 네 개의 원소인 물, 불, 흙, 공기로 이루어져 있으며, 원소들의 상대적인 양에 따라 세상을 구성하는 여러 가지 물질이 만들어진다고 주장했다. 원소간의 결합과 분리는 서로 섞게 만드는 사랑과 서로 밀치게 만드는 싸움, 즉 인력과 척력에 의해서 결정된다고 설명했다. 엠페도클레스가 네 가지 기본물질을 주장한 반면, 이오니아학파의 아낙사고라스(기원전 500~428)는 무한히 많은 수의 기본물질이 있다고 주장했다. 그에 따르면 모든 것은 함께 있고, 모든 것은 전체의 부분이기 때문에 순수물질은 존재하지 않는다고 주장했다.

수와 음악, 천체

이집트나 바빌로니아에서는 문자를 읽고 쓰는 능력이 성직자나 관료 계급의 특별한 권한이었다. 이와는 달리 그리스인들은 기원전 10세기경 페니키아인들이 만든 자음뿐인 알파벳에 모음을 더한 알파벳 문자를 사용해서 훨씬 더 효율적으로 읽고 쓸 수 있었다. 특히 그리스에서는 육체노동을 하는 노예들로 인해 문자를 사용하며 여가를 누리는 계급이 생겨났다. 그리스의 교육과정은 읽기와 쓰기, 수사학, 음악, 체육이 전부였고 교육과정을 마치려면 소피스트라는 학자들을 통해 더 많은 교양을 쌓을 수 있었다.

피타고라스(기원전 582~497)는 철학자인 동시에 종교지도자였던 최초의 인물로 수는 그 자체로 신성하다고 주장했다. 그는 앎을 사랑한다는 의미를 가진 '철학'과 '수학'이라는 용어를 만들었다. 피타고라스는 기원전 6세기 초반 터키 앞바다에 있는 사모스 섬에서 태어났다. 어린 시

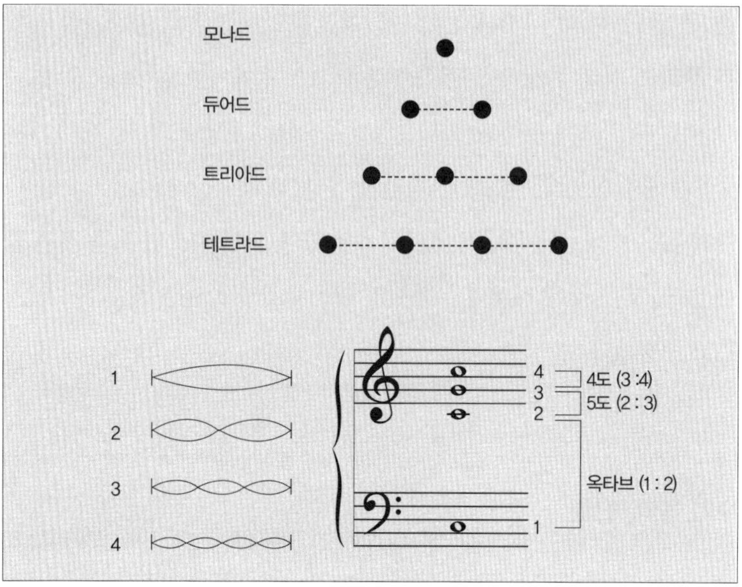

모든 현상과 사물의 본질을 나타내는 테트락티스와 음악의 현과 화음

절부터 여행을 많이 다녔으며, 특히 이집트와 바빌론 등지에서 수학을 배웠다. 나이가 들어 이탈리아 남부 지역에 있는 크로톤에서 철학과 종교 학파를 만들었는데, 짧은 기간에 수많은 추종자들이 몰려들었다. 피타고라스학파의 수학, 철학, 종교는 모든 사물이 수라는 개념으로부터 시작된다.

피타고라스학파의 수 이론은 어디서 유래했을까? 그들의 수에 대한 집착은 음악과 천체로부터 비롯되었다. 수와 음악과 천체가 어떻게 연결되는지를 이해하려면 먼저 조약돌을 이용해 수를 세는 그들의 독특한 방식부터 알아야 한다. 이를테면 조약돌을 이용해 자연수 1, 2, 3,

4…를 순서대로 놓아 삼각형 모양을 만든다.

삼각형은 가장 안정된 기하학적 형태다. 특히 10개의 조약돌이 삼각형을 이룰 때 밑변이 4인 수로 이루어져 있다. 이를 '테트락티스'라고 부른다. 피타고라스학파에서 밑변을 이루는 4는 정의와 질서를 뜻하며, 10은 완성을 의미했다.

왜 피타고라스학파는 테트락티스를 그토록 경외했을까? 그들의 눈에는 테트락티스가 우주의 특성을 나타낸다고 생각했기 때문이다. 그들은 자연수 1, 2, 3, 4를 특히 중요시했는데, 이를 사원수라고 불렀다. 예를 들어 기하학에서 숫자 1은 점(·)을, 숫자 2는 선분(-)을, 숫자 3은 면(△)을, 숫자 4는 사면체를 의미했다. 이로부터 물, 불, 흙, 공기라는 네 원소가 생겨나 만물이 되었기 때문에 수가 만물의 근원이라는 것이었다. 따라서 테트락티스는 인간이 지각할 수 있는 모든 현상과 사물의 본질이라고 생각했다.

테트락티스는 음악의 화음에서도 나타난다. 피타고라스학파는 현을 연속적인 정수비로 분할하면 현악 사중주에서 듣는 것 같은 화음이 만들어진다는 사실을 알아냈다. 두 개의 현을 동시에 튕겼을 때 좋은 소리가 나면, 이는 두 현이 간단한 정수비를 이루고 있기 때문이다. 길이의 비가 1:1인 두 현이 내는 음은 완전히 똑같다. 길이의 비가 1:2면 음은 한 옥타브 차이가 난다. 또한 길이의 비가 2:3이면 완전한 5도 화음이 되고, 길이의 비가 3:4이면 완전한 4도 화음이 된다. 따라서 테트락티스에 의한 수와 음악 사이의 신비로운 일치는 우주가 서로 조화를 이루는 것처럼 보인다.

피타고라스는 자연법칙을 탐구하는 방식으로 정수와 분수로 이루어진 유리수의 중요성을 강조했다. 하지만 심혈을 기울인데 비해 성과는 보잘 것 없었다. 수를 바다에 비유한다면 정수와 분수는 끝없이 펼쳐진 무질서의 바다 위에 외로이 떠 있는 질서의 섬과 같은 존재다. 정수만으로 수학의 구조를 다 설명하기도 어려운데, 우주를 설명한다는 것은 더더욱 불가능할 수밖에 없기 때문이다. 피타고라스학파는 신성하게 여겼던 수에도 결점이 있다는 사실을 알아차렸지만, 그 사실에 너무 충격을 받아 진실을 감추었다. 아이러니하게도 진실이 밝혀지게 된 계기는 바로 그 자신이 만든 피타고라스 정리에 의해서였다. 피타고라스 정리는 다음과 같이 쓸 수 있다.

"직각삼각형에서 빗변을 한 변으로 하는 정사각형의 넓이는 다른 두 변을 각각 한 변으로 하는 정사각형의 넓이의 합과 같다."

그런데 여기서 놀라운 사실이 하나 밝혀졌다. 모든 수는 두 정수의 비로 표시될 수 있으며, 수가 불연속적이라는 피타고라스학파의 철학이 일시에 무너진 것이다. 직각을 낀 두 변의 길이가 1인 직각삼각형을 생각해보자. 이때 빗변의 길이는 얼마일까? 피타고라스의 정리를 적용해보면 다음과 같다.

$$1 \times 1 + 1 \times 1 = a \times a$$

a는 바로 우리가 알고자 하는 빗변의 길이가 된다. a를 두 번 곱하면 2가 되므로 a는 1과 2 사이의 분수가 되는데, 어떤 분수를 두 번 곱해도

2가 나올 수 없다는 놀라운 사실이 밝혀진 것이다. 우리는 빗변의 길이가 라는 것을 알고 있으며, 이런 수를 무리수라고 부른다.

무리수는 몇 개의 숫자로 명확하게 나타낼 수 없다. 실제로 무리수는 소수점 이하의 수들이 끝도 없이 계속된다. 무리수의 발견은 훗날 해석학이라는 수학 분야의 발전에 지대한 영향을 미쳤다. 무엇보다 이 발견을 통해 셀 수 있는 무한대와 셀 수 없는 무한대가 존재한다는 사실을 알게 되었다.

피타고라스학파는 수에 관한 철학을 정립했을 뿐 아니라 수학적인 증명 방법을 구축하는데 중요한 기여를 했다. 수학적 증명은 가정에서 출발하여 논리적 추론을 통해 어떤 명제가 옳은지를 명확하게 밝히는 과정이다. 그리스 시대 이전에는 수학이 실생활에 적용되기만 한다면, 예를 들어 땅을 잘 나눌 수 있다면 그것으로 족했다. 그러나 그리스 시대에는 수학 이론이 왜 실생활에 적용되는지를 설명하고자 했다. 피타고라스학파는 가정에서 출발해 진리를 확인하는 증명 과정을 통해 수학을 다른 어떤 철학 분야보다 확고한 토대 위에 올려놓았다.

피타고라스의 수와 음악, 천체에 대한 개념은 그리스 철학자들뿐 아니라 중세 대학의 교과 과정에도 많은 영향을 미쳤다. 중세 대학에서는 모두 일곱 과목을 가르쳤는데, 문법·수사학·논리로 구성된 3학과와 피타고라스학파의 관심 분야였던 기하·산술·천문학·음악으로 구성된 4학과가 있었다. 훗날 행성의 운동 법칙을 발견한 요하네스 케플러는 피타고라스의 영향을 받아 그의 연구에 『우주의 화음』이라는 제목을 붙였다. 심지어 그는 피타고라스의 정신을 이어 받아 행성마다 음악의 선율을 만들기도 했다.

피타고라스학파의 철학은 서구 사조에서 확고한 위치를 차지했으며, 이러한 다음 세대의 철학자들 가운데 가장 대표적인 인물은 플라톤이다. 그러나 플라톤을 언급하기 전에 먼저 만물의 근원에 대한 탐구를 한 그리스 철학자들을 집고 넘어가자.

세계의 본질에 대한 개념들

이 세상은 무엇으로 구성되었을까? 기원전 6세기와 기원전 5세기에 이르러 그리스 자연철학자들은 세계의 기원과 물질을 이루는 기본적인 성분, 세상의 변화에 대한 논의를 제기했다. 즉 세계는 어떻게 안정적이면서 동시에 변화가 가능한지, 혹은 세계를 구성하는 변하지 않는 그 무엇은 과연 존재하는가? 등을 핵심적인 논쟁거리로 만들었다. 세상의 본질에 대한 견해에서 밀레투스학파의 탈레스는 물, 아낙시만드로스는 무한자, 아낙시메네스는 공기, 엠페도클레스는 물, 불, 흙, 공기라는 네 개의 원소라고 주장했다. 또한 피타고라스학파는 숫자가 만물의 근원이라고 주장했다.

그 외에도 헤라클레이토스와 엘레아학파의 창시자 파르메니데스는 변화의 철학을 주장했다. 헤라클레이토스(기원전 540~480)는 만물은 끊임없이 변한다고 주장하면서 세상의 본질은 불이라고 설명했다. 그는 변화는 영원하며, 모든 것은 흐르고 같은 강물에 두 번 발을 담글 수는 없다고 했다. 이에 반하여 파르메니데스(기원전 510~450)는 아무것도 변화하지 않으며, 변화는 착각일 뿐이라고 맞섰다. 그는 "있는 동시에 있지 않을 수는 없다"며 존재와 비존재를 구분했으며 감각을 거부하고 오직 이성에만 의존해야 한다고 주장했다.

근본적 원소의 존재 여부에 대한 소크라테스 이전의 자연철학자들의 논의는 레우키포스와 데모크리토스의 원자론자들에 의해서 일단락되었다. 이오니아학파의 레우키포스(기원전 440년경)는 원자는 더 이상 나눌 수 없는 가장 작은 입자라고 생각했다. 원자들 사이에는 허공이 존재하고 새로 만들어지지도 파괴되지도 않는다고 보았다. 레우키포스의 학설을 더욱 발전시킨 사람은 아낙사고라스의 제자 데모크리토스(기원전 460~380)였다. 그는 우주에는 원자와 허공 외에는 아무것도 없다고 주장했다. 원자는 무한하며 모든 변화는 원자들의 결합과 분리에 의해 일어난다고 했다. 데모크리토스의 원자론에는 신이 존재할 공간이 없다. 다시 말해 원자와 허공 외에는 불멸의 신 같은 없다고 보았다. 심지어 인간의 영혼 역시 원자들로 구성된 물체이고, 원자가 분리되면 영혼도 소멸된다고 주장했다. 데모크리토스의 원자론은 그 후 에피쿠로스와 루크레티우스에 의해 계승되고 돌턴에 의해 발전되어 근대과학의 원자론을 형성했다.

아킬레스와 거북이의 경주

그리스의 철학자 제논(기원전 490~430)은 동양과 서양 사이에 있었던 페르시아 전쟁이 시작될 무렵 태어났다. 당시 소아시아 지역의 패권을 장악하고 있던 페르시아는 20만이 넘는 대규모 병력을 동원해 그리스를 침략했다. 그리스는 마라톤 전투에서 소수의 병력으로 다수의 페르시아 군대를 물리쳤지만, 그리스 철학은 제논의 역설에 굴복할 수밖에 없었다. 그것은 바로 0의 존재 때문이었다. 제논의 논리적 수수께끼는 거의 2천 년 동안 철학자들과 수학자들을 괴롭혔다.

제논은 '아킬레스와 거북이의 경주'를 통해 아킬레스가 아무리 빨리 달려도 먼저 출발한 거북이를 절대 앞지를 수 없다고 주장했다. 구체적인 숫자를 통해 이 문제를 얘기해 보자. 아킬레스는 1초에 1미터의 속도로 달리고 거북이는 그 절반의 속도로 달린다고 가정하자. 그리고 거북이는 아킬레스보다 1미터 앞서 출발했다고 하자. 아킬레스는 빠른 속도로 달려 단 1초 만에 거북이가 처음 있던 곳까지 왔다. 그런데 거북이도 달리고 있었으므로 그보다 2분의 1미터만큼 앞으로 나아간다. 아킬레스는 다시 2분의 1초 만에 2분의 1미터를 따라갔다. 하지만 거북이도 같은 시간에 4분의 1만큼 또 앞서 나간다. 4분의 1초 후에 아킬레스가 거북이를 쫓아갔지만, 거북이는 또 8분의 1만큼 앞으로 나아간다. 아킬레스와 거북이 사이의 거리는 가까워졌지만 아킬레스가 아무리 달려도 거북이는 항상 그보다 앞에 있다. 따라서 아킬레스는 결코 거북이

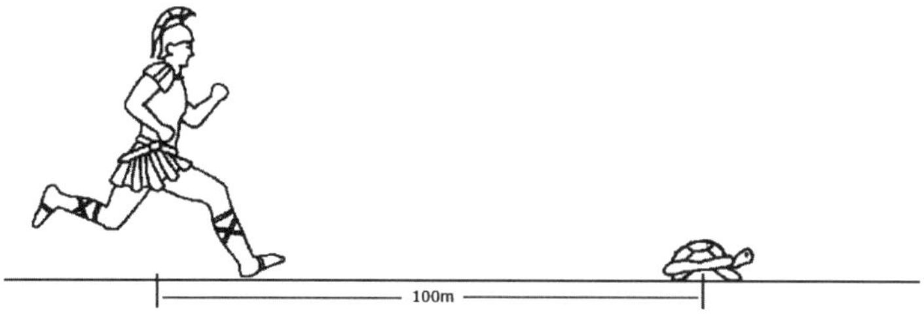

를 따라잡을 수 없다.

그리스 철학자들은 제논의 역설이 잘못되었다는 것을 뻔히 알면서도 수학적 논리에서 아무런 오류를 찾아내지 못했다. 논리가 완벽함에도 불구하고 어떻게 잘못된 결론이 나올 수 있을까? 제논의 역설에서 문제가 되는 부분은 바로 무한이었다. 제논은 연속적인 동작을 무한한 수의 작은 걸음으로 나누었다. 무한은 매우 신중하게 다루어야 하지만, 역설적이게도 0의 도움이 없다면 결코 이해할 수 없다.

그리스인들에게는 없었던 0이 바로 제논의 수수께끼를 푸는 열쇠다. 무한 개수의 항들을 모두 더한다면 무한한 값이 될 거라고 생각하기 쉽다. 하지만 무한 개수의 항들이 0에 접근하면 유한값이 나오는 경우가 있다. 아킬레스와 거북이의 경우가 바로 그렇다. 그리스인들은 0을 알 수 없었기 때문에 종착점이 있다는 것을 이해하지 못했다. 아킬레스가 달린 거리를 모두 더하면, 숫자 1에서 시작하여 1/2, 1/4, 1/8…처럼 항들이 점점 작아져 0에 가까워진다. 이처럼 일정한 규칙에 따라 배열되는 수를 수열이라고 부른다.

$$1+1/2+1/4+1/8+1/16+ \cdots = 2$$

아킬레스가 달린 거리를 모두 합하면 겨우 2미터에 불과하다. 그저 두 걸음만 내디디면 거북이를 이길 수 있는 것이다. 비록 거기까지 가기 위해 무한한 수의 걸음을 디뎌야겠지만, 아킬레스가 거북이를 추월하기까지 걸리는 시간은 단 2초밖에 걸리지 않는다.

파르메니데스의 제자인 제논은 아킬레스와 거북이의 역설을 제기해서 사물이 움직이고 있으며, 우리가 느끼는 것은 모두 환상이라고 주장했다. 또 다른 제논의 역설로 '화살의 역설'이 있다. 화살이 날아간다고 가정할 때 시간이 지남에 따라 화살은 어느 점을 지날 것이다. 한 순간 동안이라면 화살은 어느 한 점에 머물러 있을 것이고, 그 다음 순간에도 화살은 어느 점에 머물러 있을 것이다. 화살은 항상 머물러 있으므로 사실은 움직이지 않는다는 얘기다.

합리적인 의술의 추구

고대 그리스를 대표하는 의사 히포크라테스(기원전 460~370)는 '의학의 아버지'로 추앙을 받는다. 하지만 히포크라테스 이전에도 의술은 존재하고 있었는데 왜 의학 발전의 시작을 히포크라테스라고 했을까? 메소포타미아와 이집트의 의학은 주술 및 신비주의적 치료 개념에서 시작되어 질병을 하늘에서 내린 벌이라고 생각했다. 그러나 히포크라테스는 지식에 바탕을 둔 합리적 전통을 만들어 어떤 병이든 나름대로 원인이 있다고 보았다. 그는 그리스 각 지역을 돌아다니며 민간의학을 습득하여 『히포크라테스 전집』 70권을 남겼다고 한다. 그 책에는 해부학, 생리학, 병리학 등 모든 임상과 진단에 관한 수많은 의학 관련 지식이 총망라되어 있으며, 이성과 세심한 관찰, 의학적 징후, 자연 치유 등을 강조했다.

히포크라테스 의학 체계는 피, 점액, 황담즙, 흑담즙 등 신체를 구성하는 4개의 체액이 존재한다는 4체액설로 이루어졌는데, 병의 원인은 이러한 체액들 사이의 불균형에서 비롯된다고 주장했다. 사람 역시 체액의 혼합비율에 따라 다혈질, 점액질, 담즙질, 우울질 등 네 가지 유형으로 분류했다. 네 가지 체액이 조화를 이룬 사람은 건강하고 그렇지 못한 사람은 병에 걸린다고 보았다. 또한 체액의 조화는 외부적인 환경의 영향을 받기 때문에 병을 치료할 때는 반드시 환자의 기질, 생활방식 등에 주의를 기울여야 한다고 주장했다. 환자를 치료하는 데 있어 특히 자연 치유를 강조해서 쉽게 약을 쓰지 말고 몸이 스스로 회복될 수 있도록 도와주는 것이 중요하다고 생각했다.

의사는 병을 일으키는 원인뿐 아니라 앞으로 병이 어떻게 진행할지 예측해야 한다고 주장했다. 히포크라테스학파는 질병에 대한 기후와 계절 변화의 영향에 대해서도 연구했다. 그들은 당시에 행해졌던 다양한 형태의 치료, 예를 들어 마술, 주문, 꿈 치료 등을 상대로 경쟁해야 했으며, 당시의 관습과 종교에 맞서 싸워야만 했다. 그들은 선서라는 의식을 통해 의사로서의 도덕성과 사회적 책임감을 강조했다. 의사는 죽어가는 사람을 살리고 부상당한 사람을 치료하는 것을 근본으로 삼아야 하고, 의술로 개인적인 이익을 취해서는 안 된다고 주장했다. 1949년 세계의사협회는 의사들이 사회에 진출할 때 히포크라테스 선서를 통해 의사의 도덕적 책임감을 강조하고 있다.

『히포크라테스 전집』은 "인생은 짧고 예술은 길다"라는 문구로 유명한 『금언집』과 『히포크라테스 선서』 등 약 60권의 책이 전해지고 있다. 내용과 문체 등을 볼 때 전집의 저자는 20명이 넘는 것으로 생각되며, 기원전 280년경 알렉산드로스 제국의 수도인 알렉산드리아에서 처음 편찬되었다고 여겨진다. 『히포크라테스 전집』은 히포크라테스라는 한 천재의 작품이 아니라 합리적인 의술을 추구하는 여러 의사들의 성과가 집대성된 것이다.

그리스 시대에는 각 도시마다 아폴론의 아들로 신격화된 아스클레피오스를 위한 신전을 중심으로 의료기관들이 설립되었다. 고대에는 의사들이 이곳저곳을 찾아다니며 의료 행위를 했으며, 의약품은 매우 전문적인 교역 품목으로 상인들은 큰 부를 축적할 수 있었다. 그리스의 도시 국가들은 전쟁 때 의사들과 계약을 맺었지만, 히포크라테스학파의 의사들은 정치 체제에 상관없이 독자적으로 활동했다.

순수한 사유의 세계

기원전 5세기 초부터 그리스의 아테네는 번영하기 시작했다. 특히 페리클레스 시대에 이르러서는 그리스의 민주정치와 학문이 절정기에 달했다. 하지만 기원전 5세기 말 펠로폰네소스 전쟁에서 아테네가 스파르타에게 패배하면서 쇠퇴하기 시작했다. 이렇게 번영과 쇠퇴가 교차하면서 사람들의 관심은 자연으로부터 인간에게 돌아갔다. 이런 시대적 상황을 반영하듯 웅변술과 대화술을 강조하는 소피스트 철학자들이 등장했다.

소피스트를 대표하는 프로타고라스(기원전 490~415)는 '인간이 만물의 척도'라고 주장했다. 소크라테스(기원전 470~399) 역시 다른 소피스트들과 마찬가지로 우주론적인 문제보다 인간의 정치적, 윤리적 문제에 관심이 많았다. 소크라테스는 철학을 하늘로부터 지구로 끌어내린 사람으로 젊은 시절에 자연철학에 관심을 가졌으나 자연으로부터는 확실히 알 수 있는 것이 없다는 결론을 내리고 인간과 삶의 철학으로 관심을 돌렸다고 한다.

'무지의 지'라는 명제로부터 나는 내가 모른다는 것을 알고 있는 사람이야말로 똑똑한 사람이며 진정한 앎은 신에게 복종하는 것이라고 했다. 소크라테스의 저 유명한 "너 자신을 알라"는 말은 그리스 델포이 신전의 기둥에 새겨진 말이다. 자신의 영혼과 내면세계에는 세상과 서로 일치하는 원칙이 있다고 여겼으며, 이로부터 외부세계를 규정짓고 설명해야 한다고 역설했다. 그렇다면 소크라테스가 말하는 내재적인 원칙은 무엇일까? 그것은 바로 덕으로, 모든 사람들에게 내재한다고 믿었다. 그리고 사람들로 하여금 자신의 무지를 일깨워 주기 위해 용기나 정의 등에 관한 윤리적인 개념을 설교하고 다녔다. 그는 대화를 통해 누군가를 가르치지 않고 질문을 함으로써 사람들에게 무엇이 잘못인지 깨닫게 해주었다. 그러나 이 때문에 젊은이를 타락시키고 신을 인정하지 않는다는 부당한 고발을 당해 사형을 선고받았다. 그는 "악법도 법이다"라는 유명한 말을 통해 자신에게 내린 독배를 마시고 죽었다.

초기 그리스 자연철학자들은 추상적인 자연 탐구를 시작했지만, 통일성이 없었고 지속적인 과학적 연구는 없었다. 그러나 기원전 4세기 플라톤과 아리스토텔레스에 이르러 완전히 바뀌었다. 플라톤(기원전 428~347)은 20세 때부터 소크라테스의 제자가 되어 그의 사상을 이어받았다. 플라톤은 아테네에 사립학교 아카데메이아를 세워 학문을 연구하고 제자들을 가르쳤다. 이것은 최초의 고등교육기관이며 이후 중세 때 발전하기 시작한 대학의 전신이다. 철학 외에도 수학, 천문학, 음향학, 식물학 등 자연과학 지식도 가르쳤으며, 수학을 매우 중요시하여 아카데메이아 입구에 다음과 같은 경구가 붙어 있었다. "기하학을 모르는 자는 들어오지 말라."

플라톤 철학의 핵심은 형상 또는 이데아(idea) 이론이다. 플라톤은 『국가론』에서 목수가 만든 실제 탁자와 목수의 마음속에 있는 탁자에 대한 개념 사이의 관계에 주목했다. 목수가 탁자를 만들 때 자신의 마음에 드는 탁자를 만들려고 하지만, 재료나 형태의 한계 때문에 항상 불완전하게 만들 수밖에 없다. 따라서 목수는 어떤 탁자도 자신의 마음에 맞는 탁자와 동일하게 만들 수 없다. 목수와 탁자의 관계를 신과 우주의 관계로 생각해보면, 신이 어떤 생각과 계획을 가지고 우주를 만들지라도 재료가 가진 한계 때문에 항상 불완전할 수밖에 없다. 즉 완전한 개념을 포함하는 이데아의 영역과 현실에서 불완전하게 나타나는 물질세계가 존재한다. 플라톤에게 있어 이데아의 세계는 비물질적이고, 감각으로 느낄 수 없는 존재와 이성의 영역이다. 반면 물질세계는 가시적이고 경험적인 세계로서 끊임없이 변화한다. 이런 까닭에 플라톤의 철학은 수

플라톤의 정다면체들

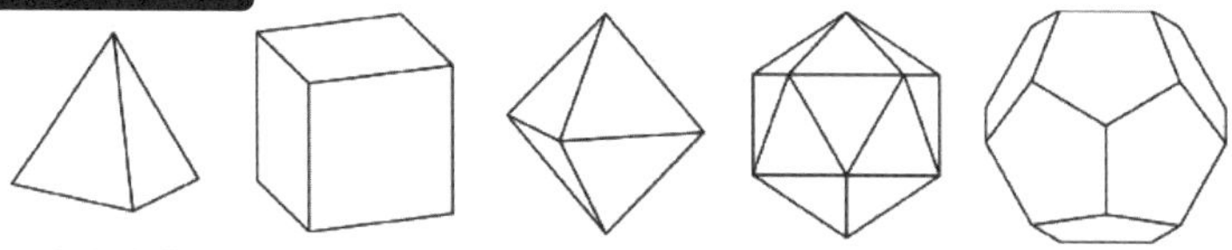

	정사면체	정육면체	정팔면체	정이십면체	정십이면체
면	4개	6개	8개	20개	12개
꼭짓점	4개	8개	6개	12개	20개
모서리	6개	12개	12개	30개	30개

플라톤은 정다면체를 각각의 원소에 대응시켰다.

학적이고 형이상학적이며, 추상과 사고와 관념을 강조한다.

플라톤은 『티마이오스』에서 상당히 복잡한 천체 모형을 제시했다. 지구는 중심에 위치하고 있으며, 회전하는 구들과 연결되어 있고 그 구에는 다양한 천체가 있다. 플라톤에 의하면 신은 무질서로부터 지적인 설계를 통해 합리적이고 조화와 질서를 갖춘 세계를 만들었다. 그는 피타고라스의 영향을 받아 자연에 대한 수학적, 기하학적 모형을 중시했다. 그래서 우주의 모양이나 천체의 운동을 원으로 설명했는데, 그것은 원이 가장 완벽했기 때문이다.

수학을 중시하는 플라톤의 태도는 4원소를 가장 완벽한 정다면체로 설명하는 '기하학적 원자론'에서 더욱 분명하게 나타난다. 먼저 불은 정4면체로 이루어져 있기 때문에 가장 작고 날카로우며 유동성이 크다. 그 다음에 공기는 정8면체, 물은 정20면체, 흙은 정6면체로 이루어져 있다고 주장했다. 한편 기하학에는 네 가지 정다면체 이외에 또 하나의 정다면체가 존재하는데 정12면체가 그것이다. 따라서 플라톤은 제5원소로 에테르란 물질이 정12면체로 이루어져 있는데, 가장 둥근 형태로서 하늘을 구성한다고 믿었다.

플라톤의 기하학적 원자론은 과거 그리스 자연철학자들의 원소에 대한 개념을 더욱 발전시킨 것이다. 특히 엠페도클레스의 4원소처럼 원소들이 서로 다양한 비율로 섞여서 자연의 변화와 다양성을 설명할 수 있었다. 또한 원소들 사이에는 서로 변환이 가능하다. 정삼각형으로 이루어진 물(정20면체)은 역시 정삼각형으로 이루어진 공기(정8면체)나 불(정4면체)로 쉽게 변환된다. 단지 정사각형으로 이루어진 흙(정6면체)은 다른 원소로 쉽게 변환되지 않는다. 이런 플라톤의 기하학적 원자론은 훗날 자연을 수학적으로 기술하는데 중요한 기틀을 마련했다고 할 수 있다.

기원전 4세기의 천문학자들은 플라톤의 우주론을 받아들여 하나의 전통을 유지했다. 플라톤의 제자인 에우독소스(기원전 365년경)는 지구를 중심으로 다양하게 회전하는 27개의 천구들로 이루어진 우주 모형을 제시했다. 에우독소스 모형은 우주를 마치 하나의 거대한 양파처럼 만들어 놓은 것이다. 에우독소스와 동시대를 살았던 칼리포스는 에우독소스 모형을 개량해서 태양을 위한 천구를 하나 추가하는 등 모두 35개의 천구를 만들었다. 그리고 아리스토텔레스(기원전 384~322)는 서로 반대로 움직이는 천구 몇 개를 추가하여 55개로 늘려서 우주를 설명했다. 에우독소스의 모형과 이와 관련된 전통은 헬레나 시대 이후에는 거의 사라졌는데, 여러 가지 문제점들이 발견되었기 때문이다. 고대의 천문학은 프톨레마이오스(서기 150년경)에서 절정에 이르렀다. 하지만 프톨레마이오스의 천문학을 언급하기 전에 중세 유럽과 근대과학에 심오한 영향을 끼친 아리스토텔레스의 자연철학을 언급하지 않을 수 없다.

아리스토텔레스의 자연철학

아리스토텔레스는 기원전 384년 그리스 북부의 스타기라 마을에서 태어났으며, 그의 아버지는 마케도니아 왕의 주치의였다. 그는 17세 때부터 플라톤의 아카데메이아에서 공부하기 시작해서 기원전 347년 플라톤이 죽을 때까지 20년간 아테네에 머물렀다. 그 후 마케도니아왕의 부름을 받아 그의 아들인 알렉산더의 개인교사가 되었다. 기원전 336

년 알렉산더가 왕위에 오르고 세계 정복을 시작하자, 그는 아테네로 돌아와 리케이온이라는 학교를 세웠다. 기원전 323년 알렉산더 대왕이 죽자 아테네를 떠나서, 이듬해 62세의 나이로 세상을 떠났다.

아리스토텔레스는 과학사의 분수령이다. 논리학, 형이상학, 윤리학, 미학, 물리학, 우주론, 심리학, 생물학 등을 망라한 그의 연구는 헬레나 계몽 시대의 정점인 동시에 그 후 2000년 동안 고대와 중세 유럽의 학문과 지식의 원천이었다. 그의 과학과 세계관은 불과 몇 세기 전까지도 근대 유럽의 과학적 연구와 방법론을 결정했다. 우리가 알고 있는 아리스토텔레스의 방대한 저술 일부는 그가 살아 있는 동안 정리된 것이지만, 대부분은 그가 죽은 후 200년 동안 제자들에 의해 정리되었다. 그의 저술은 후대에 완결된 형태의 책으로 전해졌으며, 아리스토텔레스 이전 철학자들에 알고 있는 대부분은 그의 글에서 언급된 것이다.

아리스토텔레스는 플라톤의 제자였기 때문에 많은 점에서 공통점이 있지만, 철학적인 관점에서는 차이점도 많다. 먼저 플라톤과 아리스토텔레스는 이 세계가 신이 이성적으로 창조했으며, 철학자가 연구하는 것은 개별적이고 우연적인 것이 아니라 보편적이라는 점에서 서로 공통점이 있다. 반면 플라톤은 형상 혹은 이데아가 감각세계나 물질과 동떨어져 있다고 주장했지만, 아리스토텔레스는 형상이 물질 속에 존재한다고 생각했다. 일반적으로 플라톤은 이성과 수학적인 면을 중시한 반면, 아리스토텔레스는 감각과 경험을 중시했다. 하지만 그의 경험적 자연관의 밑바탕에는 질서가 있다는 생각이 깔려 있다. 즉 경험한 사실에 대해 체계적으로 분류함으로써 자연에 숨겨진 질서를 파악할 수 있다고 생각했다.

과학과 기술에 대한 아리스토텔레스의 입장은 분명하다. 그는 인간이 실용적인 기술을 익힌 후에 여유로운 지식인들이 순수과학을 발전시켰다고 말한다.

> "실용적인 기술이 발전된 후에 삶에 필요하지 않은 순수과학이 발견되었다. 그리고 그 발견은 여유롭게 사는 지역의 사람들로부터 이루어졌다. 오늘날에도 그러하듯 인간으로 하여금 최초로 자연철학을 이끈 것은 경탄과 호기심이었다… 그러므로 인간이 무지를 벗어나기 위해 철학을 택했다면, 과학 추구는 필요한 기술을 위해서가 아니라 지식 그 자체를 위해서였다는 것이 명백하다."

아리스토텔레스의 철학은 플라톤의 철학과 달리 사실과 관찰에 의존한다는 면에서 경험적인 성격을 가지고 있다. 하지만 고대 그리스에서 자연은 관조의 대상이었기 때문에 경험적이라는 말이 근대적 의미의 실험적이라는 뜻은 아니다. 또한 그는 자연학과 수학을 다르다고 보았기 때문에 자연학은 본질적으로 비수학적인 특징을 가지고 있다.

자연의 질서와 경험적 자연관

경험적 자연관과 자연의 질서를 강조한 아리스토텔레스는 무엇보다 생물학 분야에서 많은 저술을 남겼다. 그의 전체 저술 가운데 생물학 분야의 책은 3분의 1이나 된다. 생물학 분야의 연구 중에서 동물학 연구는 특히 탁월하다. 그는 자신의 책에서 120종의 어류와 60종의 곤충을 포함해서 500종이 넘는 동물에 대해 기술하고 있다. 생물의 성장과 발달은 변화에 대한 그의 철학을 대변한다. 도토리가 참나무가 되는 것처럼 성장 또는 변화는 이미 잠재되어 있는 것으로부터 나온다. 하나의 형상이 사라지는 것은 다른 형상이 되는 것을 의미한다. 따라서 우주는 무한히 반복되는 시간의 주기 속에서 영원할 뿐이다. 그는 체계적인 분류의 선구자로서, 동물을 피가 없는 무척추동물과 피가 있는 척추동물로 분류했다. 그는 자연발생을 인정했고, 생물의 개체가 늘어나는 것은 수컷이 형상을 제공하고 암컷이 질료를 제공하기 때문이라고 생각했다.

아리스토텔레스에게 천구는 플라톤처럼 관념적인 것이 아니라 실재하는 물리적 실체였다. 우주는 시작도 끝도 없이 영원하다고 생각했는데, 이것은 훗날 중세시대에 신이 우주를 창조했다는 기독교 신학과 충돌하기도 했다. 하지만 그의 우주는 근본적으로 신학적이었다. 그는 플라톤과 마찬가지로 우주가 신에 의해 움직인다고 생각했다. 그래서 아리스토텔레스의 철학은 유대교와 기독교, 이슬람교의 신학과 조화될 수 있었다. 훗날 신학자들은 자신이 믿는 신을 아리스토텔레스의 가르침과 일치시키기 위해 노력했다. 같은 맥락에서 과학자들은 종교에서 영감을 얻어 신의 작품이라고 믿은 자연을 이해하려고 했다.

그의 우주론은 두 개로 구분되는데, 천상계는 불변이고 완전하며, 지상계는 변화하고 불완전하다. 이에 따라 지상계는 생성과 소멸이 있다. 또한 천상계와 지상계를 이루는 원소도 다르다고 보았다. 지상계는 물, 불, 흙, 공기 같은 4원소로 이루어져 있으며, 천상계는 제5원소인 에테르로 구성되어 있다. 두 세계에서 일어나는 운동도 서로 다르다고 보았다. 즉 지상계에서는 직선운동이, 천상계에서는 시작도 끝도 없는 완전한 원운동이 존재한다고 생각했다.

본질적인 것과 현상적인 것

아리스토텔레스는 엠페도클레스와 플라톤에 이어 4원소설을 받아들였다. 그러나 원소들이 추상적인 정다면체로 되어있다는 플라톤과 달리 근본적이며 대립적인 성질을 가진 쌍으로 이루어졌다고 보았다. 즉 뜨거움, 차가움, 젖음, 건조함이라는 네 개의 원소에 의해 물질이 만들어진다고 보았다. 다시 말해 젖음과 차가움은 물을 만들고, 뜨거움과 건조함은 불을, 젖음과 뜨거움은 공기를, 차가움과 건조함은 흙을 만든다. 물이 끓는 것은 물의 차가움 대신 뜨거움을 얻어 공기로 변환된다. 이런 질적인 원소이론이 훗날 이슬람의 연금술에 이론적 기반을 제공했고, 연금술은 화학의 시초가 되었다. 예를 들어 납에서 고유의 성질을 제거하고 금의 성질을 집어넣는 것이 이론적으로 가능한 일이라고 믿었다.

아리스토텔레스에게 있어 운동개념은 근대역학에서 말하는 운동과 상당히 달랐다. 그는 운동이 위치뿐만 아니라 상태의 변화를 포함한다고 보았다. 즉 생성소멸, 양의 증감, 질의 변화, 위치변화가 모두 운동에 포함된다. 찬 것이 더워지는 것, 씨앗이 나무가 되는 것, 아이가 자라 어른이 되는 것도 운동의 일종이다. 그에게 운동이란 가능태(potentiality)가 현실태(actuality)로 바뀌는 것을 말한다. 예를 들어 씨앗이 나무가 되는 것은 씨앗이라고 하는 가능태가 나무라고 하는 현실태로 바뀌는 것이다.

또한 운동을 원소의 본성과 연결시켰다. 흙과 물은 무겁기 때문에 지구의 중심을 향해 움직이고, 공기와 불은 가볍기 때문에 지구의 중심에서 멀어진다. 따라서 각각의 원소는 우주 속에서 자연적인 위치를 차지하려고 한다. 즉 호수와 바다가 흙 위에 있고, 공기방울이 물속에서 위로 올라가고, 공기가 흙과 물 위에 있으며, 불이 공기 속에서 위로 올라가는 이유다. 그러나 물, 불, 흙, 공기가 층을 이루어 우주의 중심인 지구를 둘러쌀 때 완벽한 구형을 이루지 못한다. 그것은 지상에 있는 사물은 천상계와 달리 불완전하기 때문이다.

아리스토텔레스의 운동 또는 변화에는 일반적으로 네 가지 원인, 즉 질료인, 동력인, 형상인, 목적인이 있어야만 한다. 예를 들어 대리석 조각의 경우, 대리석에 해당하는 질료인이라는 원인이 존재한다. 대리석 조각을 만들기 위해서는 조각가 또는 작업도구라는 동력인이 있어야 한다. 또한 어떤 형태로 만드는가에 따라 형상인이 작용한다. 가장 중요한 원인은 목적인인데, 인물상을 만드는 경우 그 인물을 기념하기 위해 만든 것이라고 할 수 있다. 그는 네 가지 원인들 가운데 특히 목적인과 형상인을 강조했다. 목적론을 강조했던 아리스토텔레스는 자연의 무질서를 주장했던 원자론자들을 논박하고 조화와 질서의 세계를 추구했다. 즉 그에게 있어 자연은 우연으로 이루어진 게 아니고 각자의 속성에 따라 목표를 향해 발전하는 세계이며, 질서 있고 조직화된 세계였던 것이다.

아리스토텔레스에 의하면 모든 운동에는 원인이 존재하고, 지상계와 천상계에는 각각 자연스런 운동이 존재한다. 지상계에서는 가벼운 것은 위로 올라가고 무거운 것은 아래로 내려오는 직선운동이 자연스런 운동이다. 반면 천상계에서는 완전하고 시작도 끝도 없는 원운동이 자연스런 운동이다. 지상계에는 자연스런 운동에 반하는 강제적인 운동도 있다. 그런 운동은 항상 외적인 운동 원인이 존재한다. 즉 외적인 힘을 공급하여 운동을 하게 만드는 어떤 것 혹은 어떤 사람이 필요하다. 또한 그런 운동이 가능하기 위해서 운동 원인은 물체와 지속적으로 접촉해야 한다. 수레를 끄는 것은 말이며, 배를 움직이는 것은 바람이며, 펜을 움직이는 것은 손처럼 외적인 원인이 필요하다.

그러나 반대의 사례들도 있다. 예를 들어 화살은 사람과의 접촉이 끊어진 후에도 날아간다. 이것을 지속하는 원인은 무엇일까? 아리스토텔레스는 매질이 운동을 유지시킨다고 주장했다. 던져진 물체의 운동이라는 까다로운 사례만 제외하면, 그의 운동이론은 물리적인 세계에 대한 일상적인 관찰과 잘 일치한다. 아리스토텔레스에 의하면 운동이 일어나기 위해서는 최소한의 밀도를 지닌 매질이 있어야 한다고 주장했다. 그리고 운동에는 저항력도 존재한다. 진공에서는 매질과 저항이 없어서 속도가 무한대가 되기 때문에 진공 속에서 운동은 존재하지 않는다. 즉 자연은 진공을 싫어한다고 했다.

전체적으로 볼 때 그리스의 자연관은 자연과 인공을 엄격히 구분했다. 다시 말해 본질적인 것과 현상적인 것을 서로 구별했으며, 따라서 과학과 기술을 분리해서 생각했다. 또한 그리스 철학에는 훗날 근대과학의 대표적인 특징인 수학적인 면, 경험적인 면, 기계적인 면이 모두 존재하고 있었다. 즉 플라톤과 피타고라스의 수학적 전통과 아리스토텔레스의 경험적 전통, 그리고 원자론자들의 기계적 전통이 있었다. 이

세 가지 전통은 고대와 중세를 통해 각각 따로 이어져 내려오다가 16, 17세기에 합쳐져서 근대과학이 탄생하게 되었다.

아리스토텔레스의 사상은 근본적으로 서양문화를 완전히 바꿔 놓았으며, 그의 저서는 다양한 언어로 번역되었다. 그의 사상은 중세의 기독교 사상과 이슬람 철학의 중심이 되었다. 아리스토텔레스와 그의 제자인 알렉산더 대왕은 1년 간격으로 비슷한 시기에 죽었다. 두 사람 모두 세계를 바꾸어 놓은 인물로서, 그들이 죽은 뒤의 세계는 그들이 살았던 시대와 과학적, 정치적으로 전혀 달라졌다.

4

헬레니즘·로마 시대

HOMO SCIENTIFICUS

헬레니즘 · 로마 시대

| 기원전 3세기~기원후 5세기의 과학기술사 연표 |

기원전 334년	마케도니아의 알렉산더 대왕, 동방 원정을 시작하다
기원전 264년	로마와 카르타고, 포에니 전쟁 시작하다
기원전 221년	중국, 진나라 통일 국가를 세우다
기원전 202년	중국, 한나라(전한) 건국하다
기원전 27년	로마, 제정이 시작되다
기원전 4년	그리스도가 탄생하다
기원후 25년	중국, 한나라(후한)를 세우다
기원후 45년	인도, 쿠샨 왕조가 시작되다
기원후 54년	로마, 네로가 제5대 황제가 되다
기원후 79년	베수비오 화산이 폭발해 여러 도시가 사라지다
105년	중국, 후한의 채륜이 종이를 발명하다
166년	로마 사절이 중국에 오다
220년	중국, 후한이 멸망하고 삼국 시대가 시작되다
226년	사산 왕조 페르시아가 세워지다
313년	로마, 밀라노 칙령으로 크리스트교를 공인하다
316년	중국, 5호 16국 시대가 시작되다
320년	인도, 굽타 왕조가 시작되다
375년	게르만족, 대이동을 시작하다
392년	로마, 기독교를 국교로 삼다
395년	로마, 동로마 제국과 서로마 제국으로 나뉘다

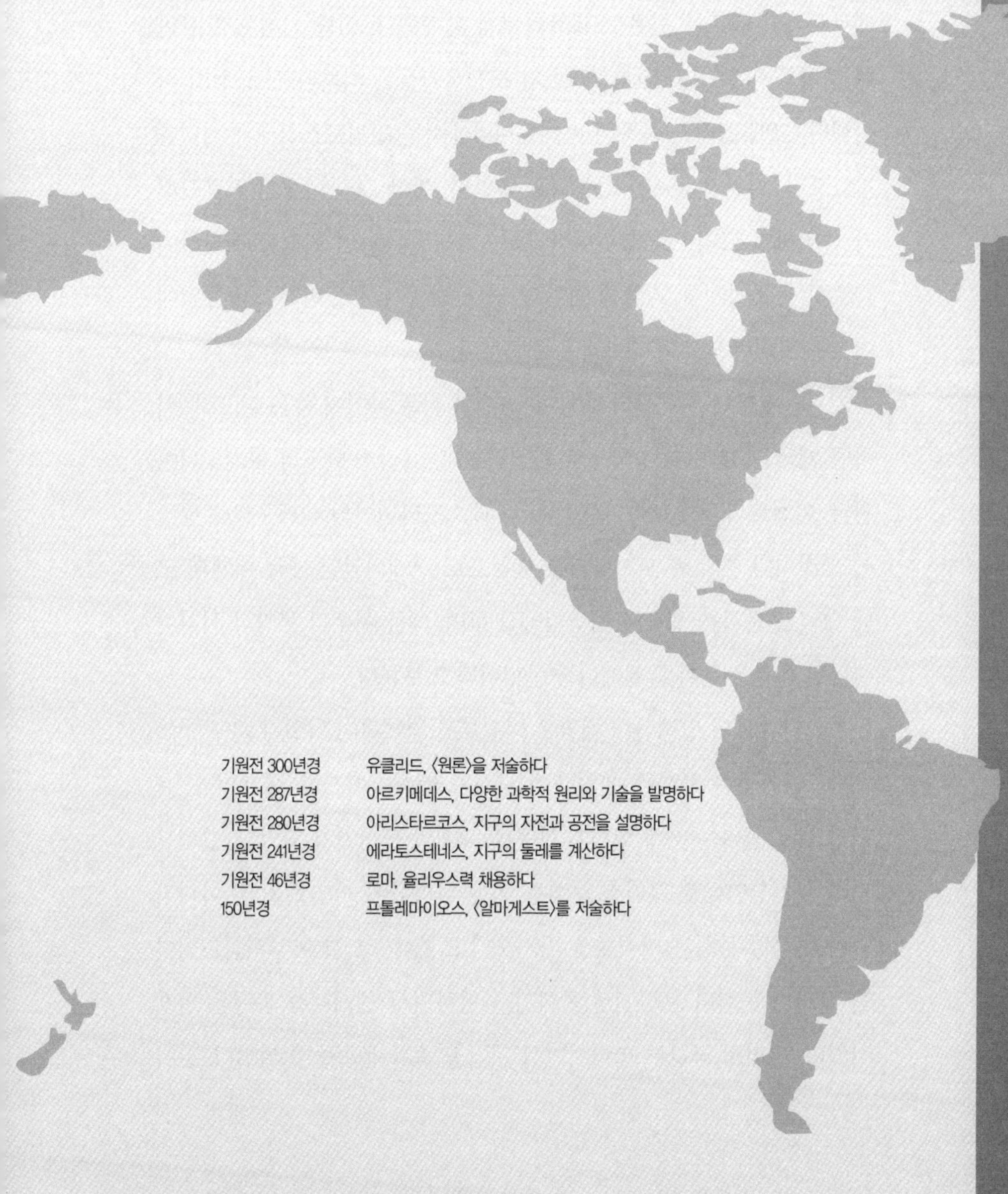

기원전 300년경	유클리드, 〈원론〉을 저술하다
기원전 287년경	아르키메데스, 다양한 과학적 원리와 기술을 발명하다
기원전 280년경	아리스타르코스, 지구의 자전과 공전을 설명하다
기원전 241년경	에라토스테네스, 지구의 둘레를 계산하다
기원전 46년경	로마, 율리우스력 채용하다
150년경	프톨레마이오스, 〈알마게스트〉를 저술하다

헬레니즘 문명의 중심지

아테네는 약 30년 동안 진행된 펠로폰네소스전쟁(기원전 431~404)에서 페르시아의 원조를 받은 스파르타에게 패배했다. 이를 기점으로 찬란한 문화를 이루었던 고대 그리스의 도시국가들은 쇠퇴의 길을 걷기 시작했다. 그때 그리스 북쪽의 마케도니아에서는 필리포스 2세가 세력을 잡았으나, 기원전 336년 암살되고 말았다. 이어 그의 아들인 알렉산더가 즉위하여 그리스를 통합했다. 그는 기원전 334년 원정을 시작하여 페르시아, 소아시아, 지중해 연안, 이집트, 중앙아시아, 인더스강 유역에 이르는 광대한 영토의 대제국을 건설했다.

기원전 323년 알렉산더 대왕이 33세의 젊은 나이에 죽은 뒤 그가 이룩한 제국은 세 개의 왕국으로 분열되었다. 그리스 반도의 마케도니아 왕국, 이집트의 프톨레마이오스 왕국, 메소포타미아의 셀레우코스 왕국이 그것이다. 이로써 도시국가를 중심으로 전개되었던 제국 이전의 고대 그리스 문화를 헬레나 문명이라고 하며, 제국 이후의 동양과 서양이 결합된 새로운 문화를 헬레니즘 문명이라고 부른다.

기원전 331년 알렉산더 대왕은 이집트를 정복하여 나일강 하구에 알렉산드리아라는 도시를 세웠다. 알렉산드리아는 아시아, 아프리카, 유럽이 서로 만나는 곳에 있었기 때문에 세계의 중심지가 되었다. 알렉산드리아의 상인들은 그리스 문화를 이웃 나라들에 퍼뜨렸을 뿐 아니라 다른 나라의 문화와 지식들을 가져오기도 했다. 그 결과 알렉산드리아는 그리스 문화와 오리엔트 문화가 융합하면서 헬레니즘 문명을 탄생시켰다. 지리적 공간이 넓어지면서 여러 민족과 문화들이 뒤섞이고, 사람들의 상업적 관심은 기술의 향상으로 이어졌다. 그들은 펌프, 활차, 쐐기, 도르래, 톱니바퀴 같은 정밀한 장치들을 발명했다.

초기 이집트 시대의 지식들이 성직자들에 의해 구두로 전달되었던 것과는 달리 헬레니즘 시대에는 파피루스로 만들어진 책을 통해 새로운 지식들이 자유롭게 전파되었다. 그 중에서 수학은 문명의 토대를 건설하는데 매우 중요한 위치를 차지했다. 그러나 헬레니즘 시대의 수학은 고대 그리스 시대의 수학과는 정반대로 발전했다. 그리스 수학자들은 생활에 도움이 되는 측정이나 응용 같은 실용적인 측면을 무시했다. 그들은 사고의 순수성을 중시하고 초월적인 세계를 추구했다. 하지만 헬레니즘 시대는 수학을 삶과 융화시켜 실용적인 문제들에 적용했다.

알렉산더 대왕이 죽은 후 사령관이었던 프톨레마이오스가 이집트를 장악했으며, 그의 아들 프톨레마이오스 2세는 기원전 280년 알렉산드리아 황궁 내에 무세이온을 설립했다. 무세이온에는 박물관, 도서관, 동물원, 식물원, 천문대, 실험실, 해부실 등이 있어서 약 100명의 학자들이 연구를 했다. 무세이온은 처음에는 이집트 왕들에 의해, 그리고 나중에는 로마 황제의 후원 아래 발전했으며 5세기까지 700년 동안 유지되었다.

알렉산드리아 박물관은 오늘날과 달리 소장품을 진열하는 곳이 아니었다. 그곳에서는 연구원들이 국가적 지원을 받으며 자율적으로 연구를 수행했다. 우선 수학 분야에서 유클리드(기원전 300년)는 『원론』에서 그동안 알려져 있던 여러 정리들을 체계적으로 정리하고 증명했다. 아폴로니우스(기원전 210년)는 타원, 포물선, 쌍곡선 등의 원추곡선에 관한 내용들을 정리했다. 그의 저서는 근대 초기에 다시 발굴되어 케플러가

헬레니즘 시대의 지도

행성운동에 타원궤도를 도입하는데 큰 영향을 끼쳤다.

아르키메데스(기원전 250년)는 기술과 과학 분야 모두에 탁월한 업적을 남겼다. 그의 연구는 헬레니즘 시대의 전형적인 특색, 즉 실용성에 중점을 두고 과학기술이 발전했음을 단적으로 보여준다. 그리스 시대에는 천상계에만 수학을 적용했지만, 그는 지상계에도 수학을 활용했다. 그는 지렛대의 원리와 부력의 성질을 연구했으며, 투석기를 발명하고 성벽을 쌓는 기술자로 활약하기도 했다. 또한 구의 체적과 표면적, 구분구적법(미적분)을 이용해서 원주율을 계산하는 등 수학 분야에 많은 기여를 했다.

기원전 3세기 알렉산드리아에서는 도구 제작과 정밀기계 기술이 꽃을 피웠다. 크테시비오스(기원전 275년)는 물풍금과 공기탱크가 부착된 피스톤 펌프를 발명했으며, 필론(기원전 200년)은 물시계를 발명했다. 헤론

(서기 60년)은 과학, 군사 분야에서 증기력을 이용한 다양한 기계장치들을 만들었다. 하지만 헤론이 발명한 기계장치는 산업용이 아니라 종교적인 목적에 주로 사용되었다. 알렉산드리아의 수학자 파포스(기원전 320년)는 8권으로 된 『수학모음집』을 써서 독창적인 업적을 남겼으며, 톱니바퀴와 나사를 만드는 법에 관한 글을 쓰기도 했다.

헬레니즘 시대에 천문학은 절정에 이르렀다. 먼저 아리스타르코스(기원전 250년)는 피타고라스의 우주론을 발전시켜 태양중심설을 주장했으며, 지구에서 달까지의 거리를 계산하기도 했다. 알렉산드리아 도서관장이었던 에라스토테네스(기원전 200년)는 지구의 둘레를 계산했다. 히파르코스(기원전 150년)는 바빌로니아의 관측 자료를 이용하여 850여 개 별에 대해 체계적인 기록을 남겼다. 그 후 프톨레마이오스(서기 150년)는 『알마게스트』를 저술하여 천문학을 집대성했다. 그는 천문학 업적 외에도 점성술, 지리학, 광학, 역학 분야에도 많은 업적을 남겼다.

합리적 정신의 탄생

유클리드(Euclid, 기원전 365~275)는 고대 그리스에서 가장 큰 명성을 가진 수학자 중 한 사람이었다. 어느 날 프톨레마이오스 국왕이 유클리드에게 『원론』 외에 기하를 쉽게 배울 수 있는 지름길이 있느냐고 물었다. 이 질문에 유클리드는 다음과 같이 답했다고 한다. "기하에는 왕을 위해 만들어놓은 길이 없사옵니다." 이 말은 훗날 계속 인용되면서 "학문에는 왕도가 없다."라고 바뀌어서 학문에 관한 명언으로 사람들 입에 오르내리고 있다.

기하학을 창시한 이집트인들에게 수학이란 시간의 흐름을 계산하고 토지의 모양을 복원하는 데 필요한 도구에 불과했던 반면, 그리스인들은 기하학을 순수한 추론을 통해 본질적인 진리를 다루는 학문으로 발전시켰다. 그리스인들은 이집트인들로부터 기하학뿐 아니라 숫자까지 물려받았는데, 당시 수학에 필요한 도구는 연필과 종이가 아니라 자와 컴퍼스였다. 그들은 숫자와 도형을 완전히 같은 것으로 생각하여 산술적 개념을 도형으로 바꾸었다.

고대인들은 사원을 비롯해 신성한 공간을 만들 때 숫자와 기하학적 도형의 비율을 신중히 고려했다. 또한 천체의 운동과 계절의 변화를 수학적으로 나타내고자 했다. 기하학(geometry)이란 용어는 원래 '땅을 측정하다'는 의미의 그리스어에서 나온 말이다. 고대 그리스 사람들은 기하학을 신성시했는데, 이는 기하학이 가장 구체적인 동시에 추상적인 형태의 추론이었기 때문이다. 기하학은 거의 모든 사물들을 단순한 형태로 환원시킬 수 있다.

기원전 300년경 그리스의 수학자 유클리드는 기하학에 관한 거의 모든 지식을 한 권의 책으로 집대성했다. 수학계 전체에서 가장 유명한 책을 꼽으라면 단연코 유클리드가 쓴 『원론』일 것이다. 지금까지 이 책보다 많이 발행된 책은 오직 성경밖에 없다. 총 13권으로 이루어진 『원론』에서 유클리드는 기하학을 명확한 논리적 기반 위에 세우려고 시도했다.

유클리드가 쓴 『원론』의 첫 부분은 정의와 공리로 시작된다. 정의는 더 이상 설명이 필요 없을 정도로 단순하고 이해하기 쉽다. 먼저 '점은

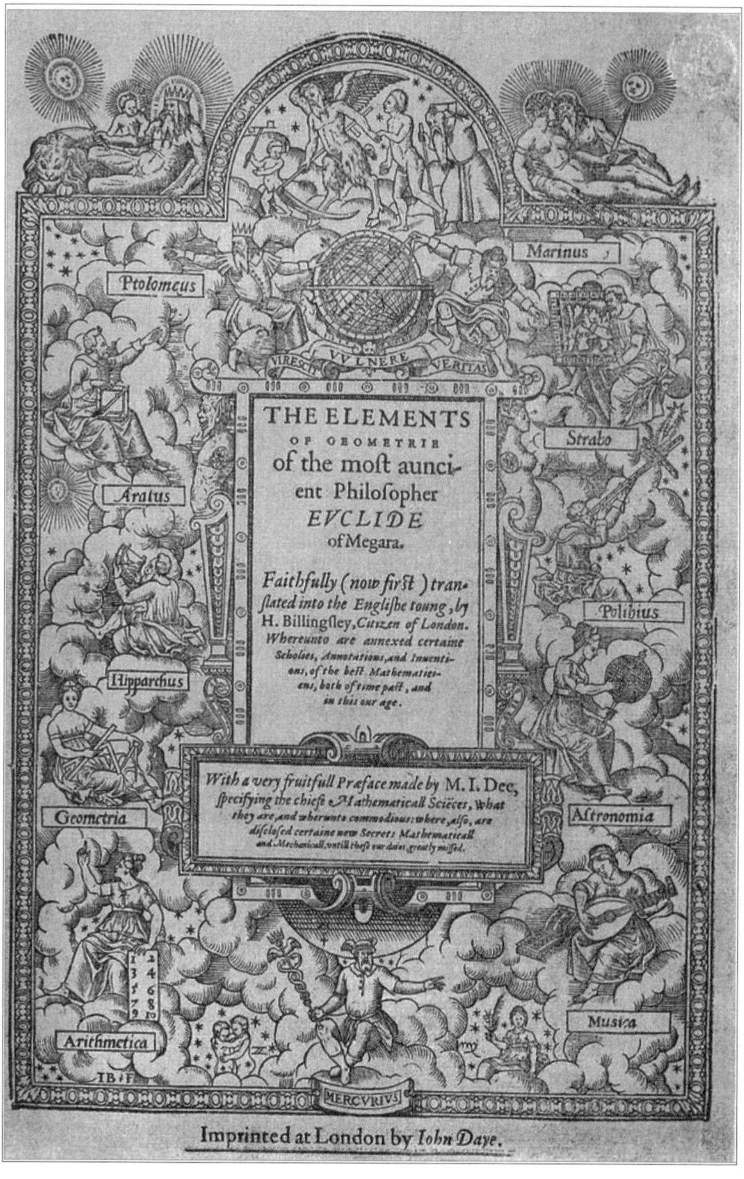
THE ELEMENTS
OF GEOMETRIE
of the most aunci-
ent Philosopher
EVCLIDE
of Megara.

Faithfully (now first) trans-
lated into the Englishe toung, by
H. Billingsley, Citizen of London.
Whereunto are annexed certaine
Scholies, Annotations, and Inventi-
ons, of the best Mathematici-
ens, both of time past, and
in this our age.

With a very fruitfull Præface made by M. I. Dee,
specifying the chiefe Mathematicall Sciēces, what
they are, and wherunto commodious: where, also, are
disclosed certaine new Secrets Mathematicall
and Mechanicall, untill these our daies, greatly missed.

Imprinted at London by Iohn Daye.

유클리드가 쓴 원론의 첫 번째 영어 판본

부분이 없는 것이다.', '선은 폭이 없는 길이다.', '선의 끝은 점이다.' 이렇게 모든 사람들이 쉽게 받아들일 수 있는 개념들을 가지고 23개의 정의를 기술했다. 그로부터 명백한 사실이라고 가정한 10개의 공리에서 시작해 오로지 논리적 추론을 통해 약 500개의 명제를 증명했다.

기하학에서 가장 기본적인 요소는 점과 선이다. 두 개의 점을 연결하면 직선이 되고, 두 개의 직선이 한 점에서 만나면 각이 생긴다. 세 개의 직선이 하나로 연결되면 세 개의 각과 세 개의 변을 갖춘 삼각형이 되는데, 이것은 기하학 전체를 통틀어 가장 안정적인 도형이라 할 수 있다. 직각 삼각형은 각의 크기가 서로 다를지라도 한 각의 크기가 항상 90도를 이루고 있다.

정삼각형은 세 변의 길이와 세 각의 크기가 모두 같은데, 여섯 개의 정삼각형을 서로 인접하게 배열하면 하나의 완벽한 원이 생긴다. 이등변 삼각형은 황금비율과 연관이 있다. 밑변의 두 각을 절반으로 자르면 새로운 삼각형이 생기는데, 이 삼각형들 역시 황금비율로 이루어져 있다. 고대 그리스와 르네상스 시대의 예술가들은 시각적으로 가장 아름다운 작품을 만들기 위해 황금비율을 이용했다.

유클리드의 처음 네 가지 공리는 매우 간결하다. 이를테면 제1공리는 다음과 같다. "두 점 사이에는 한 직선을 그을 수 있다." 제4공리인 "모든 직각은 서로 같다."는 명제도 마찬가지다. 그러나 '평행선 공준'이라는 제5공리는 표현이 조금 복잡하다. "평면 위에 있는 두 직선이 제3의 직선을 가로지를 때 한 면에 생기는 내각의 합이 180도보다 작다면, 두 직선은 반드시 만나게 된다." 이 내용이 참이라는 것을 의심할 사람은 없겠지만 유클리드 자신도 이 공리가 썩 마음에 들지는 않았던 모양이다. 처음 28개의 명제를 증명하는 동안 제5공리를 한 번도 활용하지 않았기 때문이다.

지금은 제5공리와 동일하면서 훨씬 단순한 공리가 주로 이용된다. 19세기 초 스코틀랜드의 수학자 플레이페어(John Playfair, 1748~1819)가 만든 이 공리의 내용은 다음과 같다. "한 직선과 그 직선 위에 있지 않는 한 점이 있을 때, 그 점을 지나면서 주어진 직선과 평행한 직선은 단 하나다."

그리스인들은 천문학을 통해 우주의 신비를 기하학적 도형으로 대치했다. 천체에 대한 그들의 열정은 측정과 계산보다는 형태와 모양에 집중되었는데, 그중에서도 태양과 달, 행성들의 움직임을 잘 보여주는 원과 구에 관심이 많았다. 고대 바빌로니아인들은 오래전부터 정수와 분수를 사용했다. 그러나 그들의 수 체계를 이어 받은 그리스인들은 수를 도형으로 바꾸었다. 심지어 미지수와 관련된 방정식을 해결하는 문제에도 기하학적 작도법을 이용했다. 그래서 고대 그리스에서 네 수의 곱은 생각할 수 없었다. 넓이와 부피를 각각 두 수와 세 수의 곱으로 나타낼 수 있지만, 네 수의 곱을 나타낼 수 있는 기하학적 도형은 없었기 때문이다. 이런 기하학적 사고방식은 오늘날에도 여전히 엿볼 수 있다. 예를 들어 우리는 25를 5의 제곱, 27을 3의 세제곱이라고 말한다.

실용적인 관점에서 볼 때 그리스인들은 산업, 금융, 과학에 필수적인 수 체계와 대수를 발달시키는 데 실패했다. 또한 이후 세대도 어쩔 수 없이 기하학적으로 접근할 수밖에 없었다. 유럽인들은 그리스 방식에 너무 익숙해져 있었기 때문에 유럽 문명의 발전은 아랍인들이 저 멀리 인도로부터 새로운 수 체계를 가져올 때까지 기다려야만 했다.

그리스인들은 자기 발밑의 땅을 외면한 채 하늘의 별만 쳐다보았을까? 수학에는 실제 생활에 의한 실용적 측면도 있지만 순수하게 이론적으로만 탐구하는 추상적 측면도 있다. 어디에 적용하려는 의도를 전혀 고려하지 않는 추상적 측면은 수십 년 혹은 수백 년이 흐른 뒤 실용적 문제를 해결할 뜻밖의 해답으로 밝혀지기도 한다. 예를 들어 타원은 기원전 350년경 그리스의 수학자 메나에크무스가 연구한 곡선이다. 그로부터 2000년이 지난 후 케플러와 뉴턴은 태양계의 행성이 타원 궤도를 따라 운행한다는 사실을 발견했다. 19세기 중반 독일의 수학자 리만(Bernhard Riemann, 1826~1866)은 비유클리드 기하학이라는 새로운 틀을 만들었다. 훗날 이 기하학은 아인슈타인이 우주의 구조를 설명하는 데 딱 들어맞는 도구로 밝혀졌다.

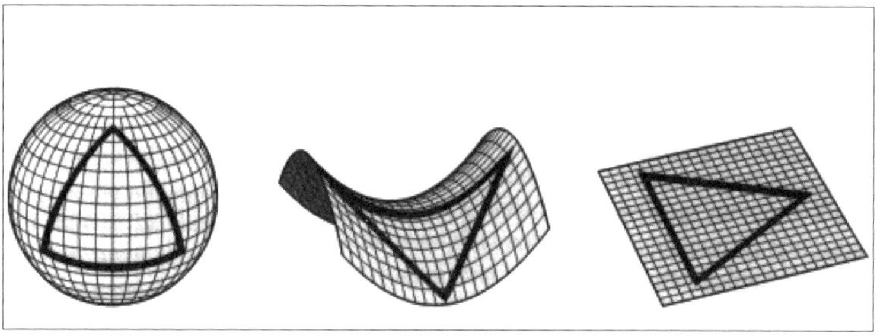

리만의 비유클리드 기하학

『원론』은 인류 역사상 가장 중요한 수학책으로 꼽힌다. 운동의 세 가지 법칙과 중력의 법칙을 발견한 아이작 뉴턴의 『자연철학의 수학적 원리(프린키피아)』도 『원론』과 똑같이 13권의 구성 체제를 따랐다. 상대성이론을 정립한 알베르트 아인슈타인의 말은 『원론』의 영향력을 방증한다.

"내 인생에 가장 큰 영향을 미쳤던 사건은 열두 살 때 유클리드 기하학 교과서를 배운 일이다. 만약 여러분이 어렸을 때 유클리드를 읽고 학구열이 솟구치지 않았다면 여러분은 타고난 과학자가 아니다."

또한 중국에서 근대과학이 발전하지 못한 까닭을 그의 친구에게 쓴 편지에서 다음과 같이 밝혔다. "과거 중국에 유클리드 기하학과 실험적인 연구방법이 없었다는 것이 과학의 탄생을 막는 가장 큰 원인이었다." 20세기 초 위대한 철학자이자 수학자인 버트런드 러셀(Bertrand Russell, 1872~1970)도 이와 비슷했다. "나는 열한 살 때 형에게 유클리드 기하학을 배웠다. 이는 내 일생일대의 대사건이었다. 나는 마치 첫사랑을 하듯 여기에 빠져들었다."

유클리드 기하학은 유용하면서도 아름다운 정리들을 만들어냈다. 그러나 그보다 중요한 것은 합리적 정신의 탄생이다. 인간의 창조물 중에서 유클리드 기하학만큼 추론만으로 그토록 많은 지식들을 추려낸 것은 없다. 그리스 기하학은 그 후의 문명에게 이성의 힘을 가르쳐주었다. 수많은 신학자, 논리학자, 철학자들이 유클리드 기하학의 형식과 절차에 따라 진리를 추구했다. 그리스 기하학에 의해 꽃 피운 추론과 연역의 철학적 사고는 오늘날 현대 문명을 지탱하고 있는 이성과 합리의 견고한 기둥으로 이어졌다.

유레카!

시칠리아의 시라쿠사에서 태어난 아르키메데스(Archimedes, 기원전 287~212)는 고대 그리스의 물리학자, 수학자로서 과학과 기술에 많은 공헌을 했다. 그에 관한 가장 유명한 전설은 다음과 같다. 어느 날 시라쿠사의 히에론 왕이 금으로 만든 관을 신들에게 바치고자 금관을 주문했다. 완성된 금관은 처음 재료로 제공했던 금과 무게는 같았지만, 왕은 금의 일부가 같은 무게의 은으로 바뀐 게 아닌가하는 의심이 들었다. 의심을 구체적으로 증명할 길이 없었던 왕은 아르키메데스에게 조언을 구했다.

하루는 아르키메데스가 이 문제를 골똘히 생각하면서 욕조에 들어갔다. 물속에 몸을 담그면서 그는 자신의 몸이 그 부피만큼의 물을 밀어내어 욕조 밖으로 물이 넘친다는 사실을 깨달았다. 곧바로 그의 머릿속에서 속임수를 알아낼 방법이 떠올랐다. 그는 너무 기쁜 나머지 욕조에서 뛰쳐나와 벌거벗은 채 "유레카!(알아냈다!)"를 외치며 거리를 내달렸다. 오늘날 바닷속의 잠수함과 하늘에 뜨는 비행선 등은 모두 아르키메데스의 부력의 원리를 기초로 만든 것이다.

아르키메데스는 기하학 연구에도 많은 노력을 기울인 끝에 원의 원주와 지름의 비율, 즉 원주율(π)을 매우 정확하게 계산했다. 그는 또 구의 표면적과 부피를 계산하는 공식도 발견했는데, 그 일을 무척 자랑스럽게 여겨서 자신의 묘비에 새겨달라고 부탁하기도 했다. 그는 또 물체의 질량 중심을 알아내는 공식도 발견했다.

그의 또 다른 업적을 살펴보자. 먼저 그는 다양한 평면 도형의 넓이를 구하는 방법과 곡면으로 둘러싸인 공간의 부피를 구하는 방법을 알아냈다. 대단히 큰 수들을 표기할 방법이 없었던 당시에 어떤 단위의 수라도 표기하고 계산할 수 있는 체계를 만들어냈다. 이로써 고대 알파벳 기수법으로는 1만을 초과하는 숫자를 기록할 수 없었던 한계를 극복했다. 또한 현재 널리 응용되고 있는 지렛대의 원리를 발견했다. 즉 지레에서 균형을 잡은 물체와 받침점 사이의 거리는 무게에 반비례한다는 것이다. 그래서 "내게 긴 지렛대만 준다면 지구를 들어 올릴 수 있다"고 호언장담하기도 했다. 그는 나선식 펌프라고 하는 기계를 발명하기도 했다. 이 기계는 나선 모양의 파이프로 물을 언덕 위로 끌어올리는 장치다.

아르키메데스는 자신이 만든 기술이나 도구를 별로 대단하게 여기지 않았다. 기본적으로 아르키메데스에게 이 장치들은 재미삼아 기하학을 활용해본 것에 지나지 않았다. 안타깝게도 그는 이런 무심한 태도 때문에 죽음을 맞았다. 로마군이 시라쿠사를 함락했을 때 아르키메데스는 모래밭에 도형을 그리는데 열중해 전쟁의 소동을 눈치 채지 못했다. 일부 기록에 따르면, 한 로마 군인이 발로 도형을 지우자 그는 불같이 화를 내며 "당장 내 도형에서 발을 떼라"고 말했다. 이 말에 격분한 군인은 대장이 그를 죽이지 말라는 특별 명령을 망각하고 그의 목숨을 앗았다.

지구의 둘레를 측정하다

에라토스테네스(Eratosthenes, 기원전 276~194)는 북아프리카 키레네 출신으로 알렉산드리아 도서관장을 역임하기도 했으며, '지리학'이라는

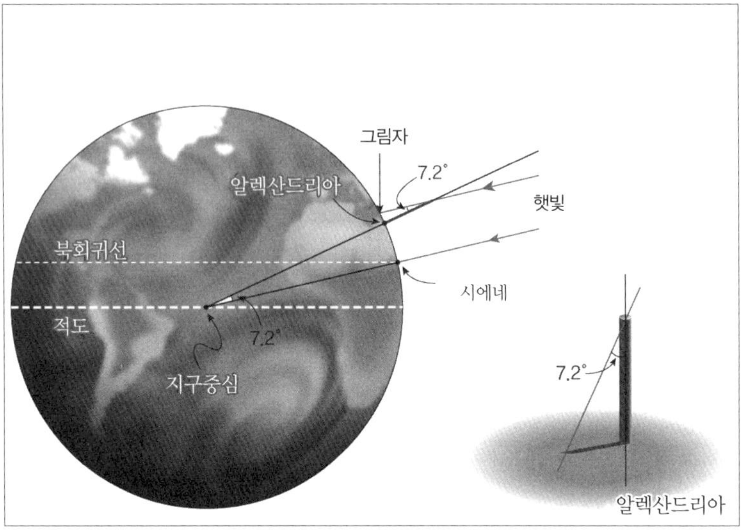

막대기 두 개만으로 측정한 지구 둘레의 길이는 다음과 같은 비례식으로 풀 수 있다.
7.2° : 시에네~알렉산드리아의 거리 = 360° : 지구 둘레의 길이

용어를 처음으로 만들어 지리학의 아버지로 불린다. 그는 『지구 크기의 수정』과 『지리학』이라는 책을 썼다. 전자는 지구의 형태를 논한 책으로 지구 둘레를 계산하기도 했다. 후자는 사람들이 거주하는 지역에 대한 지도를 설명한 책으로 훗날 모든 고대 지도의 기초가 되었다. 또한 이 책에서 지구를 5개 지역으로 구분했는데, 남극과 북극을 둘러싸고 있는 2개의 한대 지역과 한대와 남북회귀선 사이에 2개의 온대 지역, 그리고 적도를 둘러싸고 있는 열대 지역으로 구분했다. 시대적인 한계로 말미암아 아시아, 아프리카, 아메리카에 대한 정보도 없었지만, 각 지역의 거리와 위도의 높이를 토대로 비교적 완벽한 지도를 그렸다.

에라스토테네스는 어떻게 지구의 둘레를 측정했을까? 에라토스테네스는 이집트의 아스완 근처에 있는 시에네로 여행을 갔다가 하짓날 정

오에 태양이 바로 머리 꼭대기에 와 있는 지점을 발견했다. 이곳에서는 막대기를 수직으로 세워도 그림자가 생기지 않는데, 오늘날 지도에서는 이 지점을 북회귀선이라고 한다. 이와 동일한 시간에 그는 알렉산드리아에 막대기를 세워서 그 뒤에 생긴 그림자의 각도를 측정했다. 이때 측정한 각도는 7.2도였다. 시에네와 알렉산드리아에 비치는 태양광선이 평행하다고 가정하면 두 도시와 지구 중심과의 각도 또한 같을 것이라고 추론했다. 그가 측정한 값은 39,375킬로미터로서 실제 지구의 둘레인 약 4만킬로미터에 비해 거의 차이가 나지 않는다. 그는 막대기 두 개와 각도기 하나만 갖고 지구의 둘레를 측정했던 것이다.

태양중심설을 주장하다

많은 사람들은 태양 중심의 우주 모형인 지동설을 처음으로 주장한 사람이 코페르니쿠스로 알고 있다. 하지만 기원전에 매우 과학적인 근거로 태양중심설을 주장한 학자가 있었는데, 그는 고대 그리스의 아리스타르코스(Aristarchus, 기원전 320~230)였다. 만일 지구가 중심에 있고 별들이 지구 주위를 돈다면 지구와 별들 사이의 거리에 거의 변화가 없을 것이다. 따라서 별의 밝기는 거의 변하지 않을 것이다. 그러나 실제로 별빛이 변하기 때문에 지구가 우주의 중심일 수 없다고 주장했다. 그리고 태양에 비해 지구 크기가 작기 때문에 지구가 태양 주위를 돈다고 주장했다. 그는 과연 어떤 근거로 태양이 지구보다 크다고 했을까?

아리스타르코스는 달, 태양, 지구가 이루는 삼각형에서 한 각만 알면 거리비를 구할 수 있다고 생각했고 일식 때 달이 태양을 가리기 때문에 크기 비율도 거리 비율과 같을 것이라 생각했다. 또한 개기월식이 진행되는 시간으로 지구의 그림자 크기를 계산하고 이 방법으로 지구, 달의 크기 비율을 알아냈으며, 지구, 태양의 크기 비율을 알고 크기가 작은 지구가 태양을 도는 것이 자연스럽다고 생각해 태양중심설을 주장했다.

먼저 아리스타르코스는 달의 크기를 측정을 했다. 개기월식이 일어날 때 지구의 그림자와 달의 크기를 비교하여 달은 지구 크기의 4분의 1정도라고 주장했다. 또 달과 지구 사이의 거리와 지구와 태양 사이의 거리의 비를 계산했다. 그가 주목한 것은 달이 반달이 되었을 때이다. 달이 반달이 되면 태양-달-지구가 이루는 각이 직각이 되어 쉽게 삼각비를 계산할 수 있기 때문이다. 그는 태양-지구-달이 이루는 각도를 약 87도로 추정했다. 그 값을 이용하면 태양-지구 사이의 거리가 지구-달 사이의 거리의 약 20배가 된다고 주장했다. 하지만 실제 태양-지구 사이의 거리는 지구-달 사이의 거리의 400배로 실제 값과 많은 차이가 나는 것을 알 수 있다. 그 당시 관측기술로는 400배에 해당하는 각도인 89.9°를 측정하기가 어려웠을 것이다.

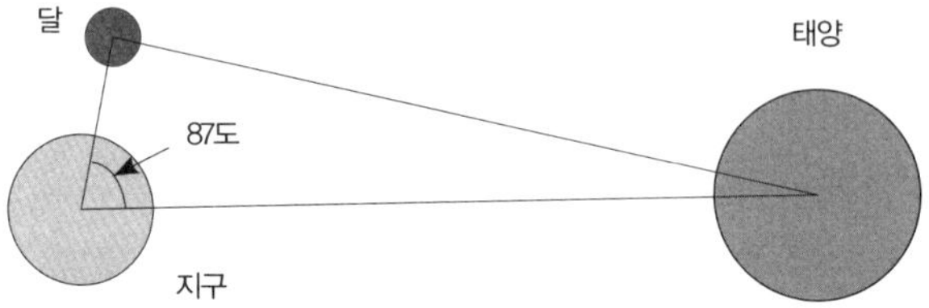

지구에서 달과 태양까지의 거리

기원전 2세기에 히파르코스(Hipparchus, 기원전 190~120)는 아리스타르코스의 작업을 바탕으로 지구 자전축의 느린 변화를 설명했으며, 태양과 달의 운동에 대한 수학적 모델을 만들었다. 그러나 히파르코스가 유명한 것은 눈에 보이는 별의 밝기를 측정하는 방법을 개발했기 때문이다. 그는 별을 여섯 개 범주로 구분하여, 가장 밝은 별을 1등성이라고 불렀다. 육안으로 볼 수 있는 가장 흐릿한 별은 6등성이라고 불렀다. 그는 이런 밝기 등급을 사용하여 약 850개의 별을 분류했다. 오늘날 현대 천문학자들도 이 기본적인 등급을 사용하고 있다. 당시의 천문 관측 기술로는 지구가 움직인다는 증거를 찾기가 어려웠고 물체의 움직임에 대한 관념과도 맞지 않아, 300여년 뒤 지구가 움직이지 않는다는 지구중심설이 진리로 받아들여졌다. 이후 코페르니쿠스와 갈릴레오 등의 천문학자들이 새로운 관측 증거들을 바탕으로 태양중심설을 들고 나왔으며, 케플러의 행성운동법칙, 뉴턴의 운동 법칙을 통해 지구중심설은 설 자리를 잃었다.

천문학의 집대성

프톨레마이오스(Ptolemy, 서기 100~170)는 지구를 우주의 중심에 놓은 아리스토텔레스, 아폴로니우스, 히파르코스의 지구중심설을 더욱 체계화해서 완성시켰다. 아리스토텔레스의 모형은 지구를 중심으로 달, 수성, 금성, 태양, 목성, 토성이 원 궤도를 도는 것으로 너무나 단순해서 문제가 많았던 모형이다.

아리스토텔레스의 모형이 가진 단점은 별들의 역행을 제대로 설명하지 못했다는 점이다. 역행운동이란 특정한 위치에서 행성들을 관찰할때 다른 천체들과는 반대 방향으로 운동하는 것이다. 프톨레마이오스는 이러한 문제를 해결하기 위해 주전원과 이심원이라는 두 가지 개념을 적용했다. 그는 우주에서 행성은 주전원이라고 부르는 원을 그리면서 움직이고, 각각의 주전원은 지구를 중심으로 하는 이심원이라는 원궤도를 돈다고 주장했다. 그러나 주전원은 실제 관찰 결과와 일치하지 않기 때문에 지구를 원의 중심에서 약간 비껴난 곳에 두었다.

결국 프톨레마이오스의 모형은 각각 다른 속도로 돌아가는 다양한 크기의 원이 수십 개로 이루어진 복잡한 체계였다. 시간이 흐르면서 모형이 예측한 것과 실제 관찰한 것이 틀렸지만, 그보다 나은 모형이 없었기 때문에 거의 1500년 동안 천문학에서 독보적인 위치를 차지했다.

프톨레마이오스의 가장 큰 업적은 서기 150년경 『알마게스트』라는 책을 써서 천문학 지식들을 집대성한 것이다. 이 책에는 1000개가 넘는 별의 목록이 실려 있으며, 일곱 행성들의 움직임을 예측한 기하학적 도표와 숫자들이 적혀 있다.

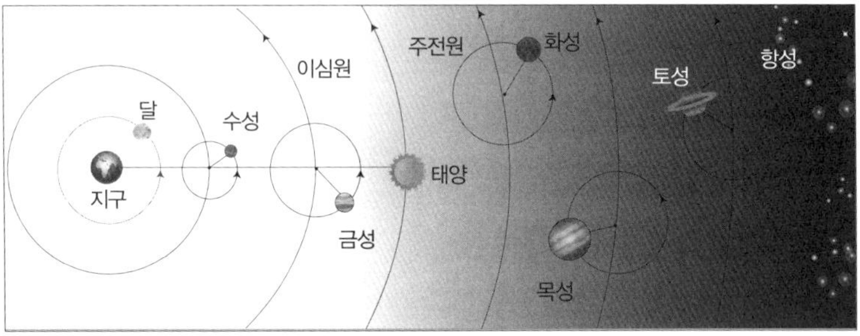

프톨레마이오스의 주전원과 이심원

대수학과 방정식

디오판토스(Diophantus, 200~284)는 알렉산드리아에 살았던 그리스의 수학자였다. 최초의 대수학 교과서로 간주되는 『산수론』을 썼으며, 처음으로 대수 기호를 사용했다. 이집트 북부에 위치한 도시 알렉산드리아는 유클리드(기원전 300년경)의 시대에서 히파티아(415년)의 시대까지 수학연구의 세계적인 중심지였다. 그곳에서 많은 수학자들이 연구하며 살았는데, 디오판토스도 그들 중 한 사람이었다. 디오판토스 이전에는 수학 기호가 존재하지 않았다. 그는 오늘날 방정식의 원조 격인 문자 기호로 나타내는 식을 처음으로 사용했다. 또한 여러 가지 흥미로운 방정식의 해법을 제시하기도 했다. 당시 그리스에서는 일상생활의 허드렛일과 수의 계산은 노예 같은 천한 사람들이 하는 것으로 여겨졌다. 반면 그리스 시민은 이론과 논리가 중심이 된 기하학을 공부했다. 그래서 당시의 수학자는 대부분 기하학자이며, 디오판토스처럼 방정식과 같은 대수학 연구를 활발하게 한 사람은 거의 없었다. 디오판토스의 일생에 대해서는 아는 바가 거의 없지만, 전설에 의하면 그의 묘비에 다음과 같이 기록되어 있었다고 한다.

> "이 비석 밑에는 디오판토스가 잠들어 있노라. 그는 일생의 6분의 1은 소년으로, 12분의 1은 청년으로, 그 후 일생의 7분의 1은 혼자 살았다. 결혼한 지 5년 후 아들을 낳았지만, 그의 아들은 아버지보다 2분의 1만큼 살다가 죽었으며, 아들이 죽고 4년 후에 그는 일생을 마쳤노라."

그의 일생을 방정식으로 계산하면 $x/6+x/12+x/7+5+x/2+4=x$로서 $x=84$가 된다. 따라서 디오판토스는 84세에 세상을 떠난 것이다. 덧셈과 곱셈 또는 거듭제곱으로만 되어 있는 방정식을 디오판토스 방정식이라고 한다. 훗날 17세기 프랑스의 수학자 페르마(Fermat, 1601~1665)가 디오판토스의 『산수론』에서 부정방정식 중의 "주어진 제곱수를 2개의 제곱수로 나누어라"는 문제를 읽다가 여백에 다음과 같은 페르마의 마지막 정리를 남겼다.

"xn+yn=zn, 여기에서 n이 3 이상의 정수일 때 이 방정식을 만족하는 정수해 x, y, z는 존재하지 않는다. 나는 경이적인 방법으로 이 정리를 증명했다. 그러나 이 책의 여백이 너무 좁아 여기 옮기지는 않겠다."

해부와 임상 실험

고대 서양의학을 대표하는 인물 중 가장 유명한 사람은 히포크라테스다. 그에 비해 2세기경 갈레노스(Claudius Galenus, 129~199)를 아는 사람은 그리 많지 않다. 하지만 히포크라테스가 의학의 상징이라면, 갈레노스는 약 1700년 동안이나 서양의학을 실제로 지배했다.

그리스 식민도시 페르가몬에서 태어난 갈레노스는 열다섯 되던 해, 그의 아버지가 특별한 꿈을 꾸게 된다. 의술의 신 아스클레피우스가 꿈에 나타나 갈레노스를 의사로 만들라는 지시를 내린 것이다. 이 꿈에 따라 갈레노스의 아버지는 아들에게 의학 공부를 시켰고, 갈레노스는 유명한 스승들을 찾아 페르가몬뿐 아니라 지중해 연안의 여러 도시들을

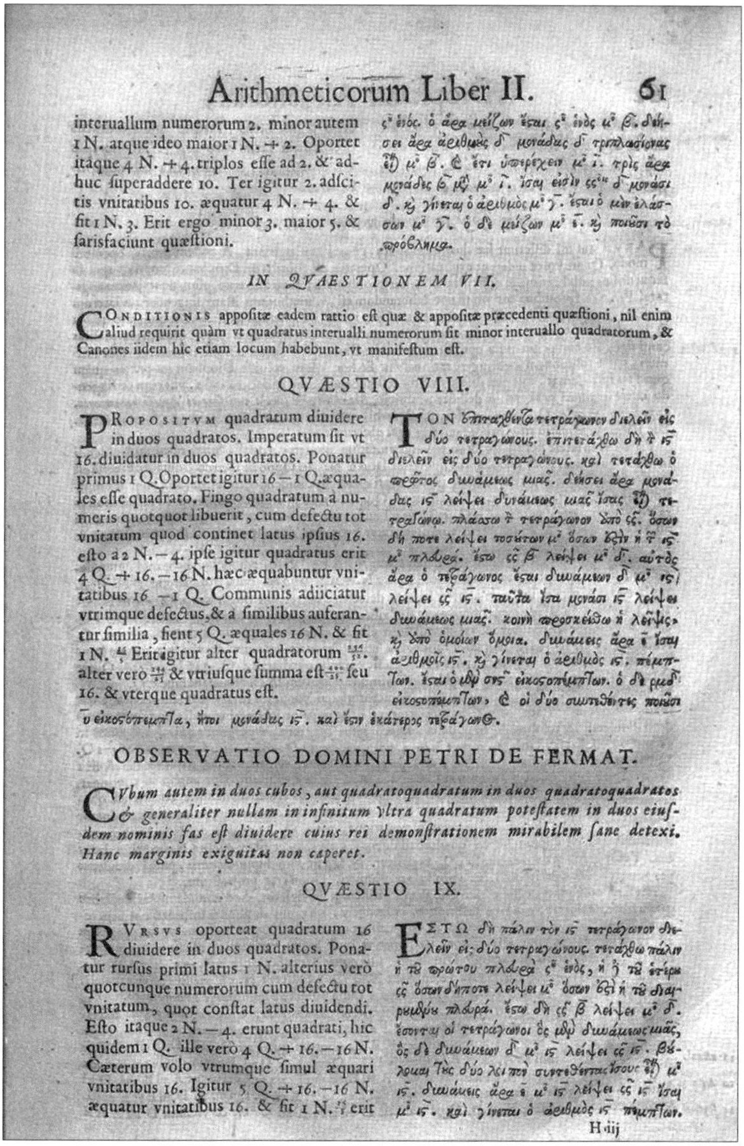

Arithmeticorum Liber II. 61

interuallum numerorum 2. minor autem 1 N. atque ideo maior 1 N. + 2. Oportet itaque 4 N. + 4. triplos esse ad 2. & adhuc superaddere 10. Ter igitur 2. adscitis vnitatibus 10. æquatur 4 N. + 4. & fit 1 N. 3. Erit ergo minor 3. maior 5. & satisfaciunt quæstioni.

IN QVAESTIONEM VII.

CONDITIONIS appositæ eadem ratio est quæ & appositæ præcedenti quæstioni, nil enim aliud requirit quàm vt quadratus interualli numerorum sit minor interuallo quadratorum, & Canones iidem hic etiam locum habebunt, vt manifestum est.

QVÆSTIO VIII.

PROPOSITVM quadratum diuidere in duos quadratos. Imperatum sit vt 16. diuidatur in duos quadratos. Ponatur primus 1 Q. Oportet igitur 16 − 1 Q. æquales esse quadrato. Fingo quadratum à numeris quotquot libuerit, cum defectu tot vnitatum quod continet latus ipsius 16. esto à 2 N. − 4. ipse igitur quadratus erit 4 Q. + 16. − 16 N. hæc æquabuntur vnitatibus 16 − 1 Q. Communis adiiciatur vtrimque defectus, & à similibus auferantur similia, fient 5 Q. æquales 16 N. & fit 1 N. $\frac{16}{5}$. Erit igitur alter quadratorum $\frac{256}{25}$. alter verò $\frac{144}{25}$ & vtriusque summa est $\frac{400}{25}$ seu 16. & vterque quadratus est.

OBSERVATIO DOMINI PETRI DE FERMAT.

Cubum autem in duos cubos, aut quadratoquadratum in duos quadratoquadratos & generaliter nullam in infinitum vltra quadratum potestatem in duos eiusdem nominis fas est diuidere cuius rei demonstrationem mirabilem sane detexi. Hanc marginis exiguitas non caperet.

QVÆSTIO IX.

RVRSVS oporteat quadratum 16 diuidere in duos quadratos. Ponatur rursus primi latus 1 N. alterius verò quotcunque numerorum cum defectu tot vnitatum, quot constat latus diuidendi. Esto itaque 2 N. − 4. erunt quadrati, hic quidem 1 Q. ille verò 4 Q. + 16. − 16 N. Cæterum volo vtrumque simul æquari vnitatibus 16. Igitur 5 Q. + 16. − 16 N. æquatur vnitatibus 16. & fit 1 N. $\frac{16}{5}$ erit

H iij

1670년 출간된 페르마의 주석이 달린 디오판토스의 저서

다니며 의학 공부를 했다.

유학에서 돌아온 갈레노스는 검투사들을 치료하는 의사로 활동했다. 검투사들을 치료하는 과정을 통해 갈레노스는 자신의 의학을 발전시킬 수 있는 기회로 삼았다. 상처가 난 피부 아래로 근육, 신경, 인대를 자세히 관찰하였고 한쪽 뇌가 손상을 입으면 그 반대쪽 몸이 마비된다는 것을 알게 되었다. 검투사들이 심하게 다치는 만큼 그는 심장, 간 등 여러 장기를 직접 보고 연구할 수 있었다. 이후 그는 로마로 가서 의사활동을 하며 대중들에게 해부학과 의학 강연을 했다. 또 당시 유명한 철학자인 에우데모스의 황달을 치료하기도 했다. 결국 그는 마르쿠스 아우렐리우스 황제의 시의가 되었다.

로마에 있는 동안 갈레노스는 의학과 철학에 대해 많은 저술을 남겼다. 그는 문학, 철학, 역사, 과학 등 모든 분야를 통틀어 현재까지 희랍어로 가장 많은 글을 남긴 사람으로 400권 이상의 저술이 있다. 또 그는 의사에 대해 '최고의 의사는 철학자'라는 유명한 말을 남겼다. 합리적인 의학을 위해서는 해부를 통해 인체 장기의 구조를 파악하는 것이 필수다. 그러나 갈레노스가 살았던 로마 제국 시대에는 법으로 인체 해부를 금했다. 그는 인체를 해부하는 대신 원숭이와 돼지를 주로 해부해 많은 임상 경험을 쌓았다. 갈레노스는 실제 해부와 임상 실험을 통해 의학 지식을 얻는 방법론을 세웠다는 점에서 의학사에서 중요한 위치를 차지한다.

그는 해부와 실험을 통해 여러 장기의 기능을 밝혔다. 근육과 뼈를 구분했고, 일곱 쌍의 뇌신경을 구분했다. 심장을 해부해 심장판막을 묘사하고, 정맥과 동맥의 차이점도 관찰했다. 또 근육의 조절 기능을 설명하기 위해 척수를 자르고, 소변이 방광에서 만들어지는 것이 아니라는 사실을 보이기 위해 요관을 묶어 증명했다. 특히 그는 혈액이 혈관을 통해 신체 말단까지 퍼져나가며 신진대사를 조절하는 물질을 운반한다고 믿었다.

혈액이 간에서 만들어진다고 주장한 점과 혈액이 순환한다는 사실을 밝히지 못한 점은 아쉽지만 그가 살았던 시대를 감안하면 실로 놀라운 통찰이 아닐 수 없다. 하지만 현대 의학과 비교할 때 갈레노스 의학에는 분명한 한계가 있다. 예를 들어 갈레노스는 살무사의 머리, 염소 똥, 시체 조각을 넣고 끓인 만병통치약을 만들었는데, 이는 18세기까지 매우 중요한 약으로 통용됐다. 그는 혈액에 영혼의 요소가 있어 병든 사람의 피를 뽑아 치료하는 사혈법을 사용하기도 했다.

특히 인체를 직접 해부할 수 없다는 한계 때문에 많은 오류를 범했다. 실험으로 증명할 수 없는 사실에도 불구하고 '혈액에 영혼이 있다'는 이론은 중세시대 종교와 결합해 의학계를 지배하는 교리가 됐다. 이러한 풍조는 르네상스시대를 거쳐 16세기까지 유지되다가 근대 해부학의 아버지라 불리는 베살리우스(Andreas Vesalius, 1514~1564)가 『인체 조직에 관하여』라는 저서를 내놓으며 대대적으로 수정됐다.

갈레노스에 따르면 인체의 생리적 기능은 다음 세 가지로 구성된 위계질서로 이루어져 있다. 먼저 인체의 주요 기능을 소화, 호흡, 신경으로 삼등분하고, 먹은 음식이 간에서 '자연의 정기(natural spirits)'로 바뀌어 이것이 정맥을 통해 온 몸에 공급되고, 이중 일부가 폐를 통해 들어온 공기와 결합해서 '생기의 정기(vital spirits)'가 되어 동맥을 통해 온 몸에 공급되며, 뇌에서는 '동물의 정기(animal spirits)'가 나와 신경을 통해 퍼진다고 주장했다. 즉 소화, 호흡, 신경은 각각 간, 심장, 뇌와 대응되었고, 이는 또 각각 자연의 정기, 생기의 정기, 동물의 정기와 대응되었다. 생명체와 기능이 이와 같은 세 가지 위계로 되어 있다는 세계관은 고대 후기 및 중세까지 널리 보급되었다.

갈레노스는 우주의 온갖 존재는 다음 세 계급 중의 하나에 속하다고 했다. 광물, 식물, 동물의 물질적인 실재, 천사와 같은 정신적인 실재, 그리고 물질적이며 동시에 정신적인 실재인 인간의 세 계급이 있다고 했다. 그리고 각각의 실재는 다시 세 무리로 나누어지는데, 이는 인간과 천사의 계급에도 적용되며, 우주의 모든 존재 위에는 삼위일체의 신이 지고한 존재로 자리 잡고 있다고 했다.

권력과 달력

고대인들은 시간을 태양과 별의 움직임처럼 주기적으로 반복되는 순환적인 개념으로 받아들였다. 초기 문명의 역사를 보면 어느 순간 세상이 창조되었고 그 후 파괴의 과정을 거쳐 다시 창조되는 신화를 가지고 있다. 고대 그리스의 피타고라스학파와 스토아학파는 영원 회귀설을 믿었다. 인간은 다시 태어나도록 운명 지어졌고 똑같은 사건들이 되풀이 일어난다고 생각했다. 영원 회귀설을 거부한 아리스토텔레스조차 역사는 주기적으로 반복되고 시간은 순환적인 것이라 믿었다. 이에 반해 현대인들은 시간을 과거와 미래를 잇는 선형적인 개념으로 생각한다.

갈레노스(왼쪽)와 히포크라테스가 의학토론을 벌이고 있다. 산타마리아 대성당의 프레스코 벽화(1237년 무렵)

선형적인 시간 개념은 어느 정도 기독교의 영향을 받았다. 초기 성서 기록자들은 천지창조가 특정한 시점에 일어났으며, 역사적인 사건들은 그 자체로 중요한 의미를 갖는다고 강조했다. 이와 같은 시간개념은 서양의 사상과 문명 발달에 큰 영향을 미쳐 역사의 진보와 생명의 진화라는 개념을 낳았다.

고대에는 농업과 상업을 발전시키고 국가를 경영하기 위해 시간을 구분하고 날짜를 정하는 일이 무엇보다 중요했다. 오랜 세월에 걸쳐 정확하고 사용하기 편리한 역법을 만들기 위해서는 수학이 발달되기를 기다려야만 했다. 고대 바빌로니아인들은 매우 뛰어난 천문학자였다. 기원전 1800년에 이미 별의 목록을 작성하고 행성의 운동을 기록했다.

기원전 8세기 중엽에는 날짜를 기록한 천체 관측 자료를 남겼다. 바빌로니아의 역법은 중요한 농사 일정을 맞추기 위해 태양력과 태음력을 조정해 만들었다. 초승달이 시작되는 날을 1일로 정하고 한 달의 길이를 29일과 30일이 교대가 되도록 만들었다. 하지만 1년을 12개월로 하면 354일이 되기 때문에 13년마다 윤년을 일곱 번 두었다.

1년은 365일, 52주, 12개월이다. 그리고 하루는 24시간, 1440분, 86400초이다. 시간과 관련해서 결코 변하지 않는 사실이 세 가지 있는데, 지구의 자전과 달의 공전 그리고 지구의 공전이다. 그것들은 우리가 사용하는 달력에서 가장 기본적인 사항, 즉 하루, 한 달, 한 해를 결정한다.

우리가 지금까지 하루도 빼놓지 않고 경험하는 사건은 해가 뜨고 지는 것이다. 이런 일출과 일몰은 지구가 자전축을 중심으로 하루 한 바퀴씩 돌기 때문에 일어나는 현상이다. 지구가 자전함으로써 해와 달과 별들이 뜨고 지게 된다. 하루는 지구가 자전축을 중심으로 한 바퀴 도는데 걸린 시간이라고 정의할 수 있다. 그런데 하루의 길이는 조금씩 길어지고 있는데, 지구의 자전 속도가 점차 느려지기 때문이다. 지구는 그 자체로 가장 오래된 시계라고 할 수 있다.

우리는 일상생활에서 하루를 뜻하는 '날'이라는 단어를 두 가지 의미로 사용한다. 첫째는 어둠에 반대되는 밝음이다. 둘째는 낮과 밤을 합한 시간의 길이를 말한다. 달력에서 사용하는 하루의 개념은 바로 두 번째 의미로 쓰인다. 그런데 하루의 시작은 나라와 문화마다 달랐다. 이집트와 그리스에서는 일출을, 바빌로니아와 아랍에서는 일몰을 하루의 시작으로 정했다. 한편 우리나라를 비롯한 동아시아는 한밤중, 즉 자시(子

時, 밤 11시부터 새벽 1시)를 기준으로 정했다. 하지만 유럽에서는 1600년 후 코페르니쿠스에 이르러서야 현재와 같은 하루 체계가 자리 잡았다.

그런데 하루는 왜 24시간일까? 천문학이 발달한 이집트에서는 밤이 되면 12개의 별이 연속해서 떠오르는 것을 보고 밤을 12등분하고, 마찬가지로 낮도 12등분하여 지금의 24시간이 되었다고 한다. 그런데 원의 성질을 살펴보면 다른 추측이 가능해진다. 고대인들이 가장 정확하게 작도할 수 있었던 각도는 60도였다. 정삼각형을 그리면 한 각이 60도가 나오기 때문이다. 그들은 임의의 각을 이등분하는 방법을 알고 있었으므로 60도를 이등분하면 30도, 그것을 다시 이등분하면 15도가 만들어진다는 것을 알고 있었다. 그런데 360도인 원에는 15도가 24개 들어 있다. 즉 원 주위의 한 점을 기준으로 15도씩 분할하면 24번 만에 제자리로 돌아오게 된다. 따라서 지구를 중심으로 태양이 15도씩 움직이는 각도를 단위 시간으로 해서 하루를 24시간으로 정했다는 추측이 더욱 설득력 있다.

시, 분, 초의 개념은 확실히 바빌로니아의 숫자 체계에서 나왔다. 그들은 60진법을 사용했는데, 분수 개념이 없었던 당시 2, 3, 4, 5, 6, 10, 12 등의 많은 약수를 가진 60이라는 수는 셈을 하는데 무척 편리했기 때문이다. 따라서 1시간을 60분, 1분을 60초로 정했는데, 이 또한 원의 성질과 잘 맞아 떨어진다.

그동안 인류는 정확한 달력을 만들기 위해 꾸준히 새로운 계산법을 고안해서 수정된 달력 체계를 만들어 왔다. 그런데 새로운 달력 체계와 그 시행에 따른 혼란 속에서도 변함없이 지속된 것이 있는데, 바로 일주일이란 단위다. 이토록 아무런 영향을 받지 않았던 이유는 자연 현상과는 상관없이 인위적으로 사용한 시간 개념이기 때문이다. 일주일의 기원은 잘 알려져 있지 않지만, 달의 차고 이지러짐을 관찰한데서 나온 것으로 추정된다. 즉 초승달, 상현달, 보름달, 그믐달을 기준으로 한 달을 4주로 나누었을 것이다.

현재는 일주일을 7일로 구분하지만, 처음에는 5일이 먼저 사용되었다. 5일은 손가락으로 셀 수 있는 편리한 숫자였기 때문이다. 그래서 바빌로니아인들은 두 달을 12주, 일 년을 72주로 나누어 360일을 한 해로 정했다. 오늘날 일주일이 7일이 된 것은 이집트인들이 태양과 달, 그리고 다섯 개의 행성 이름을 따서 요일을 정한데서 유래되었다. 그 후 4세기경 로마인들에게 전해져 현재까지 이어져 내려오고 있다. 한편 동아시아에서는 일주일을 10일로 정했으며, 마야와 아즈텍 문명에서는 20일과 30일을 일주일로 사용했다. 흥미로운 사실은 모든 민족들마다 똑같은 별 이름을 가지고 요일에 이름을 붙였다는 것이다.

태양은 낮과 밤을 가르고 사계절을 구별할 수 있게 해준다. 그런데 태양의 일출과 일몰은 우리에게 너무나 짧은 시간 간격만을 가르쳐주는 반면, 일 년은 너무 길어서 정확히 잴 수 없다. 따라서 태양 이외에 시간을 구분할 수 있는 다른 기준이 필요했는데, 그것은 바로 달이다. 모든 고대 문명에서는 달이 변하는 모양에 따라 달력을 만들어 사용했다. 달은 태양과 달리 눈에 쉽게 보이고 모양의 변화가 뚜렷했기 때문이다.

바빌로니아에서는 농사에 편리한 태양력이 있었음에도 불구하고 통치와 종교상의 이유로 태음력이 선호되었다. 농사를 주관하는 신 바알(Baal)은 달을 상징하기도 했지만, 아마도 왕과 제사장들이 더 많은 재물을 거둬들일 수 있었기 때문일 것이다. 태음력은 354일로 태양력의

365일보다 11일 짧으므로 약 2.75년이 지나면 한 달 치 세금을 더 걷을 수 있게 된다.

태음력의 단점은 윤달을 자주 도입해야 하고 한 달에 3일 정도는 달이 눈에 보이지 않는다는 것이다. 게다가 새로 뜨는 달은 지구와 태양 가운데 위치해 있어서 볼 수가 없고 하루나 이틀이 지나야 초승달을 볼 수 있을 뿐이다. 그리고 태음력에서 한 달, 즉 보름달에서 다시 보름달이 되기까지는 29.5일이 걸린다. 그래서 음력에서는 한 달을 29일과 30일을 교차해서 사용하고 있다.

고대 이집트의 달력은 순수한 의미에서 태양력이라고 할 수 있다. 달의 움직임과 무관하고 윤년도 없는 달력인 셈이다. 이집트인들은 기원전 6000년경부터 태양력을 사용했다. 순수한 태양력이 이집트에서 만들어진 계기는 나일강이라는 특수한 상황이 있었기 때문이다. 나일강은 일 년마다 정기적으로 범람하여 농부들에게 파종 시기를 알려주었다. 에티오피아 고산 지대의 눈이 녹아 흐르는 동시에 몬순 장마가 시작되면 나일강의 수위가 급격하게 올라가면서 여름이 시작되었다. 홍수는 비옥한 진흙을 상류로부터 옮겨와 나일강 삼각주에 쌓아 놓았다.

오랜 경험을 통해 이집트인들은 다음 홍수가 올 때까지 평균 365일이 걸린다는 사실을 알았지만 365일을 같은 조각으로 나누는 것이 쉽지 않았다. 그래서 자투리를 떼어내서 일 년을 360일로 정했다. 이러한 점에 착안해서 원을 360도로 나누었는데, 이 개념은 오늘날까지 그대로 사용되고 있다. 나머지 5일로는 열세 번째 달을 만들어 축제를 하고 제사를 지내는데 보냈다.

율리우스 카이사르가 이끈 로마 군대가 이집트의 알렉산드리아에 상륙했다. 패주하는 폼페이우스를 궤멸시키기 위해서였다. 그런데 폼페이우스는 상륙하기도 전에 암살당했고, 카이사르는 이집트 왕위 계승 전쟁에 휘말린다. 전쟁에서 이긴 그는 클레오파트라를 이집트 여왕으로 봉하고 개선장군이 되어 로마로 돌아왔다. 당시 로마 공화정 말기의 대제관들은 달력과 태양의 운행을 일치시키는 윤년을 도입할 결정권을 갖고 있었다. 모든 권력을 장악한 카이사르는 혼란스럽기 짝이 없는 달력을 단번에 뜯어고쳤다.

기원전 45년 카이사르는 모든 옛 달력의 사용을 금지시키고 알렉산드리아 최고의 천문학자인 소시게네스의 조언에 따라 새로운 달력을 만들었다. 율리우스 달력은 크게 세 가지 특징을 가지고 있다. 첫째, 일년을 365와 1/4일로 정했다. 둘째, 사 년마다 하루를 더해 366일이 되는 윤년을 만들었다. 셋째 355일에서 365일로 늘어난 열흘을 열두 달 안에 다시 배치했다. 카이사르는 로마 축제와 관련된 이유로 한 달을 30일이나 31일로 재구성했는데, 그 틀은 오늘날까지도 계속 통용되고 있다.

국가를 계승한 통치자들이나 전쟁으로 권력을 잡은 지배자들은 저마다 새로운 연호를 사용했으므로 역사의 기록은 언제나 단절되었다. 그래서 역사적인 사실의 시간적 인과 관계를 알아내는 일은 실타래처럼 엉킨 매듭을 푸는 것만큼이나 어려웠다. 초기 기독교의 축일은 달력에 따라 고정되었으며, 기독교의 전파는 곧 율리우스력의 전파를 의미했다. 기독교 교회는 예수가 태어난 해를 원년으로 삼아 햇수를 세는 새로운 전통을 탄생시켰는데, 바로 오늘날까지 사용되고 있는 기원(紀元)의 개념이다.

컴퓨터라는 단어는 원래 계산하다는 뜻의 라틴어 '콤푸타레(computare)'에서 유래되었다. 옛 로마 교회에서는 부활절을 계산하는 일을 '콤푸투스(computus)'라고 했으며, 수도원에는 이 일을 전문적으로 담당하는 수도사가 따로 있었다. 그럴 수밖에 없던 것이 부활절은 크리스마스와는 달리 고정되어 있지 않고 오락가락했기 때문이다.

율리우스력은 현대 달력보다 약 11분 14초가 더 길다. 그보다 100년 앞서 히파르코스가 측정한 일 년은 우리가 아는 것과 불과 5분밖에 차이가 나지 않는다. 다만 카이사르는 달력을 좀더 단순하게 만들기 위해 근사값인 365.25일을 취했던 것뿐이다. 그런데 이 작은 차이가 16세기 르네상스 시대에 이르러서는 오차가 10일이나 되었다. 만일 카이사르가 11분 14초를 무시하지 않았다면, 1500년 후 로마인들의 인생에서 열흘이 사라지는 일은 없었을 것이다.

춘분이 지나고 보름달이 떴건만 그 다음 일요일에 부활절 예배를 드릴 수가 없었다. 마침내 로마 교회는 달력을 바꾸어야 한다고 생각했다. 새로운 역법을 만들기 위해서는 정교한 수학이 필요했다. 마침내 1582년 그레고리우스 13세는 새로운 달력을 만들었는데, 그레고리력은 계절과 달력을 일치시키기 위해 10일을 없애고 4년마다 윤년을 두었다. 그런데 100년으로 나누어지는 해에는 윤년을 없애고 400으로 나누어지는 해에는 다시 윤년을 만들었다. 따라서 1700년, 1800년, 1900년에는 윤년이 없었지만 2000년에는 윤년이 생긴 것이다.

모든 길은 로마로 통한다

로마는 기원전 1세기에 소아시아, 이집트, 시리아를 정복하였고, 초대 황제 옥타비아누스(재위 기원전 27년~서기 14년)는 중부 그리스와 펠로폰네소스를 속국으로 편입했다. 서기 2세기에는 그리스와 마케도니아를 정복하였으며, 3세기에는 스페인도 병합하여 영국으로부터 남부 유럽, 소아시아에 걸친 광대한 영토를 확보했다.

로마가 그리스를 정복한 결과 로마의 상류층 사람들은 그리스 문화에 접하게 되었다. 로마 시대의 과학적 저술들은 대부분 독창적인 이론의 전개가 아니라 그리스 시대부터 알려진 각종 지식을 정리하여 전달하는 개요서 형태로 나타났다. 즉 로마인들은 그리스 학문에 대한 백과사전적인 지식에 만족했는데, 이런 전통은 기원전 1세기 로마의 문학가 바로(Marcus Terrentius Varro, 기원전 116~27)에서부터 시작되었다.

이런 백과사전식 전통에 있어서 초기의 중요한 두 저자는 세네카(Lucius Annaeus Seneca, 기원전 4~서기 65)와 플리니우스(Caius Plinius Secundus, 23~79)였다. 세네카는 저서 『자연의 질문들』에서 아리스토텔레스의 『기상학』처럼 지리학과 무지개, 천둥, 번개 등과 같은 기상학적 현상들을 다루었다.

플리니우스는 로마 출신 저자 146명과 그리스 출신 326명이 쓴 2,000권의 책을 검토해서 37권으로 된 『자연사』라는 방대한 책을 집필했다. 그의 자연에 관한 저술은 인간, 우주, 동식물, 광물, 동식물의 약효 등 방대한 분야를 다루었지만, 전반적으로 그리스 시대의 과학에 대한 이해가 부족해서 혼동과 불일치가 많았으며, 그리스 철학에 대한 오해

오늘날 우리가 사용하는 달력은 기독교에서 예수 생애의 중요한 사건들을 기념하기 위해 만든 것이다.

도 많았다.

고대 원자론자들의 저작은 거의 소실되어 사라졌지만 루크레티우스의 『사물의 본성에 대하 여』는 고대 원자론의 내용을 잘 보여주는 개요서다. 15세기 중반 금속활자 인쇄본의 책들이 나오기 시작하자 다시 출판되어 17세기 과학혁명 시대 원자론이 부활하는 배경을 제공하기도 했다.

로마인들은 그리스인이 과학에서 이룩한 이론과 실험 사이의 연계성을 계승하지 못했다. 즉, 로마인들은 그리스 과학을 맹목적으로 이어받았을 뿐, 과학적으로 사고하는 방법을 배우지 못했다. 특히 로마인들은 수학에 관심이 없었다. 그리스 의학은 실용성 때문에 어느 정도 수용되었지만, 주술적 처방과 약초요법 수준을 넘지 못했다. 그러나 공중 의료 시설의 설립, 도로와 수도의 건설, 율리우스력의 채용, 사회 조직을 규제하기 위한 법률의 제정 등 사회조직 분야에서는 큰 공헌을 했다.

기원전 1세기경 로마에서는 콘크리트를 사용하기 시작했다. 콘크리트는 기원전 3세기 후반에 발명되었다. 이것은 화산회로 만든 강력한 시멘트로, 대리석을 밀어내고 로마의 주요 건축 자재가 되었다. 콘크리트 덕분에 튼튼한 포장도로를 깔 수 있었는데, 로마가 멸망한지 천 년 후에도 계속 이용되었다. 광대하고 효율적인 로마 전역의 도로망은 8만 킬로미터에 달했으며, 로마의 패권과 영향력을 크게 증대시켰다. 기원전 1세기 비트루비우스(기원전 75~26)는 최초의 건축서인 『건축에 대하여』를 썼다. 그의 저서 12권 1장에 있는 공법을 보면, 맨 아래 기초로 큰 돌들과 부스러기 돌을 번갈아 깔고, 그 위에 모래층을 펴고, 맨 위에는 다각형 큰 돌을 평평하게 만들어 덮는다고 했다. 원래 로마 도로는 로마 군단이 신속하게 이동하기 위한 도로였다. 도로는 로마가 경제적으로 번영하는 데 큰 역할을 했으며, "모든 길은 로마로 통한다."는 말은 여기서 나왔다. 로마 정부는 역참 제도를 운영하여 일정한 간격마다 여행자들이 쉴 곳을 제공했으며, 필요한 지역에 다리를 건설하여 24시간에 800킬로미터를 이동할 수 있는 파발 체계를 갖추었다.

로마의 토목과 건축은 군사 관련 기술과 더불어 로마의 우수한 기술 수준을 보여주는 중요한 분야로서 도로, 교량, 수도관, 목욕탕, 극장, 경기장을 건설했다. 로마 시대를 대표하는 건축물로는 판테온 신전과 콜로세움을 들 수 있다. 모든 신의 전당을 의미하는 판테온 신전은 높이가 43.3미터에 이르렀으며, 원형 경기장인 콜로세움은 9만 명을 수용할 수 있었다. 로마 시대에는 대형 목욕탕도 건설됐는데, 이와 같은 대형 건물을 만들기 위해 수많은 노예들이 동원됐고 도르래를 이용한 기중기가 널리 사용됐다.

이처럼 고대 로마에서는 토목과 건축이 대규모로 이루어진 것을 제외하면 기술적 진보는 거의 없었다. 고대 사회에서는 길을 닦고 건축물을 세우고 옷감을 만들고 금속을 채굴하는 등 거의 모든 노동을 노예에 의존했다. 하층민이 존재하는 것은 어느 사회에나 있었지만, 노예를 활용함으로써 새로운 기술을 개발하거나 지식을 활용하려는 생각은 없었다.

또한 고대 사회에서는 실제적인 일에 종사하는 것을 하찮게 여기는 사회적 분위기가 지배적이었다. 예를 들어 고대의 학문을 집대성했던 아리스토텔레스는 『기계의 문제들』에서 기술이 자연을 기만하는 것이라고 간주했으며, 『정치학』에서는 동물, 노예, 장인은 도시국가의 구성요소가 될 수 없다고 주장하기도 했다. 아르키메데스는 많은 기술을 발명했지만, 이에 관한 기록을 남기지 않았으며 자신이 기술자로 비치는 것을 매우 싫어했다. 자연은 신성하며 인간이 개입하거나 개발할 여지가 없는 것이 고대 사람들의 사고방식이었다.

로마의 과학은 제국 말기에 접어들면서 점차 쇠퇴하기 시작했다. 로마에서 과학이 쇠퇴한 원인으로는 다음과 같은 네 가지 이유를 들 수 있다. 첫째 로마 제국 말기의 정치적, 사회적 불안정을 들 수 있다. 디오클레티안(Gaius Aurelius Diocletian, 285~305) 황제 이후부터 수세기 동안 정치적 불안정은 로마 제국의 동서 분할을 가져왔다. 서기 395년 테오도시우스 황제의 죽음 이후 동로마와 서로마로 분할되었다. 서기 5세기경 서로마는 게르만족의 침입으로 멸망했다.

로마 시대의 대표적인 건축물인 콜로세움

둘째, 게르만 용병에 의해서 서로마 제국이 멸망함으로써 강력한 중앙 정부의 붕괴와 함께 제국 초창기부터 몇 세기 동안 잘 성장했던 도시 생활이 붕괴되었다. 이에 따라 도시와 도시문화가 쇠퇴하면서 지적인 생활이 타격을 받게 되었다. 적당한 정치적 안정, 도시 문화, 그리고 개인적 후원 등은 과학의 발전에 필수적인데, 로마 제국 말기부터 이런 구조가 붕괴되면서 과학의 침체를 가져왔다.

셋째, 기독교가 시작된 이후 과학이 기독교 교리를 합리화하는 데 이용됨으로써 과학은 신비적이고 종교적인 색채가 강해졌다. 당시 사람들은 정치적, 경제적 압박이 커지면서 동방에서 들어온 신비적인 종교들에 귀의하게 되었고, 기독교와 신비주의 종교 교리들은 로마의 발전된 도로망을 통해 전 제국으로 퍼져나갔다.

넷째, 기독교가 로마 제국의 국교로 공인된 이후 이단들에 대한 박해가 심해졌다. 당시 많은 지식인들이 네스토리우스(Nestorius)파였는데, 잦은 종교 박해로 네스토리우스파 사람들을 비롯한 많은 과학 분야 지식인들이 페르시아, 시리아로 집단 이주했다. 이리하여 아리스토텔레스 체계에 기초한 많은 과학 분야들의 연구 전통이 단절되었으며, 급기야 고대 과학의 쇠퇴로까지 이어지게 되었다.

5

고대 중국

HOMO SCIENTIFICUS

고대 중국

| 기원전 2세기~기원후 15세기의 과학기술사 연표 |

220년	중국, 후한이 멸망하고 삼국 시대가 시작되다
226년	사산 왕조 페르시아가 세워지다
313년	로마, 밀라노 칙령으로 기독교를 공인하다
316년	중국, 5호 16국 시대가 시작되다
320년	인도, 굽타 왕조가 시작되다
375년	게르만족, 대이동을 시작하다
392년	로마, 기독교를 국교로 삼다
395년	로마, 동로마 제국과 서로마 제국으로 나뉘다
439년	중국, 남북조 시대가 시작되다
476년	서로마 제국이 멸망하다
486년	프랑크 왕국이 세워지다
500년	인도, 힌두교가 탄생하다
552년	돌궐 제국이 세워지다
589년	중국, 수가 중국을 통일하다
606년	비잔티움 제국과 사산 왕조 페르시아 사이에 전쟁이 일어나다
610년	무하마드, 이슬람교를 창시하다
618년	중국, 당나라가 세워지다
829년	잉글랜드 왕국이 세워지다
907년	중국, 당이 멸망하고 5대 10국 시대 시작되다
916년	거란이 세워지다
960년	중국, 송이 세워지다
962년	신성 로마 제국이 세워지다
979년	중국 송나라의 태종이 중국을 통일하다

105년	채륜, 종이를 발명하다
132년	장형, 혼천의와 지동의를 발명하다
263년	유휘, 중국 최초의 수학서 『구장산술』을 편찬하다
271년	나침반이 발명되다
340년	우희, 세차운동을 발견하다
480년	조충지, 원주율을 계산하다
7세기	인쇄술이 발명되다
724년	일행, 세계 최초로 자오선 길이를 측정하다
850년	화약 제조법을 기록하다
1040년	이동식 활자를 발명하다
1087년	소송, 수운의상대를 제작하다
1247년	돌에 새긴 천문도인 순우천문도를 제작하다
1280년	곽수경, 수시력을 제정하다
1578년	이시진, 『본초강목』을 편찬하다

최고의 문명을 꽃피우다

중국은 북쪽으로는 찬바람이 무서운 시베리아 벌판과 맞닿아 있고 동쪽과 남쪽으로는 드넓은 바다, 서쪽으로는 알타이산맥과 곤륜산맥, 고비 사막이 있고 서남쪽으로는 높고 험한 히말라야와 접하고 있다. 이처럼 중국의 영토는 유럽과 크기가 같으며 인구밀도가 높아서 중앙집권적 정치체제를 유지해왔다. 중국 최초의 문명은 황허 유역에서 시작했으며, 나중에는 양쯔강 유역까지 전파되었다.

기원전 221년 최초로 중국을 통일한 진나라는 세계에서 가장 인구가 많은 국가였다. 서기 1200년에 중국 인구는 1억1천5백만으로 당시 유럽의 인구보다 2배나 많았으며, 인구밀도는 유럽보다 5배에 육박했다. 중국은 비록 다양한 제국이 흥망성쇠를 거듭했지만 복잡한 사회적, 정치적 변화는 없었으며 수천 년 동안 문화적 연속성을 가지고 있었다. 특히 송 왕조는 여러 면에서 과학기술을 꽃 피운 중국의 전성기라고 할 수 있다.

송 왕조의 번영은 8세기부터 이루어진 양쯔강 이남에서 시작된 벼농사에서 비롯되었다. 논에서 이루어진 벼농사는 단위면적당 생산량이 다른 어떤 작물보다 많아서 사회적, 문화적 변화가 일어날 수밖에 없었다. 송 왕조는 새로운 벼 품종들을 개발해서 연 2모작이나 3모작도 가능했다. 또한 계단식 논을 만들고 관개시설을 정비하여 경작지를 늘리는데 주력했다. 새로운 모내기 기술과 도구들, 예를 들어 논을 가는 쟁기와 여러 개의 노를 사슬로 엮은 양수기를 개발하는 등 효율성과 생산성을 증가시켜 더 많은 잉여 생산물을 만들어냈다.

중국의 전통적인 지식과 문화는 대부분 기술과 분리되어 있었다. 국가시험과 관료체계는 학자와 관료를 장인이나 기술자로부터 격리시켰으며, 과학과 기술의 분리를 강화했다. 산업에 대한 정부의 통제는 중국 기술의 중요한 특징 가운데 하나였다. 정부는 모든 자원을 소유했고 철, 소금, 비단, 도자기, 종이, 술 등 기반산업의 생산을 독점했다. 정부는 수많은 기술자들을 고용했으며, 기술자들은 국가를 위해 일해야 했다. 예를 들어 원나라에서는 26만 명의 기술자를 고용했으며, 명나라 때는 2만 7천명의 장인과 그들에게 딸린 조수들을 고용했다. 기술과 경제에 대한 국가의 통제는 정부가 상업에서 거두는 세금이 농업에서 거두는 세금보다 많아진 송나라 때에 절정을 이루었다. 송나라는 1024년 세계 최초로 지폐를 발행했다.

관개기술은 중국 문명의 또 다른 기술을 보여준다. 608년 북경에서 낙양까지 약 640킬로미터에 이르는 운하와 제방을 완성했다. 12세기 중국의 운하 길이는 약 5만 킬로미터에 달했다. 중국의 도자기 제작기술은 11세기 이후 전례 없는 예술적 성취를 보여주었다. 정부는 가마와 도자기 시설을 소유하고 수천 명의 기술자를 고용하여 수많은 도자기를 생산했다. 중국 자기는 당대의 사회가 문화 수준이 높았음을 보여준다. 실제로 도자기는 국내 및 국제 교역과 세금 징수의 주요 품목이 되었으며, 이슬람 세계를 거쳐 아프리카까지 거래되었다. 유럽인들은 중국의 도자기를 몹시 선호하여 18세기 산업 혁명기에 중국의 자기 기술을 모방하려고 노력했다.

전통적인 직물 생산은 중국의 주요 산업이었다. 12세기에 송나라는 세금으로 거둔 비단 117만 필을 소유하고 있었다. 중국의 방직 산업은 기계화되어 있었다. 오랜 옛날부터 물레를 이용하여 실을 만들었으며, 수력으로 작동하는 방적 기계를 개발했다.

아마도 종이 제작 기술은 방직 산업에서 진화했을 것으로 보인다. 종이는 서기 2세기 한대 말기에 기록이 나오지만, 종이 제작 기술은 그로부터 몇 세기 후에 개발되었다. 종이는 일찍부터 중국 사회에 등장했지만, 돌에 새긴 글을 탁본으로 뜨는 기술이 있었기 때문에 인쇄술은 7세기 초에 이르러 개발되었다. 인쇄술은 고전과 기술서 등 다양한 분야의 책과 지폐를 대량으로 만들었다. 1403년 중국의 공식 백과사전은 937권이며, 1609년에 또 다른 백과사전은 2천명의 저자가 쓴 2만 2천권으로 되어 있었다. 1040년 도자기로 만든 최초의 이동식 활자를 발명하기도 했다. 활판 인쇄술은 한국에서 더욱 발달했다. 1234년 고려 고종 때는 『상정고금예문』이 금속활자로 간행되었으며, 1377년 인쇄된 『직지심체요절』은 현재까지 내려오는 제일 오래된 금속활자 책이다. 1403년 조선 태종 3년에는 주자소를 설치하여 구리활자인 계미자를 주조하여 중국 문자 10만개를 만들었다.

중국에서는 철 생산도 활발했는데, 이는 청동을 만들 구리와 주석이 부족했기 때문이다. 기원전 117년 한나라 때는 48곳의 제철소에서 수천 명의 노동자가 철을 생산해냈다. 철 생산량은 806년 당나라 때 1만 3500톤 규모에서 1078년인 송나라 때 12만 5000톤으로 급증했다. 참고로 유럽에서 산업혁명이 진행된 1788년 영국의 철 생산량은 불과 6만 8000톤이었다. 제철 산업은 유럽보다 700년 앞선 11세기에 수차를 이용한 풀무를 이용했으며, 석탄으로 만든 숯인 코크스로 철광석을 녹였다. 이러한 기술 덕분에 송나라 때는 한 해에 갑옷 3만 2000벌과 화살촉 1600만개와 다양한 철제 농기구를 생산했다.

9세기 중반에 이루어진 화약 발명은 세계사를 바꾸었다. 화약은 중국의 연금술에서 비롯된 것으로 처음에는 무기가 아니라 불꽃놀이에 사용되었다. 송나라 때 외세의 침략을 받게 되자 비로소 화약을 개량하여 로켓, 유탄, 폭탄, 총에 이르기까지 다양한 무기로 개발되었다.

종이와 달리 나침반은 전통적인 중국의 과학기술과 무관했다. 자철광은 기원전 300년에도 이미 알려져 있었고, 점술이나 풍수지리에 이용되었다. 12세기 남송 시대부터 15세기 명 시대 초까지 중국은 세계 최강의 해군을 거느리고 있었다. 원나라를 창시한 쿠빌라이 칸은 1281년에 4400척의 배를 이끌고 일본을 침략하기도 했다. 명나라 때의 선박은 나침반이 내장되고 선박의 뒤쪽에 방향타를 장착했으며, 방수 처리된 선실을 갖추었다. 가장 큰 배는 길이 91미터, 무게 1500톤 정도로 대포로 무장하고 최대 1000명의 선원을 태웠는데, 그 당시 유럽의 선박보다 다섯 배나 컸다.

1405년에서 1433년까지 명나라 정화 제독은 길이 150미터, 폭이 60미터에 이르는 배를 포함해 100여척의 선박을 이끌고 일곱 차례에 걸쳐 해상 원정을 했다. 그가 지휘한 함대는 당시 유럽 모든 나라의 군함 수를 합친 것보다 큰 규모다. 이처럼 고대 중국의 과학기술은 서양에서도 부러운 시선으로 바라볼 정도로 높은 수준을 유지했고, 과학적 발견과 발명은 같은 시대의 유럽보다 훨씬 앞서 나갔다.

주비산경과 구장산술

중국은 이미 하, 은, 주나라 시대부터 십진법으로 1부터 만까지 기록이 가능했으며, 춘추 전국시대에 이르러 도량기구를 만들고 부호를 만드는 등 고대 중국의 수학은 당시 다른 어느 지역보다 훨씬 앞섰다. 중국 최초의 천문학에 관한 수학 서적인 『주비산경(周髀算經)』은 상하 두 권으로 이루어져 있다. 이것은 주나라 때 천체 관측기구로 알려진 '비'라는 8척의 나무막대기(지면에 세운 막대기 모양의 해시계)로 하늘과 땅을 측정하는 법을 기록한 책이다. 이 책에 수록된 '구고현의 정리'는 피타고라스의 정리로서 어떤 수식이나 기하학적 도식 없이 단 한 장의 그림으로 정리의 내용과 증명을 동시에 나타냈다.

『주비산경』과 비슷한 시기에 나온 『구장산술(九章算術)』은 중국 최초의 수학 전문서적으로 진나라, 한나라 때 활용되던 산술서가 후한 시대에 비로소 그 모습을 갖추게 되었다. 오늘날 전해지고 있는 『구장산술』의 판본은 위나라의 유휘(劉徽, 220~280)가 263년에 편찬하고 주를 붙인 것이며 제목 자체가 말해주듯이 9개의 장으로 나뉘어져 모두 246개의 문제가 등장하는데, 본문은 기본적으로 문, 답, 풀이의 3중 구조로 되어 있다.

첫째 장 "방전"(方田)은 다양한 형태의 평면기하 문제들과 아울러 기초적인 분수 계산법을 다룬 것이다. 둘째 장 "속미"(粟米)는 농산물 사이의 교환비율을 이용한 계산 문제들이 대부분이다. 셋째 장 "쇠분"(衰分)은 차등적인 비율에 따라 할당량을 구하는 문제와 등차·등비급수 문제들을, 그리고 넷째 장 "소광"(少廣)은 조화급수와 제곱근, 세제곱근을 구하는 문제들을 각각 다루고 있다. 다섯째 장인 "상공"(商功)에는 토목공사 관련 문제들과 입체 도형들에 관한 문제들이 포함되어 있으며, 여섯째 장 "균수"(均輸)에는 진, 한 시대 고대 국가에서 어떻게 공평과세를 실현하려고 했는지를 엿볼 수 있는 문제들이 등장한다. 일곱째 장 "영부족"(盈不足)과 여덟째 장 "방정"(方程)은 모두 연립방정식에 관한 것이다. 그리고 마지막 "구고"(句股) 장은 산학에서 "구고술"(句股術)이라고 부르는 피타고라스 정리를 활용한 문제들로 이루어져 있다.

이처럼 『구장산술』은 당시 고대 사회가 당면하고 있었던 산업, 행정, 교통, 토목, 건축 등 여러 분야에서의 현실 문제들에 대해 수학적 해법들을 제시했다. 『구장산술』이 동양의 수학사에서 차지하는 위치는 서양에서 볼 때 유클리드의 『원본』에 견줄 정도다. 이 책은 중국 산학의 유구한 발달을 보여주고 있으며 일본, 베트남과 인도의 수학에도 커다란 영향을 미쳤다.

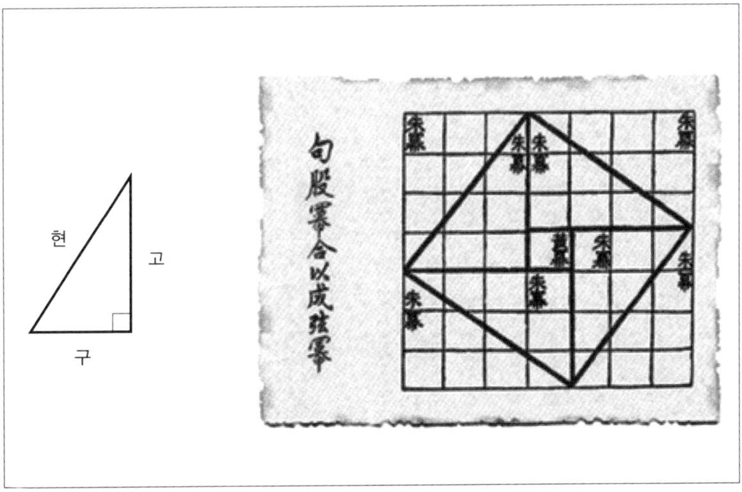

구고현의 정리가 들어있는 『주비산경』

우리나라에서도 삼국시대부터 『구장산술』을 신성한 책으로 여겨왔다. 조선 초기 정인지 등이 쓴 『고려사』에 의하면 고려시대 때 경제 관료인 산사(算士)들을 선발하는 수학 시험을 3일간 보았다고 한다. 첫째 날 시험장에서 "『구장산술』의 제9장 10조를 외워 보시오"라는 구술시험과 둘째 날 제6장의 일부를 암송시키고 셋째 날에는 6문제를 푸는데 4문제를 통과해야 한다고 기록되어 있다. 다음과 같은 유휘가 『구장산술』 서문에 쓴 글은 수학이 오늘날에도 얼마나 유효한지 역설한다.

> "경험적으로 유추하여 확장시키다보면 제아무리 깊고, 멀고, 괴이하고, 숨겨져 있다 한들 파고들지 못할 곳이 없으리라. 박물군자들이시여, 자세히 살피시라."

유휘에 이어 200년 뒤 남북조 시대의 조충지(祖沖之, 429~500)는 원주율을 계산해 수학에 커다란 공을 세운 인물이다. 이전 사람들은 지름이 1일 때 원주가 3이라는 주삼경일(周三經一)로 원주율을 삼았다. 유휘는 원에 내접하는 정다각형의 길이가 원 둘레의 길이에 점점 가까워지면서 원에 내접하는 정96각형일 때 원주율이 3.14라는 것을 계산했다. 480년경 송나라의 조충지와 아들 조훤지는 원에 내접하는 정24,576각형을 이용하여 3.141592(6)이라는 보다 정확한 값으로 계산했다. 이 값은 그 후 거의 천 년 간 가장 정확한 원주율이었다.

송나라와 원나라 때는 고대 중국의 최고 전성기로 많은 수학자들이 끊임없이 배출되었다. 그 가운데 영향력이 가장 큰 사람은 원나라의 주세걸(朱世傑)이었다. 그는 1300년경 『산학계몽』과 『사원옥감』이라는 수학서적을 펴냈다. 『산학계몽』은 모두 세 권으로 구구단 곱셈표, 나눗셈표, 대수와 소수의 명칭, 도량형 환산, 면적 단위, 음수와 양수의 사칙연산, 제곱근까지 다양한 분야와 259개의 수학문제를 수록했다. 『사원옥감』도 역시 세 권으로 고차방정식을 푸는 문제부터 마방진을 비롯한 수열을 연구한 탁월한 수학서적이다.

마방진이란 정사각형에 1부터 차례로 숫자를 중복하거나 빠뜨리지 않고 가로, 세로, 대각선에 있는 수들의 합이 모두 같도록 만든 숫자의 배열이다. 예를 들어 3x3 마방진은 1부터 9까지의 숫자를 중복하지 않고 모두 사용하되 가로, 세로, 대각선의 합이 15가 되도록 정사각형 안에 배열해 놓은 것이다.

옛날 중국에는 장마철마다 낙수라는 강의 범람을 막기 위해 제방을 쌓는 공사를 했었다. 이때 등에 어떤 무늬가 새겨진 거북이 한 마리가 나타났는데, 거북의 등에는 공사방법을 알려주는 그림이 새겨져 있었다. 사람들은 이 그림을 '낙서(洛書)'라고 불렀고 이는 나중에 명당을 잡거나 건축물의 배치 등 풍수지리에 매우 중요하게 사용됐다고 한다. 이 거북의 등에 새겨진 45개 점의 배치도가 마방진의 시작이라고 할 수 있다. 요즘 신문이나 인터넷 등에서 인기를 끌고 있는 스도쿠 게임이 마방진과 매우 비슷하다. 스도쿠 게임은 9×9 모양의 정사각형의 각 칸에 1부터 9까지의 숫자를 가로, 세로에 겹치지 않도록 한 번씩만 써넣는 숫자 퍼즐이다.

서양에서의 최초의 마방진은 독일의 수학자이자 화가인 알브레히트 뒤러(Albrecht Dürer, 1471~1528)가 자신의 관 뚜껑에 그린 〈멜랑콜리아〉라는 그림 속에 있는 4차 마방진이다.

알브레히트 뒤러가 1514년에 만든 판화 〈멜랑콜리아〉

고대 중국의 천문학

유럽은 2세기부터 16세기에 이르기까지 1000년 동안 천문학의 정체 시기였다. 하지만 중국 천문학은 안정적인 발전을 이루었는데, 과학적 성과는 크게 천문관찰, 기구제작, 역법제정으로 나눌 수 있다. 중국 고대 우주론은 크게 하늘과 땅을 개천설, 혼천설, 선야설 등 여섯 가지 구조로 구분했다. 이중 가장 오래된 개천설은 하늘(天)의 모양을 삿갓을 덮어놓은(蓋) 모양에 비유했는데, 하늘은 둥글고 땅은 네모지다는 설이다. 이것을 '천원지방(天圓地方)'이라고 하는데, 옛날 중국이나 우리나라의 조선시대에 둥근 모양에 가운데 네모난 구멍이 있는 화폐 같은 모양이다. 고구려 고분에 그려진 일월성신도나 신라의 첨성대에서 개천설의 상징을 엿볼 수 있다. 혼천설은 천문기구인 혼천의와 혼천상에서 유래한 것으로 하늘은 달걀처럼 생겼고 땅은 달걀의 노른자처럼 생겼다는 설이다. 혼천설은 하늘을 회전하는 고체의 구로 가정했고 그 위에 황도와 적도를 설정해 오늘날과 같은 천구의 개념을 가진 설이다.

그리스 이래 서양의 천문학은 태양과 달, 다섯별의 운동을 황도 근처에서 관찰하고 기록한 황도 좌표계를 사용했고, 중국의 천문학은 항상 지평선 위에 떠 있는 주극성(하늘의 북극 주위에서 밤새 보이는 별)과 북극, 자오선에 관심을 가진 적도 좌표계를 사용했다. 여기서 자오선이란 천정을 지나며 하늘의 북극과 남극을 잇는 가상의 선을 말한다. 즉 적도 좌표계는 천구 상의 북극을 중심으로 한 바퀴 도는 항성을 관측하기 위한 좌표계다. 그래서 중국인들은 천구 상의 적도 근처에 있는 28개의 별자리를 '28수'라고 했으며, 28수를 일곱 개씩 넷으로 나누어 동, 서, 남, 북에 해당하는 청룡, 주작, 백호, 현무라는 방위에 별자리를 모아 놨다.

1087년 송나라의 소송(蘇頌)은 황제의 명을 받들어 물의 힘으로 움직이는 높이 11미터의 천문관측 시계탑을 제작했다. 천체를 관측하는 혼천의와 천체의 운행을 시각적으로 재현하는 혼천상을 한데 합친 이 발명품은 '수운의상대'라고 불렸다.

중국의 별자리 그림 중에서 가장 유명한 것은 1193년에 제작된 '순우천문도'이다. 이 천문도는 영구 보존을 위해 1247년 강소성 소주의 공자묘에 돌비석에 새겨 넣었다. 높이 2.5미터에 지름이 91.5센티미터인 천문도 안에는 북극을 중심으로 황도와 적도 주위에서 볼 수 있는 1440여개의 별들이 새겨져 있다. 이로부터 150년 후인 1395년 조선시대에도 '천상열차분야지도'를 만들었다. 1464개의 별자리를 새겨 넣은 검은 돌판의 높이는 2미터 정도이며 무게만 1톤이 나간다. 천상열차분야지도의 뜻은 다음과 같은데, 먼저 천상은 하늘을 뜻하고 열차는 황도 부근의 하늘을 12등분한 것이며, 분야는 북극성을 중심으로 28수로 나눈 것을 말한다.

한나라 시대의 장형(張衡, 78~139)은 천체의 방향을 측정하는 기구인 혼천의를 만들었다. 혼천의는 구리로 만든 움직이는 구인데, 구 표면에는 28수와 항성의 위치를 새겼고 구 내부에는 철로 만든 축이 북극과 남극을 가리키며, 구 바깥에는 몇 개의 동그라미가 있고 적도와 황도에는 24절기를 새겼다. 혼천의는 주전자에서 한 방울씩 떨어지는 물의 힘으로 톱니바퀴를 돌려 구를 회전시켰는데, 구가 한 바퀴 도는 속도가 지구의 자전속도와 비슷했다.

119년에 낙양과 다른 지역에 대지진이 두 차례 연속 발생하면서 장

혼천의, 혼천상을 모두 합쳐 물의 힘으로 움직이는 수운의상대

형은 지진에 대해 연구하는 계기가 되어, 132년 중국 최초의 지진 관측 기구인 지동의를 발명했다. 구리로 만들어진 지동의는 가운데 여덟 마리 용이 새겨져 있다. 용의 머리는 8개 방향을 가리키고 있으며, 용의 입에는 구리로 만든 작은 구슬이 들어 있다. 아래쪽에는 여덟 마리의 두꺼비가 앉아 있어서 지진이 발생하면 지진이 발생한 방향의 구슬이 떨어져 두꺼비 입으로 들어가 소리가 나는 정교한 장치였다. 이것은 1880년 유럽에서 만들어진 지진계보다 1700년이나 앞선 것이다. 그는 또한

풍향계를 만들었으며, 과학뿐만 아니라 철학, 문학, 그림 등에 뛰어나 동방의 아리스토텔레스라고 불렸다.

724년 당나라 때의 고승이자 뛰어난 천문학자인 일행(一行)은 세계 최초로 자오선의 길이를 측정했다. 이는 아랍의 과학자 알 콰리즈미가 측정한 것보다 90년이나 앞섰다. 그는 기존의 기구보다 훨씬 정교한 황도유의와 수운혼의를 만들었다. 특히 수운혼의는 태양과 달의 움직임을 나타낼 뿐만 아니라 스스로 시간을 잴 수 있어, 세계 최초의 자동 시계라고 할 수 있다.

원나라 때의 곽수경(郭守敬, 1231~1316)은 최고의 과학자로 60여 년 동안 천문, 지리, 수학 등의 과학 분야에 커다란 업적을 세웠다. 그는 지난 1천여 년 동안의 천문자료와 70여종의 역법을 참고하여 1280년에 수시력을 제정했다. 이를 토대로 계산한 1년은 365일 5시간 49분으로, 지구가 태양을 공전하는 시간과 거의 차이가 나지 않는다. 또한 전국에 27개의 관측소를 설치하고 전국적인 규모의 천문관측 활동을 벌였다. 당시 사람들이 '사해측정'이라고 부른 이 관측은 남북으로 5천여 킬로미터, 동서로 2천5백 킬로미터에 이르는 대규모 관측이었다. 훗날 프랑스의 수학자 라플라스는 그 정확성을 극찬하면서 자신의 저서에 곽수경의 관측 결과를 인용하기도 했다. 곽수경은 평생 동안 천문학 관련 저서 100여 권과 양의, 일구, 간의, 동방일해 등 18종에 이르는 천문기구를 만들었다.

황제내경과 본초강목

『황제내경』은 중국의 전통 의학서로 기원전 2세기 전국시대에 편찬된 책이다. 여기서 '황제(黃帝)'는 정치적 군주를 말하는 '황제(皇帝)'가 아니다. 사마천의 『사기』에서 황제는 복희씨, 신농씨와 더불어 삼황(三皇) 가운데 하나로서 백성들에게 불, 역법 등을 만들어준 신으로 기록되어 있다. 그러므로 신화적 인물인 황제가 일러준 최고의 의학책이라는 뜻이다. 내경이라는 말은 생명 또는 의학의 핵심을 담은 경전이라는 뜻이다. 『황제내경』은 소문과 영추라는 두 부분을 합쳐 부르는 책이다. 소문은 사람의 순수한 생명력에 대해 질문하고 답하는 내용으로 고전의학의 기초적인 개념과 생리학 등 전반적인 내용이 기록되어 있다. 영추는 침과 경락에 관한 내용이 구체적으로 기록되어 있다.

소문의 첫 질문은 이렇게 시작된다. "옛날 사람들은 모두 백 살이 넘어도 쌩쌩했다고 하는데, 오늘날 사람들은 오십만 되어도 빌빌거리니 바쁜 세상 때문인가, 아니면 사람의 잘못 때문인가?" 이렇게 황제가 묻자 기백이 말한다.

> "옛날 사람은 자연에 순응하고 음식을 절제하고 정력을 헛되이 낭비하지 않았습니다. 하지만 요즘 사람들은 그렇지 않아서 술에 절어 있고 툭하면 축첩하고 술 취한 채로 방사하여 정력을 소비하니, 어찌 빌빌거리지 않겠습니까?"

이 말은 『황제내경』이 추구하는 의학의 궁극적인 목적을 잘 함축하고 있다. 중국 의학은 중국 문화의 특색이 고스란히 담겨 있는데, 오랜 세월 치료하고 생활하는 과정에서 축적된 독특한 의학 체계다. 중국 의학은 중앙집권사회에 맞물려 정부의 엄격한 통제를 받았으며 진료행위는 백성에게 봉사하는 것으로 여겨졌다. 당나라 시대에는 태서의가 생겨나면서 의사가 되고자 하는 사람은 시험을 거쳐 자격을 얻어야 했다.

죽은 사람도 살렸다는 중국의 명의 편작(扁)은 중국 춘추전국 시대의 유명한 의사다. 그의 형들도 의사였는데 사람들에게 편작처럼 잘 알려져 있지 않았다. 삼형제에 대한 이야기는 『갈관지』라는 책에 나온다. 어느 날 위나라 왕이 편작에게 물었다.

"그대 삼형제 중 누가 가장 뛰어난가?"

"큰 형님이 가장 뛰어나고, 그 다음은 둘째 형님이며, 제가 가장 아래입니다."

왕은 의외로 생각했다. 죽은 사람도 살려낸다는 편작이 삼형제 중 의술이 형편없다고 했으니 말이다. 그렇게 대답을 한 이유가 궁금해진 왕이 묻자, 편작이 대답했다.

"큰 형님은 환자가 아픔을 느끼기 전에 얼굴빛을 보고 장차 병이 있을 것을 압니다. 병이 나기도 전에 병이 날 것을 알고 병의 원인을 제거해 줍니다. 환자는 아파보기도 전에 치료를 받게 되는 것입니다. 그러나 환자는 큰 형님이 고통을 미리 제거해 주었다는 사실을 모릅니다. 그래서 큰 형님이 명의로 알려지지 않은 것입니다."고 말했다.

"둘째 형님은 환자의 병세가 미미할 때 그의 병을 알고 치료해 줍니다. 그러므로 환자는 둘째 형님이 자신의 큰 병을 미리 낫게 해주었다는 것을 잘 모릅니다. 제 경우는 환자의 병이 커지고 고통으로 신음을 할 때에야 비로소 병을 알아냅니다. 그의 병이 심하기 때문에 맥을 짚어 보고, 진기한 약을 먹이고, 살을 도려내는 수술을 합니다. 사람들은 저의 이런 행위를 보고 나서야 자신의 병을 고쳐 주었다는 것을 알게 됩니다. 이것이 바로 제가 명의로 소문이 난 이유입니다."

한의학은 옛날부터 질병이 생긴 후 병을 치료하기보다는 질병이 생기기 전에 예방하는 것을 중요하게 여겼다. 한의학의 고전인 황제내경이나 동의보감 등을 보더라도 양생(養生)에 대한 부분이 앞에 나와 있다. 병이 생기고 난 후 고치는 것은 소 잃고 외양간 고치는 것과 같다고 보았다.

화타(華佗, 145~208)는 한나라 말기의 의사로 편작과 더불어 명의를 상징하는 인물로 꼽힌다. 그는 약물 처방뿐 아니라 외과 수술에도 정통해 최초의 외과의사라고 불리기도 하는데, 마비산(麻沸散)이라는 마취제를 만들어 사용했다고 전해진다. 화타에 대한 기록은 『후한서(後漢書)』의 '방술열전(方術列傳)'과 『삼국지연의(三國志演義)』에 그에 관한 이야기가 등장한다. 그 기록들에 따르면 화타는 약과 침, 뜸 등에 모두 정통했고 침과 약만으로 치료할 수 없을 경우에는 환자를 마취시키고 환부를 절개했는데, 창자에 질병이 있는 경우에도 창자를 잘라 씻어내고 봉합해 고약을 붙이면 4~5일 만에 고통이 없어지고 한 달이면 완쾌되었다고 한다. 병을 진단하고 환자의 상태를 예견하는 능력도 뛰어나 환자의 얼굴색을 보거나 맥을 짚는 것만으로 병의 진행 정도를 예견할 수 있었다고 한다.

이렇듯 화타가 명의로 이름을 떨치자 같은 고향 출신으로 삼국지에 나오는 조조(曹魏, 155~220)는 그를 불러 곁에 두고 자신이 앓고 있는 두

통을 치료하게 했다. 화타는 조조가 두통에 시달릴 때마다 침으로 치료해 주었다. 하지만 의사로서만 대우받는 것을 부끄럽게 여긴 화타는 귀향하기를 청해 휴가를 얻어 집으로 돌아갔고 아내가 병이 들었다는 핑계를 해서 조조의 부름에 응하지 않았다. 분노한 조조는 화타를 압송해 고문한 뒤에 죽여 버렸다. 화타는 죽기 전에 자신의 의술이 적혀 있는 책을 옥졸에게 전하려 했으나 처벌을 두려워한 옥졸이 받으려 하지 않자, 스스로 그 책을 태워버렸다고 한다. 조조는 뒷날 자신의 아들이 병으로 위독하게 되자, 그때가 되어서야 화타를 죽인 것을 후회했다고 전해진다. 외과의로서 명성을 떨친 것 외에도 화타는 연금술과 함께 도교 의학의 기본인 양생술의 창안자로서 오금희(伍禽戱)를 만들었는데, 오늘날 일종의 건강 체조라고 할 수 있다. 화타 자신은 오금희에 대해 이렇게 설명하고 있다.

> "인체는 운동을 시켜주는 것이 좋다. 신체를 움직이면 몸속에서 곡물의 기가 사라지고 혈맥의 흐름이 좋아지며, 병이 없어진다. 옛날 신선들은 '도인'이라는 것을 하여 신체를 잡아당기고 관절을 움직여서 노화를 막았다. 나는 내가 창안한 이 술법을 오금희라고 이름 붙였다. 첫 번째는 호랑이, 두 번째는 사슴, 세 번째는 곰, 네 번째는 원숭이, 다섯 번째는 새다. 몸 상태가 좋지 않을 때는 오금(다섯 동물)의 행동을 하나씩 따라서 실행하면 기가 맑아진다."

중국의 고대 과학은 송나라 때에 최고 전성기를 맞이했으며, 명나라와 청나라 때는 점점 쇠퇴하기 시작했다는 것이 일반적이다. 그러나 약물학은 명나라 후기가 최고 전성기였는데, 이는 이시진(李時珍, 1518~1593)이 쓴 『본초강목』 덕분이다. 그는 본초 관련서적들의 종류는 많지만, 이름이 복잡하고 같은 물건인데 두세 가지로 분류되거나 서로 다른 것이 같은 것으로 취급되기도 하는 등 헷갈리는 경우가 많아 새로운 본초 서적을 엮기로 결심했다. 그는 중국의 여러 산들을 돌아다녔으며, 800여 서적을 참고로 무려 27년 동안 심혈을 기울여 1578년 『본초강목』을 썼다. 『본초강목』은 모두 52권으로 이루어져 있으며, 1892종의 약물을 수록하고 11096개의 약제를 조합했다.

대항해 시대를 연 발명품

나침반은 남북을 가리키는 자석의 성질을 이용해 동서남북의 방향을 알려주는 장비다. GPS가 없던 시절, 나침반은 배가 가야 하는 방향을 알려주는 가장 중요한 물품이었으며, 먼 바다를 항해하는 선원이나 탐험가에게는 생명이나 다름없는 존재였던 것이다. 물론 나침반이 없던 시절에도 낮에 해를 관측하거나 밤에 별자리를 보고 방향을 알 수 있었지만, 전문지식과 상당한 관측 시간이 필요했다. 게다가 흐린 날이나 안개가 낀 날에는 이 방법마저도 사용할 수 없었다. 이 외에도 나무줄기가 자라는 상태나 나이테를 관찰해 방향을 짐작하는 방법도 있지만 바다에서는 소용없는 방법이었다.

고대 페니키아인들은 불안하고 예측 불가능한 바다에서도 지중해 문화를 꽃피운 바 있다. 그들은 자신이 어디에 있고 어디로 가는지 알기 위해 사용한 것은 별과 바람이었다. 계절풍의 풍향 빈도를 관찰한 결과 각 계절별로 바람이 불어오는 위치를 통해 방위를 계산할 수 있었다. 그런 풍향 빈도를 표시한 것을 '풍배도'라 해서 지도와 함께 사용했다. 항해 속도는 배에서 나무토막을 던져 계산했다. 뱃머리에서 던진 나무토막이 선미 쪽으로 떠내려간 속도와 배의 길이를 계산해 자신이 어떤 속도로 항해하는지 추측했던 것이다. 이렇게 주먹구구식으로 배의 위치를 파악하는 방법을 '추측항법(dead reckoning)'이라 한다. 당연히 계산에는 오차가 있었고 바람의 방향도 언제나 일정할 수 없었기에 근해에서도 표류하게 되는 일이 종종 있었다. 중세까지 항해는 추측항법에 따라 이루어졌다. 그런 와중에 바다로 나간다는 것은 자살행위나 다름없었다.

따라서 바다에서 삶과 죽음을 가르는 역할을 한 것은 바로 나침반이었다. 이처럼 중요한 역할을 한 나침반을 누가 언제 발명했는지 정확히 알려진 바는 없다. 다만 종이, 화약, 인쇄술과 함께 중국의 4대 발명품 중 하나로 꼽히기 때문에 나침반은 현재까지 중국에서 발명된 것으로 알려져 있다. 중국은 기원전 2600년경 황제 시대 때 항상 남쪽방향을 가리키는 지남거를 만들었다고 주장하나 이를 그대로 믿기는 어렵다. 하지만 자석을 지남철(남쪽을 가리키는 철)이라고 부르는 것을 보면, 자석에 남북을 가리키는 성질이 있다는 사실을 오래 전부터 알고 있었다.

중국에서 최초로 나침반을 사용한 시기는 기원전 4세기로 추정된다. 당시 저술된 『귀곡자』를 보면 길을 잃지 않기 위해 '사남'을 사용했다는 기록이 있는데, 많은 학자가 이것을 최초의 나침반으로 보고 있다. 사남은 일종의 쟁반인 '반'과 자석으로 된 국자 모양의 '지남기'로 이루어져

중국 최초의 나침반은 쟁반 위에 지남기를 올린 형태로 손잡이 부분이 남쪽을 가리켰다.

있다. 반 위에 지남기를 올려놓고 돌리면 손잡이 부분이 항상 남쪽을 가리킨다. 하지만 당시 나침반은 방향을 찾기 위해서라기보다 점성술사들이 풍수나 점을 치기 위해 사용했던 것으로 보인다. 또 물고기 모양의 지남어, 수레 모양의 지남거, 거북이 모양의 지남구, 바늘 형태의 지남침 등 여러 형태의 나침반이 사용됐다는 기록도 있다. 항해에 사용할 수 있도록 방위가 표시된 나침반은 12세기 초에 와서야 모습을 드러내는데, 24방위가 표시된 나침반을 사용했다는 기록이 있다.

중국 문헌에서 나침반에 대해 자세히 언급한 기록은 11세기 초 송나라 시대 심괄(沈括, 1031년~1095)의 『몽계필담(夢溪筆談)』에서 볼 수 있다.

"방사(方士)는 자석으로 바늘을 문질러서 그것을 남쪽을 향하게 만든다.

하지만 그것은 언제나 약간 동쪽으로 기울어 정확하게 남쪽을 향하지는 않는다. 그것을 물 위에 띄워두면 불안정한 것이 흠이다. 손톱 위에나 그릇의 가장자리 위에 놓으면 잘 돌아가기는 하지만 금방 밑으로 떨어져 버리기 쉽다. 가장 좋은 방법은 자침의 중심점에 밀랍을 달고 여기에 명주실로 묶어서 균형을 잡고 바람 없는 곳에 두면 바늘이 언제나 남쪽을 향한다. 바늘 가운데에는 북쪽을 향하는 것도 있는데 아직 아무도 그 이치를 설명할 수는 없다."

명나라의 장군 정화(鄭和, 1371~1434)가 인도, 아프리카까지 일곱 차례에 걸쳐 총 18만 5천 킬로미터를 항해할 수 있었던 이유는 바로 나침반에 있었다. 물론 원거리를 항해할 수 있는 범선의 제조 기술도 한몫했지만, 자신이 어디로 향하고 있는지 확인할 수 있는 나침반이 존재하지 않았다면 원정은 불가능했을 것이다. 1123년 고려를 방문한 송나라의 문신 서긍의 『고려도경(高麗圖經)』에는 항해 중 나침반을 사용한 이야기가 상세히 서술돼 있다.

"이날 밤에는 배를 세울 데가 없었다. 별과 북두칠성을 보고 배를 운행해 갈 수밖에 없었다. 만약 어둡다면 물 위에 띄운 지남부침(指南浮針)을 써서 남북을 가릴 수 있다. 밤이 되어 봉화를 켜자 여덟 척의 배가 모두 이를 따랐다."

이처럼 중국에서 사용하던 나침반은 바다 위에서 뿐만 아니라 땅위에서도 사용되었다. 이윽고 방위를 찾는 것이 생존에 직결되던 사막 지역의 아랍인들에게 전파되었고, 이후 십자군 전쟁을 통해 유럽까지 퍼져서 12세기 이전에는 프랑스에까지 전해진 것으로 보인다. 12세기 말 프랑스의 시 〈La Bible de Guynet de Provins〉에 나침반이 최초로 언급된다.

"결코 움직이지 않는 별이 있다네.
결코 속이지 않는 항해술이 있다네.
그것은 갈색 돌로 된 자석을 이용하는 것이지."

오늘날과 유사한 형태의 나침반은 14세기 유럽에서 등장했고, 16세기에 이르러 현재 사용하고 있는 32방위의 나침반이 사용됐다. 17세기에는 나침반이 달린 소형 해시계가 발명돼 일종의 휴대용 시계로 사용했다는 기록도 있다.

나침반의 보급과 그로 인해 점점 정교해진 지도는 유럽 항해의 장을 지중해에서 대서양으로 옮겨 놓으며 이른바 대항해 시대를 열었다. 이를 통해 각 대륙은 서로 접촉하게 되었으며 거대한 문명의 충돌로 인해 인류의 문명은 비약적으로 발전했다. 나침반은 세계 변혁의 열쇠로 작용했으므로, 인류의 운명을 바꿔놓은 발명품이라 해도 과언은 아닐 것이다.

불로 만든 약

화약(火藥, gunpowder)을 글자 그대로 풀이하면 '불로 만든 약'이다. 화약은 중국의 연단술사들이 불로장생의 단약을 제조하는 과정에서 우연히 발명했다. 화약이 처음 발명된 시기를 정확히 알 수는 없지만, 늦어도 7세기에는 화약이 제조된 것으로 알려져 있다. 당시의 연단술사이자 의사인 손사막(孫思邈, 581~682)은 『단경(丹經)』의 "내복유황법(內伏硫黃法)"에서 화약을 제조하는 방법을 기술했다.

> "유황과 초석이 각각 2량씩 든 항아리에 조각자(쥐엄나무 열매의 씨) 3개를 넣고 불을 지펴 불꽃이 일어날 때 목탄 3근을 넣는다. 목탄이 3분의 1쯤 탔을 때 불을 끄고 혼합물을 꺼내는데, 그것이 바로 '복화'다."

여기서 유황, 초석, 목탄은 화약과 동일한 성분에 해당하기 때문에 복화를 화약의 시초로 본다. 화약이란 단어는 1445년 도교의 경전을 집대성한 『도장(道藏)』에도 등장하고 있다. 화약은 오랫동안 약재의 일종으로 간주되어 왔다. 예를 들어 1596년에 이시진이 편찬한 『본초강목(本草綱目)』은 "화약은 창선과 살충에 주효하며 습기와 온역을 제거하기도 한다."고 소개하고 있다. 화약의 또 다른 용도로는 불꽃놀이를 들 수 있다. 중국 사람들은 설이나 추석과 같은 명절에 화약을 터뜨리면서 액운과 재앙이 모두 떠나가기를 기원했던 것이다.

화약이 군사무기로 사용된 시기는 8세기 이후로 알려져 있다. 『신당서(新唐書)』에는 784년에 이희열이 방사책(方士策)으로 병영을 불살랐다

송나라 시대의 화창으로 오늘날 원시적인 로켓에 해당한다.

는 기록이 있으며, 『구국지(九國志)』에는 904년에 날아다니는 불을 쏘아 성문을 불태웠다는 기록이 있다. 화약무기는 송나라 시대에 들어와 본격적으로 개발되었다. 송나라의 수도인 변량에는 군사 장비를 만드는 제조시설이 설치되었는데, 그 중에는 화약과 화기를 제작하는 '화약요자작(火藥窯子作)'이 있었다. 증공량(曾公亮)은 1044년에 군사병법서인 『무경총요(武經總要)』를 편찬하면서 화약무기에 대해 자세히 기술했다. 화약을 이용한 창, 화살, 포에 해당하는 화창(火槍), 화전(火箭), 벽력포(霹靂砲) 등이 그것이다.

우리나라에서 화약을 최초로 개발한 사람은 14세기 고려 말기의 무인 최무선(崔茂宣, 1325년~1395)이다. 중국에서 화약을 수입하여 고작해야 불꽃놀이에만 사용했던 시절에 최무선은 선구자적인 안목과 노력으로 화약을 국산화하는 데 성공했다. 그가 발명한 화약과 화기 덕분에 고려는 해마다 노략질을 일삼는 왜구를 격퇴할 수 있었다.

사실상 최무선이 화약을 제조하기 이전에도 화약의 구성 물질에 대한 기초적인 지식은 어느 정도 알려져 있었다. 문제는 염초(초석)를 추출하는 방법과 그것을 유황, 목탄과 혼합하는 비율을 알지 못했다는 점이었다. 최무선은 이를 알아내기 위해 다각도로 노력하던 중 원나라 출신의 염초 기술자 이원의 도움으로 화약 제조법을 알아낼 수 있었다. 『고려사』에는 1373년에 화살과 화통을 시험적으로 발사했다는 기록이 있는데, 이를 주도한 인물이 최무선으로 알려져 있다. 이어서 1377년에는 최무선의 건의로 화약과 화기의 제조를 담당하는 화통도감(火筒都監)이 설치되었다.

중국에서 처음 발명된 화약은 13세기에 몽골 제국을 매개로 서방으로 전래되었다. 이슬람의 화학자이자 기술자인 알라마는 1280년경에 『기마술과 병기』라는 병법서를 출간했는데, 중국 화약의 성분과 중국 화기의 제조법이 구체적으로 소개되어 있다. 1300년경 원시적인 형태의 화포가 개발되어 실제 전투에서 사용되기도 했다. 우묵한 목재 단지 속에 화약을 다져 놓고 그 위에 화살이나 돌 같은 발사체를 올려놓은 방식이었다. 화약에 불을 붙이면 화살이나 돌이 적을 향해 날아갔지만, 명중률은 그리 높지 않았다고 한다.

비슷한 시기에 화약은 유럽에도 전해졌다. 영국의 수도사이자 철학자인 로저 베이컨(Roger Bacon, 1214년~1294)은 1267년경에 저술한 『기술과 자연의 신비로운 작용과 마술의 공허함에 관한 기록』에서 화약의 제

1453년에 오스만 제국이 콘스탄티노플을 함락시킬 때 사용한 청동 대포

조법에 대해 논했다. 하지만 그는 화약의 오용을 경계하면서 핵심적인 내용을 암호문으로 처리했다.

> "군중은 과학적 사실을 소화할 능력이 없다. 군중은 그것을 오용하여 자신뿐만 아니라 현자들에게도 피해를 끼칠 것이다. 그렇다면 진주를 돼지에게 던져주지 말도록 하라."

유럽에서는 1324년에 독일의 수도사이자 연금술사인 베르톨트 슈바르츠(Bertold Schwarz)가 화포를 처음 설계했다고 한다. 당시의 화포는 컬버린(culverin) 혹은 봄바드(bombard)로 불렸는데, 철관을 몇 개 주조한 뒤 강철 환대로 동여매는 식으로 만들어졌다. 컬버린은 돌로 만든 탄환인 석공을 발사하는 용도로 사용되었는데, 정확도는 떨어졌지만 심리전에는 상당한 효과를 발휘했다.

화약무기는 전쟁의 양상을 크게 바꾸었다. 이전에는 방어가 중시되었기 때문에 공격해 오는 적을 맞받아치기 위한 무기가 주로 발달했다. 그러나 15세기 이후에는 화약무기가 본격적으로 사용되면서 전쟁의 성격이 공격 중심으로 전환되었다. 특히 화포는 공성용 무기로 활용되어 성에 의존하던 봉건제의 몰락을 촉진하는 매개체가 되었다. 또한 기사 위주로 구성된 중세의 기마병도 개인화기의 발달과 더불어 급격히 쇠퇴하기 시작했다. 그 후의 전쟁은 화약무기가 주도했다.

문명 기록의 역사

종이는 서기 105년 중국 후한(後漢)의 채륜(蔡倫, 50~121)이 발명했다. 이전에는 돌, 금속, 찰흙 외에 동물의 가죽이나 뼈, 나무껍질, 나무, 대나무 등을 이용해서 기록했다. 기록을 위해 쓰인 재료들 중에서 오늘날 종이에 가장 가까운 것은 이집트의 파피루스였다. 기원전 2500년경 이집트 사람들은 나일강변에 자생하는 파피루스라는 갈대와 비슷한 식물의 껍질을 벗겨내고 속을 가늘게 찢은 다음, 그것을 엮어서 말리고 다시 매끄럽게 하여 원시적인 기록매체를 만들었다. 이러한 파피루스는 중국에서 처음 등장한 종이와는 다르다. 파피루스는 기본적으로 식물의 껍질을 말린 것에 해당하지만, 중국 종이는 식물섬유를 물에 풀어 체로 걸러낸 것이기 때문이다.

파피루스는 당시 다른 어떤 것보다 기록에 편리했으므로 중국의 제지술이 유럽에 전해진 8세기경까지 지중해 연안에서 소아시아에 걸쳐 널리 보급되었다. 이집트 사람들은 뛰어난 기술을 발명했지만, 종이를 만드는 방법까지 발전시키지 못했던 이유는 당시 풍부한 노예를 노동력으로 이용했기 때문이었다.

현존하는 파피루스 문서는 대부분 종교문서인데, 죽은 사람의 관 속에 미라와 함께 넣어두었던 『사자의 서(Book of the Dead)』가 특히 유명하다. 그밖에 파피루스는 공문, 회계, 의학, 설계도 등 매우 다양한 용도로 사용되었다. 파피루스는 고대 이집트 이래 9세기경까지 기록을 위한 재료로 사용되었지만, 유럽에서는 많이 사용되지 못했다.

유럽 사람들이 오랫동안 주된 기록매체로 사용한 것은 양피지였다. 1세기 로마의 정치가이자 학자인 플리니우스는 『자연사』 제13권에서 양피지가 기원전 150년경에 터키의 페르가뭄에서 발명되었다고 기록했다. 하지만 양피지는 그 이전부터 사용되어 왔으므로 페르가뭄에서는 이전보다 개량된 양피지가 제작되었을 가능성이 높다.

양피지는 양이나 송아지의 가죽을 깨끗이 씻은 후 완전히 털을 깎아서 만든 것이다. 양피지 위에 글을 쓰는 것은 파피루스의 경우보다 더욱 간편한 작업이었다. 또한 파피루스 문서가 두루마리의 형태를 띠었던 반면, 양피지 문서는 바느질로 묶어 오늘날과 같은 책의 형태를 만들 수 있었다. 그러나 양피지는 한 장을 만드는 데 새끼 양 한 마리가 필요할 정도여서 값이 비싸다는 단점을 가지고 있었다. 이에 따라 양피지는 화려한 채색 필사본들을 만드는 데 주로 사용되었다. 15세기 초에 제작된 〈베리 공작의 매우 호화로운 기도서〉는 그 대표적인 예에 해당한다.

한편 중국에서는 종이가 발명되기 전에는 간(簡)과 독(牘)을 많이 사용

양피지로 제작된 〈베리 공작의 매우 호화로운 기도서〉

하였고, 연대를 확실하게 알 수 없으나 붓이 발명되면서부터 비단이 함께 사용되었다. 또 기원전 10년경 전한(前漢)에서는 여자들이 풀솜의 찌꺼기를 늘려서 만든 것을 사용했다는 기록이 있다. 전한에서 사용했던 간은 대나무, 독은 나무의 조각을 잘 다듬어서 표면에 나무즙으로 필요한 것을 기록하여, 그 조각들을 가죽이나 마로 된 끈으로 연결한 것이다. 종이에 대한 본격적인 기록은 『후한서』의 "채륜전"에 나와 있다.

"예로부터 서책은 대부분 죽간(대나무)으로 엮었고, 겸백(비단)을 사용한 것을 종이라고 했다. 겸백은 비싸고 죽간은 무겁기 때문에 모두 편리하지 않았다. 그리하여 채륜은 종이를 만들 생각으로 수부(樹膚, 나무껍질), 마두(麻頭, 삼베 뭉치), 폐포(蔽布, 헝겊 조각), 어망(魚網) 등을 이용하여 종이를 만들어 황제에게 바쳤다. 황제는 채륜의 재능을 칭찬하였고, 그때부터 모두 종이를 사용했다. 그래서 세상 사람들은 종이를 '채후지(蔡侯紙)'라 불렀다."

이러한 기록은 "후한의 채륜이 105년에 종이를 최초로 발명했다."는 주장의 근거가 되었다. 그것은 오랫동안 정설로 인정되어 오다가 1930년대 이후에 다양한 고고학적 증거가 발굴되면서 많은 비판에 직면했다. 마지(麻紙, 마를 주성분으로 하는 종이)가 이미 기원전 50년경에 사용되었다는 점이 밝혀졌다. 그렇다면 채륜은 종이를 처음 발명한 사람이 아니라 기존의 마에 여러 가지 식물섬유를 섞어 종이를 새롭게 개량한 인물이다. 다른 각도에서 보면 채륜의 기여는 종이의 중요성을 간파하고 중국 각지에 흩어져 있던 종이와 그것의 제작법에 관한 정보를 체계화하고 확산시켰다는 점에서 찾을 수 있다.

채륜의 제지술은 빠른 속도로 중국에 전파되었다. 이 과정에서 개량이 점차 이루어졌으며, 지역에 따라서는 재료의 종류도 다양해짐과 동시에 생산량의 증가와 지질의 향상을 가져왔다. 따라서 3세기 말에서 4세기에 걸쳐 종이가 발명되기 이전까지 기록의 재료로 사용되던 것들 중에 비단 같은 특수한 것을 제외하고는 모두 사라졌다. 그러나 당시의 종이는 아직 유치하였기 때문에 질이 변하거나 벌레가 생겨 기록에 사용하기에는 충분한 질적 수준을 갖지 못했다.

6세기에 들어서 이러한 결점을 보완하기 위한 많은 노력을 기울였는데, 종이를 만들 때 원료에 나무진(수액)을 첨가하면 색이 나타나지만 벌레가 생기지 않는다는 사실이 발견되었다. 종이의 색은 나무진의 종류에 따라서 다르게 나타나므로 이때부터 여러 가지 색종이가 만들어지기 시작했다. 당나라 때인 7세기경부터 물감을 사용한 본격적인 색종이의 생산이 시작되었으며, 금박을 뿌린 종이까지 나타났다.

중국에서 발명된 제지술은 한반도에도 빠르게 전파되었다. 우리나라에 제지술이 도입된 시기로는 3세기, 4세기, 6세기 등이 거론되고 있는데, 가장 늦게 잡아도 610년이 된다. 같은 해에 고구려 승려인 담징이 일본에 종이를 전해주었다는 기록이 『일본서기』에 명시되어 있기 때문이다. 우리나라에 현존하는 가장 오래된 종이는 현재 국립경주박물관에 보존되어 있는 '범한다라니(梵漢陀羅尼)'로 알려져 있다. 특히 신라 시대에는 닥나무로 만든 저지(楮紙)가 크게 발달했는데, 그것은 희고 질긴 종이라는 의미의 '백추지(白 紙)'로 불리면서 중국과 일본에서도 소중히 여겨졌다. 신라의 백추지는 고려의 만지(蠻紙), 조선의 견지(繭紙)와 경면지(鏡面紙) 등으로 이어지면서 한국종이, 즉 한지(韓紙)의 전통을 형성해 왔다. 고려 시대에는 종이를 만들어 국가에 바치는 특수 행정단위인 지소(紙所)가 설치되었으며, 조선 시대에는 1415년(태종 15년)부터 관영 제지공장에 해당하는 조지소(造紙所)가 운영되었다.

서방에서는 늦어도 5세기 초에 종이가 만들어졌지만, 중국의 제지술이 전파된 시기는 8세기로 알려져 있다. 그 계기는 이슬람 아바스 왕조의 내부 싸움에 당나라가 개입한 데서 찾을 수 있다. 751년부터 시작된 중앙아시아의 탈라스 전쟁에는 고선지 장군이 이끈 당나라 부대가 참여했는데, 그 전쟁에서 포로가 된 당군 가운데 제지기술자들이 포함되어 있었다. 이들 기술자들에 의해 사마르칸트에 제지소가 생겨났으며,

'사마르칸트지'란 이름의 종이가 만들어졌다. 이후 시리아의 다마스쿠스에도 제지소가 세워졌고, '다마스쿠스지'는 수 세기에 걸쳐 유럽에 수출되기도 했다.

유럽에서는 아랍인들에게서 제지술을 전수받아 12세기 중엽부터 제지업이 성행하기 시작했다. 유럽 최초의 제지소로는 1150년에 스페인에 세워진 하티바 제지소가 있다. 스페인에 이어 이탈리아, 프랑스, 독일, 네덜란드 등지에서 제지소가 줄줄이 문을 열었다. 한때 유럽 최초의 제지소로 알려졌던 독일의 뉘른베르크 공장은 1391년부터 운영에 들어갔다. 1440년경에 구텐베르크(Johannes Gutenberg, 1398~1468)가 개발한 활판인쇄술이 널리 확산되면서 유럽 사회의 기록매체는 양피지에서 종이로 급속히 전환되기 시작했다.

정보의 폭발

인쇄술은 목판 인쇄술과 활판 인쇄술로 나뉜다. 목판 인쇄술은 글자를 나무판 표면에 새긴 후 잉크를 묻혀 찍어내는 기술로 많은 수의 복사본을 만들 수 있지만, 모든 글자를 일일이 새겨야 한다는 단점을 가지고 있다. 활판 인쇄술은 활자를 먼저 제작한 후 그것을 조합하여 원하는 문서를 만드는 기술로 활자를 해체하여 다시 사용할 수 있는 장점을 가지고 있다.

목판 인쇄술과 활판 인쇄술은 모두 동양에서 시작되었다. 목판 인쇄술은 늦어도 8세기부터 사용되기 시작했다. 현존하는 세계 최초의 목판 인쇄물은 705년경에 제작된 『무구정광대다라니경(無垢淨光大陀羅尼經)』로서 우리나라의 불국사 석가탑 사리함 속에서 발견되었다. 중국에 현존하는 가장 오래된 목판 인쇄물은 868년에 인쇄된 『금강반야바라밀경(金剛般若波羅蜜經)』이다.

당나라 때 시인들은 종이에 시나 글을 써서 여러 장을 합쳐 책을 만들었다. 이러한 문화의 발전은 종이의 용도를 더욱 넓혔고, 종이의 생산을 더욱 자극했다. 당나라 시인들이 만든 책은 7세기 말경까지만 해도 같은 크기의 종이를 연결시켜 두루마리로 만드는 식이 고작이었다. 따라서 한꺼번에 많은 양의 정보를 기록할 수는 없었다. 7세기 말경부터 나무판에 글자나 그림을 반대로 새겨 먹을 칠해서 종이 위에 찍어내는 방법이 고안되었는데, 이것이 바로 목판 인쇄술이다. 9세기 당나라 후기에는 시집, 역서, 종교서 등이 출판되었다. 이에 따라 종이의 수요도 크게 늘어났으며, 제지수공업과 더불어 목판 인쇄도 더욱 번성했다.

10세기 후반의 5대 10국(伍代十國) 무렵에는 인쇄기술이 더욱 발달하여 많은 종류의 서적이 발간되었으며, 먹이 번지지 않는 제지술까지 개발되었다. 송나라 때에는 인쇄술과 제지술이 끊임없이 발달하였으며, 대도시에는 서점까지 설치되어 책의 거래가 이루어졌다. 그러나 당시 목판 인쇄는 직접 쓰는 것보다는 빠르지만 목판을 한 장씩 새기는 시간과 수공이 많이 들고, 한번 사용한 판은 다른 책의 인쇄에는 사용할 수 없는 단점이 있었다. 그래서 이를 극복하기 위해 활자를 이용한 인쇄술이 발명되었다.

11세기 송나라 때 필승(畢昇)이 찰흙을 아교로 굳혀 글자 한 자씩을 따로따로 새겨 놓은 다음 철판 위에 글의 순서대로 배열해 놓고 먹을 칠해서 종이를 대고 찍어내는 방법을 고안했다. 진흙에 새긴 글자들은 한 자씩 따로 분리될 뿐만 아니라 상당히 오랫동안 사용할 수 있기 때문에 다른 내용의 글을 인쇄하기 위해서는 몇 번이고 인쇄가 끝난 글자들을 모아 철판 위에 다시 배열하면 되므로 여러 번 사용할 수 있었다.

그러나 필승의 진흙 활자는 서적을 손쉽게 간행할 정도의 실용성은 없었다. 이후 중국에서는 나무 활자와 주석 활자가 고안되기도 했지만, 이 역시 기술 부족으로 실용화되지 못했다. 14세기 초 왕정(王禎)이 목판 활자를 체계적으로 배열해 필요한 활자를 편리하게 찾을 수 있는 '회전자판법'을 발명하기도 했다.

금속활자에서 시작된 활판 인쇄술은 우리나라에서 처음으로 발명되었다. 12세기경 놋쇠로 금속활자를 만들어 사용했는데, 현재 국립중앙박물관에 보관되어 있는 '복'자 활자가 그 증거다. 금속활자로 만든 문헌으로는 1232년에 찍은 『남명천화상송증도가(南明泉和尙頌證道歌)』와 1234년경에 발간된 『고금상정예문(古今詳定禮文)』이 꼽히고 있다.

현존하는 세계 최초의 금속활자 인쇄본은 1377년에 간행된 『백운화상초록불조직지심체요절(白雲和尙抄錄佛祖直指心體要節)〉이다. 『직지심체요절』은 1972년에 세계 최초의 금속활자 인쇄본으로 인정되었으며, 2001년에 유네스코 세계기록유산으로 등재되었다.

서양에서는 1440년에 독일의 구텐베르크가 활판 인쇄술을 처음 발명했다. 그의 활판 인쇄술은 활자의 모양을 뜨는 방법에서 시작되었다. 우선 금속 펀치를 사용하여 구리로 만든 막대기에 활자를 새겨 모형을 만든다. 이어 모형을 수동 주조기 밑에 놓고 납, 주석, 안티몬을 섞어 녹인 금속을 붓는다. 이때 녹인 금속의 온도는 327도에 이르는데, 그것을 식혀서 굳으면 모형을 들어내고 활자를 떼어낸다. 그 다음에 필요한 것은 인쇄기이다. 구텐베르크는 포도주나 올리브유를 만들 때 사용하는 압착기를 모방해 균일한 인쇄를 가능하게 만들었다. 오늘날 인쇄기를 가리키는 단어인 '프레스(press)'도 원래는 압착기를 의미했다.

이와 함께 구텐베르크는 램프 그을음과 아마 씨 기름을 혼합하여 새로운 잉크를 개발했고, 인쇄기의 압력에 잘 견디면서 잉크가 적당하게 스며드는 이탈리아산 종이도 확보했다. 또한 활자의 배열, 행간의 조절, 용지의 두께, 잉크의 농도 등에도 세심한 주의를 기울였다. 사실상 활자, 잉크, 종이, 인쇄기 등의 상호작용으로 인해 실험을 할 때마다 새로운 문제들이 생겨났고, 구텐베르크는 이를 해결하는 데 수많은 노력을 기울였다. 이처럼 그가 발명한 것은 하나의 기술이 아니라 여러 가지 기술이 결합된 일종의 인쇄 시스템이었다.

구텐베르크가 처음 생산된 책은 『도나투스(Donatus)』로 알려져 있다. 그 책은 라틴어 표준 문법서로 1450년경에 제작되었다. 우리에게 익숙한 『구텐베르크 성서』는 그 후인 1455년에 완성되었다. 그것은 1,286페이지에 달하는 라틴어 성서를 한 페이지 당 42줄로 인쇄한 작품이다. 구텐베르크의 인쇄술 덕분에 유럽 사회는 정보의 대폭발을 경험했다. 이전에는 대략 2개월 동안 한 권의 책을 필사할 수 있었지만, 구텐베르크 이후에는 일주일 만에 5백 권을 넘는 책을 인쇄할 수 있었다. 1450년부터 1500년까지 반세기에 걸쳐 유럽 사회에는 8백만 권에 달하는 서적이 쏟아졌다.

독일을 비롯한 유럽 곳곳에는 인쇄소가 속속 설립되었다. 1500년 독일에는 약 60개의 도시에 300개 정도의 인쇄소가 있었다. 유럽 전체로는 약 1천 개의 인쇄소에 1~2만 명의 인쇄공이 고용된 것으로 추정된다. 당시에 서적 유통의 중심지로 부상한 곳은 독일의 프랑크푸르트였다. 프랑크푸르트에서는 12세기부터 견본시(상품의 거래를 촉진하기 위해 견본을 진열하여 선전하는 시장)가 열렸는데, 1480년부터 서적이 공식 상품으로 지정되면서 수많은 서적 판매원들이 몰려들었다. 오늘날 프랑크푸르트 도서전은 이와 같은 견본시의 현대적인 행사라고 할 수 있다.

인쇄술을 매개로 보다 많은 사람들이 책을 접하면서 폭넓은 식자층의 시대가 열렸다. 이러한 경향은 근대 국가의 성립을 배경으로 모국어를 사용하는 전통이 생겨나면서 더욱 촉진되었다. 사람들은 더 이상 정보를 얻기 위해 국가나 교회에 의존하지 않아도 되었으며, 스스로 정보를 해석하면서 기존의 견해에 도전하기 시작했다. 서양 사회가 중세에서 근대로 이행하는 계기로 작용한 르네상스, 종교개혁, 과학혁명도 인쇄술이 없었더라면 불가능했을 것이다.

인쇄술과 종교개혁은 서로가 서로를 강화하는 관계였다. 종교개혁이 인쇄된 문건의 확산에 의해 더욱 촉진되었다면, 종교개혁은 인쇄술의 확산을 양산하는 데 크게 기여했다. 프로테스탄티즘은 각 개인이 스스로 성서를 공부해 그 메시지를 해석하는 것을 중요한 교의로 삼고 있었다. 인쇄된 성서의 보급은 신의 말씀을 신자들에게 직접 전해 주었고 다양한 팸플릿은 종교개혁의 메시지를 유럽의 여러 나라에 전파시켰다. 마틴 루터는 인쇄술을 가리켜 "복음의 전도를 가능케 해준, 신이 내린 가장 고귀하고 무한한 자비의 표식"이라고 찬양하기도 했다.

동양에서는 19세기 중엽까지 목판 인쇄술이 사용되었다. 그 이유는 무엇일까? 먼저 인쇄술의 목적과 기술적 여건이 유럽과는 다르다. 우리

구텐베르크 혁명을 상징하는 아이콘이 된 『구텐베르크 성서』. 2001년에 『직지심체요절』과 함께 유네스코 세계기록유산으로 등재되었다. 원래 180부 정도가 인쇄되었지만, 현재 48부가 남아있다.

나라를 비롯한 동양에서는 책을 널리 보급하려는 것보다는 중요한 문서를 오랫동안 보관하는 것을 인쇄술의 목적으로 삼고 있었다. 또한 서양과 달리 동양에서는 활판을 조여 주는 장치, 즉 압축 인쇄기가 발달하지 않아서 한번에 20장 이상을 인쇄하는 것은 거의 불가능했다.

또한 동양에서는 목판 인쇄술이 더욱 실용적이었다. 영어의 알파벳은 26자인 반면 한자는 수천 개에 이른다. 유럽에서는 활판 인쇄를 위해서 수십 개의 활자 주형을 만들면 그만이지만, 동양에서는 활판 인쇄용 활자를 수천 개나 만들어야 했다. 또한 전서, 예서, 해서, 행서, 초서 등과 같은 한자의 다양한 글씨체까지 고려한다면, 동양에서는 목판 인쇄술이 활판 인쇄술보다 더욱 실용적이었다.

동양에서는 목판 인쇄술에 숙달되어 있는 기술자들이 많았기 때문에 목판 인쇄판을 새기는 데 많은 시간이 걸리지 않았다. 이와 관련해서 16세기에 중국을 방문했던 이탈리아 선교사 마테오리치(Matteo Ricci)는 유럽의 조판공이 2절 크기의 페이지를 금속활자로 인쇄하는 데 걸리는 시간과 중국의 기술자가 비슷한 크기의 목판을 새기는 데 소요되는 시간이 비슷했다고 기록한 바 있다.

6

중세 아랍

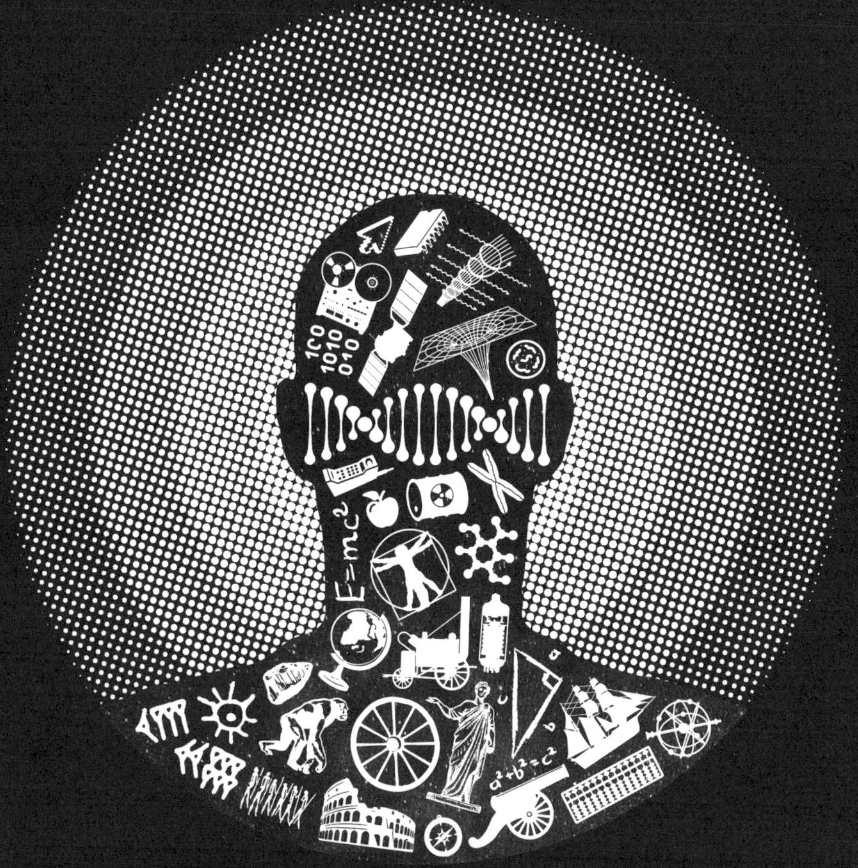

HOMO SCIENTIFICUS

중세 아랍

| 7~13세기의 과학기술사 연표 |

1096년	십자군 원정이 시작되다
1115년	중국, 여진족이 금나라를 세우다
1125년	중국, 금나라가 요나라를 멸망시키다
1127년	중국, 북송이 멸망하고 남송이 시작되다
1170년	영국, 옥스퍼드 대학교를 세우다
1180년	프랑스, 파리 대학교를 세우다
1206년	칭기즈칸, 몽골을 통일하다
1265년	영국, 의회가 시작되다
1271년	중국, 원 제국이 세워지다
1279년	중국, 남송이 멸망하다
1299년	오스만 제국이 세워지다
1337년	영국과 프랑스, 백년 전쟁이 일어나다
1347년	유럽에서 흑사병이 크게 번지다
1368년	중국, 원나라가 멸망하고 명나라가 세워지다

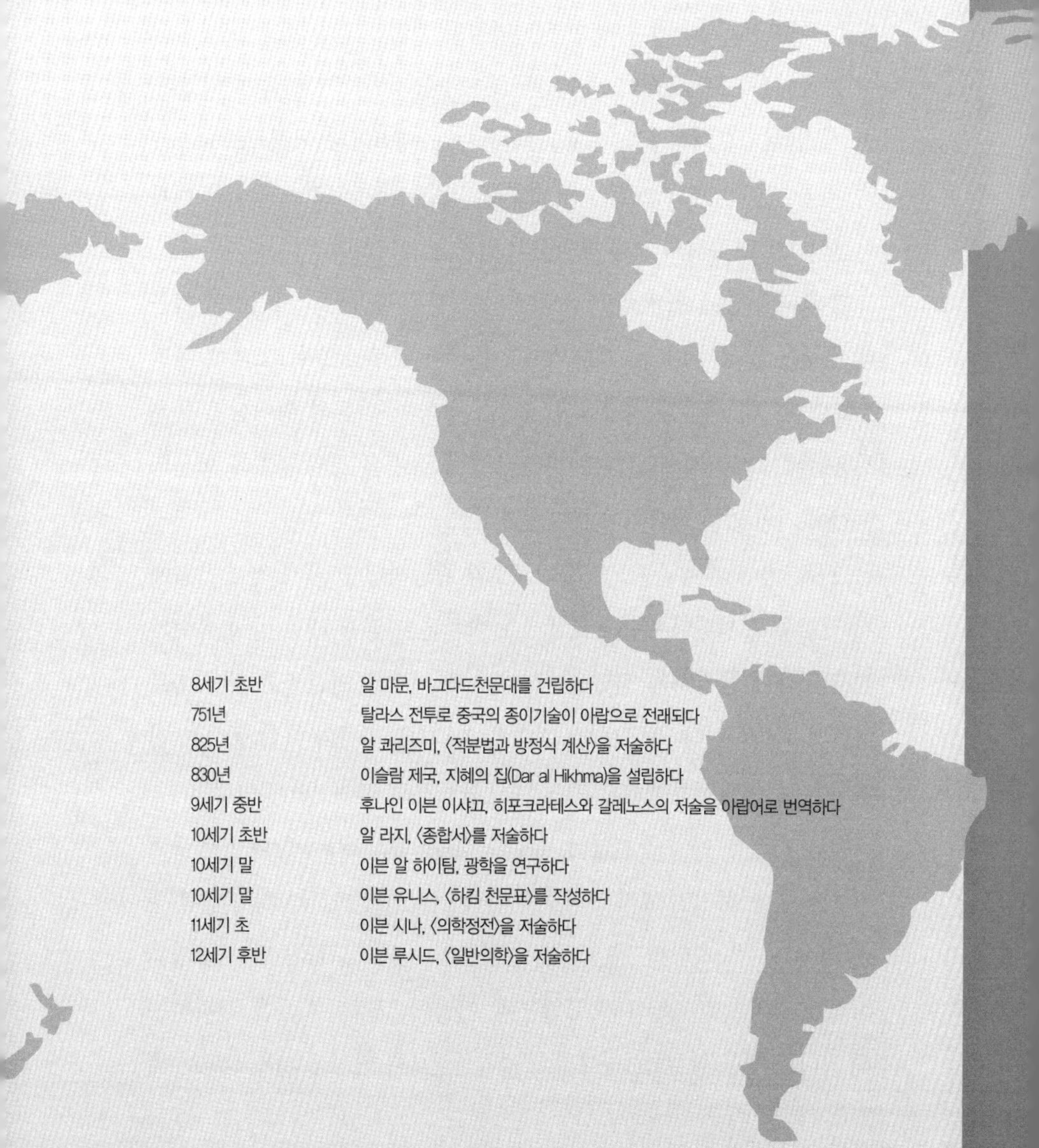

8세기 초반	알 마문, 바그다드천문대를 건립하다
751년	탈라스 전투로 중국의 종이기술이 아랍으로 전래되다
825년	알 콰리즈미, 〈적분법과 방정식 계산〉을 저술하다
830년	이슬람 제국, 지혜의 집(Dar al Hikhma)을 설립하다
9세기 중반	후나인 이븐 이샤끄, 히포크라테스와 갈레노스의 저술을 아랍어로 번역하다
10세기 초반	알 라지, 〈종합서〉를 저술하다
10세기 말	이븐 알 하이탐, 광학을 연구하다
10세기 말	이븐 유니스, 〈하킴 천문표〉를 작성하다
11세기 초	이븐 시나, 〈의학정전〉을 저술하다
12세기 후반	이븐 루시드, 〈일반의학〉을 저술하다

아라비아 문명

로마 제국이 쇠퇴하고 과학에 대한 관심이 없어지면서 그리스 과학은 유럽에서 사라졌다. 또한 500년경이 되면 그리스어를 아는 사람이 드물어졌고, 전문적인 과학 지식은 더욱 찾아보기 힘들게 되었다. 이 시기에는 보에티우스(Boethius, 470~524), 세비아의 이시도르(Isidore, 560~636), 베다(Beda, 672~735) 등 몇몇의 학자들만이 그리스 학문을 백과사전식으로 보존하며 그나마 학문의 명맥을 유지했다.

그에 따라 중세 초에 라틴 유럽에 남은 것은 플라톤의 자연철학 가운데 우주론 일부와 아리스토텔레스의 논리학 일부였으며, 그 외에 아리스토텔레스의 대부분 저작들과 그리스 수학, 플라톤의 형이상학 등은 서유럽에서 사라지게 되었다. 따라서 중세 유럽은 소위 과학과 학문의 발전이 거의 없는 암흑기가 도래했다.

그렇다면 코페르니쿠스와 갈릴레오가 활동하던 16세기 전에 유럽에서 그토록 융성했던 아리스토텔레스 학문은 어떻게 해서 다시 유럽의 역사 무대에 등장하게 되었을까? 이 공백 기간을 연결해준 것이 바로 아랍의 과학이었다. 즉 그리스 과학은 알렉산드리아와 아랍 등으로 전파되어 보존, 발전하다 12세기에 다시 유럽으로 전해졌던 것이다.

아랍 지역은 이미 알렉산더 대왕의 정복으로 그리스 문화가 전파되기 시작했다. 하지만 그리스 학문을 아랍 지역에 전파하는 계기가 된 것은 정복과 식민지만이 아니었다. 일찍부터 기독교도들이 박해를 피해 시리아 지역으로 집단 이주했었는데, 이들이 그리스 학문을 전파하는 데 커다란 역할을 했다. 즉 그리스도의 신성보다 인성을 더욱 강조한 네스토리우스파는 431년 에페수스 공의회와 451년 칼케돈 공의회에서 이단으로 결정됐다. 그 중에서 네스토리우스파의 지도자들은 당시 비잔틴 제국의 동쪽 시리아의 에데사로 이주해서 의학 학교를 설립했다. 489년 에데사의 의학 학교는 비잔틴 황제에 의해 폐쇄되었고, 네스토리우스파 의사들은 수많은 그리스 문헌을 가지고 시리아를 넘어 페르시아 접경의 니시비스로 집단 이주해 고등 교육기관을 설립했다. 바로 이곳을 통해서 그리스 학문이 아랍으로 전파될 수 있는 기반이 조성되었다.

유럽에서 로마가 번영하고 있을 무렵, 서아시아에는 사산 왕조를 세운 페르시아는 로마와 중국의 무역을 이어 주면서 동·서 교역로를 지배했다. 서방 세계에 사라센(Saracen, 그리스 어로 아랍을 말함)으로 알려진 아랍 문명은 그들의 언어인 아랍어와 이슬람 종교의 인생관과 세계관이 사람들을 지배한 문명이라고 할 수 있다. 페르시아제국이 멸망한 후 아랍인들은 여러 종교를 가진 부족들로 세계의 주목을 끌지 못했었다.

그러나 무함마드(Muhammad, 570~632)가 이슬람교를 열고 아랍권의 통일에 성공한 뒤 634년과 750년 사이에 서로마제국의 절반을 포함해 중동, 중앙아시아, 북아프리카, 남부 이탈리아, 스페인의 이베리아 반도, 파키스탄 등을 정복하고 방대한 이슬람제국을 건설했다. 이 결과 이슬람제국은 고대 중동, 그리스, 페르시아 및 인도의 과학과 기술을 물려받게 되었다. 아라비아 상인들은 중앙 인도 우자인에서 이집트 알렉산드리아에 이르는 지역을 상권으로 하는 무역에 종사하였고 우리나라, 중국, 일본과도 무역을 하였으며 인도양 항로를 독점했다.

아랍의 변경 부족의 하나로 로마의 외인부대였던 우마이야(Umayya)

집안은 시리아를 접수하고, 661년에 다마스쿠스에 최초의 이슬람 왕국을 건설했다. 그리스 문명을 받아들인 우마이야 왕조는 700년경 다마스쿠스에 과학자들을 모으고 천문관측소를 설치했다. 749년에 우마이야 왕조는 종교심이 강한 압바스(Abbas) 왕조에 의해 무너졌고, 압바스 왕은 바그다드에 이슬람교 군주국을 세우고 페르시아의 문화를 수용했다. 압바스 왕조는 1258년 몽골이 바그다드를 함락할 때까지 지속되어 이슬람의 황금기를 맞았다. 압바스 왕조는 의학과 천문학교를 세운 페르시아인의 전통을 이어받아 바그다드에 과학자들을 모았다.

이슬람 문명의 성취 중 가장 두드러진 분야가 과학이다. 아랍인들은 그리스의 과학적 성취를 단순히 모방하지 않고 혁신하였으며, 고대 문헌들을 발굴하여 발전시켰다. 여기에 페르시아와 이집트, 인도 문명의 결과가 더해져 이슬람 과학으로 구체화되었다.

제2대 군주인 알 만수르(Al-Mansur, 709~775) 시대에는 인도의 천문학과 과학이 소개되었고, 여러 과학책들이 번역되었다. 제5대 군주인 알 라시드(Al-Rashid, 763~809)는 그리스 학술서 원문들을 수집하도록 했다. 제7대 군주인 알 마문(Al-Mamum, 813~833)은 이러한 학술서적을 번역하기 위해 '지혜의 집'을 설립하고, 100명에 가까운 학자들로 하여금 갈레노스의 의학, 프톨레마이오스의 천문학, 유클리드의 수학 저서들을 포함한 많은 그리스 과학책들을 번역하게 했다.

처음에는 고대 시리아어에서 아랍어로 번역했다가 나중에는 그리스어를 직접 아랍어로 번역했다. 당시 책임자는 네스토리우스파 기독교도이며 아랍인 후나인 이븐 이샤크(Hunayn ibn Ishaq, 808~873)였는데, 그는 그리스 문헌을 찾기 위해서 비잔티움을 탐사하는 등 초창기 그리스 과학 문헌의 번역에 중요한 역할을 했다. 후나인의 초기 번역 작업은 주로 공동 작업의 형태로 이루어졌다. 예를 들어 후나인이 그리스어를 시리아어로 번역한 뒤 그의 조카들이 다시 아랍어로 번역했을 것으로 추정된다. 당시에는 그리스어에 대응하는 아랍어나 시리아어 단어가 없는 경우가 많았기 때문에, 단어 대 단어 식의 기계적인 직역보다는 후나인이 그리스어 원전의 문장 전체의 의미를 파악한 다음 그것을 대등한 의미의 아랍어나 시리아어로 번역했다.

의학의 진보

이슬람 지식인들은 그리스 과학을 받아들이면서 이슬람교의 종교적인 이데올로기나 문화적 취향에 따라 선택한 것이 아니라 주로 실용적인 목적에 따라 수용했다. 예를 들어 의학은 이슬람 후원자들이 가장 먼저 관심을 가진 분야로 아주 초기부터 번역 사업이 진행되었다. 그런데 갈레노스의 의학 체계는 논리학과 자연 철학적 지식을 요구했기 때문에 이슬람 번역가들은 이 과정에서 플라톤과 아리스토텔레스 철학을 비롯해서 그리스 사상 전반에 대한 이해를 넓힐 수 있었다.

아랍인은 그리스 시대의 기본적인 의학 이론을 건드리지 않고 직접 관찰과 진료 경험으로 의학을 풍요롭게 했다. 증상을 토대로 질병을 찾아내고 그에 따른 새로운 치료법을 발견한 것은 유럽에서도 찬탄을 금치 못할 정도였다. 눈의 질병과 시력에 관한 연구로 광학이라는 학문을 태동시켰으며, 해부학 분야에서도 인간의 사체 연구에 대한 금지에도 불구하고 인간의 내부 구조와 기능에 관한 주목할 만한 지식을 습득했다. 특히 혈액 순환계통을 발견한 것은 커다란 진전으로 평가된다.

8세기 말에는 약을 조제하는 약사들이 독립된 직업으로 나타났다. 또한 알 자히즈(Al-Jahiz, 775~868)가 집필한 『동물의 책』은 약 350종의 동물을 기술하고 분류했으며, 동물의 심리학을 비롯해 도덕적이고 재미있는 내용을 많이 담고 있다. 압바스 왕조에서는 의학이 크게 발전했다. 9세기경 바그다드에는 800명 이상의 의사들이 있었고, 해부학과 질병에 대한 많은 중요한 발견이 있었다. 초기에 연금술사이며 의사인 알 라지(Al-Razi, 865~925)는 『종합서(Kitab al-hawi)』라는 의학서를 집필했다. 소아학의 선구자로 여겨지는 그는 홍역과 천연두를 소개하고, 이들을 임상적으로 구분하는 법을 기술했다. 또한 그는 『갈레노스에 대한 의문점』이라는 책에서 처음으로 갈레노스의 3액체설과 아리스토텔레스의 4원소설이 잘못되었다는 것을 증명했다.

당시 아랍은 중국의 당나라와 교류하여 중국의 의학과도 접촉했다. 서양에서 아비센나(Avicenna)라고도 알려진 이븐 시나(Ibn Sina, 980~1037)는 '아랍의 아리스토텔레스' 또는 '의사의 왕자'라는 호칭을 갖는 아랍 최대의 과학자였다. 그의 방대한 저작 중 『의학정전(The Canon of Medicine)』과 『치료서(The Book of Healing)』는 당시 과학자들이 이룩한 방대한 양의 의학 지식을 수록하고 있다. 이 때문에 그는 근대 의학의 시조라 불리기도 한다. 다섯 권의 책으로 되어 있는 『의학정전』은 아리스토텔레스의 영향을 받아 철학적인 스타일의 책이었지만, 건강과 질병의 문제에 있어서는 많은 실제 문제를 다루고 있다. 그는 또한 추진력이라 불린 운동량이 무게와 속도의 곱이라는 개념을 소개했다.

이슬람의 또 다른 과학자 집단은 스페인에서 나타났다. 다마스쿠스의 우마이야 왕조가 전투에서 패해 일족이 살해당할 때 살아남은 아브드 알 라흐만(Adbal-Rahman)은 스페인으로 달아나 756년에 남부 스페인 안달루시아 지역에 독립왕국을 수립하고 코르도바를 수도로 삼았다. 970년 그는 코르도바에 도서관과 과학연구소를 세웠으며, 이후 톨레도에도 비슷한 것을 설립했다. 코르도바 궁정에서는 30권의 방대한 의학 편람이 저술되었는데, 여기에는 이슬람교도가 무시한 외과학 분야도 다루었다.

천문학의 발달

아랍에서는 메카의 정확한 방향과 기도 시간을 천문학적으로 정하는 것이 무척 중요한 일이었다. 또한 아랍의 지배 계급은 미래를 예측하는 점성술에 많은 관심을 가지고 있었기 때문에 천문학은 비교적 실용적인 측면에서 발전했다. 무슬림 천문학자들은 천체의 움직임에 관한 지식은 물론 관측과 예측 기법에서 새로운 진전을 이뤄냈다.

아스트롤라베(Astrolabe)와 중세천문학 계산에 관한 중요한 기계들을 많이 개선했으며, 우주의 행성 이론 등 천문학적 개념들을 발전시켰다. 최초의 아스트롤라베는 그리스에서 처음 발명했다고 전해진다. 프톨레마이오스가 고리 모양의 구체를 떨어뜨렸는데 당나귀가 이것을 밟는 바람에 납작한 고리 모양의 아스트롤라베가 탄생했다고 한다. 그리스식 우주 모델의 납작한 이슬람식 판형은 그 후 르네상스 시대 천문학

아랍의 천체 관측기구인 아스트롤라베(Astrolabe)

자들이 가장 애용하는 도구로서 휴대가 간편한데다 시간을 측정하거나 천문학적 예측과 측량을 하는 등 기능이 많아서 오랫동안 사용되었다.

아랍 세계는 처음에는 힌두 천문학의 영향을 받았지만, 프톨레마이오스 저작이 번역되면서 천문학이 세련되게 발전했다. 즉 천문 관측대와 관측 기기가 발전했는데, 특히 이슬람 최대의 천문학자로 평가되는 알 바타니(Al-Battani, 858~929)는 프톨레마이오스 천문학을 구면삼각법과 같은 기하학적 방법으로 개량, 보완해서 태양과 달의 운동을 체계적으로 연구하여 일 년과 사계절의 길이를 정확하게 측정했다. 그는 프톨레마이오스보다 정확한 황도의 경사와 세차의 값을 얻었고, 태양의 이심률(원이 중심을 달리하는 정도)이 변화하는 정도와 지구 궤도가 원이 아닌 타원이라는 것을 발견했다.

알 마문은 829년에 바그다드에 천문관측소를 세웠고, 여러 천문학자들로 하여금 천문 관측을 하도록 했다. 당시의 천문학자 이븐 유니스는 이 무렵까지 200여 년에 걸쳐 행해진 천문관측 기록을 모아 〈하킴 천문표〉를 만들었다.천문학은 톨레도에서 주로 연구되었는데, 이들은 프톨레마이오스의 천문 체계를 비판하였고, 물리적으로 모순이 없는 천문학 체계를 마련하는 데 힘썼다. 1080년에는 〈톨레도 천문표〉가 작성되었고, 수성의 주전원에 대해 타원형을 제시함으로써 프톨레마이오스의 우주관을 수정했다. 스페인에서의 아랍 과학은 후에 1085년 기독교도에 의해 함락된 톨레도에서 여전히 번성했다. 이후 톨레도는 고대 과학이 서양에 전파되는 주요 통로가 되었다.

아라비아 숫자와 0 그리고 ∞

아랍의 수학은 매우 실용적인 성격으로 발전했다. 예를 들어 아랍인들은 그리스인과는 달리 무리수의 존재에 대해서 심각하게 생각하지 않았으며, 무리수의 값을 정확하게 계산하는 데 관심이 있었다. 이런 면은 아랍에서 대수학이 발전하게 된 데에서 잘 드러난다. 대수학은 기하학과는 달리 문제를 증명하기보다는 해를 푸는 데 중점을 두었으며, 그리스에서 발전한 기하학보다 실용적인 측면이 강한 학문이었다.

수학 분야에서 대수학과 기하학, 특히 삼각법은 아랍인이 발명하여 크게 발전시켰다. 아라비아 숫자에 관한 최초의 기록은 825년 알 콰리즈미(Al-Khwarizmi, 780~850)가 쓴 책에서 찾아볼 수 있다. 숫자를 표현하는 방법을 뜻하는 기수법은 영어로 알고리즘(algorism)이라고 하는데, 이는 알 콰리즈미의 이름에서 유래되었다.

또한 대수학(algebra)의 어원은 알 콰리즈미의 책 『적분법과 방정식 계산(Kitab al-jabr wa al-muqabalah)』에서 나왔는데, 여기에 있는 al-jabr란 뜻은 마이너스(-)를 이항해서 플러스(+)를 만드는 방법을 말한다. 또한 이슬람 수학자들은 인도로부터 영(0)의 개념을 들여와 아라비아 숫자를 정립했다. 아라비아 숫자는 자릿값 체계를 이용할 수 있었고, 이에 따라 숫자의 계산이 아주 용이해졌다. 또한 아랍인들은 소수점 표기법도 만들었다.

일상생활은 0부터 9까지 10개의 숫자들의 무한한 조합으로 이루어져 있다. 숫자들이 없다면 생활의 불편을 겪는 것은 물론이고, 어쩌면 생활 자체가 불가능할지도 모른다. 아라비아 숫자는 아랍에서 만들어진 것이 아니다. 오늘날 우리가 사용하고 있는 숫자는 인도에서 발명되고 아랍을 통해 유럽으로 전해졌다. 인도 수학에 대해서는 알려진 바가 그리 많지 않다. 우리에게 알려진 인도의 학문은 주로 철학, 종교, 문화에 국한되어 있기 때문이다. 하지만 최근의 연구에 따르면 인도의 과학과 기술 역시 매우 진보했다는 점을 알 수 있다. 인도의 여러 도서관들에는 산스크리트어로 쓰인 수많은 책들과 필사본들이 아직 세상에 알려지지 않은 채 잠들어 있다.

기원전 4세기경 알렉산더 대왕의 정복 전쟁을 통해 인도인들은 이

주판과 숫자의 대결을 그린 판화(1508년)

집트와 바빌로니아, 그리스 수학을 접하게 되었다. 5세기경 인도인들은 그리스와 비슷한 자신의 숫자 체계를 바빌로니아 방식으로 바꾸었는데, 바빌로니아의 60진법이 달리 10진법 체계를 사용했다. 사실 현재 쓰고 있는 10진법은 약 2,000년 전 인도에서 시작되었고, 그로부터 약 1,000년 후 힌디어 원전의 아라비아 번역본이 라틴어로 다시 번역되어 유럽에 전해졌다. 라틴어 번역본에서는 아라비아어 판을 원전으로 밝혔기 때문에 이러한 숫자 체계를 아라비아 숫자로 부른다. 오늘날 사용하고 있는 숫자 체계는 1442년 구텐베르크가 최초로 활판 인쇄술을 발명한 다음부터 표준화되었다.

인도의 숫자 체계는 매우 편리했기 때문에 주판의 도움 없이도 덧셈, 뺄셈, 곱셈, 나눗셈 같은 연산들을 손쉽게 계산할 수 있었다. 이러한 사실은 주판과 숫자의 대결을 그린 중세의 그림으로부터 알 수 있다. 인도 숫자에 숙달된 사람은 주판을 다루는 사람보다 더 빨리 계산을 할 수 있었다.

그렇지만 인도 숫자의 진정한 의미는 단순히 계산이 빠르다는 것을 넘어 숫자가 기하학으로부터 해방되었다는 데 있다. 그리스 사람들과는 달리 인도 사람들은 제곱수를 정사각형으로 생각하거나 서로 다른 두 수의 곱을 직사각형의 넓이로 생각하지 않았다. 대신 그들은 숫자들 사이의 연관성에 주목했다. 이것이 바로 오늘날 '대수'의 탄생이었다.

일단 숫자들이 도형으로부터 해방되자, 이제 계산이 갖는 기하학적 의미 때문에 고민하지 않아도 되었다. 예를 들어 2제곱미터의 땅에서 3제곱미터의 땅을 빼면 얼마나 되는지 계산할 수 없지만, 2에서 3을 빼지 못할 이유는 전혀 없었다. 우리는 2에서 3을 빼면 -1이 된다는 것을 알고 있다. 그러나 고대에는 그렇게 명확한 개념이 아니었다. 방정식을 풀 때 음수가 나오면 그 답이 무의미하다고 간주해 버렸다. 기하학적으로 넓이가 음수가 된다는 것은 고대 그리스 사람들에게는 아무런 의미가 없었다.

음수는 중국에서 처음 등장했다. 기원전 2~3년경 진·한 시대의 중국 수학자 유휘가 쓴 『구장산술』이라는 책에는 양수와 음수가 등장한다. 중국에서는 동양사상의 기본이 되는 음양론 덕분에 일찍부터 음수를 이해할 수 있었다. 우리나라 태극기에도 음양이 조화를 이루고 있다. 태극의 파랑 부분은 달과 음을 뜻하며, 빨강 부분은 해와 양을 상징한다.

중국인들이 음수와 양수를 이용해 연립1차방정식을 풀 수 있었던 반면, 그리스의 수학자 디오판토스는 답이 음수인 경우는 방정식을 풀 수 없다고 생각했다. 인도에서는 갚아야 할 빚의 개념으로 음수를 사용했으며, 7세기경 인도의 수학자 브라마굽타(598~668)는 음수의 사칙 연산에 관한 책을 남기기도 했다. 음수에 대한 개념은 8세기경 아랍을 거쳐 12세기경 유럽에 전해졌다. 사칙 연산의 기호 중에 플러스(+)와 마이너스(-)는 이탈리아의 피보나치(Leonardo Fibonacci, 1170~1250)가 처음 사용했다고 전해진다.

수에는 정수뿐 아니라 분수도 존재한다. 옛날에는 물건을 거래할 때 분수의 역할이 컸다. 예를 들어 달걀이 12개 들어 있는 상자에서 7개를 꺼내면 상자 안에는 5/12개의 달걀이 남아 있다고 생각했다. 따라서 바빌로니아인들은 분수를 나타내는 기호를 만들어냈고, 이집트인들은 분수를 표현하는 방법을 고안해냈다. 그러나 이집트인들은 아주 불편한 방법으로 분수를 다루었다. 그들은 3/4을 4에 대한 3의 비율이라고 생각하지 않았다. 대신 1/2과 1/4의 합으로 생각했다. 2/3를 제외하곤 모든 분수를 1/n처럼 단위 분수들로 길게 늘어놓았기 때문에 숫자 체계에서 비율을 다루기가 매우 어려웠다.

1 나누기 3은 1/3을 의미하는 오늘날의 표기 방식은 628년 인도의 수학자인 브라마굽타(Brahmagupta, 598~665)가 만들어냈다. 당시에는 분수를 표기하면서 가운데 선 없이 위, 아래에 정수를 썼는데, 지금의 분수 형태는 12세기 이탈리아 수학자인 피보나치가 만들어 대중화되었다.

분수의 개념이 사람들에게 쉽게 받아들여진 반면, 소수점이 만들어지기까지는 꽤 오랜 시간이 걸렸다. 시리아의 아부 하산은 소수점을 이용하여 분수를 표기한 최초의 수학자였다. 소수점 아래로 숫자들을 표기하면서 계산은 더욱 정확하고 간단해졌다.

로마인들은 조약돌을 이용하여 주판을 만들었는데, 구슬을 실에 꿰어 나무판에 고정시키면서 주판의 인기는 절정에 달했다. 오늘날 우리가 사용하는 주판은 700년 전 중국에서 만들어진 것이다. 주판을 사용하면서 소수점은 빠르게 퍼져나갔는데, 중국 주판은 0.01처럼 작은 수도 표현할 수 있었다.

기원전 300년경 바빌로니아에서는 0과 비슷한 의미의 자릿수를 나타내는 기호를 사용했다. 0은 그 왼쪽에 있는 숫자에 따라 의미를 갖는 자릿수일 뿐 숫자가 아니었기 때문에 아무런 값을 갖지 않았다. 지금도 우리는 0이 그 자체의 값을 가지고 있다는 것을 알면서도 단순히 자릿수를 표시하기 위해 사용하는 경우가 있다.

기하학 위주의 그리스 수학에는 숫자와 도형 사이의 엄격한 구분이 없었다. 하나의 수학적 정리를 증명하는 것은 종종 하나의 그림을 그리는 일처럼 간단했다. 숫자 1은 점을, 숫자 2는 선분을, 숫자 3은 삼각형, 숫자 4는 사각형을 의미했다. 그러면 0은 어떻게 생긴 도형일까? 그리스인들에게 0은 존재하지 않는 수나 마찬가지였다.

그리스와 서양에서 0을 거부하게 된 것은 0에 대해 몰랐기 때문이 아니었다. 숫자와 도형을 동일시하는 수학 체계 때문도 아니었다. 0에는 서양과 기독교의 교리와 모순되는 두 가지 개념이 들어 있었기 때문이다. 0은 서양의 기본적인 믿음에 위배되는 숫자였다. 훗날 오랫동안 서양의 사상을 지배한 아리스토텔레스 철학을 파괴한 것은 바로 이 개념들이었다. 그것은 바로 무(無)와 무한(無限)이었다.

그리스 시대의 우주에는 무한도 없고 무도 없었다. 다만 지구를 둘러싸고 있는 아름다운 천체만 있을 뿐이었다. 당연히 지구는 우주의 한가운데 위치했으며, 이러한 기하학적 우주는 알렉산드리아의 천문학자 프톨레마이오스에 의해 완성되었다. 아리스토텔레스는 "자연은 진공을 싫어한다."고 주장함으로써 0을 인정하지 않았다.

알렉산더의 정복 덕분에 인도인들은 바빌로니아의 숫자 체계와 0의 자릿수 개념을 배우게 되었다. 기원전 2세기경 로마가 그리스를 점령했지만, 로마의 힘은 과거 알렉산더 제국의 영토였던 동쪽까지 미치지 못했다. 그 결과 인도는 기독교의 등장과 로마 제국의 붕괴, 그리고 아리스토텔레스 철학으로부터 아무런 영향을 받지 않았다.

서양의 우주와는 달리 인도의 우주는 크기가 무한했고 우주 밖에는 수없이 많은 다른 우주들이 존재했다. 무는 힌두교에서 중요한 위치를 차지하고 있다. 인도 철학에서 가장 기본적인 개념인 아트만은 가장 작은 원자보다 작고, 광활한 우주보다 큰 것으로 여겨졌다. 인간의 자아를 상징하는 아트만은 우주의 어디에든 있으며 동시에 어디에도 없는 무한한 영혼을 가지고 있다. 그것은 무한이며 동시에 무를 상징한다.

인도 숫자에 관해 언급된 최초의 문헌은 662년, 시리아의 어느 주교가 쓴 글이다. 7세기경 인도의 수학자 브라마굽타는 숫자와 숫자를 나누는 법칙을 만들었는데, 이때 음수가 처음 등장했다. 그 후 12세기 인도의 수학자 바스카라는 '분모가 0인 분수는 무한한 양'이라고 정의했다. 이로써 0은 자릿수를 표시하는 기호로 시작되어 그 자신만의 값을 가진 숫자가 되었다.

0이라는 뜻의 제로(zero)에는 인도와 아랍의 뿌리가 같이 섞여 있다. 0에 대한 인도 말은 '비어 있다'는 의미의 '수냐(sunya)'였는데, 아랍인들은 이것을 '시프르(sifr)'라고 불렀다. 서양인들은 라틴어 발음에 따라 '제피루스(zephirus)'라고 불렀는데, 이것이 바로 오늘날 '제로'의 기원이다.

12세기 이탈리아 상인들은 이집트와 시리아 상인들에게 정향, 후추, 계피 같은 향신료를 사서 유럽의 왕실과 귀족들에게 엄청난 가격으로 팔았다. 그 덕분에 베네치아, 제네바, 밀라노 등지의 상인들은 많은 부를 축적할 수 있었다. 이처럼 지중해 무역이 호황일 때 십자군 전쟁이 일어난 것은 결코 우연이 아니었다. 유럽의 교황과 왕들은 예루살렘 성지를 탈환한다는 명분 아래 황금알을 낳는 지중해 무역으로 돈을 벌기 위해 십자군 전쟁을 일으켰기 때문이다. 따라서 수많은 사람들과 자본이 몰려들면서 피렌체 같은 금융도시들이 발달했다.

이탈리아 상인들은 지중해 무역과 십자군 전쟁을 통해 비잔틴 문명과 이슬람 문명을 만났다. 하지만 그보다 더 중요한 만남은 그들의 잊혀진 과거, 즉 고대 그리스와 로마 문화였다. 그들은 시민들이 정치에 참여했던 그리스, 로마 문화를 접하는 동시에 무역과 전쟁을 통해 축적한 부를 이용해 봉건 영주들로부터 자유를 샀다. 이탈리아의 자유도시들은 그렇게 태어났다.

연금술과 화학

연금술(alchemy)은 아랍에서 그 어느 곳보다도 획기적으로 발전했다. 서양의 연금술은 고대 이집트에 그 기원을 가지고 있으며, 헬레니즘 시대에 들어와서 알렉산드리아를 중심으로 본격적인 연금술사들이 등장하기 시작했다. 이 시기에 연금술은 그노시스교(Gnosticism)를 위시한 신비주의 사상과 결합되면서 광범위하게 전파되었다. 이런 신비주의적 전통을 지닌 연금술은 아랍으로 건너오면서 역시 신비주의적인 수피즘(Sufism)과 결합하면서 발전했다. 연금술이라는 어휘 자체가 아랍어에서 기원을 두고 있으며, 그 외 알칼리, 알코올, 나프타, 나트륨 등 연금술을 통해서 발견된 수많은 화학적 물질들의 이름들이 아랍어에서 기원을 가지고 있다.

연금술의 이론적 근거는 아리스토텔레스의 4원소설에 바탕을 두고 있다. 모든 물질은 4원소들의 배합이기 때문에 그 비율을 바꾸면 다른 물질을 된다는 생각은 연금술사들에게 물질이 변환될 수 있다는 믿음을 주었다. 9세기에 와서 아랍 연금술의 아버지로 일컬어지는 자비르 이븐 하이얀(Jabir ibn Hayyan, 721~815)은 아리스토텔레스의 물질 이론을 더욱 발전시켜 새로운 황-수은설을 주장했다. 그는 무려 2,000여권의 저서를 집필한 것으로 알려졌다. 자비르 이븐 하이얀이 정립한 황-수은설은 이슬람과 유럽 연금술의 기본 원리로 발전했으며, 18세기 화학혁명 직전에 유행했던 플로지스톤 이론에 이르기까지 오랜 동안 화학의 주요 이론으로 자리를 잡았다.

연금술에서는 아리스토텔레스의 물질 이론이나 황-수은설을 이용하는 한편 물리, 화학적 조작을 가하기도 했으며, 기도 혹은 주술을 활용하는 등 헬레니즘 시대 이래로 강하게 풍미했던 신비적 자연관이 깔려 있었다. 또한 연금술사들은 점성술사들처럼 대우주와 소우주가 서로 연결되어 있다고 믿었기 때문에 자신들이 다루고 있는 중요한 물질들을 금(태양), 은(달), 철(화성), 납(토성), 주석(목성), 구리(금성), 수은(수성)처럼 각각의 별자리와 연관시켰다.

이렇게 신비주의적이고 비합리적인 분위기 속에서 발전했음에도 불구하고 연금술을 추구하는 과정에서 많은 과학적 결과들이 나왔다. 즉 연금술의 목적을 달성하기 위해 천평, 시약과 같은 화학적 방법이 활용되면서 새로운 화합물을 많이 발견했다. 또한 화합물들의 반응을 기록하고 정리하였다는 점에서 근대화학의 기초를 제공했다고 볼 수 있다. 연금술이 과학사에서 한 역할은 프란시스 베이컨의 다음과 같은 평가에서 비유적으로 잘 나타나 있다.

> "연금술은 아마도 아들에게 자신의 포도밭 어딘가에 금을 묻어두었노라고 이야기하는 사람에 비유될 수 있을 것이다. 아들은 땅을 파서 금을 발견하지는 못했지만, 포도 뿌리를 덮고 있던 흙무더기를 헤쳐 놓아 풍성한 포도 수확을 이룰 수 있었던 것이다. 금을 만들고자 노력했던 사람들은 여러 가지 유용한 발명과 유익한 실험들을 가져왔다."

광학의 체계화아랍에서는 무엇보다도 광학이 비약적인 발전을 했다. 그 이유는 사막지대에는 신기루를 비롯한 광학 현상이 많이 나타났으며, 사막의 강한 바람으로 많은 사람들이 눈병에 걸려 이를 치료하는 과정에서 눈과 시각 현상에 대한 많은 지식을 얻을 수 있었기 때문이다.

아랍의 광학은 수학자로서 유클리드, 프톨레마이오스의 기하학적 전통을 계승한 알 킨디(Al-Kindi, 801~873), 갈레노스의 해부학적 전통을 계승한 후아닌 이븐 이샤크, 그리고 경험에 의해 얻어진 형상이 뇌에 전달된다고 주장한 아리스토텔레스의 전통을 계승한 이븐 시나에 의해서 계승되었다. 당시 수학적, 해부학적 전통에서는 눈에서 나오는 광선이 물체에 닿을 때 중간의 공기가 압축되어 그 영향이 눈의 수정체 액에 전달되어 물체가 인지된다고 생각했었다.

10세기경 셀주크 투르크가 이슬람제국 동부를 지배하면서 바그다드의 문화적 중요성은 쇠퇴하기 시작했다. 일부 학자는 바그다드에 그대로 남았으나 대부분은 카이로로 옮겨갔다. 파티마 왕조의 군주 알 하킴(Al-Hakim, 985~1020) 때는 특히 많은 학자들이 카이로로 모여들었으며, 알 하킴은 1005년에 카이로에 '지혜의 집'을 세웠다. 바스라에서 온 알 하이탐도 그중 한명이었다.

서유럽 라틴 국가들에서는 알 하젠(Al-Hazen)이라고 불린 이븐 알 하이탐(Ibn Al-Haytham, 965~1039)은 아리스토텔레스의 전통과 수학적, 해부학적 전통을 결합시켜 아랍의 광학을 체계화했다. 빛과 색은 물체에서 모든 방향으로 직선으로 방출된다고 생각했으며, 점광원과 눈의 굴절에 의해서 물체와 눈 사이에 일대일 대응이 생긴다고 주장했다. 또한 그는 물체로부터 눈으로 들어오는 오랜 경험에 입각해서 뇌에서 물체가 인지된다는 결론을 내렸다. 이븐 알 하이탐은 시각 현상 이외에도 무지개, 후광, 거울 등에 광학에 대한 광범위한 연구를 했는데, 그의 광학 사상은 로저 베이컨(Roger Bacon, 1219~1292)과 요하네스 케플러(Johannes

Kepler, 1571~1630) 등을 비롯해 서구의 많은 과학자들에게 중요한 영향을 미쳤다.

7

중세 유럽

HOMO SCIENTIFICUS

중세 유럽

| 6~15세기의 과학기술사 연표 |

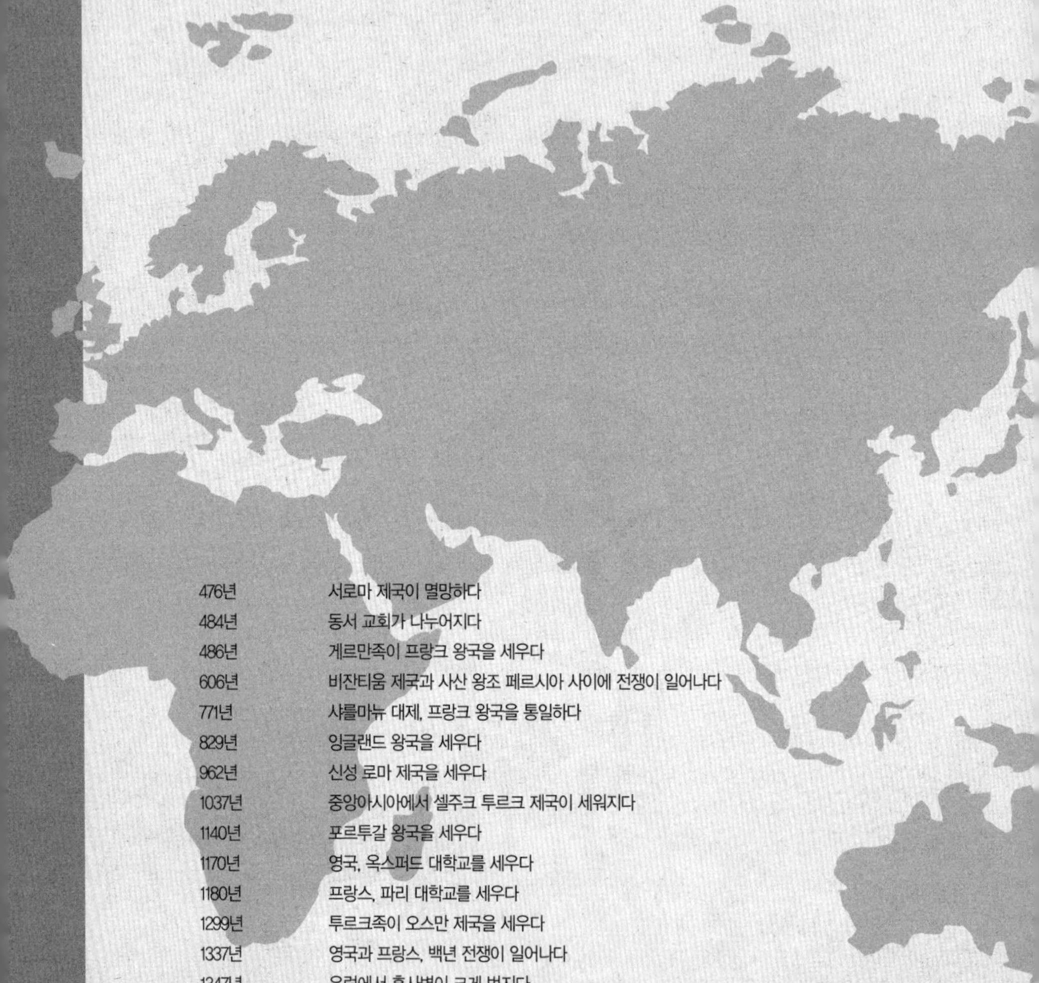

476년	서로마 제국이 멸망하다
484년	동서 교회가 나누어지다
486년	게르만족이 프랑크 왕국을 세우다
606년	비잔티움 제국과 사산 왕조 페르시아 사이에 전쟁이 일어나다
771년	샤를마뉴 대제, 프랑크 왕국을 통일하다
829년	잉글랜드 왕국을 세우다
962년	신성 로마 제국을 세우다
1037년	중앙아시아에서 셀주크 투르크 제국이 세워지다
1140년	포르투갈 왕국을 세우다
1170년	영국, 옥스퍼드 대학교를 세우다
1180년	프랑스, 파리 대학교를 세우다
1299년	투르크족이 오스만 제국을 세우다
1337년	영국과 프랑스, 백년 전쟁이 일어나다
1347년	유럽에서 흑사병이 크게 번지다
1369년	중앙아시아에서 티무르 왕조가 세워지다

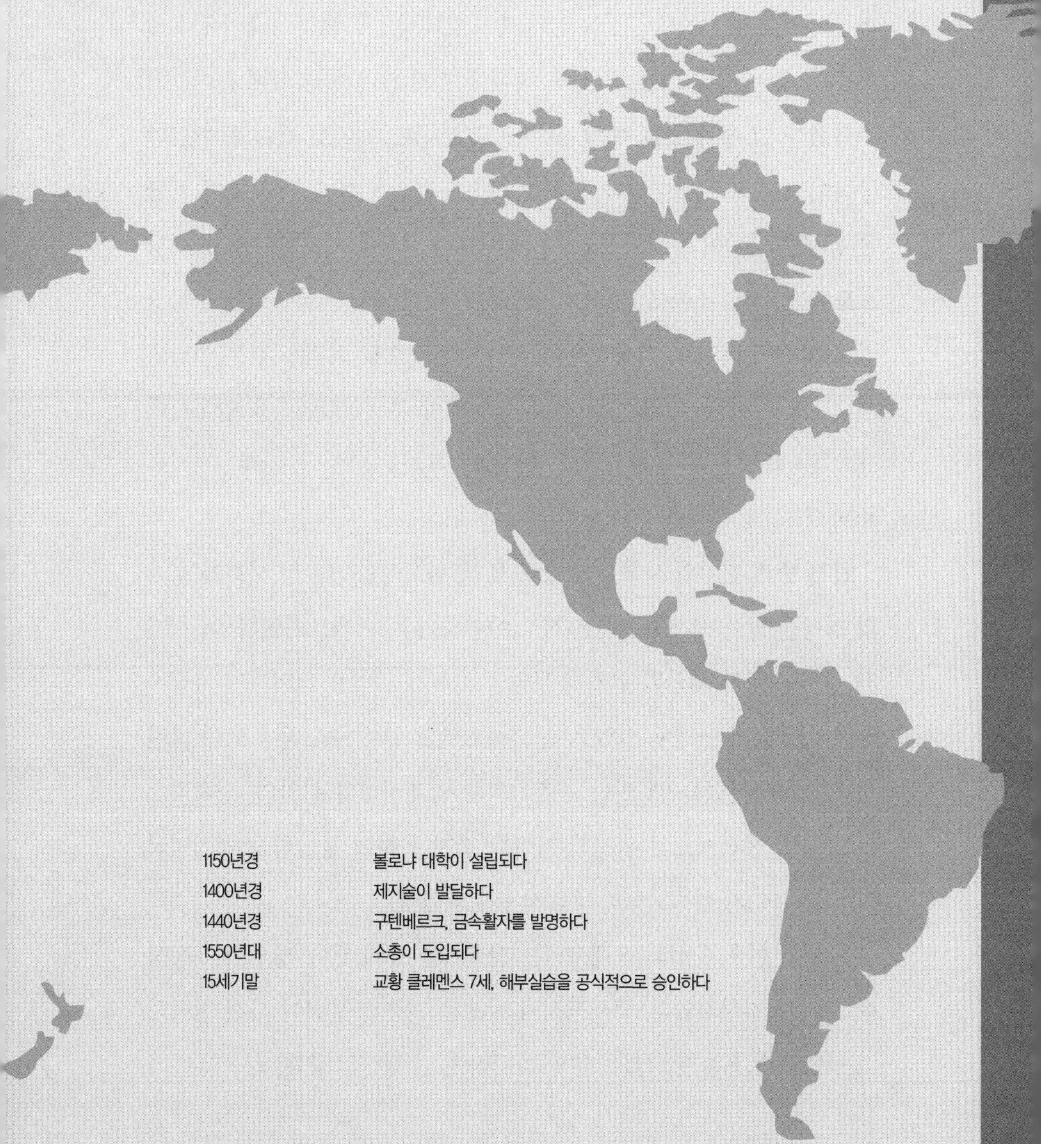

1150년경	볼로냐 대학이 설립되다
1400년경	제지술이 발달하다
1440년경	구텐베르크, 금속활자를 발명하다
1550년대	소총이 도입되다
15세기말	교황 클레멘스 7세, 해부실습을 공식적으로 승인하다

봉건제도와 절대왕권

중세 유럽의 시작은 보통 5세기의 게르만 민족이동과 서로마 제국의 멸망으로 보고 있고, 그 끝은 15세기 르네상스로 본다. 4세기에 흑해 북쪽의 게르만인 서고트 족이 훈 족에게 밀려 로마 제국 안에 들어오기 시작했다. 그 후 동고트, 반달, 프랑크, 부르군드, 앵글로 색슨 등 게르만 종족이 잇따라 쳐들어왔다. 로마는 테오도시우스 황제 이후 로마 제국은 동서로 나뉘어 통치되었고, 그 중 서로마 제국은 게르만인 용병 대장 오도아케르(434~493)에 의하여 멸망했다. 로마제국의 멸망으로 중앙집권 사회가 무너지고, 서유럽은 문화가 전반적으로 쇠퇴를 겪는 야만의 시대로 들어갔다. 이를 서로마 제국의 멸망 후 1000년간을 암흑시대(dark age)라 부른다. 중세 유럽은 다시 전, 후기로 나누어 10세기까지를 중세 전기, 그 이후를 중세 후기로 나눈다.

먼저 중세 전기의 사회를 고찰해 보면, 원시적인 게르만 사회가 로마의 영향을 받아 서서히 봉건사회로 이행하여 가는 과도기였다. 이 시기의 경제는 극히 제한된 원거리 무역과 사치품 교역을 제외하면 자급자족의 실물경제 단계에 있었고, 문화적으로도 일부 수도원에 고대 라틴 문화가 계승되었을 뿐 일반 농촌사회는 암흑시대와 같았다. 정치적으로도 아직 봉건제도가 완전히 자리를 잡지 못하여 불안한 중앙집권국가(프랑크 왕국)가 성립되었다가 다시 분열되었다.

11세기 이후 유럽의 중세사회는 전환기를 맞게 된다. 상업이 부흥하여 도시가 형성되었다. 중세도시의 발생은 지중해 무역이 다시 일어나고 상업이 부흥하게 되었을 뿐만 아니라 농업 생산의 증대, 인구의 증가

등 여러 요인이 작용한 때문이었다. 도시는 자치권을 획득하여, 농민이 도망간 뒤 1년만 정착하게 되면 농노신분에서 해방되었기 때문에 '도시의 공기는 사람을 해방시킨다.'는 말까지 나오게 되었다.

상인과 수공업자들이 서로 동업조합(길드)을 조직하여 중세도시는 점차 확대 발전되었다. 또한 대학을 비롯한 문화시설이 들어서게 되어 근대도시로 발전하는 기초를 닦아갔다. 도시로부터의 경제적 압력으로 농촌 경제의 구조가 변화하게 되었는데, 장원제도의 발전이 그 하나이다.

또 하나는 봉건제도가 발전하였는데, 당시 십자군운동이 일어나 기사 계급이 성장하면서 유럽의 중세사회는 봉건사회의 단계에 이르렀다. 그러나 13세기를 고비로 유럽 중세사회는 큰 위기에 맞게 되었는데, 흑사병의 유행(1347~1351), 백년전쟁(1337~1453), 농민 반란(1388) 등 일련의 사건들이 나타났다.

또한 이탈리아에서는 상업도시가 발달하면서 르네상스 운동이 일어났다. 한편 지리상의 발견으로 세계관이 바뀌어 전통적인 가톨릭 사상을 부정하기 시작했다. 봉건체제의 위기가 심화되자 봉건지배층은 이에 대응하여 절대왕정 체제를 형성했다. 절대왕정은 봉건제도에서 나타나는 사회불안을 통제하기 위한 조직적인 관료행정 체제라 할 수 있다. 결국 영국, 프랑스 등 여러 나라에서 시민혁명이 일어나고, 근대 시민혁명이 일어나지 않은 독일 같은 나라에서는 근대개혁이 시작되는 계기가 되었다.

농업, 군사, 동력

1632년 갈릴레오는 자신의 독창적인 사상을 독자들에게 알리기 위해 자신의 책『두 가지 주요 우주체계에 관한 대화』에서 지나칠 정도로 규칙에 얽매이며 멍청하고 고집이 센 심플리코(Simplico)라는 허구의 인물을 등장시켰다. 이 가상의 인물을 더욱 풍자적으로 만들기 위해 갈릴레오는 심플리코를 중세의 학자로 만들었다. 중세시대라는 이름은 르네상스 시대에 붙여졌는데, 17세기 초반까지 중세시대는 역사의 공백으로 남아 있었다.

역사가들은 5세기 무렵부터 시작해서 르네상스의 불꽃 아래 사그라지고 말았던 중세시대를 신비로운 스콜라 철학이 풍미하던 기간으로 혹은 과학의 발달을 저해하는 시대로 일축했다. 하지만 어떻게 해석하느냐에 따라 달라지게 마련이다. 실질적으로 과학의 중요한 변화는 중세시대에 일어났다. 이러한 변화는 학자들의 서재나 연구소가 아닌 들판과 대장간에서, 교회와 수도원에서 일어났다. 과학은 개념에서 출발할 수도 있지만, 사물에서 출발할 수도 있다. 그리고 정치, 경제의 변화는 과학과 서로 긴밀하게 연결되어 있다.

800년에 샤를마뉴 대제가 신성로마제국을 건립한 이후, 유럽의 경제는 방대한 사유지를 지배하면서 안정을 지향한 프랑스 봉건 영주들이 주도했다. 그들은 부와 세력을 확장시켜줄 발명품에 돈을 투자했다. 또한 경쟁력 있는 상업화 제도 아래 등장한 기술적 발명품들이 농업과 제조업의 효율성을 높였다. 이윤이 증가함에 따라 학문에 대한 지원도 활발해졌다. 따라서 13세기 후반이 되자 서부 유럽은 빈곤의 때를 완전히 벗었고, 새로운 무역지대가 부상했으며 독자적인 도시들 안에서 교육의 꽃을 피우고 있었다.

오늘날 우리에게는 대수롭지 않게 보이지만, 당시 기술적인 발명품들은 몇 백 년 후에 등장한 증기기관과 마찬가지로 사회에 지대한 영향을 끼쳤다. 예를 들어 등자와 편자의 발명으로 과거의 노예 노동력은 극적으로 감소했다. 또한 톱니바퀴와 같은 단순한 기계의 발달로 풍력과 수력의 효율을 높일 수 있었다. 한편 농업에서 일어난 혁신, 즉 쟁기, 윤작, 가축 사육, 관개 시스템으로 식량 공급이 안정되고 원활해졌다. 동시에 야금술의 발전은 더욱 강력한 무기 제작으로 이어졌고, 새로운 화학 공정의 개발로 의학 치료와 염료, 가정용품의 생산이 늘어났다. 이와 같은 각 분야의 기술 개발과 개선으로 장시간 노동으로부터 자유로워지고 경제적 여유도 얻게 된 사람들은 학문으로 눈을 돌리게 되었다.

중세에는 농업, 군사, 동력의 세 분야에서 상당한 기술발전이 있었다. 먼저 중세의 농업혁명은 인구 증가와 농토 부족에 대한 대응책이었다. 유럽 전체의 인구는 600년에서 1000년 사이에 38퍼센트나 증가했으며, 프랑스의 인구 증가는 45퍼센트에 육박했다. 중세 유럽의 토지는 다양한 용도로 사용되었다. 식량과 섬유를 생산하기 위한 경작지뿐만 아니라 고기를 제공하는 가축들과 동력을 제공하는 소와 말, 털을 제공하는 양을 위한 목초지로도 사용되었다. 하지만 도시가 발달하면서 농업 생산을 위한 토지는 줄어들었다. 또한 산림 지역은 건축과 선박, 그리고 난방과 생산업을 위한 연료로 쓰이는 목재를 제공하면서 황폐화되었다.

유럽은 봄과 여름에 내리는 충분한 비 덕분에 자연적으로 관개가 이루어진 상태라서 고대의 동방 지역과는 다른 패턴으로 발전할 수밖에 없었다. 농업 분야의 주요한 기술혁신으로는 첫째 바퀴가 달린 무거운 쟁기를 들 수 있다. 과거의 쟁기는 사람이 일정한 깊이를 유지해야 했기 때문에 힘이 들었고 땅의 겉만 살짝 긁힐 뿐이었다. 그러나 새로운 쟁기는 깊이를 조절하는 바퀴가 달려 있어 힘을 절약하게 했을 뿐만 아니라 땅을 깊고 반듯하게 갈 수 있었다.

두 번째 혁신은 밭을 가는 동물로 소 대신 속도와 지구력이 뛰어난 말을 이용하기 시작했다. 유럽인들은 말에 적합한 가슴걸이를 중국에서 도입했는데, 이로써 말의 견인력을 다섯 배나 향상시켰다. 가슴걸이는 또 다른 혁신인 편자(말굽에 붙이는 쇳조각)와 더불어 말을 이용하는 데 결정적인 역할을 했다.

마지막 혁신적인 요소는 세 단계 윤작 체계의 도입이었다. 고대 지중해 지역의 두 단계 경작 체계는 하나의 밭을 경작하면서 다른 밭을 묵히는 방식이었다. 그와는 달리 유럽의 평원 지역에서 개발된 세 단계 패턴은 경작지를 세 부분으로 나누어 3년 주기로 돌아가면서 생산력을 증가시켰다. 즉 첫 번째는 가을에 뿌리는 밀을 심었고, 두 번째는 봄에 거두는 귀리, 완두, 콩, 보리를 심었으며, 세 번째는 밭을 묵혀두었다.

새로운 기술은 다양한 사회적 결과를 낳았다. 무거운 쟁기는 비옥한 충적토를 경작함으로써 새로운 농토를 확장시켰다. 하지만 무거운 쟁기와 여러 마리의 가축들은 개인이 마련할 수 없었으므로 공동 소유와 공동 경작을 촉진하면서 농노에 의해 대규모 농경지를 경작하는 장원 체계를 만들었다.

군사 기술의 분야에서는 중세를 통해 기마전의 중요성이 부각됐다. 8

세기경에 유럽으로 전파된 등자는 봉건제의 형성에 중요한 역할을 담당했다. 등자는 말을 탈 때 두 발로 딛는 기구로서 말과 기수를 밀착시켜 전투력을 향상시켰다. 말을 사육하는 데에는 상당한 비용이 수반됐고 기사는 수년 동안의 전문적 훈련을 거쳐야 했다. 이에 중세의 영주들은 기사들에게 토지를 주어 군사적 도움을 받았으며, 이런 시스템은 중세의 정치 조직인 봉건제를 만들었다.

영국과 프랑스의 백년전쟁(1337~1453)이 시작될 당시 주요 전투 수단은 큰 활과 석궁, 창, 갑옷을 입고 말을 탄 기사였다. 그러나 전쟁이 끝날 무렵에는 화약과 포병이 대세를 이루었다. 가장 대표적인 예는 잔 다르크(Jeanne d'Arc, 1412~1431)로서 전쟁 기술의 역사가 새로운 국면을 맞았음을 보여준다. 17세의 문맹인 농노 출신의 잔 다르크가 영국군을 물리칠 수 있었던 것은 화약과 대포 때문이었다. 신기술이 등장하면 젊은이가 늙은이를 제치고 중요한 업적을 남기는 일이 종종 있는데, 이를 '잔 다르크 신드롬'이라 부른다.

소총은 1550년대에 도입되었는데, 일렬로 늘어선 소총수들이 일제히 장전하고 사격하는 전술로 말미암아 큰 활과 석궁, 기마병의 역할은 줄어들거나 완전히 사라졌다. 그 결과 2세기 동안 유럽 국가들의 상비군 규모는 1만 명에서 10만 명 수준으로 늘어났다. 17세기 마지막 70년 동안 프랑스군은 루이 14세가 다스릴 때 15만에서 40만으로 증가했다.

중세에는 동력 기술 분야에서도 커다란 변화가 있었다. 수차는 9세기부터 빠른 속도로 보급됐고 10세기부터는 바퀴의 회전운동을 왕복운동으로 바꾸는 캠축이 사용됐다. 11세기 말 영국에서는 약 5,600개의 수차가 가동됐으며, 14세기 이후에는 물을 수차바퀴 위에서 물받이판으로 떨어뜨리는 수차가 널리 보급됐다.

제분기와 양수기의 동력원이었던 수직축이 붙은 풍차는 7세기에 페르시아에서 나타났는데, 이것은 12세기경 바람방아의 형태로 유럽에 들어왔다. 섬유 분야에서도 괄목할 만한 성장이 있었다. 13세기에는 발로 돌리는 베틀이 발명되었고, 14~15세기에는 피렌체에서 직물 생산이 급증했다. 15세기 말 네덜란드에서는 약 7,500개의 풍차가 가동됐다. 중세 후기에는 대부분의 마을에 수차와 풍차가 설치돼 독특한 전원 풍경을 연출하기도 했다. 농업생산의 증대와 육체노동의 감소는 수공업과 상업이 번성한 도시를 성장시켰고, 11~13세기의 십자군 원정, 대성당의 건축, 대학의 창설 등에 필요한 기반이 되었다.

수력과 풍력은 다양한 분야에 적용돼 노동력 절감과 생산성 향상에 크게 기여했다. 수력과 풍력은 곡식을 빻는 것은 물론이고 종이를 만들고, 나무와 돌을 자르고, 기계 해머를 작동시키고, 실을 감고 옷을 만들고, 풀무를 움직여 철을 생산하는 데 사용됐다. 또한 수차와 풍차에 필수적이었던 정교한 톱니바퀴는 이후에 시계를 제작하기 위해 활용됐다. 이러한 자연 동력의 확산으로 중세에는 수많은 작업장이나 공장이 잇달아 세워졌는데 14세기 피렌체에는 200개 이상의 공장에서 3만 명 이상이 직물 생산에 종사할 정도였다.

이와 같은 기술상의 혁신은 유럽 문명의 중심지를 지중해에서 북유럽으로 이동시켰다. 11~13세기 북유럽에는 잉여농산물과 수공업 제품을 거래하는 여러 무역 도시들이 발달하였고, 1241년에 이들은 한자동맹을 결성했다. 무역의 확장과 더불어 새로운 조선술이 발달했고, 항해상의 발견이 뒤따랐다. 13세기경 유럽에서 사용되기 시작한 나침반은 흐린 날씨의 북유럽에서 항해할 때 필수적이었다. 나침반이 가리키는 방향이 정북 방향에서 약간 벗어나는 것이 문제였지만, 15세기에는 이를 개량한 나침반이 프랑스에서 출현했다. 나침반의 사용은 원양 항해의 길을 열었고, 이는 신세계의 발견으로 이어졌다. 또한 중국에서 전래된 여러 기술들이 중세 유럽을 변화시키는 데 크게 기여했다. 특히 아랍을 통해 유럽으로 전해진 제지술은 1400년 전후에는 북유럽에 제지공장이 들어서게 했다.

몽골인들로부터 전해진 것으로 짐작되는 인쇄술 역시 1400년 전후에는 목판인쇄에서 금속활자의 이용으로 이어졌으며, 1440년경 구텐베르크에 의한 근대식 인쇄술의 완성으로 이어졌다. 종이의 생산과 인쇄술의 발전은 읽고 쓰는 능력을 증진시켰으며, 문명의 기록을 한층 쉽게 만들었다. 인쇄술의 발달에 따른 성경 보급은 종교개혁의 기틀을 마련하였고, 많은 책의 인쇄가 르네상스 시대를 열며 과학혁명의 터전을 마련했다.

유럽에서 화약을 사용한 대포의 기록은 1325년에 나타났다. 화약과 화기의 등장은 무장한 기사와 견고한 성곽으로 상징되는 시대를 끝나게 만들었다. 화약과 화기를 장악한 군주에게 권력이 집중되었으며, 이는 16~17세기의 절대군주제의 등장을 촉진시켰다. 근대 철학의 개척자인 프랜시스 베이컨은 1620년에 발간한 『신기관(Novum Organum)』에서 "고대인에게는 알려지지 않았던 인쇄술은 문학과 학문에서, 화약은 전쟁에서, 나침반은 항해에서 유럽 세계의 상황을 바꾸어놓았다"고 말했다.

중세 유럽은 그리스와 로마에 비해 과학적으로는 퇴보했다. 중세 초기 과학은 암흑기였지만 기술에서는 그렇지 않았다. 중세 초기에 기독교는 과학의 탐구에 장애물로 작용했지만 기술의 발전에서는 오히려 촉진제의 역할을 담당했다. 기독교는 자연을 활용하는 가치를 인정했고 노동을 신에 대한 봉사로 간주했으며 노예제도를 비판했다. 사실상 중세에서 오랫동안 수공업의 중심이 됐던 곳은 수도원이었다. 수도사들은 자급적 경제 활동을 통해 생계에 필요한 것을 얻었고 몇몇 수도원의 경우에는 공장을 운영하기도 했다.

수공업이 번성하면서 제화공, 재단사, 제빵사, 목공, 석공, 대장장이 등과 같은 전문적인 수공업자들이 출현하기 시작했다. 영국과 독일에 '스미스(Smith)' 혹은 '슈미트(Schmidt)'라는 이름이 널리 퍼진 것도 금속제품을 담당하는 수공업자가 많았기 때문이었다. 동일한 직종의 수공업자들은 길드라는 조합을 결성해 자신의 권익을 보호했다. 공장 길드는 장인, 직인, 도제의 세 계층으로 구성됐다. 공장 길드의 규모와 관련해 1363년에 뉘른베르크에는 1,217명의 장인을 중심으로 50개의 수공업자 집단이 형성되어 있었다.

주판파와 필산파의 투쟁

5세기 말에서 11세기에 걸쳐 서로마 제국이 멸망하고, 게르만족의 국가가 여기저기에 생겨났다. 게르만족은 야만족으로 알려졌으나, 유럽을 지배한 뒤에는 차츰 로마의 문명을 받아들여 농업을 주로 하는 봉건

사회를 만들었고, 기독교를 받아들였다. 기독교가 절대적인 지배권을 확립함에 따라 모든 학문은 교회에서 가르쳤으므로 6세기에서 11세기에 이르러 수학은 종교수학 또는 교회수학이라는 성격을 띠게 되었다. 수학의 내용도 로마식 산술과 날짜를 결정하기 위한 역산이 주로 연구되었다. 따라서 그리스 문명의 중심이었던 수학은 학문적 전통이 끊어지고, 당시 새로운 세계의 중심축이던 종교에 결부되는 경향이 강해졌다. 한편 11세기 말에서 13세기 중엽에 이르는 몇 차례의 십자군 원정은 농업 대신 상업을 발전시켰으며, 도시가 개발되면서 교통이 발달했다. 따라서 봉건영주의 귀족 자제들은 이슬람의 학문을 배우려는 경향이 높아져 아랍의 영토였던 스페인(특히 코르도바)과 알제리에 유학가기도 했다. 아랍의 학자들은 유럽으로 초빙되었으며, 아랍어로 된 교과서들이 라틴어로 번역되었다. 유클리드나 프톨레마이오스의 저서들이 아랍어를 통하여 라틴어로 번역되면서 서유럽의 학문적 수준이 점점 높아지면서 르네상스 문예부흥의 길을 열었다.

대학은 중세 성당의 학교(schola)에 그 기원을 두고 있다. 처음에는 이곳에서 사제들에게 교회 기도문을 읽을 수 있을 정도의 초보적인 교육을 실시했다. 1100년경의 학교는 스승 한 명에 10~12명 정도의 제자로 구성된 아주 작은 규모였다. 1200년쯤에 이르게 되면 학생 수와 규모가 엄청나게 성장해서 파리, 볼로냐, 옥스퍼드 등에서는 수백 명의 학생을 갖춘 학교가 생겨났다.

규모가 커지면서 학교들은 특권과 법적 보호를 보장받기 위한 제도적 장치가 필요해졌고, 이에 따라 상인과 수공업자 조합 조직을 모방한 길드 조직이 만들어졌다. 이런 학교들이 난립함에 따라 교황 혹은 영주들은 몇 개의 길드 조직에 자치권을 부여했으며, 몇몇 학교들이 대학의 지위를 얻게 되었다. 볼로냐 대학은 1150년경, 파리 대학은 1200년경, 옥스퍼드 대학은 1220년경 대학의 지위를 얻었다. 그리고 1500년까지 유럽에서는 80개의 대학이 더 설립되었다. 유럽 대학의 발생은 농업혁명으로 인한 부의 증가와 도시의 성장과 시기가 일치한다. 대학은 수도원처럼 농촌의 조직이 아니라 도시의 조직이며, 교육비를 지불할 능력이 있는 집안과 직업적 전망을 갈구하는 학생들에 의존했기 때문이다.

초기의 대표적인 대학 가운데 볼로냐 대학은 법학과 의학이 유명했고, 파리 대학과 옥스퍼드 대학에서는 철학 및 과학 분야에서 명성이 높았다. 중세 대학에는 신학, 법학, 의학 등 세 개의 전공 학부가 있었는데, 과학은 높은 전공으로 올라가기 전에 이수하는 교양학부에서 다루어졌다. 중세 대학에서 교양 과목으로 가르치던 교과목으로는 문법, 수사학, 논리학 등의 소위 3학과 산수, 기하학, 천문학, 화성학 등의 4과가 있었다. 과학은 이런 교양 과목을 가르치면서 중세 대학에서 자리를 잡았다.

당시 수학은 신부들이 다루고 있어서 실용적이지 못했다. 하지만 빠르게 성장한 상공업은 교회수학을 차차 실용적인 것으로 변화시켰다. 따라서 주판에 의한 계산 대신 실용적이고 빠른 인도의 기수법과 계산법이 보급되었다. 교회수학을 고집하는 주판파와 실용성을 중요시하는 필산파 사이의 투쟁이 계속되다가 후자가 널리 보급된다.

당시 이탈리아의 상업 도시 피사에서 상인의 아들로 태어나 북아프리카의 알제리 등지에서 이슬람 교사에게 배웠다고 전해지는 피사의 레오나르도(Leonardo da Pisa, 1170~1250)라고 불리는 피보나치(Fibonacci)는 『주판 책』이라는 책을 썼다. 이 책은 제목과는 반대로 인도와 아랍의 수학 즉, 기수법과 계산법 등을 설명한 것이다.

이 시기의 수학자로서 빠뜨릴 수 없는 사람은 프랑스의 주교 오렘(Oresme, 1323~1382)이다. 그는 거듭제곱의 개념과 기호를 창안해 냈을 뿐 아니라 분수 지수, 음수 지수까지 생각해 냈으며, 오늘날의 함수 y =f (x)의 변화 상태를 그래프로 나타내기도 했다. 1509년 출간된 이탈리 아인 파치올리(Pacioli, 1450~1520)의 책에는 인도 기수법에 의한 복식부기를 다루고 있으며, 3차방정식의 해법에 관한 책을 쓰기도 했다.

의학의 제도화

십자군전쟁 이후 아랍의학이 쇠퇴하면서 12세기부터 15세기까지 그리스의학이 명맥을 유지할 수 있었던 것은 수도원 때문이었다. 외과의사는 아니었지만 수도원의 수사들이 일반 사람들을 직접 치료하기도 했다. 일부 수사들은 고대의 문헌, 특히 갈레노스의 원고를 베끼거나 주석을 다는 일에 몰두했으며, 2세기 후반 로마의 법학자 켈수스(Celsus, 67~130)의 연구도 이런 과정에서 되살아났다. 처음으로 몽펠리에, 파리 등에 의학 학교가 생겼으며, 특히 살레르노, 볼로냐, 파도바의 이탈리

아학파가 발전하기 시작했다. 십자군과 관련이 있었던 살레르노에서는 외과 치료를 시행했으며, 볼로냐에서는 해부학을 비롯하여 기초과학에 새로운 관심을 갖게 되었다.

13세기부터 학문과 지식의 추구는 수도원에서 대학으로 넘어가기 시작했다. 대학은 사회, 정치, 학문에 많은 영향력을 행사했다. 대부분의

대학에서 의과대학이 생겨났고, 해부학 강의가 시작되었다. 그 당시에 사용된 의학 교과서는 대부분 아비센나, 할리 아바스, 알 라지 등 아랍의 학자들이 저술한 책이었다.

중세 유럽의 대학에서 박사학위 과정의 전문적 교육을 제공한 분야는 신학, 법률, 의학이었다. 의사는 수도 많았고 가장 좋은 과학교육을 받았기 때문에 과학혁명의 지도자 중에는 의사가 많았다. 예를 들어 자석을 연구했던 길버트(William Gilbert, 1544~1603)는 엘리자베스 1세의 시의였으며, 혈액 순환설을 주장한 하비(William Harvey, 1578~1657)도 찰스 1세의 시의였다.

대학의 교육환경은 스콜라학파가 주류를 이루어 전반적으로 무거운 분위기였다. 자연 관찰은 완전히 무시되었으며 해부학 실습은 이뤄지지 않았다. 12~13세기에 대학에서 공식적으로 사람을 해부를 한다는 것은 있을 수 없는 일이었다. 사람에 대한 해부를 공식적으로 허가한 인물은 교황 클레멘스 6세이다. 그는 시체의 부검을 허락하기만 한 것이 아니라, 1348년 시에나에서 발생한 역병으로 사망한 사람들의 시체를 부검하라는 명령을 내렸다. 또한 교황 식스토 4세는 교회의 허가를 받는 조건으로 사람 해부를 허가하는 칙령을 공포했다. 15세기 말의 해부학은 이 조치로 인해 활발하게 발달하기 시작했다. 사실 이전에도 사람 해부를 실시했다는 증거들은 많이 있었지만, 대부분 비공식적으로 이루어졌을 뿐이다. 비록 제한적이었지만 칙령 공포 이후부터 해부용 시신 공급이 규칙적으로 이루어졌고 해부학 발전의 본격적인 토대가 만들어졌다. 이후 교황 클레멘스 7세가 사람에 대한 해부실습을 공식적으로 승인했다.

11~12세기 유럽에서는 정치적, 경제적 변화와 인구 증가에 따른 사회 변화, 그리고 도시화에 따르는 교육 기회의 확대 등으로 인해서 의학의 전통이 변하기 시작했다. 이런 사회적인 변화에 따라 의학 교육은 성당에서 도시의 학교로 옮겨가고, 의료 활동 자체도 전문화와 세속화의 길을 걷게 되었다. 대표적인 예로 10세기 남부 이탈리아 살레르노 지역에서 도시 의료 활동을 들 수 있다.

12세기 유럽 전역에서는 아비센나의 『의학정전』을 비롯한 이슬람 책들이 번역됨으로써 의학 지식이 확대되었다. 또한 중세 대학이 생기면서 대학에서 의학 교육이 조직적으로 실시되었다. 대학에서 의학의 제도화가 현재까지 그대로 이어진다는 점에서 의학 이론과 실제 의료 행위는 역사적으로 중요한 의미를 가진다. 또한 의학이 대학에 자리를 잡음으로써 다른 지식과 서로 연결될 수 있는 제도적 장치가 마련됐다.

중세 대학에서 의학은 체계적인 발전을 했는데, 특히 오줌의 색과 맥박에 의한 진단 및 치료, 약에 의한 치료, 해부학과 외과 분야에 많은 발전이 있었다. 인체 해부는 13세기 말 볼로냐를 비롯한 몇몇 이탈리아 대학에서 실시되었는데, 해부 수업에 범죄자의 시체를 이용하기도 했다.

중세 의학 분야 가운데 제도적 측면에서 괄목할만한 발전을 보인 것은 병원의 발달이었다. 의료 기관으로서 병원 제도는 6세기 전후 비잔틴 제국에서 비롯되었다. 비잔틴에서 형성된 병원 모델은 아랍으로 전파되어 실용적 과학과 함께 발전을 거듭했다. 그 뒤 십자군 전쟁을 비롯한 다양한 경로를 통해 아랍에서 다시 유럽으로 전파되었다. 12~13세기에는 유럽의 도시에는 병원이 급속도로 퍼지게 되었다.

병을 고치는 데는 기술적 요소와 학문적 요소가 다른 어떤 직종보다 밀접하게 연관되어 있었다. 기술적 요소는 이발사-외과의(당시 외과의는 외과, 치과의를 겸한 이발사로 불렸음)와 약사에게 많았다. 오늘날에도 이발소를 나타내는 표시인 빨강, 파랑, 흰색의 세 가지 색은 의학에서 동맥혈, 정맥혈, 그리고 붕대에서 유래되었다. 대학교육을 받은 의사들은 약을 조제했으며, 때로는 외과수술을 감독했다.

또한 의사들은 해부학을 공부했기 때문에 의술에 대한 경험이 풍부했다. 실제 해부를 통한 해부학 연구의 부흥은 르네상스 시대의 북부 이탈리아에서 일어났다. 레오나르도 다 빈치를 비롯한 동 시대의 예술가들은 여러 동물과 인체를 해부하고, 그 관찰결과를 상세하게 그림으로 그렸다. 파도바 대학의 교수들도 스스로 해부하고 관찰하여 얻은 그림을 해부학 책에 실었다.

스콜라 학문

중세 대학의 학풍은 한마디로 사변적인 특징을 지닌 스콜라 학풍이라고 할 수 있다. 스콜라 학문의 방법은 아벨라르(Peter Abelard, 1079~1142)의 책 『긍정과 부정(Sic et non)』에서 보이듯 문제를 제기하고 찬성과 반대의 근거를 논리적으로 살피는 것이었다. 예를 들어, 진공의 존재는 가능한가라는 질문을 제기하고 이 문제에 대한 찬반을 논리적으로 살핌으로써 진공에 대한 본질을 파악할 수 있었다. 이런 식의 학문 방법으로 인해 중세 스콜라 학풍에서 학문들은 아주 세부적이고 가상적이며 추상적으로 발전했는데, 이는 철학 혹은 과학 같은 학문의 목적이 신학의 시녀 역할을 했기 때문이었다.

초기 기독교에서는 이성과 신의 계시를 서로 융화시키려고 노력해왔다. 예를 들어 초기의 성 아우구스티누스(St. Aurelius Augustinus, 354~430)는 이런 목적으로 플라톤 철학을 사용해왔다. 그 뒤 적어도 12세기까지 기독교 신학과 그리스 자연철학(플라톤 철학)의 관계는 평형 상태를 유지하고 있었다. 그러나 12세기 후반 이후 아리스토텔레스 학문, 특히 아베로이스(Averroës, 1126~1198) 등이 극도의 합리주의를 내세우면서 신학에 심각한 타격을 주게 되었다. 예를 들어, 아리스토텔레스는 소크라테스 이전 철학자들이 주장했던 진화론적 우주론을 부정하고 우주의 영원성을 주장했는데, 우주의 시작과 종말을 인정하는 기독교 신학은 이것을 받아들일 수 없었다. 또한 아리스토텔레스의 철학은 원인과 결과 사이의 인과 관계를 강조하는 결정론적인 경향을 지녔는데, 이것은 기적의 존재와 신의 전능을 주장하는 기독교 교리와 서로 상충하는 문제가 발생했다.

아리스토텔레스 철학은 신학과 상충되었기 때문에 13세기에 들어서면서 아리스토텔레스 철학을 금지하려는 움직임이 기독교 교회 측에서 나타났다. 1215년 파리 대학에서는 아리스토텔레스 철학을 가르치는 것을 금지했다. 그러나 1231년 금지령이 수정되었고, 결과적으로 아리스토텔레스 철학을 금지하려는 원래 의도는 불명확해졌다. 기독교 신학 측에서 아리스토텔레스 철학을 완전히 금지하는 것이 힘들어지자, 다른 한편에서는 아리스토텔레스 학문과 기독교 신학의 융합을 꾀함으로써 보다 근본적인 차원에서 문제를 해결하려는 움직임이 나타났다.

대표적인 인물로는 알베르투스 마그누스와 그의 제자인 토머스 아퀴나스(Thomas Aquinas, 1224~1274) 등을 들 수 있다. 이들 신학자들이 많은 노력을 한 결과 아리스토텔레스의 자연철학은 기독교 신학의 핵심으로 자리를 잡았고, 결과적으로 아리스토텔레스의 철학은 중세 대학에서 엄청난 권위를 지니게 되었다. 급기야 이런 추세가 너무 심해져서 아리스토텔레스 자신도 심각하게 생각하지 않았던 말 하나하나까지 굉장한 중요성을 가지고 연구되었다. 즉 중세 학문은 스콜라 학문 전통이 고도로 집중되는 시대였다.

8

르네상스 시대

HOMO SCIENTIFICUS

르네상스 시대

| 15~16세기의 과학기술사 연표 |

1405년	중국, 명의 정화가 남해 원정을 시작하다
1429년	프랑스, 백년 전쟁에서 승리하다
1453년	비잔티움 제국이 멸망하다
1479년	에스파냐 왕국이 세워지다
1488년	바르톨로뮤 디아스, 희망봉을 발견하다
1492년	콜럼버스, 아메리카 항로를 발견하다
1498년	바스코 다가마, 희망봉을 거쳐 아시아로 가는 인도 항로를 발견하다
1517년	루터, 종교 개혁을 시작하다
1519년	마젤란, 세계 일주를 시작하다
1526년	인도, 무굴 제국이 세워지다
1536년	칼뱅, 종교개혁을 단행하다

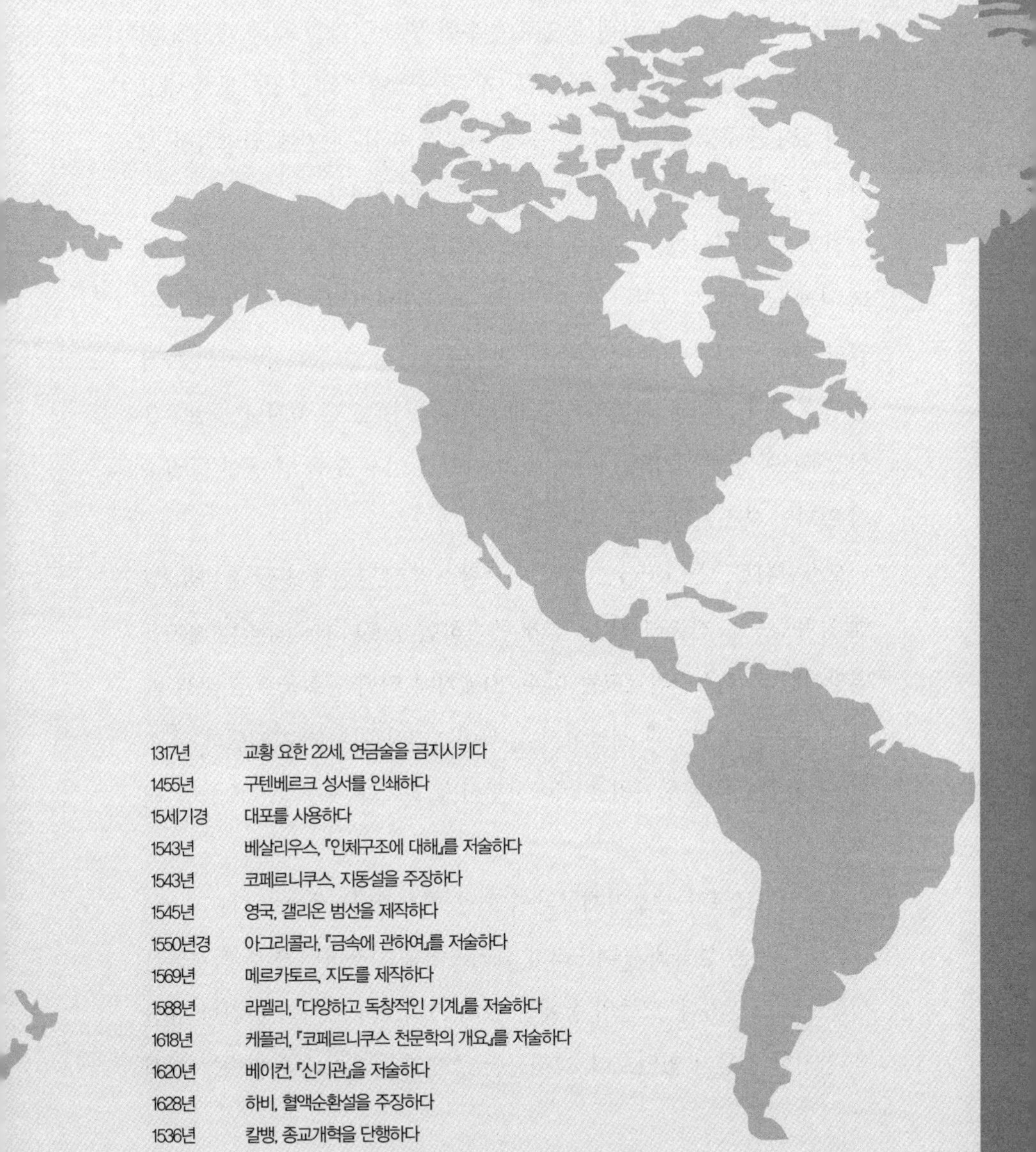

1317년	교황 요한 22세, 연금술을 금지시키다
1455년	구텐베르크 성서를 인쇄하다
15세기경	대포를 사용하다
1543년	베살리우스, 『인체구조에 대해』를 저술하다
1543년	코페르니쿠스, 지동설을 주장하다
1545년	영국, 갤리온 범선을 제작하다
1550년경	아그리콜라, 『금속에 관하여』를 저술하다
1569년	메르카토르, 지도를 제작하다
1588년	라멜리, 『다양하고 독창적인 기계』를 저술하다
1618년	케플러, 『코페르니쿠스 천문학의 개요』를 저술하다
1620년	베이컨, 『신기관』을 저술하다
1628년	하비, 혈액순환설을 주장하다
1536년	칼뱅, 종교개혁을 단행하다
1543년	코페르니쿠스, 지동설을 주장하다

르네상스의 기원

유럽의 과학은 르네상스와 함께 시작되었다. 유럽의 르네상스는 아이러니하게도 당시 발달된 문명과 우수한 문화를 가진 중국 때문에 비롯되었다. 220년 한(漢) 나라가 무너진 뒤 350년간의 분열기를 끝내고 서기 581년 중국을 재통일한 수(隋) 나라가 수십 년 만에 멸망하자 그 자리를 대신한 것이 서기 618년 세워진 당(唐) 나라다.

건국 당시 당나라는 돌궐의 막강한 군사력에 눌려 돌궐의 요구에 여러 차례 굴복했다. 그러나 오래지 않아 돌궐에 내분이 일어나자 당과 돌궐의 관계는 역전된다. 당 태종 이세민은 비단길 일대를 장악하고 돌궐을 정복하여 당나라의 영토를 크게 넓혔다. 서쪽으로 쫓겨난 돌궐족은 실크로드를 통해 중앙아시아에 자리 잡았고 이후 수백 년 동안 돌궐족의 일파인 오스만튀르크가 지배했다.

오스만튀르크는 1453년 영국과 프랑스의 백년전쟁이 끝난 바로 그 해 동유럽으로 진출해 천 년 넘게 존속하던 동로마제국(비잔티움 제국)을 멸망시켰다. 오스만튀르크는 이후 20세기에 터키 공화국으로 바뀔 때까지 동유럽의 발칸과 서남아시아, 북아프리카 일부를 지배했다. 훈족의 명칭이 오늘날 헝가리로 이어졌듯이 돌궐이라는 명칭은 오늘날 터키로 이어졌다.

오스만튀르크가 동로마제국의 수도인 콘스탄티노플(오늘날 터키의 이스탄불)의 두꺼운 성벽을 무너뜨리자 그리스어를 사용하던 일부 학자들은 서쪽으로 도망쳤다. 그들의 품에는 고대 그리스와 로마의 찬란한 유산을 간직한 책들이 있었으며, 그것들은 중세의 암흑시대를 밝히는 지식의 등불이 되었다. 1500년경 당시 유럽인들은 100개 이상의 대학을 설립할 정도로 새로운 지식을 갈망하고 있었다.

그런데 르네상스와 과학 혁명이 왜 이슬람 국가나 중국이 아닌 유럽에서 일어났을까? 그것은 유럽이 상대적으로 많은 나라들로 쪼개져 있었고 기독교가 가톨릭과 개신교로 분열한 원인이 크다. 또한 독일의 금세공사인 구텐베르크가 금속 활자를 발명하여 지식이 보다 원활하게 보급됐던 점도 큰 요인이 되었을 것이다. 그래서 자유로운 사상이 각 도시로 퍼져나갈 수 있었다.

15~16세기에 세계 각국의 흥망성쇠를 요약하면 다음과 같다. 중국에서는 14세기 후반에 명나라가 몽골족이 세운 원나라를 무너뜨리고 한족의 왕조를 다시 세웠으며, 15세기 초에는 환관이었던 정화가 인도양과 아프리카 동해안까지 원정을 가는 등 전성기를 맞이했다. 서남아시아에서는 오스만 제국이 서아시아, 아프리카, 유럽의 세 대륙에 걸친 대제국으로 발전하였고, 중앙아시아에서 건국된 티무르 제국과 이란 지방의 사파비 왕조도 한때 번성했다. 인도에서는 무굴 제국이 인도 문화와 이슬람 문화가 융합하며 발전했다. 이슬람 세력은 동남아시아에도 진출하여 오늘날 인도네시아와 말레이시아 지역에 이슬람교가 전해졌다. 14세기부터 16세기에 이르는 동안 서양에서는 중세 봉건 사회가 무너지고 근대 사회가 싹트기 시작했다. 이 시기에 일어난 르네상스, 종교 개혁, 대항해 시대의 개막 등은 근대의 시작을 알리는 큰 움직임이었다.

과학혁명의 토대

약 500년에 걸친 중세의 암흑기는 수공업과 상업의 성장, 대성당의 건립, 대학의 창설과 더불어 종말을 고하고, 14~16세기에는 주목할 만한 학문의 부흥이 일어났다. 이를 문예부흥, 즉 르네상스라 한다. 르네상스의 시작에는 십자군 원정이 크게 기여했다. 이슬람 국가에 도착한 십자군은 자신들보다 수준 높은 향신료를 사용한 이슬람 음식, 예술, 건축, 그리고 과학에 큰 충격을 받았다. 십자군은 1085년에 스페인의 톨레도를 함락시켰는데, 이는 서구와 아랍권의 상호 동화를 촉진하는 계기가 되었다. 그리스 과학의 아랍어 번역본이 다시 라틴어로 번역되기 시작했는데, 이는 1125~1280년에 특히 활발했다. 특히 유대인은 아랍어, 그리스어, 라틴어를 구사하여 이들이 번역에 많이 참여했다. 톨레도에 번역학교가 설립되었고, 유럽 전역에서 학자들이 몰려들어 아랍의 과학을 공부했다.

1091년에는 이탈리아 남쪽 지중해의 섬 시실리가 130년간의 이슬람 지배에서 회복되었는데, 시실리의 학자들은 지리적으로 그리스와 아랍권 모두에 인접했었기 때문에 아랍어와 라틴어에 모두 능통했다. 시실리 황제 프레데릭 2세의 후원으로 아리스토텔레스의 생물학 책과 이슬람교의 연금술서가 번역되었다. 시실리는 아랍의 지배하에 있던 북아프리카와 교역이 활발하였기 때문에, 아랍의 수학서와 의학서도 유럽에 전달되는 매개체가 되었다.

기독교 번역자들은 중세 아랍이 수집하고 발전시킨 모든 지식을 번역한 것은 아니었다. 그들은 그리스와 로마의 저서들을 선호하고 이슬람교의 책에는 큰 관심을 두지 않았다. 따라서 학문은 자연히 고대의 지식을 확대 재생산했으며, 특히 아리스토텔레스의 가르침이 중시되었다. 하지만 점차 종교적 교리에 의해 선택되고 강조된 아리스토텔레스의 가르침에서 벗어나, 다양한 그리스 과학자들의 지식과 견해를 접할 수 있었다. 이는 르네상스와 과학혁명 시대의 토대를 마련해주었다.

당시 대학은 대성당의 학교에 모인 교사와 학생들을 주축으로 탄생했다. 대학이 창립되고 그리스 과학이 번역되어 소개되면서, 13세기 유럽에는 과학실험이 폭발적으로 유행하기 시작했다. 영국 옥스퍼드 대학의 수사인 로저 베이컨은 "진정한 연구자는 실험에 의한 자연과학, 약물, 연금술, 그리고 우주 밖과 하늘 아래의 모든 사물들을 알아야 한다."고 말했다. 그는 아랍 과학자 알하젠의 저서에 근거하여 광학실험을 수행했으며, 망원경의 가능성을 제시했다. 또 스스로 추진되는 작은 배와 수레, 그리고 잠수함이나 날아다니는 기계도 만들 수 있다고 주장했다. 그는 점성술에서 받아들여지고 있던 마법을 부정하였고, 지구는 둥글어서 일주할 수 있다고 주장했다. 콜럼버스가 스페인의 이사벨 여왕에게 세계일주 계획을 설득할 때 이를 언급하기도 했다. 그는 350년 후의 이탈리아 과학자 갈릴레오와 비슷했고, 과감하게 말하는 등 자신이 넘쳤다. 이 때문에 많은 적을 만들었고 결국 15년 징역을 살았다. 그를 징계한 프란체스코 수도회 추기경인 보나벤투라가 "과학의 나무는 많은 생명의 나무를 속이거나 가장 견디기 어려운 연옥의 고통 속에 몰아넣는다."고 말한 것에서 새로운 과학적 풍조에 저항하는 당시 기독교적 사회 분위기를 짐작할 수 있다.

13세기 유럽에서는 아랍의 연금술이 기독교의 수사들을 중심으로 크게 부활하였으며, 이에 따라 각종 산, 알코올 등 새로운 화학약품이 등장했다. 그들은 유기체가 영혼과 육체로 되어 있으며, 열을 가열함으로써 분리가 가능하다고 믿었다. 따라서 물질을 증류하여 영혼이 가득 찬 증류액을 얻고, 이 증류액으로 늙은 육체에 새 생명을 불어넣는 것이 시도되었다. 1317년 로마 교황 요한 22세가 공식적으로 연금술을 금지한 것은 연금술이 당시 사회에 얼마나 널리 퍼져 있었는가를 잘 보여준다.

근대혁명과 인쇄술

15~17세기는 중세에서 근대로의 이행기에 해당한다. 당시 지리상의 발견과 민족 국가의 성립을 배경으로 수많은 전쟁이 벌어졌으며 르네상스, 종교개혁, 과학혁명을 통해 근대적 문화가 형성되었다. 지리상의 발견을 위한 기술적 진보는 중세 말기에 이루어졌다. 삼각 혹은 사각 돛을 단 배가 출현해 바람을 가로질러 항해할 수 있게 됐으며, 기존의 노를 대신해 경첩 모양의 방향키가 사용되었다. 이에 따라 배의 크기와 기동성이 급속히 향상됐고 노 젓는 사람도 필요 없었다.

또한 아랍을 통해 중국에서 전래된 나침반이 널리 사용됐고 지도 제작술의 발달로 인해 지도와 해도가 크게 개선되었다. 특히 15세기에 포르투갈은 '해양왕'으로 불리는 엔리케 왕자(Henrique O Navegador, 1394~1460)의 지원을 바탕으로 항해술에서 상당한 발전을 이룩했다. 16세기 이후에는 포르투갈에 이어 스페인, 네덜란드, 영국 등도 새로운 항해술을 이용해 식민지를 개척하거나 해상무역을 확대하기 시작했다.

근대는 '군사혁명'의 시대이기도 했다. 화약을 사용한 무기가 광범위하게 사용됐으며, 중앙집권 국가의 등장으로 상비군이 설치되었다. 화약은 9세기 중국에서 처음 사용된 후 13세기에 유럽으로 전래됐다. 중국은 1200년경에 화포를 만들었으며 유럽은 14세기 중엽에 이를 뒤따랐다. 15세기부터 본격적으로 사용된 대포는 처음에 성가신 물건에 불과했지만 굵은 알갱이 형태의 화약이 사용되고 포신이 금속으로 만들어지면서 성곽을 공격하는 주요한 수단으로 자리 잡았다. 대포는 범선에도 채택돼 해전의 양상이 접근전에서 원거리 전투로 변모되었다. 16세기부터는 개인 휴대용 화기인 소총도 등장했는데 소총은 움직이는 목표물을 대상으로 했기 때문에 정확한 조준이 관건으로 작용했다. 화승식, 바퀴식, 부싯돌식 발화 장치 등이 잇달아 개발됐으며, 부싯돌식 머스켓총은 150년 이상 표준적인 무기가 되었다.

화기의 등장으로 기존의 노동 집약적 전쟁은 자원 집약적 전쟁으로 변모하기 시작했다. 당시에는 "전쟁의 목적은 적을 분쇄하는 것이 아니라 지치게 하는 것이다"라는 말이 유행할 정도로 전쟁이 장기화됐다. 무엇보다도 군대의 규모가 급격히 성장했는데, 예를 들어 프랑스의 병력은 1475년에 약 4만 명이었지만 1705년에는 약 40만 명으로 증가했다. 이러한 규모의 병력을 유지하기 위해서는 상당한 재원이 필요했으며, 당시 많은 국가들은 독점적 권리의 판매에서 금융업자에 의한 대부에 이르기까지 다양한 수단으로 돈을 모았다. 동시에 대규모 군대를 조직하기 위해 기계적 절차, 엄격한 통제, 위계적 질서 등이 강조되기 시작했는데, 이는 관료제의 발달로 이어졌다. 또한 군사에 관한 지식이

인쇄소에서 작업중인 구텐베르크를 묘사한 19세기 영국 채색 판화

체계화됐고 전쟁에 시장의 논리가 작용한 것도 군사혁명의 중요한 내용이었다.

근대적 문화의 출현을 가능케 한 주요한 배경으로는 인쇄술의 발명을 들 수 있다. 인쇄술의 초기 형태인 목판 인쇄술은 8세기에 중국에서 최초로 발명돼 1,000년 이상 사용됐다. 반면 오늘날 인쇄술의 주요 형태는 활판 인쇄술로서 1440년경에 독일의 기술자인 구텐베르크가 발명한 이후 서구 사회를 중심으로 급속히 확산됐다.

활판 인쇄술이 한국이나 중국에서 먼저 발명됐다는 지적도 있지만, 구텐베르크가 발명한 것은 단순한 금속활자가 아니라 인쇄 시스템이었다. 그는 착탈식 활자를 고안했을 뿐만 아니라 대량생산이 가능한 인쇄기를 발명했고 활판 인쇄에 필요한 종이와 잉크를 선택하는 데에도 많은 주의를 기울였다. 유럽 최초의 활판 인쇄본은 1,282페이지에 달하는 라틴어 성경을 한 페이지 당 42행으로 인쇄한 것으로서 '구텐베르크 성서'로 불린다.

구텐베르크의 활판 인쇄술 덕분에 사람이 필사할 때 원고 한 부밖에 베끼지 못할 시간에 수천 권의 책을 인쇄할 수 있었다. 1455년만 해도 유럽 전역에서 인쇄된 서적들은 모두 합쳐봐야 수레 하나를 채울 정도에 불과했다. 그러나 50년 뒤에는 책의 가짓수가 수만 종으로 늘었고 인쇄된 총량은 수백만 권에 달했다. 1460년부터 1500년까지 40년 동안 유럽에서는 지난 1,000년 동안 출간된 책의 40배에 달하는 책자가 쏟아져 나왔다.

인쇄본은 필사본과 달리 오류가 거의 없었기 때문에 정보의 정확성도 더욱 증가했다. 인쇄술을 매개로 보다 많은 사람들이 책을 접할 수 있게 됨에 따라 폭넓은 식자층의 시대가 시작되었다. 이러한 경향은 근대 국가의 성립을 배경으로 모국어를 사용하는 전통이 생겨나기도 했다. 사람들은 더 이상 정보를 통치자나 교회에 의존하지 않아도 됐으며 스스로 정보를 해석하면서 기존의 견해에 도전하기 시작했다. 근대적 문명을 상징하는 르네상스, 종교개혁, 과학혁명도 인쇄술이 없었더라면 거의 불가능했을 것이다.

항해술, 화기, 인쇄술 등은 다른 기술이나 과학의 발전에도 상당한 영향을 미쳤다. 항해술의 발전을 배경으로 체계적인 천문학 지식과 정밀한 항해용 기구가 요구되었다. 화기의 사용이 급증하면서 철이나 기계와 관련된 기술혁신이 뒤따랐으며, 야금술이나 기계학도 발전했다. 예를 들어 독일의 광물학자 아그리콜라(Agricola, 1494~1555)는 야금술과 광업에 대한 저서인 『금속에 관하여』를 남겼다.

인쇄술을 매개로 과학과 기술에 관한 서적이 대대적으로 발간되었으며, 한편 종이의 광범위한 사용으로 말미암아 제지술이 크게 발전했다. 종이는 중국에서 먼저 발명된 후 12세기에 유럽에 전래됐지만, 종이의 진정한 가치가 인정된 것은 인쇄술이 완성된 뒤라고 볼 수 있다.

근대에는 다양한 기술 활동이 촉진되면서 기술자들의 사회적 지위가 크게 향상되었다. 특히 기술에 대한 수요가 증가하고 15세기 말부터 특허제도가 정비되면서 개인적으로 활동하는 기술자들도 많이 생겨났다. 기술자들이 자신의 건축물이나 기계에 이름을 남기게 된 것도 근대부터 시작되었다. 당시의 기술자들은 자신의 사회적 지위에 부응하는 지적 능력을 얻기 위해 체계적인 교육을 강조하면서 기술 교과서를 발굴하거나 집필했다.

이러한 과정을 통해 근대의 기술자들은 상당히 유식해졌고 대학의 학자들과도 접촉할 수 있었다. 당시의 학자들도 기술이 매우 유용하며 과학에 도움을 준다고 생각했는데, 갈릴레오(Galileo Galilei, 1564~1642), 베이컨(Francis Bacon, 1561~1626) 등은 기술에서 실험적 방법의 기초를 찾아내기도 했다.

근대에 출간된 기술 서적을 보면 당시 기술자들이 시대를 앞서 가기도 했다는 점을 알 수 있다. 즉 그때는 없었지만 미래에 제작될 것으로 확신하는 새로운 발명품들이 제시되었다. 레오나르도 다빈치의 노트는 각종 기술에 대한 설계도가 실려 있는 것으로 유명하다. 거기에는 대기압 엔진, 방적 기계, 압연기, 선반, 천공기, 낙하산, 비행기 등이 기록돼 있다.

1588년에 출간돼 상당한 인기를 누렸던 이탈리아 기술자 라멜리(Agostino Ramelli, 1530~1600)의 『다양하고 독창적인 기계』에도 110개의 물 펌프, 20개의 제분기, 10개의 기중기 등이 실려 있다. 이러한 기술들은 그 후 실현되지 않았지만 인류의 풍부한 탐구 정신을 보여 주는 증거라고 할 수 있다.

대항해 시대의 개막

중국에서는 명나라의 정화 함대를 끝으로 더 이상 원정이 이루어지지 않았지만, 유럽은 15세기 이후 계속해서 새로운 지역을 찾아 나섰다. 이른바 '대항해 시대'가 개막되었다. 대항해 시대에 적극적인 자세를 보인 국가는 그동안 지중해 연안의 무역에서 소외되었던 포르투갈, 스페인, 네덜란드, 영국이었다. 15~17세기에는 항해의 규모가 점차 증가하면서 다양한 유형의 범선들이 잇달아 등장했다. 그 대표적인 예로는 캐러벨(caravel), 캐랙(carrack), 갤리온(galleon) 등을 들 수 있다.

캐러벨은 돛대를 여러 개 세우고 큼직한 삼각돛을 배치한 범선에 해당한다. 캐러벨의 발명과 혁신에는 '항해의 왕'으로 불리는 포르투갈의 엔리케 왕자의 역할이 컸다. 그는 포르투갈 남서부의 사그레스에 연구소를 세운 뒤 선박설계자, 과학자, 지도제작자 등을 모아서 정교한 선박과 주변장치를 개발하는 작업을 추진했다. 포르투갈 연구진에 의해 설계된 캐러벨 범선은 상당히 빠른 속도로 달릴 수 있었고, 대포와 같은

6~17세기에 군선으로 널리 사용된 갤리온 범선

무거운 화물도 장착할 수 있었다.

캐랙은 캐러벨을 개량하여 선수와 선미를 높이고 선박의 크기를 키운 것에 해당한다. 캐러벨이 수용할 수 있는 중량은 50톤 정도지만, 캐랙의 규모는 100톤을 넘어섰다. 콜럼버스, 바스코 다가마, 마젤란 등이 새로운 항로를 개척하는 데 사용했던 것도 캐랙이었다. 원거리 항해에서는 캐랙을 주 선박으로, 캐러벨을 보조 선박으로 편성하는 방식이 활용되기도 했다. 이를테면 콜럼버스의 1492년 항해에서는 3척의 범선이 사용되었는데, 그 중 하나는 캐랙이었고, 나머지 두 개는 캐러벨이었다.

갤리온은 캐랙의 길이를 길게 하고 흘수(배가 물 위에 떠 있을 때 물에 잠겨 있는 부분의 깊이)를 얕게 하여 속도를 빠르게 하면서도 안정성을 높인 것이다. 갤리온은 스페인에서 처음 개발되었지만, 이를 크게 개선한 사람은 영국의 헨리 8세였다. 헨리 8세는 대포로 무장한 갤리온을 만들기 위해 연구소를 만들어 이를 전폭적으로 지원했다. 포르투갈의 엔리크 왕자 밑에서 일하던 인재들이 영국의 연구소로 합류했다는 점도 흥미로운 사실이다. 1545년에 완성된 위대한 해리(Great Harry)호는 27킬로그램짜리 대포 4문과 15킬로그램짜리 대포 12문을 장착하고 있었다.

16~17세기의 네덜란드에서는 '헤링 버스(Herring Buss)'로 불리는 청어잡이 배가 개발되기도 했다. 네덜란드의 청어잡이 배는 15명이 넘는 선원을 태울 수 있었으며, 악천후의 바다에서도 8주 동안 머물 수 있었다. 게다가 갓 잡아 올린 청어의 내장을 제거하고 소금에 절여 포장까지 하는 데 필요한 각종 재료와 장비가 구비되어 있었다. 이를 통해 네덜란드는 북해의 어업을 장악하는 동시에 부가가치가 높은 청어 무역을 선도하게 되었다.

바다에서는 정확한 방향을 잡고 항해를 하는 것이 무엇보다 중요하다. 1707년 지브롤터 해협에서 프랑스 함대와 교전하여 승리를 거둔 영국 함대는 브르타뉴 반도 앞바다의 외딴섬 근처를 통과하는 중이었다. 안개 속에서 북상하던 선원들은 영국 남서부 끝자락에 징검다리처럼 섬들이 흩어져 있는 실리 제도 부근에서 경도를 잘못 계산한 것을 깨닫고 경악했다. 함대의 총사령관인 클로디슬리 경은 자신의 해군 경력을 통틀어 최악의 판단착오를 저질렀다는 것을 깨달았다.

안개 속을 헤매던 불과 몇 시간 전에 선원 한 명이 다급하게 그를 찾아와, 줄곧 자기 나름대로 위치를 계산해 보았다고 주장했다. 영국 해군은 졸병들이 본분을 벗어나 항로를 따지는 일을 금지하고 있었으며, 이름 없는 선원도 그 사실을 잘 알고 있었다. 그러나 그의 계산에 의하면 워낙 엄청난 위험이 닥칠 판국이어서 목숨을 걸고 장교들에게 알리려 했던 것이다. 계산의 진위 여부를 떠나 사령관은 바로 그 자리에서 하극상의 죄목으로 선원을 교수형에 처했다.

그로부터 얼마 지나지 않아 사령관이 탄 함선은 암초에 충돌했고 4분 후 승선자 650명 전원이 함께 수장되었다. 뒤이어 다른 2척의 배도 똑같은 운명을 맞이했고, 나머지 한 척은 약간 뒤늦게 가라앉았다. 불과 몇 분 사이에 4척의 전함들이 차례로 암초를 들이받고 돌덩이처럼 가라앉은 것이다. 2000명에 가까운 선원들 중 살아남은 사람들은 불과 스물여섯 명에 지나지 않았다.

이 사건을 계기로 영국 의회는 경도 문제에 관심을 갖게 되었고, 1714년 앤 여왕의 칙령으로 경도법이 통과되었다. 핵심적인 문제는 바다에서도 정확하게 작동하는 시계를 만드는 데 있었다. 흔들리는 배 위에서는 진자의 진동 속도가 달라지기 십상이어서 기존의 진자시계를 활용하기 어려웠던 것이다.

경도법에 의거하여 영국 의회에는 '경도심사국'으로 불린 심사위원회가 설치되었다. 위원회는 당대 최고의 과학자인 뉴턴과 핼리의 자문을 받았으며, 경도 측정법에 대한 기준과 상금도 마련했다. 결국 많은 사람들이 불가능하다고 생각했던 해상시계는 외로운 천재 시계공인 해리슨에 의해 개발되었다. 그는 1735년에 크로노미터 제1호를 설계한 후 지속적인 개선 작업을 추진했으며, 1761년에 제작한 크로노미터 제4호는 81일의 항해에서 5초의 오차를 기록했다.

150년경 천문학자이며 지도 제작자인 프톨레마이오스는 스물일곱

장의 지도 위에 임의의 선들을 표시했다. 이때 그는 적도를 위도가 0인 선으로 잡았다. 적도는 임의로 선택한 것이 아니라 천체의 움직임을 관찰해서 적도를 정한 조상들의 선례를 따른 것이다. 적도에서는 태양과 달과 행성들이 거의 수직에 가깝게 머리 위를 지나간다. 역시 위도인 북회귀선과 남회귀선도 태양의 위치에 따라 정해졌다. 태양은 이 선들의 북쪽과 남쪽 경계선을 지나기 때문이다.

위도는 기후와 밀접한 관련이 있는데, 보통 적도에 가까워질수록 뜨거운 열풍이 분다. 기후라는 말이 원래 '지역 또는 지방'이라는 그리스어에서 나온 데는 나름대로 이유가 있는 셈이다. 우리가 날씨를 나타낼 때 사용하는 온대나 열대라는 단어들도 위도에 따른 지역의 구분이다.

경도는 본초자오선, 즉 경도가 0이라는 상상의 선을 기준으로 동쪽과 서쪽을 나눈 것이다. 적도에서 출발점을 갖는 위도와는 달리, 경도는 기준선이 없으면 아무런 의미가 없다. 그리스의 지리학자들은 저마다 다른 본초자오선을 사용했는데, 프톨레마이오스도 마찬가지였다. 그가 선택한 곳은 아프리카 서북쪽의 카나리아 제도였다. 그 후 본초자오선은 여러 곳을 옮겨 다니다 1884년 국제지리학 회의에서 지금의 영국 런던으로 정해졌다.

유능한 뱃사람들은 낮의 길이, 태양의 높낮이, 그리고 잘 알려진 별을 보고 위도를 판단할 수 있다. 1492년 크리스토퍼 콜럼버스(Christopher Columbus, 1451~1506)도 대서양을 횡단할 때 직선 항로를 따라 아메리카 대륙에 도착했다. 그러나 경도를 측정하는 일은 시간에 의해 결정된다. 바다에서 경도를 알아내려면 배가 위치한 곳의 시각과 출발한 지점의 항구, 그리고 이미 경도를 알고 있는 한 곳의 시각을 동시에 알고 있어야 한다. 이렇게 각각의 시각을 알면 그 시간 차이를 거리로 환산할 수 있다.

지구는 자전축을 중심으로 회전하면서 태양 둘레를 도는 거대한 시계라고 할 수 있다. 지구가 자전하면서 완전히 한 바퀴 도는 데는 24시간이 걸리므로 1시간은 1회전의 24분의 1, 즉 15도에 해당한다. 경도 15도라는 수치는 곧 배가 항해한 거리이기도 하다. 적도를 기준으로 지구의 둘레는 약 4만 킬로미터이므로 경도 15도의 차이는 1600킬로미터의 거리에 해당한다. 그러나 적도로부터 남쪽이나 북쪽으로 갈수록 그 거리는 점점 짧아진다. 지구는 평면 위의 지도가 아니라 사과처럼 둥근 원이기 때문이다.

경도 1도는 세계 어디서나 4분이라는 시간 차이를 나타내지만, 거리로 환산하면 적도에서는 110킬로미터이고 북극이나 남극에서는 0이 된다. 이처럼 서로 다른 두 지점의 시각을 동시에 알아야만 경도를 판단할 수 있다. 오늘날에는 두 개의 손목시계만 있으면 간단히 알 수 있지만, 정확한 시계가 발명되기 이전에는 어림도 없는 일이었다.

1714년 영국 의회는 경도법을 제정해 경도 문제를 해결하는 사람에게 오늘날 화폐가치로 수백만 달러에 해당하는, 무려 2만 파운드의 상금을 내걸었다. 영국의 무명 시계공 존 해리슨도 이 문제를 탐구하는 데 일생을 바쳤다. 그리고 뉴턴조차 불가능하다고 생각했던 경도 문제를 해결하는 데 성공했다. 무려 40년에 걸친 모든 역경을 이겨내고 항상 정확한 시간을 유지하는 시계를 발명했던 것이다. 그는 4차원의 시간을 2차원 공간인 시계에 압축시켜 지구의 각 지점을 하나로 연결시켰다.

경도를 찾는 과정에서 과학자들의 생각을 뛰어넘는 중요한 발견들이 이루어지기도 했다. 예를 들어 지구의 무게를 처음으로 계산한다거나 지구에서 별까지의 거리나 빛의 속도 등을 측정할 수 있었다. 각 대륙 사이의 무역과 항해는 고대로부터 끊임없이 사람들의 호기심을 자극하며 이어졌다. 그러나 15~17세기에 이루어진 유럽의 대규모 지리적 발견은 비서구 지역의 식민지화라는 결과를 불러왔다.

대항해 시대를 가능하게 한 원동력으로는 여러 가지를 들 수 있지만, 그중 가장 대표적인 요인은 바로 안전한 항해를 가능하게 하는 지도의 제작이라 할 수 있다. 정확한 지도를 만들기 위해서는 둥근 지구를 평면에 그리기 위한 수학적 지식이 요구되었다. 지도는 3차원 공간을 2차원 평면으로 투영시킨 복잡한 선들로 이루어져 있다. 하지만 실제 세계를 종이 위에 그대로 재현하기 위해서는 정확한 비례식으로 축소시키는 과정이 필요하다. 다시 말해 우편엽서나 A4 용지 정도의 크기에 광활한 공간을 압축시키기 위해서는 '투영과 축척'이라는 수학적 기법이 필수적이다. 예를 들어 10킬로미터의 실제 거리를 100만 분의 1로 축소시키면 지도상의 1센티미터가 된다.

지도의 투영도법은 둥근 세상을 평평한 면 위에 재현하는 방법의 문제다. 사실 지도의 모든 투영도법은 왜곡되어 있지만, 무엇을 어떻게 왜곡시키는가에 따라 크기가 달라진다. 우리가 알고 있는 '메르카토르 투영도법'은 극지방의 크기를 부풀림으로써 적도에 가까운 지역의 크기들을 거의 비슷한 비율로 나타낼 수 있다.

1569년 네덜란드의 메르카토르(Mercator)가 이러한 방식을 고안한 이유는 바다에서 직선항로를 찾기 위해서였다. 16세기 선원들이 바다를 항해할 때 가장 중요하게 생각한 것은 거리가 아니라 방향이었다. 즉 지

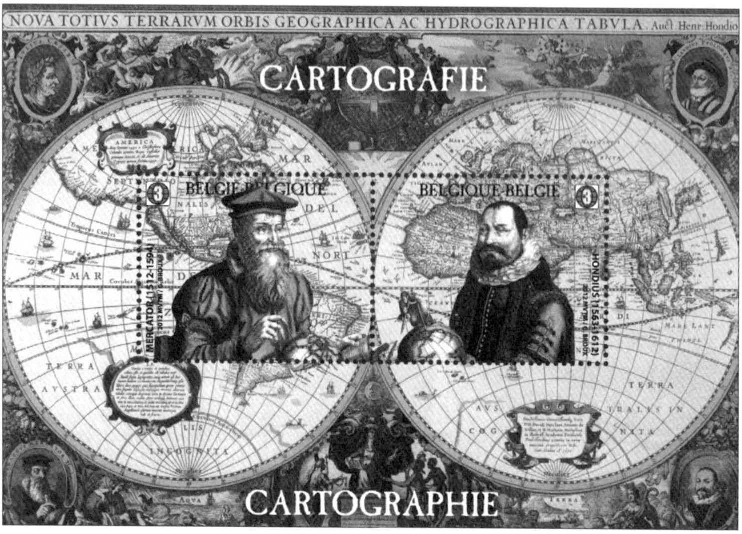

메르카토르 도법으로 만들어진 영국의 세계지도. 메르카토를 도법은 적도 근처에 있는 육지의 크기와 방향을 정확히 나타낸다.

도상의 거리보다는 나침반의 방위를 알려 주는 방법이 선원들을 안전하게 목적지까지 데려다 주었다. 메르카토르는 정확한 방향을 유지하기 위해 격자눈금 시스템을 이용했다. 그러나 경도를 수직선으로 위도를 수평선으로 그리다 보니 모양이 왜곡되었다. 이런 왜곡 현상은 적도로부터 멀어질수록 심해진다. 극점 부근에서는 작은 지역들조차 넓게 펼쳐지기 때문이다. 그래서 그린란드는 아프리카 대륙과 비슷한 크기로 나타난다. 하지만 실제로 아프리카는 그린란드보다 15배나 크다. 마찬가지로 북아메리카는 아프리카보다 커 보이지만 아프리카의 면적은 북아메리카보다 1.5배 정도 더 크다.

1871년 제임스 갈이 만든 또 다른 투영도법은 전체 형태를 왜곡시키지만 땅덩어리의 크기는 보다 실제에 가깝게 표현된다. 그 외에도 짓눌린 오렌지 모양의 로빈슨 투영도법은 위도가 높아질수록 경도의 간격을 좁혀서 땅덩어리의 크기를 균일하게 나타낼 수 있다. 이렇듯 모든 지도는 면적의 크기와 위치, 방위 등을 정확하게 표현하기 위해 다양한 방법으로 균형을 취하려 노력한 결과다.

지도 제작의 가장 기본적인 요소는 정확한 비례 관계를 가진 격자 구조에 있다. 격자 구조의 그물망 속에 세상을 집어넣기 위해서는 정밀한 수학적 기법이 필요하다. 그러나 지도는 단순히 추상적인 기하학 이상의 의미를 지니고 있다. 지도는 지질, 기후, 기상 같은 지구의 살아있는 모습을 보여주는 동시에 도로, 교통, 빈부 격차, 질병 등 생동감 넘치는 인간의 역사를 보여주는 한 편의 훌륭한 드라마다.

무역의 발달과 전문적 장인

1300년대 초반 이탈리아는 중동 및 동양과의 무역을 활발히 하여 향신료, 비단, 향수 등을 수입하여 북유럽의 여러 나라에 판매했다. 이에 따라 은행제도, 관리체계, 회계원리 등이 개발되었다. 이탈리아의 플로렌스는 국제은행업과 무역의 세계적 중심이 되었다. 경제 성장을 위해서는 새로운 발명과 신기술이 필요했고, 이런 이유로 이탈리아에서는 과학적인 탐구와 진보가 왕성하게 이루어졌다. 무역을 위한 항해, 측량, 지도 작성, 그리고 건축에 수학적 방법들을 사용하기 시작했다.

대성당 건축과 수공업의 발달에 힘입어 세련된 기술, 수공업의 분화,

예술의 발전이 이루어졌다. 13세기에는 기계식 시계가 제작되어 공공 건물, 수도원, 대성당을 장식하였고 16세기에는 회중시계가 만들어졌다. 건축기술의 발전과 더불어 물레방아의 수차를 제조하는 목수와 대장장이는 기구제조자와 기계기술자로, 석공과 장식가는 조각가와 화가로 변하게 되었다. 이들 전문적 장인들은 자신의 기술과 경험을 기록하여 근대 과학기술의 발전에 기여했다. 르네상스 시대의 예술가 겸 기술자들인 조각가와 화가들의 그림은 관찰에 바탕을 두어 매우 사실적이었다. 이들 중 상당수는 자신의 기술을 개선, 수정하기 위해 인체해부학을 연구했다. 화가 중에 보티첼리와 뒤러는 광학을 연구하였고, 뒤러와 레오나르도 다빈치는 천체를 관측하기도 했다.

유럽의 지적 생활은 15세기 후반과 16세기 초반에 있었던 고대 그리스와 라틴 문헌의 발굴과 재발견에 의해서 크게 변화되고 자극을 얻었다. 즉 르네상스 인문주의의 영향으로 아르키메데스의 저작, 헤론의 『기체 역학(Pneumatica)』, 유클리드와 비트루비우스의 저작 등 고대의 기술적 교과서가 발굴, 번역됨으로써 이를 접하게 된 장인들도 자신들의 교과서를 제작할 수 있게 되었다. 르네상스 인문주의자들은 르네상스의 장인-예술가들과 긴밀하게 연결되어 있었다. 이렇게 지식 계층과 사회적으로 하층인 장인들과의 결합에 의해서 장인들의 사회적 지위가 상승되었을 뿐만 아니라 수작업, 실험 등은 사회적인 특혜를 얻게 되었다. 장인들은 길드를 형성하여 원근투시법, 지도제작법, 항해술, 광학, 자기학 등을 논의할 수 있었다.

이러한 일들이 가장 일찍 나타났던 곳은 이탈리아의 건축기사들이었다. 건축가 필리포 브루넬레스키(Filippo Brunelleschi, 1377~1446)는 당시

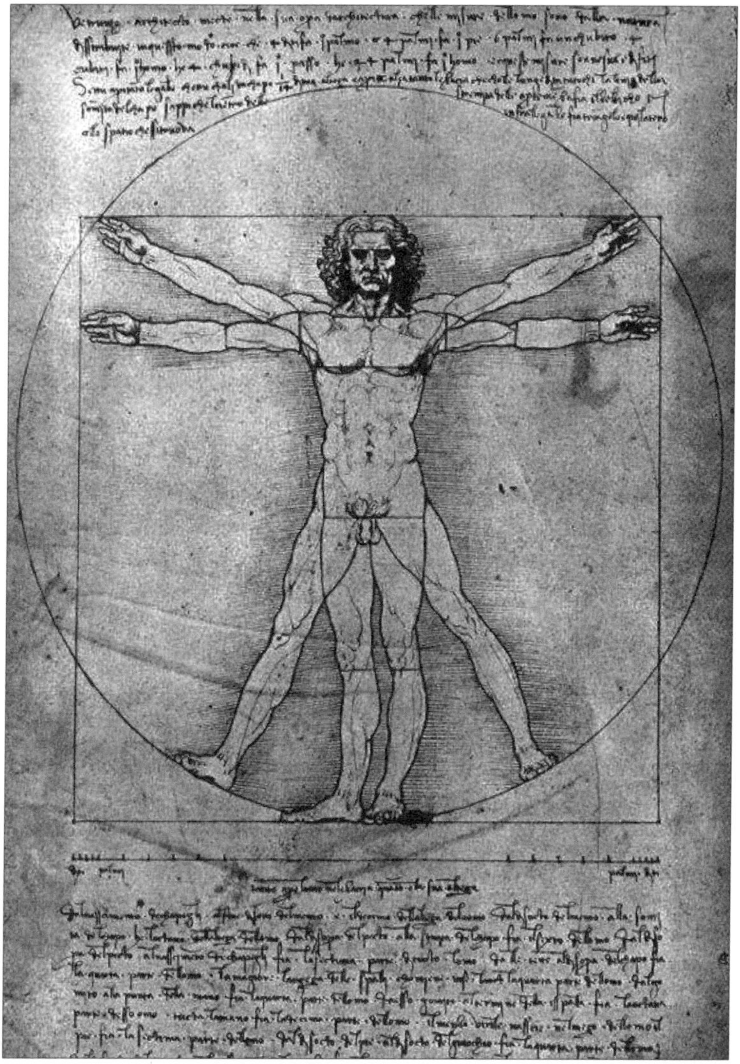

레오나르도 다빈치의 비트루비우스 인체 비례도

전형적인 장인이자 예술가였는데, 그는 금세공 기술, 조각, 건축, 원근법, 수리공사, 역학 및 기구 제작에 능했다. 또한 그는 당대의 인문주의 학자들과 접촉했는데, 그의 원근법 연구는 유클리드의 연구를 받아들이고 있다. 브루넬레스키로 대표되는 새로운 부류의 건축가들이 지은 건물들은 그 전처럼 많은 사람들이 덤벼들어서 세워 올리는 것이 아니라 미리 설계를 하고 구조 등에 대한 고려를 한 후에 한 사람의 지휘 하에 지어졌다. 르네상스 시대에 와서 처음으로 건물과 개인건축가의 이름이 거명된 것도 바로 이런 이유였다.

르네상스 시대의 과학에서 가장 중요한 인물은 이탈리아의 레오나르도 다빈치(Leonardo da Vinci, 1452~1519)다. 그는 화가, 발명가, 기술자, 해부학자 등 광범위한 분야에서 활동했다. 또한 그는 수많은 설계를 했는데, 대표적인 것으로는 방적기계, 선반, 천공기, 바람방아 등을 들 수 있다. 또한 군사기술자로 원시적 탱크와 비행기를 스케치하였고 최초의 낙하산과 승강기를 고안했으며, 잠수함을 고안하기 위해서 물고기가 헤엄치는 것을 연구했다. 그는 1세기 후의 갈릴레오가 낙하실험에서 얻은 관성의 법칙을 이미 알고 있었으며, 에너지의 공급 없이 계속 작동할 수 있는 영구기관은 만들 수 없다는 것을 알았다. 그는 달이 본질상 지구와 같으며, 태양 빛을 반사함으로써 빛나고 지구가 우주의 중심이 아니라고 생각했다. 또한 지구 구조가 지속적으로 변한다는 것과 화석의 생성 원인을 알고 있었다. 하지만 그의 관찰과 생각은 대부분 발표되지 않았기 때문에 다른 사람들은 그러한 것들에 대해 알지 못했다.

기독교적 우주관에 대한 비판

근대까지 기독교 세계에서 믿고 있던 우주관은 1200년대 이탈리아의 마그누스와 그의 제자 성 토마스 아퀴나스가 아리스토텔레스의 우주관을 기독교적 신학에 통합시킨 결과이다. 특히 아퀴나스는 인간 지식의 경계를 확장시키는 면에서 과학적 방법을 사용했다. 그러나 그들은 우주를 물질이 가득 찬 구로 보았으며, 모든 운동은 움직이게 하는 힘과 움직이는 물체 사이의 직접 또는 간접 접촉에 의한다는 아리스토텔레스의 우주관과 물리학에서 벗어나지 못했다. 그들은 천구의 운동이 이를 움직이는 제1기동자인 신의 존재를 증명하는 것으로 논리를 전개했으며, 5세기의 디오니시우스가 가정한 여러 계급의 천사들에 의해 천체의 운행이 조절된다고 믿었다. 이와 같은 우주관은 13세기 이탈리아 작가인 단테(Durante degli Alighieri, 1265~1321)의 『신곡』에 잘 반영되어 있다.

13~14세기에 이르러 중세 기독교적 우주관에 대한 비판이 제기되었다. 영국 옥스퍼드의 오컴의 윌리엄(William of Ockham, 1285~1349)은 아퀴나스가 신의 존재에 대한 증거로 제시한 기동자를 부정했다. 그는 자석을 예로 들면서 움직이는 물체와 기동자 사이에 끊임없는 물리적 접촉은 반드시 있을 필요가 없으며, 진공이 존재한다고 주장했다. 그는 "조금이면 족할 것을 가지고 많이 사용하는 것은 낭비이다"라는 '오컴의 면도날 원리(Ockham's razor)'를 주장했는데, 이 원리는 어떤 현상을 설명하는 두 가지 상반된 이론이 있는 경우에 보다 작은 가정을 하는 것이 타당하다는 것으로 현대과학의 중요한 철학으로 받아들여지고 있다.

14세기의 파리 대학 교수였던 부리당(Jean Buridan)도 아리스토텔레스의 물리학을 배척했다. 그는 팽이가 위치를 바꾸지 않고도 계속 회전하는 것 등을 예로 들면서 공기가 추진체라는 아리스토텔레스의 주장을 반박했다. 그는 물체의 운동을 지속시켜주는 힘인 임페투스(impetus), 즉 오늘날 운동량과 비슷한 개념을 주장했다. 따라서 천체는 태초에 주어진 기동력에 의해 회전이 계속되며, 기동력이 약화되지 않는 것은 우주 공간이 진공이기 때문이라고 설명했다. 임페투스설은 이후 여러 학자들에 의해 발전되었는데, 그들은 지구의 자전을 믿고 우주는 무한하며 천체와 지구상의 운동에는 동일 법칙이 작용한다고 생각했다. 하지만 그들의 이론은 널리 인정받지 못했으며, 갈릴레오와 뉴턴에 의해 물체와 천체의 운동법칙이 정립될 때까지 200~300년을 더 기다려야 했다.

해부학과 혈액순환설

해부학은 이탈리아의 파도바 대학 의학교수인 베살리우스(Andreas Vesalius, 1514~1564) 등에 의해 크게 발전되었다. 베살리우스는 코페르니쿠스가 지동설을 발표한 해인 1543년에 『인체 구조에 대해』라는 책을 출판했다. 고대 로마의 갈레노스는 인체 혈액이 심장의 우심실에서 좌심실로 칸막이벽을 통해 흘러간다고 상상했지만, 베살리우스는 심장의 칸막이벽이 매우 두껍고 근육질이어서 혈액이 칸막이벽을 통과할 수 없다고 했다. 그러나 그는 혈액이 어떻게 우심실에서 좌심실로 또는 정맥에서 동맥으로 옮겨가는지에 대해서는 설명하지 못했다.

당시까지 혈액이 인체 내부를 돈다는 혈액 순환설을 가로막던 장애는 인체가 기관, 체액, 혼이라는 3가지 서로 다른 것들에 의해 생리적으로 유지된다는 갈레노스의 학설과 스스로 순환 운동을 하는 것은 천체뿐이며, 자연적으로 일어나는 지상의 운동에는 항상 시작과 끝이 있다는 아리스토텔레스적 사고방식이었다.

베살리우스는 파도바 대학으로 가기 전에 파리의 소르본 대학에서 스페인 의사인 세르베투스와 같이 연구하였는데, 세르베투스는 혈액 순환에 대한 자신만의 논리를 주장했다. 세르베투스는 종교개혁가 출신으로, 그는 과학혁명과 개신교의 종교개혁에 아주 밀접하게 연관되어 있었다. 세르베투스가 신봉하는 유니테리언(unitarian)파는 지고한 삼위일체를 부정함과 동시에 자연혼, 생명혼, 동물혼이라는 세 단계의 계급성이 인체에 있다는 것을 부정했다. 세르베투스는 이러한 특수한 신학을 신봉하였기 때문에, 혈액순환설의 장애가 되었던 종교적 문제를 극복할 수 있었다. 세르베투스는 혈액의 유일한 혼이 인간의 혼이며, 혼 그 자체가 혈액이라고 주장했다.

그는 유니테리언 신학 해설서인 『그리스도교 회복』이란 저서에서 혈액의 소순환설을 주장했다. 혈액 소순환설은 혈액이 심장의 우심실에서 좌심실로 허파를 통해 간다는 학설이다. 그는 주로 혈액과 대기 사이의 관계에 관심을 가졌으며, “신의 호흡이 공기 가운데 행해지므로, 들이마신 공기는 허파를 통과하면서 순환하는 혈액과 섞인다.”라고 했다. 이로 인해 혈액은 순화되고 영혼은 신성을 받아 다시 충실해진다는 것이다. 즉, 신이 공기로 혈액을 빨갛게 하는 것처럼 그리스도는 성령에 광채를 준다고 설명했다. 1553년에 세르베투스는 캘빈에 의해 이단으로 취급되어 화형에 처해지고, 그의 신학서적은 대부분 불태워졌다.

또 한 명의 주목할 만한 사람은 윌리엄 하비(William Harvey, 1578~1657)인데, 그는 영국의 의사로 갈릴레오의 전성기 시대에 파도바 대학에서 의학공부를 했다. 그는 갈릴레오의 과학관을 생리학과 의학에 응용했는데, 1628년에 발표한 혈액순환설에서 "심장은 생명의 기원이다. 그것은 소우주의 태양이다. 또 한편으로는 태양을 세계의 심장이라고 부를 수도 있다"라고 말했다. 그는 아리스토텔레스처럼 심장을 인체의 중심적 통제기관으로 보았다. 이는 갈레노스가 뇌, 심장, 간장의 3가지 등급과 이들과 결합된 3가지 체액에 의해 인체가 통제된다고 한 것과는 다르다.

하비는 종전의 동맥계와 정맥계의 완전분리를 부정하고, 피는 인체를 따라 순환한다고 주장했다. 그는 여러 동물에서 심장의 운동과 특징을 분석하고, 피의 운동은 순전히 심장의 기계적 기능 때문인 것으로 설명했다. 그는 심장이 수축하면 동맥이 확장되고 맥박을 일으키며, 피는 심장으로부터 동맥을 거쳐 온 몸에 전달된다고 했다. 하비는 심장판막의 역할에 대해 중요한 발견을 했는데, 판막은 피의 역류를 막고 피를 동맥으로부터 정맥으로 순환시키며 심장과 폐로 돌아오게 하는 기능을 처음으로 발견했다. 그러나 그는 피가 어떻게 굵은 동맥에서 매우 가는 정맥으로 갈 수 있는지, 또 폐에서는 어떤 변화가 일어나는지에 대해서는 설명하지 못했다.

아는 것이 힘이다

프랜시스 베이컨(Francis Bacon, 1561~1626)은 근대 초기 영국을 대표하는 법관이자 정치가, 철학자이다. 1561년 당시 대법관이었던 니콜라스 베이컨의 두 아들 중 둘째로 태어난 베이컨은 케임브리지의 트리니티 칼리지에서 2년 반 동안 공부하고 15세가 되던 1576년 그레이 인 법학원(Gray's Inn)에 입학하여 법관이자 정치가로서의 오랜 경력을 시작했다.

제임스 1세가 즉위한 1603년에 기사작위를 받았고 이후 왕실 법률 고문, 법무장관 등의 요직을 거쳐 1618년에는 대법관의 자리에 올랐다. 그런 와중에도 왕성한 창작 활동을 펼친 베이컨은 정치, 법, 역사에 관한 저술은 물론 여러 편의 시와 수필을 남겨 셰익스피어와 더불어 고대 영어의 시조로 평가되기도 한다.

생전의 베이컨이 정치가로서 두드러진 면모를 보였다면, 그의 사상적 영향력은 사후에 그가 남긴 철학적 저술을 통해 확고해졌다. 특히 그의 사상을 집약한 '베이컨주의'로 대변되는 과학철학은 17세기 과학혁명에 강력한 사상적 동기를 제공함으로써 근대정신의 대명사가 되었다. 1605년에 영어로 출판한 『학문의 진보』에서부터 그 기조를 드러내기 시작한 베이컨의 경험주의는 인류의 복지에 기여할 경험적 지식의 진보와 실용적 방법을 주장하고 있다. 이제 근대인들은 지금껏 지배적 영향력을 행사하던 고대인들의 관조적 삶을 버리고 실천적 삶을 통해 새로운 시대로 나아가야 한다고 주장했다.

베이컨주의가 앞으로 다가올 시대의 지배적인 사상이 될 수 있었던 중요한 이유 중 하나는 베이컨이 새로운 비전을 제시한 것에 머무르지 않고 그것을 성취할 수 있는 구체적 방법론을 제시한 데 있었다. 우선 베이컨은 점차 힘을 잃어가고 있지만 여전히 영향력을 행사하던 스콜라철학을 비판했다. 그리고 그에 맞서 귀납법과 실험적 방법론을 새로운 학문의 토대로 제시했다.

베이컨은 1620년에 출간한 『신기관』에서 이러한 방법론을 상세히 설명했다. 사실 책의 제목 자체가 상징적이었다. 이 책의 라틴어 제목 『노붐 오르가눔(Novum Organum)』은 아리스토텔레스의 고전 『오르가논(Organon)』, 즉 『논리학』을 겨냥하고 있었다. 베이컨에 따르면 아리스토텔레스가 이상으로 삼은 삼단논법은 크게 두 가지 문제를 안고 있었다. 삼단논법은 연역의 출발점이 되는 전제가 참일 때에만 올바른 결론을 도출할 수 있다. 베이컨은 삼단논법이 인간의 동의를 이끌어낼 수는 있지만, 자연에 적용될 수는 없다고 생각했다. 한편 당시의 학자들은 소모적인 논쟁만 거듭했을 뿐 참된 공리를 새롭게 만드는 일에는 너무도 태만했다. 베이컨의 귀납법은 바로 이러한 맥락에서 제시된 대안이었다.

그러나 베이컨의 귀납법이 검은 까마귀를 여러 마리 관찰한 뒤 "까마귀는 검다"라는 결론을 내리는 식의 소박한 귀납법은 아니었다. 베이컨 스스로가 소수의 사례에서 일반적 결과로 치닫는 성급한 일반화의 위험을 경고하며 참된 귀납법과 통속적 귀납법을 대립시킨 바 있다. 또한 베이컨은 인간의 감각이 지닌 한계 역시 자각하고 있었다. 인간은 자신의 감각을 자극하지 않는 것에 무감각하며, 감각적 현상에 미혹될 수 있었다. 그렇다면 이러한 한계를 극복하고 참된 공리를 획득하기 위해서는 어떻게 해야 할까?

베이컨에 의하면 참된 귀납은 방대한 자연적, 실험적 사실의 수집에서 출발한다. 베이컨이 예로 든 열의 본성에 관한 탐구를 생각해 보자. 탐구자는 우선 열이 있는 다양한 사례를 수집해야 한다. 또한 그는 열이 존재하지 않는 사례들 역시 수집해야 하며, 나아가 열이 나타나는 정도가 다른 것들도 그에 맞춰 분류하고 수집해야 한다. 여기서 중요한 대목은 탐구자가 이러한 사실을 수집할 때 그저 수동적으로 관찰만 해서는 안 된다고 했다. 그는 통제된 실험을 통해 각각의 사례가 그저 겉으로 드러난 현상일 뿐인지, 아니면 진정으로 열의 본성과 관련이 있는지 면밀하게 확인해야 한다고 했다. 경험은 오직 통제된 실험을 통해서만 진리에 이르는 방도가 될 수 있기 때문이다.

이제 이러한 사례들의 집합에서 탐구자는 열과 관련된 속성들을 추출해야 한다. 열의 공통적인 속성과 특이한 속성은 무엇인지, 그리고 열은 어떤 속성에 비례하는지 등을 면밀하게 따져 열의 본성에 점진적으로 다가가야 한다. 요컨대 이와 같은 지난한 과정을 주도면밀하고 적극적으로 돌파한 후에야 탐구자는 열의 본성, 즉 열의 진정한 원인을 파악할 수 있다는 것이 베이컨의 생각이었다. 그리고 이러한 귀납적 추론과 적극적인 실험적 활동이 결합된 전체 과정이 바로 베이컨이 제안한 참된 귀납의 요체였다. 여기서 무엇을 안다는 것(진리)은 무엇을 할 수 있다(힘)는 것으로 "아는 것이 힘이다"라는 말로 표현될 수 있다.

베이컨 사후 1626년에 출간된 『새로운 아틀란티스』는 베이컨의 이상이 담긴 일종의 유토피아 설화라고 할 수 있다. 타 문명으로부터 거의 고립된 어느 섬나라를 묘사하고 있는 이 저술에는 솔로몬의 집이라는 실용적 성격의 연구기관이 등장하는데, 이는 세계 최초의 과학학회 중 하나로 꼽히는 런던 왕립학회의 이데올로기적 모태가 되었다. 국가의 적극적 후원을 받는 솔로몬의 집은 사실을 수집하는 최하층의 사람들에서부터 새로운 사실을 만들어 내기 위해 실험을 수행하고 종합, 평가하는 이들을 거쳐 검증된 사실들로부터 참된 공리를 도출해 내는 최상층에 이르기까지 피라미드 형태의 위계 구조를 갖춘 연구기관이었다. 베이컨의 뜻을 대변하는 듯, 설화 속 작중 화자는 솔로몬의 집의 설립목적을 다음과 같이 말하고 있다.

> "우리 학술원의 목적은 사물의 숨겨진 원인과 작용을 탐구하는 데 있다. 그럼으로써 인간 활동의 영역을 넓히고 인간의 목적에 맞게 사물을 변화시키려 한다."

원근법과 입체주의

15세기 유럽은 오스만 투르크제국의 대대적인 침입을 받았다. 난공불락을 자랑하던 비잔틴제국의 수도 콘스탄티노플의 성벽은 헝가리의 대포 제작자 우르만이 만든 대포에 의해 무너졌다. 오스만제국의 황제 메메트 2세(II Mehmet, 1432~1481)는 콘스탄티노플을 함락하고 동로마제국을 멸망시킨 다음 아나톨리아와 발칸반도를 차례로 복속시켰다. 비록 이탈리아를 침공했다가 패배하면서 지중해 세계 전부를 아우르는 로마제국의 후계자가 되려던 꿈은 사라졌지만, 이후 제국은 성장을 거듭해 16~17세기에 이르면 지브롤타 해협에서 오스트리아 부근까지 아우르게 되었다.

이처럼 대포의 등장으로 인한 전쟁의 변화는 기사 계급의 몰락 등 유럽 사회의 변혁을 가속시키는 촉매제로 작용하게 되었다. 이러한 당시의 사회상으로 인해 중세 후기와 르네상스의 예술가들은 건축가이자 공학자일 수밖에 없었다. 레오나르도 다빈치의 공책에는 수많은 공학적 그림들이 있는데, 그는 밀라노의 통치자였던 스포르차(La famiglia Sforza)의 후원으로 건축, 조각, 회화뿐 아니라 공학을 비롯해 군사시설과 전쟁을 위한 기계들을 설계했다. 심지어 대포알의 포물선운동 문제까지 해결해야 했다. 그러한 임무는 당시로서는 아주 심오한 수학적 지식을 필요로 했다. 그래서 그는 자신의 책 『회화론』 첫머리에 "수학자가 아닌 사람은 이 책을 읽지 마시오."라고 썼다.

레오나르도 다빈치의 그림 〈최후의 만찬〉은 이탈리아 밀라노의 산타 마리아 델레그라치에 성당 식당의 벽화이다. "진실로, 진실로 내가 너희에게 말하노니 너희 가운데 한 사람이 나를 배신하리라." 예수의 말씀을 들은 열두 제자들의 안색이 변하고 그들의 몸짓에서 긴장감이 느껴진다. 제자들은 감정의 폭풍에 휘말려 자신의 무죄를 주장하는 다양한 몸짓을 취하고 있다. 이런 감정의 파도는 예수 곁에 가까이 다가갈수록 거센 풍랑을 일으킨다. 멀리 떨어져 앉은 제자들에 비해 예수 곁에 앉은 제자들의 움직임이 더욱 격렬하게 느껴진다. 그런 제자들의 반응은 아랑곳하지 않은 채 예수는 두 손을 식탁 위에 올려놓고 조용히 앉아 있다. 그가 그린 〈최후의 만찬〉에는 용서와 배신, 정적과 소란이 원근법과 기하학적 구도에 따라 절묘한 조화를 이루고 있다.

다빈치는 이 그림을 통해 자신의 천재적인 예술성과 탁월한 과학성을 아낌없이 보여준다. 그림을 보는 사람은 마치 자신이 그 방에 있는

레오나르도 다빈치의 그림 〈최후의 만찬〉

것 같은 착각에 빠져든다. 열두 명의 제자들은 세 명씩 네 집단으로 나뉘어 예수 양쪽에 대칭으로 자리를 잡고 있다. 예수를 더욱 부각시키기 위해 그의 모습을 이등변삼각형 형태로 그렸다. 이런 의도적인 설계는 육체와 이성의 균형을 표현하기 위한 것이다. 그리고 등 뒤쪽의 창문에서 빛이 스며들어와 더욱 크고 위엄 있게 만들어 준다.

여기서 우리가 주목해야 할 점은 사실 다른 데 있다. 식탁은 수평선으로, 천장은 격자 형태로, 벽은 수직선으로 처리되었다. 교묘한 기하학적 배치에 의해 모든 관심이 예수의 머리 위 한 점으로 집중되는데, 이런 것을 소실점이라고 한다. 이처럼 화면에 극적인 긴장감을 연출할 수 있게 된 것은 르네상스 시대의 화가들을 사로잡은 원근법 덕분이다. 다빈치는 소실점을 이용한 원근법의 대가였는데, 그 핵심은 바로 기하학에 있었다.

중세의 화가들은 기독교 사상과 교리를 장식하는 데만 열중했다. 그들의 그림 속에는 오직 예수와 마리아, 천사들만 존재했다. 마치 현실 세계와 아무런 관련이 없다는 듯, 그림의 배경이 되는 자연은 인공적이고 생명력을 찾아볼 수 없다. 거리나 크기는 중요하게 여기지 않았기 때문에 인물이나 물체가 서 있는 땅은 존재하지 않았고 공간적 관계도 무시되었다.

중세 말이 되자 화가들은 유럽의 다른 사상가들과 마찬가지로 자연과 이성에 눈을 돌리기 시작했다. 현실 세계를 자연스럽게 묘사하기 위해서는 어느 정도 수학이 필요했는데, 캔버스에 그려진 인물이나 대상은 공간에 놓여있는 기하학적 물체들이기 때문이다.

르네상스 화가들이 수학에 관심을 갖게 된 또 다른 이유는 3차원 공간을 어떻게 캔버스 위로 옮겨놓는가 하는 문제였다. 그들은 수학적 원근법이라는 새로운 체계를 창조함으로써 이 문제를 해결했다. 이전에 사용된 원근법은 사물의 크기와는 전혀 상관없이 특정한 원칙에 따라 처리되었다. 예를 들어 이집트 벽화에서는 파라오를 가장 크게 그렸으며, 왕비는 그 다음이었고, 하인들은 훨씬 작았다. 동일한 인물을 표현할 때도 측면과 정면 묘사를 동시에 사용했다.

원근법과 관련된 가장 초기의 텍스트는 아마도 유클리드가 쓴 『광학』일 것이다. 그러나 시각에 대해 최초로 정확한 설명을 한 사람은 아랍의 수학자 알 하이탐이었다. 그는 물체에서 빛이 반사되어 눈으로 들어온다는 사실을 밝혀냈다. 그는 자신의 아이디어를 그림에 적용하진 않았지만 르네상스의 예술가들은 그것을 회화와 건축으로 풀어냈다.

중세와 르네상스 예술의 본질적인 차이는 3차원 공간을 처리하는 방

브루넬레스키가 건축한 피렌체 대성당

법에 있다. 초기의 원근법에서는 먼 곳에 있는 물체일수록 크기가 줄어든다는 개념이 없었기 때문에 심각한 왜곡이 생겼다. 15세기에 들어서 화가들은 원근법을 처리하는데 기하학이 핵심이라는 사실을 깨닫게 되었다. 과학적인 원근법 체계를 처음으로 만든 사람은 이탈리아의 건축가 브루넬레스키다. 아마도 발상의 전환에 관해 가장 유명한 일화는 '콜럼버스의 달걀'일 것이다. 그런데 이탈리아의 화가이자 건축가 조르지오 바사리가 쓴 최초의 미술사인 『미술가 열전』에 의하면 콜럼버스보다 브루넬레스키가 먼저 말했다고 전해진다.

피렌체에서 900년이나 된 산타 레파라타 성당이 점차 허물어지자 새로운 성당의 돔을 건설할 필요가 있었다. 당시 쌍벽을 이뤘던 건축가는

소실점을 보여주는 뒤러의 목판화

브루넬레스키와 로렌조 기베르티였다. 두 사람의 설계안에 대해 사람들의 의견이 엇갈리자 누군가 미끄러운 대리석 위에 달걀을 세우는 사람한테 건축을 맡기자는 제의를 했다. 그때 브루넬레스키는 달걀 한쪽 끝을 깨서 간단하게 달걀을 세웠다. 사람들이 실소하며 그런 것은 누구라도 할 수 있겠다고 하자 브루넬레스키는 이렇게 말했다. "내 설계도를 본다면 물론 당신들도 할 수 있을 겁니다."

15세기 중엽 그가 건축한 피렌체 대성당은 지금도 여전히 웅장하고 아름다운 모습으로 남아 있다. 브루넬레스키는 수학적 원리를 통해 물체의 실제 거리와 그림에 나타나는 가시거리의 관계를 계산하는 도구를 발명했다. 그는 평행선들이 한 곳으로 수렴하는 소실점을 이용해서 그림을 남기기도 했지만 아쉽게 사라져버렸다.

원근법에 관해 글을 쓴 예술가 중 가장 영향력 있는 사람은 독일의 알브레히트 뒤러(Albrecht Dürer, 1471~1528)였다. 뒤러는 좀더 정확하게 원근을 표현하기 위해서는 빛과 그림자가 중요하다는 점을 강조했다. 또한 수학적 원리에 따라 원근법을 사용해야 한다고 주장했다. 실제로 당시 르네상스 화가들은 원근법을 제대로 다루지 못하고 있었다. 미켈란젤로, 라파엘로 같은 예술가들은 수학을 예술에 적용하는데 깊은 관심을 가졌으며, 때로는 자신들의 작품에서 과학적 요소를 드러내기 위해 재능과 열정을 아낌없이 활용했다.

면죄부와 종교개혁

1521년 1월 3일, 독일의 성직자 마르틴 루터(Martin Luther, 1483~1546)는 교황 레오 10세로부터 파문 처분을 받는다. 그 당시 성직자에게 파문은 성직이 박탈됨과 동시에 교회에는 출석도 할 수 없고, 그 안에서 장례식도 치를 수 없게 되는 것으로 참으로 치명적인 벌이었다. 이 사건은 훗날 중세를 마감하고 근대를 여는 계기가 된다.

프로테스탄트 개척자라 할 수 있는 마르틴 루터는 1483년 독일 작센주에서 태어났다. 아버지는 광부로 일하다가 광산업을 경영하면서 성공한 시민계급의 한 사람이었다. 그는 아들을 법률가로 만드는 것이 꿈이었다. 루터는 아버지의 권유에 따라 에르푸르트 대학에 입학해 교양과정을 마치고 법률 공부를 시작했다. 그러나 루터의 일생을 좌우할 중요한 사건이 이 시기에 터졌다.

1505년 루터가 집에 갔다가 에르푸르트로 돌아가는 도중에 무시무시한 벼락이 루터의 바로 옆에 떨어진 순간 하늘의 무섭고도 은혜로운 힘을 느꼈다. 그는 땅에 엎드리면서 광부들의 수호성인을 불렀다. "성 안나여, 저에게 힘을 주소서. 저는 수도사가 되겠습니다." 루터는 아버지의 반대에도 불구하고 그 해 아우구스티누스 수도회에 들어갔다. 이후 그는 1507년 사제가 되었고, 1512년에는 신학박사가 되었다. 1515년 루터는 아우구스티누스 수도원 열 곳을 감독하면서 복음을 전파했다.

1517년 10월 31일, 루터의 인생을 걷잡을 수 없는 혁명의 소용돌이 속으로 밀어 넣은 또 하나의 사건이 있었다. 루터가 비텐베르크 대학교 부속 교회당 정문에 '95개조의 논제'라는 제목으로 돈을 받고 죄를 면해주는 면죄부 판매 등 교회의 부당한 처사를 비판하는 문서를 전격 게시한 것이다. 당시 면죄부 판매는 교회의 중요한 수입원이었는데, 교회의 일에 대한 비판은 그 권위에 대한 도전이었다.

루터의 항거는 당연히 폭풍 같은 반향을 불러일으킬 수밖에 없었으며, 즉각 기득권 세력의 반발이 거세게 몰아치기 시작했다. 애당초 학자들 간의 토론을 위해 내걸었던 95개 논제는 대량으로 인쇄되어 삽시간에 독일 전역은 물론 전 유럽을 강타했다. 95개 논제 발표 후 1518년, 로마 가톨릭 교회는 루터를 견제하기 위해 그에게 하이델베르크에서 열리는 아우구스티누스 수도회 모임에서 그의 주장을 소개하도록 요구했다. 그 결과 루터의 주장은 오히려 수도원 담을 넘어 온 세상에 전해졌으며, 면죄부 판매 논쟁은 한층 더 고조되었다.

루터의 불온한 주장에 격분한 교황은 1520년 발표된 교서에서 앞으로 60일 이내에 루터가 자신의 주장을 철회하지 않으면, 그와 그의 동료 모두 파문할 것이라고 위협했다. 그러나 루터는 추종자들과 함께 교황의 교서뿐만 아니라 로마 교회 법전을 불태우는 화형식을 거행했다. 1521년 신성로마제국 의회는 루터에게 주장을 철회할 것을 요구했으나 그는 이를 거부하고 제국에서 추방당했다. 그로부터 9개월 동안 그는 선제후 프리드리히의 보호 아래 바르트부르크 성에서 숨어 지내면서 신약성서를 독일어로 번역했는데, 이로써 그는 성서의 대중화뿐만 아니라 독일어 통일에까지 지대한 공헌을 했다.

당시 유럽의 정치 정세는 매우 복잡했다. 신성로마제국 황제로서 독일과 스페인을 지배하고 있던 카를 5세는 로마 교황과 손잡고 근대국가로 급속히 부상한 프랑스와 싸워야 하는 한편, 동쪽으로는 튀르크의 침입을 경계해야 하는 어려운 입장이었다. 카를 5세는 독일 제후들의 지지가 필요했기 때문에 그들이 신봉하는 루터의 개혁 운동도 일방적으로 억누를 수 없었다. 그 결과 독일에서는 교황을 지지하는 세력과 종교개혁을 지지하는 세력으로 양분되었다.

1531년 개신교(프로테스탄트) 측 제후들과 황제, 그리고 교황을 지지하는 세력 간의 장기간 내전이 시작되었다. 그 사이 루터파 교회는 독일 각지에서 꾸준히 성장했다. 루터는 신학의 근거를 예수 그리스도를 통한 신의 인간에 대한 철저한 은혜와 사랑에 두고, 인간은 이에 신앙으로써 응답해야 한다고 강조했다.

1530년대에 이르러 루터는 누구보다도 막대한 영향력을 지닌 대중적 인물이 되었다. 그는 엄청나게 바쁜 나날을 보내야 했다. 세상을 뜨기 전 마지막 몇 년 사이에 평생 쓴 편지의 3분의 1을 쓸 정도로 많은 편지를 써야 했으며, 생애 마지막 날까지 분쟁을 중재하느라 분주했다. 마침내 온 생애가 혁명 그 자체였던 마르틴 루터는 1546년 63세의 나이로 자신이 태어난 곳에서 조용히 눈을 감았다.

마르틴 루터의 성직 박탈이 오늘날 전 세계에 가장 널리 퍼진 개신교의 탄생을 가져오리라는 것은 당시로서는 쉽게 짐작할 수 없는 일이었다. 중세 로마 가톨릭 교회의 철옹성 같은 권위를 무너뜨리고 수많은 개신교 종파의 효시가 되었으며, 가톨릭교회에까지 개혁의 바람을 일으킨 루터의 혁명적인 정신은 르네상스 이상으로 근대를 여는 중요한 열쇠였다. 신대륙의 발견과 산업 발달로 육체가 근대화되었다면, 르네상스로 정신이 새 옷을 입었고, 프로테스탄트 탄생으로 영혼이 비로소 탈바꿈하게 된 것이다.

9

과학혁명

HOMO SCIENTIFICUS

과학혁명

| 16~17세기의 과학기술사 연표 |

1600년	영국, 동인도 회사를 세우다
1616년	중국, 여진족의 추장인 누르하치가 후금을 세우다
1620년	영국, 청교도들이 신대륙으로 이주하기 시작하다
1636년	중국, 후금이 국호를 청으로 바꾸다
1640년	영국, 청교도 혁명이 일어나다
1644년	중국, 명이 멸망하고 청이 통일하다
1688년	영국, 명예혁명이 일어나다
1526년	인도, 무굴 제국이 세워지다
1536년	칼뱅, 종교개혁을 단행하다

1543년	코페르니쿠스, 〈천체의 운행에 대하여〉 지동설을 발표하다
1581년	갈릴레이, 진자의 등시성을 발견하다
1582년	그레고리력을 채용하다
1589년	갈릴레이, 낙체 실험을 하다
1609년	케플러, 행성운동 2법칙을 발견하다
1632년	갈릴레이가 지동설을 주장하다
1637년	데카르트, 해석 기하학을 발전시키다
1643년	토리첼리, 기압계를 발명하다
1662년	보일, '보일의 법칙'을 발견하다
1665년	뉴턴, '중력의 법칙'을 발견하다
1666년	뉴턴, 적분법을 발견하다
1676년	뢰머, 목성의 위성 관측으로 빛의 속도를 측정하다
1687년	뉴턴, 『프린키피아』를 발간하다
1690년	호이겐스, 〈광학개론〉을 발간하다
1704년	뉴턴, 〈광학〉을 발간하다

과학혁명의 배경

1500년대 초 유럽 사회에는 큰 변화가 있었다. 동양과 서양 사이에 학문의 가교 역할을 한 아랍권이 터키에 의해 멸망했으며, 몽골의 멸망으로 육로를 통한 중국과의 교역이 큰 어려움에 직면했다. 발달된 수공업에 바탕을 둔 유럽 무역에서는 해상무역의 중요성이 증대되었고 이는 지리상의 새로운 대륙을 발견하는 것으로 이어졌다.

이때까지 과학의 중요한 응용은 측량, 지도 제작, 달력을 만들기 위해 천문학과 수학을 사용하는 것이었고, 이는 기존의 지식체계로도 큰 어려움이 없었다. 그러나 해상무역이 활발해짐에 따라 대양에서의 위치, 즉 경도와 위도를 아는 것이 필요하게 되었다. 이에 따라 천문관측이 광범위하게 진행되었고, 관측결과를 계산하는 수학이 발전하게 되었다.

지리상 발견과 초기 항해를 주도한 스페인과 포르투갈은 과학적 전통을 발전시키지 못했으며, 오히려 라틴아메리카에서 가져온 귀금속으로 국내 상공업 기반이 약해졌다. 급기야 상공업을 주업으로 하는 유대인과 신교도들을 추방함으로써 경제력은 더욱 쇠퇴하게 되었다. 그러나 이들 나라의 성공에 자극받은 영국, 네덜란드, 프랑스, 북이탈리아, 독일 등은 오랜 문화와 상업적 전통을 바탕으로 기초 및 응용과학을 발전시켰으며, 결국 유럽의 주도권을 잡으면서 새로운 과학기술이 발전했다.

근대과학을 탄생시킨 과학혁명의 배경으로는 여러 가지를 들 수 있는데, 이 중 하나는 인쇄술의 발명이다. 구텐베르크에 의해 1450년경 유럽에서 처음으로 발명된 인쇄술과 중국에서 전해진 종이는 지식의 축적과 전파를 용이하게 만들었다. 이에 따라 학문의 기반이 넓어지고 교육받은 사람의 수가 증가하게 되었다. 인쇄술은 종교개혁의 매개체가 되었을 뿐 아니라, 과학적 연구결과와 기술을 신속하게 널리 전파시키고 활발한 토론과 협동 연구를 유도했다. 종교개혁은 사람들을 기독교의 독단적 교리로부터 해방시키는 역할을 하였고, 종교적 의미와 목적을 변화시켰다.

근대 유럽의 과학자들 중에는 신교도들이 특히 많은데, 이런 요인으로 영국의 과학사가 스티븐 메이슨은 『과학의 역사』에서 초기 신교도들의 심성과 과학적 태도 사이의 조화, 그리고 종교적 목적을 위한 과학의 사용 등을 들었다. 또한 종교개혁은 전쟁을 유발시켰고, 이로 인해 성곽을 만들고 대포를 발사하는 등 수학적 기술과 군사 기술, 의학이 필요하게 되었다. 따라서 학교에서 수학, 과학, 공학을 가르치는 것이 보편화되었으며, 이 분야의 기초지식을 갖춘 인력이 증가하게 되었다.

그리고 15세기 르네상스 시대의 기술자 및 예술가들이 이룬 자연과 인간에 대한 재발견을 들 수 있다. 따라서 과학을 포함한 다양한 분야의 고전들이 발굴되어 번역되었고, 이를 통해 수도사들을 통해 듣던 내용과 다른 지식과 견해가 이미 오래 전부터 있었다는 것을 알게 되었다. 또한 대양 항해로 새로운 천문학적 지식과 수학적 기술 및 도구가 필요하게 되었다.

또한 신대륙의 발견과 이에 따른 새로운 식물과 동물, 질병, 그리고 문명이 유럽에 소개됨으로써 종전의 세계관에 대한 수정이 불가피하게 되었다. 새로 발견되고 탐험된 육지나 바다의 지도 작성을 위해 천문학적 측량과 수학적 계산이 폭 넓게 이용되어 과학 탐구에 수학을 이용하고 데이터를 정량화하는 분위기가 조성되었다. 이들 모두는 기존의 과학 지식과 내용, 그리고 방법의 혁신을 불가피하게 했다.

16~17세기에 세계 각국의 정치적 변화를 요약하면 다음과 같다. 명나라에서 청나라로 이어지는 중국에서는 정치 질서가 안정되고 경제 문화도 크게 발전했다. 오스만 제국은 17세기부터 서양 열강의 침입으로 위기를 맞았다. 16세기 후반 무렵 서양에서는 왕권의 절대성을 강조하는 절대주의 국가들이 등장했는데, 대표적인 절대 군주는 영국의 엘리자베스 1세와 프랑스의 루이 14세였다. 절대주의 국가들은 중상주의 정책을 실시하였기 때문에 부유한 시민 계급이 성장했다. 시민 계급은 계몽사상을 통해 깨달음을 얻고 시민 혁명을 일으켜 절대 왕정을 무너뜨렸다.

그 결과 영국, 미국, 프랑스 등에서 차례로 민주 국가가 탄생했다. 18세기 말에는 산업 혁명이 일어나 시민들의 생활 방식이 바뀌게 되었는데, 특히 산업화와 함께 자연과학이 크게 발달했다. 또한 신항로의 개척으로 유럽 세계는 아메리카와 아프리카로 진출했다. 그에 따라 아메리카와 아프리카의 전통 사회는 유럽인에 의해 파괴되었고 두 지역 원주민들의 억압과 수난이 시작되었다.

과학혁명의 중요한 업적들

과학혁명은 1543년 코페르니쿠스가 태양 중심설(지동설)을 주장하는 내용이 담긴 『천체의 회전에 관하여』라는 책을 출판한 이후, 1687년 뉴턴이 만유인력을 발견한 시기까지 인류 역사에 있어 가장 중요한 변혁의 시기를 말한다. 과학계에서 일어났던 일련의 변화를 '혁명'이라고 할 정도로 높이 평가하는 이유는 과학혁명이 유럽의 문명 발전에 사회, 경제뿐만 아니라 사상적으로 큰 변화를 가져왔기 때문이다. 과학혁명이 일어났던 150년 동안 천문학과 물리학, 생리학 등은 완전히 새로운 과학으로 대체되었으며, 사람들의 가치관을 지배해왔던 신 중심에서 인간과 물질 중심의 유물론적인 사상으로 바꾸는 토대가 되었다.

코페르니쿠스는 우주의 중심을 지구에서 태양으로 바꿈으로써 인간을 드넓은 우주 속의 한 점 티끌에 지나지 않음을 깨닫게 해주었다. 그리고 케플러는 행성의 운동을 알아내서 프톨레마이오스의 지구 중심설 오류를 지적하고 태양 중심설이라는 우주관을 확립했다. 또한 갈릴레이는 직접 망원경을 제작해 하늘을 관측한 뒤 코페르니쿠스의 태양 중심설을 증명했다.

뉴턴은 자연의 법칙이 어떻게 작동하는지를 알아냄으로써 진정한 의미에서 물리학을 시작했다. 뉴턴에 의해 비로소 근대 과학의 시대로 접어들었는데, 그는 자연현상을 설명할 수 있었을 뿐만 아니라 미래의 변화까지 예측할 수 있을 정도로 현대 물리학의 토대를 만들었다.

생물학 분야의 혁명은 약간 뒤늦었는데, 이는 하나의 발견이 모든 것과 연관되어 있는 천문학이나 물리학과는 달리 경험적인 요소가 강조되는 생물학의 특성 때문이라고 할 수 있다. 생물학 분야에서의 변화는 인체에 대한 연구로부터 시작되었다. 베살리우스는 인체 해부에 대한 관찰과 묘사를 통해 전통적인 갈레노스 의학을 비판했고, 윌리엄 하비는 혈액의 순환 이론을 바탕으로 인체 구조 및 작용에 일대 변혁을 가져와 근대 생리학을 창시하는데 큰 역할을 했다.

그리고 망원경이 천문학 분야에서 결정적인 역할을 한 것처럼 현미경은 생물학 분야에서 커다란 도약을 이루었다. 레벤후크는 현미경을 이용해 미세한 자연의 세계를 관찰했으며, 로버트 훅은 모든 생명체를 구성하는 기본 단위인 세포를 발견하여 생물학 분야에 기초를 쌓았다.

16세기에 르네상스 시대를 거치면서 주로 연금술과 인간의 몸을 고치는 응용 화학에도 많은 변화가 일어나면서 화학이 자연과학의 한 분야로 자리 잡게 되었다. 화학에 대한 객관적 연구를 한 사람은 로버트 보일로서, 그는 자신의 집에 실험실을 만들고 여러 가지 과학적인 실험을 했다.

코페르니쿠스의 지동설

기원전 4세기경 그리스의 사상가이자 철학자인 아리스토텔레스는 그의 책 『천구에 대하여』에서 행성계라는 개념을 고안했고, 월식이 일어나는 동안 달에 비치는 지구의 그림자를 보고 지구는 편평하지 않고 둥글다는 결론을 내렸다. 또한 수평선을 넘어가는 배를 관찰할 때 먼저 선체가 보이지 않고 그 다음에 돛이 사라진다는 사실을 기초로 해서 지구가 둥글다고 추측했다.

아리스토텔레스의 천동설에는 지구가 고정되어 있고 태양과 달, 그리고 수성, 금성, 화성, 목성, 토성의 행성들이 지구 주위로 원을 그리며 돈다. 또한 그는 행성들이 천구 주위에 붙박여 있으며, 천체는 완벽한

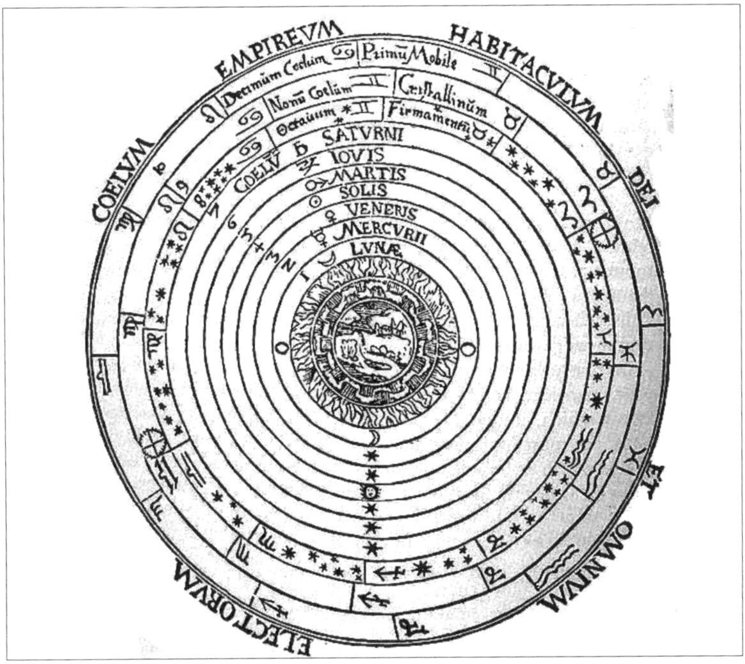

지구가 중심에 놓여 있는 프톨레마이오스의 우주모형

원 운동을 하고 지구는 정지해 있다고 믿었다. 그는 물리학을 형이상학에 결합시키기 위한 시도로 '제1 운동자(prime mover)' 이론을 고안했다. 그 이론에 따르면 항성에는 어떤 신비로운 힘이 작용하여 원 운동을 일으킨다. 종교 당국은 그의 이론에 도전하는 것은 교회의 권위에 도전하는 것으로 받아들였으며, 신학자들은 제1 운동자를 천사로 해석하기도 했다.

아리스토텔레스가 세상을 떠난 지 5세기가 지난 후, 프톨레마이오스는 천체들의 운행을 좀더 정확하게 예측하는 우주 모형을 만들었다. 그는 물체가 지구 중심을 향해 떨어지는 것은 지구가 우주의 중심에 고정되어 있기 때문이라고 생각했다. 마침내 그는 40년 이상 노력을 기울여 천체들이 주전원의 원주를 따라 운행하고 지구를 우주의 중심에서 약간 빗겨나는 이심원으로 하는 우주 체계를 만들었다. 그의 우주 체계는 항성 뒤쪽에 천국과 지옥을 마련할 수 있는 공간이 있었기 때문에 교회는 지구 중심 체계를 진리로 받아들였다. 이렇게 아리스토텔레스와 프톨레마이오스의 천동설은 거의 수정되지 않은 채 무려 천 년 이상 지배력을 유지했다.

15세기에 접어들면서 그 동안 침체에 빠져 있던 유럽의 천문학, 특히 관측 천문학이 다시 발전하기 시작했다. 이런 발전 배경에는 당시 유럽 사회에 달력을 개혁할 필요가 있기 때문이었다. 그동안 사용했던 율리우스력은 시간이 경과하면서 오차가 누적되면서 점점 문제를 일으켰다. 더구나 15세기경부터는 빈번한 항해 활동과 정치, 경제의 발전으로 인해 과거의 부정확한 달력을 더 이상 그대로 사용할 수는 없었다. 따라서 달력에 사용할 정확한 천문 관측이 필요했다.

이와 같은 관측 천문학의 발전과 아울러 천문학적 계산에도 많은 노력이 기울여졌다. 따라서 코페르니쿠스가 천문학을 연구하기 시작할 무렵에는 꽤 많은 관측 데이터와 천문학적 지식이 쌓여 있었다. 어떤 의미에서 코페르니쿠스는 중세 유럽 역사상 프톨레마이오스를 완전히 이해하고 이를 더 발전시킬 수 있는 능력을 가진 첫 번째 세대에 속했던 사람이었다.

중세 기독교 신학의 속박으로부터 과학을 해방시키는 데 가장 큰 역할을 한 것은 코페르니쿠스에서 시작하여 갈릴레이가 완성한 태양 중심의 새로운 우주 체계, 즉 지동설이었다. 코페르니쿠스의 태양 중심 모형은 근대 천문학에 이르는 길을 열어주고 과학, 철학, 종교 등에 폭넓은 영향을 주면서 세계 역사상 가장 위대한 패러다임의 변화 중 하나로 기록되었다.

코페르니쿠스(Nicolaus Copernicus, 1473~1543)는 폴란드의 도시 토룬에서 태어났다. 부유한 상인이었던 아버지가 10살 때 죽자 코페르니쿠스는 외삼촌 집에서 자랐다. 1491년 코페르니쿠스는 크라코브 대학교에서 공부를 시작했는데, 아마도 그곳에서 처음으로 천문학에 진지한 관심을 보였던 것 같다.

1496년 이탈리아로 간 그는 약 10년 동안 법률과 의학을 공부했을 뿐만 아니라, 1503년에 페라라 대학교에서 교회법으로 박사학위를 받기 전에 볼로냐와 파도바 대학교에서 교양으로 고전과 수학을 공부하기도 했다. 당시 많은 사람들처럼 코페르니쿠스는 이탈리아에서 인문주의 운동의 영향을 받았으며, 그와 관련된 고전을 공부하기도 했다. 박사학위를 마쳤을 무렵, 주교였던 외삼촌은 코페르니쿠스를 이미 폴란드의 프롬보르크 대성당의 참사원으로 지명한 상태였다.

참사원이란 직책은 그야말로 한직으로서, 말 그대로 정실주의의 전형이었다. 3년 뒤인 1506년, 그는 폴란드로 영구 귀환했으며 외삼촌의 주치의이자 비서로 일했다. 외삼촌이 죽자 코페르니쿠스는 참사원으로서 임무에 많은 관심을 쏟았을 뿐만 아니라 의술을 펼치기도 하고 여러 잡다한 공직을 맡는 등 바쁘게 움직였다.

하지만 천문학에 대한 관심을 키워나가는 데 필요한 시간적 여유는 비교적 충분했다. 사실 그의 혁명적 사상은 1510년대에 이미 완성되었고, 가까운 몇몇 친구들에게 『짧은 논평(Commentariolus)』이라는 제목이 붙은 원고 형태의 요약본을 돌렸다. 코페르니쿠스가 자신의 생각을 공식적으로 출판했을 때 교회로부터 박해받을 위험을 크게 우려했다는 증거는 없다. 실제로 교황 클레멘스 7세와 여러 추기경들이 참석한 바티칸의 강연에서 교황의 비서인 요한 비드만스타트가 그의 책을 구두로 소개한 바 있었다. 참석했던 추기경들 중 한 명인 니콜라스 폰 쇤베르크는 코페르니쿠스에게 편지를 써서 그 책의 출간을 재촉했다. 그 편지는 코페르니쿠스가 임종 직전인 1543년에 출간한 『천구의 회전에 관하여』가 출판되었을 때 서문에 실렸다.

로마 가톨릭 교회는 코페르니쿠스의 출판을 묵묵히 받아들였으며, 16세기 내내 무시하고 있었다. 사실 처음에는 대부분의 사람들에게도 크게 주목받지 못했는데, 초판 400부가 다 팔리지 않았다는 것이 그 증거다. 1616년에 이르러서야 교회에서 『천구의 회전에 관하여』를 금서목록에 포함시킨 것은 교회의 습관적인 게으름 때문이었다.

그렇다면 그는 왜 출판을 미루었던 것일까? 두 가지 이유가 있다. 첫째는 코페르니쿠스가 약간 바빴다는 점이다. 의사로서 코페르니쿠스는 대성당 주변의 종교공동체뿐만 아니라 가난한 사람들을 위해 무보수로 일했다. 또한 수학자로서 통화개혁을 위한 계획에 참여했고, 법률 공부 역시 교구를 위해 유용하게 쓰였다. 1520년 당시 프로시아를 통치했던 튜튼 기사들이 침략했을 때 그는 알렌스타인에 있는 성의 책임자로 임명되었고, 여러 달 동안 침략자들에 맞서 도시를 방어하기도 했다.

출판을 망설였던 두 번째 이유는, 그는 자신의 우주 모형이 오랜 수수께끼들을 해결하지만 새로운 문제를 불러일으킨다는 점을 알고 있었다. 그리고 그의 모형이 오랜 수수께끼를 모두 해결해주지 않는다는 것도 알고 있었다. 대표적으로 달과 관련된 문제인데, 프톨레마이오스 체계에서 코페르니쿠스가 가장 우려했던 점은 이심, 즉 달이 정확한 원 운동이 아니라 타원을 그리는 문제였다.

그가 프톨레마이오스 체계를 받아들일 수 없었던 것은 무엇보다 행성들은 각각의 이심들이 필요하다는 사실 때문이었다. 프톨레마이오스의 주장에 의하면 행성들의 운행을 설명하기 위해 모두 81개의 원이 필요했다. 또한 프톨레마이오스의 지구 중심설에 의하면 행성들이 하늘에 정지해있거나 몇 달 후 다시 뒤로 움직이는 것처럼 보이는 현상을 충분히 설명할 수 없었다.

그러면 진정한 우주의 중심은 어디일까? 그는 모든 것이 변함없는 속도로 하나의 중심을 따라 돌고 있는 모형을 원했는데, 그가 그렇게 생각한 이유는 단지 심미적인 것에 있었다. 사실 태양을 우주의 중심으로 놓는 것은 하나의 커다란 도발이었다. 그러나 여전히 달은 지구의 둘레를 돌아야 했고, 행성들이 궤도를 따라 움직이는 동안 빨라지거나 느려지는 것처럼 보이는 이유를 설명하기 위해서는 주전원, 즉 큰 원 위의 둘레를 회전하는 작은 원들이 필요했다.

1539년 봄 레티쿠스가 프롬보르크에 도착한 이후, 불안정하고 바쁜 생활에도 불구하고 코페르니쿠스는 자신의 생각들을 출판이 가능한 형태로 정리하기 위해 노력했다. 비텐베르크 대학교 수학 교수였던 레티쿠스는 코페르니쿠스의 연구에 대해 알고 있어, 좀더 자세히 살펴보려는 생각으로 프롬보르크를 방문했던 것이다. 그는 코페르니쿠스 연구의 중요성을 확신하는 순간, 그 책의 출판을 책임지고 나섰다.

1540년 레티쿠스는 코페르니쿠스 모형의 핵심을 요약한 소책자 『코페르니쿠스의 회전에 관한 책의 첫 번째 설명』의 출판을 서둘렀다. 그리고 마침내 코페르니쿠스 역시 출판에 동의했다. 레티쿠스가 인쇄를 끝내기도 전에 라이프치히에 새로 마련된 자리로 떠나야 했던 탓에 그 임무는 루터교회의 목사인 오시안더에게 넘겨졌다.

오시안더는 책에 기술된 모형이 우주의 존재 방식을 묘사하기 위한 것이 아니라 행성들의 운동을 계산하기 위한 수학적 장치로 의도된 것이라는 서문을 추가했다. 루터주의자 오시안더는 그 책이 사람들에게 환영받지 못할지도 모른다고 두려워했던 것이다. 그 이유는 코페르니쿠스와 거의 같은 시대를 살았던 마르틴 루터가 코페르니쿠스 모형에 반대하면서, 여호와가 그 자리에 서 있으라고 명령했던 것은 지구가 아니라 태양이라고 맹비난을 퍼부었던 것이다.

코페르니쿠스는 자신의 책이 출판되던 1543년에 세상을 떠났기 때문에 서문에 대해 불평을 할 수 없었다. 임종 자리에서 인쇄본을 받았다는 감동어린 이야기가 있지만, 어쨌든 그 책은 레티쿠스를 제외하고는 단 한 명의 옹호자도 없이 세상 속으로 내동댕이쳐지고 말았다.

코페르니쿠스는 과학 혁명의 중간적 존재였으며, 근대 과학자라기보다는 고대 그리스 철학자를 더 닮아 있었다. 그는 실험을 하지 않았고, 스스로 천문 관측을 하지도 않았다. 그의 위대한 사상은 말 그대로 사상 그 자체에 지나지 않았다. 즉, 천체의 움직임을 설명하는 데 프톨레마이오스가 고안한 복잡한 체계대신 더 새롭고 간단한 방식을 제공했던 사고 실험이었다.

코페르니쿠스의 모형은 굳이 표현하자면, 우아함에서 프톨레마이오스의 모형보다 뛰어났다. 코페르니쿠스의 우주 모형에서 가장 인상적인 부분은 지구가 궤도를 따라 태양의 둘레를 돌면서 행성들이 논리적 순서대로 늘어섰다는 점이다. 예로부터 수성과 금성은 동이 틀 무렵과 해질 무렵에만 보이는 것으로 알려져 있었고, 나머지 세 행성들은 왜 밤새도록 보이는지에 대해선 여전히 수수께끼로 남아 있었다.

프톨레마이오스의 설명에 따르면, 태양이 일 년마다 지구를 한 바퀴 도는 동안 금성과 수성이 태양과 동행한다고 했다. 그러나 코페르니쿠스 체계에서는 일 년마다 태양의 둘레를 한 바퀴씩 도는 것은 지구다. 그리고 수성과 금성은 지구 안쪽에서 태양의 둘레를 돌고 있는 반면, 화성, 목성, 토성은 지구보다 바깥쪽에서 돌고 있다고 설명하고 있다. 코페르니쿠스는 지구가 움직인다는 가설을 내세움으로써 각 행성이 태양의 둘레를 한 바퀴 도는 데 걸리는 시간문제를 해결할 수 있었다. 그럼으로써 가장 짧은 주기의 수성에서 금성, 지구, 화성, 목성을 거쳐 가장 긴 주기의 토성까지 질서정연하게 정리되었다.

태양, 행성, 그리고 항성들에 대한 프톨레마이오스의 관점은 오래 전에 폐기되었다. 하지만 우리의 인식은 아직도 프톨레마이오스에서 벗어나지 못하고 있다. 우리는 지금도 해가 뜨는 것을 보기 위해 동쪽 하늘을 바라본다. 지구와의 관계에서 본다면 태양이 정지해 있는데도 불구하고 말이다. 우리는 여전히 천체가 우리 머리 위에서 움직이는 것을 관찰하고, 지구가 구라는 사실을 간과한 채 동서남북이라는 방위를 사용한다. 따라서 당시 코페르니쿠스가 지구가 움직인다고 주장한 것은 얼마나 커다란 사상적 도약이었는지 짐작할 수 있다.

코페르니쿠스처럼 당시 대중의 생각과 획기적으로 다른 사고방식을 철학자 칸트는 '코페르니쿠스적 전환'이라고 불렀다. 코페르니쿠스의 지동설이 새로운 아이디어나 발견은 아니지만, 기존의 사고체계를 바꾸고 계속 발전할 수 있도록 했다는 점에서 의미를 찾을 수 있다.

사실 코페르니쿠스는 최초의 근대 천문학자라기보다 최후의 고대 천문학자였다. 그는 케플러와 뉴턴의 선구자로서가 아니라 프톨레마이오스의 후계자로서 연구했다. 그는 아무리 높게 평가해도 절반만 혁명가였다. 그의 목표는 그리스 천문학을 뒤엎는 것이 아니라 원래의 순수성을 회복하는 것이었다. 하지만 코페르니쿠스의 태양 중심 체계는 포톨레마이오스의 지구 중심 체계보다 단순하고 조화로웠으며, 지적으로 더 세련되었다. 코페르니쿠스의 혁명은 당대의 천문학이나 세계관을 단번에 바꾸어놓지 않았다.

코페르니쿠스 작업의 연장선에 놓여 있는 브라헤, 케플러, 갈릴레이 등으로 이어지는 일련의 작업들을 살펴보기 전에, 여기서 잠시 브루노에 대해 살펴보는 것도 나름의 가치가 있다. 종종 브루노가 화형당한 것은 코페르니쿠스 모형을 지지한 탓으로 여겨지고 있다. 하지만 사실 그는 정말로 이교도였고, 자신의 종교적 신념 때문에 화형을 당했다. 브루노가 교회와 갈등을 겪게 된 주된 이유는 그가 '헤르메스주의'로 알려진 운동의 추종자였기 때문이다. 15~16세기 당시 이 분파는 모세의 이집트에 뿌리를 두고 있는 경전에 바탕을 둔 신앙이며, 이집트의 신 토트(Thoth, 학문의 신)의 가르침과 연결되어 있었다. 토트는 그리스의 헤르메스에 해당하는데, 바로 그런 이유에서 헤르메스주의라고 부른다.

브루노는 옛 이집트 종교가 참된 신앙이며, 가톨릭교회는 예전의 방식으로 되돌아갈 수 있는 길을 찾아야 한다고 극단적으로 주장했는데,

당연히 로마의 교회들은 강하게 반발했다. 결국 그는 유럽을 떠돌아다니면서 문제만 일으키는 요주의 인물로 파란만장한 인생을 보냈다. 그 후 1591년에 베네치아를 방문하는 실수를 범해 그곳에서 체포되어 종교재판에 회부되었다. 오랜 수감생활 끝에 브루노는 아리우스파의 학설 즉, 예수는 신에 의해 창조되었을 뿐 신의 화신은 아니라는 믿음을 신봉했다. 그는 신비주의적 마술 행위를 저질렀다는 혐의로 유죄 판결을 받았다. 1600년 화형을 당한 브루노는 과학의 순교자라기보다는 마술의 순교자였다.

천문 관측의 천재

코페르니쿠스의 지동설이 과학계에서 보편적으로 받아들여지게 하는 데는 다른 여러 천문학자들의 기여가 있었다. 그 중 한 사람이 덴마크의 티코 브라헤다. 귀족의 아들로 태어난 브라헤(Tycho Brahe, 1546~1601)는 육안으로 관측할 수 있는 가장 정확한 천문 관측을 한 사람이었다. 그는 막대한 유산과 프레데릭 2세의 도움으로 벤 섬에 하늘의 도시(Uraniborg)를 세우고 1576~1597년에 걸쳐 망원경도 없이 천문 관측자료를 모았다. 프레데릭 2세가 사망한 후 왕실의 후원이 중단되자, 브라헤는 후원자를 찾아 1599년에 프라하로 가서 루돌프 2세의 후원 아래 새로운 천문관측소를 세웠다. 여기에 독일의 수학자이자 천문학자인 케플러가 합류했다. 1601년에 브라헤가 죽은 후, 많은 천문 관측자료가 케플러에게 양도되었다.

1572년 11월 11일 저녁, 그의 삶은 우주가 제공하는 가장 극적인 사건들 중 그날 저녁 브라헤는 실험실에서 집으로 돌아오는 길 내내 별들이 펼치는 파노라마에 빠져 있었다. 그때 그는 카시오페이아 별자리에 뭔가 이상한 일이 벌어지고 있음을 눈치 챘다. 그 별자리에 별 하나가 더 있었던 것이다. 뿐만 아니라 그 별은 다섯 개의 별보다 더 밝았다.

브라헤와 동시대인들이 이 현상에서 받은 충격을 온전히 이해하려면, 당시에는 별들이 수정구에 고정된 채 영원히 빛을 내뿜는다고 믿었음을 상기할 필요가 있다. 별자리들이 영원히 같은 자리에 있어야 한다는 것도 천상의 완벽함에 대한 개념의 일부였다. 만약 그것이 정말로 새로운 별이라면, 이 완벽함은 깨지고 말 것이다. 그리고 일단 하늘이 불완전하다는 것을 인정한다면, 그 뒤에 무슨 일이 벌어질지 누가 감히 알 수 있을까?

그렇지만 브라헤는 단 한 번의 관측으로 그 별을 새로운 별로 단정할 수는 없었다. 그 별은 혜성처럼 별보다는 작은 천체일 수도 있었기 때문이다. 그 당시 혜성은 지표면에서 크게 벗어나지 않으며, 달에는 미처 못 미치는 곳에서 발생하는 대기현상으로 알려져 있었다. 그 별을 분간할 수 있는 방법은 카시오페이아에 인접한 별들을 기준으로 하여 그 위치를 정하고 나서 혜성이나 소행성처럼 변하는지 아니면 별처럼 항상 똑같은 곳에 있는지를 살펴보는 것이다. 다행스럽게도 그는 그때 매우 커다란 육분의의 제작을 막 끝낸 상태였기 때문에 그 후 밤하늘이 맑게 갠 날이면 항상 그 별을 집중적으로 관측했다.

그 별은 18개월 동안 시야에서 사라지지 않았고, 그 기간 내내 어떤 움직임도 보이지 않았다. 정말로 새로운 별이었다. 처음에는 너무 밝아

낮에도 볼 수 있었지만, 1572년부터는 점차 희미해졌다. 물론 많은 사람들이 그 별을 보았고 1573년에는 그 별에 대한 환상적인 이야기들이 사람들의 입에 오르내리기 시작했다. 그도 독자적으로 그 현상을 분석하는 글을 썼다. 처음에는 출판을 꺼렸지만, 사실을 있는 그대로 밝히기 위해 출판해야 한다는 친구들의 설득을 받아들였다.

1573년, 마침내 소책자 〈새로운 별(De Nova Stella)〉이 탄생했으며, 제목에서처럼 천문학 용어인 신성(nova)을 얻게 되었다. 브라헤는 그 천체가 혜성이나 소행성이 아니라 고정된 별들의 천구에 속해 있다는 것을 분명하게 밝혔다. 또한 신성의 점성술에 대한 중요성을 논했으며, 기원전 125년경에 히파르코스가 천상에 모습을 드러냈다고 보고한 천체와 비교했다.

당시 천상에서 벌어지는 일로부터 점성술적으로 중요한 의미를 읽어내는 것은 상당히 흔했는데, 유럽 대부분이 혼란의 도가니였기 때문이다. 종교개혁운동이 성공적으로 마무리되자 이번에는 가톨릭교회가 강력하게 반발하고 나섰다. 특히 오스트리아와 남부 독일의 여러 주에서 예수회 수도사들의 활동이 두드러졌다.

프랑스의 경우, 위그노교도들이 프랑스 종교전쟁 중에 심각하게 고통 받고 있었으며, 네덜란드에서는 독립군과 스페인 군대 사이에 유혈 전투가 벌어졌다. 점성술이 만연한 이런 분위기 속에서 많은 사람들의 관심을 끈 새로운 별에 대한 책을 쓰면서 브라헤는 이 모든 것에 초연할 수는 없었을 것이다.

그러나 〈새로운 별〉에 담긴 핵심적 사실들은 분명했다. 즉, 그 천체는 고정된 별들 사이에 고정되어 있고, 참된 새로운 별이 될 수 있는 모든 기준을 갖추었다. 많은 천문학자들도 그 천체를 연구했지만, 그의 측정이 가장 정확했고 믿을 만했다.

이 모든 것에는 한 가지 아이러니가 있다. 브라헤는 시차 변화의 흔적이 없는지 살펴보려는 목적으로 그 별을 집중적으로 연구했다. 그는 뛰어난 관찰자였고, 훌륭한 장비를 갖추고 있었기 때문에 여태까지 해왔던 시차에 대한 연구 중에서 가장 정교하게 관찰했다. 그는 시차의 증거를 전혀 발견할 수 없었고, 따라서 실험을 중시한 그로서는 지구가 고정되어 있고 별들은 천구에 박힌 채 지구 둘레를 돌고 있다는 사실을 부정할 어떤 이유도 없었다.

새로운 별 즉, 오늘날에는 '브라헤의 초신성'이라 부르는 그 연구로 그의 삶이 곧바로 바뀐 것은 아니었지만, 1573년에 그의 삶은 중요한 변화를 겪었다.

1575년 일 년 동안 장거리 여행을 끝낸 후, 그는 바젤에 정착했다. 그 해 말에 덴마크로 돌아와서 이주를 위해 주변을 정리했다. 그때 프레데릭 왕은 코펜하겐과 엘시노어 사이의 해협에 위치한 작은 섬 벤(Hven)을 브라헤에게 주었다. 당시 29세였던 그의 미래는 탄탄대로나 다름없었다.

브라헤는 천문대를 직접 운영하는 전례 없는 자유를 만끽할 수 있었다. 천문대는 천문학의 여신 우라니아(Urania)의 이름을 따서 우라니보르그(Uraniborg)라고 지었고, 몇 해가 지나면서 관측 전망대, 도서관, 서재 등을 갖춘 중요한 과학 시설로 발전했다. 장비들은 자금 조달이 가능한 범위에서 최고 수준을 자랑했고, 그를 돕기 위해 많은 조수들이 섬을 찾게 됨에 따라 두 번째 천문대가 그 옆에 세워졌다.

그 섬에서 20년이 넘게 이루어진 브라헤의 작업 과정은 간단했다. 밤마다 고정된 별들을 기준점으로 삼아 행성들의 위치를 측정하고 그 결과를 분석하는 지루하지만 중요한 일들의 연속이었다. 그 작업을 사실대로 표현한다면, 별자리들을 통과하는 태양의 움직임을 정확하게 추적하는 데 4년이 걸렸고, 화성과 목성의 추적에는 12년, 토성의 궤도를 확정하는 데는 30년이 걸렸다.

1577년 브라헤가 일상 작업을 수행하던 차에 밝은 혜성을 발견했다. 그 혜성의 움직임을 면밀하게 분석한 결과, 혜성의 출현이 달과 지구 사이의 대기에서 일어나는 현상이 아니며, 혜성은 행성들의 궤도를 가로지른다는 사실을 밝혀냈다. 1572년의 초신성 관찰처럼 천상에 대한 오래된 관념, 즉 수정구라는 개념을 깨뜨리는 것이었다. 왜냐하면 혜성이 수정구가 있다고 가정하는 지점들을 가로질러 곧장 날아오고 있었기 때문이다.

혜성 연구와 초신성 관측에 고무된 브라헤는 대표작 『새로운 천문학 입문』을 펴냈다. 이 책은 그가 자신의 우주 모형을 펼친 것으로 1587년과 1588년에 두 권으로 출판되었다. 현대적 관점에서 보면 그의 우주 모형은 마치 게가 뒷걸음질 치는 것처럼 보이기도 하는데, 이는 프톨레마이오스 체계와 코페르니쿠스 체계 사이에서 일종의 타협을 시도했기 때문이다.

브라헤의 우주 모형은 지구가 우주 중심에 고정되어 있으며, 태양, 달, 고정된 별들이 지구 주위를 돌고 있었다. 태양 그 자체는 다섯 행성들의 궤도 중심에 위치하고 있는데, 수성과 금성은 지구를 중심으로 돌고 있는 태양의 궤도 안쪽에서 돌고 있고, 화성, 목성, 토성은 태양을 중

브라헤의 거대한 사분의(1569)

심으로 돌고 있지만 그들의 궤도 안에 태양과 지구가 모두 포함되어 있다. 더욱이 브라헤는 행성들의 궤도 중심을 지구에서 태양으로 바꿈으로써 외부의 우주공간 대부분을 고정된 별들로 채워놓았다.

브라헤의 모형은 지구에서 우주공간까지의 거리가 지구 반지름의 약 1만 4천 배에 불과했다. 그는 행성의 궤도를 수정구와 같은 물리적 실체와 관련짓지 않고, 행성의 운동을 보여주는 기하학적 관련성에 결부시켰다는 점이다. 그는 수정구 없이 우주공간에 떠 있는 행성들을 상상했던 최초의 천문학자였다.

그의 관측 자료에는 고정된 별들의 위치에 대한 목록들이 포함되어 있는데, 1595년에는 그 목록이 1천 개에 달했다. 1601년 그는 어느 귀족이 베푼 만찬에 참석했다. 그는 소변이 급했지만 체면을 중시한 나머지 끝까지 참았는데, 결국 그것이 원인이 되어 요독증에 걸렸고 그 후 5일 만에 사망했다.

점성술과 행성의 타원 궤도

요하네스 케플러(Johannes Kepler, 1571~1630)에게는 브라헤처럼 남들보다 앞선 출발을 가능케 했던 신분상의 이점이 전혀 없었다. 그는 태어날 때부터 손가락이 휘어진 채였고 몸이 몹시 약했으며, 4살 때는 천연두를 앓았다. 이 천연두로 인해 그는 평생 약한 시력으로 고생했다. 케플러는 대단히 혼란스럽고 약간은 외로운 유년기를 보냈다. 그는 이 가정에서 저 가정으로, 이 학교에서 저 학교로 옮겨 다녔다. 그는 천연두에 걸려 시력이 악화되어 평생 눈이 나쁜 상태로 살아야만 했다.

천문학에 대한 케플러의 관심은 어린 시절 혜성과 월식을 봤을 때부터 싹터 있었다. 하지만 그는 신학교인 튀빙겐 대학교에서 처음 두 해 동안 필수 교과목으로 수학, 물리학, 천문학 등을 공부했다. 1591년 그는 2년의 교양 과정을 마친 다음 신학 과정으로 옮겨갔다. 그는 신학공부 과정에서 정규 시간표에 들어 있지 않은 것들도 배웠다. 대학교는 개신교에서 의무적으로 가르치도록 되어 있는 프톨레마이오스 체계 뿐 아니라 코페르니쿠스 체계에 대해서도 가르쳐 주었다.

케플러는 시력이 나빠 결코 뛰어난 하늘의 관측자가 될 수 없었을 뿐만 아니라 그라츠에서는 관측 자료에 접근조차 할 수 없었다. 그래서 그는 이성과 상상력을 발휘하여 우주의 본성을 설명해내려고 시도했던 고대인들의 정신적 발자취를 뒤쫓는 방법을 선택했다. 당시 그를 자극했던 질문은 코페르니쿠스 말대로 지구 자체가 행성이라고 한다면, 우주에는 왜 행성이 여섯 개만 있어야 하는지에 대한 것이었다.

케플러는 행성들의 수가 유클리드 기하학으로 구성할 수 있는 입방체들의 수와 관련이 있을지도 모른다는 생각에 이르렀다. 우리는 정사각형 6개가 면을 이루고 있는 정육면체를 잘 알고 있다. 나머지 다섯 개의 정다면체는 4개의 정삼각형으로 이루어진 정사면체, 12개의 정오각형으로 이루어진 정십이면체, 정삼각형 20개가 복잡한 형태를 띠고 있는 정이십면체, 그리고 8개의 정삼각형으로 이루어져 있는 정팔면체가 있다.

케플러를 사로잡았던 멋진 생각이란 이런 도형들 중 하나를 다른 것 속에 넣은 방식으로 차곡차곡 쌓아서 각각의 경우에 안쪽에 있는 입방체의 모서리들이 그 입방체를 둘러싸고 있는 구의 표면에 접하도록 하고, 이어서 구는 그 다음 입방체 표면의 안쪽 측면에 닿게 하는 것이다.

이렇게 나머지 다섯 개의 유클리드 입방체들을 나열하면, 가장 안쪽에 있는 입방체 내부는 물론 가장 바깥쪽 입방체의 외부에 있는 구가 놓이게 됨에 따라, 모두 여섯 개의 구가 나란히 늘어서게 된다. 그리고 각각의 구는 행성들의 궤도가 된다. 태양을 둘러싼 가장 안쪽에 정팔면체를 두고 그 바깥에 수성의 궤도를 나타내는 구로, 그리고 뒤이어 정이십면체, 정십이면체, 정사면체, 정육면체가 따르도록 함으로써 태양을 둘러싸고 있는 행성들의 궤도가 일정한 간격을 유지하도록 구를 배치하는 것이다.

1600년 천문학의 토대를 쌓았던 브라헤의 나이는 53세였고, 케플러는 28세였다. 브라헤는 정리되어 있는 가장 방대하고 정확한 천문 자료를 보유하고 있었지만, 너무 지쳐 있어 누군가 자료를 분석해줄 도움의 손길을 기다리고 있었다. 그리고 케플러가 가지고 있는 것이라곤 수학적 능력과 우주의 신비를 풀어헤치고 말겠다는 불같은 열정뿐이었다. 1601년 케플러는 브라헤의 새로운 거처로 이사했다. 하지만 두 사람의 관계는 편치 않았고, 브라헤는 케플러에게 자유롭게 자료를 보여주기보다 조금씩 볼 수 있도록 해줬을 뿐이다. 그러나 그해 브라헤가 병이 나서 자리에 눕고 말았다. 잠시 건강이 회복된 브라헤는 행성자료의 방대한 보고를 책임지는 일을 케플러에게 넘겼다.

그는 평생에 걸친 작업을, 불과 몇 주 전까지만 해도 돈 한 푼 없는 망명자에다 아직은 모든 게 어설픈 젊은이에게 넘긴다는 유언을 남긴 채 곧 숨을 거두고 말았다. 이제 케플러에게는 브라헤가 남긴 관측 자료를 수학적 계산을 통해 새로운 우주 모형을 만드는 일밖에 남지 않았다. 하지만 케플러는 오스만투르크와의 전쟁, 흉작, 종교 문제의 악화 등을 예언해주는 천상의 징조들을 예측하는 데 많은 시간을 빼앗겨야만 했다. 더욱이 어려운 계산 과정과 계산상의 실수를 검토하고 또 검토해야만 했다. 지금까지 남아 있는 케플러의 계산 과정을 담은 900쪽의 용지에는 행성 궤도에 대한 산술적 계산이 끝 모르게 이어져 있다. 그 작업은 전자계산기나 휴대용 컴퓨터가 있는 현재로써는 거의 상상조차 하기 힘들 정도로 엄청났다.

화성의 궤도에 대한 수수께끼를 푸는 데 여러 해가 걸린 것은 당연했다. 그 과정에서 케플러는 태양을 중심에 둔 완벽한 원형궤도라는 관념에서 벗어났다. 첫째, 그는 약간 치우친 궤도를 시도했는데, 그러면 화성은 원의 한쪽 반에서 태양에 좀더 가깝게 된다. 이것은 화성이 태양에서 가까운 절반의 궤도에서 더 빨리 움직인다는 발견과 어느 정도 맞아떨어진다.

케플러가 그의 제2법칙 즉, "태양과 태양의 둘레를 따라 돌고 있는 행성을 연결하는 가상선은 같은 시간에 같은 면적을 휩쓸고 지나간다."에 이르게 된 것은 1602년으로, 이심 원형궤도를 한참 작업하는 중이었다. 이 법칙은 행성이 태양에서 가까운 거리를 돌고 있을 때와 먼 거리를 돌고 있을 때 행성의 상대 속도를 정확하게 알려준다. 짧은반지름과 긴반지름이 쓸고 가는 면적이 같기 위해서는 짧은반지름의 원주각이 긴반지름의 원주각보다 더 커야만 하기 때문이다. 즉, 태양에서 가까운 거리를 돌고 있을 때 더 빨리 움직여야 한다.

케플러는 궤도의 형태가 타원형이라는 사실을 깨달은 것은 바로 이 발견이 있고 난 뒤였다. 그리고 다른 일로 잠시 일손을 놓았던 그는 1605년, 마침내 제1법칙을 발견했다.

제1법칙이란 각각의 행성은 태양의 주위를 타원형으로 돌고 있는데, 태양은 타원의 두 초점 중 하나에 위치하고 있다. 이 법칙으로 작은 원, 이심을 비롯한 초기 우주모형의 복잡한 요소들이 제거되었다. 그의 우주에 대한 생각은 1609년, 『새로운 천문학(Astronomia Nova)』이 출간되고 나서야 본격적으로 모습을 드러냈다.

출판은 인쇄 문제와 재정 부족으로 예상보다 늦어졌지만, 책이 출간된 후에도 예상과는 달리 천문학자들의 즉각적 환호 같은 것은 일어나지 않았다. 사람들은 타원형 궤도라는 개념을 못마땅했고, 많은 사람들은 지구가 우주의 중심이 아니라는 사실조차 받아들이려 하지 않았다. 실제로 아이작 뉴턴이 자신의 중력이론에 케플러의 법칙을 결합시켜 행성들이 왜 타원궤도를 이루고 있는가를 설명한 후에야 비로소 사람들이 제대로 인식했다. 사실 당시 케플러는 천문학자라기보다는 점성술사로 더 유명했다. 비록 그 둘 사이의 구분이 약간 흐려져 있었지만 말이다.

케플러의 제3법칙으로 알려진 아이디어가 어떻게 떠올랐는지, 그리고 그 후 어떻게 완성되었는지에 대해서는 1619년에 출판된 『세계의 조화(Harmonice Mundi)』라는 책에 잘 나와 있다. 그 법칙에 따르면, 어떤 두 행성의 주기의 제곱은 태양에서 그 행성들까지 거리의 세제곱에 비례한다.

그 무렵 30년 전쟁은 정점으로 치닫고 있었다. 당시 30년 전쟁은 독일을 무대로 루터의 개신교와 가톨릭교 사이에 벌어진 최대의 종교전

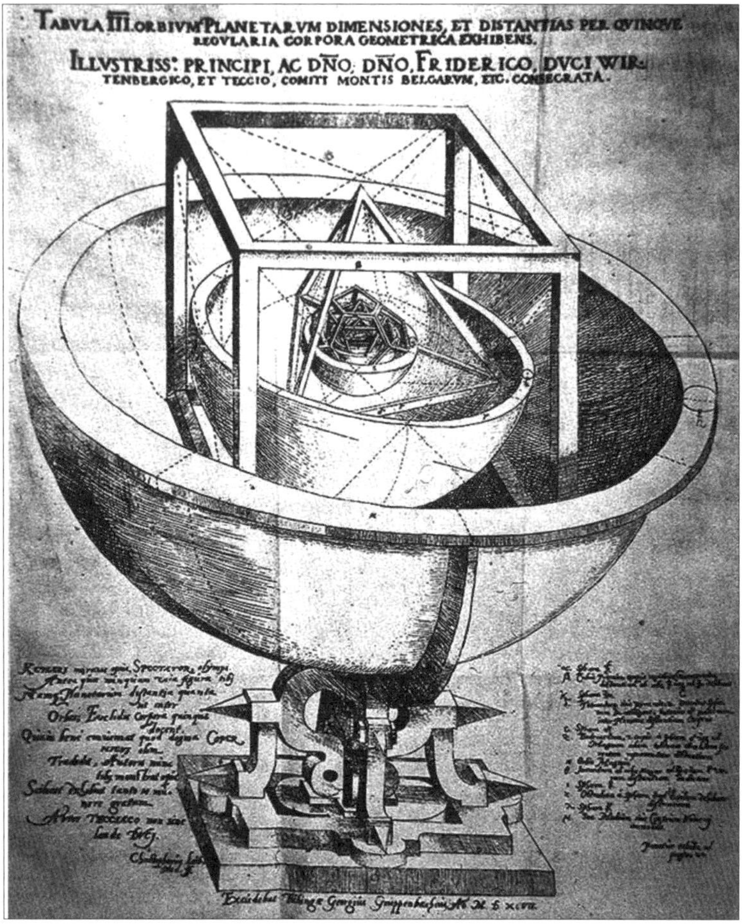

케플러의 〈우주의 신비〉(1596)에 나온 기하학 형태를 띤 우주모형

쟁이었다. 1648년 베스트팔렌 조약이 성립되어 30년 동안의 종교전쟁은 끝났고, 독일 제후국 내에서 가톨릭, 루터파, 칼뱅파는 각각 동등한 지위를 확보했다.

전쟁과 어머니의 마녀 재판 등의 어려움을 겪은 케플러는 또 다른 책인 『코페르니쿠스 천문학의 개요』를 1618년, 1620년, 1621년에 걸쳐 세 권으로 출간했다. 이 책은 태양 중심의 코페르니쿠스 우주를 옹호하는 것은 물론 케플러의 사상을 보다 많은 사람들에게 알리는 계기가 되었다.

1630년 케플러는 독일의 레겐스부르크에서 59살의 나이로 삶을 마쳤다. 그는 평생 개신교인으로 살았기 때문에 시내에 묻히지 못하고 시 근처의 성 베드로 교회가 관장하는 땅에 묻혔다. 하지만 그는 죽은 뒤에도 30년 전쟁의 소용돌이를 벗어나지 못하고 무덤이 파괴당하는 시련을 겪었다. 그의 묘비에는 생전에 자신이 지은 다음과 같은 시가 새겨져 있다. "나는 천계를 측정했으나 이제 지하 세계의 그림자를 잰다. 영혼은 하늘의 것이지만, 육체의 그늘은 여기에 누워 있노라."

케플러는 정밀한 관측 자료를 토대로 프톨레마이오스 우주 모형을 기반으로 13세기에 만들어진 천문표인 알포신 표와 코페르니쿠스 이론을 토대로 한 새로운 프루시안 표보다 월등하게 정확한 루돌핀 표를 1627년에 내놓았다. 그 표는 코페르니쿠스가 편집했던 표보다 30배나 정확하게 행성들의 위치를 계산할 수 있었기 때문에 여러 세대에 걸쳐 표준이 되었다. 그가 위대한 작업에 몰두하고 있었던 바로 그때, 훨씬 더 강력한 과학적 이성의 목소리가 저 멀리 남쪽 이탈리아에서 들려왔다.

갈릴레이의 죄와 벌

갈릴레오 갈릴레이(Galileo Galilei, 1564~1642)는 이탈리아 피사에서 태어났다. 그해에 윌리엄 셰익스피어가 태어났고, 같은 달에 미켈란젤로가 죽었다. 갈릴레오 갈릴레이가 성과 이름이 비슷한 이유는 장남에게는 성을 겹쳐 쓰는 토스카나 지방의 풍습 때문이었다. 그가 태어날 당시 집안은 사회적으로 대접받는 위치에 있었으며, 갈릴레이의 아버지 빈센치오는 전문 음악가였다. 빈센치오는 음악가로서 힘들게 성공을 거두었지만, 그 직업이 불안정하다는 것을 잘 알고 있었기 때문에 갈릴레이가 존경받고 금전적으로 보상받을 수 있는 직업을 가지도록 계획을 세웠다. 1581년 갈릴레이는 나이 17세에 피사 대학교 의과대학에 등록했다. 하지만 그는 의학 공부에 매진하지 않았다. 그는 아버지의 반대를 무릅쓰고 의학 공부는 내팽겨둔 채 수학 공부를 계속했다.

갈릴레이가 피사의 의과 대학생이었을 때 한 가지 주목할 만한 사건이 일어났다. 어느 날 성당에서 지겨운 설교가 진행되는 동안 천천히 일정한 속도로 움직이는 샹들리에에 사로잡힌 그는 자신의 맥박을 이용하여 샹들리에가 최고점에서 방향을 바꿀 때를 기준으로 진자가 왕복하는 데 걸리는 시간을 쟀다. 그 결과 그는 진자운동이 짧은 원호를 이루든 긴 원호를 이루든 상관없이 한 차례 왕복하는 데 걸리는 시간이 항상 똑같다는 것을 발견했다.

1589년 갈릴레이가 학위도 없이 피사 대학교를 떠난 지 정확히 4년 만에 같은 대학교 수학 교수가 될 수 있었던 것은 당시 알고 있었던 귀족의 영향력 때문이었다. 피사에서 의과대학 교수는 당시 연봉이 2천

크라운(약 1백만 원)이었던 반면, 수학 교수는 60크라운(약 3만 원)에 지나지 않았다. 따라서 그는 몇 시간 동안의 개인 과외가 아니라 함께 살면서 온종일 학생들을 봐주는 식의 과외로 수입을 보충해야만 했다. 당시 이런 형태의 과외는 주로 부자나 귀족의 자식들이 받았으며, 그 결과 이런 젊은이들이 집으로 돌아감에 따라 상류계층에서 그의 명성은 빠르게 퍼져나갔다.

갈릴레이가 피사 대학교 수학 교수로 재직할 때 벌어졌던 일은 사실과는 거리가 먼 것이었다. 그 전설이란 그가 피사의 사탑에서 무게가 서로 다른 물체들을 떨어뜨려 동시에 땅에 닿는 실험을 보여주었던 것이다. 아리스토텔레스의 이론이 예측하듯이 가벼운 물체보다 무거운 물체가 빨리 낙하하는 것처럼 보인다. 하지만 그는 자유 낙하하는 물체의 이동거리는 낙하 시간의 제곱에 비례한다는 사실을 발견했는데, 이것이 갈릴레이의 낙하 법칙이다.

갈릴레이는 파도바 대학교의 수학 교수직으로 가기 위해 목표를 세웠다. 그 자리가 좀더 명예롭고 연봉이 높은 자리였지만, 새로운 사상을 긍정적으로 받아들였기 때문이기도 했다. 그는 베네치아에 있는 토스카나 대공의 도움을 받아 왕궁을 방문하여 교수직을 위한 작업에 돌입했다. 그는 필요할 때면 매력적이고 사교적으로 능숙한 모습을 보여줄 수 있는 능력이 있었고, 그 때문에 베네치아에서도 큰 반향을 일으켰다. 마침내 갈릴레이는 자신이 원하는 교수 자리를 차지했다. 1592년 그는 28세의 나이로 교수직에 취임했다. 최초 4년의 계약은 결국 파도바에서 18년 동안의 거주로 이어졌는데, 그는 나중에 파도바에서의 생활이 자신의 생애에서 가장 행복했던 때라고 회고했다.

갈릴레이는 직업적으로 높은 자리를 차지했고 영향력 있는 집단에 속했음에도 돈에 대한 걱정은 여전했다. 그는 자신을 부자로 만들어줄 뭔가를 발명하여 재정적 문제를 해결하려고 했다. 그의 초기 아이디어에는 최초의 온도계라 할 만한 것이 있었는데, 이 발명은 성공하지 못했다.

1590년대 중반의 또 다른 아이디어는 그런 대로 성공적이었지만, 재정적인 보탬은 되지 않았다. 그것은 컴퍼스(compass, 계산기로 사용할 수 있는 눈금이 매겨진 금속 도구)로 알려진 장비였다. 처음에는 포병들이 어느 한 지점에 포를 쏘기 위해 필요한 대포의 각도를 계산하는 장비였지만, 그 후 수십 년에 걸쳐 완벽한 계산 도구로 발전되었다. 컴퍼스는 오늘날 환율 계산 및 복리 산출 같은 일에 사용되는 16세기 말의 전자수첩이라 할 수 있었다.

1604년 40세가 된 갈릴레이는 자연철학자, 수학자로서 명성을 누리며 파도바에서 풍족하고 행복한 생활을 즐겼다. 그 유명한 진자와 경사면을 구르는 공에 대한 실험들이 이루어진 곳도 바로 그곳이었으며, 이 두 실험은 무게가 다른 물체들도 중력 아래서는 실제로 같은 속도로 가속된다는 것을 보여주는 연구에 결정적인 역할을 했다.

가설을 위해 항상 실험을 하면서 실험결과가 가설의 예측과 맞지 않을 경우 가설을 수정하거나 아예 폐기하는 것은 갈릴레이 연구의 핵심적인 특징이었다. 그는 또한 유체역학을 탐구했고 길버트의 자기 현상을 연구했으며, 케플러를 포함하여 여러 자연철학자들과 서신을 주고받았다. 그가 최초로 코페르니쿠스 우주모형에 대해 열렬한 지지를 분명하게 언급했던 것은 1597년 케플러에게 보낸 편지에서였다.

1604년 케플러가 연구했던 초신성이 하늘에 나타나자, 갈릴레이는 천문학자로 변신했고 새로운 별이 주변의 별들과 마찬가지로 전혀 움직이지 않는다는 점을 확인했다. 그는 엄청난 관심을 보인 대중강연에서, 다른 별들처럼 초신성 역시 지구에서 멀리 떨어져 있다고 주장하면서, 천체는 변함이 없다는 아리스토텔레스의 개념을 반박했다.

갈릴레이는 총에서 총알이 발사될 때, 또는 물체를 공중으로 던질 때 총알이나 물체가 따르는 궤적이 포물선이라는 사실을 밝혀냈다. 17세기 초반까지만 해도 많은 사람들은 여전히 대포에서 발사된 대포알은 수평으로 일정한 거리를 직선으로 날아가 땅에 수직으로 떨어진다고 생각했다. 하지만 갈릴레이 이전까지는 어느 누구도 곡선의 형태가 속도와 대포알의 무게와는 상관없이 항상 같다는 사실은 미처 모르고 있었다. 또한 만약 발사된 대포알이 대포와 같은 높이에 있는 목표물에 부딪칠 때, 대포알이 대포를 떠날 때와 목표물에 도달할 때의 속력이 같다는 것을 증명했다.

갈릴레이가 망원경이 발명되었다는 소식을 처음 들은 것은 1609년 베네치아를 방문하는 길에서였다. 네덜란드에 살고 있는 안경 제작자 얀 리퍼세이가 우연히 망원경을 발명해, 1609년 봄에 3배율인 망원경을 파리에서 장난감으로 팔고 있었다는 소식을 들었기 때문이다.

그해 8월 초, 베네치아에 머물고 있었던 갈릴레이는 그 네덜란드 사람이 새로운 장비를 가지고 파도바에 도착했다는 소식을 들었다. 그는 서둘러 파도바로 발길을 돌렸지만 그 이방인은 이미 파도바를 떠나 총독에게 장비를 팔려고 베네치아에 가 있었다. 곧바로 미친 듯이 새로운 망원경 제작에 매달린 그는 하루도 채 안 걸려 지금까지 그 어떤 것보다 훌륭한 망원경을 만들었다. 그가 해왔던 작업 중에서 가장 눈부신 발명이라 해도 과언이 아니었다.

네덜란드인의 망원경은 두 개의 볼록렌즈를 사용해 상이 거꾸로 보였던 반면, 갈릴레이는 볼록렌즈와 오목렌즈를 각각 사용해 상이 정상적으로 맺혔다. 빈틈없는 처세가였던 그는 10배율의 망원경을 만들어 총독에게 선물로 기증했다. 총독과 의회는 그에 대한 보상으로 갈릴레이에게 평생 파도바 대학교의 교수직을 보장해주었으며, 그의 연봉도 1천 크라운으로 껑충 뛰었다.

1609년 12월, 그는 20배율인 망원경을 제작했다. 1610년 초 갈릴레이는 자신이 만든 최고의 장비로 목성의 위성 네 개를 발견했다. 그는 코시모를 기리기 위해 그 위성들의 이름을 '메디치의 별들'이라 불렀다. 또한 그는 망원경으로 은하수가 수없이 많은 별들로 이루어져 있다는 사실과 달의 표면은 완전하게 매끄러운 구가 아니라 곳곳이 상처가 난 것처럼 분화구가 있으며, 수 킬로미터의 산맥들이 있다는 사실을 발견했다.

이 모든 발견들은 1610년 3월에 출판된 소책자 『별들의 소식(Siderius Nuncius)』에 실렸다. 새로운 천문학적 발견은 코페르니쿠스 모형의 정확성을 뒷받침해주는 결정적 증거가 되었다. 갈릴레이는 달의 상변화와 비슷한 금성의 상변화를 발견했다. 그런 변화는 금성이 태양의 둘레를 돌고 있다고 가정해야만 설명이 가능했다. 갈릴레이는 어느 날 제자에게서 만약 코페르니쿠스 모형이 옳다면 금성이 상변화를 보여야 한다고 주장하는 편지를 받았다. 그 편지를 받았을 때는 이미 그가 금성을 관찰하기 시작한 후였고 곧 제자에게 그의 예측이 옳다고 답장을 보냈다. 이 이야기는 관찰을 통한 실험이 가능하며, 사실유무를 확인할 수 있다는 과학적 가설의 진정한 사례라고 할 수 있다.

갈릴레이는 로마에서 세계 최초의 과학학회로 알려진 린체이 아카데미(Lyncean Academy)의 회원이 되었다. 그 학회는 1603년에 네 명의 젊은 귀족들이 주축이 되어 설립했다. 그의 장비에 '망원경'이라는 이름을 붙인 것도 그를 환영하기 위해 회원들이 마련한 연회에서였다. 1624년 봄, 갈릴레이는 교황과 추기경을 방문하기 위해 로마로 여행을 떠났다. 그에게는 모두 여섯 번의 교황 알현 기회가 주어졌고, 금메달과 상금을 받았다. 그러나 가장 큰 상은 두 개의 우주 모형, 즉 프톨레마이오스 모형과 코페르니쿠스 모형에 대한 책을 써도 좋다는 교황의 허락이었다. 그 허락에는 그가 코페르니쿠스 체계에 우호적인 주장을 하지 않고 두 모형을 공평하게 다루어야 한다는 조건이 붙어 있었다. 즉, 그는 코페르니쿠스 사상을 가르칠 수는 있었지만 옹호할 수는 없었다.

오래 전부터 갈릴레이는 그런 책을 쓰기를 꿈꿔왔지만 실제로 쓰기까지는 꽤 시간이 걸렸다. 건강 악화는 물론 점점 신체가 쇠약해지는 것에 개의치 않고, 그 무렵 대물렌즈와 대안렌즈로 볼록 렌즈를 사용하여 성능이 뛰어난 복합현미경을 최초로 개발하는 데 성공했다.

갈릴레이의 책 『두 개의 주요 우주체계에 대한 대화』의 집필은 1629년 11월에 끝났다. 제목에서 암시하듯이, 이 책은 살비아티(코페르니쿠스의 입장을 대변)와 심플리치오(프톨레마이오스의 입장을 대변)라는 두 사람 사이의 대화 형식을 취하고 있다. 처음에는 책을 위한 모든 일이 순조롭게 풀려나가는 것 같았다. 출판을 승인하는 공식 인장을 받기 위해선 로마에 있는 검열관의 심사를 통과해야 했다. 그 책은 조건부 출판허가를 받았다. 로마 교회는 처음에는 갈릴레이의 발견을 환영하고 찬양했다. 그러나 아리스토텔레스의 이론을 버리지 못하는 일부 천문학자와 교회 평신도 및 하급성직자들은 성서와 부합되지 않는다는 이유로 코페르니쿠스의 지동설을 강력히 공격했다. 이에 그는 "성서는 글자 그대로가 아니라 비유적으로 해석되어야 한다. 성령은 하늘나라로 가는 방법을 가르칠 뿐, 하늘이 어떻게 움직이는가를 말해주지 않는다."라고 반박했다. 하지만 여러 가지 이유로 인해 교황 우르바누스 8세의 화를 돋워 종교재판에 소환되었다.

여러 차례 열린 재판을 통해서 갈릴레이의 죄목들은 다음과 같았다. 그가 라틴어가 아닌 이탈리아어를 써서 평민들이 그의 말을 이해할 수 있게 했다는 사실, 그리고 그가 코페르니쿠스의 옹호자인 윌리엄 길버트의 연구를 칭찬하는 글을 썼다는 사실이 포함되어 있다. 그러나 핵심 쟁점은 그가 어떤 식으로든 코페르니쿠스 체계를 옹호해서는 안 된다는 교황의 명령을 어겼는가에 대한 부분이었다.

당시 종교재판에서 벗어날 수 있는 사람은 아무도 없었다. 일단 재판이 시작되자 갈릴레이의 죄목을 찾아내고 경고용으로 그를 처벌하자는 분위기로 급격하게 흘러갔다. 여기에는 어떤 평결도 필요 없었다. 종교재판의 관점에서 보면 잘못된 이교도에 대한 처벌 역시 이단 자체만큼 심각한 범죄였다. 만약 그에게 죄가 없다면 결국 고발자들이 이단인 셈인데, 그를 고발한 사람들은 가톨릭교회의 가장 높은 당국자들이었다. 그는 어떻게든 자백을 해야만 할 곤란한 처지에 놓여 있었다.

마침내 자신이 처한 상황을 정확히 파악한 갈릴레이는 코페르니쿠스 체계를 믿지 않는다고 인정하기에 이르렀다. 그는 자신의 책 속에 코페르니쿠스 사상에 유리한 내용을 담는 등 지나친 면이 있었음을 고백하는 내용의 성명서를 발표했다. 그는 "내 잘못을 버리고 저주하며, 혐오한다."고 말했다. 만성 관절염에 고통스러워했던 69세의 노인인 갈릴레이는 고문을 몹시 두려워했기 때문이다.

그가 했다던 유명한 말, "그래도 지구는 돈다."를 중얼거렸다는 증거는 전혀 없다. 만약 그가 실제로 그런 소리를 했다면 다른 사람들이 분명 그 소리를 들었을 테고, 그는 틀림없이 고문대로 끌려갔거나 화형을 당했을 것이다. 예수회는 대중적 승리를 거두었고 이제 남은 일이라곤 판결(종신형)을 통과시키는 것뿐이었다. 종교재판관으로 앉아 있던 10명의 추기경 중에서 판결에 서명한 사람은 모두 일곱 명이고, 나머지 세 명은 판결을 거부했다.

판결이 통과되기는 했지만, 선고 내용은 점차 완화되었다. 처음에 그는 로마 주재 토스카나 대사관에 감금되었지만, 그 후 갈릴레이의 동조자였던 대주교의 보호관찰 아래 있다가, 결국에는 1634년 초부터는 아시시 근처에 있는 자신의 집에 가택 연금되었다.

자신의 집에 고립되어 지내던 갈릴레이는 대작 『새로운 두 과학에 대한 논의와 수학적 논증』을 완성했다. 이는 교황청의 사법권 범위 밖인 네덜란드에서 1638년에 출판되었는데, 이때 그의 나이는 74세였다. 그 책은 과학적 방법론을 밝혔을 뿐만 아니라 역학, 관성, 진자와 물체의 힘에 대한 평생의 연구 성과를 집대성한 것이었다. 이전에는 철학자들의 특권이었던 주제들을 수학적으로 분석한 그 책은 최초의 근대적 과학 교과서였다.

갈릴레이는 우주가 인간의 정신으로 이해할 수 있는 법칙들에 지배를 받고 있으며, 그 법칙들은 수학을 사용하여 계산될 수 있다고 주장했다. 이탈리아로 다시 역수입된 그 책은 그 후 몇 십 년 동안 이탈리아를 제외한 유럽의 과학 발전에 엄청난 영향을 미쳤다. 1630년대부터 계속된 로마교회의 갈릴레이에 대한 가차 없는 비난의 결과로, 최초로 르네상스가 꽃을 피웠던 이탈리아는 세계의 작동방식에 대한 연구에서만큼은 뒤처지는 신세로 전락하고 말았다.

『새로운 두 과학』이 출판되었을 당시, 그는 두 눈이 완전히 먼 상태였다. 78번째 생일을 몇 주 앞둔 1642년, 갈릴레이는 잠을 자다가 편안하게 숨을 거두었다. 갈릴레이의 『새로운 두 과학』은 1835년까지 교황청의 금서목록에 남아 있었다. 1965년에 로마의 교황 바울 6세는 갈릴레이의 출생지 피사를 방문하여 그를 높이 칭송하였으며, 당시 교황청의 처사는 잘못되었다는 것을 분명하게 시인했다. 이는 갈릴레이가 사망한 후 323년이 지난 후의 일이다.

지난 2009년은 국제 천문학의 해로 지정되었다. 갈릴레이가 망원경을 통해 위대한 발견을 한지 400주년이 되는 해이기 때문이다. 그러면 그를 역사에 길이 남을 과학자로 만든 것은 무엇일까? 그가 일으킨 과학혁명을 한마디로 요약하면, 자연을 설명하는 언어로 수학을 사용했다는 점이다. 아리스토텔레스 사상은 자연을 질적으로 설명하는 데 만족했다. 그러나 갈릴레이는 수학적 관계를 통해 우주의 언어를 해독하는 실마리를 제공했다. 그는 자신의 책에서 다음과 같이 수학과 우주의 관계를 묘사했다.

"철학은 우리 눈으로 일찍이 본 적이 없는 우주라는 위대한 책에 쓰여 있다. 그러나 그 내용을 이해하려면, 우리는 먼저 책에 쓰인 언어를 익히고 등장인물의 특징을 파악해야만 한다. 그 언어는 수학이며, 등장인물은 원 같은 도형이다. 이를 모르고서는 인간의 힘으로 단어 하나도 이해할 수 없고, 어두운 미로를 헛되이 헤매게 될 뿐이다."

이제 역학에 대한 그의 업적을 자세히 살펴보자. 어떤 물체가 중력에 의해 아래로 떨어지는 운동을 자유낙하라고 한다. 갈릴레이는 자유낙하로 떨어지는 물체의 거리가 시간의 제곱에 비례한다는 사실을 발견했다. 물론 그는 피사의 사탑에 올라가 직접 실험을 하지는 않았다. 설령 실험을 했다 쳐도 시간을 측정할 정확한 시계조차 없었던 시대였고, 물체가 너무 빨리 떨어지기 때문에 측정을 할 수도 없었을 것이다. 그는 간접 실험의 방법으로 완만한 경사면에 금속구를 굴리는 실험을 했다.

실험 결과 구의 속도는 시간이 지남에 따라 일정한 비율로 증가하고, 속도가 증가하는 비율(가속도)은 구의 무게나 크기에 관계없이 같다는 것을 알 수 있었다. 그리고 경사면을 따라 굴러간 거리는 시간의 제곱에 비례한다는 사실도 알아냈다.

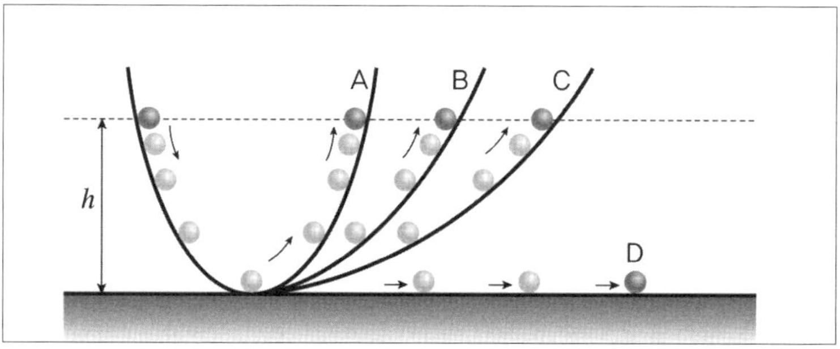

경사진 수평면에서 관성의 개념을 밝힌 실험

갈릴레오 갈릴레이(1654~1642)

더 나아가 수평면을 굴러가는 구가 정지하는 이유는 수평면이 매끄럽지 않기 때문이며, 면이 매끄러울수록 구는 점점 더 먼 거리를 굴러간다는 것을 알아냈다. 만약 수평면이 완벽하게 매끄러워 마찰력과 공기저항이 없다면 영원히 굴러가는데, 이것이 바로 관성의 개념이다. 또한 경사면의 꼭대기가 지면으로부터 같은 높이에 있다면 구의 속도는 경사면의 길이에 관계없이 모두 같다는 사실을 밝혀냈다.

여기서 우리는 낙하법칙에 관한 중요한 사실을 배울 수 있다. 즉 지면으로부터 같은 높이에서 물체를 떨어뜨리면 물체의 무게에 상관없이 같은 속도로 떨어진다는 점이다. 당시에는 아리스토텔레스가 주장한 "무거운 물체는 가벼운 물체보다 빨리 떨어진다."는 관념이 오랜 정설로 굳어져 있었다. 갈릴레이의 위대한 점은 과학을 철학적 추론으로부터 벗어나게 하는 동시에 실험과 관찰을 통해 과학의 튼튼한 기초를 쌓았다는 데 있다.

고대 그리스와 중세의 학자들은 물체가 왜 아래로 떨어지는지 설명하는 데만 집중했다. 그리고 설명은 항상 그럴듯한 목적에 꿰맞춰 이루어졌다. 그것은 마치 하늘에서 비가 내리는 이유는 농작물에 물을 주기 때문이고, 농작물은 인간에게 먹을 것을 주기 위해 성장한다는 식이다. 그러나 갈릴레이는 운동의 원인이나 힘의 성질보다는 운동 자체의 정확한 기술, 즉 왜 떨어지느냐가 아니라 어떻게 떨어지느냐에 관심을 가졌다.

갈릴레이는 자연 현상을 수학이라는 언어를 통해 양적으로 기술하는 합리적 과학정신을 보여주었다. 그는 눈에 보이는 현상이 아니라 측정 가능하고 수학의 언어로 표현할 수 있는 물질의 특성을 분리해서 시간과 공간, 무게와 질량, 속도와 가속도 같은 개념을 최초로 정립한 과학자였다.

기계적 합리주의

30년 전쟁이 막 시작되었던 1619년, 독일 바이에른의 막시밀리안 군대는 다뉴브강의 제방에서 겨울을 나고 있었다. 데카르트(René Descartes, 1596~1650)는 온종일 침대에 누워 편안한 생활을 즐기면서 세계의 본성, 삶의 의미 등에 대해 공상을 하고 있었다. 방 천장에서 윙윙거리고 있는 파리를 한가롭게 바라보던 그는 갑자기 파리의 위치를 한 쌍의 숫자로 표시할 수 있다는 생각에 이르렀다.

그가 저술한 『방법서설』에는 이런 개념을 만들게 된 계기가 소상하게 밝혀져 있다. 만약 누군가 길을 물어올 때 방향을 가리키면서 "오른쪽으로 100미터 가서 왼쪽으로 50미터 직진하세요."라고 했다면, 우리는 이미 데카르트의 직교 좌표를 사용하고 있으며, 더 나아가 그 빌딩의 어떤 층을 알려주려 한다면 3차원으로 말해주는 셈이다.

데카르트의 발상은 한 쌍의 수가 평면 위에 있는 점의 위치를 정확히 결정할 수 있다는 아주 평범한 사실에서 시작되었다. 그는 이 사실을 활용해 해석기하학이라는 강력한 곡선 이론을 개발했다. 믿기 어렵겠지만 이 놀라울 정도로 단순한 개념은 수학에 일대 혁명을 일으켰다.

수평선과 수직선이 교차하는 좌표계를 '데카르트 좌표계'라고 한다. 좌표계의 가로선은 x축, 세로선은 y축이라고 하며 두 개의 축이 만나는 지점을 원점이라고 부른다. 예를 들어 그림에서 A라고 표시된 점은 x좌표가 3, y좌표가 4이므로 간단히 (3,4)라는 순서쌍으로 나타낼 수 있다. 이제 원점을 기준으로 반지름이 5인 원을 그린 다음, 원 위에 있는 (3,4)라는 점을 생각해보자. 이 점은 피타고라스 정리에 의해 32+42=52을 만족한다는 사실을 알 수 있다.

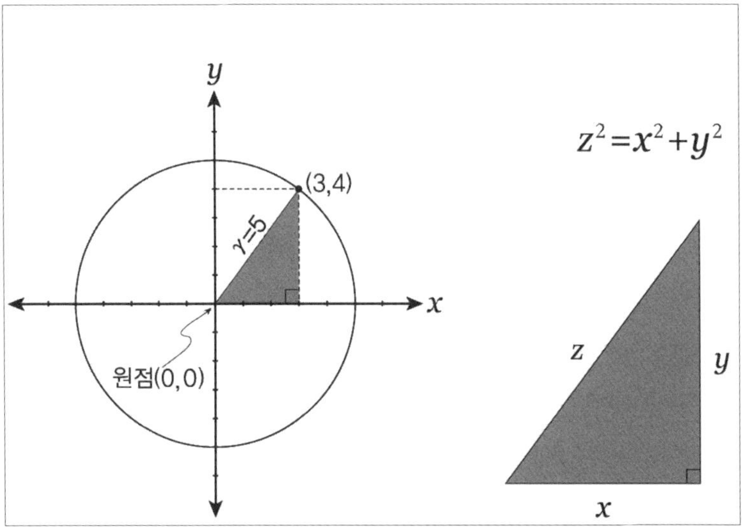

데카르트 좌표계는 대수학과 기하학을 통합해 해석학이라는 새로운 분야를 탄생시켰다.

사실 이 원 위에 있는 점들을 (x, y)라는 순서쌍으로 나타낼 때 모든 점들이 x2+ y2=52을 만족한다. 여기서 우리는 x2+ y2=52이라는 대수 방정식이 반지름이 5인 원으로 표시된다는 것을 알 수 있다. 다시 말해 데카르트는 기하학을 대수방정식으로 또는 대수방정식을 기하학으로 나타내는 방법을 발견한 것이다.

우리가 사용하고 있는 모든 그래프, 이를테면 주가의 등락이나 연령별 인구분포, 기후 변화 등 각종 통계 지표들은 데카르트의 천재적인 개념을 기초로 하고 있다. 데카르트 덕분에 기하학과 대수학이 별개의 수학 분야가 아니라, 같은 사실을 나타내는 두 가지 다른 방법이라는 것을 알게 된 것이다. 어떤 곡선을 그리든지, 그 곡선을 나타내는 방정식 안에는 기하학의 모든 특성들이 담겨 있다. 뿐만 아니라 데카르트 좌표계를 이용하면 두 개의 연립 방정식에 대한 해가 그 방정식들이 나타내는 두 곡선의 교차점이라는 사실을 이용해서 쉽게 풀 수 있다.

기존 기하학에서 골칫거리라고 여겼던 단점들도 대수학을 활용하면 쉽게 해결할 수 있다. 예를 들어 유클리드의 공리에 따르면, 점은 나눌 수도 없고 크기도 없다는 다소 애매한 표현을 쓰고 있다. 그런데 데카르트 좌표계에서는 점을 평면 위에 있는 (x, y)쌍으로 정의하면 간단히 해결된다. 순서쌍은 집합 특히 함수와 밀접한 관련이 있다. 모든 x값에 대응하는 하나의 y값이 존재한다면 x와 y 사이에는 일대일 대응 관계가 있다고 하며, x와 y값이 함수를 이루고 있다고 한다.

오늘날 함수는 과학자, 통계학자, 경제학자들에게 없어서는 안 될 중요한 수단이다. 실험이나 관찰을 여러 차례 반복해 일정한 함수관계가 나타나면 이를 일반적인 법칙으로 단순화시킬 수 있다. 예를 들어 체중 조절을 하면서 날마다 몸무게를 확인할 때, 기말고사 시험을 본 후 성적표를 받을 때, 차량의 운행 속도에 따른 연비를 알고 싶을 때, 이 모든 자료를 함수로 나타낼 수 있다.

갈릴레이는 "자연은 수학이라는 언어로 쓰인 책이다."라고 말했다. 그러나 같은 시기를 살았던 데카르트 시대에는 수학이라는 언어가 충분히 발전되지 못한 상태였다. 수학이 세상을 충분히 기술하기 위해서는 먼저 기호나 부호들이 발명되어야만 했다. 수학에서 사용되는 기호(+)와 (-)는 1540년, 영국의 로버트 레코드에 의해 처음으로 도입되었다. 또한 등호(=)를 도입하기도 했는데, 그가 저술한 『지혜의 숫돌』에 의하면 두 개의 대상을 똑같이 표현하는 데 길이가 같은 두 개의 평행선만한 것이 없었기 때문이라고 한다. 그는 영어로 산술과 천문학에 관한 서적을 쓴 최초의 인물이었다.

그로부터 100년 후 데카르트는 현재 우리가 사용하고 있는 방정식의 기호들을 도입했다. 예를 들어 ax+by=c라는 간단한 방정식을 생각해보자. 중학교 수준의 수학 실력을 갖추고 있다면, 이것이 어떤 직선을 나타내는 식이라는 것을 알고 있다. 그러나 당시에는 방정식을 표현하는 방식이 통일되어 있지 않았다. 데카르트는 방정식에서 특정한 값이나 상수를 나타내기 위해 알파벳의 첫 부분에 해당하는 철자들(a, b, c…)을 사용했다. 또한 미지수를 나타내는 데는 알파벳의 끝 부분에 있는 철자들(x, y, z)을 사용했다. 그리고 $x \times x$나 $x \times x \times x$를 x^2이나 x^3으로 나타내는 지수 표기법을 도입했다.

데카르트가 살았던 당시 수학자들은 곡선에 대한 연구에 많은 관심을 가졌다. 사실 17세기 초반의 수학은 본질적으로 기하학이었으며, 대수학은 부속물에 불과했다. 그 중심에는 유클리드 기하학이 있었다. 그러나 유클리드 기하학은 직선과 원에만 국한되어 있었다. 17세기에 들어서 과학과 기술이 발달하면서 새로운 형태의 곡선들, 즉 타원, 포물선, 쌍곡선 등에 대해서도 연구할 필요성이 생겼다. 행성의 경로나 대포알의 궤적, 렌즈의 곡률은 모두 이 같은 곡선들로 이루어져 있기 때문이다.

데카르트 좌표계는 그 후 수학의 발전에 커다란 영향을 끼쳤으며, 후대의 수학자들은 크든 적든 그에게 빚을 졌다고 말할 수 있다. 물리학도 예외는 아니다. 기하학을 대수학으로 쉽게 분석할 수 있는 방법은 모든 물리법칙을 방정식으로 표현할 수 있다는 데서 확연히 드러난다. 그 영향은 20세기 초, 상대성이론과 양자역학의 발전으로까지 이어졌다.

데카르트의 좌표 개념은 거의 모든 것을 수학으로 체계화하는데 중요한 역할을 했다. 순수하게 수학적인 면으로 볼 때, 그동안 완전히 별개라고 여겼던 대수학과 기하학을 통합하여 수학의 지평을 넓히고, 해석학이라는 새로운 분야를 탄생시켰다. 그러나 데카르트의 업적은 수학이라는 분야보다 철학적 방법론에서 더욱 빛을 발한다.

철학은 주로 신과 자연과 인간의 상호관계를 밝히려고 노력해왔다. 그리스 철학이 신과 자연의 관계를 다뤘다면 기독교 철학은 신과 인간의 관계에 몰두한 나머지 자연을 소홀히 다뤘다. 그러다 데카르트에 의해 비로소 인간과 자연의 관계를 최우선으로 고려하기 시작했다. 데카르트를 근대 철학의 아버지라고 부르는 것은 바로 이와 같은 이유 때문이다.

데카르트의 과학에 대한 끝없는 관심도 수학에서 거둔 성공 못지않게 중요하다. 그는 과학을 나무에 비유했다. 형이상학을 뿌리, 물리학을 큰 줄기라고 하면 여기서 역학, 의학, 윤리학이라는 세 개의 가지가 갈라져 나왔다고 여겼다. 세 가지 학문이 의외라고 느낄 수도 있겠지만,

데카르트의 초상화

그는 자신의 관심 분야였던 우주와 인체, 삶의 방식을 세 개의 가지에 비유한 것이다.

16세기 르네상스 시대에 접어들어 고대 그리스 · 로마의 고전들이 라틴어로 번역되기 시작했다. 이런 책들은 한편으론 지식의 풍요를 가져왔지만 지적인 혼란을 불러오기도 했다. 그리스 시대의 엠페도클레스는 이 세상이 물, 불, 흙, 공기의 4원소로 되어 있다고 했는데, 데모크리토스는 아주 작은 원자들로 구성되어 있다고 말했다. 한편 피타고라스는 세계의 근원을 수라고 했다. 도대체 누구의 말이 옳은 것일까?

아리스토텔레스와 프톨레마이오스는 지구가 우주의 중심이라고 했는데, 아리스타르코스는 지구가 태양 주위를 돌고 있다고 주장했다. 도대체 지구가 도는 것일까 아니면 태양이 도는 것일까? 유럽의 종교적, 정치적 혼란은 이러한 지적 혼란을 더욱 가중시켰다. 1517년 마르틴 루터는 가톨릭교회의 면죄부 판매를 비난하는 반박문을 교회 문 앞에 내걸었다. 그 후 정치적, 종교적 분쟁이 심화되면서 1618년 시작된 가톨릭교와 개신교의 30년 전쟁은 사람들의 이성을 황폐화시켰다.

이런 혼란과 갈등 속에서 데카르트는 자신이 배운 모든 지식과 감각에서 나온 경험들을 의심하고 확실한 지식 체계를 세우고자 했다. 지금까지 받아들여졌던 모든 학문들과 상식들, 그리고 외부 세계에 관한 모든 지식들을 불확실한 것으로 생각했다. 심지어 육체적 감각들을 통해

DISCOURS

DE LA METHODE

Pour bien conduire ſa raiſon, & chercher

la verité dans les ſciences.

PLUS

LA DIOPTRIQVE.

LES METEORES.

ET

LA GEOMETRIE.

Qui ſont des eſſais de cete METHODE.

A LEYDE

De l'Imprimerie de IAN MAIRE.

CIↃ IↃ C XXXVII.

Avec Privilege.

데카르트의 방법서설 표지

알고 있었던 지식들마저 거부했다.

그는 깨어 있는 상태와 잠들어 있는 상태를 구별할 확실한 증거가 없다고 주장했다. 그런데 모든 것을 의심하면 할수록 확실해지는 것이 하나 남았다. 그것은 바로 자신이 생각한다는 것이었다. 그는 자신이 생각하고 있다는 점마저 의심해 보았지만, 그 생각을 의심하는 또 다른 생각을 하고 있는 자신을 발견했다. 모든 것을 의심했지만 끝내 의심할 수 없는 하나의 명백한 사실, 그것은 바로 자신이 생각하고 있다는 점이었다. 그래서 '나는 생각한다. 고로 나는 존재한다(Cogito, ergo sum).'는 결론을 내렸다.

그는 이와 같은 불변의 진리를 주춧돌 삼아 그 위에 자신이 부정했던 세계를 다시 세우기 시작했다. 새로운 진리의 탑을 쌓을 방법은 그가 군대에 있을 때 꿈속에서 나타났다. 기하학은 가장 단순하고 명백한 공리로부터 순수한 추론을 통해 연역적으로 증명함으로써 진리에 도달하는 방법이다.

데카르트는 "수학적 추론 과정과 방법은 인간이 얻을 수 있는 그 어떤 도구보다 강력한 지적 도구다."라고 말했다. 그는 감각을 통한 인식에 의존하지 않고 수학이라는 언어로 물리적 세계를 나타낼 수 있다는 사실을 증명하려고 했다.

먼저 기하학의 공리에서 출발해 정리를 이끌어낸 추론과 연역적 방법에 따라 진리를 탐구하기 위한 규칙들을 네 가지로 공식화했다. 첫째 의심의 여지가 없는 진리에서 출발한다. 둘째 까다로운 문제들을 좀더 다루기 쉬운 작은 문제들로 나눈다. 셋째 단순한 문제에서 복잡한 문제로 나아간다. 마지막으로 연역적 추론 단계들을 다시 점검하면서 다른 해결책은 없는지 살핀다.

데카르트는 수학에서 새로운 공간을 창조하기도 했지만 그보다 중요한 것은 철학을 통해 세계를 바라보는 새로운 방법을 보여주었다는 점이다. 그의 철학적 사고에서 수학은 하나의 영감이었으며, 어두운 바다에서 길을 안내하는 등대의 불빛이었다. 그는 진리를 탐구하는 과정에서 수학적 방법의 본질과 가치를 세상에 알려준 최초의 위대한 사상가였다.

데카르트가 쓴 『인간에 대한 소고』는 신이 만든 정교한 기계인 사람의 몸과 인간이 만든 정교한 기계인 시계를 비교하는 것으로 시작한다. 그는 당시 생리학과 의학의 최신 성과와 발견을 이용해서 인간의 몸에 대한 기계적인 철학 사상을 구축했는데, 그에 의하면 우리의 몸은 정교한 시계 같은 기계에 다름 아니었다. 그렇지만 인간이 시계와 다른 것은 영혼을 가지고 있다는 데에 있었다. 인간의 영혼은 감각과 이성적 사고, 그리고 의지를 좌우했다. 인간은 몸과 영혼의 합체였지만 이 둘은 본질적으로 서로 다른 존재였고, 이로부터 그의 논쟁적인 이원론적 철학이 출발한다.

데카르트에 의하면 인간만이 물질과 영혼의 합체로 구성된 존재였다. 운동하는 물질은 인간의 몸을 구성하는데 반해서, 영혼은 이성과 의지를 통제했다. 반면, 영혼이 없는 동물은 단지 복잡한 기계 그 자체였다. 이런 동물기계론은 데카르트주의자들의 공유된 믿음이었다. 데카르트주의자들은 극단적이었는데, 이에 대해 17세기 한 기록자는 다음과 같은 기록을 남기고 있다.

데카르트주의자들은 무감각하게 개를 때렸으며, 개가 고통을 느낀다고 하면서 개를 불쌍하게 바라본 사람들을 비웃었다. 그들은 동물이 시계에 불과하다고 했으며, 개를 때렸을 때 비명을 지르는 것은 충격을 가해진 스프링이 내는 소음에 불과하다고 했다. 몸 전체는 아무런 감정이 없다는 것이다. 이들은 그 불쌍한 동물들을 판자에 묶고 네 다리에 못을 박고 산 채로 해부를 해서, 당시 과학적 토론의 중요한 주제였던 피의 순환을 관찰하곤 했다. 이들에게 난도질당하는 동물의 비명은 단지 시계를 밟을 때 기계가 내는 파열음에 불과했다. 이들이 동물을 산 채로 해부하고 잔인하게 죽이면서 파티를 즐겼던 것은 이런 행위가 당시 데카르트의 최신 학문에서 그 정당성을 부여받았기 때문이었다.

진공과 원자, 그리고 대기압

데카르트가 저지른 큰 오류란 진공의 개념을 부정한 것이었다. 그 때문에 당시 피에르 가생디(Pierre Gassendi, 1592~1655)가 부활시킨 원자 개념을 부정했다. 원자의 세계에 관한 모형에서는 만물이 허공 속을 떠다니며 상호작용하고 있는 작은 입자들(원자들)로 이루어져 있었다. 원자 개념은 기원전 5세기 데모크리토스의 저작에서 그 기원을 찾을 수 있고 그 후 에피쿠로스가 다시 다루었지만, 고대 그리스에서는 원자 개념이 소수 사람들의 관점에서 벗어나지 못했다. 과학혁명 이전의 서구 사상에 가장 큰 영향력을 미쳤던 그리스의 철학자 아리스토텔레스는 원자론이 허공의 개념과 관련되었다는 이유로 철저하게 부정했다.

가생디는 프랑스의 프로방스에서 태어났다. 그는 많은 천문학적 관측과 갤리선을 이용한 관성 실험으로 유명했지만, 과학에 가장 큰 공헌은 원자론의 부활로, 1649년에 출판된 책에 분명하게 나타나 있었다. 가생디는 원자의 성질들은 형태에 따라 달라진다고 생각했고, 서로 결합하여 분자를 형성한다고 주장했다. 그는 또한 원자들이 허공 속에서 떠돌아다니고 있으며, 원자들 사이의 틈새에는 문자 그대로 아무것도 없다는 생각을 밝혔다. 가생디와 그 시대의 많은 사람들이 1640년대 진공 사상을 기꺼이 받아들였던 데는 빈 곳이 존재한다는 실험적 증거가 크게 작용하고 있었다.

이탈리아의 토리첼리(Torricelli, 1608~1647)는 1642년에 피렌체의 수학 교수가 되었다. 우물 속에 수직으로 세워진 파이프 속의 물이 위로 올라올 수 있도록 압력을 형성하는 것은 우물의 물 표면을 내리누르고 있는 대기 중 공기의 무게라고 생각했다. 1643년 그는 윗부분이 밀봉된 유리관에 수은을 채운 뒤 똑같이 수은을 담은 얇은 수조에 거꾸로 세워 유리관의 주둥이 끝을 수은 속에 완전히 잠기도록 하는 실험을 했다. 수은은 같은 부피의 물보다 14배가량 무겁기 때문에 시험관 속의 수은 기둥이 60센티미터 높이에서 멈출 것이라고 예측했다. 그는 그 변화가 대기압의 변화에 따른 것이라고 추측했으며, 마침내 그는 처음으로 진공을 만든 사람이 되었다.

광학과 빛의 파동설

호이헨스(Christiaan Huygens, 1629년~1695)는 네덜란드의 헤이그에서 명성이 자자하고 부유한 가문에서 태어났다. 그는 가문의 전통에 따라 외교관이 되려고 1645년 수학과 법학 공부를 위해 라이덴 대학교로 갔다. 그러나 그는 20세가 되자 가문의 전통을 포기하고 과학 공부에 전념하기로 마음을 굳혔다. 그 후 17년 동안 그는 헤이그에 있는 집에 거주하면서 자연을 탐구하는 과학 연구에 전념했다.

그는 초반에 주로 수학 분야에 집중하면서 기존의 수식들을 개량했고, 역학 분야로 옮겨 운동량에 대한 연구와 중력과 유사성을 보인 원심력의 성질에 대해 연구했다. 이 작업은 아이작 뉴턴처럼 보기 드문 천재가 아니라도 다음 세대의 과학자들 중 분명 누군가가 중력의 역제곱법칙을 발견하리란 점을 한 치의 의심도 들지 않게 만들었다. 그렇지만 그가 과학자들뿐만 아니라 일반인들에게 널리 알려지게 된 것은 1657년 진자시계의 발명을 통해서였다.

그가 시계를 만들게 된 동기는 천문학에 대한 관심에서 비롯되었다. 천문학 분야에서는 정확한 시간측정에 대한 갈망이 오랫동안 계속되어 왔으며, 정확한 관측 장비들의 설계에 따라 그 필요성이 더욱 커졌다. 1658년 그의 설계에 기초하여 만들어진 시계들이 네덜란드를 가로질러 교회 탑들에 차차 등장하기 시작했고 곧 유럽 전역으로 퍼져나갔다. 1658년 이후 일반인들이 해의 위치로 하루의 시간을 짐작하는 대신 정확한 시계를 접하기 시작했던 것은 모두가 그의 덕분이다.

오늘날 시계에 대한 호이헨스의 업적에 대해 알고 있는 사람들은 거의 없다. 그러나 많은 사람들이 그가 빛의 파동이론과 깊은 관련이 있다는 사실은 잘 알고 있다. 빛의 파동은 천문학과 연관된 작업에서 비롯되었다. 1655년 호이헨스는 최고의 천문학 장비인 망원경을 제작했다. 그 당시 모든 반사망원경은 '색수차'라는 문제로 어려움을 겪고 있었다. 색수차란 망원경 렌즈들이 색에 따라 빛을 조금씩 다르게 굴절시키기 때문에 발생하는 현상인데, 그 결과 망원경에 맺힌 물체의 상 테두리에 줄무늬가 생긴다. 1655년 새로운 설계에 기초하여 만든 첫 번째 망원경으로 그는 토성의 가장 큰 위성인 타이탄을 발견했으며, 이는 갈릴레이의 목성 위성의 발견에 견줄 만큼 커다란 화제를 불러일으켰다.

1660년대 초 그는 헤이그에 기반을 두고 있었지만, 파리에서 많은 시간을 보내고 있었다. 프랑스 왕립과학 아카데미가 창립되던 1666년 일곱 명의 창립회원들 중 한 명으로 선정되어 아카데미의 후원 아래 파리에서 영원히 일할 수 있는 기회가 찾아왔다. 그는 항상 건강이 나빠 16년 동안 파리에 살면서도 병을 회복하기 위해 두 차례 네덜란드로 돌아와서 오랫동안 요양해야만 했다. 이렇게 단절의 기간이 있었지만, 그는 파리에 있는 동안 가장 중요한 연구 성과를 이루었다. 1678년 광학 연구를 완성한 것도 바로 파리에서였다.

그의 빛에 대한 이론은 왜 빛이 거울에서 반사되며, 빛이 공기나 물속에서는 어떻게 굴절되는가를 설명해준다.

그 모든 것은 '에테르'라 불리는 유체 속에서 발생하는 압력파의 관점에서 기술되고 있었다. 그의 이론에는 특별히 중요한 예측이 한 가지 있다. 즉, 빛의 속도는 공기 같은 덜 조밀한 매질보다 유리 같은 더 조밀한 매질에서 더 느려져야 한다는 것이다. 이는 후대의 관점에서 중요한 역할을 했는데, 19세기에 빛이 파동으로 전해지느냐 아니면 입자의 흐름으로 전해지느냐에 대한 결정적인 실험을 제공해주었기 때문이다.

뿐만 아니라 당시에도 매우 중요했는데, 사람들은 빛이 무한 속도로 여행한다고 믿고 있었다. 그런데 그는 이 가정을 뒤엎은 것이다. 호이헨스가 1670년대 후반, 자신의 모델에서 빛의 유한속도를 발견했던 것은 바로 최첨단 연구가 이루어지는 파리에 있었기 때문에 가능했다. 빛의 속도가 매우 빠르기는 하지만 무한하지 않다는 것을 이해할 필요가 있다.

위성들이 행성 주위를 돌 때 행성의 뒤쪽에 위치하는 동안 위성들은 보이지 않는다. 하지만 프랑스 아카데미에서 호이헨스의 동료였던 덴마크인 올 뢰머(Ole Christensen Rømer, 1644~1710)는 이런 차이가 항상 일정하지 않으며, 태양을 둘러싼 지구의 궤도와 그리고 목성의 궤도에서 지구와 목성의 위치에 따라 변한다는 것을 발견했다. 그는 이를 빛의 속도가 유한한 결과라고 해석했다. 즉, 지구가 목성에서 멀리 떨어져 있을수록 우리가 식을 보는 시간이 늦어지는데, 빛이 목성에서 망원경까지 다다르기 위해서는 더 먼 거리를 더 많은 시간 동안 와야 하기 때문이다.

뢰머는 자신이 발견한 식의 발생시간 변화 패턴에 기초하여 1679년 11월 9일에 발생 예정인 목성의 가장 안쪽에 위치한 갈릴레이 위성, 즉 이오(Io)의 식이 계산결과로 예상했던 것보다 10분 늦게 일어날 것이라고 예측했는데, 그 예측은 놀랍도록 정확했다. 지구 궤도의 지름에 대한 가장 정확한 측정치를 사용하여 뢰머는 10분이라는 시간 지연에 착안하여 빛의 속도가 초속 225,000킬로미터라고 계산해냈다.

같은 계산법을 사용하되 현대적 측정값을 도입하여 지구 궤도의 크기를 수정하면, 뢰머의 관찰 결과로 얻어지는 빛의 속도는 초당 298,000킬로미터이다. 그리고 빛의 속도에 대한 최초의 측정이라는 점을 감안한다면, 이 값은 오늘날 빛의 속도인 초속 299,792킬로미터에 놀라울 정도로 근접한 것이었다. 덴마크로 돌아간 뢰머는 1681년, 코펜하겐에 있는 왕립천문대의 책임자가 되었으며, 그곳에서 1710년 세상을 떠났다.

파리에서 뢰머와 함께한 빛에 관한 연구는 호이헨스의 생애에서 최고의 업적이며, 그의 책 『빛에 관한 논문(Traité de la Lumière)』은 1690년에 출판되었다. 1694년 호이헨스는 계속된 건강 악화로 자리에 눕고 말았으며, 수개월 동안 고통 속에서 지내다가 1695년 헤이그에서 생을 마감했다.

공기 압력과 실험 철학

프랑스와 네덜란드가 전쟁을 벌이던 당시 호이헨스의 삶은 과학 연구 외에는 그런 대로 평탄했다. 그러나 그와 동시대 사람인 영국의 로버트 보일(Robert Boyle, 1627~1691)의 경우에는 전혀 딴판이었다. 보일은 화학을 거의 혼자 힘으로 일으켜 세웠고, 평생 동안 기체의 성질을 연구했다. 원자의 사상을 더욱 발전시키는 한편 소설로 옮겨놓아도 좋을 파란만장한 인생을 살았다.

보일은 당시 영국에서 가장 부유했던 코크 백작의 14번째 아이로 태어났다. 그는 아버지의 재력으로 비록 생활의 안락함은 보장받고 있었지만, 갓난아이로 집을 떠난 후 다시는 어머니를 보지 못했다. 어머니는 40대 중반의 나이로 그가 네 살 때 죽었고, 아버지는 77세에 숨을 거두었다. 그의 누이였던 캐서린은 독립성이 강하고 지적인 여인이었다. 런던에 있는 그녀의 집은 당시 많은 지식인들의 모임장소였으며, 과학에 관심을 보인 사람들의 모임도 포함되어 있었다. 그들은 스스로를 '보이지 않는 대학'이라 불렀다. 이 모임은 왕립학회의 전신이었고, 보일은 런던을 방문할 때마다 누나 집에 들러 그 모임의 사람들과 어울렸다. 하지만 내전이 끝을 향하던 1648년, 회원들 중 여러 명이 옥스퍼드에 자리를 잡자 보이지 않는 대학의 구심점은 옥스퍼드로 옮겨갔다.

1654년, 27세가 된 그는 당시 영국에서 과학 활동의 중심지였던 옥스퍼드로 자리를 옮겨 14년 동안 과학 연구에 전념했다. 그러나 보일은 모든 실험을 자신이 직접 해야 한다고 생각하지 않았다. 경제적으로 풍족했던 그는 조교들을 채용했으며, 오늘날 많은 과학자들이 부러워할 사설 연구기관에 해당하는 연구실을 운영했다. 또한 그와 동시대의 사람들과는 달리 보일은 자신의 책을 자비로 출판했다.

과학연구 시설을 갖춘 보일은 과학적 방법을 적용했던 갈릴레이와 길버트처럼 실험을 했고, 프랜시스 베이컨의 철학적 색채가 짙은 저작들을 통해 영감을 받았다. 과학적 방법에 대한 베이컨의 저작들은 몇 세대에 걸쳐 영국 과학자들에게 커다란 영향력을 발휘했다. 베이컨의 과학적 사고를 한 문장으로 요약하면, 과학은 반드시 사실과 경험의 토대 위에 세워져야 한다는 것이다. 보일은 이 교훈을 가슴 깊이 새겼다.

그가 과학에 최초로 기여한 것은 공기의 탄성 또는 압축성으로, 그의 가장 유명한 실험과 관련되어 있었다. 그 실험에서, 그는 문자 J와 같은 모양의 유리관을 위는 열어놓고 짧은 쪽 끝은 막았다. 그 유리관에 U자 밑의 굴곡부가 채워지도록 수은을 부어 유리관의 짧은 쪽에 들어 있는 공기의 유입을 막았다. 유리관 U자 굴곡부 양쪽에 있는 수은의 수위가

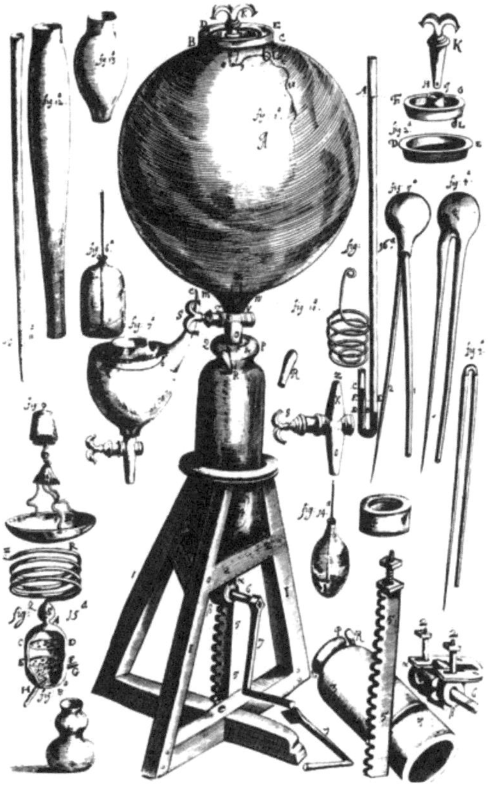

공기펌프를 포함한 보일의 장비들

같을 때 막힌 쪽 끝에 있는 공기는 대기압 상태에 놓이게 된다. 그러나 유리관의 긴 대롱 속으로 더 많은 수은을 부으면 압력이 증가하는 반면, 짧은 가지에 있는 공기의 부피는 줄어든다. 다시 말해 보일은 압력이 두 배로 늘어났을 때 갇힌 공기의 부피가 반으로 줄어들고, 압력이 세 배로 늘어나면 갇힌 공기의 부피는 3분의 1로 줄어든다는 것을 알게 되었다.

『공기의 탄성(The Spring of the Air)』으로 불리는 그의 첫 번째 책에는 오늘날 보일의 법칙, 즉 공기가 차지하는 부피는 그 압력에 반비례한다는 것에 대해 명확히 다루지 않았지만, 1662년에 출간된 재판에서 자세히 다뤄지고 있다. 진공(매우 낮은 공기의 압력)에서 이루어진 보일의 작업은 그가 설계하고 로버트 훅이 만든 개량된 공기펌프를 사용하여 진행되었다. 갈릴레이처럼 보일은 과학을 대중들의 수준으로 끌어내렸다.

1661년 보일은 자신의 가장 유명한 책 『회의적 화학자(The Sceptical Chemist)』를 출판했다. 보일이 연금술을 폐지하려고 노력했다기보다는 베이컨의 방법을 연금술에 적용하여 과학적으로 만들려고 노력했다. 이는 역사적으로 볼 때 17세기의 과학자에겐 너무도 당연한 일이었다. 뉴턴조차 17세기 말에 연금술 작업에 몰두한 바 있었다. 사실 보일은 과학적 방법을 연금술에 적용하여 결과적으로 연금술을 화학으로 전환시켰고, 현자의 돌에 대한 확고한 이성적 믿음을 제거해주는 과학적 토대를 마련했다. 따라서 보일은 영국에서 과학적 방법을 확립하는 데 가장 앞장선 사람이었다.

그는 세계가 아리스토텔레스의 네 개의 원소들, 즉 공기, 흙, 불, 물로 이루어져 있다는 오래된 사상을 받아들이는 것은 옳지 않다고 말하면서 그것을 반증하는 실험을 했다. 그리고 일종의 원자 가설을 주장했다. 그에 따르면 세상만물은 다양한 방식으로 결합한 몇 가지 모양의 작은 입자들로 이루어져 있다. 이는 오늘날 원소와 화합물 개념의 초기 버전이었다. 보일은 이렇게 쓰고 있다.

"원소들이란 근본적이고 단순한, 즉 다른 물질이나 제3의 물질을 포함하지 않는 구성요소들이다. 우리가 완벽하게 혼합된 물체라고 부르는 것들은 바로 그 물체의 구성요소들이 혼합된 것이고, 물체들은 궁극적인 구성요소들로 분해된다."

1666년에 그는 『형상과 질의 기원(Origin of Forms and Qualities)』이라는 책에서 원소의 개념을 발전시켰다. 그는 원자들은 유체에서는 자유롭게 떠돌아다닐 수 있지만, 고체에서는 멈춰 있다. 또한 원자로 이루어진 물질의 성질을 결정하는 데 원자의 형태가 중요하다고 주장했다. 그리고 사물이 무엇으로 이루어져 있는지를 알아내는 것은 화학의 중요한 역할이며, 이 과정을 알아내기 위해 '화학 분석'이라는 용어를 만들어냈다.

이 모든 것은 보일의 업적에서 일부분에 지나지 않으며, 몇 가지 대표적 사례들은 다음과 같다. 그는 성냥을 발명했고, 고기 보존용으로 냉기를 사용했으며, 실험을 통해 물이 얼 때 팽창한다는 사실을 증명했다. 또한 왕정복고 시대의 유명한 문학가로서 소설을 포함하여 다양한 주제의 글을 많이 썼다.

보일은 그 시대에 가장 존경받는 과학자가 되었지만, 나서기를 삼가는 겸손한 성격으로 수많은 명예를 사절했다. 영국의 찰스 2세는 왕정복고 후에 그에게 귀족 작위를 하사했지만, 그는 작위를 사양했다. 보일은 신학자로서 명성 또한 대단했는데, 영국의 대법관이 속성 과정을 밟으면 주교직을 보장할 테니 서품을 받으라고 요청했지만 그는 완곡하게 거절했다. 한편 이튼 학교의 교장을 맡아달라는 요청도 뿌리쳤다. 그리고 1680년에 왕립학회 회장으로 선출되었을 때, 그는 개인적인 신앙 문제로 회장 취임선서를 할 수 없기 때문에 회장직을 맡을 수 없는 안타까움을 표시하기도 했다. 생애 내내 그는 명예로운 사람으로 남아 있었다. 그리고 그는 거의 주체할 수 없을 정도의 막대한 수입을 많은 곳에 자선 기부금으로 냈다.

현미경과 해부학, 그리고 돌고래

과학에서는 종종 그렇듯, 새로운 발전들은 새로운 기술의 발전을 동반한다. 망원경이 우주에 대한 사람들의 사고방식을 근본적으로 바꿔놓았던 것처럼, 현미경은 사람들의 사고방식을 근본적으로 뒤바꿔놓았다. 그리고 현미경을 처음으로 사용한 위대한 선구자는 이탈리아 내과의사인 마르첼로 말피기(Marcello Malpighi, 1628년~1694)였다.

말피기는 볼로냐 대학교에서 철학과 의학을 공부하고 1653년에 졸업했다. 1656년 피사 대학교의 이론의학 교수를 지낸 다음, 1666년 볼로냐 대학교의 의학교수가 되었다. 1691년 교수직을 은퇴하고 로마로 자리를 옮겨 교황 인노켄티우스 12세의 주치의가 되었다.

그의 연구는 전적으로 현미경 작업과 관련된 것으로 다양한 주제들을 그 대상으로 삼고 있었다. 박쥐의 날개 막을 통과하는 피의 순환, 곤충의 구조, 병아리 배아의 발생, 식물 잎에 있는 기공의 구조 등을 대표적인 예로 꼽을 수 있다. 그러나 말피기의 과학에 대한 가장 위대한 공헌은 1660년과 1661년에 볼로냐에서 했던 연구의 결과였다.

그 전까지만 해도 혈액의 폐순환에 대해 폭넓게 받아들여졌던 개념은 심장에서 폐로 흘러들어가는 혈액이 혈관에 나 있는 작은 구멍을 통과해 공기로 채워진 폐 속으로 들어가서 어느 정도 공기와 섞인 다음,

다른 혈관에 나 있는 작은 구멍을 통과해 다시 혈관 속으로 들어가 심장으로 되돌아온다는 것이었다. 현미경을 이용한 개구리 폐를 연구한 결과, 말피기는 폐의 안쪽 표면은 피부의 표면과 매우 유사한 모세혈관으로 뒤덮여 있으며, 모세혈관을 통해 한쪽의 동맥이 반대편의 정맥과 직접 연결된다는 것을 밝혀냈다. 즉, 그는 피의 순환에 대한 하비의 서술에서 잃어버린 고리를 발견했던 것이다.

하비는 그 고리가 반드시 그곳에 있을 것이라 추측했지만, 그 당시 장비로는 찾아낼 수 없었다. 몇 년 후 그와는 별도로 네덜란드의 안토니 반 레벤후크는 현미경을 사용하여 말피기와 똑같은 발견을 했는데, 사실 말피기의 연구를 알지 못했다.

17세기에 또 한 명의 이탈리아인 조반니 보렐리(Giovanni Borelli, 1608~1679)는 말피기와는 친구로 말피기보다 나이가 많았다. 말피기는 보렐리로 하여금 생물에 대한 관심을 갖도록 격려하는 한편, 보렐리는 말피기에게 생물 시스템이 작동하는 방식을 탐구해보도록 해부에 대한 그의 노력을 격려했다. 두 사람의 만남은 서로에게 많은 성과를 이루게 한 촉진제였다.

보렐리는 로마에서 수학을 공부하고, 1649년에 메시나 대학교 수학 교수가 되었다. 1656년 그는 갈릴레이의 뒤를 이어 피사 대학교의 수학 교수가 되었는데, 그곳에서 말피기를 만났다. 보렐리는 태양을 지나는 혜성의 궤적이 포물선이라고 제안한 최초의 인물이었지만, 그의 가장 중요한 과학적 업적은 해부학이라는 생물학 분야에서 이루어졌다. 그가 죽은 뒤인 1680년과 1681년에 『동물들의 운동에 관하여(De Motu Animalium)』라는 책이 출판되었다. 보렐리는 신체의 근육이 발휘하는 힘이 어떻게 작동되는지를 다루면서, 걷고 있을 때와 뛰고 있을 때 인체의 근육들의 움직임을 기하학적으로 분석했다. 또한 새의 비행과 물고기의 헤엄치는 동작을 수학적 용어로 기술했다.

인간과 동물들 사이의 관계는 17세기가 끝나던 바로 그 시점, 런던에서 에드워드 타이슨(Edward Tyson)이 획기적인 해부를 하는 순간 확연히 드러났다. 타이슨은 1650년 서머싯에서 태어났으며, 옥스퍼드와 케임브리지에서 교육을 받았고 1677년 케임브리지에서 의학박사 학위를 받았다. 1684년 그는 런던의 베들레헴 병원의 내과 의사이자 원장으로 임명되었다. 이 병원은 영국에서 정신질환자를 위한 최초의 정신병원(스페인의 그라나다에 설립된 병원에 이어 유럽에서는 두 번째)이었지만, 안식처와는 거리가 멀었다. 정신질환자들은 상상하기 힘든 온갖 방식으로 학대받고 있었으며, 심지어는 노리개로 취급받았다. 정신병원은 사교계 인사들이 동물원을 구경하듯 호기심을 채우기 위해 즐겨 찾던 곳이었다.

타이슨은 이 모든 것을 바꿔나가기 시작했다, 사실 간수나 다름없던 남자 간호사들 대신 환자들을 돌보는 여자 간호사로 대체했고, 가난한 수용자들을 위해 옷을 제공해주는 기금을 마련하는 등 많은 개혁들을 꾸준히 펼쳐나갔다. 인간적 관점에서, 이는 타이슨의 가장 위대한 업적이었다. 하지만 과학적 관점에서 그는 서로 다른 종들의 유사성을 비교하면서 살펴보는 비교해부학의 창시자로 알려져 있다. 그의 가장 기념비적인 해부 중의 하나는 1680년에 이루어졌다.

당시 불행한 돌고래가 템스강을 거슬러 올라오다가 생선장수에게 붙잡혀 타이슨에게 7실링 6펜스에 팔렸다. 타이슨은 그레샴 대학에서 물고기라고 알려진 이 동물을 해부하면서 로버트 훅을 불러서 해부가 진행되는 동안 그림을 그리도록 했다. 해부 결과 그 동물이 땅 위에서 사는 네발짐승들과 매우 비슷한 신체 구조를 지닌 포유류라는 사실을 발견하고는 깜짝 놀랐다. 그는 이 동물이 내장과 신체내부 구조가 네발동물과 해부학적으로 대단히 유사하다는 점을 발견했다. 그 둘의 가장 커다란 차이점은 외형상의 모습과 발이 없다는 점이다. 또한 새로운 사실을 알게 되었는데, 동물의 피부와 살을 제거하자 앞지느러미가 팔의 모양을 그대로 재현하고 있으며, 어깨뼈, 상박부, 척골, 요골, 손목뼈, 손바닥뼈, 5개의 손가락이 신기하게 결합되어 있었다.

그는 그밖에도 많은 해부를 실시했는데, 방울뱀과 타조 역시 포함되어 있었다. 그러나 그의 가장 유명한 해부는 1698년, 선원의 애완동물로 런던에 끌려온 어린 침팬지였다. 어린 침팬지는 아프리카에서 유럽으로 실려 오는 도중 상처를 입었고, 병든 것이 분명했다. 그는 침팬지가 살아 있는 동안 외형과 행동을 연구할 기회를 포착했으며, 침팬지가 죽자마자 곧바로 해부했다.

그는 『오랑우탄, 또는 호모 실베스트리스 : 원숭이, 유인원, 인간의 해부와 비교 관점에서 본 피그미의 해부』라는 멋진 제목의 책을 출판했다. 상당히 많은 삽화가 실려 있는 이 책은 인간과 침팬지가 같은 몸의 설계로 이루어졌다는 점에 동의할 수밖에 없는 결정적 증거를 제시했다. 책의 말미에 타이슨은 침팬지 해부에서 나타난 가장 중요한 특징들을 열거했다. 그 특징들 중 48가지가 원숭이보다 인간의 특징에 더욱 가까웠으며, 27가지는 인간보다 원숭이의 특징에 더 가까웠다. 다시 말해 침팬지는 원숭이보다는 인간에 더욱 가까웠던 것이다. 그는 특히 침팬지의 뇌가 크기와는 상관없이 인간의 뇌와 닮아 있다는 사실에 충격을 받았다고 고백했다.

마이크로그라피아

17세기 말 과학적 방법과 영국 과학의 우수성을 보여주었던 세 사람이 있었는데 바로 로버트 훅, 에드먼드 핼리, 아이작 뉴턴이었다. 로버트 훅(Robert Hooke, 1635~1703)은 갈릴레이가 죽기 7년 전 1635년에 태어났다. 그는 처음부터 좋지 않은 건강 때문에 정식교육을 받지 못했다. 그러나 생존 가능성이 높아지자, 아버지는 직업을 구하는 데 도움이 될 만한 기초적인 지식들을 가르쳐주었다. 그는 손재주가 좋았기 때문에 장비를 만들고 실험에 능숙해서 과학자들 사이에서 인기 있는 조수로 손꼽혔다. 그는 로버트 보일의 수석 조교이자 평생을 함께하는 친구가 되었다. 1660년대 초반 런던에서 왕립학회가 설립되자, 그곳을 이끌어 갈 상근 실무자로서 관리를 맡을 서기와 실험 관리를 담당할 사람이 필요했다.

1662년 그는 왕립학회에서 조수를 하기 위해 옥스퍼드를 떠났다. 비록 학위를 받지는 못했지만, 보일을 비롯하여 여러 사람들의 조교로 근무했던 관계로 1663년에 석사학위를 받았고 왕립학회의 특별회원으로 선출되었다. 1665년 그는 그레샴 대학의 기하학 교수가 되었는데, 임용되던 해 가장 위대한 저작 『마이크로그라피아(Micrographia)』를 출판했다. 이 책은 당시로서는 흔치 않게 매우 분명하고 읽기 쉬운 영어로 쓰였던 까닭에 많은 독자들이 비교적 쉽게 읽을 수 있었다. 하지만 그가

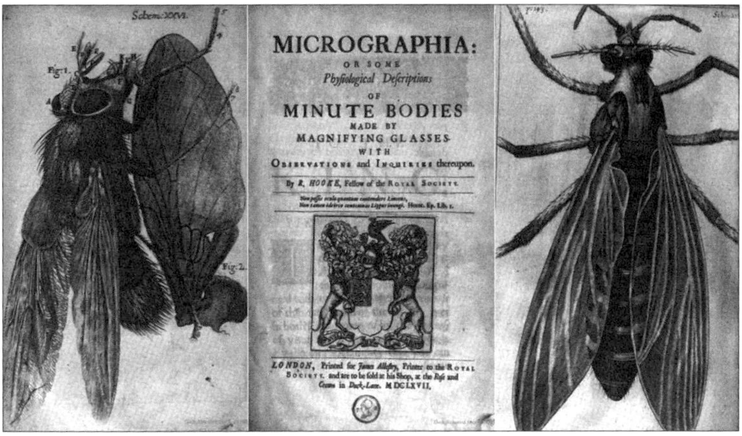

훅이 출간한 『마이크로그라피아(1665)』

제시했던 방식이 너무도 쉬워 보였기 때문에 일부 사람들은 그의 과학적 능력을 과소평가하기도 했다.

제목이 암시하듯, 이 책은 주로 현미경과 관련되어 있으며, 일류 과학자가 현미경 검사를 본격적으로 다룬 최초의 책이었다. 갈릴레이의 『별들의 소식』이 거대한 우주의 본질에 대한 사람들의 시야를 열어주었다면, 『마이크로그라피아』는 아주 작은 세계에 대한 사람들의 시야를 열어주었다는 점에서 의미가 있다.

훅과 같은 시대 사람이자 네덜란드 포목상인 안토니 반 레벤후크((Antony van Leeuwenhoek, 1632~1723)도 정규대학 교육을 받지 않았지만 자신이 만든 현미경을 사용하여 깜짝 놀랄 만한 발견들을 해냈다. 레벤후크의 가장 중요한 발견은 물방울 속에서 움직이고 있는 미생물의 존재였다. 그는 또한 정자세포를 발견하여 임신이 어떻게 이루어지는가에 대한 최초의 암시를 던져주었다. 그리고 독자적으로 적혈구와 모세혈관에 대한 말피기의 연구를 알지 못했음에도 불구하고 일부를 재현했다.

훅은 물체를 확대하기 위해 두 개 또는 그 이상의 렌즈들을 사용하는 복합현미경을 발명해냈다. 훅의 걸작 중 가장 유명한 것은 현미경 밑에 놓인 코르크 조각의 '작은 방' 구조였다. 그가 보았던 작은 구멍들은 현대적 의미로 보면 세포라고 할 수 없지만, 그는 그것에 '세포'라는 이름을 붙였다. 그리고 19세기에 세포의 존재가 규명되었을 때 생물학자들이 그 이름을 따왔기 때문에 오늘날 우리는 그렇게 부르고 있다. 그는 지금은 친숙한 시계 문자판 형태의 압력계, 풍속계, 개량된 온도계, 습도계 등을 발명해서 최초의 기상학자가 되었으며, 대기압의 변화와 기후의 변화 사이에 관계가 있다는 사실을 밝혀냈다.

그는 『마이크로그라피아』의 출간 직후 흑사병이 퍼지자 왕립학회의 활동이 중단되어 런던을 빠져나와 잠시 동안 피신을 해야 했다. 또한 1666년 런던 화재 후 몇 년 동안 과학연구에서 벗어나 있었는데, 그는 도시의 재건설 작업에서 핵심인물들 중 한 명이었다. 1678년 훅은 용수철에 관한 탄성의 법칙을 발견했다. 훅은 1703년 세상을 떠났으며, 당시 런던에 있던 왕립학회의 특별회원 모두가 참석한 가운데 그의 장례식이 치러졌다.

뉴턴, 자연법칙의 수학적 표현

1684년 핼리가 케임브리지의 뉴턴을 방문했을 때 두 사람은 약간의 시간을 함께 보냈다. 핼리가 그에게 태양으로부터 거리의 제곱에 반비례하는 인력을 주고받고 있는 행성들이 있다고 가정했을 때, 그것들은 어떤 곡선 궤도를 그리고 있는지 생각해본 적이 있느냐고 물었다. 뉴턴은 즉시 타원형이라고 대답하자, 핼리는 놀라면서 어떻게 그것을 알게 되었느냐고 물었다. 뉴턴은 그것을 계산했다고 하자, 핼리는 그 계산을 보여줄 수 없느냐고 물었다. 뉴턴은 자신의 논문들을 뒤졌지만 찾을 수 없었다. 하지만 그는 핼리에게 다시 계산해줄 것을 약속했고, 나중에 그에게 그 계산법을 보내주었다.

뉴턴이 역사상 가장 위대한 과학자로 자신의 이미지를 구축하는 데 결정적 역할을 하는 『프린키피아』를 쓸 수 있었던 것은 바로 이 만남을 통해서였다. 그러나 그는 책 속에 담겨 있는 거의 모든 내용을 여러 해 전에 이미 끝내놓은 상태였다. 다만 1684년에 있었던 행운의 만남 전까지는 대중의 시야에서 감춰놓은 상태였을 뿐이다. 이러한 행동은 뉴턴의 배경과 성장과정을 살펴본다면 그의 비밀주의가 그렇게 놀라운 것만은 아니다.

뉴턴(Isaac Newton, 1643~1727)은 내세울 것이 전혀 없는 농촌 가문 출신이었다. 뉴턴은 갈릴레이가 죽은 해와 같은 1642년에 태어났고 코페르니쿠스의 『천구의 회전에 관하여』가 출판된 지 정확히 100년 뒤에 태어났는데, 이는 과학이 르네상스가 시작된 후 얼마나 빨리 자리 잡게 되었는지를 보여준다.

뉴턴의 아버지는 결혼 후 6개월 만에 세상을 떠났으며, 3년 동안 뉴턴은 과부가 된 어머니의 헌신적인 보살핌을 받고 자랐다. 그러나 1645년 재혼을 한 어머니는 그를 외갓집으로 보냈다. 그는 자신만의 세계에 갇혀서 가까운 친구라고는 없이 외톨이나 다름없는 아이로 성장했다. 12세가 되던 해, 그는 공립중학교에 입학했다. 뉴턴은 비록 학교에서는 외톨이였지만 모범생이었고, 모형 제작자로서 탁월한 능력을 보여주었다. 1661년 뉴턴은 18세 되던 해, 트리니티 칼리지에 입학했다.

당시 1660년대 케임브리지에 입학하는 대부분의 학생들은 일반적으로 14~15세가 되면 하인을 데리고 대학에 들어갔다. 하지만 뉴턴은 하인을 거느리는 것은 고사하고 오히려 하인 노릇을 해야 했다. 그 당시 학생의 하인(하인 장학생이라 불렀다)이 된다는 것은 대단히 불쾌한 일이었다. 젊은 주인을 위해 요강을 비우는 것과 같은 일을 해야 했기 때문이다. 낮은 지위와 내성적 성격으로 말미암아, 1663년 초까지 뉴턴은 케임브리지에서 불행한 시간을 보냈다. 1660년대 케임브리지는 학술적 중심지에서 꽤 멀리 벗어나 있었다. 케임브리지는 아리스토텔레스 이론에 대한 기계적 암송이 여전했고, 유능한 사제나 저질 의사들을 배출할 뿐이었다. 1664년 뉴턴은 장학생으로 뽑혔으며, 그로 인해 4년 후 석사학위를 딸 때까지 자신이 좋아하는 연구를 계속할 수 있었다

뉴턴은 일에 부딪치면 몸과 마음을 모두 내던지는 집착적인 성격의 소유자였다. 그는 연구를 하거나 실험을 하는 동안에는 먹거나 잠자는 것을 잊기 일쑤였고, 광학에 대한 연구에서는 자신을 대상으로 위험한 실험들을 했다. 태양을 너무 오랫동안 응시한 나머지 거의 눈이 멀 뻔했으며, 송곳바늘로 눈을 여기저기 쑤시면서 눈을 자극했을 때 나타나

는 빛의 색깔 변화를 연구했다. 그는 말년에도 이와 똑같은 집착을 보였다. 뉴턴의 위대한 통찰력이 발휘되고 중력에 대한 탐구가 시작된 것은 케임브리지에서 흑사병의 위협으로 중단되었던 때였다. 뉴턴이 졸업한 지 얼마 되지 않아 대학은 잠시 휴교령을 내렸고, 학자들은 흑사병을 피해 사방으로 흩어졌다. 1666년 말, 그는 자신의 24번째 생일을 즐겁게 맞이했다. 당시 뉴턴이 이야기한 것을 요약하면 다음과 같다.

흑사병이 돌 때 뉴턴은 나무에서 사과가 떨어지는 것을 보자 문득 궁금해졌다. '만약 지구 중력의 영향력이 나무 꼭대기까지 뻗친다면 달까지도 충분히 뻗어나갈 수 있지 않을까?' 곧바로 그는 달을 궤도에 붙잡아두기 위해 필요한 힘과, 나무에서 사과를 떨어뜨리는 힘 모두가 지구의 중심에서 그 거리의 역제곱에 비례하여 커진다면, 두 현상 모두 지구의 중력으로 설명이 가능하다고 짐작했다. 케임브리지로 돌아온 지 얼마 후에 작성한 기록에서, 그는 그 힘들을 지구의 중심에서 벗어나기 위한 달의 힘과 비교했다. 그는 지구의 표면에서 작용하는 중력이 궤도를 따라 돌고 있는 달(원심력)보다 4천 배나 크다고 밝혔다. 그러나 중력에 대한 연구는 뉴턴이 새로운 열정, 즉 연금술로 돌아섬에 따라 우선 순위에서 밀려났다. 그 후 20년 넘게 뉴턴은 오늘날 위대한 업적으로 알려진 과학보다는 연금술에 시간과 열정을 쏟아 부었다.

뉴턴은 26세가 되던 1669년 케임브리지 대학교 루카스 좌 교수가 되었다. 그는 1687년에 세 권으로 된 『프린키피아』를 출간했는데, 이 책이 그토록 큰 반향을 일으켰던 이유는 코페르니쿠스 이후에 과학자들이 찾아 헤매던 해답을 제시했기 때문이다. 즉, 세계는 마술이나 변덕스런 신들의 기분에 따라 좌우되는 것이 아니라 기본적으로 기계적 원리에 따라 작동하고 있어 인간이 그 원리를 이해할 수 있다는 사실을 분명히 보여주었기 때문이다.

아이작 뉴턴(1643~1727)

1690년대 초 연금술 작업에 몰두했지만, 1693년에 그는 여러 해 동안의 과로와 긴장감으로 심각한 신경쇠약에 빠지면서 고통에 시달렸다. 건강을 회복한 뒤 1696년, 왕립조폐국의 감독관직을 제의받자마자 주저하지 않고 받아들였다. 감독관직은 사실상 조폐국내에서 제2인자로, 명예직이었다. 그러나 당시 조폐국의 국장이 자신의 이익만을 챙기고 있었기 때문에 뉴턴은 권력을 잡을 수 있었다.

그는 병적일 정도로 집착하는 성격 그대로 모든 일을 처리해나갔다. 대규모 위조화폐를 찾아내고, 위조범에 대해서는 잔인하고 냉혹한 형벌을 가하는 단호한 조치를 취했다. 1699년에 국장이 죽자, 뉴턴은 그 자리를 물려받았다. 관리자가 이런 식으로 수장의 자리에 오른 것은 조폐국의 오랜 역사에서 유일한 경우였다.

1703년 3월에 훅이 숨을 거두자, 오랫동안 학회와 거리를 두었던 뉴턴은 그해 11월에 왕립학회 회장으로 선출되었다. 『광학』이 1704년에 출판되었고, 뉴턴은 그 후 20년 동안 구체적 사안에 대해 특유의 꼼꼼함으로 왕립학회를 운영했다. 그는 1727년 85세의 나이로 세상을 떠났으며, 그의 유해는 웨스트민스터 교회에 묻혔다.

이제부터 뉴턴의 물리학에 대한 공헌을 잠시 살펴보자. 외부의 힘이 작용하지 않는다면 정지해 있는 물체는 계속 정지해 있고 움직이는 물체는 계속 움직이려는 경향이 있다. 이것을 뉴턴의 운동 제1법칙이라고 하며, 관성의 법칙이라고도 한다. 이 법칙은 외부에서 힘이 작용해야만 운동 상태가 변한다는 것을 의미한다. 여기서 관성이란 물체가 본래의 특성을 계속 유지하려는 성질, 즉 운동의 변화에 저항하려는 성질을 말한다. 관성의 법칙에 의하면 물체는 원래의 상태를 유지하려는 성질을 가지고 있으므로 물체가 무거울수록 관성도 커진다고 말할 수 있다. 뉴턴은 이와 같이 무거운 정도를 물체의 '질량'이라고 정의했다.

물체의 가속도는 힘에 비례하고 질량에 반비례하는데, 이것을 뉴턴의 운동 제2법칙이라고 한다. 여기서 가속도는 시간에 따라 속도가 변하는 정도를 말하며, 질량은 물체의 고유한 성질을 나타내는 물리량이다. 일반적으로 뉴턴의 운동법칙이라고 하면 제2법칙을 의미하며, 물체에 작용하는 힘과 그로 인해 생긴 가속도 사이의 관계를 나타낸다.

뉴턴의 운동 제2법칙의 특징은 세 가지로 볼 수 있다. 먼저 이 방정식은 물체의 질량을 정의하는 식이라고 할 수 있다. 어떤 물체에 힘을 가해서 가속도를 측정한 다음, 그 힘을 가속도로 나누면 물체의 질량을 알 수 있다. 둘째, 전후, 좌우, 위아래의 서로 독립된 세 방향과 크기를 가진 힘들이 결합해서 물체에 작용한다. 마지막으로 이 법칙은 힘의 종류에 관계없이 항상 적용되는 보편적인 법칙이다. 뉴턴이 알고 있던 힘은 중력과 만유인력뿐이었으나, 그는 이러한 힘들을 구별하지 않았다.

주어진 물체에 작용하는 모든 힘들은 단지 크기와 방향에 따라 달라질 뿐이다.

뉴턴의 운동 제3법칙은 모든 작용에는 크기가 같고 방향이 반대인짝

힘이 존재하며, 작용 반작용의 법칙이라고 부른다. 제3법칙은 힘의 성질에 관해 놀랄 만한 대칭성을 보여준다. 자연에서 나타나는 힘은 본질적으로 크기가 같고 방향이 반대인 짝힘이 존재한다. 예를 들어, 태양이 지구를 잡아당기는 힘의 크기는 지구가 태양을 잡아당기는 힘의 크기와 정확히 같으며, 그 힘들은 반드시 반대방향으로 작용한다. 사람이 걸을 수 있는 것도 마찬가지다. 사람이 발을 땅에 대고 뒤로 밀면 땅은 크기가 같고 방향이 반대인 힘을 작용하여 앞으로 나아가게 한다.

뉴턴의 운동법칙을 정리하면 다음과 같다. 모든 물체는 힘을 받아야만 운동을 한다. 물체에 작용하는 힘은 그 물체의 질량과 가속도의 곱에 비례한다. 그리고 물체에 작용하는 힘이 있으면 반드시 그 힘과 반대방향으로 작용하는 짝힘이 존재한다. 제 1법칙이 힘의 본성을 나타내는 법칙이라면, 제2법칙은 힘의 크기를 나타내는 법칙이고, 제3법칙은 힘의 성질을 나타내는 법칙이다.

케플러는 행성의 운동에 관한 세 가지 법칙을 알아냈지만, 왜 행성들이 타원 궤도를 따라 움직이고 있는지 알 수 없었다. 그는 행성들이 태양 주위를 따라 돈다는 사실로부터 태양이 행성을 잡아당긴다고 짐작했지만 행성들이 태양 쪽으로 움직이지 않고 타원 궤도를 따라 회전하는지는 알 도리가 없었다. 뉴턴은 태양과 행성들 사이에 보이지 않는 힘이 작용한다고 생각했으며, 행성 운동에 대한 케플러의 세 번째 법칙과 자신의 운동 제2법칙으로부터 중력에 관한 보편적인 법칙을 발견했다.

만유인력의 법칙은 인류가 최초로 수학적이고 정량적으로 표현된 원격 힘을 기술했다는 점에서 중요하다. 물체가 원래부터 지니고 있는 고유한 성질 때문에 나타나는 힘을 기본적인 상호작용이라고 부르는데,

만유인력은 인류가 밝혀낸 첫 번째 기본적인 상호작용이다.

행성 운동에 관한 케플러의 제3법칙으로부터 중력의 크기는 태양과 행성 사이의 거리에 의존한다는 관계를 쉽게 알아낼 수 있다. 그러나 케플러는 태양과 행성 사이에 작용하는 힘이 그 둘을 잇는 직선 방향이라고는 생각하지 못했다. 뉴턴은 지구나 태양, 행성 사이에 직선 방향의 힘이 작용할 뿐만 아니라 중력의 개념을 일반화시켜 우주에 있는 모든 물체들 사이에는 서로 잡아당기는 힘이 존재한다고 가정했다.

그는 힘이 두 물체를 잇는 선을 따라 작용해야 한다고 생각했다. 힘의 방향을 결정한 다음, 그는 힘의 크기가 두 물체 사이의 거리의 제곱에 따라 감소할 것이라고 추론했다. 또한 자신이 만든 운동의 제3법칙에 의해 크기가 같고 방향이 반대인 짝힘이 작용하기 때문에 두 물체 사이에 작용하는 힘의 세기는 서로 대칭일 것으로 생각했다. 이러한 대칭 관계를 나타낼 수 있는 대수적인 조합은 두 질량의 곱뿐이었다.

뉴턴의 만유인력은 두 물체가 가진 질량의 곱에 비례하고 두 물체 사이의 거리의 제곱에 반비례한다. 그런데 지상의 물체와 지구 사이에 작용하는 만유인력의 경우 물체를 움직여도 지구와 물체 사이의 거리는 거의 변하지 않으므로 힘의 크기가 일정하다고 할 수 있다. 지구와 물체 사이의 거리가 일정하다고 가정하면 지구의 질량과 거리를 상수로 취급할 수 있으므로 땅에서 물체가 자유 낙하할 때 가속도는 일정하다. 이러한 가속도를 중력가속도라고 하며, 이때 작용하는 힘을 중력이라고 부른다.

뉴턴의 위대한 점은 언뜻 복잡해 보이는 자연현상에서 보편적이고 일정한 패턴을 수학 법칙으로 정량화시켰다는 데 있다. 그가 추구한 수학 이론은 체계적인 틀을 갖추면서 훗날 모든 과학자들이 사용하는 일상적 도구가 되었다.

혜성의 귀환을 예측하다

세 명 중에서 가장 젊은 에드먼드 핼리(Edmond Halley, 1656~1742)는 영국의 천문학자, 기상학자, 물리학자였다. 그는 지구의 나이를 측정하기 위해 바다의 염분을 분석했다. 바다는 처음엔 담수였으며, 육지의 암석에서 떨어져 나온 광물이 강을 통해 바다로 운반되면서 바다의 염분이 점차 증가했다고 가정한 다음, 추론을 통해 앞의 경우와 비슷하게 오랜 시간 척도를 그 결론으로 제시했다. 이런 주장으로 그는 교회 당국자로부터 이단의 위험이 짙은 존재로 낙인찍혔다. 그 당시는 화형에 처해질 정도로 험악한 분위기는 아니었지만, 교수직을 얻는 데 상당히 어려움이 따를 정도로 분위기가 변해 있었다.

핼리는 지구 자기에 대해서도 관심을 보였다. 지구 전체에 걸쳐 위치에 따른 자기의 변화를 정확하게 지도로 나타낼 수 있다면 그 지도를 항해의 수단으로 사용할 수 있을 것으로 생각했다. 1686년 그는 또한 대기압과 바람의 변화를 연구하여 무역풍과 계절풍에 대한 논문을 발표했는데, 그 글에는 최초의 기상도가 포함되어 있었다.

그는 매우 실용적인 인물로서 해군본부를 위해 잠수부가 깊이 약 18미터인 해저에서 한 번에 두 시간씩 작업할 수 있는 잠수함 개발을 위한 실험을 하기도 했다. 그 과정에서 그는 최초로 인간의 사망률 표를 만들어 발표했는데, 그 후 생명보험회사는 과학적 토대를 갖춘 그 표에 기초해서 보험료를 산출했다.

그는 1704년에 옥스퍼드 천문학교수로 임용되었고, 그로부터 1년 후에 자신의 책 『혜성의 천문학 개요(A Synopsis of the Astronomy of Comets)』를 출판했다. 그 책에서 그는 1682년의 혜성이 뉴턴의 법칙에 따라 1758년경에 다시 돌아올 것이라고 예측했다. 1712년 핼리는 당시까지 출판된 최고의 천체목록인 『천체목록』을 출판했는데, 별 3천 개의 위치가 정밀하게 수록되어 있었다.

오늘날 '핼리 혜성'으로 알려진 그 물체는 예측한 대로 제시간에 다시 나타났는데, 이는 『프린키피아』에서 설명된 뉴턴의 중력 법칙을 증명해주는 결과였다. 이것은 그로부터 160년 후 태양의 개기일식이 알베르트 아인슈타인의 일반상대성이론을 결정적으로 입증해주었던 것과 똑같은 방식으로 뉴턴의 업적을 입증해주었다. 그는 말년을 편안하게 보냈는데, 해군장교로 3년 이상 복무한 보상으로 해군 봉급의 절반에 해당하는 연금을 지급받았기 때문이다. 85번째 생일 직후 1742년, 숨을 거두기 직전까지 그는 관측을 계속했다.

인간을 동물로 끌어내리다

린네(Carl von Linné, 1707~1778)는 스웨덴에서 태어났는데, 1728년부터 웁살라 대학에서 의학을 공부했다. 린네는 어린 시절부터 식물의 꽃에 관심이 많았으며, 개화식물의 생식 부위 차이로써 식물을 체계적으로 분류하는 방법을 개발했다. 1741년 웁살라의 의과대학 교수로 있다가 곧 식물학 교수로 자리를 바꾼 다음 평생 동안 그 자리를 지켰다. 그는 1778년 웁살라에서 숨을 거뒀다.

그는 교수가 되자 식물학 야외수업에서 학생들을 군사조직처럼 엄격하게 다루었다. 학생들은 '식물학 유니폼'이라고 불렀던 아주 밝은 색의 옷을 입어야만 했다. 그들은 언제나 정각 오전 7시에 출발했고, 오후 2시에 식사와 휴식, 4시에 짧은 휴식을 취했는데, 교수는 매 30분마다 시간을 알려주었다. 린네는 스스로에 대해 체계적이고 질서정연하지 않으면 그 어떤 것도 이해할 수 없는 사람이었다.

1753년 그의 혁신적인 이명법 체계(모든 종의 이름을 두 단어로 짓는 체계)는 그의 책 『식물종(Species Plantarum)』에 언급되어 있다. 그리고 1758년에 출판된 열 번째 판본에서 생물학의 소개와 특히 포유류, 영장류, 호모 사피엔스 등의 용어를 정의했다. 종의 이름을 두 단어로 사용한다는 생각은 사실 새로운 것이 아니었으며, 자국어에 기초한 명명법을 고대로 되돌리는 결과를 낳기도 했다. 그러나 린네는 두 단어 명명법의 사용에 그친 것이 아니라 그것을 기본규칙이 확고한 체계적인 방법으로 전환시켰다. 다양한 출판물에서 린네는 약 7,700종의 식물과 4,400종의 동물에 대해 기술했다.

린네는 생물계 전체에 가족관계라는 위계질서를 만들었는데, 계, 문, 강, 목, 과, 속, 종이라는 세부 분류에 따라 모든 생물에 이름을 붙였다. 이 분류체계는 미래 세대의 식물학자와 동물학자들이 세계를 탐험하면서 새롭게 발견한 종들을 체계적으로 분류할 수 있는 길을 열어주었다. 린네는 자연에서 인간의 위치에 대한 관점을 영원히 변화시키는 발결

린네가 1753년에 쓴 『식물 종』

음을 과감하게 내디뎠다. 즉, 생물의 분류체계에 '인간'을 처음으로 포 [redacted] 았다시피 우리의 종인 호모 사피엔스는 한 속의 유일한 구성원이라는 [redacted] 네는 과학적 원리에 따라 사람이 원숭이와 분리될 수 있는 어떤 특징도 발견하지 못했다. 다시 말해 그는 사람이 원숭이들과 똑같은 속에 속한다고 생각했다. 호모 사피엔스가 유일한 존재로 자리를 잡고, 한 속의 유일한 구성원으로 분류될 수 있었던 것은 오로지 신학자들의 격노를 일으킬지도 모른다는 린네의 두려움과 역사적 우연 때문이었다.

동물의 멸종과 기린의 목

퀴비에(Georges Cuvier, 1769~1832)는 지금은 프랑스의 일부로 편입된 스위스 국경지대에서 태어났다. 퀴비에는 25세에 비교해부학 교수의 조교로 파리의 자연사박물관 직원이 되었고, 평생 박물관과 인연을 맺었다. 1799년 그는 프랑스 대학의 자연사 교수로 임명되었고, 다시 1년 후 그는 다섯 권의 대작 『비교해부학 강의(Lectures in Comparative Anatomy)』를 출판했다.

그러나 그는 종종 돈이 모자라 생계를 위해 정부와 교육계에서 다양한 일을 맡았는데, 특히 소르본 대학을 새롭게 조직하는 데 주도적인 역할을 해냈다. 1831년 그는 남작 작위를 받았는데, 당시 프랑스에서 신교도가 귀족으로 신분상승하는 것은 매우 드문 일이었다. 1832년 그는 파리에서 콜레라에 걸려 숨을 거두었는데, 당시 세계에서 가장 영향력이 큰 생물학자였다.

퀴비에는 비교해부학의 새로운 기준들을 세웠고, 동물의 서로 다른 부위들이 맞물려 작동하는 방식에 대한 통찰력을 제공했다. 이는 곧 화석을 설명하고 분류하는 데 남들보다 뛰어났다는 의미다. 그는 육식동물과 초식동물의 체형을 비교했다. 육식동물은 빨리 달려 사냥감을 제압하기에 알맞은 다리를, 살을 뜯기에 적절한 이빨을, 먹잇감을 물고 늘어지기에 적합한 턱을 지녀야만 했다. 반대로 초식동물은 깨물어 으스러뜨릴 수 있는 평편한 이빨, 발톱 대신 발굽 등의 고유한 특징들을 지녔다. 약간 과장한다면, 퀴비에는 전문가라면 하나의 뼈를 보고도 동물 전체를 재구성할 수 있어야 한다고 주장했다.

그는 모든 동물들을 네 개의 주요한 집단-척추동물, 연체동물, 관절동물, 방사동물로 분류했는데, 각각은 그 자체의 해부학을 지니고 있다. 퀴비에의 분류법은 더 이상 사용하고 있지 않지만, 그런 분류법을 만들었다는 사실만으로도 과거의 동물학에 대한 사고방식과의 중요한 단절이었다. 이런 생각들을 화석 연구에 적용하면서, 퀴비에는 멸종한 종들을 재구성했으며 고생물학을 만들어냈다. 그 과정에서 그는 최초로 익룡의 존재를 밝혀냈으며, 익룡이란 이름도 그가 붙인 것이다.

이 분야의 작업 중에서 가장 중요한 성과로는 화석들이 발견되는 순서에 따라 지층 정렬이 가능해졌다는 점을 들 수 있다. 다시 말해 어느 지층이 오래되었고, 어느 것이 나중에 생겼는지는 말할 수 있게 되었다. 이전에 지구상에 살고 있었던 많은 종들이 지금은 멸종되었다는 명백한 증거를 바탕으로 퀴비에는 일련의 대격변들이 있어왔고, 성경에 기록된 노아의 홍수는 대격변들 중에서 가장 나중 일로서 그 동안 많은 종들이 멸종했다고 주장했다.

장 밥티스트 라마르크(Jean-Baptiste Lamarck, 1744~1829)는 프랑스의 생물학자로서 처음으로 진화의 개념을 제시했다. 라마르크는 퀴비에가 오기 전부터 파리의 자연사박물관에서 일하고 있었다. 그는 1809년부터 평생 동안 개체가 형질을 획득할 수 있다는 생각과 그것이 다음 세대로 전달될 수 있다는 생각에 기초해서 진화의 방식에 대한 모델을 개발했다.

대표적인 사례로, 기린은 나무의 가장 높은 곳에 있는 나뭇잎을 따먹기 위해 목을 늘림으로써 평생에 걸쳐 점점 더 길어지게 되었다고 가정했다. 따라서 기린이 자손을 낳았을 때, 그 자손은 부모들이 나뭇잎을 따먹으려고 시도하지 않았을 때보다 더 긴 목을 지니고 태어난다.

이러한 생각의 차이로 라마르크와 퀴비에 사이에 치열한 논쟁이 벌어졌다. 라마르크는 멸종되는 종은 없고 단지 다른 형태로 발전되었을 뿐이라고 생각했던 반면, 퀴비에는 변화를 겪는 종은 없고 다만 전체 종이 대격변으로 멸종된다고 생각했다. 그러나 퀴비에의 권위에 눌려 라마르크주의(용불용설)는 파묻혔고, 다윈이 자연선택에 의한 진화론을 발표하기 전까지 거의 잊혀졌다.

과학학회와 이데올로기

과학혁명기를 거치며 과학자들은 상식적 경험보다 인위적으로 만들어낸 특이한 개별적 경험, 즉 실험이 자연을 탐구하는 더 좋은 방법임을 깨닫고 이를 정당화하려 많은 노력을 기울였다. 오래전부터 자연에 대한 직접 경험을 강조해 온 연금술이나 장인 전통이 그 가치를 인정받았고 베이컨과 같은 철학자들은 아리스토텔레스 이후 당연시되던 자연관을 비판하며 이러한 흐름을 철학적으로 뒷받침했다. 이러한 경험에 대한 개념의 변화는 과학기구의 등장과 과학자들의 모임이라는 두 가지 큰 변화를 가져왔다.

우선 실험을 뒷받침하는 과학기구가 과학자들의 필수적인 연구 도구로 자리 잡게 되었다. 이제 과학자들은 새로운 실험기구를 통해 자연적으로 발생하지 않는 특이한 현상을 만들어내고 이를 설명하기 위해 새로운 가설을 세우며, 다시 이를 확인하기 위해 또 다른 실험을 수행하는 복잡한 형태의 연구를 형성해나갔다. 물론 이론적 가설과 무관하게 실험에 실험이 이어지며 새로운 사실이 밝혀지는 경우도 많았다. 이 과정에서 새로운 기구들이 만들어졌고, 새로운 실험적 사실은 그에 대한 해석을 바탕으로 정립될 수밖에 없었다.

과학혁명기에 벌어진 두 번째 변화, 즉 전문가들의 단체가 실험 기구와 동시에 등장했다. 널리 알려진 것처럼 과학혁명기에는 영국의 왕립학회(1662년)나 프랑스 왕립과학 아카데미(1666년) 같은 여러 전문 학회들이 등장했다. 특히 이 학회들은 실험이 자연을 탐구하는 탁월한 방법임을 전파했을 뿐 아니라, 실험적 사실을 교환하고 축적하는 신뢰할만한 네트워크를 형성해나갔다.

실험적 사실은 상세한 서술을 제공하는 보고서의 서술 양식 이외에도 이러한 네트워크에 속한 전문가들의 증언이나 검토를 통해 그 신뢰도를 검증받을 수 있었다. 오늘날 과학자 사회에 보편화된 동료심사 제도 역시 이러한 관습이 현재까지 이어진 것이다.

과학자의 조직화는 영국에서 가장 활발하게 진행되었다. 영국의 상인들은 항해 및 육상 수송과 연관된 측량 문제에 대한 수학적 연구를 진행시키는 데 큰 관심을 보였다. 예를 들어 영국의 상인들은 스페인의 무적함대에 대비하여 항해가와 선장들을 훈련시키기 위해 수학 강의를 열었다. 또한 직물조합의 부유한 회원인 그레셤 경(Thomas Gresham, 1519~1579)은 과학 교육에 중점을 둔 대학을 설립하기 위해 자신의 토지와 저택을 제공했으며, 이에 의해 1579년에 런던 최초의 고등교육기관인 그레셤 칼리지(Gresham College)가 탄생했다. 그레셤은 "악화가 양화를 구축한다"는 그레셤의 법칙을 말한 것으로도 유명하다. 그레셤 칼리지는 17세기 전반 영국의 과학 활동의 중심이 되었으며, 이후 여러 단체가 설립되었다.

프란시스 베이컨은 유용한 과학기술을 장려하는 것은 국가의 의무지만, 과학학회는 민간의 주도로 자치적으로 운영되어야 한다고 강조했다. 1627년에 출판된 그의 저서 『새로운 아틀란티스』에는 그의 사상을 이해하는 과학자, 기술자, 직인들이 협력하여 인류의 복지 증진을 위한 자연과학을 연구하는 지혜의 집(Salomon's House)을 기술하고 있다. 청교도 혁명이 진행 중이던 1644~1645년 무렵, 영국에는 베이컨의 정신과 실험 과학을 표방하는 두 개의 모임이 탄생했다. 하나는 청교도 성직자이고 천문학자인 동시에 수학자인 윌킨스가 앞장선 '철학협회'이고, 다른 하나는 명확한 조직이 없이 학자들이 주기적으로 모이는 '보이지 않는 대학'이다. 철학협회는 1644년에 런던에서 정기적 모임을 시작했다.

1660년 찰스 2세에 의해 왕정이 복고된 후 청교도 혁명 때 옥스퍼드를 떠난 과학자들이 다시 런던으로 모였다. 1662년에 칙령으로 왕립학회가 발족하게 되었고, 보이지 않는 대학도 이에 흡수되었다. 왕립학회는 설립 당시의 회원 수가 100명이었으나, 1670년대에는 200명이 되었다. 각 회원들은 공동의 목적을 위해 사업을 분담하고 실험했으며 때때로 공장, 광산, 농촌, 그리고 외국에 나가서 조사하고 보고서를 제출했다.

프랑스 과학자들의 조직화는 영국과 비슷하게 발전했다. 프랑스에서는 프랑수아 1세가 휴머니즘의 본거지를 만들려는 의도로 영국의 그레셤 칼리지와 비슷한 콜레즈 드 프랑스(Collège de France)를 1530년에 설립했다. 파리에서는 프란시스코파 수사인 메르센의 지하실이 과학자의 집회소로 이용되다가, 이후 정부의 자문위원인 몽모르의 집에서 회합을 가졌고 1654년부터는 정기적인 회합이 이루어졌다. 몽모르 학회는 과학의 발달이 경제적으로 프랑스에 이익이 될 것이라는 이유를 들어 1663년에 루이 14세의 재상인 콜베르에게 원조를 요청함으로써 왕실의 후원 아래 1666년에 왕립 과학아카데미가 설립되었다.

과학아카데미 회원은 정부에서 부여한 문제를 공동으로 연구하는 직업 과학자들로 일종의 국립연구소로 볼 수 있다. 이는 영국의 왕립학회가 과학자 자신들이 기부하고 회비를 내어 운영하면서 회원 자신들의 연구 주제에 대해 연구하는 자립적 연구소와는 차이가 있다. 프랑스 과학아카데미 회원은 수학 분야와 자연사 분야 회원으로 구성되었다. 전자는 기하학, 천문학, 역학을 주로 연구했으며, 후자는 해부학, 화학, 식물학을 주로 연구했다.

17세기에는 과학의 효용성을 주장하는 목소리들이 널리 퍼지기 시작했다. 과학과 과학 활동이 인간의 행복을 증진시킬 수 있고, 따라서 권장해야할 학문으로 받아들여졌다. 이것은 자연철학이 실용성과 무관하다는 고대 그리스 시대의 입장이나 과학은 신학의 하녀라는 중세 시대의 입장과는 현저한 차이가 있었다.

점성술과 연금술도 왕과 귀족들의 후원을 끌어들인 중요한 요소였다. 브라헤는 점성술적인 예언을 했고 케플러는 궁정 점성술사를 지냈다. 16세기 에스파냐 제국을 지배한 스페인의 필립 2세는 수많은 연금술사를 후원했고 실험실을 설립하기도 했다. 영국의 찰스 2세는 자기 소유의 연금술 실험실을 가지고 있었다. 1600년대에는 연금술로 금을 만들었다는 소문이 무성했으며, 연금술 연구의 유용성이 널리 받아들여졌다.

과학이 유용한 지식이라는 이데올로기를 가장 강력하게 주장한 인물은 베이컨이었다. 그는 화약, 나침반, 비단, 인쇄술을 체계적인 연구에서 만들어진 유용한 발명품이라고 주장했다. 데카르트도 이른바 실용철학과 과학지식이 모든 사람들의 보편적인 이익을 위해 쓰여야 한다는 생각을 옹호함으로써 큰 영향력을 발휘했다.

17세기에 보일은 새로운 의술의 목표를 실험적인 철학에서 도출했다. 심지어 뉴턴도 『프린키피아』 2권에서 과학의 유용성을 주장했다. 유체역학과 저항을 최소화하는 물체의 모양에 관한 복잡한 논증을 마친 후에 다음과 같이 태연하게 덧붙였다. "이 명제는 선박 제작에 유용할 것이라고 나는 생각한다."

과학이 유용하다는 생각과 공공의 재산이라는 생각, 그리고 지식이 힘이라는 생각은 17세기 이후 서양에서, 그리고 19세기 이후 모든 곳에서 지배적인 원리가 되었다. 이런 이데올로기가 유럽의 새로운 중앙집권적인 국가와 상업적 자본주의의 발전에 더 적합했다는 것은 말할 필요도 없다.

10

계몽 시대

HOMO SCIENTIFICUS

계몽 시대

| 17~18세기의 과학기술사 연표 |

1701년	프로이센 왕국이 세워지다
1753년	영국, 런던에 대영 박물관을 세우다
1776년	미국, 독립 선언을 하다
1789년	프랑스, 프랑스 혁명이 일어나다
1798년	프랑스, 나폴레옹이 이집트를 원정하다

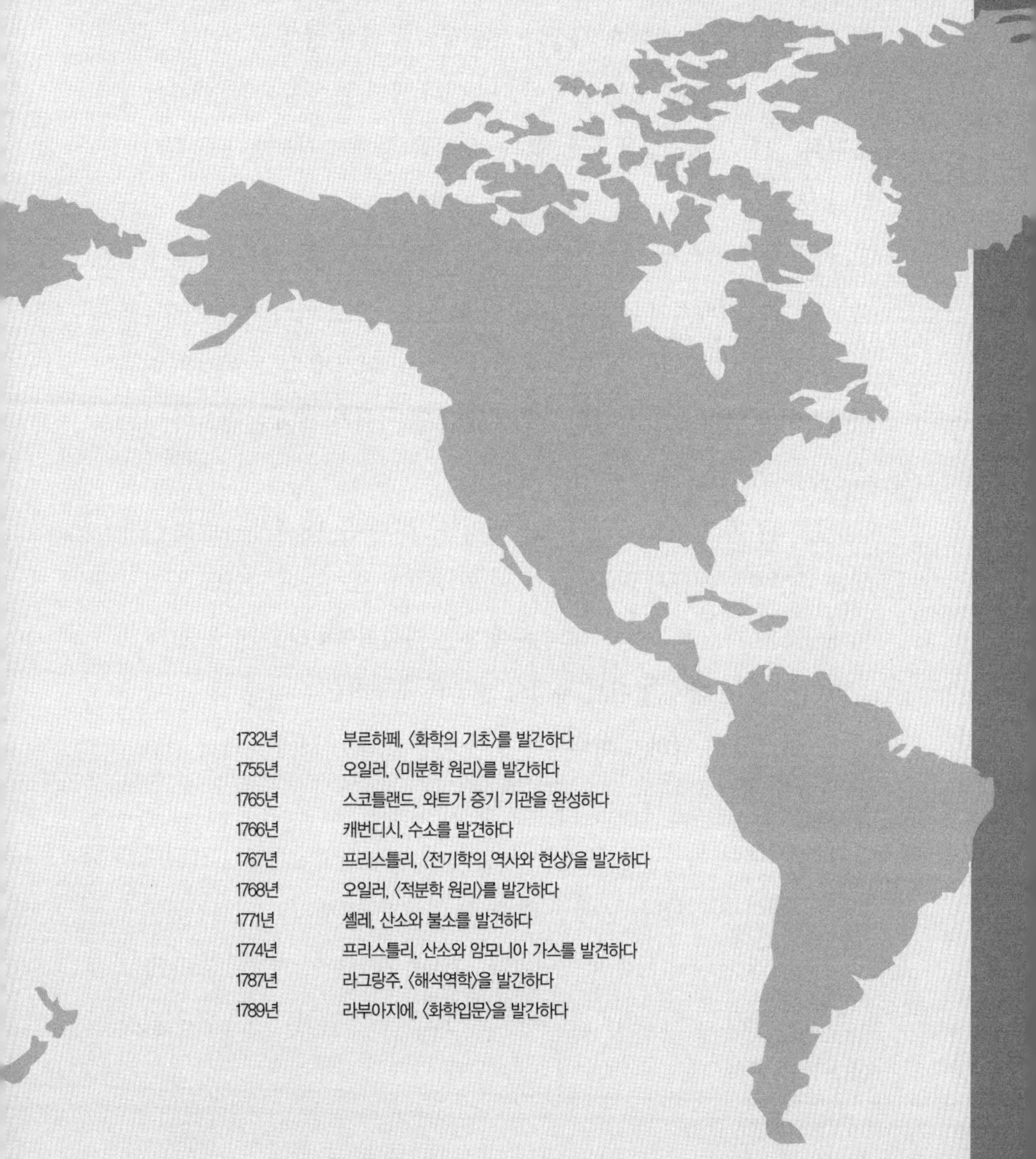

1732년 부르하페, 〈화학의 기초〉를 발간하다
1755년 오일러, 〈미분학 원리〉를 발간하다
1765년 스코틀랜드, 와트가 증기 기관을 완성하다
1766년 캐번디시, 수소를 발견하다
1767년 프리스틀리, 〈전기학의 역사와 현상〉을 발간하다
1768년 오일러, 〈적분학 원리〉를 발간하다
1771년 셸레, 산소와 불소를 발견하다
1774년 프리스틀리, 산소와 암모니아 가스를 발견하다
1787년 라그랑주, 〈해석역학〉을 발간하다
1789년 라부아지에, 〈화학입문〉을 발간하다

계몽 시대의 특징

뉴턴 과학은 과학뿐만 아니라 18세기 유럽사상 전반에 영향을 미쳐서 18세기의 많은 철학자, 사상가, 문인들에게 많은 영향을 주었다. 그리고 이 같은 경향은 뉴턴 과학이 가설이나 독단 없이 수학적, 합리적, 경험적, 실험적 방법만을 사용했다는 믿음을 통해서 가능했다. 사회의 다른 모든 분야들도 그와 같은 식으로 나아가야 할 것이라는 생각을 하고, 이에 따라 철학적, 형이상학적인 면을 배격하고 과학적인 면을 존중하는 경향이 지배적이 되었다. 또한 이 같은 방식으로 여러 가지 문제들을 해결할 수 있는 인간의 능력에 대한 믿음이 퍼지게 되고, 이것은 더 나아가서 억압이나 구속 등의 제약이 없으면 사회가 제대로 발전해 나갈 것이라는 낙관론이 나타나게 되었다.

뉴턴 과학의 영향으로 나타나는 이러한 경향들은 18세기 유럽의 사상을 특징짓는 계몽사상(Enlightenment)의 중요한 요소들이 되었다. 서양 현대사조의 기원인 계몽 시대의 큰 원천은 과학혁명이라고 할 수 있다. 그러면 계몽 시대에 있어서 과학의 영향은 구체적으로 어떻게 나타났을까? 이 질문에 답하기 위해서는 우선 계몽 시대 자체에 대해서 간단히 살펴볼 필요가 있다.

계몽 시대란 한마디로 18세기 유럽의 문화와 사고방식에서 드러나는 특성에서 지칭한다. '계몽'이라는 말 자체가 18세기의 지식인들이 그들 자신에 대하여 사용한 말이었다. 그들은 자신들이 계몽되었고, 자신들의 시대가 그 이전의 미신, 무지, 독단으로부터 깨어나 계몽된 시기라고 생각했다.

계몽 시대의 주역은 계몽철학자들이었는데, 그들의 구체적 사상에는 서로 차이가 많았다. 하지만 그들은 이성과 지식을 바탕으로 사고하고 행동하는 지식인이라는 점에서 일체감이 있었다. 물론 이러한 일체감 외에도 이들에게 공통된 특성은 다음과 같다.

우선 계몽철학자들은 철학자라기보다는 사상가, 문인, 저술가들로서 그들이 주로 관심을 가졌던 문제는 철학이나 형이상학보다는 윤리의 문제였다. 그리고 윤리 중에서도 개인의 윤리보다 사회 전체의 윤리에 더 관심을 두었다. 예를 들어 '최대 다수의 최대 행복'과 같은 문제가 큰 관심의 대상이었다. 그들의 문학도 예술적, 창조적이기보다는 비판적이었으며 도덕적, 윤리적인 면에 치중되었다.

또한 그들은 대부분 낙관적인 생각을 지니고 있었다. 만약 현재 비리가 행해지고 있다면, 그것은 사회나 제도의 잘못이지 인간의 본성 탓은 아니고 따라서 이성에 의해 제대로 계몽되어서 행동하면 고칠 수 있다고 믿었다. 따라서 인간의 이성이나 개인의 능력에 대해서는 긍정적인 태도를 지녔던 반면, 집단이나 권위에 대해서는 강한 부정적 태도를 보였다.

백과사전의 편찬

역사상 가장 출간하기 힘들었고, 또 가장 큰 영향을 미쳤던 백과사전은 무엇일까? 바로 18세기 계몽 시대에 계몽 사상가들에 의해 편찬된 28권짜리 『백과전서(Encyclopédie)』였다. 계몽사상은 개인의 이성과 자유를 중요하게 생각했으며 기존의 사상과 정치적인 권위에 도전했던 광범위한 운동이었다. 1751년에 파리에서 첫 권이 출판된 『백과전서』의 완간에는 본문(17권)에만 14년이, 도해(11권)까지 합치면 총 21년이 소요되었다. 이렇게 시간이 많이 걸린 이유는 책의 무신론적이고 혁명적인 성격을 간파했던 교회와 당국의 탄압 때문이었다.

『백과전서』는 디드로와 달랑베르가 공동편집 책임을 맡으면서 시작되었다. 여기에 이들과 친분이 있었던 돌바하, 몽테스키외, 루소, 튀르고, 볼테르 등 당시 계몽 시대를 이끌었던 많은 지식인들이 참여해서 자신들의 전문성을 발휘해서 각 항목을 집필했다. 백과전서라는 단어는 모든 지식의 해석을 의미했는데, 편집자 디드로는 책의 목적이 단지 지식을 모아 놓은 것이 아니라, 사람들의 생각을 변화시키는 것이라고 강조했다.

책의 출간은 순조롭지 않았다. 1752년에 나온 제 2권은 발행과 배포가 정지되었고, 원고마저 압수당할 뻔한 위기를 겪었다. 제 3권부터 책의 출간 사업은 점점 더 은밀하게 진행되었고, 7권이 나오던 1759년에는 탄압이 더 노골적이 되었다. 이를 견디지 못한 달랑베르가 편집을 그만두고, 루소 같은 필자도 백과전서 집필에서 빠지게 되었다. 이후 출판은 몇 년간 지연되었는데, 이 기간 동안 디드로는 비밀리에 나머지 책들을 준비했고 1765년에 8권에서 17권까지 남은 책을 모두 발간했다. 『백과전서』의 본문은 이렇게 14년에 걸쳐서 완간되었다.

디드로가 화학과 생물학에 심취했던 철학자 겸 문인이었던 것과 달리 달랑베르는 철학과 사상에 관심이 많았던 수학자 겸 물리학자였다. 달랑베르는 24세의 나이에 하늘의 별따기 만큼이나 어려웠던 파리 과

백과전서 제 1권의 표지

학아카데미의 회원으로 선출되었고, 26살에 독창적인 운동 법칙을 서술한 『동역학 논고』를 출판했을 정도로 천재성이 번득이던 과학자였다.

그는 과학과 관련된 것 외에도 책의 수많은 항목을 집필했고, 가장 중요한 제 1권의 머리말을 썼다. 이 머리말은 『백과전서』의 철학을 가장 간결하게 표현했고 백과전서의 모든 항목 중에 가장 유명하고 널리 읽혔다. 달랑베르는 인간의 지적 능력을 기억, 이성, 상상력의 세 부문으로 나누고, 모든 학문을 각각에 해당되는 것으로 나누어 구분했다. 이러한 지식 분류는 16~17세기 영국의 과학사상가 프랜시스 베이컨의 분류에 토대를 둔 것이었다.

달랑베르의 분류에서 기억의 영역에 속하는 학문은 역사인 반면, 이성은 가장 복잡한 지식 체계를 낳는 중요한 정신 능력이었다. 여기에는 지금 우리가 철학과 과학이라 부르는 지식의 대부분이 속해있었고 논리학도 여기에 속했다. 신학이라 부른 영역도 이성의 항목에 속했는데, 이는 신학이 과학의 상위에서 독자적인 영역을 차지했던 당시 교회의 지식분류체계와 확연히 다른 점이었다. 이는 인간 이성을 신뢰하고 종교에 대해 비판적이었던 계몽철학자들의 의도를 잘 담고 있었다. 반면에 상상력에 속하는 학문 분야는 많지 않았는데, 가장 중요한 영역은 시학이었고 음악, 미술, 조각 같은 예술도 포함되었다.

이 책의 표지 그림은 인간의 정신을 기억, 이성, 상상으로 나누고, 이 중 이성을 가장 강조했던 편집자 달랑베르와 디드로의 구도를 충실하게 반영하고 있다. 이성과 철학의 뮤즈는 중앙에 위치하고 있으며, 과학과 기술, 예술의 도움을 받아 진리의 베일을 벗기는 중심적인 역할을 담당하고 있다. 이 그림은 왜 『백과전서』의 부제가 "과학, 예술, 기술에 관한 체계적인 사전"인지를 잘 보여준다. 또한 그림은 여러 학문 분야들 사이의 미묘한 위계도 보여준다. 예를 들어 과학의 경우를 보면 이성의 빛으로부터 추상적인 물리학, 수학, 천문학이 발달하고, 이를 근거로 보다 실용적인 광학, 화학, 생물학, 농학이 발전하며, 다시 여기에서 실제적 생활에 도움이 되는 기술이 향상된다고 생각했다. 마지막으로 그림의 전체적인 형상은 수많은 사람들의 협력에 기초해서 궁극적으로 진리가 밝혀지고, 인류는 이렇게 하나의 진리를 발견하고 또 다른 진리를 향해 나아간다는 진보에 대한 믿음을 강하게 표출하고 있다.

당시 계몽철학자들은 과학과 기술의 진보에 힘입어서 사회도 진보하기 때문에 봉건적인 당시 프랑스 사회도 결국 진보할 수밖에 없을 것이라고 믿었고, 이러한 믿음을 『백과전서』의 각 항목에서 강하게 드러냈다. 다시 말해 『백과전서』의 표지 그림은 이성과 과학에 대한 높은 평가, 신학에 대한 비판, 진보에 대한 믿음을 상징과 비유로 담아낸 것이었다.

청량음료와 산소

조지프 블랙(Joseph Black, 1728~1799)은 뉴턴이 죽은 지 1년 후 프랑스 보르도에서 태어났다. 블랙은 1746년 영국의 글래스고 대학교에 입학해서 언어와 철학을 공부했지만, 의학과 해부학으로 전공을 바꿨다. 그는 의과 시험을 통과한 뒤 에든버러로 옮겨 박사학위 연구 논문에 몰두하면서 이산화탄소를 발견했으며, 처음으로 공기가 단일 성분이 아니

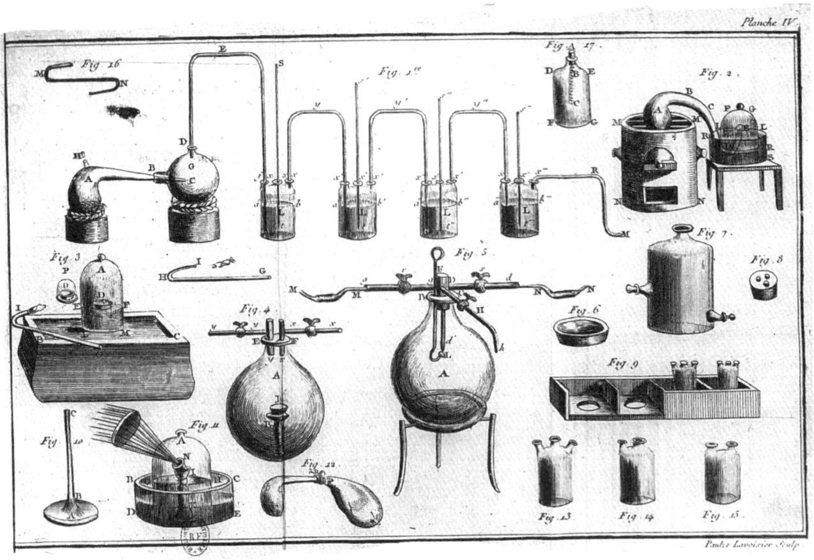

17~18세기에 사용했던 화학실험 도구들

라 기체의 혼합이라는 사실을 보여주었다. 1756년 그는 28세의 나이로 글래스고 대학교 의학교수이자 화학 강사가 되었으며 의료 활동을 계속해나갔다. 열은 당시 사람들을 매료시켰는데, 그 이유는 단지 화학실험실에서 차지하고 있는 중요성 때문이 아니라 산업혁명을 꽃피우는 데 결정적인 역할을 했기 때문이었다. 증기기관의 발전이 아주 극명한 사례다. 또한 스코틀랜드에서 번창하고 있던 위스키 산업을 한 번 생각해보도록 하자. 그 산업은 엄청난 양의 연료를 사용하여 액체를 증기로 변환시킨 다음, 다시 막대한 양의 열을 제거함으로써 증기를 다시 액체로 응축시켜야 한다.

그는 온도의 변화 없이 액체로 녹는 동안 고체로 흡수되는 열을 잠열

(latent heat)이라 묘사했으며, 얼음을 액체인 물로 만드는 것은 바로 잠열의 존재라는 것을 알게 되었다. 이로써 열의 개념과 온도의 개념 사이에서 중요한 차이가 생겨났다. 또한 그는 특정한 물질의 양을 일정한 온도로 올리는 데 필요한 열의 양을 비열(specific heat)로 정의했다. 오늘날 비열이란 물질 1그램을 섭씨 1도 올리는 데 필요한 열의 양이다.

그는 증기 실험에서 제임스 와트(James Watt)라는 글래스고 대학의 젊은 도구 제작자에게 도움을 받고 있었다. 와트는 블랙을 위해 특별한 장치를 제작했을 뿐만 아니라 독자적으로 증기기관을 연구했다. 두 사람은 굳건한 우정을 나누게 되었으며, 와트가 증기기관에 대한 작업으로 부와 명성을 거머쥐자 블랙은 그 누구보다도 기뻐했다.

1766년 그는 에든버러 대학교 화학교수가 되었으며, 내과의사로도 활동했다. 그는 철학자이자 경제학자인 애덤 스미스(Adam Smith), 데이비드 흄(David Hume) 그리고 지질학자 제임스 허턴(James Hutton)의 친구였다. 그는 결혼을 하지 않았으며, 자신이 발명하고 발전시킨 분석화학의 기법들을 다른 사람들에게 물려주었다. 그는 스코틀랜드 계몽주의의 대표적 인물이었으며, 1799년 71세의 나이로 조용히 숨을 거두었다.

프리스틀리(Joseph Priestley, 1733~1804)는 영국에서 태어났다. 1755년 그는 성직자의 교육과정을 마친 후 장로교 목사가 되었다. 하지만 종교적인 이유로 리버풀과 맨체스터 중간에 위치한 워링턴 아카데미에서 학생들을 가르쳤다. 워링턴 아카데미는 영국에서 전통적 고전공부를 역사, 과학, 영문학 교과목으로 대체한 최초의 교육기관이었다.

프리스틀리의 지적 관심은 광범위했는데, 그의 초기 저작들 중에는 영문법과 인명표가 포함되어 있다. 인명표는 역사적으로 중요한 인물들의 연대기를 기록한 것으로, 기원전 1200년부터 18세기까지를 포괄하고 있다. 1765년 인명표 작업이 대단히 인상적이었던 관계로 그는 에든버러 대학교에서 법학박사 학위를 받았다. 프리스틀리는 같은 해 런던 방문길에서 벤저민 프랭클린(Benjamin Franklin)을 비롯해 전기에 관심이 있는 여러 과학자들을 만났는데, 그들은 프리스틀리에게 실험을 하도록 권유했다.

그는 속이 빈 구에 전류를 흐르게 할 때 내부는 전하를 띠지 않는다는 것을 보여주었다. 그는 전기력이 역제곱 법칙을 따른다고 주장했으며, 1766년 그 업적으로 왕립학회 특별회원으로 선출되었다. 1767년 그는 전기의 역사에 관한 책을 출판했는데, 이로써 과학 교사이자 역사가로 인정받기에 이르렀다. 화학자로서 프리스틀리는 위대한 실험가였지만, 한편으로는 형편없는 이론가였다.

그가 연구를 시작할 무렵에는 기체(공기)는 오직 두 가지만 알려져 있었다. 즉, 공기 그 자체와 블랙이 발견한 이산화탄소(고정 공기)였다. 당시 공기가 기체들의 혼합물이라는 것이 널리 인정받지 못하고 있었기 때문이다. 프리스틀리는 10가지 기체들을 규명해냈는데, 그 속에는 암모니아, 염화수소, 아산화질소(웃음 가스), 이산화황 등이 포함되어 있었다.

그는 양조장에서 나온 이산화탄소를 물속에 녹여 실험할 때 이산화탄소가 들어 있는 용기에서 물방울(거품)이 튀어오르는 것을 보자 상쾌한 청량음료를 만들 수 있다는 사실을 알아냈다. 그는 압력을 가해 이산화탄소를 물에 녹여서 소다수를 발명했는데, 곧 이어 유럽 전역으로 퍼져나갔다.

프리스틀리는 공기가 단일한 성분이 아닐지도 모른다는 의심을 품기 시작했다. 그는 쥐를 가지고 한 실험에서 생명을 유지하는 공기는 호흡으로 일정하게 소진된다는 사실을 발견했다. 그리고 소진되고 나면 더 이상 호흡에 적합하지 않지만, 식물을 통해 공기의 능력이 다시 회복될 수 있음을 알게 되었다.

이는 이산화탄소의 분해를 통해 산소가 방출되는 광합성 작용에 대한 최초의 암시였다. 그러나 호흡 과정에서 소모되는 산소의 발견은 1774년에 이루어졌다. 그는 지름이 약 30센티미터인 렌즈로 햇빛을 모아 유리 용기 속의 시료에 초점을 맞추는 방법으로 붉은색의 수은 금속회(산화수은)를 가열했다. 금속회가 금속 형태의 수은으로 전환하자 기체가 방출되었다. 프리스틀리는 자신이 만든 새 공기가 보통 공기보다 호흡을 더 원활하게 한다는 것을 알아냈다. 긴 실험과정을 통해 그는 먼저 불을 붙인 촛불을 그 기체 속에 넣으면 좀처럼 보기 힘든 밝은 섬광을 내며 타오른다는 것을 발견했다.

그는 새로운 기체로 밀봉한 용기 속에 생쥐를 넣었다. 다른 실험을 통해 일반적으로 생쥐는 보통 공기에서 15분가량 살 수 있다는 것을 이미 알고 있었다. 그러나 생쥐는 30분을 완전히 채울 때까지 살아 있었으며, 용기에서 꺼냈을 때 죽은 것처럼 보였지만 따뜻하게 보온을 해주자 다시 살아났다. 몇 차례 더 실험한 결과, 호흡과 관련하여 새로운 공기가 보통 공기보다 다섯 배 더 뛰어나다는 것을 알게 되었다. 이는 우리가 숨 쉬는 공기의 약 20퍼센트만이 산소라는 사실을 나타낸다. 하지만 그는 산소가 별개의 기체라는 사실을 밝혀냈지만, 그 실험 결과를 독일 화학자 게오르크 슈탈(George Stahl, 1660~1734)이 만든 플로지스톤(phlogiston, 초기 화학이론에서 모든 연소성 물질을 구성하는 가상적인 불) 이론의 관점에서 설명했다.

플로지스톤 이론은 연소현상을 플로지스톤이라는 물질이 연소된 후 물질에서 빠져나간 결과로 설명했다. 하지만 물체를 태우면 가벼워지는 것이 아니라 무거워진다. 즉, 물체가 무거워지는 것은 무언가 물체에서 빠져나간 것이 아니라 결합했다는 것을 의미한다. 후에 플로지스톤 이론이 잘못된 이론이란 것은 프랑스의 앙투안 라부아지에의 몫으로 남겨졌다.

지구의 무게를 측정하다

아주 이따금씩 과학자는 역사책에서 자신의 이름을 특정한 발견이나 법칙에 붙이는 것에 실패한다. 이는 과학자가 자신의 연구에 대해 아무에게도 말하지 않았거나, 자신의 호기심을 달래기 위해 스스로 실험해서 과학적 만족을 구하든 둘 중의 하나이다. 이런 보기 드문 유형을 대표하는 과학자로는 헨리 캐번디시를 들 수 있다. 그는 프리스틀리와 동시대인으로, 18세기 후반에 화학의 발전에서 중요한 인물이었지만, 물리학에서도 미처 발표하지 않은 엄청난 연구결과들을 묻어두었기 때문에 그 다음 세기의 사람들이 독자적으로 재발견하는 일이 빚어졌다. 그러나 캐번디시에게는 자신의 성향과는 별도로 그럴 수밖에 없었던 남다른 사정이 있었다.

캐번디시(Henry Cavendish, 1731~1810)는 양가 모두 당시 영국에서 가장 부유하고 영향력이 큰 귀족 가문 출신이었다. 그의 할아버지 윌리엄 캐번디시는 제2대 데번셔 공작이었고, 그의 어머니 앤 그레이는 켄트 공작인 헨리 그레이의 딸이었다. 말 그대로 캐번디시는 금수저를 입에 물고 태어났다. 양쪽 집안 모두 과학에 관심을 보였다. 1738년부터 10여 년 동안, 켄트 공작과 그의 가문은 물리학과 천문학 연구에 적극적으로 지원했다. 캐번디시의 아버지는 열정적인 아마추어 과학자였고, 실험 작업에 매우 능숙했다.

1749년 캐번디시는 18세의 나이로 케임브리지에 입학했지만, 그곳에서 3년 정도 머물렀으나 아무런 학위도 받지 않은 채 떠났다. 그것은 귀족의 젊은 자제에게 일종의 관행이었다. 캐번디시는 정치에 전혀 뜻이 없었지만, 과학에는 대단한 의욕을 보였다. 그는 돈이 무척 많았지만, 한 벌의 옷이 전부여서 해어질 때까지 매일 그 옷만 입고 옷이 해어지면 낡은 스타일의 똑같은 옷을 한 벌 더 구입하곤 했다. 또한 그의 식사습관도 매우 고정되어 있었는데, 집에 있을 때는 거의 양고기의 다리 부위만 먹었다. 어느 날 여러 명의 친구들이 저녁을 먹기 위해 그의 집을 방문했는데, 집사가 무엇을 준비하면 좋을지 물었다. 헨리가 간단히 말했다. "양고기 다리", 그것만으로는 충분치 않을 것이란 말을 듣고는 그는 이렇게 대답했다. "그러면 다리 두 개."

돈에 대한 캐번디시의 태도는 아버지가 세상을 뜬 지 한참 후에 은행가의 방문을 기록한 일화에서 가장 잘 드러난다. 그 은행가는 그의 당좌에 8만 파운드나 쌓여 있음을 알려주고, 그 돈으로 뭔가에 투자하라고 강력하게 권했다. 헨리는 성가신 심문을 당하자 화를 내면서, "돈을 관리하는 것은 당신의 일이며, 만약 당신이 그런 사소한 일로 나를 괴롭힌다면 내 계좌를 다른 데로 옮길 것"이라고 쏘아붙였다. 그럼에도 그 은

행가는 진드기처럼 계속해서 그 돈의 절반은 투자해야 한다고 제안했다. 헨리는 마지못해 승낙하면서 그 은행가에게 알아서 가장 좋은 곳에 투자하되 그 일로 더 이상 자신을 성가시게 하는 일이 있을 때는 계좌를 폐쇄해버릴 것이라고 말했다. 다행히 그 은행가는 정직했고, 그의 돈은 평생 동안 안전하게 투자되었다. 죽음을 맞이했을 즈음, 헨리 캐번디시가 투자한 돈은 1백만 파운드가 넘었다

캐번디시는 대단히 수줍음을 많이 탔고, 과학 모임 외에는 밖으로 나가는 일조차 드물었다. 모임에 나가는 경우에도 그는 문밖에 서성거리며 모임 장소에 들어가려고 안간힘을 쓰는 모습을 이따금씩 보였으며, 존경받는 과학자가 된 후에도 마찬가지였다. 그는 가능하면 하인들과 필담으로 의사소통을 했으며, 모르는 여인을 만났을 때 그는 손으로 눈을 가리고 말 그대로 걸음아 날 살려라 하고 도망쳤다.

1760년 그는 왕립학회클럽의 회원이 되었다. 그 클럽은 왕립학회 회원으로 구성된 정찬 모임이지만 왕립학회와는 별도의 기구였다. 그는 그 후 50년 동안 클럽의 정찬에 매년 한 번 정도는 참석했다. 그 당시 돈 가치를 어림잡자면, 3실링(현재 230원)으로 고기 아홉 접시, 닭고기나 생선, 과일 파이 두 개, 건포도와 설탕 조림의 과일을 넣은 연한 과자, 버터와 치즈, 와인 또는 흑맥주나 레모네이드를 선택해 식사할 수 있었다.

캐번디시에게 부자 중에서 가장 학식 있는 사람이라는 명성을 안겨주었던 연구 결과는 그의 연구 활동에서 빙산의 일각에 지나지 않았다. 대부분의 성과를 평생 발표하지 않았기 때문이다. 그가 다룬 연구의 범위는 대단히 넓었고 그의 연구 결과를 동시대인이 알았으면 물리학, 특히 전기 연구에도 지대한 영향을 미쳤을 것이다. 그러나 그가 발표한 대부

분의 연구 결과는 주로 화학 분야였다. 실제로 그 분야에서 그의 영향력은 매우 컸으며, 18세기 후반의 화학 발전에서 주류를 차지하고 있었다.

우리가 알고 있는 캐번디시의 첫 번째 화학 연구는 비소 연구와 관련되었으며 1764년에 이루어졌다.그 결과 역시 발표되지 않아 우리는 왜 캐번디시가 이런 특수한 물질을 탐구 대상으로 삼았는지 알 수 없다. 그렇지만 그의 숙련도로 볼 때 당시 그가 비소산 제조 방법의 개발에 성공했음을 그의 노트 기록으로 알 수 있다. 그러나 1775년 스웨덴 화학자 셸레(Carl Wilhelm Scheele)가 비소산을 독자적으로 만들어내면서 그 성과는 셸레에게 돌아가고 말았다.

1766년 캐번디시는 다른 기체들(공기들)을 가지고 행한 실험을 네 편의 논문으로 준비했다. 알려지지 않은 어떤 이유로 인해 실제로 출판을 위해 제출된 논문은 세 편에 불과했다. 그 속에는 가장 중요한 것이 포함되어 있었다. 금속과 산이 반응할 때 방출되는 공기는 우리가 숨 쉬는 공기 속의 그 어떤 것과도 같지 않은 독특함을 지니고 있었다. 이 기체는 오늘날 수소로 알려져 있다. 캐번디시는 여러 가지 확실한 이유에 근거하여 그것을 가연성 공기라고 불렀다. 또한 캐번디시는 물이 원소가 아니라 서로 다른 두 성분으로 이루어진 혼합물이라는 것을 보여주었다. 이는 연금술에서 화학으로 전환하는 막바지 길목에서 아주 중요한 발걸음이었다.

18세기 화학의 발전에 포함되지는 않지만 너무나 중요한 캐번디시의 업적 두 가지만 더 살펴보도록 하자. 첫 번째는 캐번디시가 실험가로서 얼마나 정확했는가, 그리고 많은 점에서 그가 시대를 얼마나 앞서나갔는가에 대한 예를 보여준다. 1785년에 출판된 논문에서 캐번디시는 알칼리에 대한 질소와 산소의 지속적인 불꽃반응을 둘러싼 일련의 실험들에 대해 서술했다. 이 실험에서 모든 질소가 소진되면서 다양한 질소산화물들이 생성되었다. 이 작업의 부산물로서 그는 공기 샘플에서 모든 기체를 제거하는 것이 불가능하다고 생각했다. 모든 산소와 질소가 제거된 후에도 공기 부피의 120분의 1보다 작은 거품이 남아 있었기 때문이었다. 그는 이를 실험 오류라고 생각했지만, 완벽을 기하기 위해 어쨌든 그것에 대해 언급했다.

1세기가 조금 더 지난 후, 이 작업은 런던 대학의 유니버시티 칼리지의 윌리엄 램지(William Ramsay)와 케임브리지의 캐번디시 연구소의 레일리(Rayleigh) 경의 관심을 붙잡았다. 1894년 캐번디시의 신비로운 거품을 뒤쫓기로 마음먹은 그들은 그때까지 알려져 있지 않았던 기체이자, 대기에는 극소량(0.93퍼센트)만 존재하는 아르곤을 발견했다. 1904년 그들은 그 성과를 인정받아 노벨상을 받았다. 사후 인물에게 노벨상이 주어지는 법은 결코 없지만, 만약 그렇게 된다면 캐번디시는 120년 앞서 수행한 연구로 노벨상의 수상자 명단에 반드시 포함될 것이다.

캐번디시의 두 번째 업적이면서 또한 가장 유명한 그의 마지막 주요 실험을 살펴보자. 이는 67번째 생일을 앞둔 1798년, 왕립학회에서 발표한 그의 마지막 중요한 주제이기도 했다. 대부분 과학자들의 경우 자신의 분야에서 연구를 중단한 지가 오래되었을 그런 나이에 캐번디시는 자신의 집 헛간에서 지구의 무게를 달았다.

캐번디시 실험으로 알려지게 된 것은 사실 캐번디시의 오랜 친구인 존 미첼(John Michell)이 고안해낸 것이었다. 미첼은 실험을 생각해냈고 실행에 필요한 장치를 세우는 데까지 나갔지만, 직접 실험하기 전인

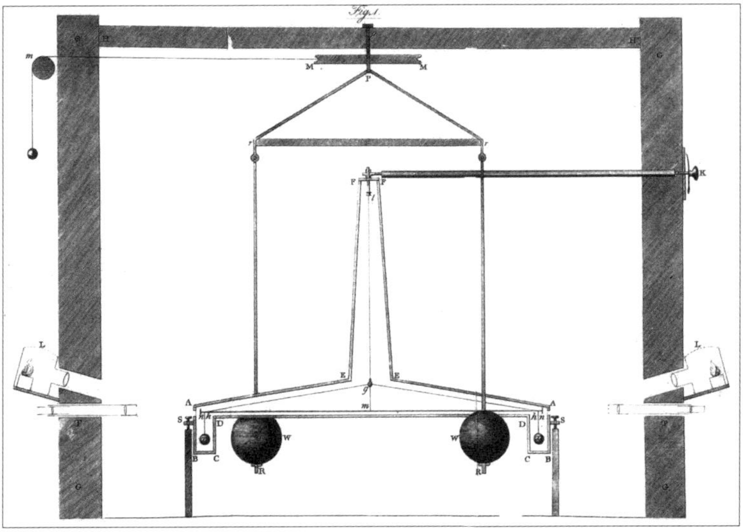

캐번디시의 지구 무게 측정하기

1793년에 그만 세상을 뜨고 말았다. 미첼의 모든 과학 장비들은 그가 오래 머물러 있었던 케임브리지의 퀸스 칼리지에 넘겨졌다. 그러나 지구의 무게를 재는 미첼의 아이디어를 떠맡을 수 있는 능력의 소유자가 아무도 없어 그 아이디어는 캐번디시에게 넘어갔다.

그 실험은 원리적으로는 매우 간단하지만, 미세한 힘을 측정해야 하는 까닭에 실행하려면 엄청난 기술력이 필요했다. 튼튼하고 가벼운 막대에 지름이 약 5센티미터인 작은 납 구슬을 양끝에 매단 장치의 막대 중심에 줄을 묶고 공중에 매단다. 그리고 각각 약 160킬로그램의 무거운 납 구슬 두 개를 작은 구슬과 아주 짧은 거리를 유지하면서 움직일 수 있도록 공중에 매단 다음, 이 모든 장치가 바람의 영향을 받지 않도록 나무상자 속에 넣는다. 큰 구슬과 작은 구슬 사이에 작용하는 중력 때문에 막대는 수평면에서 약간 비틀리게 된다. 이 비트는 힘의 세기를 측정하고자 캐번디시는 큰 구슬이 없는 상태에서, 수평 진자처럼 반복해서 회전하는 수평 막대로 실험을 진행했다. 이 모든 장치를 비틀림 저울이라 한다.

캐번디시는 실험을 통해 160킬로그램의 납 구슬과 작은 구슬 사이의 인력을 알아냈다. 그는 이미 작은 구슬에 작용하는 지구의 인력을 알고 있어 이런 두 힘의 비율로부터 지구의 질량을 산출할 수 있었다. 중력상수 G의 관점에서 중력의 세기를 측정하기 위해 그런 실험을 이용하는 것도 가능하다. 그러나 캐번디시는 그런 관련성을 고려하지 않았고 G를 측정하지 않았지만, 그의 자료에서 중력상수의 값을 추론하는 것은 충분히 가능하다. 실제로 캐번디시는 자신의 실험 결과로 지구의 질량값 대신 밀도값을 알아냈다.

그는 1797년 여덟 차례에 걸쳐 실험들을 진행했고, 1798년에는 아홉 차례 이상 실험을 했다. 이때 그가 내놓은 지구의 밀도는 물 밀도의 5.48배였다. 여러 해가 지난 뒤, 대단한 신중했던 캐번디시도 계산상의 조그마한 실수를 저질렀다. 따라서 지구의 밀도값은 물 밀도의 5.45배가 되어야 한다는 사실이 밝혀졌다. 오늘날 다양한 방법을 통해 계산된 지구의 평균 밀도값은 물 밀도의 5.52배로, 이는 캐번디시의 수정치보다 단지 1퍼센트가 더 클 뿐이다.

이런 실험들과 관련하여 그 정확성의 정도를 보여주는 최고의 비유는 19세기 말, 똑같은 실험을 했던 존 포인팅(John Poynting, 1852~1914)이 쓴 책에서 찾아볼 수 있다. 저울의 한쪽 접시 밑에 큰 질량의 물체를 놓음으로써 발생하는 미세한 힘을 측정하기 위해 보통의 수직 저울을 사용하는 실험에 대해 쓰면서, 그는 이렇게 말했다.

"영국에 있는 모든 사람들을 한 접시에 올려놓을 수 있을 정도로 충분히 큰 저울을 상상해보자. 그리고 한 소년만 남아 있고 나머지는 모두 접시 위에 올라가 있다고 생각해보자. 이때 측정해야 할 무게의 증가치는 그 소년을 저울에 올려놓았을 때 증가한 양을 측정하는 것과 같다. 그 측정의 정확성 정도는 그가 접시 위에 올라서기 전에 부츠 한쪽을 벗었는지 그렇지 않은지를 알아내는 것과 같다고 할 수 있다."

캐번디시는 존 포인팅보다 1백 년 전에 그런 정확성을 유지했던 것이다. 19세기의 첫 10년 동안, 70대에 접어든 캐번디시의 삶은 항상 해왔던 일을 변함없이 계속 이어갔다. 과학 실험을 했고 왕립학회 클럽에서 정찬을 즐기고 과학 모임에 참석했다. 1810년 그는 가볍게 병을 앓은 뒤 집에서 조용히 숨을 거두었다.

세금징수원과 프랑스 혁명

앙투안 라부아지에(Antoine-Laurent Lavoisier, 1743~1794)는 파리의 가톨릭 가정에서 태어났다. 그의 할아버지와 아버지는 모두 성공한 법률가였으며, 어린 라부아지에는 중산층의 안락함 속에서 성장했다. 1761년 그는 파리 대학교 법학과에 입학했다. 그는 가업을 이으려는 생각으로 법학사 학위를 받았고, 1764년에는 석사학위를 획득했다. 그러나 그는 법률 공부를 하면서도 과학에 대한 관심을 키워나갔는데, 교육을 끝마

쳤을 때 그를 부른 것은 법이 아니라 과학이었다.

1766년 그는 대도시의 밤거리를 밝힐 수 있는 최고의 방법에 대한 논문으로 국왕을 대신해서 왕립과학아카데미의 대표로부터 금메달을 받았다. 그는 25세라는 젊은 나이에 왕립과학아카데미 회원으로 선출되었다. 프랑스 아카데미는 영국의 왕립학회와는 꽤 다르게 운영되고 있었다. 솔직히 말해 왕립학회는 공식적 지위라고는 없는 단순히 신사들의 사교모임에 불과했던 반면, 아카데미는 프랑스 정부의 자금지원을 받아 회원들에게 봉급이 지급되었다. 이에 따라 회원들은 정부를 위해 과학적 성격의 일을 수행해야 할 책임이 있었다.

유능한 행정가인 라부아지에는 아카데미 활동에 적극적으로 참여했고, 회원으로 활동하는 동안 사과즙의 품질악화, 운석, 양배추 재배, 피레네산맥의 광물학, 분뇨에서 발생하는 기체의 성질 등에 이르는 다양한 주제들을 담은 보고서들을 수없이 제출했다. 그러나 라부아지에는 매우 뛰어난 능력을 가지고 있으면서도 아쉽게도 앞날을 내다보는 예지력은 가지고 있지 않았다.

1768년 그는 어느 세금징수 도급업체의 지분 3분의 1을 구입하는 인생 최악의 선택을 하고 말았다. 당시 프랑스 조세제도는 불공평하고 무능하고 부패했다. 이런 많은 문제점들은 17세기와 18세기에 걸친 프랑스 정치체제의 장기 집권에서 비롯되었다. 루이 14세는 72년 동안 통치했는데, 이 기간은 영국이 전권을 휘둘렀던 군주들을 두 차례나 폐위시켰던 기간을 뛰어넘는 것이었다. 그 뒤 루이 15세는 1715년부터 무려 59년을 통치했다. 그들 중 어느 누구도 백성들의 말에 귀 기울이지 않았다. 그 결과 프랑스 혁명을 초래한 주요한 불만 요소들이 생겨났다.

라부아지에가 세금 징수원이 되었을 무렵에는 소금세와 주류 관세 등의 세금을 징수할 수 있는 권리를 세금 징수원으로 알려진 금융업자 집단에게 도급식으로 주어졌는데, 이들은 그 특혜에 대한 대가를 정부에 지불했다. 세금 징수원들은 자신의 투자분에 적절한 이익을 합쳐 과세함으로써 그 비용을 벌충했는데, 왕에게 바치는 비용보다 더 많이 모을수록 더 많은 이익을 누릴 수 있을 터였다. 정직하고 유능한 징수원들도 그런 관행에서 자유로울 수 없었다. 그는 확실히 세금 징수와 관련하여 맡은바 임무에 충실했지만 그가 특별히 세금 징수원으로서 가혹하게 굴었다는 증거는 없다. 그러나 그는 말 그대로 세금 징수원이었고, 그 제도 자체는 법의 테두리 내에 있다 해도 가혹한 것은 사실이었다.

1772년 그는 지름이 1.2미터, 두께가 약 15센티미터인 거대한 렌즈로 햇빛을 모아 다이아몬드를 가열함으로써 다이아몬드를 태울 수 있다는 것을 밝혔다. 같은 해 말에는 황이 탈 때 무게를 잃는 것이 아니라 얻는다는 사실을 밝혔다. 이는 연소를 공기 중 산소가 불타는 물질과 결합하는 과정으로 이해하는 그의 첫 번째이자 독자적인 발걸음이었다. 1774년 프리스틀리가 산소를 발견한 지 얼마 지나지 않아 유럽 여행을 하던 중, 파리에 있는 라부아지에를 방문했다. 그 자리에서 라부아지에는 자신의 연구 결과를 그에게 알려주었다.

라부아지에는 동료 화학자들처럼 열의 성질에 깊은 관심을 보였는데, 열을 불의 물질이라 불렀다. 공기 중의 산소가 동물의 호흡과정을 통해 이산화탄소로 변환한다는 것을 보여준 실험을 진행한 후에, 그는 석탄이 탈 때 열을 방출하는 것과 같은 방식으로 동물 역시 산소를 이산화탄소로 전환시킴으로써 체온을 유지한다는 결론을 내렸다.

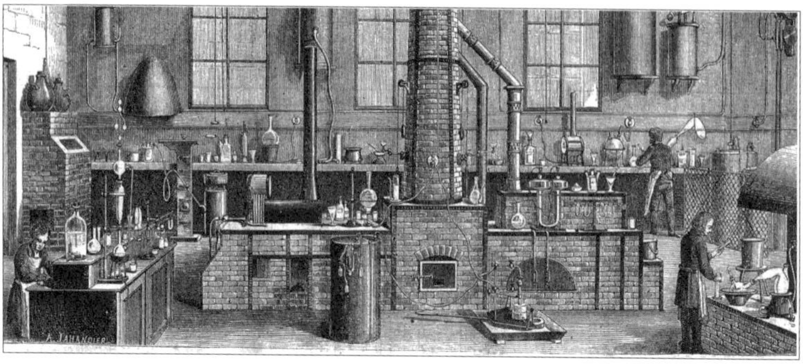

라부아지에가 살았던 당시 파리의 화학 실험실

이 가설을 증명하기 위해, 그는 1780년대 초에 쥐의 일종인 기니피그를 대상으로 약간 독창적인 실험을 실시했다. 그 실험은 라플라스(Pierre Laplace)와 공동 작업으로 이루어졌다.

기니피그를 얼음으로 에워싼 용기에 넣고, 그 모든 것을 다시 더 큰 용기 속에 넣는 얼음 열량계를 만들었다. 추운 환경에서 10시간이 지난 뒤 동물의 체온으로 얼음 369그램이 녹았다. 그 다음 라부아지에와 라플라스는 얼음 열량계 속에서 작은 숯 조각을 태움으로써 그만큼의 얼음을 녹이는 데 얼마나 많은 숯이 필요한지를 찾아냈다. 그런 다음, 그들은 기니피그가 10시간 숨 쉬는 동안 얼마나 많은 이산화탄소를 내뿜는가와 각각 다른 분량의 숯을 태웠을 때 얼마나 많은 이산화탄소가 생성되는지를 측정했다. 그들은 기니피그의 호흡에서 나온 이산화탄소의 양은, 숯이 300그램의 얼음을 녹이는 양과 같을 것이라는 결론을 내렸다. 그 실험 결과를 토대로 오늘날 음식에 있는 탄소가 공기 중의 산소와 결합하여 이산화탄소로 전환되면서 동물들이 체온을 유지한다는 결론을 내렸다.

그는 호흡에 대한 연구를 하면서 동시에 연소 이론을 더욱 발전시켰고, 1786년 아카데미의 학회지에 플로지스톤 이론에 결정적 타격을 가하는 논문을 발표했다. 라부아지에는 화학에서 이룬 필생의 업적을 바스티유의 폭동이 있었던 1789년에 출판된 『화학 원론(Traité Élémentaire de Chimie)』에 모두 담았다. 그 책은 여러 곳에서 번역서로 출판되었고 재판을 거듭했으며, 화학이 과학의 한 분야로 자리 잡는 데 초석이 되었다. 그는 사용된 장비의 종류와 실험의 방법 등을 포함하여 화학의 기법을 폭넓게 서술했음은 물론 화학 원소에 대해 가장 분명하게 정의를 내렸다.

마침내 고대 그리스인들의 4원소를 역사의 쓰레기통으로 내동댕이쳤으며, 매우 불완전했지만 현대의 원소 주기율표가 자라게 될 최초의 원소표를 제공했다. 그는 질량보존의 법칙을 정의했으며, 플로지스톤화된 공기, 가연성 공기 같은 구식 이름들을 제거하고 논리적인 명명체계에 기초한 이름으로 교체(산소, 수소, 황산 등)했으며, 질산염이란 이름처럼 화합물의 논리적 명명법을 도입했다. 그는 화학에 논리적 언어를 제공함으로써 화학자들이 발견한 것에 대해 그 결과를 전달하는 어려움을 덜어주었다.

라부아지에가 그 위대한 책을 출간했을 당시 이미 46세의 나이로 접어들었기 때문에 설령 그가 덜 혼란스런 시대를 살았다고 해도 그 후에 그가 과학에 새로운 기여를 했을 가능성은 그리 높지 않았을 것이다. 아무튼 1790년대가 시작되면서 프랑스 정치의 전개 양상은 라부아지에가 과학에 헌신할 수 있는 시간이 점점 더 짧아지는 쪽으로 흘러갔다. 프랑스 정치 상황이 급격하게 변하고 있음에도 그는 계속해서 정부를 위해 열심히 일했다. 그는 프랑스 교육제도의 개혁을 입안하는 데 중요한 역할을 했고, 미터법을 도입했던 위원회의 일원으로 활약했다.

그러나 자코뱅이 권력을 잡자 전직 세금 징수원들을 본보기로 징계에 처하기로 결정했을 때, 그의 이런 헌신은 아무런 소용도 없었다. 1794년 그는 단두대에서 목이 잘린 28명의 세금 징수원에 포함되어 있었다. 처형이 집행되는 그 시간에 프리스틀리는 미국 망명길에 올라 바다에 있었다. 화학의 시대가 종말을 고하는 순간이었다.

과학에 대한 반작용과 낭만주의

과학은 계몽 시대에 어떻게 관련되어 있을까? 이에 대한 답으로서 계몽 시대의 대표적인 사상가인 볼테르(Voltaire, 1694~1778)와 계몽 시대의 가장 중요한 사회운동이었던 『백과전서』의 편찬에 나타난 과학의 역할을 살펴보자.

볼테르는 과학, 특히 뉴턴 과학을 공부하고 소개하는 데 바쳤다. 볼테르의 저서 『뉴턴철학의 요소들(Éléments de la philosophie de Newton)』은 프랑스에서 일반지식인을 대상으로 쓴 뉴턴에 관한 최초의 책이었다. 물론 거기에 담긴 뉴턴 물리학의 내용이 훌륭하다고 할 수 없지만, 18세기의 일반지식인들이 느낀 뉴턴 과학의 이미지 형성에 큰 역할을 했다. 또한 그가 뉴턴 과학에 관심을 쏟던 시기에 볼테르의 애인이었던 샤틀레 부인(Mme. du Chatelet, 1706~1749)은 『프린키피아』를 프랑스어로 번역하기도 했다.

볼테르가 뉴턴 과학에 이처럼 큰 관심을 쏟은 이유는 그의 생애를 살펴보면 어느 정도 짐작할 수 있다. 그는 법학을 전공했지만 일찍부터 작가가 되기를 희망했는데, 당시 유럽의 유력한 귀족 가문의 한 사람과 우발적인 충돌 끝에 1725년 영국으로 망명하게 되었다. 영국은 30대 초의 볼테르의 조국 프랑스와는 달랐다. 그가 볼 때 영국에서는 종교적 박해가 없었고, 과학자나 학문을 갖춘 사람이 존경을 받았으며 과학자들이 귀족들과 대등하게 어울리는 것을 보았다. 또한 그가 영국에 머무르는 동안 왕의 장례식처럼 성대한 뉴턴의 장례식을 목격하고 감동을 받았으며, 경험주의적인 뉴턴 과학의 우수성을 인식하게 되었다.

뉴턴의 영향을 받았던 로크(John Locke, 1632~1704)의 저술을 읽은 것도 이때였으며, 특히 로크의 자유주의적인 입헌정치관에 큰 감명을 받았다. 그는 이처럼 종교의 자유, 자유주의, 입헌정치, 경험주의 과학이 공존하는 사실로부터 이들이 서로 연결된 것이라는 믿음을 갖게 되었다. 프랑스로 돌아온 볼테르는 이런 생각을 『철학적 편지들(Lettres philosophiques)』이라는 제목으로 출판했다. 그리고 계속해서 뉴턴의 과학과 저술들을 이해하려고 노력했다.

결국 볼테르는 프랑스의 나쁜 요소들을 비난하고 그것을 대체할 좋은 요소들을 옹호하는 일에 뉴턴 과학을 이용한 셈이다. 그가 보기에 프랑스의 상류계층은 편견과 독단에 젖어 있었고, 하류계층은 무지와 미신에 싸여 있었다. 그리고 그는 이런 나쁜 요소들이 교회와 관습에 바탕을 둔 것으로 생각했다. 그가 보기에 뉴턴 과학은 단순히 세상이 어떻다는 것을 경험과 이성에 바탕을 두고 보여주었다. 이런 점에서 당시 프랑스에 풍미했던 데카르트나 라이프니츠(Gottfried Wilhelm Leibniz, 1646~1716)의 철학체계와는 대조적으로 보였다.

『백과전서』는 책이라기보다 하나의 사회운동이었다. 디드로(Denis Diderot, 1713~1784)와 달랑베르 (Jean Le Rond dAlembert, 1717~1783)가 주동이 되긴 했지만, 당시의 지식인들 거의 모두가 1751년부터 1765년까지 이 방대한 규모의 출판 사업에 참여했다.『백과전서』의 저술과 출판 사업이 계몽 시대의 사상에서 지녔던 중요성은 백과사전파(Encyclopédistes)라는 말이 계몽철학자와 동의어로 쓰일 정도였다.

물론 백과전서라는 제목 그대로 지식의 집합체인 것은 사실이지만, 그 이전의 백과전서들과는 근본적으로 달랐다. 그 이전의 책들이 지식을 수집해서 보전했던 것에 반해서,『백과전서』는 한 걸음 더 나아가 그러한 지식을 바탕으로 인간의 사고를 바꾸고, 세상을 바꾸는 것이었다. 곧 단순한 이해가 아니라, 이해를 바탕으로 변화를 추구하는 미래지향적인 성격을 띤 것이다.

『백과전서』의 이러한 특성은 여러 항목들에 나타났는데 과학, 특히 뉴턴 과학의 정신을 표방해서 주장하는 일이 많았다. 한편『백과전서』는 이념적 사상을 띤 책으로 여겨졌고, 당국에 의해 금지되기까지 했다. 하지만 18세기말까지 당시에는 유례가 없는 25,000권이 판매되었고, 그 속에 담긴 과학적 지식에 바탕을 둔 개혁의 이념이 유럽사회에 큰 영향을 미치게 되었다.

과학혁명의 산물인 뉴턴 과학은 이처럼 근대 유럽사회와 사고방식에 중요한 영향을 미쳤다. 물론 과학을 선호하고 과학지상주의적인 태도가 계속된 것은 아니지만, 역사상 어떤 사상이 극단적으로 나타났을 경우에는 항상 그러하듯이 그에 대한 반작용도 나타났다. 계몽 시대의 과학 선호에 대한 반작용은 대체로 두 갈래로 나타났다.

하나는 문화, 예술 전반에 걸친 낭만주의 사상이 붐을 이루었다. 즉 기계론적인 과학이 인간의 욕구와 감정들을 배제하고 자연으로부터 조화, 생명, 신비, 멋 같은 것들을 제거해버린 데 대한 반감이었다. 다른 한 가지는 과학이 너무 어려워지고 전문화되어서 지적 엘리트의 전유물이 되면서 권력과 결탁해서 통제와 억압의 수단으로 사용됨에 따라 정치적 과격파들의 반과학적 태도였다.

18세기 말에서부터 19세기 전반에 이르는 시기에 이러한 반작용은 과학혁명의 결과로 맞이한 과학의 중요성에 대한 반작용이라고 할 수 있다. 한때 몇몇 자연철학자, 대학교수, 부유한 아마추어, 의사, 점성가, 기술자, 장인 등 사회의 여러 구석들에서 행해지던 과학이라는 활동이 이제는 사회의 중요한 요소로 등장했다.

11

산업혁명

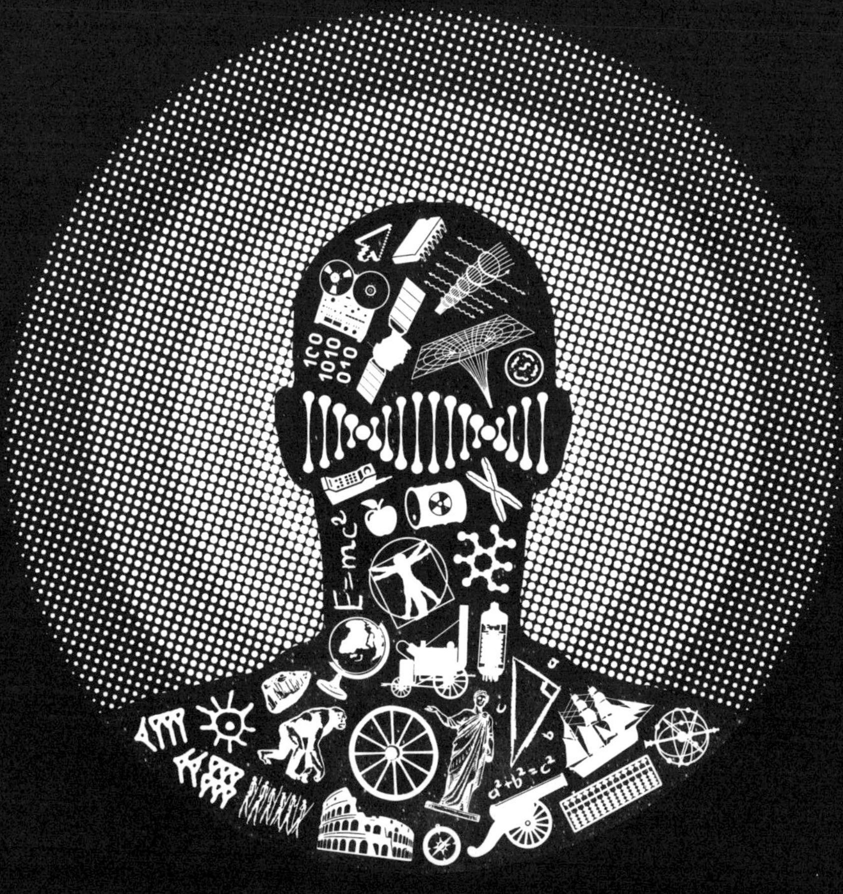

HOMO SCIENTIFICUS

산업혁명

| 18~19세기의 과학기술사 연표 |

1804년	프랑스, 나폴레옹이 황제에 오르다
1806년	신성 로마 제국이 멸망하다
1824년	네덜란드, 인도네시아를 지배하기 시작하다
1829년	중국, 외국과의 통상을 금지하다
1830년	영국, 철도가 개통되다
1838년	영국, 노동자들의 선거권 획득을 위한 차티스트 운동 일어나다
1840년	청과 영국 사이에 아편 전쟁이 일어나다
1842년	청과 영국 사이에 난징 조약 맺다
1848년	마르크스가 공산당 선언을 발표하다
1858년	인도, 무굴 제국이 멸망하다
1861년	미국, 남북 전쟁이 일어나다
1863년	미국, 링컨 대통령이 노예 해방을 선언하다
1868년	일본, 메이지 유신을 시작하다
1869년	이집트, 수에즈 운하가 개통되다
1871년	독일이 통일 국가를 이루다
1884년	청나라와 프랑스 사이에 전쟁이 일어나다
1894년	청나라와 일본 사이에 전쟁이 일어나다
1896년	그리스 아테네에서 제1회 올림픽 경기 대회가 열리다
1899년	네덜란드, 헤이그에서 평화 회의가 열리다

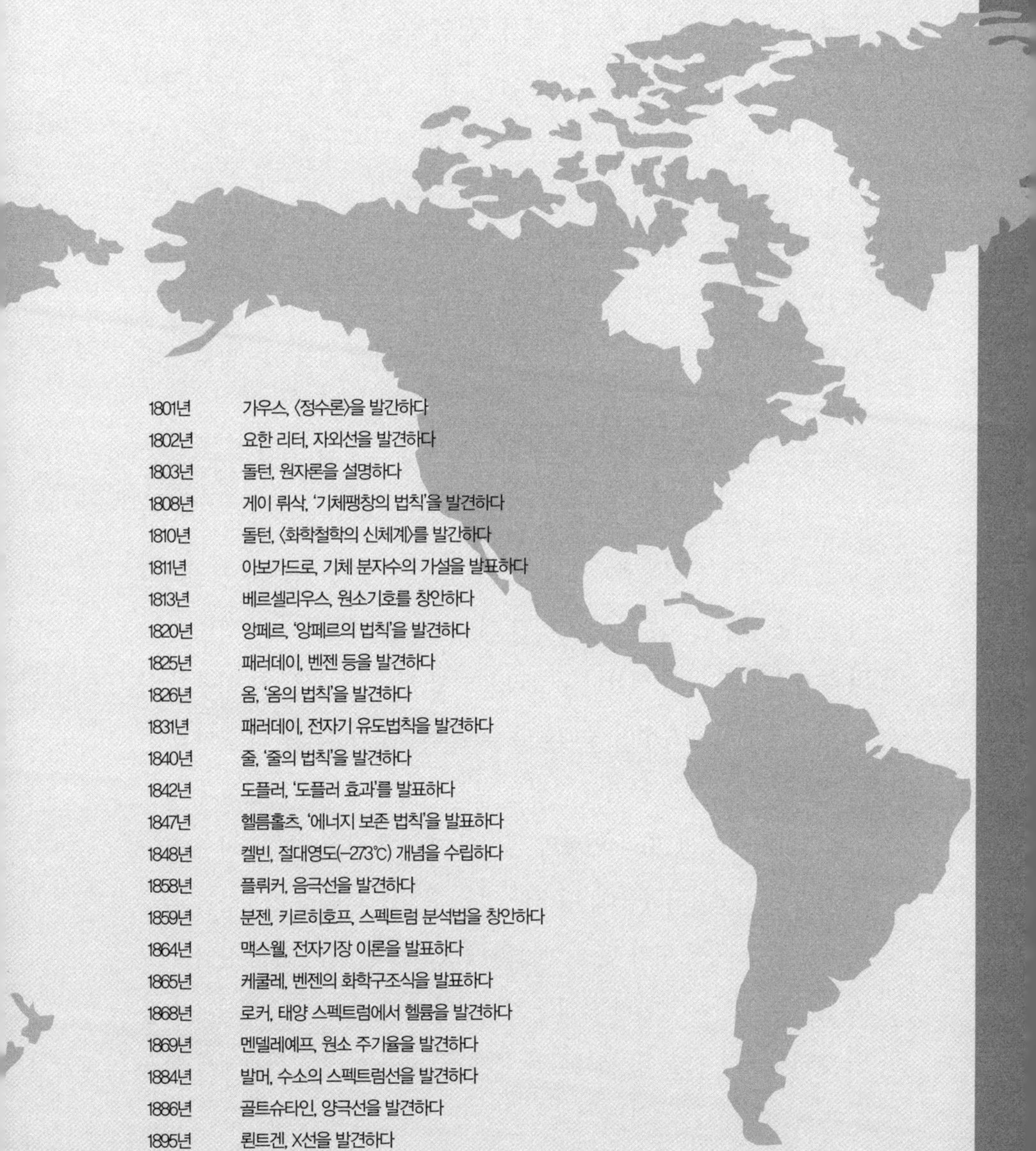

1801년 가우스, 〈정수론〉을 발간하다
1802년 요한 리터, 자외선을 발견하다
1803년 돌턴, 원자론을 설명하다
1808년 게이 뤼삭, '기체팽창의 법칙'을 발견하다
1810년 돌턴, 〈화학철학의 신체계〉를 발간하다
1811년 아보가드로, 기체 분자수의 가설을 발표하다
1813년 베르셀리우스, 원소기호를 창안하다
1820년 앙페르, '앙페르의 법칙'을 발견하다
1825년 패러데이, 벤젠 등을 발견하다
1826년 옴, '옴의 법칙'을 발견하다
1831년 패러데이, 전자기 유도법칙을 발견하다
1840년 줄, '줄의 법칙'을 발견하다
1842년 도플러, '도플러 효과'를 발표하다
1847년 헬름홀츠, '에너지 보존 법칙'을 발표하다
1848년 켈빈, 절대영도(−273℃) 개념을 수립하다
1858년 플뤼커, 음극선을 발견하다
1859년 분젠, 키르히호프, 스펙트럼 분석법을 창안하다
1864년 맥스웰, 전자기장 이론을 발표하다
1865년 케쿨레, 벤젠의 화학구조식을 발표하다
1868년 로커, 태양 스펙트럼에서 헬륨을 발견하다
1869년 멘델레예프, 원소 주기율을 발견하다
1884년 발머, 수소의 스펙트럼선을 발견하다
1886년 골트슈타인, 양극선을 발견하다
1895년 뢴트겐, X선을 발견하다
1896년 베크렐, 우라늄 방사능 발견하다
1898년 퀴리 부부, 플로늄·라듐 발견하다

증기기관과 산업혁명

산업혁명이라는 말은 영국의 경제학자이자 아놀드 토인비(Arnold Toynbee, 1852~1883)가 자신의 저서 『산업혁명(The Industrial Revolution, 1884)』에서 쓰면서부터 널리 사용되기 시작한 말이다. 그는 1760년부터 1840년 영국에서 일어난 변화로서 농업 및 가내수공업 경제에서 기계에 바탕을 둔 공장제 공업으로 변화했던 과정을 두고 산업혁명이라고 불렀다. 토인비가 산업혁명이라는 말을 사용한 이래로 이 말은 단순히 18세기말 영국에만 국한된 것이 아니라 19세기의 유럽 더 나아가 20세기 전 세계 개발도상국의 경제, 사회적 변화를 지칭하는 말로 확대되었다.

영국은 유럽의 다른 국가보다 일찍 봉건제도가 붕괴되어 자유로운 농민층이 많이 나타났는데, 이로 인해 모직물 공업이 발달하고 초기 형태의 자본주의적 생산체제가 발달하게 되었다. 인구 증가와 시민혁명이 가져온 풍부한 노동시장, 식민지 개척에 따른 해외 시장의 확대와 교역 증가 등으로 공업 생산량을 늘리고 이를 보다 경제적으로 이루기 위한 기술 혁신의 필요성이 증대했다. 또한 신교도적 직업윤리를 가진 기업가들은 진보, 기술, 근면의 장점을 믿는 기업가 정신이 투철했다.

공업화의 진전에 따라 연료와 금속의 제련에 사용되는 숯의 원료인 목재 자원이 고갈되었는데, 이러한 연료 위기를 석탄을 이용하여 극복하려고 했다. 이에 따라 탄광 산업을 중심으로 한 여러 관련 산업이 크게 발달하고 석탄 생산의 확대를 가져왔다. 석탄과 광석의 생산과 사용이 증가하면서 기술 및 경제적인 문제 중 하나는 깊은 탄광에서 물을 뽑아내는 것이었다. 특히 깊은 탄광과 광산에서 누수에 따른 갱도 붕괴로 영국에서는 석탄과 주석 광산 업체들이 파산 지경에 이르렀다. 또한 석탄의 수송과 철광석의 용해도 기술적으로 해결해야 할 문제가 되었다. 16세기 광산 기술자들은 공기를 이용한 펌프로는 물을 10미터 이상 끌어올릴 수 없다는 것을 알았는데, 이는 토리첼리가 대기압의 존재를 확인했던 데서 비롯되었다.

증기의 힘을 이용하여 물을 끌어올리는 기계가 1698년 영국에서 세이버리(Savery)에 의해 완성되었다. 1712년에는 피스톤을 이용한 증기기관이 뉴커먼(Thomas Newcomen)에 의해 제작되었는데, 이후 약 50년간 탄광의 배수 문제를 해결하는데 이용되었다. 뉴커먼이 만든 증기기관의 주된 단점의 한 가지는 연료 소비가 많고 유지비가 많이 든다는 것이다. 증기기관의 효율을 3~4배 향상시키고 산업혁명의 시동을 건 사람은 스코틀랜드의 기술자 제임스 와트이다.

제임스 와트(James Watt, 1736~1819)의 업적을 자세히 살펴보자. 와트의 업적은 오늘날 우리가 살고 있는 사회에 매우 중요한 과학의 기반을 다지는 데 기여했기 때문이다. 와트의 특별한 점은, 그가 당시 오늘날 진행형이었던 과학의 첨단 연구에 해당하는 곳에서 아이디어를 얻은 다음 기술을 적용하여 중요한 기술적 진보를 이루어냈던 최초의 인물이라는 점에 있다.

그리고 그는 대학에서 과학의 대약진을 이뤄내고 있었던 연구자들과의 긴밀한 관계 속에서 일을 하며 현대 첨단기술 산업들이 긴밀한 연구협조체제를 가진 방식을 보여주었기 때문이다. 18세기 후반, 와트의 증기기관 개량은 말 그대로 고도의 첨단기술이었다. 그리고 19세기와 20

세기에 걸쳐 기술발전의 길을 보여줬던 것은 바로 와트의 총체적 접근 스타일이었다.

와트는 영국의 스코틀랜드에서 태어났으며, 그의 아버지는 선박기술자였다. 와트는 어릴 때부터 편두통에 시달리는 등 육체적으로 허약한 편이었지만 편안한 조건에서 성장했고, 학교에서 훌륭한 기본교육을 받았다. 그는 학교보다 아버지의 작업장에 더 관심이 많았고, 손으로 핸들을 돌리면서 타는 풍금을 포함하여 다양한 기계와 여러 장비들의 실제 모형을 만들었다.

1755년에 런던에 있는 영국 최고의 기구제작자의 도제로 들어가 20기니의 수업료와 자신의 노동력을 제공하면서 1년의 단축과정으로 집중훈련을 받았다. 1757년 글래스고 대학으로부터 작업장과 편의시설을 제공받은 그는 대학의 기구제작자가 되었고, 또한 개인사업도 펼칠 수 있었다. 1763년 대학에서 구입했던 뉴커먼의 기관 모형을 수리해달라는 부탁을 받았다.

1712년 토머스 뉴커먼(Thomas Newcomen, 1663~1729)은 증기기관을 영국 중부내륙에 위치한 탄광에 세웠다. 그것은 효율적으로 작업하는 최초의 실용적인 목적, 즉 물을 광산 밖으로 뽑아내는 기관이었다. 뉴커먼 설계의 두드러진 특징은 수직 실린더에 피스톤이 장착되어 있다는 점이었다. 실린더를 세워둠으로써 피스톤이 길고 두꺼운 나무막대(들보)를 통해 균형추와 힘을 주고받을 수 있게 되었다.

처음에는 균형추가 밑으로 떨어지면 피스톤이 실린더의 꼭대기로 올라가고, 증기기관의 작동을 위해 피스톤 밑의 실린더에 증기를 채운다. 그런 다음 실린더 내부에 차가운 물을 뿌리면 증기가 응축되면서 부분

토머스 뉴커먼의 증기기관

적으로 진공이 만들어진다. 이 힘으로 피스톤은 균형추의 무게를 누르고 압력이 낮은 곳으로 내려간다. 피스톤이 실린더의 아랫부분에 도착하면, 피스톤 밑으로 모여든 증기로 압력의 균형이 이루어지기 때문에 균형추는 다시 피스톤을 끌어올려 실린더 꼭대기로 되돌려놓는다. 그러나 뉴커먼 기관의 수리를 마치고 난 후 와트는 그 기계가 매우 오랫동안 가동할 수 있는 완벽한 기관이라는 평판과는 달리, 기관에 불을 땠을 때 작은 보일러에 가득 찬 증기들이 몇 번의 왕복운동으로 싹 사라지면서 기관의 움직임이 멈춰진다는 사실을 알게 되었다. 그래서 그는 기관의 효율성을 높일 수 있는 방안을 찾기 위해 과학적 원리를 구체적으로 살펴봤다.

그는 뉴커먼 기관에서 열 손실이 일어나는 중요한 원인이 피스톤의 왕복운동 때마다 실린더 전체를 식혀야 하고, 다시 피스톤이 되돌아가는 동안 끓는점 이상의 물로 실린더를 증기로 채워야만 한다는 사실을 밝혀냈다. 그는 실린더 두 개를 사용하는 것이 해결책임을 깨달았다. 그 중 하나는 항상 뜨거운 상태를 유지하고, 다른 하나는 항상 차가운 상태를 유지한다. 그러나 중요한 기술적 발전은 분리된 냉각기에 있었다.

이 과정에서 와트는 독자적으로 잠열 현상을 우연히 접하게 되었는데, 이는 글래스고 대학교의 교수로 있던 블랙보다 몇 년 후의 일이었다. 그는 자신의 발견에 대해 블랙과 의논했다. 블랙은 그에게 최신 정보를 알려줌으로써 그의 개량작업을 도와주었다. 와트가 우연히 알게 된 것은, 만약 끓는 물 1그램을 차가운 물 30그램에 더하면 차가운 물의 온도상승은 거의 알아차릴 수 없지만, 물과 비슷한 양의 증기를 차가운 물속에 통과시키면 거품이 일면서 곧바로 물이 끓는다는 점이었다.

1769년 와트는 자신의 증기기관에 특허를 신청했지만, 곧바로 상업적 성공을 안겨주지는 않았다. 하지만 블랙의 협력으로 그의 증기기관은 마침내 상업적 성공을 거두게 되었다. 그는 또한 기계가 너무 빨리 작동될 때 증기를 차단해주는 자동조절기를 포함하여 증기기관의 특수한 장치들을 발명하고 특허를 타냈다. 1783년에 와트는 건강한 말 한 마리가 1초에 68킬로그램의 물을 약 1.2미터 높이로 올릴 수 있다는 것을 시험했다. 오늘날 우리가 사용하는 1마력은 746와트에 해당되며, 전력 사용량에 이용하는 와트(W)는 그를 기념하여 붙인 단위이다.

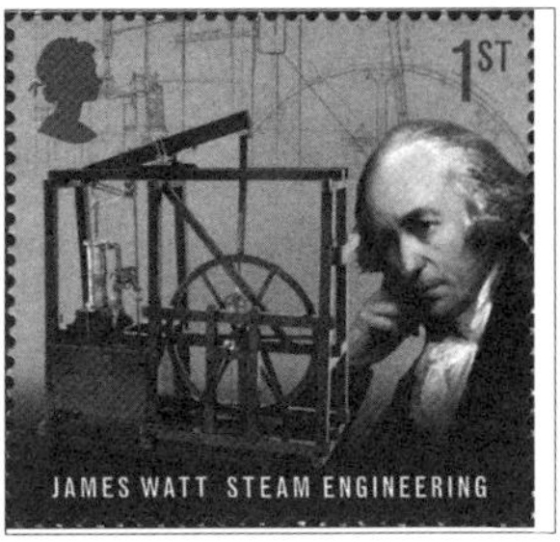

제임스 와트의 증기기관

와트의 증기기관은 방직공업에 활용되어 산업혁명의 기폭제 역할을 하였으며, 기차와 증기선에 활용되어 교통혁명을 가져왔다. 방직공업 등 여러 산업에서의 기계 도입은 철의 수요를 증대시켰다. 이에 따라 목탄 대신 화력이 좋은 석탄을 사용함으로써 제철 과정이 대량생산 체제로 들어갔으며, 생산된 철을 제련하고 공작하는 각종 기술도 발전하게 되었다. 강력한 증기의 힘으로 작동되는 선반 등 공작기계가 개발되어 증기기관에 필요한 금속을 쉽고 정확하게 자를 수 있었으며, 이는 보다 크고 강력한 기관을 만드는 데 활용되었다.

1800년대 중반에는 증기기관을 장착한 농기계가 발명되었는데, 이를 이용하여 밭을 갈고 배수로를 만드는 등 농업의 기계화가 시작되었고 황무지나 습지를 개간하여 농지를 확대했다. 산업 혁명에 따른 직물공업의 발달은 섬유를 표백하고 염색할 수 있는 물질의 필요성을 촉발하였고, 이는 화학공업의 발전으로 이어졌다. 또한 18세기 말에는 제철에 필요한 코크스를 석탄으로부터 얻는 과정에서 여러 가지 새로운 화학제품이 나오기 시작했다. 석탄가스를 가스등에 사용하였고, 코크스와 석탄가스 제조의 부산물로 암모니아를 얻었고 콜타르에서 각종 화학원료를 얻었다. 화학공업이 석유화학공업으로 전환되기 전인 20세기 중반까지는 거의 모든 화학제품을 석탄에서 얻었다.

이와 같이 증기기관은 산업 전반에 걸쳐 큰 변화를 가져왔다. 또한 수력과는 달리 석탄이 공급되는 곳에서는 증기력의 사용으로 많은 양의 에너지를 계속 공급받을 수 있었다. 산업화 초기의 공업지대는 탄광 부근이었으며, 높은 굴뚝에서 나오는 검은 연기는 공업화의 상징이기도 했다.

라이덴병, 번개, 전기

18세기는 화학에서 급격한 발전이 있었던 시기이지만 다른 분야에서는 주목할 만한 것이 별로 없었던 시기였다. 뉴턴의 그림자에 가려 19세기의 거대한 도약이 찾아올 때까지 일종의 휴식기인 셈이다. 뉴턴이 죽은 지 10여 년 후, 자연철학 대신 물리학이라는 용어가 사용되기 시작했다. 엄밀히 말하면, 물리학이란 옛 용어를 다시 사용한 것이다. 아리스토텔레스가 그 용어를 사용한 적이 있으며, 어쩌면 그 이전부터 사용되었는지도 모르기 때문이다. 물리학자들은 전기의 신비한 현상들을 파악하는 일에 착수했다. 네덜란드의 라이덴에서 연구했던 사람들은 커다란 양의 전기를 모을 수 있는 장비를 발명했다. 그것은 안쪽과 바깥쪽에 금속으로 덧씌워져 있는 단순한 유리병이었는데, 오늘날 축전기라 부르는 것의 초기 형태였다. 그런 장비들을 '라이덴병'이라고 부르며, 나중에 실험에 쓸 수 있도록 전기를 모아둘 수 있었고 여러 개의 병을 전선으로 연결하면 동물을 죽이기에 충분한 양의 전기를 만들 수도 있었다.

1752년 미국의 프랭클린(Benjamin Franklin, 1706~1790)은 라이덴병을 충전시키려고 뇌우 속에서 펼친 위험천만한 연 실험을 우발적으로 실행했는데, 그 결과 번개와 전기 사이의 관련성을 입증하게 되었다. 그는 그 실험을 통해 양전하와 음전하를 도입하여 전기에 대한 이론을 만들었다. 이 이론은 물체에 전기가 충전되었을 때 한쪽 표면은 음전하가, 반대쪽 표면은 양전하가 차지한다는 개념에 기초하고 있다. 즉, 전기는 돌아다니고 있으며, 전기를 많이 가진 물체가 전기를 적게 가진 물체에 접근하면 방전 현상이 일어나 두 물체의 전기량은 항상 같아지게 되고, 음전하의 총량은 반드시 양전하의 총량과 같다.

프랑스의 샤를 쿨롱(Charles Coulomb, 1736~1806)은 1780년에 비틀림 저울을 사용하여 전기력과 자기력에 대한 실험으로 전자기력은 역제곱 법칙에 따른다는 사실을 발견했다. 이를 '쿨롱의 법칙'이라고 한다. 이런 사례는 과학과 기술의 관계를 부각시키고 있다. 전기 연구는 전기를 생산할 수 있는 기계를 이용할 수 있게 된 후, 즉 전기를 모을 수 있는 장비가 개발되자 비로소 힘을 얻기 시작했다. 그리고 역제곱법칙은 비틀림 저울이라는 기술의 도움을 통해 발전될 수 있었다. 18세기 후반에 전기 연구에서 가장 큰 기술적 도약이 이루어졌으며, 19세기의 마이클 패러데이와 제임스 맥스웰의 작업을 위한 길을 닦아주었다. 그것은 바로 전지의 발명이었고 우연한 과학적 발견의 결과였다.

개구리와 전지

전지를 발명한 사람은 이탈리아 볼로냐 대학교 산부인과 교수이자 해부학 강사인 루이지 갈바니(Luigi Galvani, 1737~1798)였다. 갈바니는 오랫동안 동물 전기에 대한 실험을 했는데, 그 결과를 1791년에 논문으로 발표했다. 그 논문에서는 전기발생 장치가 놓여 있는 테이블 위에 해부하려고 펼쳐놓았던 개구리의 근육에서 꿈틀거림을 감지한 후, 처음으로 그 주제에 관심을 가지게 되었음을 비교적 소상하게 밝히고 있다. 갈바니는 그 꿈틀거림의 원인으로 전기발생 장치에 죽은 개구리의 근육이 직접 닿았을 뿐만 아니라, 뇌우가 칠 때 개구리가 금속 표면에 놓여 있었다는 점을 놓치지 않았다.

더불어 개구리의 다리를 말리려고 걸개용으로 사용하는 놋쇠 고리가 철 울타리를 건드리는 순간 걸려 있던 개구리의 다리가 꿈틀거린다는 사실을 확인했을 때 그는 이미 핵심을 꿰뚫고 있었다. 갈바니는 외부 전기원을 완전히 차단한 실내에서 이 실험을 반복하여 경련의 원인이 개구리의 근육 속에 축적되어 있는 전기라는 최종 결론에 도달했다.

모든 사람들이 그의 결론에 동의한 것은 아니었다. 특히 이탈리아 롬바르디아 파비아 대학교의 실험물리학 교수 알레산드로 볼타(Alessandro Volta, 1745~1827)는 1792년과 1793년에 출판된 논문에서 전기는 근육 수축의 자극원이지만, 전기는 외부에 있는 두 금속(놋쇠와 철)으로부터 온다고 주장했다.

볼타는 먼저 서로 다른 한 쌍의 금속을 가까운 거리에 위치시킨 다음, 두 금속에 혀를 대봄으로써 자신의 추측을 검증해보았는데, 당시 어떤

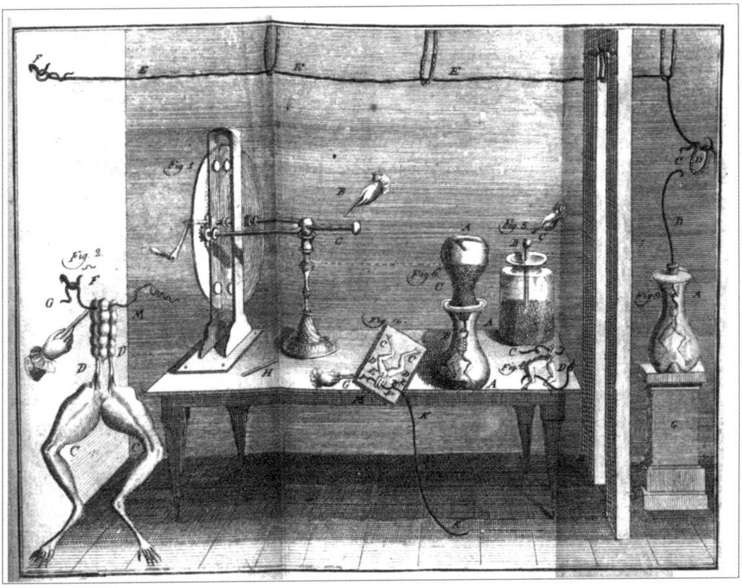

루이지 갈바니의 개구리 다리를 이용한 전기 실험(1791년)

측정 장치로도 감지할 수 없었던 미세한 전류를 감지할 수 있을 정도로 혀가 민감하다는 사실이 밝혀졌다. 이 실험에서 혀를 통해 느꼈던 효과를 좀더 극적으로 증폭시키는 방법을 찾아냈다. 그의 발명품이란 말 그대로 은과 주석의 얇은 판들로 이루어진 더미로 판들은 번갈아 놓은 사이사이로 소금물에 담가놓았던 판지로 분리되어 있었다.

볼타 전지로 알려진 이것은 근대 전지의 원형이며, 전지의 위와 아래를 전선으로 연결하자 전기가 흘렀다. 전지는 축적된 전기를 한꺼번에 방전해버리는 라이덴병과 달리, 사상 최초로 안정된 전류를 제공해주었다. 볼타의 발명 이전에 전기 연구는 기본적으로 정전기의 연구에 국한되어 있었다. 그러나 1800년 이후 물리학자들은 마음대로 켰다 껐다 할 수 있는 전지를 이용하여 연구할 수 있게 되었다. 또한 전지에 판을 추가하거나 제거하여 전류의 강도를 조절할 수도 있었다.

그와 동시에 연구자들은 전지에서 나온 전류를 이용하면 물을 산소와 수소로 분해시킬 수 있다는 사실을 알아냈는데, 한 개의 발명이 과학에 얼마나 강력한 도구가 될 수 있는지를 보여주는 증거였다. 1800년 프랑스가 오스트리아와 롬바르디아의 영유권 싸움에서 승리하자 나폴레옹은 볼타에게 백작 작위를 수여했다.

최소작용의 원리

과학에 있어 전체적으로 볼 때 가장 중요한 통찰력에 속하지만, 그 가치가 20세기의 개화기 동안에만 발휘된 것이 있다. 1744년 프랑스의 피에르 드 모페르튀(Pierre de Maupertuis, 1698~1759)의 핵심 사상은 '최소작용의 원리'로 알려져 있다. 작용이란 물리학자들이 물체의 위치 변화와 그 운동량으로 측정된 사물의 성질에 대해 부여한 이름이다. 즉, 운동량은 질량, 속도, 거리와 관련되어 있다.

최소작용의 원리란 자연은 항상 물리량들을 최소로 유지하는 방향으로 작용한다는 것이다. 이는 양자역학에서 엄청나게 중요한 사실로 밝혀졌고, 가장 간단한 최소작용 원리의 예로 빛은 항상 직선으로 이동한다는 사실이다.

빛에 대해 말하자면, 1746년 역사상 지적으로 가장 활발하게 활동한 스위스 수학자로서, 현대 수학에서 지수 상수 e와 허수 i를 도입한 레온하르트 오일러(Leonhard Euler, 1707~1783)가 있다. 그는 빛은 파동이며 각각의 색은 서로 다른 파장을 지닌다고 가정하면서 빛의 굴절을 수학적 용어로 표현했다. 그러나 이런 반 뉴턴적 모형은 당시 별로 지지를 받지 못했다. 빛의 입자설을 주장했던 뉴턴에 대한 경외심 때문이었다.

하루는 오일러가 독일의 쾨니히스베르크의 거리를 걷고 있는데, 사람들이 모여서 쾨니히스베르크를 흐르는 강에는 7개의 다리가 있는데, 이 다리들을 꼭 한 번씩 차례로 건널 수 있느냐를 두고 논쟁을 벌이고 있었다. 그 사람들이 오일러에게 도움을 요청하자, 오일러는 별로 고민하지도 않고 쉽게 대답해 주었다. "이 다리들을 한 번씩 차례대로 건넌다는 것은 불가능하다"고 말한 후, 불가능한 이유에 대해서 자세히 증명했다고 한다. 이것은 오늘 날에는 "한 붓 그리기"와 같은 문제에서 볼 수 있는 것으로, 위상기하학이라는 분야의 태동을 알리는 문제였다.

천왕성, 블랙홀

1781년 허셜(William Herschel, 1738~1822)은 천왕성을 발견했다. 이는 고대인들에게는 알려지지 않았던 첫 번째 행성으로 센세이션을 불러일으켰다. 그리고 캐번디시는 1783년 왕립학회에서 존 미첼을 대신하여 발표한 논문에서 우리가 오늘날 블랙홀의 개념을 최초로 선보인 사람이었다. 미첼의 개념은 빛의 속도는 유한하며, 중력에서 벗어나기 위해서는 물체의 무게가 무거울수록 더 빠른 속도로 움직여야 한다는 것이다.

부끄러움이 많은 캐번디시가 왕립학회에서 가죽끈으로 묶여 있는 미첼의 논문을 풀어서 읽고 있는 장면을 상상해보자.

"밀도가 태양보다 작지 않고, 그 지름이 태양의 지름에 5백배에 달하는 천체들이 자연에 정말로 존재한다면, 천체들의 빛은 우리에게 도달할 수 없을 것이기 때문에… 우리는 시각을 통해서 아무런 증거도 얻을 수 없다. 그럼에도, 우연히 또 다른 발광체들이 그 천체들 주변을 돌고 있다면 우리는 돌고 있는 천체들로부터 그 중심 천체들의 존재를 추론할 수 있을 것이다."

실제 오늘날 천문학자들은 바로 위에서 인용한 방식으로 블랙홀의 존재를 추론한다. 즉, 블랙홀 주변 궤도에 있는 밝은 물체의 운동을 연구한다는 뜻이다. 18세기가 끝나기 전에 오늘날 20세기 이론의 정수라고 생각하고 있는 블랙홀에 대해 정리한 사람이 있었다는 것은 정말 놀라운 일이다. 그리고 그 세기가 끝나기 전에 똑같은 생각을 제시한 두 번째 사람이 있다는 사실 역시 우리를 더욱 놀라게 한다. 그 사람은 바로 피에르 라플라스였다. '프랑스의 뉴턴'으로 불리는 그의 경력을 살펴보자.

우주체계 해설과 성운

라플라스(Pierre Laplace, 1749~1827)는 프랑스 노르망디 지역에서 태어났다. 그의 어린 시절과 사생활에 대해서 알려진 것은 그리 많지 않으나 가난한 농부 집안 출신이라고 알려져 있다. 그는 1766년에 캉 대학교에서 공부했는데, 그가 자신의 수학적 재능을 발견한 것은 바로 이때였던 것 같다. 라플라스는 학위를 받지 않았으나, 담당교수의 추천서를 들고 프랑스 아카데미의 고위급 회원을 만나러 파리로 떠났다. 그는 라플라스의 능력에 탄복해 라플라스를 고급 전문직과 기술직 훈련을 쌓는 에콜 밀리테르(École Militaire. 당시 육군사관학교에 해당)의 수학 교수로 추천했다. 1773년에는 아카데미 회원으로 선출되었다.

그는 특히 확률에 관심이 많았는데, 그가 행성들의 궤도와 지구에 대한 달 궤도의 특징 등과 같은 태양계의 문제점들을 조사하게 된 것은 이런 수학적 관심을 통해서였다. 그런 궤도들은 과연 우연히 생겼을까? 그 궤도들이 오늘날의 특징을 띠게 된 데는 어떤 물리적 요인이 작용한 것일까?

그는 1776년 혜성의 성질과 궤도에 대해 연구했다. 모든 행성들은 같은 방향으로, 같은 평면(황도면) 위에서 태양의 둘레를 돌고 있다. 이는 모든 행성들이 동일한 물리적 과정을 통해 형성되었다는 강력한 암시이다. 그러나 적어도 그때까지 알려졌던 12개의 작은 혜성들의 궤도로 판단했을 때, 혜성들은 제각각 태양의 둘레를 돌고 있었다. 이는 곧 혜성들이 다른 기원을 지니고 있음을 암시하고 있는데, 라플라스 이전의 수학자들은 이미 이런 결론을 내리고 있었다. 그러나 라플라스는 그 결론보다는 어떻게 그런 결론에 이르렀는지에 관심을 쏟았다.

그는 혜성들이 황도면 위에서 움직이도록 유도하는 어떤 힘들이 존재했을 가능성이 매우 희박했음을 확률적으로 보여주는 정교한 분석법을 개발했다. 그는 그런 차이들을 뉴턴 이론의 틀 안에서 설명할 수 있었는데, 이때 두 행성이 서로 교란을 일으키기 때문이라는 사실을 명확하게 보여주었다. 그 변동의 주기는 929년으로, 929년마다 모든 것은 처음 상태로 되돌아가 태양계는 결국 안정을 되찾는다. 전하는 이야기에 따르면, 나폴레옹이 그에게 그런 변동에 대한 논의에서 왜 신이 등장하지 않느냐고 묻자, 그는 이렇게 대답했다고 한다. "나에게는 그런 가설이 필요하지 않습니다."

라플라스는 조류 이론에 대해서도 관심을 보여 매일 두 차례의 조수가 대략 같은 높이에 도달하는 이유를 설명했다. 그는 출산 통계 수치에서 프랑스 전체 인구를 추정하는 것과 같은 실용적 문제들을 다루는 확률에 대한 개념을 개발했고, 이미 말했던 것처럼 라부아지에와 함께 열에 관한 연구를 했다.

그는 목성과 토성 궤도의 변동에 대한 설명은 물론, 지구 둘레를 돌고 있는 달의 궤도에서 발생하는 비슷한 변화들에 대한 해묵은 수수께끼도 해결했다. 이는 태양과 지구 - 달 체계 사이의 복잡한 상호작용과 지구의 궤도에 대한 행성들의 중력에 따른 결과라는 것이 그의 결론이었다. 1788년 그는 이렇게 말했다.

"태양계 체계는 매우 작은 변화를 제외하고는 결코 벗어날 수 없는 평균상태의 일정 틀 안에서 진동할 뿐이다. 그 구조와 중력 법칙 때문에 태양계 체계는 외부의 요소에 의한 파괴가 아니라면 안정적인 상태에 계속 머물 수 있다."

1796년에 그는 두 권으로 출간된 『우주체계 해설(Exposition du système du monde)』이라는 책을 썼다. 라플라스는 명성과 시류를 탈 줄 아는 능력으로 나폴레옹 정부에서 일했을 때 나폴레옹은 1806년 그에게 백작 작위를 수여했다. 또한 왕정 체제의 군주에게도 총애를 받아서, 1817년 루이 18세는 그를 후작으로 봉했다. 그는 1827년 파리에서 세상을 떠났다.

그에게 붙었던 수많은 명예 속에서도 『우주체계 해설』은 라플라스의 가장 중요한 성과로 남아 있다. 물리학에 대한 라플라스의 업적은 행성 천문학, 궤도운동, 중력에서 역학과 유체역학을 거친 다음, 두 가지 새로운 개념을 소개하고 있다. 하나는 태양계의 기원에 대한 '성운 가설'이다. 이 가설은 행성들이 원시태양 주변의 물질 구름(또는 성운)이 수축되면서 크기가 줄어들어 형성되었다는 생각이다. 그 당시에는 일곱 개의 행성과 열네 개의 위성만 알려져 있었는데, 모두가 같은 방향으로 태양의 둘레를 돌고 있었다.

다른 하나의 새로운 개념이란 라플라스의 블랙홀이었다. 흥미롭게도 이 논의는 『우주체계 해설』의 초판에만 실려 있다. 그리고 그 이후의 책에서 라플라스가 왜 그 내용을 뺐는지에 대해서는 기록이 전혀 남아 있지 않다. 그는 어두운 별에 대한 블랙홀에 관해서는 지름이 태양의 250배이며 밀도가 지구와 같은 천체는 심지어 빛조차도 빠져나올 수 없는 강력한 인력을 지니게 될 것임을 강조하고 있었다.

지질학의 발달

시간과 공간에서 인간의 위치를 이해하는 관점에서 지구의 형성과정에 대한 지질학적 이해야말로 18세기 마지막 10년 동안 있었던 가장 중요한 발전이었다. 스코틀랜드의 제임스 허턴(James Hutton, 1726~1797)

이라는 사람이 제기하고 19세기에 찰스 라이엘이 발전시켰다. 허턴은 17세의 나이로 법률가의 도제로 생활하기 전 에든버러 대학교에서 교양과정을 밟았다. 그러나 그는 법이 전혀 적성에 맞지 않다는 사실을 확인하고는 의학 공부를 위해 대학으로 다시 돌아와 화학에 깊은 흥미를 느끼게 되었다. 1749년 허턴은 네덜란드 라이덴 대학교에서 박사학위를 받았다. 그는 스코틀랜드에서 자신이 배운 기술을 활용하여 바위투성이의 거친 농장을 효율적이고 생산성 높은 농토로 바꾸어놓았다. 이런 활동을 하면서 허턴은 지질학에 대한 관심을 갖기 시작했으며, 화학에 대한 관심 또한 지속했다.

허턴은 지구에 만들어진 산맥은 침식에 의해 닳아 없어지고 퇴적물은 해저에 쌓이면서 오늘날 우리가 보고 있는 것과 같은 반복적인 지진과 화산활동으로 솟구쳐서 새로운 산맥을 형성한다고 주장했다. 이 주장은 '동일과정설'로 알려지게 되었다. 즉, 동일한 과정들이 항상 작용하고 있으며, 지구의 표면을 계속해서 만들어가고 있다.

지구에서 관찰된 지형들을 설명하기 위해서는 이따금씩 일어나는 매우 난폭한 활동이 필요하다는 주장은 '격변설'로 알려져 있다. 허턴의 개념은 그 당시 통용되고 있는 격변설과 수성론이 결합된 지질학적 이론과 정면충돌했다. 프러시아 지질학자인 아브라함 베르너(Abraham Werner, 1749~1817)가 처음 주장한 '수성론'은 지구가 한때 물에 완전히 잠겨 있었다는 이론이었다. 허턴은 자신의 논증들을 신중하게 열거하여 1785년에 에든버러 왕립학회에서 발표했다.

1790년대 초에 들어서자 허턴의 제안은 수성론자들로부터 가혹한 비판에 직면했다. 이에 대응하고자 60대에 접어든 허턴은 건강하지 못한 몸으로 자신의 주장을 더욱 발전시켜, 1795년 두 권으로 된 『지구의 이론(Theory of the Earth)』이라는 책을 썼다. 그가 뿌려놓은 씨앗이 꽃을 피우기까지는 한 세대가 걸렸는데, 1797년 허턴이 세상을 떠난 지 8개월 후에 라이엘이 태어났기 때문이다.

찰스 라이엘(Charles Lyell, 1797~1875년)은 영국의 부유한 가문 출신에서 태어났다. 그는 1817년 옥스퍼드에서 법을 공부하면서 광물학 강의를 들었는데, 그 후 지질학에 대한 관심을 더욱 키워나갔다. 1819년 그는 21세의 나이에 옥스퍼드를 졸업하고 런던 지질학회 회원으로 선출되었다. 법정 변호사로 일하기 시작한 1825년, 그는 변호사로 별 수입을 올리지 못했는데, 오히려 잡지에 글을 쓰면서 경제적으로 독립할 수 있게 되었다. 저술가로서의 재능을 발견한 그는 1827년 지질학에 대한 책을 쓰기로 결심하고 자료를 수집했다. 그리하여 1828년에 그의 생애에서 가장 중요한 지질학 탐사 여행을 떠났다. 허턴이 정리한 아이디어의 뼈대에 살을 붙인 것은 바로 라이엘의 현장 조사였다.

그는 현장 연구를 비롯해 유럽 대륙의 지질학자들의 연구를 활용하여 지금까지 어느 누가 쓴 것보다도 훨씬 더 완벽한 지질학 개설서를 만들어냈다. 1830년 라이엘은 『지질학 원리(Principles of Geology)』 1권을 썼는데, 출간 즉시 성공을 거두었다. 후에 스페인에서 더 많은 현장 조사를 한 후 1832년 『지질학 원리』 2권을 출간했다.

1831년 런던의 킹스 칼리지에 지질학 석좌 교수직이 만들어졌고, 그는 교수가 되었다. 그러나 라이엘은 저술 활동에 전념하기 위해 1833년에 교수직을 사임했다. 그는 저술활동이 더 많은 수입을 보장해주며, 시간 소모적인 의무 없이 자기 스스로 알아서 할 수 있는 일임을 깨달았다. 그는 과학 저술로 생계를 유지하는 최초의 인물이 된 것이다. 라이엘은 〈지질학 원리〉 2권에서 종(species)이라는 수수께끼에 관심을 돌렸다. 그 책에서 그는 다음과 같은 결론을 내렸다. "각각의 종은 한 쌍으로부터, 또는 한 개체로부터 기원했을지 모른다. 종은 일정한 시간과 장소에서 연속적으로 만들어져 정해진 기간에 증식하여 살아남은 것일 수도 있다."

1833년 그는 『지질학 원리』 3권을 썼다. 그는 최신자료를 추가하고 내용을 다시 쓰기도 하면서 계속 개정판을 내놓았는데, 1875년 그가 죽은 뒤 12번째이자 마지막 판본이 출간되었다.

종의 기원과 자연선택

찰스 다윈(Charles Robert Darwin, 1809~1882)이 무대에 등장했을 때, 진화라는 개념은 그다지 새로운 것이 아니었다. 진화 사상은 고대 그리스까지 거슬러 올라갈 수 있다. 1620년 영국의 프랜시스 베이컨은 종이 변화하는 방식에 대해 주목할 만한 논의를 한 적이 있으며, 얼마 뒤 독일의 수학자 라이프니츠도 그에 대해 언급한 바 있다. 18세기에는 거의 비슷한 종들이 지구의 서로 다른 지역에 등장하는 것을 목격한 프랑스의 뷔퐁이 북아메리카의 들소는 유럽 황소의 조상들이 이주해서 오랜 시간 기후의 영향을 받으며 변화된 것일지도 모른다고 추측하기도 했다.

다윈이 그들과 달랐던 점은 기후의 영향 때문일지도 모른다는 식의 막연한 암시 대신 탄탄한 과학 이론을 바탕으로 진화가 어떻게 일어났는지를 설명했다는 것이다. 다윈 이전에 제시된, 진화에 대한 최고의 아이디어들은 18세기 말 찰스 다윈의 할아버지 에라스무스 다윈과 19세기 초 프랑스의 라마르크가 각자 독자적으로 생각해낸 것이었다.

다윈에 관해 많은 사람들이 믿고 있는 두 가지 신화가 있는데, 모두 진실과는 거리가 멀다. 첫째는, 그는 어설픈 지식을 지닌 젊은 신사로 운 좋게도 세계 여행길에 오르게 되면서 진화에 대한 다소 명백한 증거를 보았으며, 적당히 똑똑한 누구라도 같은 상황에 처했다면 생각할만한 설명을 했다는 것이다. 둘째는, 그가 보기 드문 천재여서 그만이 가지고 있는 번뜩이는 통찰력으로 과학적 발견을 한 세대 이상 앞당겨 놓았다는 것이다. 사실 다윈과 자연선택에 대한 생각 모두 상당 부분은 당시의 시대적 산물이었지만, 그는 다양한 범주의 학문들 속에서 과학적 진리를 찾기 위해 보기 드물게 열심히 일하고 고심했으며 끈질기게 연구한 사람이었다.

1826년 아버지의 뒤를 이어 에든버러 대학에서 의사가 되려 했던 다윈은 비위가 약해서 의학 공부가 적성에 맞지 않았다. 결국 아버지는 다윈에게 남은 유일한 미래는 케임브리지로 가서 학위를 받고 시골 목사가 되는 것이라 생각했다. 당시 이는 장남이 아닌 말썽꾼 아들을 모양새 좋게 처분하는 일반적인 방법이었다. 1827년 다윈은 케임브리지의 크라이스트 칼리지에 정식으로 입학했다.

다윈의 지적 능력과 성실성은 식물학과 지질학을 공부하느라 게을리 했던 다른 교과목들을 마지막 순간에 벼락치기로 공부하며 따라잡을 때 유감없이 발휘되었다. 심지어 다윈 자신도 1831년 초에 본 시험에서 매우 훌륭한 성적을 거두자(178명 중 10등) 깜짝 놀랄 정도였다. 그러나 과학적 재능이 있음에도 그는 선택의 여지없이 당연히 시골 교구 목사가 될 것으로 보였다.

다윈은 1831년 여름, 자신에게는 마지막이라고 생각한 지질학 탐험을 하며 웨일스 지방의 돌을 관찰하고 집으로 돌아왔다. 그곳에서 그는 케임브리지의 스승에게서 전혀 예상치 못한 편지 한 통을 받았다. 스승은 자신의 친구인 해군 본부 대령의 제안을 전해주었다. 비글호(Beagle)의 탐사 여행에 참여하라는 제안이었다. 비글호를 지휘할 사람은 로버트 피츠로이(Robert Fitz Roy) 대령이었는데 그는 남아메리카의 자연사와 지질학 연구를 할 적당한 사람을 찾고 있던 중이었다.

다윈은 완벽한 자격을 갖추고 있었다. 피츠로이는 장거리 항해를 하는 동안 자신과 동등한 조건을 갖춘 신사 계급을 원했다. 탐사에 참가할 이는 경비를 자비로 부담해야 했고, 해군 본부는 지원자가 남아메리카와 전 세계 탐사의 기회를 이용할 수 있는 실력 있는 박물학자이기를 원했다. 돛대 세 개에 길이는 27미터밖에 되지 않는 비글호는 1831년 12월 27일 출항했는데, 그때 다윈의 나이는 23세가 채 되지 않았다.

여기서 전 세계를 돌았던 5년 동안의 항해에 대해 자세히 이야기할 필요는 없지만 몇 가지는 언급할 만하다. 첫째, 다윈은 항해 내내 배 안에 갇혀 있지만은 않았다. 그는 오랜 시간 동안 남아메리카를 탐사했는데, 특히 배가 공식 측량작업을 할 때 그 틈을 이용해 탐사 시간을 가졌다. 둘째, 그는 항해 기간에 화석과 기타 표본들을 영국으로 보내 생물학자가 아닌 지질학자로서 과학계에 이름을 알렸다. 그리고 마지막으로 자세하게 언급할 만한 것이 있다.

다윈은 칠레에서 큰 지진을 경험했고, 그 지진이 얼마만큼 땅을 들어

올렸는지 직접 목격했다. 그 땅에는 해안선 위로 약 1미터 가량 위로 올라가 있는 갑각류 화석이 끼어 있었다. 이것은 라이엘이 『지질학 원리』에서 설명했던 것을 직접 확인시켜주는 것이었다. 다윈은 그 책의 1권을 읽으며 항해를 시작했고, 항해 도중에 2권을 열심히 읽었다. 1836년 10월에 런던으로 돌아왔을 때에는 3권이 그를 기다리고 있었다. 라이엘의 눈으로 세상을 돌아본 그는 동일과정설 지지자가 되었고, 이는 진화에 대한 그의 생각에 근본적인 영향을 주게 되었다. 다윈은 나중에 다음과 같이 얘기했다.

> "항상 내가 쓴 책들의 절반은 라이엘의 머리에서 나온 것 같은 느낌이 든다. 이 점에 대해서는 그동안 그리 인정하지 않았다. …… 나는 『지질학 원리』의 가장 위대한 점은 한 사람의 정신을 전부 다 바꿔버린 것이라고 늘 생각했다."

다윈은 꿈도 꾸지 못한 환영을 받으며 귀국했고, 이에 그의 아버지도 놀랐다. 그는 곧 라이엘을 직접 만났고, 영국 지질학계의 유명 인사들과 어깨를 나란히 하게 되었다. 1837년 그는 런던 지질학회에서 칠레의 해안단구에 대한 논문을 발표했고, 그 자리에서 학회 회원으로 선출되었다. 다윈은 라이엘처럼 지질학자로서 명성을 얻었을 뿐만 아니라 저술가로도 인정을 받게 되었다.

1839년은 다윈의 생애에서 중요한 해였다. 그해에 그는 서른 살이 되었고 『연구저널』이 출판되었으며 왕립학회 회원이 되었고, 사촌이었던 엠마 웨지우드와 결혼했다. 또한 훗날 그가 묘사한 바에 따르면, 그

때는 1836년에 비글호에서 돌아와 1842년에 런던을 떠나 새로운 가족과 함께 켄트에 정착하기까지 지적으로 가장 창조적이었던 시절이었다. 그러나 이 시기는 그가 병으로 쇠약해지기 시작했던 때이기도 했다. 정확한 원인은 결코 밝혀지지 않았지만 아마 열대 지방에서 걸린 질병 때문이었을 것이다. 다윈과 그의 아내는 오래오래 행복한 결혼생활을 했지만 되풀이해서 발병하는 다윈의 병과 서너 명의 아이들이 일찍 죽는 바람에 상처를 받기도 했다.

항해에서 돌아올 때쯤 다윈은 진화가 사실이라는 것을 확신했다. 문제는 그런 사실을 설명해줄 자연 현상 또는 이론을 찾아내는 일이었다. 중요한 진전이 이루어진 것은 1838년 결혼을 앞둔 가을 무렵, 토머스 맬서스(Thomas Malthus, 1766~1834)가 쓴 유명한 『인구론(Essay on the Principle of Population)』을 읽었을 때였다. 원래 1798년 익명으로 출판되었던 이 에세이는 다윈이 읽을 때쯤에는 6판이 발행되었다. 케임브리지에서 공부하고 1788년 목사 서품을 받았던 맬서스는 부목사로 일하면서 논문을 썼지만, 나중에 유명한 경제학자가 되었고 영국 최초의 정치경제학 교수가 되었다. 그는 자신의 논문에서 인간을 포함한 모든 개체군은 기하급수적으로 증가하며, 어떤 특정한 시간 간격 내에 두 배로 증가하고, 그 다음 동일한 간격 동안 또다시 두 배로 증가해간다고 지적했다.

그가 논문을 쓰고 있을 당시 북아메리카의 인구는 매 25년마다 두 배로 증가하고 있었으며, 이런 결과가 되기 위해서는 평균적으로 모든 쌍들이 25세의 나이에 네 명의 아이를 낳고, 그 아이들이 다시 25세까지 생존하는 조건만 충족시키면 되었다. 만약 가장 느리게 새끼를 낳는 코끼리 한 쌍이 네 마리의 새끼를 낳아 그 새끼들이 생존하여 또 새끼를 낳는다면 750년이 지난 뒤에는 원래의 코끼리 한 쌍은 1천9백만 마리의 살아 있는 자손을 갖게 될 것이다. 그러나 확실한 것은 맬서스가 지적했듯이, 18세기 말에는 천 년 전에 살았던 것과 비슷한 수의 코끼리가 살고 있었다.

그는 그 이유가 질병이나 약탈자 때문에, 그리고 특히 먹이의 양이 한정되어 있어 개체수가 억제되기 때문이라고 했다. 그래서 한 쌍의 짝이 낳는 자식 중 평균 둘만이 살아남게 되지만, 북아메리카에 식민지가 건설되어 새로운 서식지가 생기는 경우는 예외였다. 실제로 19세기 정치인들이 맬서스의 주장을 이용하여 노동자 계급의 삶을 개선시키려는 노력은 실패하게 마련이라고 주장했다. 그 이유는 생활 조건을 개선시키면 더 많은 아이들이 생존하게 될 것이고, 그 결과 인구가 증가되어 자원을 다 소진시켜버려 더 많은 사람들을 똑같이 비참한 빈곤 상태에 빠지게 된다는 것이었다. 그러나 1838년 가을, 다윈은 다른 결론에 도달했다.

진화가 어떻게 작용하는지 설명해주는 이론은 개체수, 동일한 종의 개체 사이에서 벌어지는 생존경쟁, 그리고 가장 잘 적응한 개체(the fittest, 적자) 등의 개념으로 구성되어 있었다. 다윈은 이러한 생각들을 대강 문서로 기록했는데, 역사학자들에 따르면 이 문서는 1839년에 만들어졌다고 한다. 그 후 다윈은 그 문서에 기록된 내용을 좀더 자세하게 35쪽에 달하는 문서로 만들고 자신이 직접 1842년에 쓴 것이라고 기록하기도 했다. 1844년에 자신의 생각을 약 5만 단어의 189쪽짜리 원고로 써서 근처 학교 선생에게 깨끗하게 정서시킨 다음, 자신이 죽은 다음에 출판하라는 메모를 아내 앞으로 써서 다른 논문들과 함께 놓아두었다. 그는 대중의 반응이 두렵기도 하고, 전통적인 기독교인이었던 아내를 당황시킬까 봐 걱정한 나머지 자신의 이론을 20년씩이나 깔고 앉아 있었던 셈이다.

1845년에 펴낸 『비글호 항해』 2판에 다윈은 여기저기 흩어져 있던 새로운 자료를 많이 추가해서 넣었다. 『비글호 항해』의 두 판본을 비교해보면, 새로운 자료들을 모두 골라내 합쳐보면 자연선택에 의한 진화에 대한 다윈의 생각을 전부 포괄하는 에세이가 된다. 다윈이 이런 작업을 한 것은 진화에 대한 자신의 우선권을 걱정했기 때문인 것으로 보인다. 한편, 그는 자신의 이론이 출판되었을 때 좀더 잘 받아들여지도록 생물학자로서의 명성을 쌓아야 한다고 생각했다.

그는 비글호에서 귀환한 후 10년이 된 1846년부터 남아메리카에서 얻은 자료를 부분적으로 참고하여 조개삿갓에 대한 연구를 집중적으로 했다. 그는 그 결과를 1854년에 총 3권의 책으로 발표했다. 이는 그 분야에서 아무런 명성이 없었던 사람으로서는 놀라운 업적이었다. 그 와중에 그는 종종 병에 시달리기도 했고, 1848년에는 아버지의 죽음과 1851년에는 그가 사랑했던 딸의 죽음을 겪어야 했다. 그 연구로 다윈은 왕립학회로부터 메달을 받았다.

그는 밀접하게 연관되어 있는 종들 사이의 미묘한 차이에 대해 완전히 이해한 최고의 생물학자가 되었다. 그러나 그는 여전히 진화에 대한 출판을 머뭇거리고 있었다. 자신의 생각에 대해 의견을 나눴던 몇몇 가까운 친구들의 설득으로, 다윈은 1850년대 중반에 자료를 수집하여 어떤 반대 의견도 뒤집을 강력한 증거가 제시된 크고 두꺼운 책으로 자신의 생각을 정리하기 시작했다. 그는 『자서전(Autobiography)』에서 "1854

년 9월 이후 나는 종의 변이와 관련하여 수많은 기록을 정리하고, 살펴보고, 실험하는 데 모든 시간을 보냈다"라고 썼다. 집필 당시에는 다윈 생전에 그런 책이 빛을 보게 될지는 의심스러웠다. 그러나 다른 박물학자가 그와 똑같은 생각을 발표하려 하자 그는 마침내 자신의 이론을 공개하지 않을 수 없게 되었다.

다른 사람은 극동지역에 거점을 두었던 박물학자 알프레드 월리스(Alfred Russel Wallace)였다. 월리스가 자신의 이론을 확장, 발전시킨 때는 다윈이 1844년에 35세의 나이로 그러했듯이, 그의 나이 35세였던 1858년이었다. 다윈의 혜택 받은 삶과는 대조적으로 월리스는 살아남기 위해 안간힘을 썼으며, 그런 차이는 당시 과학이 어떻게 부유한 신사계급의 아마추어 취미 영역에 남지 않고 도약하게 되었는지를 보여주는 좋은 예이다.

월리스는 1823년 영국에서 태어났는데, 평범한 가정의 아홉 명의 아이 중 여덟 번째였다. 그의 아버지는 꽤 성공한 사무 변호사였고, 아이들은 집에서 아버지로부터 기본적인 교육을 받았다. 그는 1905년에 출판된 자서전 『나의 인생(My Life)』에서 학교는 자신에게 거의 영향을 주지 않았으며, 자신은 아버지가 소장한 많은 책들과 아버지가 운영했던 작은 도서관에 소장되어 있던 책들을 지칠 줄 모르고 읽었다고 말했다. 그는 운하와 도로 공사를 하면서 드러나게 된 수많은 암석층들에 매료되었고, 그 과정에 발견된 화석들에 관심을 갖게 되었다. 그러나 당시 측량일을 하면서 벌 수 있는 돈은 형편없었고 미래도 암울했다.

월리스는 다른 박물학자들이 아직 탐사하지 않은 곳을 방문하면, 그가 고국에 보내는 표본들의 가치가 더욱 올라갈 것으로 생각했다. 그 수

입으로 생계를 유지할 수 있을 것이라는 생각에 1854년 월리스는 말레이군도로 출발했다. 그는 영국을 8년이나 떠나 있었는데, 그 사이에 40편이 넘는 과학 논문을 잡지에 기고했고 완전한 표본을 가지고 귀국했다.

진화에 대한 생각 외에도 그의 연구는 서로 다른 종들이 한 섬에서 다른 섬으로 어떻게 번져나갔는지를 보여주기 때문에 생물의 지리적 분포 범위를 정하는 데에도 대단히 중요했다. 그는 작은 변화가 더해져 큰 변화를 가져올 수 있다는 라이엘의 주장에 영향을 받았다. 그는 진화의 개념을 커다란 나무의 몸통에서 서로 다른 가지가 나오고, 가지가 또 잔가지로 계속 나뉘면서 자라는 것으로 발전시켰는데, 이는 오늘날 생존하는 종의 다양성을 나타내는 것이었다.

그는 이런 생각을 1855년에 출판된 논문에서 제시했으며, 당시에는 어떻게 왜 종의 분화가 일어나는지에 대해서는 설명을 하지 않았다. 라이엘을 포함한 몇몇 친구들은 다윈이 자신의 책을 출판을 하지 않으면 월리스나 다른 사람들에게 우선권을 빼앗겨버릴지도 모른다고 걱정했다. 20년 전보다 진화에 대한 공개 토론에 우호적인 분위기였지만, 다윈은 여전히 시급함을 느끼지 못했고 자연선택을 뒷받침하는 수많은 증거들을 정리하는 일을 계속했다.

1858년 월리스는 몰루카제도에서 열병을 앓고 있던 때 돌파구가 열렸다. 하루 종일 침대에 누워서 종 문제를 생각하던 그는 맬서스의 연구를 기억해냈다. 왜 각 세대의 어떤 개체들은 살아남고 어떤 것들은 죽는지에 대해 생각하던 그는 우연의 문제가 아니라는 것을 깨달았다. 살아서 번식을 한 개체들은 당시의 환경 조건에 가장 잘 맞는 것이라는 사실을 알았다.

질병에 대한 저항력이 가장 강한 개체들은 그들이 겪은 어떤 질병도 견뎌냈고, 가장 빠른 개체들은 약탈자들을 피해 달아났다. 그러다가 이와 같은 자동적인 과정이 필연적으로 그 종을 개량시키게 될 것이라는 생각이 번쩍 들었다. 왜냐하면 모든 세대에서 열등한 개체들은 불가피하게 죽음을 당할 것이고 우세한 것들이 살아남을 것이기 때문이다. 바로 '적자생존(Survival of the fittest)'의 개념인 것이다.

자연선택에 의한 진화론의 요체는 이것이다. 자식은 부모를 닮지만, 각 세대마다 개체들 간에 약간의 차이는 있다. 환경에 가장 잘 맞는 개체만이 살아남아서 번식하게 되고, 그 개체를 살아남게 만든 약간의 차이는 다음 세대에 선택적으로 전해지고 표준이 된다. 환경 조건이 변하거나 종들이 새로운 지역으로 이주하여 살게 되면, 즉 다윈이 갈라파고스군도에서 본 것이나 월리스가 말레이군도에서 본 것처럼 종들은 새로운 조건에 맞추기 위해 변화하며, 그 결과 새로운 종들이 만들어진다. 다윈이나 월리스가 알지 못했고 20세기가 한참 지날 때까지도 분명하지 않았던 것은 유전 가능성이 어떻게 생겨나며, 변이는 어디에서 나오는 것인가 하는 점이다.

병상에 누워서 얻게 된 통찰을 토대로 월리스는 「원래 유형에서 무한히 멀어지려는 변종들의 경향에 대하여」라는 논문을 썼다. 그는 다윈에게 이 논문과 의견을 묻는 편지를 함께 보냈다. 라이엘 등 여러 사람들이 경고했던 것처럼 자신의 생각을 앞지른 논문을 보고 다윈은 충격을 받았다. 그와 동시에 개인적으로 충격을 주는 사건이 또 하나 발생했다. 그 논문을 받고 겨우 10일 후에 아직 아기였던 그의 아들이 성홍열로

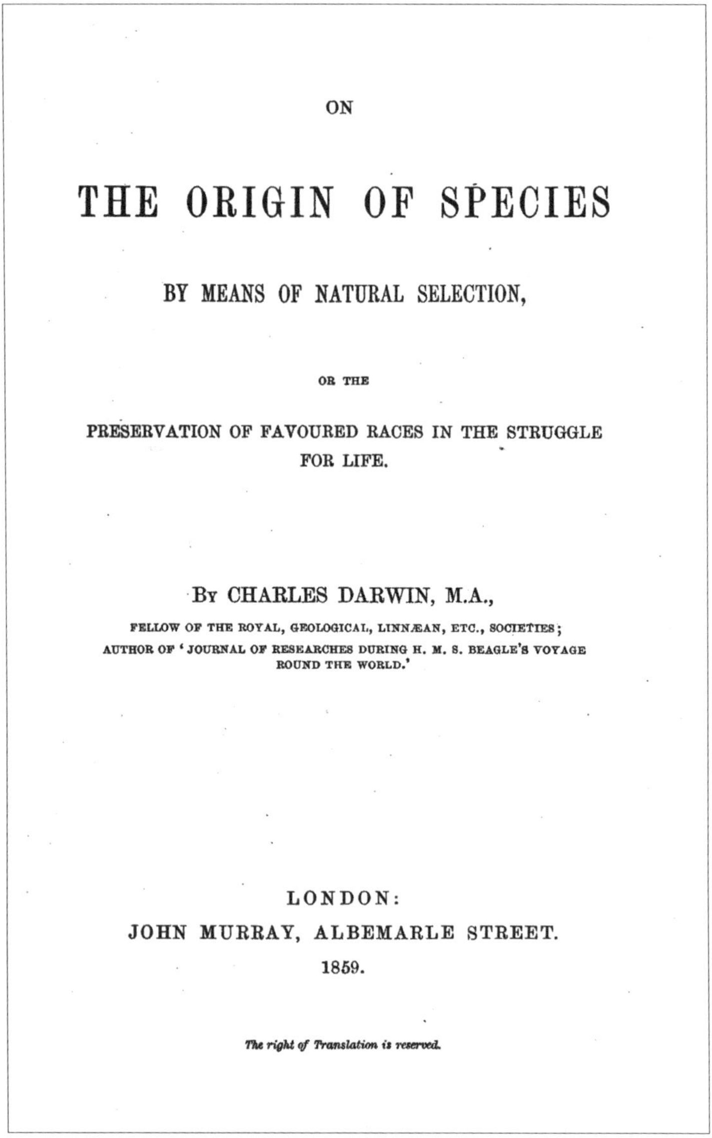

ON

THE ORIGIN OF SPECIES

BY MEANS OF NATURAL SELECTION,

OR THE

PRESERVATION OF FAVOURED RACES IN THE STRUGGLE FOR LIFE.

BY CHARLES DARWIN, M.A.,

FELLOW OF THE ROYAL, GEOLOGICAL, LINNÆAN, ETC., SOCIETIES;
AUTHOR OF 'JOURNAL OF RESEARCHES DURING H. M. S. BEAGLE'S VOYAGE ROUND THE WORLD.'

LONDON:
JOHN MURRAY, ALBEMARLE STREET.
1859.

The right of Translation is reserved.

찰스 다윈의 『종의 기원』(1859년)

죽었던 것이다. 그런 와중에도 다윈은 라이엘에게 그 논문과 함께 다음과 같은 내용의 편지를 보냈다.

> "제가 추월을 당할 것이라던 당신의 말이 글자 그대로 사실이 되어버렸습니다. …이렇게 놀라운 우연의 일치를 본 적이 없습니다. 설사 내가 1842년에 쓴 원고를 월리스가 입수했다 해도 이보다 더 훌륭하고 간략하게 요약하지는 못했을 것입니다! …물론 나는 이 논문을 학술지에 보내라고 권하는 편지를 곧바로 쓰려고 합니다."

그러나 라이엘은 다윈이 1844년에 자신의 이론을 정리해둔 것을 월리스의 논문과 함께 공동 출판물 형태로 린네학회에 보내는 아이디어를 생각해냈다. 그 논문은 린네학회에서 발표되었고 『변종을 형성하려는 종의 경향 및 자연선택에 의한 변종과 종의 영구화에 대하여』, 저자 찰스 다윈, 앨프레드 월리스, 전달자 찰스 라이엘 경이라는 인상적인 제목으로 출판되었다. 월리스가 굉장히 화났을 것이라고 생각할지도 모르겠지만, 실제로 그는 기뻐했으며 그 후에도 항상 자연선택론을 다윈의 이론으로 언급했다. 심지어 그런 제목으로 책을 쓰기도 했다.

한참 뒤에 월리스는 "나의 1858년 논문이 가져온 위대한 결과라고 주장할 수 있는 것은 그 논문이 다윈으로 하여금 더 이상의 지체 없이 『종의 기원(Origin of Species)』을 써서 출판하게 만든 것이다"라고 썼다. 그 후 다윈은 중요한 책들을 계속 썼고, 더 많은 부를 축적했으며, 가족들에 둘러싸여 노년을 보내다가 1882년에 사망했다.

웃음가스와 일산화탄소

과학이 취미의 영역에서 전문 직업의 영역으로 편입되는 과정은 험프리 데이비(Humphry Davy, 1778~1829)의 사례에서 엿볼 수 있다. 데이비는 전도유망한 견습생이었으며 독학으로 과학 지식들을 공부했다. 19세 생일이 얼마 남지 않았던 1797년 말, 그는 라부아지에의 『화학 원론』을 프랑스어 원서로 읽고 화학에 매료되었다. 데이비는 영국의 브리스틀에서 지금은 아산화질소라고 알려진 기체 실험을 했는데, 이 실험으로 그의 이름이 널리 알려지게 되었다.

이 기체가 인체에 어떠한 영향을 주는지 알아낼 방도가 없었던 그는 아산화질소를 비단 주머니에 넣고 들이마셨다. 그는 이 기체가 사람을 취하게 만드는 성질이 있다는 것을 즉시 알게 되었고 곧 '웃음 가스(laughing gas)'라는 이름을 붙였는데, 이 기체는 쾌락을 추구하는 사람들 사이에서 큰 반향을 불러일으켰다.

데이비는 계속해서 여러 가지 기체를 직접 들이마시면서 실험을 했는데, 한 번은 거의 죽을 뻔한 적도 있었다. 그는 뜨거운 숯 위로 증기가 통과하면서 생성되는 물(일산화탄소와 수소의 혼합체)이라는 물질을 실험하고 있었다. 일산화탄소는 대단한 독성을 지닌 기체로, 빠르게 그러나 아무런 고통 없이 깊은 잠에 들게 하여 결국 죽게 만든다. 데이비는 쓰러지기 직전에 입에 물고 있던 가스주머니를 떨어뜨렸고, 나중에 깨어났을 때 머리가 쪼개지는 것 같은 두통을 느꼈다.

약 10개월에 걸쳐 기체의 화학적, 생리학적 특성을 연구한 데이비는 자신이 발견한 것들을 3개월도 안 걸려서 8만 단어가 넘는 책으로 써내

1800년에 출판했다. 그때 럼퍼드 백작(벤저민 톰프슨)은 런던에 영국 왕립연구소를 설립하려고 생각 중이었다. 왕립연구소는 1799년 설립되었지만 왕립연구소 최초의 화학 교수로 임명된 사람은 성공적이지 못했다. 처음 강연은 성공이었지만 두 번째 강연은 준비도 부족했고 열정도 없이 진행되었다. 럼퍼드 백작은 영국 화학계에 떠오르는 찬란한 별, 데이비를 초임 연봉 1백기니, 숙소 제공, 장차 교수직에 오르게 해주겠다는 등의 조건으로 실험실장으로 초빙했다.

데이비는 제안을 받아들여 1801년 취임했다. 그는 강사로서 대단한 성공을 거두었다. 철저한 준비와 사전 연습으로 강연은 늘 흥미진진했을 뿐만 아니라 잘생긴 외모와 카리스마 덕분에 강연 내용과 상관없이 젊은 아가씨들이 떼 지어 강연장으로 몰려들었다. 왕립연구소 최고의 인물이 된 데이비는 1802년 화학 교수로 임명되었다. 그는 아직 23세밖에 안 되었고 아무런 정식 교육도 받지 않았다. 그런 의미에서 그는 마지막 아마추어 과학자 중 하나였다. 그는 왕립연구소에서 급여를 받는 최초의 전문 직업 과학자 중 하나이기도 했다.

데이비는 순수한 과학자로 기억되지만, 그의 가장 위대한 업적은 왕립연구소를 통해서 뿐 아니라 산업과 농업에서 과학을 진흥시킨 점이다. 예를 들어 그는 농업위원회의 주선으로 화학과 농업의 연관성에 관한 일련의 유명한 강연을 실시했다. 그 강연은 주제도 좋았을 뿐 아니라 화법도 뛰어나 나중에 그 강연을 다시 해달라는 요청이 들어왔다. 일 년 뒤 그는 또 다른 강연을 했는데 강연료가 750기니나 되었다. 그 액수는 1801년 왕립연구소에서 일을 시작했을 때 받은 초임의 일곱 배가 넘는 것이었다. 그는 또한 더블린의 트리니티 칼리지에서 명예 법학박사 학

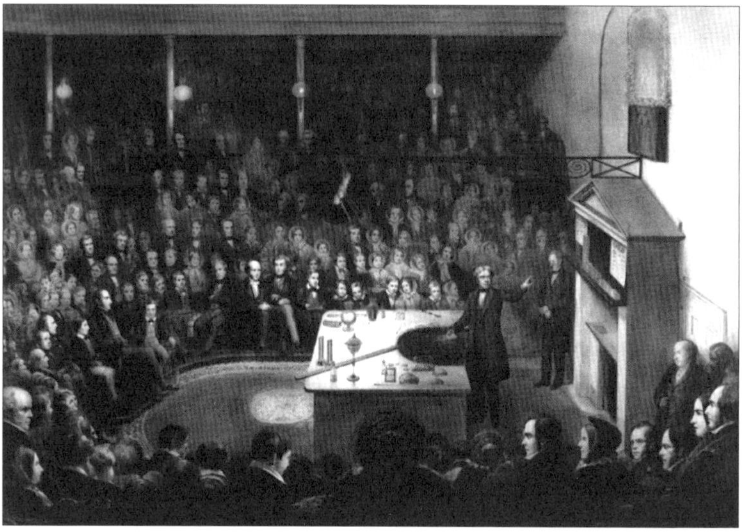

왕립연구소에서 강연을 하는 마이클 패러데이

위를 받았는데, 이것은 그가 받은 유일한 학위였다.

1806년 전기화학에 대한 연구를 한 데이비는 왕립학회에서 이 새로운 과학을 아주 훌륭하게 분석하고 요약해냈다. 너무나도 훌륭하고 인상적이라 영국과 프랑스가 전쟁 중이었음에도 이듬해 프랑스 학술원은 그에게 메달과 상을 수여했다. 그 후 얼마 지나지 않아 그때까지 알려지지 않았던 두 종류의 금속을 분리해내어 칼륨과 나트륨이라 했고, 또한 1810년에는 염소를 분리해내어 이름을 붙였다. 원소를 어떠한 화학과정으로 분해할 수 없는 물질이라고 정확하게 정의내린 그는 모든 산의 주요 구성 물질이 산소가 아니라 수소라는 것을 입증했다. 이때가 바로 그가 과학자로서의 경력이 최고조에 달했던 시절이다.

여러모로 그는 자신의 진정한 잠재력을 충분히 발휘하지 못했는데, 그 이유는 그가 정식 교육을 제대로 받지 못해 때로는 적절한 정량분석 없이 무턱대고 연구한 탓도 있고, 또 부와 명성에 휘둘려 과학 연구보다는 사교를 즐기기 시작한 탓이기도 했다. 1812년에 기사작위를 받은 그는 3일 후에 부유한 미망인과 결혼했다.

몇 달 뒤 마이클 패러데이가 왕립연구소에서 그의 조수로 임명되었고, 같은 해에 데이비는 왕립연구소의 화학 교수직을 사임했다. 그러나 왕립연구소 실험실장으로서의 역할은 계속했다. 곧이어 그는 프랑스측이 제공한 특별 여권으로 아내와 함께 장기간 유럽 여행을 했다. 여행을 마치고 영국으로 돌아온 그는 광부들의 안전 램프를 고안했다.

1820년에는 왕립학회 회장으로 선출되었는데, 그는 회장직에 따르는 모든 의전적인 일을 너무나 즐거워했으며, 그 후 1824년에 패러데이가 왕립학회 회원으로 선출되는 것을 반대한 유일한 회원이 될 정도로 속물이 되었다. 1829년 55세를 일기로 그는 제네바에서 심장마비로 사망했다.

색맹과 원자모형

19세기 과학에 가장 큰 영향을 준 사람은 다윈이지만 그는 약간 이례적인 경우이다. 과학이 한 개인의 관심과 능력이 심오한 영향을 미치는 신사들의 취미로부터 여러 개인들의 연구가 교류되면서 진전이 이루어지는, 하나의 직업으로 변화해간 때가 바로 19세기였다. 윌리스의 생애에서 보았듯이 만일 다윈이 자연선택론을 생각해내지 못했더라면 월리스가 생각해냈을 것이다.

이런 식으로 서로 모르는 사람들이 독자적으로 연구하고 거의 동시에 과학적 발견을 하는 경우는 이후 점점 늘어나게 된다. 불행히도 이런 현상이 가져온 부정적인 효과도 있는데, 과학자 수가 늘면서 타성도 심해지고 그 결과 변화에 대한 저항도 생겨났다는 점이다. 이는 누군가가 세계가 돌아가는 방식에 대해 심오하고 새로운 통찰을 갖게 되었을 때, 그의 생각이 받아들여지기까지 한 세대나 늘어났다는 의미이다.

이러한 타성이 어떻게 작용했는지는 존 돌턴(John Dalton, 1766~1844)이 원자에 대해 가지고 있었던 생각에 대한 반응을 보면 잘 알 수 있다. 또한 돌턴의 삶을 통해 과학이 어떻게 성장했는지도 알 수 있을 것이다. 돌턴이 태어난 1766년에는 과학자라고 분류할 수 있는 사람의 수가 전 세계에서 3백 명을 넘지 않았다. 돌턴이 과학사에 이름을 남길 연구를 시작하려고 했던 1800년경에는 과학자의 수가 약 천 명 정도였다. 1844년 그가 죽었을 때에는 그 수가 약 만 명이었고, 1900년에는 약 10만 명에 달했다. 대략 19세기에 과학자의 수는 15년마다 두 배씩 늘어났다.

그러나 유럽의 인구도 1750년에서 1850년 사이에 1억에서 약 2억으로 두 배 증가했으며, 영국만 해도 1800년에서 1850년 사이에 인구가 약 9백만에서 약 1천8백만으로 두 배로 늘어났다. 과학자의 수도 인구 증가에 비례하여 늘어났다고 볼 수 있지만 그 증가율은 인구증가율보다 훨씬 극적이다.

과학이 전문직업의 영역으로 편입되던 시기에 그 혜택을 받은 최초의 사람들 중 하나가 데이비라면, 19세기 초에 그런 편입 과정이 너무나 험난했다는 사실을 보여주는 사람은 바로 존 돌턴이다. 돌턴은 영국의 컴벌랜드에서 태어났다. 그의 아버지는 직공이었고 돌턴 가족은 방 두 개짜리 작은 집에서 살았는데, 방 하나는 작업장으로 쓰였고 나머지 방에서 온 가족이 잠을 잤다.

더 이상 발전 가능성이 없는 직업과 보잘것없는 금전적인 보상 때문에 좌절한 돌턴은 변호사나 의사가 될 뜻을 품게 되었다. 한편 과학 지식을 충족시키기 위해 돌턴은 적은 액수의 수강료를 받는 대중 강좌를 열기 시작했다. 이런 활동을 통해서 얻은 명성에 어느 정도 힘입어, 그는 1786년에 맨체스터에 새로 설립된 칼리지에서 수학과 자연철학을 가르치게 되었다.

돌턴이 살았던 50년 동안 영국의 맨체스터는 가정에서 소규모로 이루어지던 면화 생산이 공장에서 대규모로 이루어지면서 급속히 발전한 도시였다. 그는 개인교사로도 명성을 누리며 풍족한 삶을 누리고 있었다. 돌턴이 맨체스터에 오자마자 유명해진 한 가지 이유는 그가 색맹이었기 때문이었다.

자신이 색맹인 것을 미처 알지 못했던 돌턴은 어느 날 문득 대부분의 사람들이 보는 것과는 달리 자신은 색깔을 보지 못한다는 사실을 깨닫게 되었는데, 특히 푸른색과 분홍색을 구분하지 못했다. 1794년 돌턴은 맨체스터 문학철학회에서 그런 상태를 자세히 분석한 논문을 발표했고, 이는 곧 '돌터니즘(Daltonism)'이라 알려지게 되었다.

그는 온도의 변화에 따른 기체의 부피와 압력의 관계, 기체가 물에 용해되는 방식, 기체 속의 개별 입자들의 무게가 전체 기체의 성질에 미치는 영향 등을 연구하게 되었다. 1801년에 이르러 그는 혼합기체의 총 압력은 동일한 조건에서 각 기체들에 가해지는 압력을 모두 합한 것과 같다는 압력의 법칙을 만들었다.

그는 1800년대 초 각각의 원소는 서로 다른 종류의 원자로 구성되어 있으며, 각 원소가 서로 다른 성질을 갖는 이유는 원자들의 질량이 다르기 때문이며 특정 원소를 구성하는 모든 원자들은 동일한 질량을 가지고 있다고 확신했다. 그의 생각을 최초로 설명한 것은 1803년 왕립연구소에서의 강연에서였다.

돌턴의 원자모형은 근대성을 갖추고 있었음에도 1810년대 말 당시의 과학계를 사로잡지는 못했다. 많은 사람들은 원자의 개념을 받아들이는 것이 어렵게 느껴졌고, 그 개념을 이용한 사람들조차 원소들이 반드시 미세한 입자로 구성되어야 하는 것은 아니라고 생각했다. 돌턴의 원자모형이 화학 분야에서 하나의 학설로 자리 잡기까지는 거의 반세기가 걸렸으며, 돌턴의 주장 이후 거의 백 년이 지난 20세기 초에야 비로소 원자의 존재를 명확히 증명할 수 있었다.

돌턴은 자신의 원자모형을 발전시키는 데 더 이상 기여하지는 않았지만, 여생 동안 명예를 누리며 살았다. 그는 1822년 왕립학회 회원이 되었고, 1830년에는 데이비의 뒤를 이어 프랑스 학술원의 여덟 명밖에 없는 외국인 준회원이 되었다. 1844년 그가 맨체스터에서 사망했을 때 장례식에는 100대의 마차가 동원되었다.

원소와 원자

돌턴의 생각을 발전시킨 주요 인물은 스웨덴의 화학자 이왼스 베르셀리우스(Jöns Berzelius, 1779~1848)였다. 1796년에 웁살라 대학에서 의학을 공부하기 시작했다. 학비를 벌기 위해 학업을 잠시 중단한 적도 있지만, 1802년에 의학박사 학위를 받고 졸업했다. 베르셀리우스는 졸업 후 스톡홀름으로 옮겨 스톡홀름 의대에서 조교로 일했다. 뛰어난 재능을 발휘했던 베르셀리우스는 1807년에 교수가 사망하자 그 자리에 임명되었다. 그러나 그는 곧 의학을 포기하고 화학에 전념했다.

그의 초기 연구 분야는 전기화학이었는데, 그 역시 데이비와 마찬가지로 볼타의 연구에 영감을 받았지만 데이비와는 달리 정식 교육을 받았던 덕분에 훨씬 더 세밀하게 실험할 수 있었다. 그는 일찍부터 돌턴의 원자론을 열렬히 지지했고, 전기적으로 양성인 원자와 음성인 원자가 결합하여 화합물을 만든다고 최초로 생각한 사람들 중 하나였다.

1810년 이후 베르셀리우스는 일련의 실험을 통해 원소들의 결합 비율을 측정했는데, 그 실험은 돌턴의 원자론을 증명하는 데 기초를 제공했다. 또한 베르셀리우스는 이 실험으로 이미 알려져 있던 40가지 원소들의 원자량을 매우 정확하게 측정하여 표로 만들었다. 널리 사용되기까지는 많은 시간이 걸리긴 했지만, 알파벳으로 원소를 이름 붙인 체계를 세운 사람도 바로 그였다. 또한 베르셀리우스와 스톡홀름의 그의 동료들은 셀렌(Se), 토륨(Th), 리튬(Li), 바나듐(V) 등 몇 가지 새로운 원소들을 분리해냈다.

화학자들은 유사한 화학적 특성을 지닌 원소들을 족(family)으로 묶을 수 있음을 알게 되었고, 베르셀리우스는 염소, 브롬, 요오드를 한 그룹으로 묶으면서 할로겐(halogen, 소금을 형성하는 것들이라는 뜻)이라는 이름을 붙여주었다. 또한 그는 유기화학, 촉매 현상, 단백질이라는 용어도 만들어냈다. 1803년에 출판된 그의 첫 저서 『화학 교과서(Textbook of Chemistry)』는 판을 거듭하면서 화학계에 매우 큰 영향을 미쳤다. 1835년 그가 결혼하던 날 스웨덴 왕이 남작 작위를 내린 것을 보면 그가 얼마나 큰 존경을 받았는지, 그리고 화학 분야에서 얼마나 중요한 인물이었는지를 알 수 있다. 그는 1848년에 스톡홀름에서 사망했다.

1811년에 원자 개념을 발전시킬 두 가지 아이디어가 만들어졌지만 베르셀리우스나 돌턴 모두 즉시 알아채지 못했다. 1809년 프랑스의 화학자 조제프 게이-뤼삭(Joseph Gay-Lussac, 1778~1850)은 기체들이 간단한 부피비로 결합하면, 그 생성물의 부피는 반응하는 기체의 부피와 간단히 연관된다는 것을 알게 되었다. 예를 들어 부피가 2인 수소가 부피가 1인 산소와 결합하면 부피가 2인 수증기를 만들어낸다. 이를 '기체 반응의 법칙'이라고 하며, 이 내용을 1809년에 출판했다.

한편 이탈리아의 아마데오 아보가드로(Amadeo Avogadro, 1776~1856)는 실험을 통해 온도와 압력이 동일할 때 서로 다른 기체라도 같은 부피라면 동일한 수의 분자를 가진다는 가설을 1811년에 발표했다. 아보가드로의 가설은 게이-뤼삭의 발견을 뒷받침해주는데, 예를 들면 두 개의 산소 원자로 구성된 산소 분자는 분리되어 수소 분자들과 결합할 수 있다는 것이 바로 그 발견의 골자였다.

산소가 여러 개의 원자로 이루어진 분자 형태로 존재할 수 있다는 것(이 경우 O라기보다 O2)을 깨달은 것은 굉장히 중요한 사건이었다. 부피가

2인 수소는 부피가 1인 산소보다 두 배 많은 수의 분자를 가지고 있고, 이 둘이 합쳐지면 각각의 산소 분자는 한 쌍의 수소 분자에 한 개의 원자를 주면서 원래의 수소 부피와 동일한 부피의 새로운 분자를 만든다. 현대의 표기법으로 써보면 다음과 같다.

$2H_2 + O_2 \rightarrow 2H_2O$.

살아있는 것과 죽어있는 것

당시 아보가드로의 가설에 귀 기울이는 사람은 아무도 없었고, 그 가설을 증명할 수 있는 실험도 거의 이루어지지 않았기 때문에 수십 년 동안 그 가설은 발전되지 못했다. 아이러니컬하게도, 가끔 이루어진 실험들조차 당시 등장한 또 다른 훌륭한 가설을 증명해주기는커녕 그 가설에 의심을 품게 만들었다. 1815년 영국의 화학자 윌리엄 프라우트(William Prout, 1785~1850)는 돌턴의 연구에 기초하여 모든 원소의 원자량은 수소 원자량의 정배수라고 주장했고, 이런 주장은 무거운 원소들은 수소에서 만들어질 수 있음을 뜻했다.

그러나 19세기 전반의 실험 기술은 이러한 관계가 정확하게 성립하지 않는다는 것을 확인할 수 있는 정도밖에 되지 않았다. 20세기에 동위원소가 발견되면서 비로소 수수께끼가 풀렸고, 프라우트의 가설은 원자의 성질에 대한 중요한 통찰로 간주되었다. 그러나 반세기 동안 원자 수준에서의 세밀한 연구는 이루어지지 않았던 반면, 좀더 높은 차원에서 어떤 일이 벌어지는가에 대해서는 심오한 발전이 있었다.

실험가들은 오래 전부터 물질계의 모든 것은 두 종류의 화학물질 중 하나에 속한다는 것을 알고 있었다. 물이나 소금 등에 열을 가하면 겉으로는 그 특성이 변하는 것처럼 보이지만(붉고 뜨겁게 타오르기, 녹기, 또는 증발하기 등등), 식히면 원래와 동일한 화학적 상태로 되돌아온다. 반면 설탕이나 나무 같은 것은 열을 가하면 완전히 바뀌게 된다.

예를 들면 새까맣게 탄 나무를 원래의 타지 않은 상태로 되돌리는 것은 매우 힘들다. 베르셀리우스가 두 종류의 물질을 정식으로 구분한 것은 1780년이었다. 첫 번째 물질 그룹은 살아 있지 않은 것과 관련이 있고 두 번째 그룹은 살아 있는 것과 밀접한 관계가 있었기 때문에 그는 이 두 그룹을 각각 무기물, 유기물이라 이름 지었다. 화학이 발전하면서 유기물은 대체로 무기물보다 훨씬 더 복잡한 화합물로 이루어져 있다는 것이 분명해졌다. 또한 유기물은 무생물보다 생물에서 화학 작용을 일으키는 생명의 힘과 관련되어 있다고 생각되었다.

그것은 유기물이 생명체에 의해서만 만들어질 수 있다는 의미였다. 그러나 1828년 독일의 화학자 프리드리히 뵐러(Friedrich Wöhler 1800~1882)가 전혀 다른 목적의 실험을 하던 중 우연히도 매우 놀라운 사실을 발견해냈다. 그는 실험에서 시안산암모늄이라는 간단한 물질에 열을 가해 요소를 만들어낼 수 있었다. 시안산암모늄은 당시 무기물로 여기고 있었는데, 뵐러의 실험을 통해 생명과는 전혀 관련이 없는 물질로부터 유기물을 만들어 냄으로써 유기물의 정의가 바뀌게 되었다.

19세기 말에 이르러서는 유기화학에서 신비로운 생명의 힘이라는 것은 존재하지 않으며, 무기화합물과 유기화합물을 구분하는 두 가지 요소가 있다는 것이 분명해졌다. 첫째, 유기화합물은 복잡한 경우가 많은데, 이는 각 분자가 서로 다른 원소들의 원자를 많이 가지고 있기 때문이다. 둘째, 유기화합물은 모두 탄소를 가지고 있다.

유기화합물이 복잡한 이유는 탄소가 수많은 원자들과 여러 가지 방식으로 결합할 수 있기 때문이다. 이는 탄소를 함유하고 있는 시안산암모늄이 이제는 유기물로 분류된다는 것을 뜻한다. 심지어 오늘날은 실험실에서 간단한 무기물로부터 완전한 DNA 가닥을 만들어낼 수도 있다. 오늘날 흔히 유기분자는 탄소를 가지고 있는 분자이고, 유기화학은 탄소화합물을 대상으로 하는 화학이라고 정의된다.

생명은 원자와 분자 세계에 작용되는 것과 똑같은 화학적 규칙을 따르는 탄소의 산물이다. 이는 19세기에 다윈과 월리스의 진화론과 함께 우주 속의 인간에 대한 관점에 중요한 변화를 가져왔다. 자연선택은 우리가 동물계의 일부분이며 인간의 영혼을 증명할 수 없다는 것을 말해주고 있고, 화학은 동물과 식물이 물질계의 일부분이며 특별한 생명의 힘을 증명할 수 없음을 말해준다.

이 모든 것들이 분명해지면서, 원자에 대한 이해 역시 명확해졌다. 이 격동기에 등장한 주요 개념 중에는 원자가(valency)라는 것이 있다. 1852년 영국의 화학자 에드워드 프랭클런드(Edward Frankland, 1825~1899)는 원자가, 즉 한 원소가 다른 원소와 결합하는 능력의 정도를 상당히 명쾌하게 분석해냈다. 화학적으로 보면 수소 두 개의 양은 산소 하나에 해당하며, 질소 하나는 수소 세 개에 해당된다. 1858년 스코틀랜드의 아치볼드 쿠퍼(Archibald Couper, 1831~1892)는 원자가 표시와 원자들이 결합하는 방식을 단순화시키면서 결합(bond)이라는 개념을 소개했다.

오늘날 수소는 원자가 1을 가지며, 이는 수소가 다른 원자와 하나의 결합을 형성할 수 있다는 것을 뜻한다. 산소의 원자가는 2이고, 이는 산소가 두 개의 결합을 형성할 수 있다는 것을 뜻한다. 따라서 논리적으로 한 개의 산소 원자는 수소 원자 두 개와 연결되어 물(H_2O)을 생성한다. 마찬가지로 원자가가 3인 질소는 세 개의 결합을 가질 수 있다.

따라서 질소는 한 번에 수소 세 개와 결합하여 암모니아(NH_3)를 만들어낸다. 산소(O_2, 또는 O=O)처럼 동일한 원자 사이에도 결합이 형성될 수 있다. 가장 좋은 예로, 탄소는 원자가가 4로서, 탄소를 포함하여 네 개의 원자와 동시에 결합을 형성할 수 있다. 이런 특성은 탄소 화학의 핵심이며, 쿠퍼는 유기화학의 근간을 이루는 복잡한 탄소 화합물은 다른 원자들과 손잡고 있는 탄소 원자들의 사슬로 이루어져 있을지도 모른다는 생각을 재빨리 해냈다.

쿠퍼의 논문은 출판이 지연되면서 그와 똑같은 생각을 독자적으로 해낸 독일의 화학자 프리드리히 케쿨레(Friedrich August Kekulé, 1829~1896)가 이를 최초로 출판하면서 쿠퍼의 연구는 그늘에 가려지게 되었다. 7년 뒤 케쿨레는 탁월한 통찰력을 발휘하여 탄소 원자들이 여섯 개의 탄소 원자가 육각형을 형성하는 고리의 형태로 연결될 수도 있고, 다른 고리의 원자들과도 연결될 수도 있다는 생각을 했다.

새로운 원소를 예측하다

쿠퍼와 케쿨레의 가설이 확산되던 1850년대, 이탈리아의 화학자 스타니슬라오 칸니차로(Stanislao Cannizzaro, 1826~1910)는 아보가드로의 연

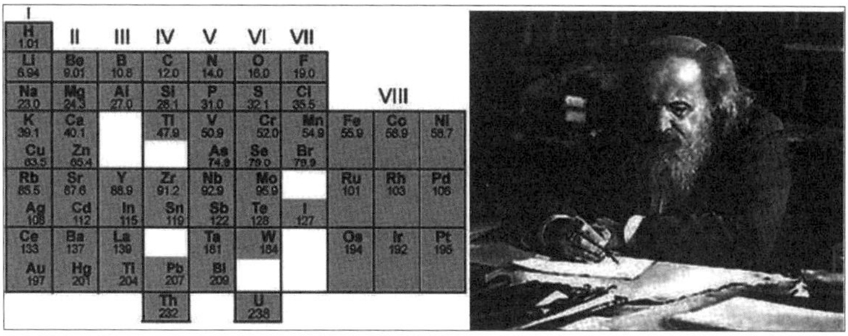

멘델레예프의 원소 주기율표

구를 재발견하고 재정리했다. 그는 아주 흥미진진한 삶을 살았기 때문에 잠시 샛길로 벗어나 그의 삶의 주요 장면들을 살펴보는 것도 재미있을 듯하다. 칸니차로는 시칠리아에서 행정장관의 아들로 태어났다. 그는 팔레르모, 나폴리, 피사, 토리노에서 공부한 뒤 피사에서 실험실 조교로 일했다. 그런 다음 시칠리아로 돌아와 1845년, 나폴리 왕국의 부르봉 왕조에 항거하는 반란에 참가했으나 실패로 돌아갔다.

그 반란은 1848년 유럽에 물결처럼 번져나간 봉기 중 하나였다. 봉기가 실패로 돌아가자 궐석재판으로 사형을 언도받은 칸니차로는 파리로 망명길에 올랐다. 1855년 그는 이탈리아 북부의 제노바에서 화학 교수가 되었다.

제노바에 머물 때 그는 아보가드로의 가설을 알게 되었다. 그는 아보가드로가 죽은 지 2년이 지난 1858년에 펴낸 팸플릿에서 기본적으로 원자와 분자를 구분하고, 아보가드로의 가설이 수소 원자량을 기준으로 하여 원자량과 분자량을 계산해내는 데 어떻게 이용될 수 있는가를 설명했으며, 직접 원자량과 분자량 표를 그렸다. 그 팸플릿은 1860년에 있었던 독일의 개최된 국제회의에서 널리 배포되었으며, 이를 계기로 다양한 생각들이 발전되어 결국 원소의 주기율표를 이해하는 데 결정적 역할을 했다. 그러나 정작 칸니차로는 이에 대한 후속 연구를 하지 못했다.

그는 1860년 가리발디의 군대에 합류한 후 시칠리아로 진격하여 나폴리 정권을 몰아냈을 뿐만 아니라 곧이어 비토리오 에마누엘레 2세 아래 이탈리아의 통일을 이룩해냈다. 전투가 끝난 뒤 칸니차로는 1861년에 팔레르모에서 화학 교수로 1871년까지 있었고, 그 후 로마에서 이탈리아 화학대학을 설립하고 이탈리아 상원에 진출하여 상원 부의장까지 역임했다. 그는 원자에 대한 사실들이 명확하게 밝혀지는 것을 목격한 뒤 1910년 로마에서 사망했다.

주기율표의 발견은 몇몇의 화학자들이 개별적으로 비슷한 시기에 동일한 발견을 할 수 있음을 보여주며, 또 그 주장에 반대하는 화학자들이 새로운 생각을 받아들이는 것에 거부감을 가지고 있었다는 사실 역시 잘 보여준다. 멘델레예프(Дмитрий Иванович Менделеев, 1834~1907)가 1860년대 서유럽 화학계에서 이루어진 모든 발전과 동떨어져 있었다는 것은 놀라운 일이다. 그는 시베리아의 토볼스크에서 14명 형제 중 막내로 태어났다. 아버지 이반 파블로비치는 학교 교장이었으며, 어머니는 가족을 부양하기 위해 유리 공장을 세웠다. 어머니는 막내만큼은 최고의 교육을 받게 해야 한다는 생각에 재정적인 어려움에도 그를 상트페테르부르크로 데려갔다.

그는 상트페테르부르크 대학 화학 석사과정에 입학했다. 그는 대학에서 강사로 2년간 일한 뒤 정부의 장학금을 받아 파리로 갔고, 이어 하이델베르크로 가서 분젠과 키르히호프 밑에서 공부했다. 상트페테르부르크로 돌아온 그는 공대에서 일반화학 교수가 되었고, 1865년에는 박사학위를 받았다. 그는 1866년에 상트페테르부르크 대학의 화학 교수가 되었으나 러시아 교육 체제를 비난하는 시위에서 학생들 편에 섰다는 이유로 겨우 57세에 강압적으로 은퇴해야 했다. 1907년 상트페테르부르크에서 사망했다.

1870년 멘델레예프는 두 권으로 출판된 『화학 원리(Principles of Chemistry)』라는 교재를 썼다. 주기율표에 대해 같은 시기에 비슷한 생각을 했던 여러 사람들 중에서 멘델레예프가 두드러졌던 점은 원소들의 순서를 재배열하고, 당시에는 발견되지 않았던 원소들을 위해 주기율표에 빈 칸을 두었다는 것이다.

1871년에 이르러 그는 텔루르와 요오드를 자리바꿈하는 등 약간의 조정을 하면서 당시 알려져 있던 63개의 원소를 모두 주기율표에 넣었고, 세 개의 빈 칸을 남기면서 아직 발견되지 않은 세 개의 원소에 해당되는 자리라고 명확하게 말했다. 그 후 15년에 걸쳐 멘델레예프가 예상한 것과 같은 성질을 지닌 세 가지 원소가 실제로 발견되었다.

20세기에 들어서서 원자의 심장부에 위치한 핵의 구조가 밝혀지면서 멘델레예프의 인위적 배치가 정당화되었다. 원소의 화학적 성질은 각 원자의 핵에 있는 양성자의 수(원자번호)에 좌우되며, 원자량은 핵 속의 양성자와 중성자의 총수에 좌우된다는 것이 밝혀졌다. 현대판 주기율표는 원소들을 원자량이 커지는 순서가 아니라 원자번호가 커지는 순서대로 배열한다.

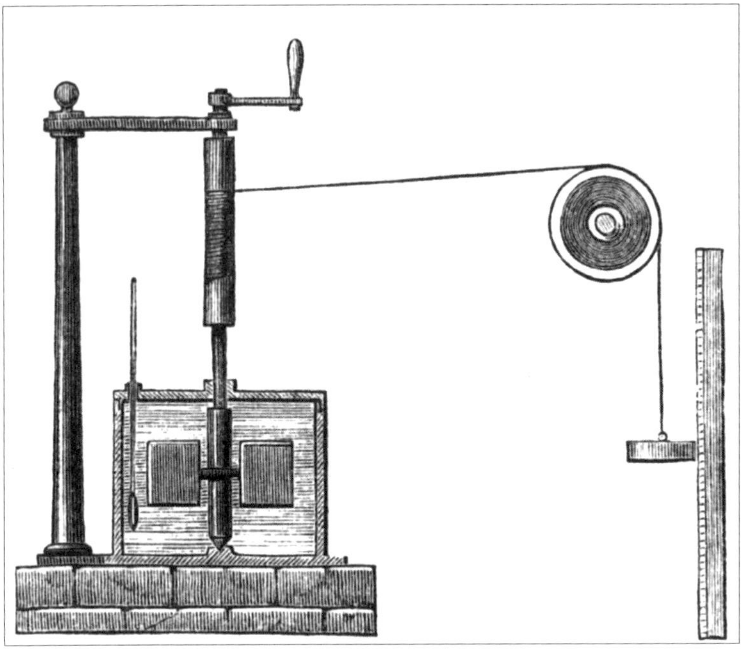

줄의 물갈퀴 달린 바퀴 실험

열과 일, 에너지 보존법칙

19세기 물리학을 아우르는 주제는 열역학, 즉 열과 운동에 관한 연구였다. 열역학은 산업혁명으로부터 성장했다. 산업혁명은 물리학자들에게 증기기관처럼 열의 예를 제시하여 그들이 기계 속에서 무슨 일이 벌어지고 있는가를 탐구하도록 했고, 물리학자들은 그 연구 결과를 바탕으로 더 효율적인 기계를 고안해냄으로써 다시 산업혁명에 기여했다.

19세기 초에는 열의 본성에 대해 통일된 의견이 없었으며, 열소설(칼

로리설)을 옹호하는 이도 있었고 열이 운동의 한 형태라고 생각하는 사람들도 있었다. 1820년대 중반, 열역학은 점차 과학의 한 분야로 인정받기 시작했고, 1849년 열역학이라는 용어는 윌리엄 톰슨이 처음 사용했다. 1860년대 중반에 이르러서는 기본적인 법칙과 원리가 세워졌다. 그러나 이런 연구가 원자의 존재에 대한 확실한 증거로 이용되기까지는 40년을 더 기다려야만 했다.

에너지에 대한 가설, 에너지가 형태를 바꾸는 경우는 있지만 새로 생성되거나 파괴되지는 않는다는 사실에 대한 인식, 그리고 일이 에너지의 한 형태라는 사실에 대한 인식 등이 열역학 발전의 토대가 되었다. 열역학의 출발점은 1824년에 프랑스인 사디 카르노(Sadi Carnot, 1796~1832)의 저서 『화력의 원동력에 대한 고찰(Réflexions sur la puissance motricedufeu)』이 출판된 시점이다.

이 책에서 카르노는 열을 일로 전환시키는 기관의 효율성을 분석했고, 열이 고온에서 저온으로 이동하면서 일을 한다는 것을 보여주었다. 이것은 열이 항상 뜨거운 물체에서 찬 물체로 흐른다는 열역학 제2법칙을 암시한다. 불행히도 카르노는 36세의 나이로 콜레라에 걸려 사망했다. 그러나 열과 일이 서로 교환 가능하다는 것을 최초로 인식하고, 주어진 열로 얼마만큼의 일을 할 수 있는가를 최초로 계산한 사람은 바로 카르노였다.

물리학자들이 에너지의 본질을 알게 되기까지의 길은 평탄하지 않았다. 실제로 에너지 보존의 원리를 세우고 열의 일당량에 대한 정확한 답을 출판한 최초의 인물은 독일의 외과의사 율리우스 마이어(Julius Robert von Mayer, 1814~1878)였다. 그는 증기기관이 아닌 인간에 대한 연구를 통해 결론을 얻었는데, 물리학자들의 관점에서 볼 때 잘못된 방향에서 출발했다는 이유로 거의 무시당했다.

1840년 이제 막 의사 자격을 취득한 마이어는 동인도제도로 가는 네덜란드 선박의 의사로 일하고 있었다. 당시 사혈은 질병을 완화시키는 방법으로 여전히 인기가 있었을 뿐 아니라, 약간의 피를 뽑아버리면 열대지방의 더위를 잘 견딜 수 있다는 믿음도 널리 퍼져 있었다. 마이어는 온혈동물들의 몸속에서 음식이 연료처럼 산소와 반응하여 천천히 연소되면서 체온이 유지된다는 라부아지에의 연구 내용을 잘 알고 있었다. 그는 산소가 가득한 선명한 붉은색의 피는 폐의 동맥에서부터 몸 전체로 운반되는 반면, 산소가 부족한 어두운 자주색 피는 정맥을 통해 다시 폐로 운반된다는 것을 알고 있었다. 그래서 그는 자바에서 어느 선원의 정맥을 따는 순간 피가 보통 동맥에서 볼 수 있는 피처럼 선명한 색을 띠고 있는 것을 보고는 놀랐다.

나머지 선원들과 마이어 자신의 정맥혈도 마찬가지였다. 다른 의사들도 똑같은 현상을 보았지만 왜 그런 현상이 나타나는지를 해석한 사람은 아무도 없었다. 그는 정맥혈에 산소가 풍부했던 것은 열대지방에서는 연료를 조금만 태워도 즉, 산소를 조그만 소비해도 몸을 따뜻하게 할 수 있기 때문이라는 것을 깨달았다. 그는 모든 형태의 열과 에너지가 상호 교환 가능하며, 열 또는 에너지는 새로 만들어지는 것이 아니라 형태가 변하는 것에 불과하다고 생각했다.

완전하게 에너지 개념을 이해한 최초의 물리학자는 제임스 줄(James Joule, 1818~1889)이었다. 그는 맨체스터에서 부유한 양조장 주인의 아들로 태어났다. 줄의 아버지는 줄과 그의 형을 존 돌턴에게 보내 화학을 배우게 했다. 그때 돌턴은 68세였고 건강도 좋지 않았으나 여전히 개인 교습을 하고 있었다.1838년 20세가 되던 해, 줄은 방 하나를 실험실로 개조하여 독자적으로 연구를 했다. 그는 또한 맨체스터 문학철학회의 열성 회원이었으며, 항상 돌턴의 옆에 앉아 강연을 들었기 때문에 과학계 전반에서 무슨 일이 일어나고 있는지 잘 알고 있었다.

줄이 처음에 연구했던 것은 전자기에 관한 것이었다. 그는 어떤 증기기관보다 강력하고 효율이 높은 전기 모터를 발명하고 싶었다. 그런 연구가 성공을 거두지는 못했지만, 이를 계기로 줄은 일과 에너지의 본질에 관한 연구를 하게 되었다. 그는 일과 열의 관계를 정량화하는 방법을 찾는 데 특별히 관심을 쏟았다. 1845년에는 오늘날 '물갈퀴 달린 바퀴 실험'으로 알려진 결과를 통해 열과 일이 같다는 사실을 밝혀냈다.

1848년 그는 옥스퍼드에서 열린 영국 과학진흥협회 회의에서 일과 에너지에 대해 발표했고, 그 강의를 듣던 윌리엄 톰슨이라는 젊은이가 그 중요성을 즉시 간파했다. 둘은 친구가 되었고 과학적으로도 서로 협력하는 사이가 되어 기체 이론, 특히 기체가 팽창할 때 냉각되는 방식에 대해 함께 연구를 했다. 이 원리는 '줄-톰슨 효과'라 알려졌으며, 오늘날 냉장고가 작동되는 방식이다.

그는 원자가설의 관점에서 쓴 또 하나의 중요한 논문을 1848년에 발표했는데, 이 논문에서 기체 분자가 움직이는 평균 속도를 예측해냈다. 그의 기체역학에 대한 연구와 에너지 보존법칙은 1840년대 말에 과학자들에게 널리 인정되었고, 1850년에 왕립학회 회원으로 선출되었다.

줄은 부유하게 자랐으면서도 대학 같은 정규교육 과정을 밟지 못한 반면, 윌리엄 톰슨은 부유하게 자랐기 때문에 거의 평생을 대학에서 지냈다. 그의 아버지는 수학 교수였는데, 그는 집에서 아버지에게서 교육을 받았다.

1845년 그는 케임브리지 대학을 졸업했으며, 1846년 글래스고 대학 자연철학 교수가 되었고 75세의 나이로 은퇴할 때까지 재직했다. 그는 1907년 사망했고, 웨스트민스터 사원의 아이작 뉴턴 옆에 묻혔다. 그는 과학적 업적만으로 웨스트민스터 사원에 안치된 것은 아니었다. 그는 응용기술과 관련하여 빅토리아 시대 영국에 지대한 영향을 미쳤다. 그는 대서양 횡단 전신 케이블을 최초로 연결했고, 다양한 특허를 받아 많은 돈을 벌기도 했다. 1866년 톰슨이 기사 작위를 받은 것 역시 전선을 연결하는 데 기여한 공로 때문이었다.

그는 산업 발전의 대표주자로서 1892년에 켈빈 남작이 되었는데, 켈빈이라는 이름은 글래스고 대학 자리를 통과하는 작은 강에서 따온 것이었다. 그가 귀족 작위를 받은 것은 그의 주요 연구가 발표되고 한참 뒤의 일이었지만, 과학계 사람들은 종종 톰슨을 켈빈 경으로 불렀다. 그 이유 중 하나는 그와 아무런 인척관계도 없는 물리학자 J. J. 톰슨과 구별하기 위해서이다. 어쨌든 그를 기리는 의미에서 절대온도 단위를 '켈빈(K)'이라고 정했다.

전기와 자기 분야를 포함하여 여러 과학 분야에 영향을 준 톰슨의 가장 중요한 업적은 19세기 후반 열역학을 과학의 한 분야로 자리매김

한 일이다. 1848년 초 톰슨은 카르노의 연구를 뛰어넘어 열은 일과 같으며 온도의 변화는 일의 양에 해당한다는 생각에 기초하여 절대온도를 만들었다. 열과 일, 두 가지로 절대온도 눈금이 정의되며 열을 뽑아낼 수 없기 때문에 더 이상 일로 전환이 되지 않는 최저 온도(-273℃ 또는 0°K)를 정의했다.

이즈음 독일의 루돌프 클라우지우스(Rudolf Clausius, 1822~1888)도 카르노의 생각을 다듬고 발전시켰다. 그들은 각자 어느 정도 독자적으로 열역학의 주요 원리를 발견하게 되었다. 1850년대 자연의 법칙으로 도입된 열역학 제1법칙은 다음과 같다. 계의 내부에너지 변화는 흡수한 열과 한 일의 차이이다. 즉 에너지의 총량은 항상 일정하다는 뜻으로 '에너지 보존법칙'이라고 한다. 열역학 제1법칙은 간단히 말해 열이 곧 일이라는 것이다.

제1법칙은 에너지보존법칙을 달리 표현한 것으로 에너지는 새로 만들어지지도 않으며 없어지지도 않는다. 우주에 있는 에너지는 다른 형태로 변환될 수는 있지만, 에너지의 총량은 항상 일정하다. 열역학 제1법칙이 알려지기 전까지 수천 년 동안 일을 할 수 있는 원동력은 사람과 짐승, 그리고 물과 불, 바람뿐이었다. 오랫동안 유지되어 온 계급 구조 속에서 노동력을 제공하는 사람과 짐승은 사고 팔리는 상품에 지나지 않았다. 그런데 열역학 제1법칙을 통해 열을 일로 바꿀 수 있게 됨에 따라 인력은 기계로 대체되었다. 즉 18세기 중엽, 열을 일로 전환시키는 증기기관을 통해 산업혁명이 시작되었으며 이로 인해 새로운 사회, 경제구조가 탄생하게 된 것이다.

그러나 이보다 더 중요한 것은 열역학 제2법칙으로, 아마도 과학 전체를 통틀어 가장 중요한 개념일 것이다. 이 법칙에 따르면 열은 차가운 물체에서 뜨거운 물체로 이동할 수 없다. 얼음 덩어리를 뜨거운 물이 담긴 병에 넣으면 열은 뜨거운 물에서 차가운 얼음으로 흐르면서 얼음을 녹인다. 열이 얼음에서 물 쪽으로 흘러 얼음을 더 차갑게 하고 물을 더 뜨겁게 만들지는 않는다.

사실 대부분의 자연 현상은 일정한 방향으로만 진행한다. 열은 높은 온도에서 낮은 온도로 흐르고, 물은 높은 곳에서 낮은 곳으로 흐른다. 시간 또한 과거에서 미래의 한 방향으로만 흐르고 미래에서 과거로 역행할 수 없다. 열역학 제2법칙은 근본적으로 어느 한쪽 방향으로만 진행하는 비가역 과정을 뜻하며, 자연의 무질서를 나타낸다. 우주를 포함한 모든 시스템은 무질서를 향해 돌진하며, 완전한 평형상태에 도달하면 더 이상 아무런 과정도 일어나지 않게 된다. 여기서 완전한 평형상태란 어떠한 반응도 일어나지 않는 죽음을 뜻한다.

열역학 제2법칙에 따르면 에너지를 한 형태에서 다른 형태로 전환할 때마다 유용성, 즉 일을 할 수 있는 능력이 조금씩 줄어든다. 이때 상실된 에너지는 모두 열에너지로 바뀌었다는 것을 의미한다. 또한 화학에너지나 전기에너지는 100퍼센트 열로 전환될 수 있지만 열에너지는 100퍼센트 다른 에너지로 전환되지 못한다. 열은 분자들의 무질서한 운동이기 때문이다. 결국 이 세상의 모든 에너지는 회수 불가능한 열의 형태로 끊임없이 전환된다. 우주는 싸구려 배터리처럼 방전되고 있으며, 우리는 무질서가 증가하는 일방통행로를 걷고 있는 것이다. 돈과 물건을 맞바꿀 수 있는 것처럼 에너지도 질량으로 전환될 수 있다. 유일하게 불가능한 것은 에너지를 창조하거나 파괴하는 것이다.

초기의 엔트로피 개념은 산업혁명이 한창 진행되고 있을 무렵, 용광로와 증기엔진의 효율을 계산하던 과학자들에 의해 처음으로 제기되었다. 그 당시 대부분의 과학자들은 열기관의 효율을 극대화시키는 연구에 몰두하였고, 결국 그들의 열정은 열역학이라는 새로운 물리학 분야를 탄생시켰다. 그리고 볼츠만은 기체와 같은 물리계를 이루는 수많은 입자들과 물리계의 전체적인 특성을 연결시켜 주는 엔트로피의 개념을 도입함으로써 통계역학의 새로운 지평을 열었다.

'엔트로피(entropy)'라는 단어는 1850년 클라우지우스가 열에너지의 변형과 관련된 현상을 설명하기 위하여 에너지(energy)라는 단어와 그리스어의 변형(tropy)이라는 말을 합성한 것으로 물질의 열적 상태를 나타내는 물리량이다. 엔트로피는 그 정의보다 특징이 더욱 중요한데, 엔트로피는 자연계에서 항상 증가하는 방향으로 나타난다는 것이다. 즉, 간단히 말하면 모든 현상들은 복잡해지는 방향으로 진행된다는 것이다.

이는 수많은 분자들의 운동을 연구하는 통계역학에서 매우 중요한 특성이다. 모든 입자들의 위치와 운동 상태를 측정해 낼 수는 없기에 이를 확률적으로 계산하게 된다. 다시 말해 질서 있는 상태는 그 사건이 일어날 확률이 적으며 엔트로피가 증가한 상태는 그 사건이 일어날 확률이 높다. 엔트로피가 높다는 것은 특정 상태에 처하는 방법의 수가 많다는 뜻이고, 엔트로피가 작다는 것은 그 방법의 수가 작다는 것을 의미한다. 그리고 엔트로피란 무질서를 지칭하는 또 다른 말로써 질서와는 정반대를 의미한다. 다시 말해 엔트로피가 작으면 질서 정연한 상태가 되고 엔트로피가 크면 무질서한 정도가 크다.

이 세상의 모든 물체를 구성하는 원자나 분자들은 서로 끊임없이 스치고 부딪치는 운동에너지를 가지고 있다. 그런데도 이들이 흩어지지 않는 것은 입자들끼리 서로 끌어당기는 결합 때문이다. 우리는 이러한 원자와 분자의 운동을 통틀어 열이라고 부른다. 입자들의 운동에너지는 어디에서 만들어졌을까? 우주 안에 있는 모든 물질들의 에너지는 약 137억 년 전 우주를 탄생시킨 빅뱅에서 시작되었다.

에너지야말로 전 우주에서 통용되는 공통 화폐인 셈이다. 한 나라의 화폐가 다른 나라의 화폐로 환전될 수 있는 것처럼 에너지도 하나의 형태에서 다른 형태로 전환될 수 있다. 어떤 물체가 에너지를 잃으면 다른 물체는 에너지를 얻는다. 이것은 마치 상거래에서 돈이 돌고 도는 것과 같다. 하지만 에너지는 한 번 변환될 때마다 일부가 열로 손실된다. 이것은 마치 외국에 가서 돈을 바꿀 때처럼 약간의 손해를 보는 것과 같다. 우주에도 돈을 바꿀 때마다 일부를 떼 가는 환전상이 있는데, 이를 엔트로피가 증가한다는 말로 표현할 수 있다.

자연 속에는 두 가지 기본적인 성질이 균형을 이루고 있다. 하나는 우리가 잘 아는 에너지이고 또 하나는 엔트로피라는 것이다. 예를 들어 성냥을 생각해 보자. 황과 나무속에 저장되어 있던 화학적 에너지는 빛과 열을 방출하면서 다른 에너지로 전환된다. 그러나 성냥을 구성하고 있던 물질들은 매우 무질서한 상태인 연기와 기체로 변하면서 엔트로피가 증가한다. 이것이 에너지와 엔트로피의 변화 과정이다. 초기의 우주는 믿을 수 없을 만큼 엔트로피가 낮은 상태였으며, 지금도 우리는 무질서를 향해 끊임없이 나아가는 우주 속에 살고 있다.

열역학 제2법칙에 따르면 시간이 흐름에 따라 우주의 원자들은 갈수록 무질서해진다. 서로 뭉쳐 물질을 이루었던 원자들도 언젠가는 낱낱

이 흩어질 것이고, 온 우주는 원자들로 채워질 것이다. 처음에는 별과 은하가 가득한 크리스마스트리처럼 시작했으나 시간이 지나면서 불 꺼진 길가의 어두운 밤처럼 변하는 것이 우주의 운명이다. 더구나 우주가 팽창하여 은하들이 갈수록 서로 멀어지고 물질의 밀도가 희박해진다면 결국 우주는 입자들로 이루어진 묽은 수프가 될 것이다. 이런 최종 상태를 가리켜 '열역학적 사망'이라고 한다.

엔트로피가 항상 증가한다는 것은 자연의 법칙이자 인류의 역사이기도 하다. 제2법칙에 의하면 무언가를 짓는 것보다 부수는 것이 훨씬 쉽다. 거울을 볼 때마다 얼굴의 주름과 흰 머리카락이 늘어나는 것도 제2법칙의 필연적인 결과이다. 노화 현상이란 인간의 세포나 유전자의 기능이 서서히 저하됨에 따라 늙어가는 현상이다. 노화, 부식, 부패, 붕괴, 분해 등과 같은 현상들은 제2법칙에 의해 나타나는 결과이다. 영국의 천문학자 아서 에딩턴은 열역학 제2법칙에 대해 다음과 같이 말했다.

> "내가 보기에 엔트로피가 항상 증가한다는 열역학 법칙은 다른 모든 법칙에 우선하는 최상위의 법칙이다…. 만일 당신이 세운 이론이 열역학 제2법칙에 어긋난다면, 더 이상 미련을 갖지 말고 포기할 것을 권한다. 그런 이론을 고집해봐야 처절한 실패만이 돌아올 뿐이다."

엔트로피는 '에너지의 분산'을 뜻하며, 자연현상에서 에너지는 늘 분산되려고 할 뿐 한곳으로 집중되지 않는다. 그릇에 뜨거운 물을 놓아두면 열에너지는 그릇과 공기 중으로 분산되며, 그에 따라 물의 온도는 낮아진다. 물의 온도를 다시 높이려면 불로 데워야 한다. 이때 물과 그릇의 온도는 불꽃보다 높이 올라갈 수 없다. 즉 불의 열은 물로, 물의 열은 그릇과 공기 중으로 퍼진다. 이처럼 에너지는 언제나 흩어지려고 하며, 흩어진 에너지는 다시 모이지 않는다. 이 점을 깨달은 톰슨은 1852년에 출판된 논문에서 이렇게 썼다.

"오늘날 물질세계를 지배하는 법칙 아래에서 불가능한 일이 일어나지 않는 한, 지구는 과거의 한정된 시간 내에서도 그랬고, 앞으로 다가올 한정된 시간 내에서도 인간의 거주지로는 적합하지 않을 것이다."

이는 지구와 우주까지도 시작 시기를 명확하게 계산할 수 있음을 처음으로 인식한 것이었다. 톰슨은 과학적 원리들을 적용하여 태양의 나이를 계산했다. 그는 태양이 오늘날과 같은 속도로 얼마나 오랫동안 열을 발산할 것인가를 당시 알려진 정보를 이용하여 계산했다. 그에 따르면 태양은 자체의 무게로 천천히 수축하면서 점차 중력 에너지를 열로 전환시킨다. 그리고 그가 얻은 답은 수천만 년이었다.

이는 1850년대에 지질학자들이 규정했던 것보다, 그리고 진화론자들이 규정했던 것보다 훨씬 짧은 기간이었다. 물론 이 수수께끼는 방사능이 발견되고 뒤이어 알베르트 아인슈타인이 물질은 에너지의 한 형태라는 것을 보여주는 $E=mc^2$이라는 방정식을 만들면서 해결되었다.

기체 운동론과 통계법칙

당시 기체의 운동론과 통계역학은 이미 확립되어 있었다. 이러한 생각들을 정립했던 두 명의 인물은 제임스 맥스웰과 루트비히 볼츠만

(Ludwig Boltzmann, 1844~1906)이다. 줄이 기체에서 분자들이 움직이는 속도를 계산한 뒤에 클라우지우스는 평균자유행로의 개념을 소개했다. 평균자유행로는 분자 하나가 다른 분자와 충돌한 뒤 또다시 충돌하기까지 이동하는 거리다. 1859년 맥스웰은 영국 과학진흥협회 연례회의에서 논문을 발표했다. 그는 기체 내 입자들의 속도가 평균속도 주변에 어떻게 분포되는가를 보여주었고, 공기 중 분자들의 평균속도는 15℃에서 초당 459미터라고 계산해냈으며, 이들 분자의 평균자유행로는 0.0000057센티미터라는 것을 알아냈다.

다시 말해 매 초당 분자는 8,077,200,000번의 충돌을 경험하며, 이는 초당 80억 번 이상 충돌함을 뜻한다. 평균자유행로가 이렇게 짧고 충돌 횟수가 잦기 때문에 기체는 매끈하고 연속적인 유체인 것처럼 보이지만, 사실 기체는 끊임없이 움직이는 엄청난 수의 작은 입자들로 이루어졌으며 입자들 사이의 공간에는 아무것도 없다. 더 중요한 것은 바로 이 연구로 인해 열과 운동의 관계에 대해 완전히 이해하게 되었으며 마침내 열소 개념을 버릴 수 있게 되었다.

맥스웰은 1860년대에 이러한 생각들을 발전시켜 기체의 점성, 팽창할 때 기체가 열을 빼앗기는 특성 등, 이미 밝혀진 기체의 성질을 설명하는 데 적용했다. 맥스웰의 생각을 이어받아 정교하게 다듬어 더욱 발전시킨 사람은 오스트리아의 볼츠만이다. 그 다음에는 맥스웰이 볼츠만의 생각 중 일부를 받아들여 운동론을 더욱 발전시켰다. 이러한 과정에서 나온 성과물 중 하나가 '맥스웰-볼츠만 분포'이다. 이는 기체 분자들의 속도가 평균속도 근처에 분포하는 것을 보여주는 통계법칙이다.

볼츠만은 과학의 여러 분야에서 중요한 기여를 했지만, 그의 가장 위대한 연구는 통계역학 분야에서 이루어졌다. 통계역학에서는 간단한 물리법칙들과 원자와 분자들의 복합적인 성질로부터 물질의 전반적인 성질이 도출된다. 그러나 19세기 말에도 이러한 생각들은 원자론을 반대하는 독일어권의 철학자들과 과학자들로부터도 심한 비난을 받았다. 이들은 원자는 가설상의 개념이며 화학적 성질을 기술하는 데 도움을 주는 단순한 도구에 불과하다고 주장했다. 이미 우울증에 시달리고 있던 볼츠만은 자신의 연구가 결코 정당하게 인정받지 못할 것이라고 확신했다. 그는 기체 이론에 대해 자신이 계산한 것들을 자세히 설명한 논문을 1898년에 출판했다.

그는 1900년에 자살을 기도했다가 실패했는데, 이 논문을 일종의 과학적인 자살 유서로 생각한 모양이었다. 그는 그 후 어느 정도 건강을 되찾았던 것 같다. 정신적으로 호전된 상태는 오래 가지 못했고, 결국 볼츠만은 1906년 가족들과 휴가를 보내던 중 목을 매달았다. 볼츠만은 미처 알지 못했지만 아이러니컬하게도 원자의 실재를 깨닫게 할 연구는 그가 자살하기 일 년 전에 출판되었다.

브라운 운동

1905년 26세인 아인슈타인(Albert Einstein, 1879~1955)은 학계와는 떨어져서 독립적으로 연구하던 똑똑한 젊은 과학자였다. 당시 그는 원자가 실재한다는 생각에 사로잡혀 있었다. 훗날 『자서전(Autobiographical Notes)』에서도 썼듯이 당시 그는 유한한 크기의 원자들이 분명히 존재한다는 것을 증명할 수 있는 증거를 찾는 데 모든 관심을 집중하고 있었다. 1900년에 아인슈타인은 스위스연방 공과대학을 졸업했다. 졸업시험 성적은 훌륭했지만 교수들에 대한 그의 태도 때문에 교수들의 사랑을 받지 못했다. 그의 스승이었던 민코프스키는 그를 "수학에 대해서는 전혀 신경도 안 쓰는 게으른 개"라고 말하기도 했다. 그래서 아인슈타인은 조교로 일할 수도 없었고, 중등교사가 되는 데 필요한 추천서 한 장도 받을 수 없었다. 그는 여러 시간제 일자리를 전전하다가 1902년에 베른의 특허 심사관이 되었다.

아인슈타인은 여가 시간뿐 아니라 특허 출원서를 심사하면서도 과학 문제에 많은 시간을 보냈고, 1900년 대 초에는 서너 편의 논문을 쓰기도 했다. 이즈음 그는 박사학위를 취득하여 학계로 다시 진출하게 되었다. 연방 공과대학에서는 박사학위를 수여하지 않지만, 연방 공과대학 졸업생들이 취리히 대학에 박사 논문을 제출할 수 있도록 하는 제도가 있어 아인슈타인도 그런 방법으로 박사학위를 취득했다. 1905년에 아인슈타인은 '브라운 운동'과 관련된 논문을 썼다.

브라운 운동은 1827년에 현미경으로 꽃가루 입자를 관찰하다가 그 현상을 발견한 영국의 식물학자 로버트 브라운(Robert Brown, 1773~1858)을 기리는 뜻에서 붙인 이름이다. 그는 입자들이 물에 떠 있을 때 불규칙적인 지그재그 형태로 움직이는 것을 관찰했다. 처음에는 꽃가루 입자가 살아서 물에 유영하고 있는 것처럼 보였다. 그러나 액체 또는 공기 중에 떠 있는 어떤 종류의 미세한 입자라도, 심지어 생명체와 아무런 연관이 없는 담배연기 입자들도 동일한 방법으로 움직인다는 사실이 밝혀졌다.

아인슈타인은 문제를 정확하게 수학적, 통계적으로 설명했다. 평균적으로 사방에서 가해지는 압력이 동일하므로 꽃가루는 제자리에서 가볍게 흔들리며 동일한 위치에 있어야 할 것이라고 생각할 수도 있다. 그러나 갑작스러운 큰 움직임이 무작위로 일어나기 때문에 꽃가루 입자가 어느 방향으로 움직인 뒤에는 같은 방향, 또는 원래 있던 방향이나 다른 방향으로 다시 움직일 확률은 동일하다. 결과적으로 입자는 지그재그로 움직이며, 출발점에서부터 입자가 움직이는 거리는 항상 최초의 움직임 이후 흘러간 시간의 제곱근에 비례한다. 어디에서부터 측정을 시작하든 이 값은 항상 적용된다. 이런 과정을 '랜덤워크(random walk)'라고 하며, 이와 관련한 통계는 방사능 원소의 붕괴를 설명할 때 매우 중요하다.

아인슈타인은 아보가드로 수, 분자들이 움직이는 속도를 이용하여 방정식을 만들어냈다. 이 연구에서 그는 17℃의 물에 들어 있는 지름 1/1,000밀리미터의 입자가 1분에 6/1,000밀리미터씩 떠밀린다고 예측했다. 프랑스의 장 페랭(Jean Perrin, 1870~1942)은 이 속도를 정확하게 측정해 1910년대 후반에 출판했다. 페랭은 이 연구로 1926년에 노벨상을 받았는데, 이는 당시 원자와 분자의 존재를 입증하는 증거가 얼마나 중요했는지를 잘 보여준다.

1910년 아인슈타인은 공기 중의 기체 분자들에 의해 빛이 산란되어 하늘이 파란색을 띤다는 사실을 설명하는 논문을 썼다. 파란빛은 붉은 빛이나 노란빛보다 더 쉽게 산란되므로 태양으로부터 나오는 파란빛은 사방에서 우리에게 쏟아진다. 그는 공기 중의 먼지 입자들에 의해 빛이 산란된다는 사실에서 접근했다. 먼지에 의한 산란은 태양 광선으로부터 파란빛을 더 많이 빼앗는다. 당시 다른 과학자들은 공기 중의 먼지가 아니라 공기 분자들 때문에 하늘이 파랗게 보이는 것이라고 주장했다. 그러나 아인슈타인은 하늘의 푸른색을 이용하여 아보가드로 상수를 계산하고, 동시에 원자와 분자의 존재에 대한 증거를 제시했다.

과학과 기술

오늘날 과학과 기술은 아주 밀접한 관련을 가지고 있다. 어떤 기술 분야의 발전을 위해서는 관련된 과학 분야의 발전이 필요하고, 기술에 종사하기 위해서는 해당 분야의 과학지식의 습득이 필수적이다. 심지어는 과학과 기술이라는 말이 합쳐져서 과학기술이라는 말이 한 단어처럼 사용되기까지 한다. 그러나 역사상 과학과 기술 사이에 항상 밀접한 관련이 있었던 것은 아니다. 실제로 고대 이래 과학혁명 시대에 이르기까지 과학과 기술은 아무런 관련 없이 분리된 채로 내려왔다.

사실 과학과 기술은 서로 다른 종류의 활동이다. 한마디로 과학이 자연현상에 대한 체계적 지식을 추구한다면, 기술은 인간의 물질생활에 도움이 될 방편을 추구한다. 그리고 이러한 추구의 차이에 따라 두 분야에서의 활동도 크게 차이가 난다. 과학자들은 복잡한 현상들이 보편적인 체계에 담겨질 수 있다는 믿음을 지니며, 그 같은 믿음을 바탕으로 현상을 분석하고 합리적인 설명을 부여한다.

과학자는 일관성, 합리성, 정확성, 체계성 등을 추구한다. 이에 반해 기술자들에게는 부과된 문제를 풀어내는 것이 중요하며, 기술적 발전의 평가에 있어 일관성, 합리성 등의 척도는 문제가 되지 않는다. 또한 기술자들은 새로운 기술 지식을 오히려 감추며, 특허와 같은 제도를 통해서 다른 사람이 사용하는 것을 막으려 한다.

과학과 기술 사이의 이러한 차이에 따라 각각 사회에서 지니게 되는 위치에도 차이가 났다. 과학이 대학, 지식층, 부유층 등 사회적 상층에 속한 데 반해, 기술은 실제 생산 활동에 종사하는 낮은 계층의 분야였던 것이다. 따라서 역사에 있어서 기술의 발전은 전통적으로 교육받지 않은 장인들이 맡았다. 고대 이래 산업혁명 시대에 이르기까지의 크고 작은 기술적 업적은 모두 발명가들의 이름이 없다는 사실이 이를 뒷받침해 준다.

한편 과학과 기술이 이처럼 분리되지 않았더라도 과학과 기술의 수준과 특성 때문에 둘 사이의 상호작용은 불가능했다. 대부분의 생산기술과 관련된 과학적 사실들은 매우 복잡하고 많은 변수들에 의해 좌우된다. 그것들은 실제 물질들의 특성과 화학반응 등을 포함하는데, 이것들에 대한 과학적 이해는 아주 최근에야 얻어졌다. 그러나 과학적 이해가 없이도 계속해서 실제 기술에서 사용되어 왔다. 예를 들어 유체역학의 지식 없이도 사람들은 배 만드는 기술을 가지고 있었으며, 유기화학이나 생화학이 없이도 술 빚는 기술을 가지고 있었다. 또 이런 경험적 지식은 과학에 의해서 얻어질 성질의 것이 아니다.

18세기 후반에 시작된 산업혁명의 시기에 이르기까지 과학 분야들은 천문학, 역학, 광학 등과 같이 간단한 규칙적 현상들과 일반적인 원리들로 특징지어졌고, 실용적인 효용성이 없는 분야들이었다. 이런 면에서 산업혁명에 이르기까지 과학과 기술의 상호작용이 없었던 것은 이 둘이 서로 분리되었기 때문만이 아니라 과학이 기술에 무용했고 응용 불가능했으며, 기술 문제를 과학이 해결해 줄 수 없었기 때문이었다.

산업혁명의 본질

인류의 역사는 에너지라는 렌즈를 통해 조망할 수 있다. 인류는 지구상에 처음 출현하여 지금까지 대부분의 시간을 식량을 뒤지거나 짐승을 사냥하면서 떠돌아다녔다. 따라서 원시인의 삶은 매우 야만적이고 수명도 짧았을 것이다. 이들이 사용한 에너지는 자신의 근육이 발휘할 수 있는 정도, 즉 150와트가 전부였다. 그리고 원시인의 평균수명은 20년이 채 되지 않았다.

마지막 빙하기가 끝난 후, 그러니까 지금으로부터 약 1만 년쯤 전부터 인류는 농사를 짓고 가축을 사용하기 시작했다. 특히 말과 소를 기르면서부터 개인이 발휘할 수 있는 에너지는 750와트로 증가했다. 이때부터 인류는 첫 번째 혁명적인 변화를 겪게 되는데, 이를 농업혁명이라고 한다. 사람들은 말이나 소를 이용하여 땅을 경작할 수 있게 되었으며, 하루에 수십 킬로미터를 이동하거나 수백 킬로그램의 짐을 운반할 수도 있게 되었다. 따라서 인류는 역사상 처음으로 잉여에너지를 갖게 되었고, 그 결과 도시를 건설하고 다양한 직종의 사람들이 에너지의 증가와 더불어 더욱 풍요로운 삶을 유지하게 되었다. 이 무렵 사막과 정글에서 피라미드와 제국이 건설되고, 인간의 평균수명은 약 30세 정도로 늘어났다.

인류의 두 번째 혁명은 바로 우리가 기술하고 있는 산업혁명이었다. 산업혁명은 인류가 사용하는 에너지의 주된 기반이 나무에서 석탄으로 옮겨가면서 시작되었다. 중세에는 주요 에너지원으로 소나 말 같은 가축이나 나무를 사용했다. 9세기에서 12세기에 걸쳐 인구가 증가함에 따라 새로운 농지를 개발하기 위해 삼림 벌채가 더욱 촉진되었다. 모든 개간지는 장원과 농지로 변하고 사람이 거의 거주하지 않은 지역에만 약간의 삼림이 남아 있을 정도였다. 이 과정에서 중요한 에너지원인 동시에 건축 자재였던 목재 부족은 심각한 문제가 되었다. 특히 목재가 가장 필요한 곳은 철을 생산하는 곳과 배를 만드는 곳이었다.

영국의 경우 13세기부터 석탄 채굴이 시작되었으며, 18세기에 이르면 서유럽에서는 에너지 기반이 목재에서 석탄으로 변했다. 그런데 목재에 비해 석탄을 채굴, 가공하는 일은 까다로웠다. 근대적인 증기기관은 채탄을 용이하게 할 목적으로 만들어졌다. 땅 속 깊숙이 갱도를 파들어 갈수록 석탄을 운반하고 지하수를 퍼내는 작업이 필요했기 때문이다.

1698년 세이버리는 처음으로 증기기관을 이용하여 양수 펌프를 개발했다. 그 후 1712년 뉴커먼이 이를 개량하고, 1769년 와트가 진정한 의미의 증기기관을 발명했다. 1900년경에는 증기기관이 직조기에서 기관차에 이르기까지 모든 기계들의 동력으로 사용되었다.

각종 기계가 발명되고 증기의 힘을 이용하면서 한 사람이 발휘할 수 있는 에너지는 거의 7,500와트까지 증가했다. 사람들은 증기기관차를 타고 단 며칠 만에 대륙을 횡단할 수 있었으며, 드넓은 농경지는 사람이 아닌 기계의 힘으로 경작할 수 있게 되었다. 이와 함께 도시에 고층 건물이 들어서기 시작했고, 생활환경이 개선되면서 인간의 평균수명은 거의 50세에 이르렀다. 이러한 과정을 통해 인류가 탄생한 지 200만 년이 지난 오늘에 이르러 인류의 문명은 획기적인 변화를 겪게 된다.

이처럼 인간의 생존과 문명은 에너지 환경의 변화와 직접 관련이 있다. 수렵, 채집 생활에서 농경 사회로의 전환도 에너지를 변환시키기 위한 새로운 도구와 기술의 발전이 있었기 때문이다. 에너지는 모든 생명의 기반인 동시에 문화의 기반이기도 하다. 그런 관점에서 본다면 인류의 역사는 가공되지 않은 에너지를 사용할 수 있는 에너지로 만드는 과정이기도 했다.

산업혁명은 단지 산업구조상에서 뿐만 아니라 사회적, 정치적으로 커다란 변화를 가져왔다. 사회 구조적으로는 산업 부르주아의 출현으로 종래의 귀족과 지주계급 중심의 사회 체제가 동요되었으며, 참정권이 점차 부르주아와 노동자로 확대되었다. 산업 부르주아는 종전의 상업 위주의 각종 규제와 통제가 그들의 경제활동을 방해하므로, 이들의 철폐를 주장했다. 이에 따라 1860년에 이르러서는 자유주의 경제체제가 구축되었다.

사회적 문제로는 대량 생산을 하는 공장의 출현에 따라 가내 수공업이 몰락하고, 장인들은 공장 노동자로 전락하게 되었다. 이들이 도시, 공장, 광산 지대로 몰려들어 도시는 급팽창하면서 농업 인구가 감소하게 되었다. 노동자들이 열악한 노동조건과 생활환경에서 생활할 수밖에 없게 되었으며, 이에 따라 질병의 발생이 크게 증가하였고 각종 산업재해가 빈번히 일어났다. 공장 노동자와 자본가의 대립이 격화되고 급기야 1811년과 1812년에 영국에서는 기계 때문에 일자리를 잃은 노동자들에 의한 기계파괴운동인 '러다이트(Luddites)운동'이 일어났다.

동시에 노동조합이 결성되었으며 결국에는 노동자를 위한 정치 조직이 만들어지고, 이는 1900년에 영국 노동당 창당으로 이어졌다. 이와는 대조적으로 노동자와 자본가가 상호 협력하여 노동자들의 여건을 개선하려는 분위기가 만들어지기도 했다. 또한 비인도적 노동조건을 개선하려는 공장법이 1802년에 제정되고 특히 청소년에 대한 노동시간이 단축되었다. 1840년부터는 비위생적인 도시 생활환경도 개선되기 시작했다.

기계를 사용하는 공장위주의 산업화는 가내 수공업과는 달리 생산 활동에 여러 사람들의 협동 작업이 요구되며, 따라서 한쪽 부분에 차질이 생기면 전체에 차질이 있게 된다. 이 때문에 사회가 조직화되고 정부 통제와 조정이 불가피한 것으로 여겨지게 되었으며 법과 질서가 강조되었다. 이는 어쩔 수 없이 개인의 자유를 제한하게 되었는데, 이로 인한 불편은 어느 정도 물질적 풍요로 보상되었다. 그러나 개인적 차별성과 개인주의가 간과되기도 했다. 산업 생산의 증가로 인간의 자연에 대한 종속이 많이 완화되고, 여유시간이 있어 서민들도 예술과 과학 등 인간 본래의 호기심 충족에 시간과 노력을 기울이는 대중문화가 발전하게 되었다.

산업화의 또 다른 중요한 영향은 기계의 도입으로 육체적으로 힘이 약한 여성도 생산 활동에 종사하게 되었다는 것이다. 이는 여성이 남성으로부터 경제적 종속을 탈피하는 계기가 된 반면, 자녀 양육이 어려워지고 전통적인 가정의 붕괴를 초래하게 되었다. 많은 노동자들이 종교보다는 사회, 정부기관, 노동조합 등에 보다 의존하게 되었으며, 무신론이 만연하게 되었고, 사회주의와 공산주의 같은 사회사상이 대두하게 되었다. 산업화의 진전으로 국제사회는 선진 공업국가와 후진 농업국가로 재편되었다. 후진 농업국은 선진 공업국에 원료를 공급하고 그들의 공업제품을 수입하는 국제적인 분업구조 속에 강제 편입되었다.

12

현대문명-지구

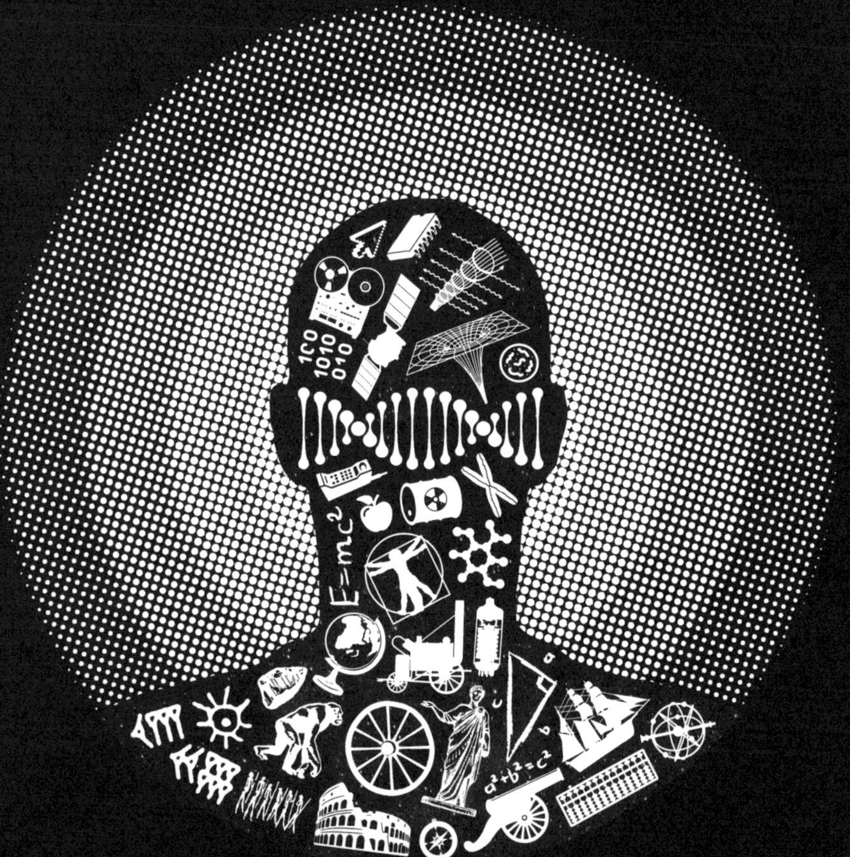

HOMO SCIENTIFICUS

현대문명-지구

| 19~20세기의 과학기술사 연표 |

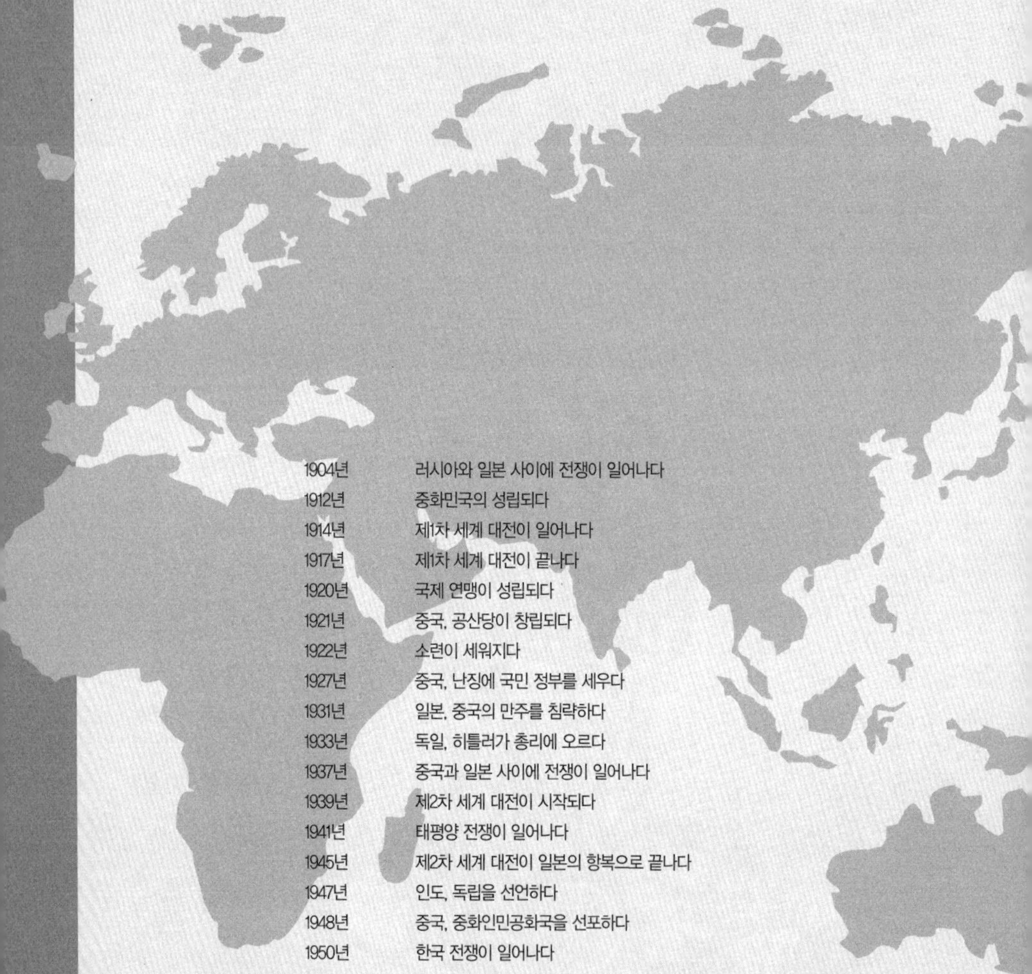

1904년	러시아와 일본 사이에 전쟁이 일어나다
1912년	중화민국의 성립되다
1914년	제1차 세계 대전이 일어나다
1917년	제1차 세계 대전이 끝나다
1920년	국제 연맹이 성립되다
1921년	중국, 공산당이 창립되다
1922년	소련이 세워지다
1927년	중국, 난징에 국민 정부를 세우다
1931년	일본, 중국의 만주를 침략하다
1933년	독일, 히틀러가 총리에 오르다
1937년	중국과 일본 사이에 전쟁이 일어나다
1939년	제2차 세계 대전이 시작되다
1941년	태평양 전쟁이 일어나다
1945년	제2차 세계 대전이 일본의 항복으로 끝나다
1947년	인도, 독립을 선언하다
1948년	중국, 중화인민공화국을 선포하다
1950년	한국 전쟁이 일어나다

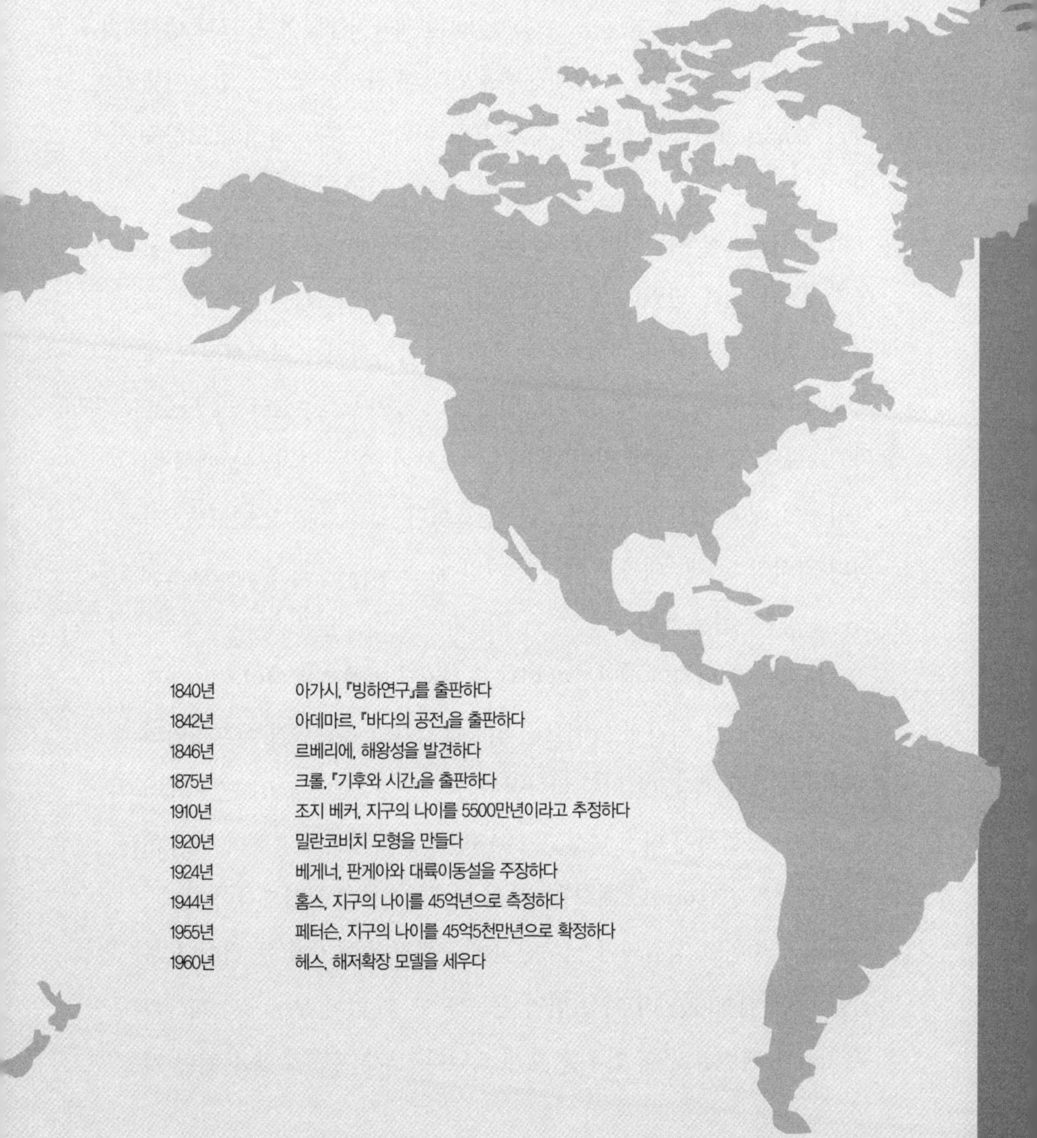

1840년	아가시, 『빙하연구』를 출판하다
1842년	아데마르, 『바다의 공전』을 출판하다
1846년	르베리에, 해왕성을 발견하다
1875년	크롤, 『기후와 시간』을 출판하다
1910년	조지 베커, 지구의 나이를 5500만년이라고 추정하다
1920년	밀란코비치 모형을 만들다
1924년	베게너, 판게아와 대륙이동설을 주장하다
1944년	홈스, 지구의 나이를 45억년으로 측정하다
1955년	페터슨, 지구의 나이를 45억5천만년으로 확정하다
1960년	헤스, 해저확장 모델을 세우다

판게아와 대륙이동설

지구과학에 족적을 남기고 그 발전에 영향을 준 것은 독일의 기상학자 베게너(Alfred Lothar Wegener, 1880~1930)의 대륙이동설이다. 그의 생각이 영향력을 갖게 된 것은 단지 선배들보다 더 완전한 모형을 만들어냈다는 이유뿐 아니라 수십 년에 걸쳐 온갖 비난으로부터 자신의 모형을 방어하고, 책을 4번 개정하면서 자신의 생각을 널리 알렸기 때문이다.

베게너는 독일 베를린에서 태어났고, 1905년에 베를린 대학에서 천문학 박사학위를 받았다. 1906년부터 1908년까지 그는 덴마크의 그린란드 내륙 탐사대의 기상학자로 일했고, 돌아와서는 마르부르크 대학에서 기상학과 천문학 강사로 일했다. 1912년 그는 프랑크푸르트와 마르부르크에서 행한 강연 내용에 기초하여 쓴 두 편의 논문에서 대륙이동에 대해 자신의 생각을 처음 발표했다. 그리고 1915년 그는 자신의 역작이 될 책 『대륙과 해양의 기원(Die Entstehung der Kontinente und Ozeane)』의 초판을 썼다.

그는 대륙을 현재의 해안선이 아니라 해저로 가파르게 떨어지는 대륙붕의 가장자리를 따라서 맞춰보면 남아메리카의 동해안과 아프리카의 서해안이 마치 조각그림처럼 맞아떨어진다고 생각했다. 1912년 베게너는 그린란드 탐사에 다시 나섰고, 1913년에 돌아와서 결혼했다. 조용히 학문 활동에 전념하려던 계획은 제1차 세계대전으로 산산조각이 났다.

예비역 중위로 징집되어 서부전선에 근무하던 초기에 두 번이나 부상을 당한 베게너는 더 이상 현역 근무를 할 수 없어 부상에서 회복한 후 기상과 관련된 군대 업무를 보게 되었다. 그가 자신의 책을 썼던 것은 바로 부상에서 회복되는 기간 동안이었다. 당시 그 책은 거의 아무런 영향을 주지 못했다. 책이 출판된 것은 전쟁이 최고조에 달했던 1915년이었고, 겨우 94쪽밖에 되지 않는 소책자였기 때문이다.

전쟁이 끝난 뒤 그는 함부르크에 있는 독일 해양연구소에서 일했고, 당시 새로 설립된 함부르크 대학에서 기상학 강사로 일했다. 베게너는 1924년에 오스트리아의 그라츠 대학 기상학 교수로 임명될 정도로 훌륭한 기상학자였다. 같은 해에 그는 최초로 대륙이동에 근거해 과거의 기후를 설명하는 책을 출간했다.

1930년, 49세의 나이에 베게너는 다시 그린란드 탐사를 떠났다. 이번 탐사의 목표는 대륙이동 가설에 대한 증거를 수집하는 것이었다. 그러나 탐사는 황량한 그린란드 만년빙에서 난관에 부딪혔다. 내륙 기지의 식량이 떨어져가자 1930년 50번째 생일날, 베게너는 이누이트족 출신 동료와 함께 해안선을 따라 본부 기지로 출발했다. 그러나 그는 결국 그곳에 도착하지 못했다. 이듬해 봄, 두 기지 사이의 만년빙하 위에서 똑바로 꽂아둔 스키와 함께 침낭에 싸인 그의 시신이 발견되었다.

베게너의 모형은 지구가 지각에서부터 중심으로 들어갈수록 밀도가 증가되는 일련의 층으로 이루어져 있다고 설명했다. 그는 대륙은 가벼운 화강암 덩어리로 이루어져 있으며, 해저의 바위를 형성하고 있는 퇴적층 아래에서 밀도가 더 높은 현무암 위를 떠다닌다고 설명하면서 대륙과 해양은 근본적으로 다르다고 생각했다. 그는 오늘날 대륙들은 약 1억5천만 년 전인 중생대 말, 초대륙 판게아(Pangea, 지구의 모든 대륙이 하나로 뭉쳐져 있던 거대한 단일 대륙)로부터 떨어져 나온 이래 동일한 형태를 유지한다고 말했다.

베게너 모형의 한 가지 큰 단점은 판게아가 왜 갈라졌는지를 설명하지 못하며, 단지 원심력으로 인해 극지방으로부터 멀어졌거나 조수의 작용으로 대륙이동이 발생했다는 등의 약간 막연한 생각에 의존했다. 그러나 그는 선배들보다 한 발 더 나아가서 동아프리카 지구대 자리가 처음 대륙이 갈라진 곳이라고 지적했다. 또한 대륙이동을 일으키는 과정이 무엇이건 간에 그 작용은 지금도 계속된다고 주장함으로써 대륙이동에 대해 동일과정설로 설명했다. 그가 대륙이동 개념에 가장 크게 기여한 것은 산맥, 퇴적암, 고대의 결빙 흔적, 화석과 살아 있는 동식물의 분포 등을 결합하여 과거에 초대륙 판게아가 존재했음을 뒷받침하는 증거를 모아 종합적으로 연구했다는 사실이다.

베게너는 대륙이동을 인쇄된 종이가 조각조각 찢긴 것으로 비유하며 효과적으로 설명했다. 만일 조각들을 다시 붙여 인쇄된 단어들로 앞뒤가 통하는 문장들을 만들어낼 수 있다면 이는 조각들의 결합이 제대로 맞았다는 확실한 증거가 될 것이다. 마찬가지로 판게아의 조각들을 재조립했을 때 그가 수집한 증거는 앞뒤가 맞는 지질학적 텍스트를 만들어냈다. 바로 이러한 광범위한 정보로 인해 대륙이동은 그 원리가 이해되기도 전에 이미 증명되었던 것이다.

사실 대륙이동 원리 중 가장 중요한 부분은 한 지질학자 덕분에 이미 1920년대 말에 자리를 잡았다. 그는 바로 홈스(Arthur Holmes, 1890~1965)로 1920년대에 이미 방사능 붕괴 분야의 주요 전문가가 되었고, 방사능 기법을 이용하여 그 누구보다도 실제로 지구의 나이를 측정한 사람이었다.

홈스는 잉글랜드 북동부 출신으로 별로 특별한 것이 없는 집안에서

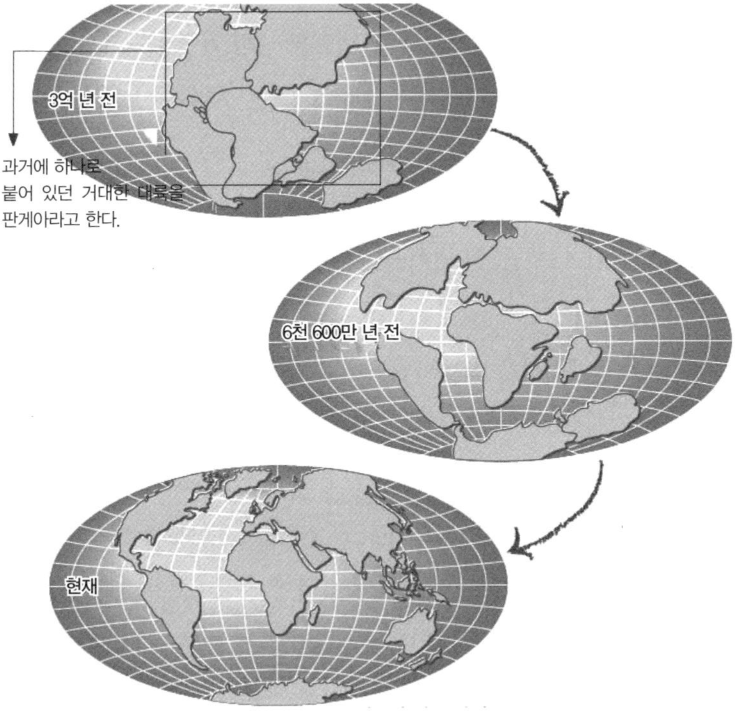

대륙의 이동과 판의 형성

태어났다. 그는 국비 장학생 시험을 통과하여 1907년에 런던의 왕립 과학대학에 진학했는데, 공부하는 동안 장학금으로 매주 30실링씩 받았다. 1907년에는 이 정도의 돈으로는 살기 힘들었던 홈스는 자신이 할 수 있는 것은 무엇이든지 다해야만 했다. 이즈음 과학 분야 최고의 주제는 방사능과 지구의 나이였다. 미국인 볼트우드(Bertram Boltwood, 1870~1927)는 암석이 함유하고 있는 납과 우라늄 동위원소들의 비율로 암석 표본의 연대를 측정하는 기법을 발견해냈다. 우라늄의 방사능 붕괴는 시간이 지남에 따라 납을 생성하므로, 그 비율을 측정하면 암석의 나이를 알아낼 수 있다. 홈스는 학부 마지막 해의 연구로 노르웨이의 데본기 암석 표본의 연대를 측정하는데, 이 기법을 이용하여 표본의 나이가 3천7백만 년이라는 것을 알아냈다.

홈스는 암석의 연대를 측정하는 방사능 기법을 확실하게 정립했고, 지구의 나이가 45억±1억 년이라고 측정했다. 그 과정에서 그는 『물리지질학 원리(Principles of Physical Geology)』를 집필하여 1944년에 처음 출간했고, 그 후 개정판을 거쳐 표준적인 교과서로 자리를 잡았다.

방사능 외에도 홈스가 제안한 모형의 주요 요소는 시간이었다. 즉, 아래로부터 뜨거워진 딱딱한 암석은 실제로 매우 두꺼운 국수처럼 길게 늘어날 수도 있고 물처럼 흐를 수도 있었지만 그 속도는 매우 느렸다. 1930년, 홈스는 방사능 붕괴로 생성된 열이 지구 내부에 대류를 발생시키면서 판게아를 두 개의 커다란 땅 덩어리로 분리시키고 이어 이것들이 오늘날과 같은 대륙들로 이동하는 과정을 기술하면서 대륙이동을 설명했다.

비록 제2차 세계대전에서부터 이루어진 기술적 진보가 대륙이동설을 지지하는 주요 증거로 도움을 주기는 했지만, 1940년대의 많은 지질학자들은 군복무를 하거나 전쟁과 관련된 프로젝트에 참여하고 있었다. 종전 직후 유럽은 전후재건으로 바빴고, 미국은 과학과 정부 사이에 간극이 생겨 새로운 기술을 개발하고 적용하는 일이 지연되었다. 한편 대륙이동에 관한 논문들이 출판되기는 했지만 주로 지질과학의 뒷자리만 차지했다. 그러나 대륙이동이 아니라면 설명하기 어려운 새로운 증거들이 등장하기 시작했다.

첫 번째 새로운 증거는 화석 자기(오래된 지층의 암석 표본에서 발견되는 자기) 연구로부터 나왔다. 독일에서 태어났으나 히틀러가 집권하자 독일을 떠나 미국에 정착한 엘자서(Walter Elsasser, 1904~1991)는 1930년대에 지구의 자기가 자연의 내부적인 힘에 따라 만들어진다는 아이디어를 전개하기 시작했고, 전쟁이 끝나자마자 1946년에 자신의 생각을 담은 책을 출판했다.

그 아이디어를 이어받은 사람은 영국의 지구물리학자 불러드(Edward Bullard, 1907~1980)인데, 그는 전쟁 중에 자기 기뢰로부터 배를 보호하기 위해 배의 자기를 없애는 기술을 연구했다. 1940년대 말 불러드는 토론토 대학에서 지구의 자기장은 지구의 뜨거운 핵에서 순환하는 전도성 유체의 산물이라는 모형을 더욱 발전시켰다. 1950년대 전반, 그는 연구소의 초기 컴퓨터를 사용하여 최초로 이러한 힘의 작동 원리를 수리적으로 모의실험을 했다.

그 당시에는 화석 자기의 측정을 통해 지구의 자기장이 지난 10만 년 동안 암석에 대해 동일한 방향을 띠고 있음이 알려져 있었다. 암석이 놓였을 때 뜨겁게 용해된 물질이 화산이나 지각의 틈에서 흘러나오면서 암석은 자기를 띠게 되고, 마치 막대자석처럼 일단 형성된 자기장 패턴은 보존된다. 그러나 특히 영국의 연구자들은 마치 지층이 굳어진 이후에 자기장이나 암석이 움직인 것처럼, 오래된 암석의 자기 방향이 오늘날의 지자기장 방향과 상당히 다를 수도 있다는 것을 발견했다.

그들은 과거의 지자기장이 오늘날과는 정반대로 남과 북이 뒤바뀐 경우도 발견했다. 바로 이런 옛날 자기장의 증거가 1960년대 초 대륙이동에 대한 논쟁을 가열시켰다. 일부는 과거의 특정 시기의 암석에서 발견되는 자기 방향을 이용하여 대륙을 재조합했고, 이러한 재조합이 베게너가 만든 것과 대략 일치한다는 것을 발견했다.

이와 더불어 지구 표면의 3분의 2를 차지하는 해저에 대한 지식에도 상당한 진전이 있었다. 제1차 세계대전 이전에 해저는 여전히 신비롭고 아직 탐험되지 않은 세상이었다. 잠수함의 위협에 대처하는 방법이 필요해짐에 따라 해수면 아래에 무엇이 있는지 알아내는 수중 음파 탐지 기술의 개발이 촉진되었다. 또한 잠수함을 직접 찾아내거나 종전 후에는 어느 정도 과학적 호기심에서 해저지도를 만들기 위한 기술 개발이 촉진되었다.

1930년대 말에 이르러서는 바로 이런 기술로 해저의 윤곽에 대한 정보를 알아내기 시작했다. 특히 괄목할 만한 것은 융기된 중앙 해령(해저 산맥)이 대서양을 따라 존재할 뿐만 아니라 홍해 가운데에도 일종의 척추처럼 형성되어 있다는 사실을 발견했다. 제2차 세계대전 중에는 이런 종류의 연구에 사용되는 기술에 엄청난 발전이 있었고, 핵잠수함이 주요 무기체계로 등장함에 따라 냉전 체제는 이 분야에 막대한 자금을 쏟아 부었다.

1940년대 이전, 지질학자들은 해저가 가장 오래된 지각을 대표하는 것이라고 추정했다. 심지어 대륙이동 개념을 지지했던 이들도 그렇게 생각했다. 따라서 해저에는 무한한 시간에 걸쳐 육지에서 씻겨나간 엄청나게 많은, 오래된 퇴적물이 약 5~10킬로미터 두께의 층을 이루고 있을 것이라고 생각했다. 그리고 퇴적물 밑에 있는 지각 자체는 대륙 지각처럼 그 두께가 수십 킬로미터일 것으로 추정되었다. 그러나 해저에서 표본을 확보하고 조사가 진행되자 이 모든 생각들이 틀렸음이 밝혀졌다.

퇴적층은 아주 얇았으며, 대륙의 가장자리에는 퇴적층이 거의 없었다. 해저의 모든 암석들은 젊었으며, 해령 옆에서 발견되는 암석이 가장 어렸다. 수중화산 활동으로 균열이 생기는 해령은 지질학적으로 매우 활발한 곳이다. 또한 대륙 지각의 두께가 평균 34킬로미터인 데 비해 해양 지각의 두께는 겨우 약 5~7킬로미터밖에 되지 않다는 것이 지진 연구를 통해 밝혀졌다.

맨틀 대류와 해저

1960년, 미국 프린스턴 대학의 지질학자 헤스(Harry Hess, 1906~69)는 수수께끼 조각들을 논리정연하게 맞춰냈다. 해저확장 모형에 따르면 해령은 표면 아래 깊은 곳으로부터 분출되어 나오는 맨틀 대류에 의해 생성된다. 이 뜨거운 물질은 해양의 물과 같은 의미의 액체는 아니지만, 대류의 결과 액체 상태의 유리처럼 녹아내려 천천히 흐를 수 있게 된다. 해령과 관련된 화산 활동은 이 뜨거운 물질이 표면으로 분출되는 지점을 나타낸다.

분출되어 나온 뜨거운 물질은 해령의 양쪽으로 퍼져나가면서 해분(수심 3천~6천 미터에서 약간 둥글고 오목하게 들어간 해저분지) 양쪽에 있는 대륙들을 밀어낸다. 가장 어린 암석들은 해령 옆에서 응고되고, 수천만 년 또는 수억 년 전에 형성된 암석들은 해령에서 더 멀리 밀려나 새로운 물질이 자리할 공간을 만들어낸다. 대륙들은 해양 지각을 가르며 나아갈 필요가 없다. 이렇게 생성된 해양 지각이 대서양을 매년 약 2센티미터씩 확

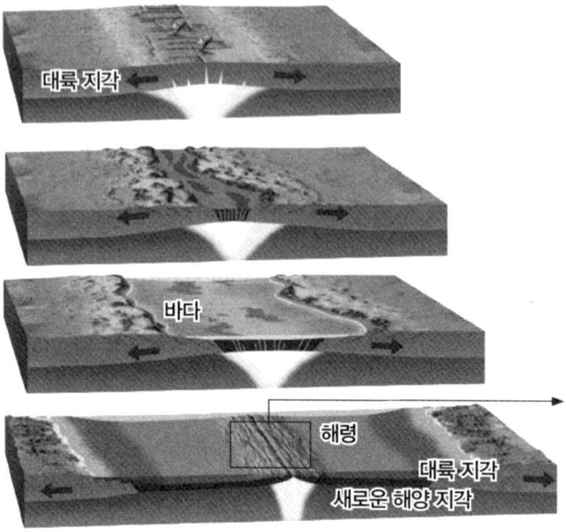

맨틀 대류설과 해저 확장설

장시키고 있는데, 이 속도는 홈스가 제시한 속도의 약 절반 정도이다.

헤스의 모형에 홈스 이론의 흔적이 어느 정도 있기는 하지만, 결정적으로 다른 점은 홈스는 물리학 법칙에 근거하여 일반적인 차원으로밖에 이야기하지 못했지만, 헤스는 무슨 일이 벌어지고 있는지에 대한 직접적인 증거와 해양 지각 측정에서 얻은 수치를 사용했다는 점이다. 홈스는 자신의 모형에서 해분을 거의 감안하지 않았는데, 당시에는 해분에 대한 것이 거의 알려지지 않았기 때문이었다.

헤스의 연구가 충분하게 받아들여지기까지는 1960년대 거의 대부분의 시간이 걸렸다. 그 후에야 비로소 해분으로부터 이동이 시작되며 대륙 그 자체는 해저 지각과 관련된 활동의 결과 이동하는 것으로 이해되었다. 대서양이 넓어지는 속도로 계산하면, 대서양 분지 전체는 지구 나이의 약 5퍼센트인 2억년 만에 걸쳐 형성된 것으로 설명된다. 대서양이 점점 넓어지고 있지만, 그렇다고 지구가 그 속도로 확장된다는 뜻은 아니다. 대류는 어떤 곳에서는 올라가지만 또 어떤 곳에서는 내려간다. 헤스의 해저확장 모형의 두 번째 중요한 점은 태평양의 서쪽 가장자리처럼 세계의 어떤 부분에서는 얇은 해양 지각이 좀더 두꺼운 대륙 지각의 가장 자리 밑으로 밀려들어가 그 아래에 있는 맨틀로 다시 들어간다는 것이다.

이는 이 지역에 매우 깊은 해구가 존재하며 일본과 같은 곳에 지진과 화산이 발생한다는 사실을 설명해준다. 대서양은 넓어지고 있지만 태평양은 좁아지고 있다. 결과적으로 이런 과정이 계속된다면 아메리카와 아시아는 충돌하여 새로운 초대륙을 만들게 될 것이다. 한편, 해령이 확장하고 있는 홍해는 용승(바닷속 하층의 물이 어떠한 원인에 따라 표면으로 상승하는 운동) 활동을 하는 지역으로, 지구의 지각에 틈을 내고 아프리카를 아라비아로부터 잘라내 동쪽으로 밀어내고 있다.

해저확장 모형이 더 발전하면서 이 모형으로 캘리포니아의 샌앤드레이어스 단층 지형을 설명할 수 있게 되었다. 대서양이 넓어지면서 샌앤드레이어스 단층은 아메리카를 서쪽으로, 즉 수억 년 전 훨씬 큰 태평양 분지에 존재했던 지역으로까지 밀어냈다. 그곳에서 지각의 덩어리는 일 년에 몇 센티미터씩의 속도로 서로 다른 지각 덩어리를 스쳐 지나가는데, 그 속도는 대략 대륙이동 이론에서 제시하는 속도와 동일하며, 이는 고형의 지구가 영원히 고정되어 있지 않다는 증거이다. 전통적인 비유로 설명하자면, 해저확장은 끊임없이 둥글게 돌고 돌며 천천히 움직이는 컨베이어 벨트와 같다. 전 지구 표면에 걸쳐 일어나는 이런 움직임들이 서로 상쇄되면서 지구는 똑같은 크기를 유지하고 있다.

캐나다의 지구물리학자 윌슨(Tuzo Wilson, 1908~1993)은 헤스와 공동으로 전 세계에서 들어오는 새로운 자기 자료를 바탕으로 해저확장에 대한 생각을 더욱 발전시켰다. 윌슨의 주요 공헌 중 하나는 대서양 아래에서처럼 확장하고 있는 해령이 반드시 연속적인 형체를 띨 필요는 없으며, 하나의 넓은 컨베이어 벨트가 아니라 일련의 좁은 컨베이어 벨트 여러 개가 나란히 놓여 있는 것같이, 폭이 좁은 여러 개의 단층들로 이루어져 있음을 깨달은 것이다.

그는 또한 대륙이동에 관한 새로운 아이디어들을 모아 논리에 맞는 하나의 이론으로 묶는 데 중요한 역할을 했다. 그는 이러한 아이디어들을 옹호하는 데 앞장섰고 해저확장과 대륙이동 등을 일으키는 힘에 의해 움직이는 지각의 딱딱한 부분을 지칭하는 플레이트(plate, 판)라는 용어를 만들어냈다. 해저확장 모형을 뒷받침하는 확실한 증거는 1965년 연구 조사선 엘타닌(Eltanin) 호가 동태평양 해령에서 실시했던 세 가지의 자기 역전 조사로 찾아낸 것이다.

그 조사 결과는 동태평양 해령과 관련된 자기선과 훨씬 더 북쪽에 있는 후안데푸카 해령의 자기선들이 놀랄 만큼 비슷하다는 것을 보여줬다. 또한 동태평양 해령 한쪽의 패턴과 다른 쪽의 패턴이 거울 이미지로, 서로 포개보면 해령을 표시한 선을 따라 두 면이 딱 들어맞을 정도로 확실한 대칭성도 보여주었다. 그 조사 결과는 1966년 미국 워싱턴에서 개최된 미국 지구물리학연합회 회의에서 발표된 뒤 〈사이언스(Science)〉 지를 통해 기념비적인 논문으로 출판되었다.

지각의 활동과 지진

1966년 말에 이르러 대륙이동과 해저확장을 지지하는 증거가 강력하게 나타났지만 아직 완전한 개념으로 합쳐지지 않은 상태였다. 젊은 지구물리학자 대부분이 이 문제에 매달렸고, 서로 먼저 책을 내려고 경쟁했다. 그 경쟁의 승리자는 매켄지와 그의 동료 파커였다. 이들은 1967년 〈네이처(Nature)〉 지에 발표한 논문에서 이런 아이디어의 전체적인 개념을 '판구조론(plate tectonics)'이라는 용어로 소개했고, 그것을 이용해 태평양판의 지구 물리학적 활동을 판들이 구 표면을 움직이는 차원에서 자세히 설명했다.

판구조론의 핵심은 지진이 일어나지 않는 지역들은 딱딱한 판(6개의 커다란 판과 약 12개의 작은 판)을 형성하고 있기 때문에 조용하다는 것이다. 각각의 판은 해양 지각만으로 이루어져 있거나, 대륙 지각 또는 두 가지 지각이 합쳐져 있을 수 있다. 그러나 지구 표면에서 벌어지고 있는 지리학적 활동의 대부분은 판 사이의 가장자리에서 일어난다.

앞에서 살펴보았듯이 '생산적인' 가장자리는 해령에서 새로운 해양 지각이 만들어져 양쪽으로 확장되는 지역이다. '파괴적인' 가장자리는 하나의 판이 다른 판의 끝자락 아래로 약 45도 각도로 밀려들어가 그 아래에 있는 마그마 속으로 녹아 되돌아가는 지역이다. '보존적인' 가장자리는 지각이 생성되지도 파괴되지도 않지만 판들이 회전하며 서로 지나가다가 측면을 비벼대는 곳으로, 오늘날 샌앤드레이어스 단층을 따라 이런 현상이 일어나고 있다. 대륙의 심장부에 고대의 산맥과 옛 해저가 존재한다는 것은 이 모든 판구조론 활동이 판게아가 분리되기 훨씬 이전부터 계속되었다는 것을 의미한다. 또한 초대륙들이 지구의 표면에서 계속되는 활동에 의해 반복적으로 분리되고 또 서로 다른 형태로 다시 만들어졌다는 것을 보여준다.

대륙이 이동한다는 사실이 일단 확실하게 자리 잡으면서 대륙이동은 지구의 다른 특징들, 특히 생명체와 변화하는 지구 환경 간의 관계를 이해하는 새로운 지표를 제공했다. 예를 들어 월리스는 말레이군도에 체류하던 중 북서쪽에 있는 종들과 남동쪽에 있는 종들 사이에 현저한 차이가 있는 것을 발견했다. 아시아와 오스트레일리아 사이에 위치한 이 지역은 보르네오와 뉴기니만한 크기의 섬에서부터 아주 작은 산호섬들에 이르기까지 거의 완전히 섬들로 가득 찬 곳으로 종들이 양 방향으로 이동하는 것을 막는 장애가 있을 것 같아 보이지 않는다.

그러나 월리스는 보르네오와 뉴기니 사이에 남서쪽에서 북서쪽으로 이어지는 얇은 선(월리스 선)을 그려보면, 이 지역의 북서쪽에서는 독특한 아시아 동물군이 존재하고, 남동쪽으로는 역시 독특한 오스트레일리아 동물군이 존재하며, 둘 사이에 구분이 흐릿해지는 일은 거의 없다는 것을 발견했다. 당시로서는 굉장한 수수께끼였지만, 이것은 판구조론의 맥락에서 설명될 수 있다. 판구조론 연구에 따르면 남쪽의 초대륙 곤드와나가 분리될 때 인도-아시아가 먼저 쪼개져 북서쪽으로 이동했고, 뒤에 남겨진 오스트레일리아-남극과는 다른 방향으로 자연선택의 진화 압력이 작용했다.

그 후의 판구조 활동 시기에 오스트레일리아-뉴기니가 남극에서 분리되어 빠르게 북쪽으로 이동하여 결국 아시아를 따라잡았다. 두 대륙은 최근에야 다시 가깝게 위치하게 되었고, 양쪽의 종들이 얇은 선을 뛰어넘어 서로 뒤섞일 만한 시간은 아직 없었던 것이다. 이처럼 대륙이동은 지구 생명체의 진화와 연관이 있으며 인간과 우주의 관계, 특히 우주의 중심이었던 인간을 무대 아래로 끌어내리는 데 과학이 어떤 역할을 했는가를 보여주는 전형적인 사례이다.

빙하시대

19세기가 시작되기 전에도 어떤 사람들은 유럽에서 빙하작용이 오늘날보다 과거에 훨씬 더 넓은 지역에 걸쳐 일어났을 것이라고 생각했다. 그 분명한 증거는 바로 원래 있었던 지층으로부터 떨어져 나와 빙하에 의해 멀리까지 운반된 거대한 암석 파편이다. 라이엘은 그의 책 『지질학 원리』 3권에서 거대한 암석들이 성경의 대홍수 때 물 표면에 떠다니던 빙산에 끼였거나 얼음덩이에 얹혀 운반되었을 수도 있다고 말했다. 그러나 적절한 빙하시대 모형을 만든 사람은 아가시(Jean Louis Rodolphe Agassiz, 1807~1873)였다.

스위스에서 태어난 아가시는 여러 곳에서 의학 공부를 한 뒤 1831년에 파리로 갔고, 그곳에서 퀴비에의 영향을 받았다. 그는 이미 고생물학에 관심을 기울이고 있었고 곧 물고기 화석의 세계적 전문가가 되었다. 1832년에 스위스로 돌아온 아가시는 뇌샤텔에 새로 생긴 대학과 자연사 박물관의 자연사 교수로 임명되었다. 아가시는 빙하를 연구하기 위해 작은 오두막을 빙하 위에 세우고 얼음 위에 막대를 여러 개 박아 그것들이 얼마나 빨리 움직이는지를 관찰함으로써 얼음의 움직임을 측정했다. 3년에 걸쳐 여름마다 그곳을 방문한 그는 놀랍게도 얼음이 예상했던 것보다 더 빠르게 움직이며 실제로 매우 커다란 암석들을 실어 나른다는 것을 발견했다. 이러한 발견에 힘입어 아가시는 1840년에 『빙하 연구(Tudes sur les Glaciers)』라는 책을 출판했다. 전 지구가 한때 얼음으로 쌓여 있었다고 주장하면서 그는 다음과 같이 말했다.

"거대한 얼음 벌판은 지표면의 모든 유기 생명체의 파괴를 가져왔음에 틀림없다. 한때는 열대식물로 뒤덮였고 커다란 코끼리, 무지막지한 하마, 거대한 육식동물 떼들이 서식했던 유럽 땅이 갑자기 평야, 호수, 고원 지대를 모두 덮어버린 광활한 얼음 밑에 파묻히게 되었다. 죽음의 침묵이 따라왔다. …봄은 말라버렸고, 물줄기는 더 이상 흐르지 않았으며, 얼어붙은 해변 위로 떠오른 햇빛은…. 북풍의 속삭임과 거대한 얼음으로 덮인 바다 표면이 갈라지는 소리만 날 뿐이었다."

1846년 그는 일 년 동안 신세계의 지질학적 형상을 눈으로 보기 위해 미국으로 떠났다. 다음 해 하버드 대학에서 그를 위해 새로운 교수직을 마련해주었다. 그는 동물학 및 지질학 교수가 되어 죽을 때까지 그곳에서 지냈으며, 1859년에는 비교동물학 박물관을 세웠다. 그는 25년 동안 그의 새로운 조국에서 가정적으로나 학문적으로 행복을 누리다가 1873년 사망했다.

지구궤도의 변화

빙하시대 천문학 이론의 뿌리는 17세기 초 케플러가 행성들이 태양 주위를 원형이 아니라 타원형으로 돈다는 사실을 발견한 때로 거슬러 올라간다. 그러나 진짜 이야기는 아가시가 빙하시대에 관한 책을 출판한 바로 뒤인 1842년에 프랑스의 수학자 아데마르(Joseph Adhémar, 1797~1862)가 『바다의 공전(Revolutions de la mér)』이라는 책을 출판한 때부터 시작된다. 지구가 타원을 그리며 태양 주위를 돌고 있으므로 궤도의 어떤 부분에서는 궤도의 다른 부분보다 태양과 더 가깝게 있게 된다. 또한 지구의 자전축은 지구와 태양을 연결하는 선에 대해 수직으로부터 23.5도의 각으로 기울어져 있다.

수년 또는 수세기의 시간 척도로 보면 지구 자전으로 인한 회전 효과 때문에 자전축은 동일한 방향으로 기울어져 있으며, 이는 우리가 태양 주위를 돌면서 먼저 한쪽 반구가, 다음에는 다른 쪽 반구가 태양을 향해 기울게 되어 태양의 온기를 충분히 받을 수 있게 된다는 것을 의미한다. 계절이 있는 것도 바로 이 때문이다.

매년 7월 4일에 지구는 태양으로부터 가장 멀리 떨어져 있고, 1월 2일에는 가장 가까운 위치에 있다. 그러나 그 차이는 태양과 지구 사이의 평균 거리인 1억 5천만 킬로미터의 3퍼센트보다 작다. 지구는 북반구의 여름에 태양으로부터 가장 멀리 떨어져 있고, 따라서 그때 궤도에서 가장 느리게 움직인다. 아데마르는 남반구가 겨울일 때 지구가 좀더 느리게 움직이므로 남극의 겨울 시간은 남반구의 여름에 남극이 연속적으로 빛을 받는 시간보다 더 길다고 추론했다. 이것은 남극 지방이 수세기가 지나면 더 추워지고 있음을 뜻하며, 그 증거가 바로 남극의 만년빙이라고 믿었다.

크롤(James Croll, 1821~1890)은 스코틀랜드 카길에서 태어났다. 그의 아버지는 석공이었으며, 크롤은 겨우 기본적인 교육밖에 받지 못했지만 독서를 열심히 하여 책을 통해 과학의 기본을 배웠다. 1859년 그는 글래스고의 앤더소니언 칼리지와 박물관에서 수위 자리를 얻었다. 오랜 시간 평화롭고 조용하게 생각할 수 있었던 그의 관심은 지구 궤도의 변화가 기후에 어떤 영향을 미칠 것인가 하는 점이었다.

이 생각은 프랑스의 수학자 르베리에(Urbain Leverrier, 1811~1877)가 시간에 따른 지구 궤도의 변화 방식을 자세히 분석한 것에 기초했다. 1846년 르베리에는 해왕성을 발견하여 유명해졌다. 그는 알려져 있는 행성들의 중력의 영향을 고려한 뒤 보이지 않는 중력의 영향으로 다른 행성들의 궤도가 변화하는 섭동 현상과 뉴턴의 법칙에 기초하여 해왕성의 존재를 예측했다.

이는 허셜이 1781년에 천왕성을 발견한 것보다 훨씬 더 중요했다. 천왕성이 고대 이후 처음으로 발견된 행성이어서 훨씬 더 대중적인 관심을 받기는 했지만, 당시 최고의 망원경으로 최고의 관측자였던 허셜의 발견은 행운이었다. 해왕성의 존재는 수학적으로 예측되었는데, 이는 뉴턴의 법칙과 과학적 방법이 옳다는 것을 보여준 위대한 업적이었다. 그러나 컴퓨터도 없었던 그 시절, 종이와 연필로 씨름하며 끔찍할 정도로 수고스러운 계산을 거쳐 지구 궤도의 모양이 대강 10만년의 시간 척도로 어떻게 변하는지에 대해 가장 정확한 분석을 얻어낸 것이었다.

지구 궤도는 어떤 때에는 타원형의 모양이었다가, 또 어떤 때에는 원에 더 가깝다. 일 년 내내 지구 전체가 받는 열의 총량은 항상 동일하다. 만약 궤도가 원형일 때에는 매주 태양으로부터 받는 열의 양은 연중 동일하다. 반면 궤도가 타원형일 때에는 태양에 더 가깝게 있을 때 받는 열은 궤도 반대쪽에 있을 때 받는 열보다 많다.

크롤은 이 사실이 빙하시대를 설명해줄 수 있지 않을까 하고 생각했다. 그가 세운 모형은 어떤 반구가 매우 심한 겨울을 겪었다면 빙하시대가 도래했을 것이라고 가정했다. 그는 르베리에가 계산한 타원율의 변화와 분점 세차의 영향을 종합하여 각 반구에서 번갈아가며 찾아온 빙하시대를 수십만 년 지속된 빙하기에 끼워 넣은 모형을 만들어냈다. 이 모형에 따르면 지구에는 약 25만 년 전에서 8만 년 전 사이에 빙하기가 있었고 그때 이후로 간빙기, 즉 빙하기 사이의 따뜻한 기간이 이어지고 있다.

크롤은 더욱 자세히 파고들어가 일련의 논문을 통해 기후에 영향을 주는 해류의 역할에 대해 논리적으로 설명하기도 했다. 이 연구는 그가 43세였던 1864년에 『필로소피컬 매거진』에 처음 실었던 빙하시대에 대한 글에서 출발한 것이었다. 그의 연구는 즉각 상당한 관심을 불러일으켰고 크롤은 과학자가 되고 싶었던 일생일대의 꿈을 실현시켰다. 1867년 그는 스코틀랜드 지질조사회에 자리를 얻을 수 있게 되었고, 그의 책 『기후와 시간(Climate and Time)』이 출판되고 일 년이 지난 1876년에 왕립학회 회원으로 선출되었다. 또 다른 책 『기후와 우주론(Climate and Cosmology)』이 1885년에 나왔는데, 당시 그의 나이는 64세였다. 그는 빙하시대 모형에 대한 지질학적 증거가 거의 없었음에도 그 모형이 널리 받아들여지는 것을 보고 나서 1890년에 사망했다.

『기후와 시간』에서 크롤은 지구의 기울기에 생기는 변화가 어떤 역할을 할지도 모른다는 것을 보여줌으로써 빙하시대의 천문학 모형이 발전해나갈 방향을 제시했다. 현재 23.5도인 이 기울기로 말미암아 계절이 만들어진다. 크롤의 시대에는 기울기가 바뀐다는 것이 알려져 있었지만, 르베리에를 포함하여 어느 누구도 지구가 어느 정도의 시간을 들여 어느 정도나 기울기를 바꾸는지 정확하게 계산하지 않았다. 실제로 기울기가 수직인 위치에서 아래까지 갔다가 원래 자리로 돌아오기까지는 약 4만 년이 걸린다.

크롤은 지구가 좀더 똑바로 서 있을 때 양극 지역이 태양으로부터 열을 덜 받을 것이므로 빙하시대가 도래할 가능성이 크다고 추측했다. 그러나 이것은 어디까지나 추측에 불과했다. 19세기 말에 이르러 최근의 빙하시대가 크롤의 가설과는 완전히 다르게 8만 년 전이 아니라 1만 년에서 1만5천 년 사이에 있었음을 암시하는 지질학적 증거가 쌓여갔다.

크롤의 모형과는 정반대로, 북반구는 8만 년 전에 따뜻해지기 시작했던 것이 아니라 가장 추워지기 시작했으며, 그것이 가장 최근에 있었던 빙하시대였다. 동시에 기상학자들은 비록 실제로 있기는 했지만 이런 천문학적 영향에 의한 태양열의 변화는 간빙기와 빙하시대의 커다란 온도차를 설명하기에는 너무 적다는 계산을 해냈다.

그러나 그때까지의 지질학적 증거는 연속적인 빙하시대가 있었다는 것을 보여주었고, 천문학적 모형은 빙하의 주기가 반복됨을 예측하는 것으로 만족해야 했다. 천문학적 계산을 발전시키고 그 주기가 지질학적 증거와 맞는지 확인하는 힘든 작업을 맡은 사람은 세르비아의 기술자 밀란코비치(Milutin Milankovitch, 1879~1958)였다.

기후와 기온, 그리고 시간

1882년 세르비아는 수세기 동안 투르크인들의 지배에서 벗어나 독립왕국을 세웠다. 1829년 이래 종주국 투르크 치하에서 자치공국으로 있었지만, 세르비아는 남쪽으로는 투르크 제국과 북쪽으로는 오스트리아-헝가리제국 사이에서 독립을 쟁취하려고 들끓는 발칸 국가들 중 하나였다. 크롤과는 달리 전통적인 교육을 받은 밀란코비치는 1904년에 빈의 공과대학에서 박사학위를 받았다. 그는 빈에 체류하며 5년 동안 기술자로 일하다가 1909년에 세르비아로 돌아와 베오그라드 대학의 응용수학 교수가 되었다. 그는 32세였던 1911년에 저녁식사를 하며 술에 취해 대화를 나누다가 지구와 금성, 화성의 변화하는 기후를 설명하는 수학 모형을 만들어보겠다는 결심을 했다.

밀란코비치는 세 행성들의 각기 다른 위도에서 온도가 몇 도일지에 대한 문제뿐만 아니라, 이러한 온도가 천문학적 리듬의 변화에 따라 어떻게 변했는지를 계산해내는 연구를 했다. 이는 기계적 도움 없이 오직 두뇌와 펜과 종이만으로 세 개의 행성에 대해 계산해내는 일이었는데, 그 작업을 완성하기까지는 30년이 걸렸다.

기후는 태양과 행성간의 거리, 지구의 위도, 그 위도의 표면에 태양광선이 내리쬐는 각도에 따라 결정된다. 이 계산은 기본적으로 복잡하지는 않지만 엄청나게 지루한 작업이었고, 생활의 중요한 부분을 차지하여 매일 저녁 시간의 일부를 계산 작업에 써버렸다. 그는 심지어 아내와 아들과 휴가를 떠날 때에도 관련 책과 논문들을 들고 갔다.

1912년 제1차 발칸 전쟁이 발발했다. 불가리아, 세르비아, 그리스,

몬테네그로가 투르크 제국을 공격하여 승리를 거두면서 영토를 확보했다. 1913년에는 전리품을 놓고 벌인 다툼에서 불가리아가 전 동맹국들을 공격했다가 패배했다. 발칸 반도에서 벌어진 이 모든 혼란에 이어 1914년 사라예보에서 세르비아인에 의해 오스트리아-헝가리 황태자가 암살되자 제1차 세계대전이 터지고 말았다.

그는 기술자로서 제1차 발칸 전쟁에서 세르비아 군에서 복무했다. 그러나 전선에 있었던 것이 아니어서 계산 작업에 대해 생각할 시간이 많았다. 그는 연구에 대한 논문들을 출판하기 시작했고, 이를 통해 기울기 효과가 크롤이 시사했던 것보다 훨씬 더 중요함을 보여주었다. 그러나 이런 논문들은 정치적 격변 속에서 세르비아어로 출판되었기 때문에 아무런 관심도 받지 못했다.

지구, 금성, 화성의 기후에 대한 수학적 설명이 1920년에 책으로 출판되어 널리 찬사를 받았다. 비록 밀란코비치가 세부적으로 파고들지는 않았지만, 그 책은 천문학적 영향이 서로 다른 위도에서 도달되는 열의 양에 변화를 주어 빙하시대를 초래할 수도 있다는 수학적 증거를 제시했다.

사실 1960년대까지 지질학적 자료는 매우 치밀한 천문학 모형과 비교할 수 있을 만큼 훌륭하지 않았으며, 특정 자료가 그 모형에 부합하는지의 여부로 세계가 작동하는 방식에 대해 심오한 진실을 밝혀주는 것도 아니었다. 대륙이동에 대한 생각과 마찬가지로 밀란코비치 이론에 대한 진정한 검증은 새로운 기법과 기술에 따른 지질학적 측정으로부터 나온다. 이런 것들이 정점을 이룬 때는 1970년대였는데, 그때에 이르면 컴퓨터를 사용하여 밀란코비치 모형의 정확도가 더욱 정밀해졌다.

여기서 중요한 지질학적 증거는 해저에서 채취된 퇴적물 덩어리다. 방사능과 자기 연대 측정법 등의 기술로 퇴적물들의 연대 측정이 가능하며, 이 퇴적물에서는 해양에서 오래 전에 살다 죽은 미세한 생명체의 흔적도 발견된다. 이러한 흔적들은 백악층(약 1억 3,500만 년 전부터 6,500만 년 전까지의 기간 동안의 석회암층)의 형태로 남아 있다. 이 백악층을 살펴보면 생명체의 종들이 서로 다른 시기에 번성했다는 것을 알 수 있다. 또한 당시 생물들이 살았던 온도에 따라, 그리고 얼음장 속에 어느 정도 갇혀 있었느냐에 따라 생명체들이 서로 다른 산소 동위원소를 갖기 때문에 백악층의 산소 동위원소를 분석하면 당시 생명체들이 살았을 당시의 온도를 알 수 있다.

밀란코비치 모형이 최종적으로 확립된 순간은 『기후와 시간』이 출판되고 나서 정확히 백 년이 지난 1976년, 〈사이언스〉 지에 증거를 요약한 주요 논문이 출판된 시점이다. 그러면 왜 지구는 서로 다른 위도에 도달하는 햇빛 양이라는 그 작은 변화에 그토록 민감한가? 그동안의 지질학적 기록에 따르면, 기나긴 역사 대부분에 걸쳐 지구는 완전히 얼음으로 덮여있지 않았음을 보여준다. 따뜻한 해류가 극지방에 닿을 수 있는 한 바다에 얼음이 생기는 것을 막기 때문이다. 그러나 가끔은 고대 빙하의 흔적이 보여주듯, 수억만 년의 간격을 두고 하나의 반구 또는 반대편 반구는 수백만 년 동안 계속되는 추위를 겪게 된다.

예를 들어 페름기에 약 2천만 년 간 지속된 빙하기가 있었고, 이 빙하기는 약 2억5천만 년 전에 끝이 났다. 그와 같은 빙하기는 가끔 대륙이동으로 인해 거대한 지표가 북극이나 남극, 또는 그 근처로 운반되는 것으로 설명된다. 그 결과 두 가지 일이 벌어진다. 첫째, 위도가 낮은 곳으

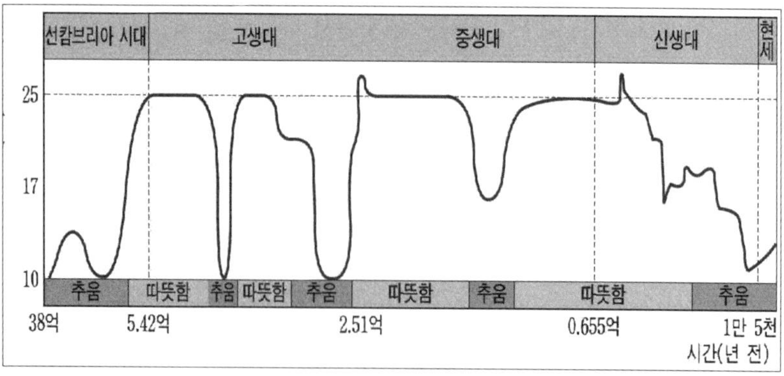

지구의 평균 기온

로부터 따뜻한 물 공급이 차단되어 겨울에는 정말로 추워진다. 둘째, 대륙에 눈이 쌓여서 거대한 얼음을 형성할 수 있게 된다. 오늘날 남극 대륙에서는 이러한 과정이 진행되고 있으며, 이는 천문학적 리듬의 영향을 받는 빙하기를 만들고 있다.

페름기의 빙하기가 끝난 뒤, 약 2억만 년 동안 따뜻한 기온이 지속되었고, 이때 공룡들이 번성했다. 그러나 약 5천5백만 년 전 점차 기온이 내려가기 시작했고 1천만 년 전에 이르러서는 빙하가 다시 생겨났는데, 처음에는 알래스카의 산과 그 다음에는 곧 남극 대륙에 빙하가 생겼다. 남극 대륙의 얼음은 점점 커져서 5백만 년 전의 크기는 오늘날 남극의 얼음보다 훨씬 컸다.

남극 대륙에 빙하가 쌓이는 동안 북극 지방도 차가워져서, 북극을 덮고 있는 북극해도 결국 얼어붙게 되었다. 이렇게 된 이유는 대륙이동으로 북극해 주변의 고리 모양인 땅이 막혀 따뜻한 물이 유입되는 것을 차단했기 때문이다. 만일 그렇지 않았다면 따뜻한 물이 흘러들어 그곳에 얼음이 생기는 것을 막아주었을 것이다. 특히 그린란드는 멕시코 만류의 방향을 동쪽으로 바꾸어 영국과 북서쪽의 유럽 본토를 따뜻하게 해주었다. 과거 약 5백만 년 동안 지구는 극명하게 다른 육지와 바다의 지리학적 배치에 따라 양극에 만년빙이 있는, 지구 역사상 매우 독특한 상태에 있었다. 여기에 북반구의 지리적 특성이 더해지면서 지구는 천문학적 리듬에 민감하게 반응하고 있다.

기후와 인간의 진화

이러한 기후 맥동의 효과로 말미암아 빙하시대는 대략 10만 년씩 지속되며, 그 사이에 오늘날과 같이 좀더 따뜻한 상태의 간빙기가 약 1만 년 간 지속된다. 이 계산에 따르면 현재의 간빙기는 앞으로 2천 년 안에 자연적으로 끝날 것이다.

칼륨과 아르곤 동위원소를 사용한 방사능 기법으로 빙하시대는 360만 년 전보다 약간 더 옛날에 시작되었다. 바로 그때 우리 선조들은 동아프리카 지구대에 살고 있었는데, 그곳에서 호미니드(hominid)의 조상으로부터 침팬지, 고릴라 그리고 인간이 갈라져 나왔다. 바로 이때 직립보행을 한 호미니드의 증거가 화석 기록으로 남아 있다.

그 증거는 바로 부드러운 땅 위에 새겨진 발자국이 굳어져 생긴 화석과 화석 뼈다. 무엇이 3~4백만 년 전에 동아프리카의 호미니드 하나를 호모 사피엔스로 바꾸어놓았는지는 어느 누구도 확신할 수 없지만, 기후 변화가 주요한 역할을 했다고 추측할 수 있다. 기후의 변동은 위도가 높은 곳에서는 매우 중요하겠지만 동아프리카에서는 그렇게 중요하지 않았다. 빙하기에는 해양이 너무 차가워져서 증발이 덜 일어나고 따라서 강우량도 적어지게 됨에 따라 지구는 더 건조해지고 숲은 줄어든다.

이로 인해 삼림지대 호미니드 사이의 경쟁은 더욱 치열해져 일부는 숲을 떠나 평야로 쫓겨났을 것이다. 그곳에서 각각의 개체들에 대한 환경의 압력은 매우 컸으며, 새로운 삶의 방식에 적응한 이들만이 살아남았을 것이다. 이러한 상황이 변하지 않은 채 무한정 계속되었다면 평야에 더 잘 적응한 생물과의 경쟁에서 모두 죽어 사라졌을 것이다. 그러나 약 수십만 년이 지난 뒤 상황은 나아졌다. 자연선택의 선별과정에서 살아남은 생존자의 후손들은 광활한 숲을 이용하고 평야의 육식동물로부터 안전하게 피해 번식하여 그 수를 늘리는 기회를 가졌다.

이런 과정이 10~20회 반복된다면, 지능과 적응력이 숲의 끝자락에서 생존하기 위한 필수 조건이 된다. 한편 숲을 차지하고 있던 호미니드는 나무에서 생활에 좀더 잘 적응하여 침팬지와 고릴라가 되었다. 즉 3~4백만 년 전에 시작된 기후 형태와 동시에 3~4백만 년 전에 시작된 삼림지대 유인원으로부터 인류의 진화가 서로 밀접하게 들어맞는 것을 우연으로 생각하기는 힘들다.

인류가 존재한 것은 천문학적 주기가 지구 기후에 영향을 주면서 대륙이동이 결합하여 이상적인 조건을 만들어낸 덕택이다. 이러한 결합에는 기본적인 물리학, 뉴턴의 역학과 중력, 화학, 전자기학, 린네 같은 사람들의 연구에서부터 구축된 종과 생물세계에 대한 이해, 그리고 다윈의 자연선택에 의한 진화론 등이 어우러져 있다.

지구의 나이

지난 수세기에 걸쳐 성직자와 신학자들은 아담과 이브에서 시작된 계보로부터 우주의 나이를 추정해왔다. 1650년 아일랜드 교회의 제임스 어셔 대주교가 성서의 기록을 비롯한 여러 가지 유물을 신중하게 검토해서 지구가 기원전 4004년 10월 23일 정오에 창조되었다고 주장했다.

비록 과학적이라고 하기는 어렵지만 최초의 그럴듯한 측정은 1770년대에 프랑스의 뷔퐁(Comte de Buffon, 1707~1788) 백작에 의해 이루어졌다. 탄광 속에 들어가 본 사람은 누구나 알고 있듯이, 지구가 상당한 양의 열을 방출하고 있다는 사실은 오래 전부터 알려져 있었다. 그러나 열이 발산되는 속도를 추산할 수 있는 방법이 없었다. 뷔퐁은 하얗게 빛날 정도로 가열한 둥근 공을 만졌을 때 열이 소실되는 속도를 추산하는 실험을 했다. 그 결과로부터 지구의 나이가 7만5천년에서 16만8천년 사이가 될 것이라고 추정했다. 물론 그것은 엄청나게 작은 값이었지만, 당시로는 획기적인 결과였다.

19세기 중엽에 이르자 대부분의 지식인들은 지구의 역사가 500만 년은 될 것이고, 어쩌면 수천만 년이 될 수도 있겠지만 그보다 더 길지는 않을 것이라고 믿게 되었다. 19세기 말에 가장 위대한 과학자 중의 한 사람이었던 켈빈 경이 지구의 나이에 관심을 가지게 되었다. 그는 처음에 지구의 나이가 2000만 년과 4억 년 사이일 것이라고 추정하면서, 아마도 9800만 년일 가능성이 높다고 했다.

세월이 흐르면서 켈빈은 자신의 주장을 점점 더 강하게 밝히기 시작했지만, 계산은 점점 더 부정확해졌다. 처음의 4억 년이 1억 년으로 줄었고, 다시 5000만 년으로 줄었다가 1897년에는 2400만 년이 되었다. 의도적인 것은 아니었지만, 당시의 물리학으로는 태양과 같은 크기의 물체가 수천 년 이상 연료가 바닥나지 않은 상태로 끊임없이 타오르는 이유를 설명할 수 없었기 때문이었다. 그러나 19세기 엄청나게 쏟아져 나왔던 거의 모든 화석 증거들은 그런 주장과 맞지 않았다. 19세기가 끝날 때까지도 그런 혼란은 계속되었고, 1910년 미국의 조지 베커의 5500만 년이라는 추정치가 가장 신뢰할 수 있던 결과였다.

뉴질랜드 출신의 러더퍼드는 우라늄 광석의 연구를 통해 그것이 7억 년이나 된 것이라는 사실을 밝혀냈다. 당시 사람들이 지구의 나이라고 믿었던 것보다 훨씬 오래된 것이었다. 20세기에는 지질학자들이 바위에 남아 있는 방사성원소를 분석하여 지구의 나이를 대략적으로 알아내는 데 성공했다. 암석의 연대 측정은 너무나도 어려워서 거의 모든 사람들이 포기해버렸다.

영국의 홈스가 암석의 방사분석 연대측정법을 통해 지구의 나이가 적어도 30억 년은 되었다고 발표했지만, 불행하게도 보수적인 과학자들의 저항에 부딪쳤다. 마침내 1948년 미국의 페터슨(Clair Cameron Patterson, 1922~1995)은 납-우라늄 비율을 정확하게 측정하는 연구를 시작했다. 하지만 정말 오래된 암석을 찾아내는 것이 문제였다. 그는 운석을 시료로 선택해서 무려 7년 동안이나 끈질기게 연구했다. 결국 지구의 정확한 나이가 밝혀졌는데, 오늘날까지도 사용하고 있는 45억5천만 년(±7000만 년)이다.

13

현대문명–물질

HOMO SCIENTIFICUS

현대문명 – 물질

| 19~20세기의 과학기술사 연표 |

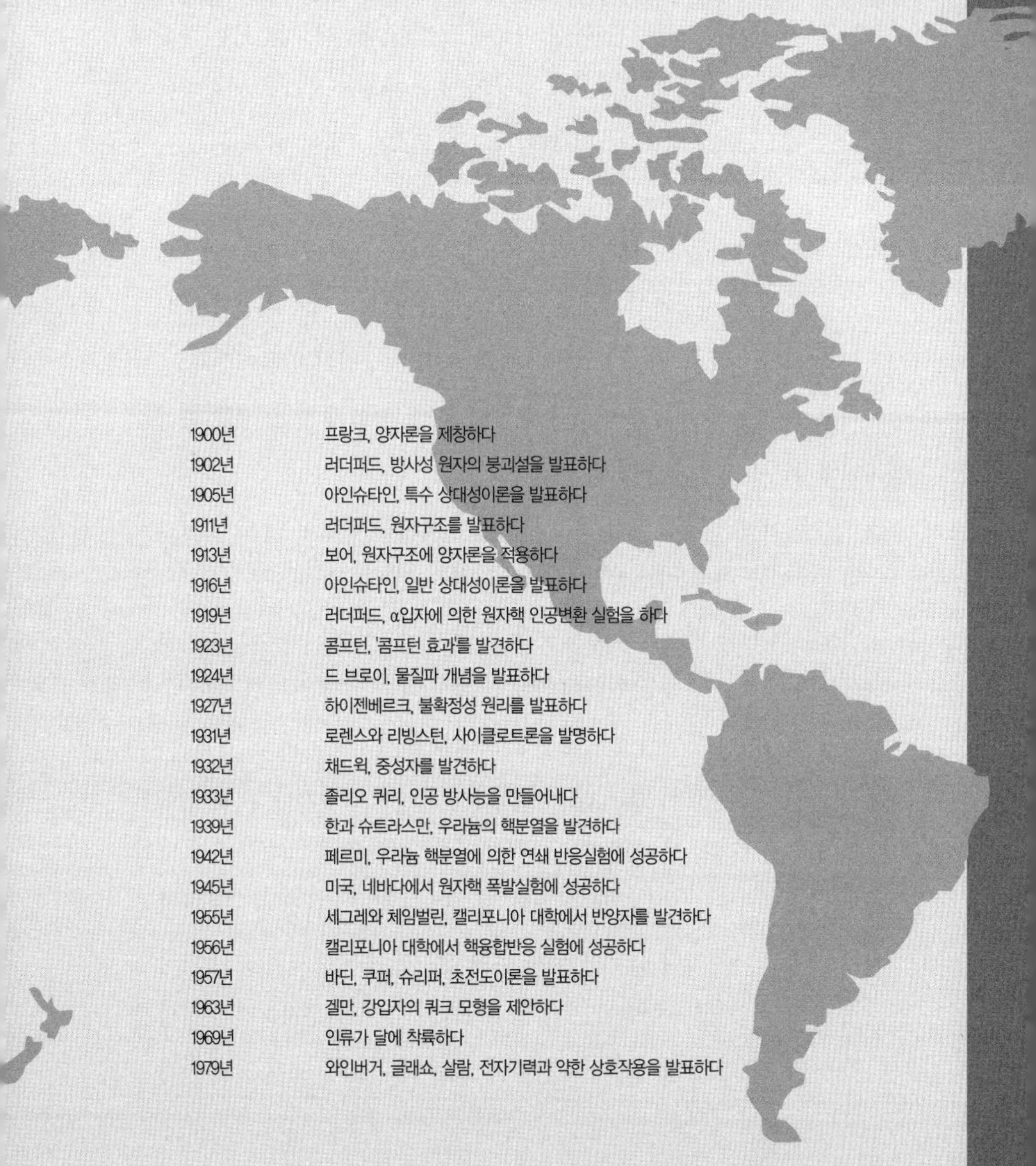

1900년	프랑크, 양자론을 제창하다
1902년	러더퍼드, 방사성 원자의 붕괴설을 발표하다
1905년	아인슈타인, 특수 상대성이론을 발표하다
1911년	러더퍼드, 원자구조를 발표하다
1913년	보어, 원자구조에 양자론을 적용하다
1916년	아인슈타인, 일반 상대성이론을 발표하다
1919년	러더퍼드, α입자에 의한 원자핵 인공변환 실험을 하다
1923년	콤프턴, '콤프턴 효과'를 발견하다
1924년	드 브로이, 물질파 개념을 발표하다
1927년	하이젠베르크, 불확정성 원리를 발표하다
1931년	로렌스와 리빙스턴, 사이클로트론을 발명하다
1932년	채드윅, 중성자를 발견하다
1933년	졸리오 퀴리, 인공 방사능을 만들어내다
1939년	한과 슈트라스만, 우라늄의 핵분열을 발견하다
1942년	페르미, 우라늄 핵분열에 의한 연쇄 반응실험에 성공하다
1945년	미국, 네바다에서 원자핵 폭발실험에 성공하다
1955년	세그레와 체임벌린, 캘리포니아 대학에서 반양자를 발견하다
1956년	캘리포니아 대학에서 핵융합반응 실험에 성공하다
1957년	바딘, 쿠퍼, 슈리퍼, 초전도이론을 발표하다
1963년	겔만, 강입자의 쿼크 모형을 제안하다
1969년	인류가 달에 착륙하다
1979년	와인버거, 글래쇼, 살람, 전자기력과 약한 상호작용을 발표하다

빛은 입자일까 파동일까

1704년 뉴턴은 〈광학〉에서 빛을 작은 입자들의 흐름으로 보는 입자설을 주장했다. 그렇지만, 뉴턴 이전에도 빛이 해변에 밀려드는 파도나 우리의 귀에 들리는 음파처럼 파동의 흐름이라고 생각한 과학자들이 있었다. 1690년 네덜란드의 과학자 호이헨스는 『빛에 대한 논고』에서 파동설에 대한 체계를 세웠는데, 빛의 직진을 설명하기 위해 파면에 관해 새로운 개념을 도입했다. 잔잔한 호수에 돌을 던지면 수면 위에 생기는 물결의 각 지점에서 새로운 물결이 만들어진다. 이와 마찬가지로 그는 빛에서 나오는 파동으로부터 새로운 빛의 구면이 만들어진다고 생각했다. 이러한 개념은 반사나 굴절, 그리고 회절과 같은 광학 현상을 설명하는데 매우 유용했다.

어떤 사람이 다른 방에 있는 사람에게 소리를 질렀을 때 듣는 사람의 입장에서는 마치 바로 옆방에서 소리치는 것처럼 느껴지는 이유도 호이헨스의 회절 현상으로 설명할 수 있다. 문에 다다른 음파는 그 지점에서부터 새로운 파동을 만들어낸다. 그래서 듣는 사람은 다른 방에서 온 파동이 아니라 문에서 생겨난 파동 소리를 듣게 된다.

수영장 물속에 서 있는 친구의 다리가 짧아 보인다거나 물 컵에 꽂힌 빨대가 구부러져 보이는 이유는 무엇일까? 이것은 공기와 물처럼 빛의 이동 속도가 서로 다른 두 매질의 접촉면을 지날 때 빛이 구부러지는 굴절 현상 때문이다. 뜨거운 도로 위에 생기는 신기루도 비슷한 현상으로 이해할 수 있다. 햇볕이 뜨겁게 내리쬐는 날 차를 운전하다가 지평선 쪽을 바라보면 풍경이 흐릿해지면서 도로 위에 물이 고여 있는 착각을 하게 된다.

이것은 도로 면에서 뜨거운 열기가 올라오기 때문에 나타나는 현상이다. 땅의 뜨거운 공기는 주변의 찬 공기보다 밀도가 낮기 때문에 굴절률이 작아져서 하늘에서 온 빛이 굴절을 일으켜 운전자의 눈에 들어오게 된다. 즉 다른 곳으로 가야 할 빛이 온도차 때문에 땅에서 푸른 하늘의 모습이 보이는 환영을 만들어낸다. 와인 제조업자들도 와인의 알코올 함량을 알기 위해 굴절률을 이용한다. 그들은 굴절률 측정기를 사용하여 포도 과즙 속에 녹아 있는 당분의 농도를 잰다. 당분이 많이 녹아 있으면 와인의 굴절률이 커지기 때문이다.

18세기 후반에는 빛의 직진이나 반사에 대한 논쟁에서 입자설이 우세했다. 그 이유는 뉴턴의 권위와 만유인력의 입자론적 세계관이 널리 받아들여졌기 때문이다. 그러나 1804년 영국의 토마스 영이 빛의 이중 슬릿 실험에 의한 간섭 현상을 통해 파동설을 부활시켰으며, 1818년 프랑스의 프레넬은 회절 실험을 통해 빛의 파동성을 밝혀냈다.

이중 슬릿 실험

18세기 말까지 빛을 입자의 흐름으로 정의한 뉴턴의 개념은 경쟁 관계에 있던 빛의 파동 모형을 압도했다. 그러나 그 후 백여 년에 걸쳐 빛에 대한 이해가 점차 이루어지면서 파동 모형이 설득력을 얻기 시작했다. 비록 당시에는 널리 인정받지 못했지만 뉴턴이 등장하기 전부터 빛의 파동성을 증명하는 증거가 있었다. 그런 연구를 한 사람은 이탈리아의 물리학자 그리말디(Francesco Grimaldi, 1618~1663)였다. 그는 볼로냐 예수회 대학에 수학 교수로 있으면서, 한 줄기 태양 빛을 어두운 방의 조그만 구멍으로 통과시키며 빛에 대한 연구를 했다. 그는 광선이 두 번째 작은 구멍을 통과해 스크린에 도달할 때 가장자리에 색깔이 있고, 색깔의 크기도 구멍의 크기보다 약간 큰 것을 발견했다.

만약 빛이 구멍을 통과해 직선으로 진행했다면 그런 현상은 나타날 수 없었다. 그는 빛이 구멍을 통과하면서 약간 밖으로 휘었다는 결론을 내렸고, 그 현상을 '회절'이라 불렀다. 또한 그는 작은 물체를 빛 속에 놓으면 물체의 가장자리에서 빛이 회절 되면서 그림자로 흘러들어감에 따라 가장자리 부분에 색을 띠게 된다는 것을 발견했다. 이는 빛이 파동으로 이동한다는 직접적인 증거이며, 바다나 호수 위의 파도가 장애물을 지나갈 때 동일한 종류의 효과가 나타난다. 그러나 빛의 경우에는 파장이 매우 작기 때문에 효과가 미미하며 아주 세밀히 측정해야만 감지된다.

18세기 내내 빛의 입자 모형이 사람들의 생각을 지배하긴 했지만, 1727년에 뉴턴이 사망한 뒤 다른 대안에 대해서도 생각해본 사람들이 있었다. 그중 가장 두드러진 인물은 스위스의 수학자 오일러이다. 그는 '최소 작용의 원리(빛은 가장 짧은 직선으로 이동한다)'에 대한 개념을 만들었다. 이는 라그랑주(Joseph Lagrange, 1736~1813)에게 연구 방향을 제시했고, 라그랑주의 연구는 다시 20세기 양자론에 수학적 기초를 제공했다.

앞에서 살펴봤듯이 오일러는 π, e, i 같은 수학 기호들을 처음으로 도입했으며, 태양을 직접 쳐다보는 것이 위험하다는 사실을 보여준 전형적인 예시가 되기도 했다. 상트페테르부르크에서 수학 교수로 있던

1733년, 그는 이 어리석은 짓 때문에 오른쪽 눈의 시력을 잃어버렸다. 설상가상으로 1760년대에는 백내장으로 왼쪽 눈도 안 보이게 되었지만, 그런 장애에도 불구하고 비범한 수학적 연구 성과를 만들어내는 데 아무런 영향을 주지 않았다. 1746년에 그는 빛의 모형에 대한 연구를 출판했다. 파동 모형을 입증하는 증거를 분명히 설명했을 뿐 아니라, 회절 등 입자 모형으로는 설명하기 힘든 여러 현상들을 면밀히 열거했다.

토머스 영(Thomas Young, 1773~1829)은 영국의 서머싯에서 태어났다. 그는 신동으로 두 살 때 영어를 읽었고, 여섯 살 때에는 라틴어를, 그 다음 열여섯 살 때까지 11개 언어를 할 줄 알았다. 그는 은행가의 아들로 부유한 집안에서 태어나 10대 시절까지 정식 교육은 거의 받지 않았다. 스스로 폭넓게 공부했던 그에게는 그런 것은 필요 없었다. 그는 일찍부터 중동의 고대사와 고고학에 관심을 보였고 물리학, 화학에 관심이 많았다.

그는 19세의 나이에 의사가 되기 위한 교육을 받기 시작했다. 1796년 괴팅겐에서 의학박사 학위를 받은 그는 의대 1학년 때 눈이 초점을 맞추는 기작, 즉 근육이 수정체의 형태를 바꾸는 방식에 대해 설명했고, 그 덕분에 21세의 나이에 왕립학회 회원으로 선출되었다. 그는 죽을 때까지 평생 의사로 지냈지만, 과학 분야에 광범위하고 중요한 공헌을 했다.

그는 난시가 각막의 굴곡면이 고르지 않아 생기는 현상이라고 설명했으며, 색을 인식하는 것은 눈의 서로 다른 수용체에 영향을 주는 빛의 삼원색(빨강, 녹색, 파랑)의 결합으로 이루어진다는 것을 알아냈다. 즉 색맹은 한 가지 이상의 수용체가 제대로 작동하지 않아서 일어나는 것을 최초로 알아냈고, 분자들의 크기를 측정했으며, 로제타 석(Rosetta Stone, 비문이 새겨져 있는 고대 이집트의 돌)을 해독하는 데 주도적인 역할을 했다. 그러나 여기서 중요한 것은 빛의 파동성을 증명한 실험으로서, 후대에 길이 기억되고 있다.

케임브리지에서 지내던 1790년대 말, 그는 빛의 간섭 현상에 대한 실험을 시작했다. 그는 뉴턴과 호이헨스의 빛에 대한 두 모형을 비교하고, 서로 다른 색깔의 빛은 다른 파장을 가진다고 말하면서 호이헨스의 파동 모형을 지지했다. 1801년 그는 빛의 파동에서 일어나는 간섭 현상을 발표했다. 이것은 두 개의 돌멩이를 고요한 호수에 동시에 던졌을 때와 똑같은 물결 이 서로 간섭을 일으키는 것과 같다.

영은 먼저 뉴턴이 관측한 현상들이 어떻게 간섭으로 설명될 수 있는가를 설명하고, 뉴턴의 실험 자료를 사용하여 빨간빛의 파장은 6.5×10-7미터이고 보랏빛은 4.4×10-7미터라고 계산해냈다. 이러한 수치는 오늘날 측정값과 대체로 일치하고 있어서 뉴턴이 얼마나 훌륭한 실험가이며, 영이 얼마나 훌륭한 이론가인지를 보여준다. 1804년경 그는 하나의 실험을 고안했는데, 그의 이름을 붙여 '영의 이중 슬릿 실험'이라 불리고 있다.

이중 슬릿 실험에서는 빛을 카드의 좁은 구멍, 즉 작은 슬릿으로 통과시킨다. 슬릿을 통과한 빛은 퍼져나가다가 두 개의 유사한 슬릿이 나란히 배열된 또 다른 카드에 부딪치게 된다. 이 두 개의 슬릿을 통과한 빛은 다시 퍼져나가 스크린에 부딪치면서 서로 밝기가 다른 빛이 교대로 나타나는데 이를 간섭무늬라고 한다.

그는 각각 두 개의 슬릿으로부터 나온 파들이 서로 보조를 맞춰 진행

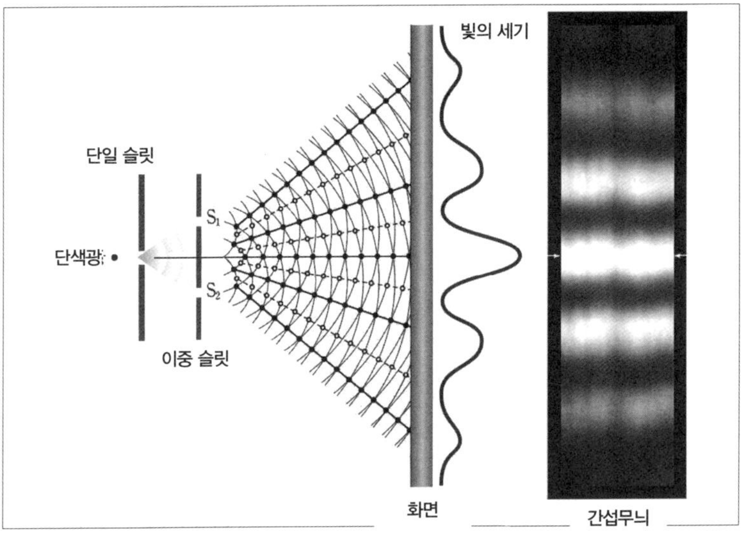

영의 이중 슬릿 실험

하여 파동의 마루와 마루가 합쳐지는 경우에는 밝아지고, 두 개의 슬릿에서 나온 파들이 서로 일치하지 않으면, 즉 위상이 다르면 파동의 마루가 다른 파동의 골에 의해 상쇄되어 어두워진다고 설명했다. 스크린에 보이는 무늬의 정확한 간격은 빛의 파장에 좌우되며, 무늬의 간격을 재면 파장을 측정할 수 있다. 빛을 미세한 총알의 흐름 같은 것으로 생각해서는 이러한 현상을 설명할 수 없다.

10년 뒤 영은 자신의 모형을 더 다듬어 빛의 파동이 음파처럼 종파가 아니라 옆에서 옆으로 움직이는 횡파라고 했다. 하지만 그의 연구는 동료들을 설득시키지 못했고 오히려 뉴턴이 틀렸을 수도 있다는 암시에 화가 난 영국의 물리학자들로부터 매도당했다. 그들은 두 줄기의 빛을 서로 합치면 어두워질 수 있다는 영의 생각을 비웃었다. 그러나 빛의 파동 모형을 뒷받침해주는 유사한 증거가 당시 영국의 최고 앙숙이었던 프랑스에서 발표되었다.

오귀스탱 프레넬(Augustin Fresnel, 1788~1827)은 프랑스의 노르망디에서 태어났다. 건축가의 아들이었던 그는 열두 살이 될 때까지 집에서 교육을 받았다. 1809년 그는 파리에서 토목기사 자격을 따고 프랑스의 여러 지역에서 정부의 도로 공사 일을 하는 한편, 광학에 대한 관심을 키워갔다. 그러나 프레넬은 과학계와 떨어져 있었기 때문에 영의 연구뿐만 아니라 호이헨스, 오일러의 연구에 대해서도 알지 못했다.

그는 완전히 백지 상태에서 빛의 파동 모형을 만들어냈다. 프레넬 역시 회절에 근거하여 빛의 파동 모형에 접근했지만, 그는 한 개의 좁은 슬릿에다 빛을 스크린에 쏘았다. 슬릿이 좁을수록 스크린에 밝고 어두운 줄무늬를 만들어낸다. 빛이 슬릿의 양쪽 주변에서 약간 휘어 양끝으로부터 퍼져 나와 약간 다른 길로 스크린까지 이동하며 각각은 서로 다른 파장을 지닌다고 생각한 것이다. 그러나 이 실험을 역으로 실행하여 작은 방해물을 빛이 지나가는 길에 놓으면, 빛은 장애물 주변에서 휘어 장애물의 그림자에 회절 무늬를 만들어낸다.

1817년 프랑스 학술원이 회절에 대한 최고의 실험 연구를 하고 이를 뒷받침하는 이론 모형을 제시하는 이에게 상을 주겠다고 한 것을 보면 당시 영의 연구가 제대로 평가받지 못한다는 것을 알 수 있다. 1818년 프레넬은 135쪽짜리 논문을 제출했다. 그러나 프레넬이 주장하는 것은 파동 모형이었는데, 세 명의 심사위원들 모두 확실한 뉴턴 신봉자들이었기 때문에 입자 모형을 선호했다.

그들은 프레넬의 모형에서 결점을 찾는 데 노력을 집중했고, 프레넬의 모형을 이용하여 실험을 했다. 그 결과 뉴턴이 토대로 삼았던 과학적인 방법, 즉 직접 실험에 의해 뉴턴이 틀렸으며 빛은 파동으로 진행한다는 것이 입증되었다. 그때 이후로 빛의 파동 모형은 가설에서 이론으로 승격되었다. 프레넬의 명성은 확고해졌고 1823년에 프랑스 아카데미 회원으로 선출되었으며, 1825년에는 왕립학회 회원이 되었다.

그는 뉴턴이 죽고 100년이 지난 뒤인 1827년에 왕립학회에서 럼퍼드 메달을 받았으며, 그 후 며칠 지나지 않아 결핵으로 사망했다. 빛의 파동 이론이 제대로 연구되기까지, 물리학자들은 파동이란 것이 과연 무엇인지 이해하기까지 수십 년이 걸렸다. 프레넬은 등대에서 사용할 목적으로 굴곡면이 조금씩 다른 유리로 만든 동심원 고리를 이어서 효율적인 렌즈(프레넬 렌즈)를 만들었다. 이는 분광학이라는 새로운 분야에서 가장 귀중한 도구가 되었다.

과학에서 마치 안락한 가구처럼 가치 있고 중요한 도구인 분광학이 19세기가 시작될 때에야 비로소 이해되기 시작했다는 것은 놀라운 일이다. 이는 마치 1800년 이전에는 교황이 가톨릭교도인 것을 아무도 몰랐다는 것과 거의 비슷하다. 그러나 많은 과학적 발전과 마찬가지로 분광학도 적절한 기술이 개발될 때까지 기다려야 했다. 그것은 프리즘처럼 빛을 무지개 색깔의 스펙트럼으로 분산시킬 수 있는 도구와 스펙트럼을 자세히 살펴볼 수 있는 현미경의 결합이었다.

분광학, 별의 스펙트럼

1821년 독일의 물리학자 프라운호퍼(Joseph von Fraunhofer, 1787~1826)는 빛을 스펙트럼으로 분산시키는 또 다른 기술인 회절격자를 발명했다. 당시 하이테크 산업 분야였던 뮌헨 물리기구회사의 광학 실험실에서 일하면서 렌즈와 유리의 질을 개선시키는 과정에서 이루어진 것이었다. 그의 기술 덕분에 회사는 많은 수익을 올렸고, 독일이 광학기기 제조 부문에서 두각을 나타내게 된 계기가 되었다.

프라운호퍼가 이뤄낸 최초의 분광학적 발견 중 하나는 불꽃에서 나오는 빛의 스펙트럼이 특정 파장에 각각 두 줄기 밝은 노란 선이 있다는 것이었다. 1814년 그는 두 줄기 밝은 노란 선(나트륨에 의해 만들어지며, 가로등 불빛이 노란색을 띠는 것도 이 때문이다)을 사용하여 유리가 지니는 광학적 특성을 시험했다. 그는 유리가 노란 선과 태양 광선에 미치는 효과를 비교하다가 태양의 스펙트럼에 어두운 선들이 있다는 것을 알게 되었다.

그는 모두 576개의 선이 스펙트럼의 양쪽 끝인 빨강과 자주색 사이에 있다는 것을 알아냈고, 각각의 파장도 알아냈다. 그는 또한 금성과 별들의 스펙트럼에도 비슷한 선들이 있다는 것을 알아냈다. 회절격자를 사용하여 얻은 스펙트럼에 동일한 파장의 선들이 존재한다는 것을 보여줌으로써 그는 이 선들이 빛 자체의 성질이라는 것을 증명했다.

많은 사람들이 새롭게 발견한 현상을 연구했지만, 중요한 발전은 1850년대에 독일 하이델베르크에서 함께 연구했던 분젠(Robert Bunsen, 1811~1899)과 키르히호프(Gustav Kirchhoff, 1824~1887)에 의해 이루어졌다.

친숙한 실험실 장비 중에 분젠 버너가 분광학 발전의 중요한 도구가 된 것은 바로 이 때였다. 분젠 버너의 선명한 불꽃으로 어떤 물질에 열을 가하면 그 물질이 무엇이냐에 따라 불꽃은 특징적인 색을 띠게 된다. 각각의 원소가 뜨거워지면 스펙트럼 상에서 특징적인 형태의 밝은 선들, 예를 들어 나트륨이라면 한 쌍의 노란 선들을 만들어내는 것을 볼 수 있다. 그렇다면 스펙트럼에서 이런 선들이 나타나면 그 원소가 존재한다는 것을 알 수 있다. 각각의 물질은 지문이나 바코드처럼 독특한 색깔의 선들을 나타낸다.

서로 다른 원소들을 가지고 실험실에서 일련의 불꽃 반응 실험을 통해서 각 원소와 연관된 특징적인 스펙트럼 형태에 대한 자료를 쉽게 모을 수 있다. 1859년 키르히호프는 태양 광선에서 특징적인 나트륨 선들을 찾아냈는데, 이는 태양의 대기에 나트륨이 존재한다는 증거이다. 태양광선 스펙트럼의 다른 선들에 존재하는 원소들도 밝혀졌고, 다른 별들의 스펙트럼에 나타나는 선들과 연관된 원소들도 곧 확인되었다. 분광학의 위력을 보여준 가장 두드러진 예는, 천문학자들로 하여금 별들이 어떤 물질로 이루어졌는지를 알 수 있게 한 점이다. 놀랍게도 그 과정이 거꾸로 작용한 경우도 발생했다.

1868년 일식 현상이 일어났을 때 프랑스의 천문학자 장상(Pierre Jansen, 1824~1907)과 영국의 천문학자 로키어(Norman Lockyer, 1836~1920)는 태양광선 스펙트럼에서 지금까지 지구에서 알려진 어떤 원소의 지문과도 일치하지 않는 선들을 발견했다. 로키어는 그 선들이 아직 알려지지 않은 원소에 해당하는 것이 틀림없다고 생각하여, 이 원소를 그리스어로 태양을 뜻하는 '헬리오스(Helios)'에서 이름을 빌려와 헬륨(He)이라 붙였다. 헬륨은 1895년이 되어서야 지구에서 확인되었다.

전기와 자기

부엌의 가스레인지나 태양의 표면에서 방출되는 빛은 모두 동일한 형태의 전자파로 이루어져 있다. 강물에 돌을 던지면 동심원을 그리면서 물결파가 퍼져나가는 것을 볼 수 있다. 과학자들은 파동을 서술할 때 파장과 진동수, 그리고 진폭이라는 용어를 사용한다. 파장은 파동의 산에 해당하는 마루에서 그 다음 마루까지의 거리를 말한다.

전자파는 마루나 골의 개수가 많을수록 파장이 짧아진다. 진동수는 1초 동안에 마루 또는 골이 반복되는 횟수를 말하는데, 이 값은 파장에 반비례한다. 파장이 길면 진동수가 줄어들고 그에 따라 에너지는 작아진다. 반대로 파장이 짧으면 진동수와 에너지는 커진다. 즉 파동의 에너지는 진동수에 비례하고 파장에 반비례하는 것이다.

전자파는 라디오 전파와 마이크로웨이브, 적외선, 가시광선, 자외선, X선, 감마선에 이르기까지 에너지의 크기에 따라 각기 부르는 명칭이 다르다. 태양에서 오는 빛은 파장이 몇 킬로미터에서 극히 짧은 것에 이르기까지 제각각이다. 하늘에 뜬 무지개는 가시광선의 빛띠이다. 가시광선의 파장은 약 400에서 700나노미터 사이에 있다. 나노미터는 10억분의 1미터(10^{-9}m)를 뜻한다. 가시광선의 파장은 가장 긴 빨강부터 초록을 거쳐 가장 짧은 파랑에 이르기까지 다양하다.

그러면 무지개 양 끝 너머에는 무엇이 있을까? 붉은빛 너머에는 파장

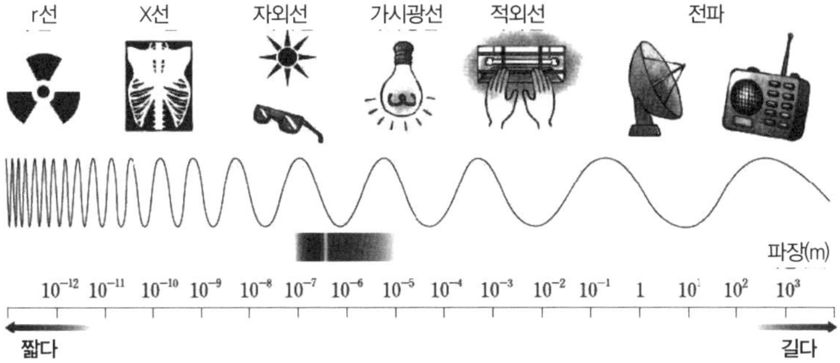

일상에서 활용되는 다양한 전자파들

이 수백만 분의 1미터인 적외선이 있다. 적외선은 태양열을 전달하는데, 야간 투시경을 끼면 밤에도 물체의 열기에서 나오는 적외선을 통해 물체를 볼 수 있다. 그 너머에는 수 밀리미터에서 수 센티미터 파장의 마이크로파가 있고, 더 너머에는 수 미터 파장의 라디오파가 있다. 전자레인지는 마이크로파로 물 분자들을 진동시킴으로써 음식을 데운다. 한편 파장이 짧은 푸른빛 너머에는 자외선이 있다. 태양에서 방출되는 자외선은 피부에 해롭지만, 다행히도 지구를 둘러싸고 있는 대기의 오존층이 이를 막아준다. 그보다 더 파장이 짧은 것은 X선이다. X선은 인체 조직을 통과하기 때문에 병원에서 주로 쓰인다. 가장 파장이 짧은 것은 감마선이라고 부른다.

인공조명 빛은 햇빛처럼 넓은 빛띠를 갖고 있지 못하며, 밝기도 햇빛에 비할 바가 못 된다. 필라멘트를 가열하는 방식의 구식 백열등은 약 250에서 900나노미터까지의 파장을 방출한다. 형광등은 수은이나 나트륨 같은 특정 원소가 방출하는 빛을 이용하기 때문에 파장의 범위가 훨씬 좁다.

자연을 지금과 같은 모습으로 존재하게 하는 힘에는 4가지가 있다. 그 가운데 두 가지는 중력과 전자기력으로 미시 세계와 거시 세계 모두에 적용되며, 나머지 두 가지는 원자 차원의 미시 세계에만 적용되는 힘으로 핵력과 약력이 있다. 중력 다음으로 우리에게 잘 알려진 힘은 전기력과 자기력이었다. 이 힘들은 중력과 유사하게 행동하지만, 한 가지 중요한 차이점은 같은 종류의 전하나 자석은 서로 밀어내고 다른 종류의 전하나 자석은 서로 끌어당긴다는 것이다. 전기력과 자기력은 중력보다 훨씬 더 세지만, 우리는 보통 일상생활에서 느끼지 못한다. 왜냐하면 거시적인 물체가 지닌 양전하와 음전하는 개수가 거의 같기 때문에 서로 상쇄되어 버린다.

전기에 비해 자기는 생각보다 오랜 역사를 갖고 있다. 수천 년 전 크레타의 양치기 마그네스는 철로 만든 막대기가 바위에 달라붙는 현상을 목격했다. 그리스의 탈레스는 나무의 수액이 굳어져 단단해진 호박을 천에 문지르면 마른 잎 같은 가벼운 물체들을 끌어당긴다는 사실을 발견했다. 그 후 중국인들은 황철석이 나침반의 역할을 한다는 사실을 알아냈다. 자기 현상을 폭넓게 연구하기 시작한 사람은 15세기 영국의 윌리엄 길버트인데, 그는 지구를 하나의 거대한 자석으로 묘사했다.

뉴턴이 만유인력의 법칙을 발견한지 약 1세기 후인 1785년 프랑스의 쿨롱은 두 개의 전하, 즉 (+)전기와 (-)전기 사이에 작용하는 힘인 전기력을 측정했다. 그 힘은 중력과 매우 비슷한 방정식으로 표현되는데, 두 개의 전하량의 곱에 비례하고 그들 사이의 거리의 제곱에 반비례한다. 다른 점이 있다면, 중력은 항상 인력으로만 작용하는데 비해 전기력은 인력과 척력으로 구분된다. 서로 다른 종류의 전하 사이에는 인력이 작용하고 같은 종류의 전하 사이에는 척력이 작용한다. 두 개의 자극 N극과 S극 사이에 작용하는 자기력도 똑같은 식으로 표현된다. 전기에서 양전하와 음전하는 서로 독립적으로 존재할 수 있지만, 자극은 항상 쌍으로만 존재한다는 점이 다를 뿐이다.

1780년대 이탈리아의 갈바니는 우연히 개구리의 다리 근육이 서로 다른 금속에 접촉하자마자 갑자기 수축하는 현상을 발견했다. 그의 동료였던 볼타는 개구리의 신경이 두 금속에 접촉했을 때 전기가 만들어진 것이라고 생각했다. 그 모습이 마치 강에 물이 흐르는 것과 같았으므로 '전류'라는 이름을 붙였다. 볼타는 많은 실험을 거쳐 아연 막대와 구리 막대를 황산 용액에 담그고 철사를 연결하면 강한 전류가 흐른다는 사실을 발견했다. 이것이 바로 최초의 볼타 전지이며, 비로소 호박에 의한 정전기 현상을 넘어 본격적으로 전류에 대한 연구가 시작되었다.

1820년 덴마크의 외르스테드는 대중을 위한 실험 강의 도중 전혀 예상치 못한 현상을 목격했다. 볼타 전지의 양극과 음극을 잇는 철사에 전류를 흘려보내자 우연히 옆에 놓여 있던 나침반의 바늘이 철사의 방향과 직각을 이루었던 것이다. 전류의 방향을 바꾸자 나침반의 바늘도 즉시 180도 회전했다. 이러한 사실로부터 그는 전류가 자기를 발생시킨다는 것을 알 수 있었다. 같은 시기에 프랑스의 암페어는 두 개의 전선에 같은 방향으로 전류를 흐르게 하면 서로 끌어당기고 반대로 하면 서로 밀어낸다는 사실을 알아내고 두 전류 사이의 자기력을 수학식으로 나타냈다. 이것이 바로 '암페어의 법칙'이다. 또한 독일의 옴은 전선에 흐르는 전류의 세기는 걸어 준 전압에 비례하고 저항에 반비례한다는 '옴의 법칙'을 발견했다.

1845년 키르히호프는 전류의 흐름을 기술하는 방정식을 만들어 전기회로의 전류, 전압, 저항을 계산할 수 있는 '키르히호프의 법칙'을 발표했다. 이것은 컴퓨터를 비롯한 모든 종류의 통신장비에서 복잡한 회로를 분석하는 데 없어서는 안 될 필수적인 법칙이다. 또한 18세기 중반, 벤저민 프랭클린은 폭풍우가 치는 날 연을 날리는 실험을 통해 번개가 전기의 일종이라는 사실을 증명했다. 현재 우리가 가진 전기와 자기에 대한 생각은 18세기 중반부터 19세기 중반까지 약 100년 동안 형성되었다. 수많은 물리학자들의 연구를 통해 전기력과 자기력이 서로 연관성이 있다는 사실을 발견했다. 초기에는 전기와 자기가 서로 다른 자연현상으로 여겨졌는데 이 두 가지 현상을 하나로 통합시킨 사람은 영국의 마이클 패러데이다.

전류가 자기장을 형성한다는 사실이 알려진 후 그는 도선을 감은 코일 속에 자석을 넣었다 뺐다 하면 코일 내에 전류를 만들어내는 것도 가능할 것이라고 생각했다. 자석을 빠르게 움직일수록, 그리고 코일에 도선을 많이 감을수록 전류의 세기는 강해졌다. 그는 이러한 전자기 현상을 직관적으로 설명하기 위해 전기장과 자기장이라는 개념을 도입했다. 이로부터 고대 그리스 이래 호박이 가진 전기와 마그네시아 돌이 가진 자기라는 두 가지 현상이 하나로 연결되었다. 그는 전기와 자기가 동일한 현상의 두 가지 다른 측면이라는 사실을 밝혀낸 것이다.

전동기와 발전기

패러데이(Michael Faraday, 1791~1867)는 과학계의 주요 인물 중에서도 아주 독특한 경우이다. 서른 살 이전까지는 별로 중요한 연구를 하지 못하다가 마흔이 넘어서야 최고의 연구를 해낸 그는 과학계의 어떤 사람보다도 중요한 공헌을 한 사람이었다. 그는 타고 난 집안 환경 때문에 25세가 될 때까지 과학 연구는 시작도 해보지 못했다.

패러데이는 잉글랜드 북부 출신으로 그의 아버지는 대장장이였으며, 말 그대로 흙수저 집안에서 태어났다. 패러데이는 열세 살 때 집 근처에 있는 서적상이자 제본업자 밑에서 견습생이 되어 제본일을 배웠다. 그가 훗날 과학에 지대한 공헌을 하게 된 전기 분야에 처음으로 빠지게 된 것은 가게에서 제본하기 위해 준비 중이던 브리태니커 백과사전 3판에 실린 전기에 대한 글을 읽고 나서였다.

1812년 견습 기간이 끝나자, 그는 머릿속에 떠오르는 모든 사람들에게 편지를 써서 아무리 보잘것없는 일이라도 좋으니 과학과 관련된 일자리를 구할 수 있는지 물어보았지만 소용이 없었다. 그러나 몇 주 지나지 않아 그는 자신의 인생을 바꾸게 될 행운을 만나게 되었다. 왕립학회 실험실에서 일어난 폭발 사고로 일시적으로 시력을 잃게 된 데이비가 며칠 동안만 비서로 일할 수 있는 사람이 필요하게 되었다. 데이비가 회복된 뒤 원래의 직업으로 되돌아가야 했던 패러데이는 왕립연구소에서 가장 단순한 일이라도 할 수 있게 해달라고 부탁하는 편지를 동봉했다.

왕립연구소에 일자리는 없었다. 그러나 1813년 왕립연구소 실험실 조수가 기구 제작자를 폭행하여 해고를 당하게 되었다. 데이비는 패러데이에게 그 자리를 주었다. 그는 주당 1기니 급료에 왕립연구소 건물 꼭대기에 있는 방 두 칸짜리 숙소와 초, 연료 등을 받기로 하고 그 일을 맡았다. 그는 처음에는 잡일꾼으로 시작했지만, 데이비가 왕립연구소에서 은퇴할 때까지 모든 실험을 함께 했다.

그가 일을 시작하고 겨우 6개월쯤 지났을 때 데이비는 자신과 아내의 유럽 여행에 과학 조수로 그를 함께 데리고 갔다. 물론 과학 탐사 여행이었지만 데이비 부인이 동행했기 때문에 일종의 신혼여행 같은 분위기를 연출했으므로 그 때문에 패러데이는 약간의 곤란을 겪었던 것 같다.

데이비 일행이 유럽으로 출발하기 전 패러데이는 런던 중심가에서 20킬로미터 이상을 나가본 적 없는 순진한 젊은이였다. 그러나 일 년 반 뒤 귀국했을 때 그는 프랑스, 스위스, 이탈리아에서 수많은 과학자들을 만났고, 데이비의 단순한 조수가 아니라 과학적 협력자가 되어 있었다. 그는 프랑스어와 이탈리아어를 읽고 말할 수 있게 되었다.

여행에서 돌아온 그는 기구 관리자 겸 연구실의 조수가 되었고, 주급은 30실링으로 인상되었으며 왕립연구소에서 더 좋은 방을 갖게 되었다. 데이비가 왕립연구소의 일상적인 업무에서 물러나게 되자 패러데이의 위상은 높아졌고, 견실하고 믿음직한 화학자로서 명성을 쌓아갔다. 그는 30세이던 1821년 결혼했으며, 그때 처음으로 전기 현상에 대해서 연구하기 시작했다.

1820년 덴마크의 외르스테드(Hans Christian Oersted, 1777~1851)는 전류에 자기 효과가 있다는 것을 발견했다. 그는 자기를 띠고 있는 나침반 바늘을 전류가 흐르는 도선 위에 놓으면 바늘이 도선과 엇갈리며 직각으로 방향을 바꾼다는 사실을 알아냈다. 이는 전혀 예상하지 못했던 일이었다. 즉, 도선 주위에 원의 형태로 자기력이 작용한다는 의미로서, 막대자석들이 서로 당기고 밀치는 힘과 정전기와 중력처럼 직선으로 잡아당기는 힘과는 상당히 다른 것이기 때문이다.

1821년 후반, 패러데이는 〈물리학연보〉라는 잡지사로부터 외르스테드의 발견이라는 역사적 사건에 관한 글을 써달라는 부탁을 받았다. 철저한 성격이었던 그는 그 일을 제대로 해내기 위해 기고문에 쓰려고 했던 모든 실험들을 직접 실시해 보았다. 그러던 중 그는 전류가 흐르는 도선을 고정된 자석 주위에 나선형으로 감아야 한다는 것을 깨달았고, 이에 따라 도선을 고정시키고 그 주위에서 자석을 움직이는 실험을 고안해냈다. 그는 "도선은 항상 자석 막대기와 직각을 이루며 움직이려 하고 그 주위를 원형으로 돌게 된다"라고 썼다.

전동기의 기본을 이루는 그 발견 덕분에 패러데이의 이름은 유럽 전역에 알려지게 되었다. 이는 그 발견이 얼마나 중요했나를 보여주는 것이며, 당시 기술 변화의 속도를 보여주는 징표였다. 패러데이가 자석 주위에 전선 하나를 감은 장난감 같은 모형으로 시범을 보여준 뒤 60년이 지나 독일, 영국, 미국에서는 전기 기차가 달리게 되었다.

1820년경부터 패러데이는 화학 분야에서 연구를 하여 1823년 염소를 액화시킨 최초의 인물이 되기도 했고, 1825년 벤젠 화합물도 발견했다. 벤젠의 발견은 매우 중요한데, 이는 20세기 생명체 분자에서 매우 중요하다는 사실이 밝혀졌기 때문이다.

1825년에 그는 데이비의 뒤를 이어 왕립연구소 실험실장이 되었으며, 1820년대 후반에는 새로운 인기 강연 시리즈와 아이들을 위한 크리스마스 강연을 도입하여 왕립연구소의 수입을 늘려주었다. 놀라운 점은 그가 그토록 오랫동안 전기와 자기에 대해 전혀 연구하지 않았다는 것이 아니라, 그 와중에도 연구할 시간을 내었다는 것이다. 패러데이는 일찍이 1826년에 다음과 같은 글을 썼는데, 이는 과학이 어떻게 변화하고 있었는지를 보여주는 중요한 단서이다.

> "시간의 일부를 화학 실험에 바치길 원하는 사람이 연구와 관련된 책과 논문들을 다 읽는 것은 어마어마하게 많아서 불가능할 정도다. 또 상당 부분이 재미도 없고, 상상과 오류로 차 있어서 그중에서 몇 안 되는 진실을 선별하는 일은 너무나 힘들다. 그래서 실험을 시도하는 대부분의 사람들은 읽은 것 중에서 빨리 선택하고, 그렇기 때문에 때로는 진짜 좋은 것을 지나쳐버리게 된다."

그런 문제는 점점 더 심해졌고, 최고의 과학자들 중 많은 이들은 종종 문헌을 섭렵하려는 시도를 전혀 하지 않았다. 패러데이는 실험실장이라는 직책 이외에도 1833년에 새로운 기부금으로 왕립연구소에 설치된 풀러 화학 교수직에 임명되었다. 이제 40대로 들어선 그는 전기와 자기에 대한 연구로 복귀했고, 그 연구는 패러데이의 위대한 업적으로 남게 되었다.

1820년대 패러데이를 포함하여 많은 사람들을 괴롭힌 문제는 전류가 주변에 자기력을 유도해낼 수 있다면 자석도 전류를 유도해낼 수 있을까 하는 것이었다. 1831년 패러데이가 그 문제와 씨름하고 있을 즈음, 나선 모양으로 감긴 도선을 통과하는 전류가 도선을 자석처럼 작용하게 하여 코일의 한쪽 끝은 북극을, 다른 쪽은 남극을 가리키게 된다는 것이 분명해졌다. 도선 코일을 쇠막대 둘레에 감고 전류를 통과시키면 막대는 자석이 된다. 그 효과가 거꾸로도 일어나는지, 즉 자기를 띠는 쇠막대가 도선에 전류를 흐르게 하는지를 알아보기 위해 패러데이는 지름 약 15센티미터, 두께 약 2센티미터의 쇠고리로 실험을 했다.

그는 고리의 반대쪽에 두 개의 도선 코일을 감고 하나는 전지에, 다른 하나는 검류계에 연결하여 쇠가 자기력을 띠게 될 때 전류가 유도되는지를 측정했다. 이 중요한 실험은 1831년 8월에 실행되었다. 놀랍게도 그는 첫 번째 코일이 전지에 연결되자마자 검류계 바늘이 움직였다가 다시 0으로 떨어지는 것을 발견했다. 전지와 연결을 뗄 때에도 바늘이 다시 움직였다. 안정적으로 전류가 흐르면서 자기가 고리 안에 형성될 때에는 전류가 유도되지 않았다. 그러나 전류가 증가하거나 감소할 때 자기도 증가하거나 감소하는 현상을 보였다.

실험을 거듭하면서 패러데이는 막대자석을 도선 코일 안과 밖으로 움직이기만 해도 도선에 전류가 만들어진다는 것을 알게 되었다. 다시 말해 그는 도선에 흐르는 전류가 자기를 유도하듯 움직이는 자석도 전류를 유도한다는 사실을 발견한 것이다. 이런 현상을 '전자기 유도'라고 한다. 그 과정을 통해 이미 전동기를 발명했던 패러데이는 도선 코일과 자석의 상대적인 움직임을 이용하여 전류를 만들어내는 발전기를 발명했다.

패러데이는 계속해서 전기와 화학에 관련된 연구를 했고, 그중 많은 것들이 산업적으로 응용되었다. 전해질, 전극, 양극, 음극, 이온 등과 같이 오늘날 익숙하게 사용하는 용어들을 처음으로 도입했다. 그러나 그는 자연의 힘을 과학적으로 이해할 수 있게 하는 데도 중요한 기여를 했다.

그는 '역선(lines of force)'이라는 용어를 1831년 과학 논문에서 처음 사용했는데, 막대자석 위에 종이를 놓고 쇳가루를 흐트러뜨려 놓으면 쇳가루가 양극을 연결하는 곡선을 만드는 실험으로부터 개념을 발전시켰다. 자기력을 띠는 극이나 전하를 띤 입자들에서 생성되는 곡선들은 전자기 유도를 시각화하는 데 특히 도움이 된다. 전도체가 자석에 대해 고정되어 있다면 역선에 대해서도 고정되어 있을 것이고, 이때 전류는 흐르지 않는다. 그러나 만일 전도체가 자석을 지난다면 역선을 가르게 될 것이고 바로 이때 전도체에 전류가 생성된다.

패러데이는 이러한 생각들을 출판하는 것을 머뭇거렸지만, 그런 생각들이 자신의 것이라는 주장은 하고 싶었다. 마치 다윈이 자연선택론을 출판하기는 꺼렸지만 우선권은 확보하고 싶었던 것처럼 말이다. 1832년 그는 메모를 써서 날짜가 적힌 봉투에 넣어 증인 입회하에 왕립학회 금고에 넣고 자신이 죽은 뒤 열어보게 했다. 그 메모에는 이런 내용이 적혀 있었다.

> "자석이 멀리 있는 자석이나 쇳조각에 작용할 때, 자성이 자력체로부터 점차 나아가게 되며, 이것이 전달되는 데는 시간이 걸린다. …… 나는 자극으로부터 자기력이 확산되는 것을 물을 휘저었을 때 진동이 일어나는 것, 또는 소리를 냈을 때 공기가 진동하는 것으로 비유하고 싶다. 즉, 소리 그리고 아마도 빛의 경우처럼 이러한 현상에 진동이론이 적용될 수 있을 것으로 생각한다."

일찍이 1832년에 패러데이는 자기력이 공간을 통과하기 위해서는 시간이 걸린다는 것을 암시하면서 파동과의 관련성을 제시했고, 심지어 빛과도 연관시키고 있었다. 그러나 그는 이러한 생각들을 발전시키는 데 필요한 수학적 기술이 부족했으며, 출판을 꺼렸던 이유 중 하나도 여기에 있었다.

패러데이는 50대 후반까지도 왕성한 활동을 했으며, 그 후 정부의 과학 교육과 다른 분야의 자문으로 일했다. 그는 왕립학회 회장직을 두 번이나 사양했다. 그는 1867년 76세의 나이로 사망했다. 그가 죽기 3년 전, 맥스웰은 역선에 대한 패러데이의 생각으로부터 곧바로 도약하여 빛 자체를 전자기적 현상으로 설명하는 완전한 전자기 이론을 출판했다.

맥스웰의 전자기파

맥스웰이 전자기와 빛에 대한 이론을 정리하고 있을 때 결정적인 실험 증거 하나가 등장했다. 나중에 빛의 도플러 효과를 처음으로 연구하기도 했던 프랑스의 물리학자 피조(Armand Fizeau, 1819~1896)는 빛의 속도를 최초로 측정했다. 그는 8킬로미터 길이의 돌아가는 톱니바퀴 틈을 따라 거울로 광선을 보내고, 거울을 통해 다시 반사되어온 빛을 톱니바퀴의 또 다른 틈으로 들어오게 했다.

이 실험은 바퀴가 일정한 속도로 돌고 있어야만 가능한 것이었다. 바퀴의 속도를 알고 있는 피조는 빛이 이동하는 데 얼마나 걸렸는지를 측정할 수 있었고, 오늘날 측정값의 5퍼센트 오차 이내의 값을 얻었다. 1850년 그는 빛이 공기보다 물에서 더 천천히 이동한다는 사실도 보여줬는데, 이는 마치 빛이 공기보다 물에서 더 빨리 이동할 것이라고 예측한 입자 모형에 마지막 결정타를 날리는 것처럼 보였다.

맥스웰(James Clerk Maxwell, 1831~1879)은 양가 모두 부유한 스코틀랜드 명문가 출신에서 태어났다. 그는 아버지와 친밀한 관계를 유지하며 행복하게 지냈고, 아버지는 어린 맥스웰이 세계에 대해 호기심을 가지고 지적으로 발전할 수 있도록 늘 격려해주었다. 그러나 아버지는 실용적이긴 하지만 디자인은 보기 흉한 옷과 신발을 어린 맥스웰에 입히는 등 다소 기괴한 점이 있었다.

그는 12세 때 전자기 현상의 실험을 직접 보았고, 같은 해에 아버지와 함께 에든버러 왕립학회 모임에 참석하기도 했다. 그 동안 맥스웰은 비범한 수학적 재능을 보였다. 16세가 된 1847년, 맥스웰은 에든버러 대학에 입학하여 3년간 공부했으나 졸업은 하지 않고 케임브리지로 가서 1854년에 졸업했다. 우수한 학생이었던 맥스웰은 트리니티 특별연구원이 되었고, 애버딘의 매리셜 칼리지의 자연철학 교수가 되었다. 그는 1858년에 매리셜 칼리지 학장의 딸과 결혼했다. 런던 킹스 칼리지의 자연철학과 천문학교수가 되었으며, 그곳에서 그의 위대한 업적인 전자기 이론을 완성했다.

1864년, 맥스웰은 『전자기장의 동력학적 이론』을 출판했다. 그는 이 논문에서 오늘날 맥스웰 방정식이라 알려진 네 개의 방정식을 가지고 전기와 자기에 대해 요약했다. 일부 양자 현상을 제외하고 전기와 자기와 관련된 모든 문제는 이 방정식을 이용하여 풀 수 있다. 전기와 자기를 함께 묶어서 전자기장이라는 하나의 장으로 통일한 것이다. 이것이 위대한 과학자들의 신전에서 맥스웰이 뉴턴 옆에 자리하게 된 이유다. 1860년대 말, 물리학으로 알려진 모든 것들이 뉴턴의 법칙과 중력 이론, 그리고 맥스웰의 방정식들로 설명되었다.

의심할 여지없이 맥스웰이 이룩한 전자기학은 뉴턴의 『프린키피아』 이래 가장 위대한 물리학이었다. 그리고 거기에는 사람의 눈길을 끄는 것도 있었다. 그 방정식에는 상수 c가 포함되어 있는데, 이 상수는 전자기파들이 움직이는 속도를 나타낸다. c의 값은 실험 오차 범위 내에서 빛의 속도와 정확히 일치했다.

그는 가시광선의 파장보다 훨씬 긴 파장을 지닌 전자기파의 형태, 즉 오늘날 우리가 전파라고 부르는 것을 예측했다. 1880년대 말, 독일의 물리학자 헤르츠(Heinrich Hertz, 1857~1894)는 실험을 통해 이러한 파들이 존재할 뿐만 아니라 이 파들이 빛의 속도로 이동하며 빛처럼 반사, 굴절, 회절을 한다는 것도 보여주었다. 이는 맥스웰의 빛에 대한 이론이 맞았음을 확실하게 증명해주는 것이었다.

빛 또는 전자기파를 상상하는 한 가지 방법은 줄을 쫙 잡아당겨 한쪽 끝을 흔드는 상황을 머릿속에 그려보는 것이다. 당겨진 줄을 가볍게 흔들어주면, 줄에 파동을 만들 수 있다. 줄을 위아래로 흔들어 수직으로 파동을 만들고 또 옆으로 흔들어 수평으로 파동을 만들어본다. 맥스웰 방정식에 따르면, 전자기 파동에서 전기파와 자기파는 서로 직각 상태로 존재한다. 만일 전기파가 수평이라면 자기파는 수직일 것이다.

그는 『전기와 자기에 관한 논문(Treatise on Electricity and Magnetism)』이라는 책을 1873년에 두 권으로 출판했다. 1874년에 최초로 케임브리지의 캐번디시 연구소를 설립할 때 그는 그곳을 이끌어달라는 요청을 받았다. 1879년 그는 48세에 암으로 사망했다. 바로 그해 3월에 맥스웰 방정식의 완전한 의미를 처음으로 이해하게 된 사람이 독일 울름에서 태어났다. 그의 이름은 알베르트 아인슈타인(Albert Einstein, 1879~1955)이었다.

빛의 속도를 측정하다

빛은 기이하다. 곳곳에 있지만 손으로 움켜쥘 수도 없고 살펴볼 수도 없다. 심지어 어떤 상황에서는 빛을 볼 수조차 없다. 예를 들어 먼지가 전혀 없는 어두컴컴한 방에서 영사기를 켜고 빛이 지나가는 옆쪽에 서 보라. 영사기에서 나오는 광선들을 볼 수 있는가? 우리는 빛이 존재한다는 것을 알고 있음에도 불구하고 빛을 볼 수 없다. 하지만 허공에 담배 연기를 한 모금 뿜어내면 빛의 윤곽을 볼 수 있을 것이다. 우리는 빛이 눈에 들어오지 않으면 빛을 볼 수 없다. 빛이 뭔가에 반사되거나 산란되어 눈에 들어와야만 빛을 볼 수 있다. 우리는 이러한 사실로부터 빛이 직선으로 움직인다는 결론에 이르렀다.

그러면 빛은 어디에서 나오는 걸까? 빛은 우리가 보는 대상을 비추는 광원에서 나온다는 것을 맨 처음 깨달은 사람은 이라크 바그다드 출신의 아랍인이었다. 중동에서 위대한 문명이 생겨날 무렵인 1000년경에 알하젠이라는 사람이 광학에 관한 책을 일곱 권 썼다. 그는 '카메라 옵스큐라'라는 아주 간단한 장치를 이용해 빛이 직선으로 나아간다는 것을 증명했다.

옵스큐라는 라틴어로 '어두운 방'을 의미하는 말로, 완전히 빛을 차단한 상자에 바늘구멍을 뚫어 그곳으로만 빛이 들어가도록 한 장치다. 바늘구멍에서 나온 빛은 반대편 벽에 닿아 거꾸로 된 상을 맺게 한다. 500년쯤 뒤 유럽의 레오나르도 다빈치를 비롯한 르네상스 화가들은 이 장치를 이용하여 밑그림을 그리기 시작했다. 상이 맺히는 곳에 도화지를 대면 자연의 풍경이나 모델의 모습을 상세히 베낄 수 있고, 심지어 거울을 이용하여 상을 다시 뒤집어 똑바로 된 상을 맺히게 하는 장치를 이용하기도 했다. 그로부터 다시 400년이 지난 뒤, 조제프 니엡스와 루이 다게르라는 두 명의 프랑스인이 카메라 옵스큐라의 뒤쪽에 감광성 물질이 들어 있는 판을 놓아두었다. 그것이 바로 오늘날 사진을 찍는 장치인 카메라라고 부르는 사진술이 탄생한 계기다.

빛의 속도는 현재까지 알려져 있는 물체의 속도 중에서 가장 빠르다. 진공상태에서 초속 30만 킬로미터로 달리고, 한 시간에 10억 킬로미터를 진행하며, 1년에 약 9조 4,600억 킬로미터(1광년)의 거리를 간다. 빛은 1초에 지구의 둘레를 7바퀴 반을 돌고, 태양에서 나온 빛이 지구에 도달하는 데 약 8분이 걸린다. 17세기에 갈릴레이는 빛의 속도가 유한하다고 생각했으며, 실험을 통해 이를 입증하고자 했다. 그는 밤중에 약 1.6킬로미터 떨어진 두 곳에서 두 개의 램프를 이용하여 불빛의 속도를 측정했다. 그러나 불빛이 너무 빨라서 구별을 할 수 없었지만, 이것은 후대에 시행된 정밀한 실험의 원형이 되었다는 점에서 의미를 찾을 수 있다.

빛의 속도를 처음으로 측정한 사람은 덴마크의 천문학자 뢰머(Ole

Christensen Rømer, 1644~1710)인데, 1675년 그는 목성의 위성에 의해 생기는 월식 사이의 시간 간격이 반년마다 변한다는 사실을 발견했다. 그는 지구가 목성으로부터 멀어질 때 시간 간격이 가장 길고, 목성에 가까워질 때 가장 짧아진다는 사실로부터 광속을 결정했다.

약 50년 후인 1729년 영국의 천문학자 브래들리(James Bradley, 1693~1762)는 지구가 태양 주위를 공전하기 때문에 인접한 두 별의 위치가 반년마다 바뀌는 현상을 이용하여 두 별빛 사이의 각도(연주시차)를 측정했다. 별빛의 시차는 관찰자의 속도와 별에서 나오는 빛의 속도 차이로 생긴다. 지구에서 별을 관측할 때 지구의 자전, 공전 운동 때문에 별의 겉보기 위치와 실제 위치에 차이가 생긴다. 이때 별빛이 실제보다 약간 앞쪽으로 기울어지는데, 이 각도를 '광행차'라고 한다. 이와 비슷한 예로 비 오는 날 우산을 들고 뛰게 되면 우산을 앞쪽으로 기울여야만 비를 막을 수 있다. 빗방울의 속도는 아래로 떨어지는 비의 속도에서 우리가 달리는 속도를 뺀 것이기 때문이다.

한편 전기와 자기를 연구하는 입장에서도 빛의 속도를 정밀하게 측정할 필요가 있었는데, 1864년 영국의 물리학자 맥스웰은 전자기장의 기본방정식을 통해 전자파의 존재를 예언했다. 그는 기본방정식으로부터 전자파가 빛의 속도로 진행한다고 예측했다. 오래 전부터 우주에는 안정되고 눈에 보이지도 않으면서 질량과 마찰도 없는 에테르라는 물질이 빛을 전달한다고 믿었다.

1905년 아인슈타인은 특수상대성이론을 발표하면서 광속불변의 원리, 즉 빛의 속도는 광원이나 관측자의 운동에 관계없이 항상 일정하다고 주장했다. 이에 따라 광속은 물리학의 기초 상수로서 중요한 의미를 가지면서 많은 사람들이 광속을 정밀하게 측정하기 시작했다. 광속을 정밀하게 측정하는 실험의 또 다른 목적은 길이의 표준, 즉 미터(m)를 결정하기 위해서였다. 오늘날 광속의 값은 다음과 같이 정해졌다.

빛의 속도 c=299,792,458m/s

또한 길이의 표준으로 '1미터는 빛이 진공 속에서 1/299,792,458초 동안 진행하는 거리'라고 정의했다. 이로써 광속은 측정값이 아닌 물리 상수로 인정되었으며, 길이의 표준에 대한 새로운 기준이 되었다.

아인슈타인의 전자기 세계와의 인연은 그가 태어난 해, 가족들이 뮌헨으로 이사를 간 그해부터 시작되었다. 그곳에서 그의 아버지와 삼촌은 힘을 합쳐 전기공학 관련 사업체를 세웠다. 패러데이의 발견이 그 당시에 이르러 어떻게 실용화되었는지를 잘 보여주는 사례이다. 회사는 성공을 거두어 한때는 직원 수가 2백 명이나 되었으며, 소도시에서 전기가설 작업을 했다. 그러나 회사는 항상 자금이 부족했고 결국 지멘스 같은 전기업계의 주류가 된 회사들에게 밀려나면서 1894년에 망하고 말았다. 형제들은 좀더 좋은 사업 환경을 찾아서 북부 이탈리아로 갔지만 그다지 큰 성공은 하지 못했다. 이때 이탈리아로 이주하면서 가족들은 15세 된 아인슈타인을 독일에서 학업을 마칠 수 있도록 남겨놓았다.

아인슈타인은 똑똑하기는 했지만 독립적인 생각을 가진 젊은이라 엄격한 규율을 강조하는 독일의 학제에는 잘 맞지 않았다. 당시 새롭게 통일된 독일은 군국주의적인 프러시아의 전통에 따라 통치되고 있었고, 그 전통에는 모든 청년들에게 강제적인 군사 의무를 부과하는 것도 포함되어 있었다. 아인슈타인이 김나지움(고등학교)에서 나오려고 어떤 꾀를 썼는지는 확실하지 않다. 어떤 이야기는 한동안 반항한 후 퇴학당했다고도 하고, 또 다른 이야기는 혼자 힘으로 학교를 떠날 계획을 세웠다고도 한다. 어쨌거나 그는 주치의를 설득하여 신경질환을 겪고 있어 완전한 휴식을 취해야 한다는 진단서를 쓰게 만들었고, 1895년 초 그는 가족과 합류하기 위해 이탈리아로 갔다.

군복무를 피할 수 있는 유일하고 확실한 방법으로 독일 시민권을 포기한 그는 얼마 동안 가업을 돕고, 또 훨씬 더 많은 시간은 이탈리아가 주는 즐거움에 맘껏 취해 지내다가 취리히에 있는 스위스연방 공과대학 입학시험을 치렀다. 1895년 가을, 아인슈타인은 학생들이 보통 연방 공과대학에 입학하는 나이보다 18개월이나 어렸고, 그의 수학적 재능을 인정해주는 교사의 편지 외에는 졸업장도 없이 김나지움을 중퇴한 상태였다.

그가 입학시험에서 떨어진 것은 그리 놀랄 일은 아니지만 자만심에 가득 찬 젊은이에게는 충격이었다. 아인슈타인은 취리히 남쪽의 중등학교에서 일 년을 보내고 난 뒤 1896년, 드디어 연방 공과대학 입학 허가를 받았다. 그해는 그의 일생에서 행복했던 시기 중 하나였다.

취리히에서 아인슈타인은 수학과 물리학을 공부하면서 마음껏 삶을 즐겼고, 필요한 최소한의 정도로만 공부하면서 필수 과목 외에 다방면으로 독서를 했다. 자신의 능력에 대해 그 어느 때보다도 확신에 차 있었던 그는 마지막 시험에서 우수한 성적을 받았다. 사실 그는 시험도 잘 봤고 1900년 7월에 졸업도 했지만 그렇게 우수하지는 않았다. 즉, 그가 진지하고 어려운 일에 기질적으로 적합하지 않다고 생각하여 채용하기를 꺼려하는 교수들을 설득할 정도로 우수하지는 않았다. 아인슈타인은 1903년에 결혼한 부인과 아이를 데리고 1905년, 베른에서 특허 심사관으로 일하게 되었다.

1905년에 출판된 아인슈타인의 특수 상대성이론의 초석은 광속의 불변성이었다. 맥스웰 방정식에 따르면, 광원을 향해 움직이거나 또는 광원으로부터 멀어지건 간에 동일한 광속 c를 얻게 된다. 맥스웰은 1878년, 그가 죽기 일 년 전에 출판된 브리태니커 백과사전에 쓴 글에서 광선을 이용하여 에테르 속에서 지구의 속도를 측정하는 실험을 제안했다. 이 실험에서는 광선을 두 개로 나누어 각각의 광선을 우주 공간 속에서 지구가 움직이는 방향으로 줄지어 세운 거울들과 그와는 직각을 이루며 세워진 거울들 사이를 지나가게 하고, 거울 사이를 반사한 빛이 다시 합쳐져 간섭이 일어나게 한다. 각각의 광선이 동일한 거리를 지나도록 만들면, 에테르 속에서 지구가 움직이기 때문에 광선들이 동일한 거리를 통과하는 데 걸리는 시간이 다를 것이고, 그 결과 이중 슬릿 실험에서 본 것과 같은 간섭무늬를 만들어낼 것이다.

이러한 예측을 확인하는 데 필요한 실험을 정확히 해낸 사람은 미국의 물리학자 마이컬슨(Albert Michelson, 1852~1931)이었다. 그는 처음에는 혼자 그 실험을 했고, 나중에는 1887년 오하이오에서 몰리(Edward Morley, 1838~1923)와 공동으로 실험을 했다. 그들은 지구가 에테르 속에서 움직인다는 증거가 없다는 사실을 정확하게 증명했다. 달리 말하면, 측정된 빛의 속도가 지구가 움직이는 방향과 지구에 직각인 방향 모두에서 동일하다는 것이다. 실제로 빛의 속도는 모든 방향에서 동일하다.

빛에 대해 일종의 강박 관념을 가지고 있었던 마이컬슨은 빛의 속도를 더 자세히 측정하려고 반복적으로 실험을 개량해서 실시했다. 그는 이 모든 일들을 놀라울 정도로 정확하게 해낸 공로로 1907년에 노벨상을 받았다. 그 후 1926년에 73세였던 마이컬슨은 빛을 미국 캘리포니아에 있는 두 개의 산 정상 사이를 왕복하는 실험을 했다. 그는 그 속도가 299,796±4km/s라고 측정했는데, 이는 오늘날 최고의 측정치인 299,792.458km/s와 실험 오차 범위 내에 일치하는 값이다.

마이컬슨과 몰리가 그들의 실험 결과를 발표한 바로 뒤, 더블린의 트리니티 칼리지에 재직 중이던 아일랜드의 물리학자 피츠제럴드(George Fitzgerald, 1851~1901)가 한 가지 실험을 제안했다. 맥스웰 방정식을 진지하게 받아들인 최초의 사람들 중 하나였던 피츠제럴드는 1889년, 마이컬슨-몰리 실험에 대해 우주 공간 속에서 지구가 움직이는 방향에 따라 다양하게 실험 기구들을 배치하고서도 빛의 속도 변화를 찾아내지 못한 것은, 지구 전체가 운동방향으로 약간씩 수축된다고 하면 설명될 수 있을 것이라고 했다.

그리고 그 수축 정도는 속도에 좌우되며 아울러 실험 결과, 에테르는 존재하지 않는다는 것이 명확해졌으므로 그 속도는 정확하게 계산될 수 있을 것이라고 말했다. 네덜란드의 물리학자 로렌츠(Hendrik Lorentz, 1853~1928)도 1890년대에 같은 생각을 독자적으로 정리했다. 그는 생각을 좀더 자세히 발전시켜 1904년에 로렌츠 변환식으로 알려진 구체적인 결과를 만들어냈다. 누가 먼저 제안했는가라는 역사적 우선권은 다소 무시된 채 그 축소효과는 현재 '로렌츠-피츠제럴드 수축'이라 알려져 있다.

아인슈타인의 상대성이론

고전역학은 자연현상들을 놀라울 정도로 정확하게 서술할 뿐 아니라, 그로부터 얻어진 수학적 결과들은 일상적인 경험과 잘 일치한다. 어떤 물체에 힘을 주면 물체의 속도가 빨라지고, 야구공을 세게 던질수록 그것을 받는 사람의 손에 전달되는 충격은 더 커진다. 어떤 물체를 손가락으로 세게 누르면 그 물체는 똑같은 크기의 힘을 손가락에 전달하고, 질량이 큰 물체일수록 중력에 의해 무게도 커진다.

모든 일들이 순조롭게 풀려가면서 19세기 말의 물리학자들은 머지않아 우주의 모든 현상을 설명할 수 있을 거라는 기대감으로 충만했다. 당시 물리학의 여러 분야에서 괄목할 만한 업적을 세운 켈빈 경은 "이제 물리학에 남은 일은 기존 측정값들의 소수점 이하 자릿수를 늘려가는 것뿐이다."라고 자신 있게 말했다. 그는 물리학에 남은 두 가지 문제, 즉 빛의 특성에 관한 문제와 뜨거운 물체가 내뿜는 복사와 관련된 문제를 짧게 언급한 적이 있다. 그를 비롯한 대다수의 물리학자들은 이것을 지엽적인 문제로 여기면서 빠른 시일 내에 해결될 것으로 믿어 의심치 않았다.

그로부터 채 10년이 지나기도 전에 두 가지 문제는 기존의 물리학을 송두리째 갈아엎는 대혁명의 도화선이 되었다. 첫 번째 문제는 아인슈타인의 상대성이론을 탄생시켰으며, 두 번째 문제는 양자역학이라는 새로운 물리학을 만들면서 시간과 공간, 실체에 관한 고전적 개념을 단숨에 날려버렸다. 이처럼 현대물리학이 두 개의 극단적인 세계로 나아가게 된 배경에는 20세기 들어서 시작된 양자역학과 상대성이론에 힘입은 바가 크다.

양자역학은 분자와 원자를 비롯하여 물질을 구성하는 궁극적인 입자라고 생각되는 쿼크로 이루어진 소립자 세계를 설명해 주는 강력한 도구로써 현대물리학을 이끌어왔다. 아인슈타인의 상대성이론은 별과 은하로 이루어진 방대한 규모의 우주를 향해 인간의 무한한 상상력을 발산시키는 매력적인 모습을 보여 주었다.

1905년 아인슈타인은 세상을 깜짝 놀라게 하는 특수상대성이론을 발표했다. 여기에는 두 개의 단순하면서도 심오한 가설이 들어 있다. 하나는 빛의 성질에 관련된 것이고, 다른 하나는 물리법칙의 일관성에 관련된 것이다.

광속불변의 원리 - 빛의 속도는 광원이나 관측자의 운동에 관계없이 항상 일정하다.

상대성의 원리 - 물리법칙은 등속으로 움직이는 관찰자에 대해 항상 동일한 형태로 표현된다.

빛과 같은 속도로 움직이는 사람이 빛을 관찰하면 어떻게 될까? 이것은 아인슈타인이 어린 시절부터 생각해왔던 의문점 가운데 하나였다. 상식적으로 볼 때 빛과 같은 속도로 움직이면서 빛의 속도를 측정한다면 빛은 정지한 것처럼 보여야 한다. 그런데 상대성이론에 의하면 빛의 속도는 항상 초속 30만 킬로미터로 결코 느려지거나 빨라지는 법이 없다. 즉 광원이나 관찰자의 운동에 관계없이 빛의 속도는 언제나 일정하다.

운동이란 공간상에서 위치에 대한 시간의 변화를 말한다. 이처럼 운동은 시간과 공간을 전제로 하고 있으며, 고전물리학에서는 이런 시간과 공간을 절대시간과 절대공간이라고 부른다. 이것은 우주의 어디서나 적용되는 보편적인 개념으로 시간은 빨라지거나 느려지지 않으며, 공간은 늘어나거나 줄어들지 않는다. 하지만 특수상대성이론에 따르면 시간과 공간은 절대적인 것이 아니라 관찰자와 관찰되는 대상 모두에게 상대적이며, 속도가 빨라질수록 그 차이는 더욱 커진다.

특수상대성이론은 우리의 직관에서 벗어나기 때문에 이해하기 어렵다. 그 중에서 가장 이해하기 어려운 것은 시간이 공간의 일부라는 주장이다. 우리는 본능적으로 시간은 영원하고 절대적이며 불변한다고 생각한다. 그런데 특수상대성이론에 의하면 빠르게 움직이는 물체일수록 시간이 느리게 간다.

만약 어떤 물체가 빛에 가까운 속도로 움직이면 정지해 있을 때보다 시간과 길이, 질량이 달라진다. 특수상대성이론에 의하면 시간은 느려지고, 길이는 수축되며 질량은 늘어난다. 예를 들어 빛의 5분의 3 속도로 움직이는 우주선 안에서 시간을 측정하면 정지해 있을 때보다 15분 더 느려지고, 길이는 원래보다 5분의 1 정도 짧아진다. 시간과 공간에 대해 우리가 생각하는 관념들은 뉴턴의 기계적 세계관에 뿌리를 둔 잘못된 상상에 불과하다.

두 명의 쌍둥이 A와 B가 있다고 하자. A는 지구에 남아 있고 B는 매우 빠른 속도로 움직이는 우주선을 타고 우주를 여행하고 있다. 지구에 있는 A가 볼 때 우주선을 타고 있는 B의 시계는 느리게 가고, 우주선의 B에게는 지구에 있는 A의 시계가 느리게 간다. 그러면 우주선이 지구로 돌아왔을 때 어떤 쌍둥이가 더 나이를 먹었을까?

이것을 '쌍둥이 역설'이라고 하는데, 이들의 운동에는 비대칭성이 존재한다. 우주선에 탄 B는 지구를 떠날 때와 다시 지구로 돌아올 때는 속도가 변하고, 지구에 남아 있는 A는 정지해 있으므로 둘 사이에는 가속운동과 등속운동이라는 속도의 차이가 있다. 아인슈타인의 특수상대성이론은 오직 등속 운동에만 적용되는 이론이며, 우주선과 같은 가속 운동에는 일반상대성이론이 적용된다. 일반상대성이론에 의하면 우주선에 탄 쌍둥이가 덜 늙는다. 이는 움직이는 사람의 시계가 정지해 있는 사람의 시계보다 느리게 간다는 뜻이다.

상대성 이론이 현실적으로 가장 큰 영향을 미친 것은 '질량-에너지 등가원리'이다. 이것은 그 유명한 공식 E=mc2로 표현되는데, 움직이는 모든 물체는 에너지를 가지고 있다. 아인슈타인 이전에는 에너지와 질량이 서로 다른 것으로 생각되었다. 이 점은 우리의 경험상 자명한 것으로 보인다. 예를 들면, 돌을 들어 올릴 때 소비한 에너지와 돌의 질량이 무슨 관계가 있을까? 질량은 존재의 영역에 속하지만, 에너지는 인식의 영역에 속한다. 또한 질량과 에너지는 각각 따로 보존되는 물리량들이다.

19세기에 물리학자들은 에너지가 새로 생성되지도 소멸되지도 않는다는 '에너지보존법칙'을 발견했다. 이것은 열역학 제1법칙의 또 다른 이름이다. 예를 들어 우리가 돌을 들어 올리면 운동에너지가 사용되지만, 돌을 떨어뜨리면 일을 할 수 있는 위치에너지가 만들어진다. 질량 또한 생성되거나 소멸되지 않는다는 '질량보존법칙'의 지배를 받는다. 돌을 잘게 부순다고 해서 질량이 감소하지는 않는다.

우주를 구성하는 모든 물체는 질량과 에너지가 결합된 형태로 나타난다. 만일 물질을 결합하고 있는 에너지의 작은 부분이라도 풀려난다면, 그 결과는 원자폭탄 같은 핵분열로 이어진다. 질량을 에너지로 바꾸기 위해서는 아주 특별한 물리적 조건이 필요하다. 예컨대 우주가 창조된 빅뱅 시기에는 10억도 이상의 엄청난 온도에서 질량과 에너지가 서로 자유롭게 변환되었다.

특수상대성이론은 일정한 속도(등속운동)로 움직이는 물체에 적용되는 이론이다. 이에 비해 일반상대성이론은 가속운동처럼 속도가 변하는 물체에 적용된다. 아인슈타인은 일반상대성이론을 수립하면서 그 유명한 엘리베이터 사고(思考)실험을 생각했다. 엘리베이터 속의 관찰자는 중력이라는 힘이 물체를 아래로 잡아당긴다는 사실을 알고 있다. 만약 엘리베이터가 자유낙하를 한다면 엘리베이터 속의 관찰자는 중력을 느끼지 못할 것이다. 이 사고실험을 통해 그는 중력과 자유낙하를 하는 물체의 가속운동이 동일한 것임을 밝혀냈다.

뉴턴은 중력이 왜 작용하는지를 밝히려고 노력했지만, 아무런 단서도 찾아내지 못했다. 뉴턴이 우리에게 남겨준 것은 일상생활에 통용되는 만유인력법칙이라는 '사용자 설명서'뿐이었다. 도대체 중력이란 무엇일까? 이것은 아인슈타인에게 커다란 수수께끼였다. 그는 10년 동안 이 문제에 매달린 끝에 혁명적인 아이디어를 탄생시켰다. 가속운동을 하는 사람이라면 누구든지 어떤 힘을 느낄 수 있다. 자동차의 가속페달을 밟으면 운전자는 자신의 몸이 뒤로 밀리는 듯한 느낌을 받고 커브길을 돌면 옆으로 쏠리는 힘을 받는다. 이런 힘을 관성력이라고 하는데, 이는 질량을 가진 물체 모두에 적용되는 힘이다.

질량이란 보통 관성의 크기라고 정의하는데, 관성이란 힘을 가했을 때 운동 상태가 얼마나 바뀌는지 말해 준다. 즉 가속도가 얼마나 생기는지 알려 준다. 아인슈타인의 혁명적인 아이디어는 중력과 가속운동이 서로 비슷한 것이 아니라 아예 똑같은 현상이라는 것을 보여 준다. 그것은 동전의 양면처럼 동일한 실체의 다른 모습에 불과하다. 그는 중력이 다른 힘들과는 달리 실제로 존재하는 힘이 아니며, 시간과 공간이 평평하지 않기 때문에 발생하는 결과라고 주장했다. 다시 말해서 시간과 공간은 그 속에 들어 있는 질량과 에너지의 분포에 따라 구부러지거나 휘어져 있다는 것이다.

지구와 같은 천체는 중력이라고 부르는 힘에 의해 휘어진 궤도를 따라 움직이는 것이 아니라, 휘어진 공간 속에서 가장 가까운 경로를 따라 직선으로 움직인다. 예를 들어 구릉지 위를 나는 비행기를 생각해보자. 지구의 표면은 2차원이고 비행기는 3차원 공간에서 직선으로 움직인다. 그러나 비행기 그림자는 2차원 지면 위에서 구릉지의 휘어진 경로를 따라 진행한다. 마찬가지로 태양의 질량이 시간과 공간을 휘게 만들기 때문에 지구가 4차원 시공간 속에서 직선으로 움직임에도 불구하고 지구는 3차원에서 원 궤도를 따라 움직이는 것처럼 보인다.

시공간의 개념을 쉽게 이해하기 위해 매트리스처럼 휘어지는 평면 위에 쇠구슬 같이 무겁고 둥근 물체를 올려놓아 보자. 쇠구슬이 놓여 있는 평면은 쇠구슬의 무게 때문에 조금 눌리는데, 이것은 바로 태양처럼 무거운 물체가 시공간에 미치는 영향과 비슷하다. 이제 작고 가벼운 구슬이 매트리스 위를 굴러간다면, 그 구슬은 뉴턴의 운동법칙에 따라 직선으로 움직일 것이다. 하지만 무거운 물체 가까이에서는 평면의 기울기 때문에 아래쪽으로 휘어지면서 무거운 물체 쪽으로 끌리게 된다. 다시 말해서 무거운 물체에 의해 생기는 중력은 시공간을 휘어지고 구부러지게 만든다.

아인슈타인은 1915년 일반상대성이론 논문에서 태양과 행성 같은 물체에 의해 휘어진 공간의 기하학을 나타내는 한 쌍의 방정식을 유도했다. 이 방정식들은 질량을 가진 물체에 의해 공간이 어떻게 휘어지는지를 정확히 묘사한다. 그는 중력이 시간과 공간의 곡률이라는 것을 입증하기 위해 세 가지 현상에 대해 예측했다. 즉 태양 근처에서 빛이 휘어지는 현상과 수성 궤도의 미세한 변화, 그리고 중력장에서 시간이 느려지는 현상이 그것이다.

빛은 시공간 속에서 가장 가까운 경로를 따라 움직인다. 아인슈타인은 태양의 질량으로 인해 공간이 휘어져 있기 때문에 태양 근처에서 빛이 약간 휘어질 것이라고 예측했다. 1919년 영국의 에딩턴은 일반상대성이론을 입증하기 위해 아프리카로 원정대를 이끌고 갔다. 마침내 태양이 달에 의해 완전히 가려지는 개기일식 때 빛이 실제로 태양에 의해 굴절된다는 사실을 밝혀냈다.

태양에서 가장 가까운 궤도를 도는 수성의 경우 중력의 영향을 가장 많이 받으며, 조금 길쭉하게 늘어난 타원 궤도를 따라 돌고 있다. 아인슈타인은 타원의 긴지름이 1만 년에 약 1도의 차이로 태양 주위를 회전할 것이라고 예측했다. 이 효과는 비록 아주 작지만, 일반상대성이론이 발표되기 훨씬 전인 1859년 프랑스의 르 베리에의 관찰로 수성의 근일점 이동이 확인되었다. 이것은 상대성이론이 태어나기도 전에 그 이론을 입증한 최초의 사례이다.

상대성이론의 세 번째 예측은 중력장에서 시계가 느려진다는 것이

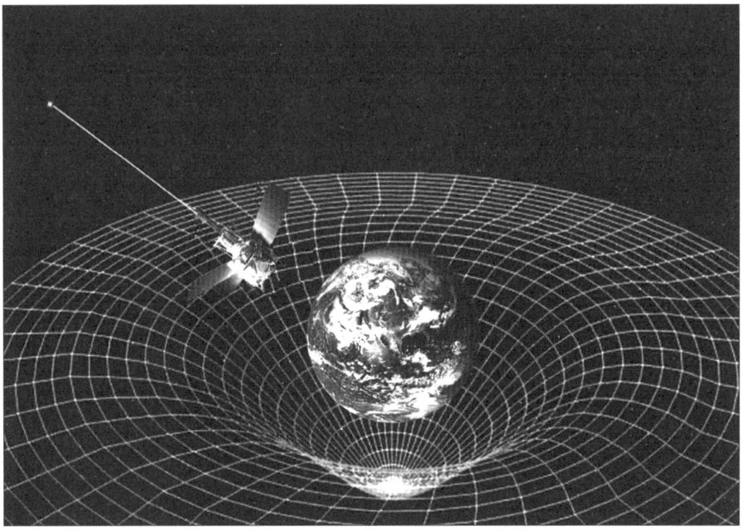

중력장에 의해 휘어진 시간과 공간

다. 중력이 클수록 시간은 천천히 흐른다. 시간이 얼마나 느려지는지 알고 싶다면 세슘원자시계를 지구 위의 높은 궤도에 일정 기간 놓아둔 후 다시 지구로 가져와 지구에 있던 시계와 비교하면 된다. 실제로 중력의 영향을 받는 사람은 무중력 상태에 있는 사람보다 덜 늙는다. 이것은 아주 미세한 차이지만 고도가 높은 지역에서 사는 사람들은 해수면 근처에 사는 사람들보다 빨리 늙는다는 것을 의미한다.

아인슈타인의 상대성이론은 태양처럼 질량이 매우 큰 물체들로 이루어진 거대한 우주, 그리고 빛처럼 빠른 속도로 움직이는 아주 작은 입자들에 적용되는 이론이다. 그래서 우리의 직관이나 경험에 모순되는 것처럼 보인다. 하지만 지구상의 모든 물체들은 비록 그 효과가 미미할지라도 상대성이론의 영향을 받고 있다.

가장 대표적인 예는 위성위치확인시스템(GPS)이다. GPS는 자동차를 목적지까지 안내한다. 비행기나 배도 GPS를 이용해 항로를 정하고 목적지를 찾아간다. GPS 정보는 지구 주위를 돌고 있는 인공위성들이 알려 주는데, 이 위성들은 자체 내에 원자시계를 갖고 있다. 내비게이션으로 어떤 곳의 위치를 알기 위해서는 인공위성의 시계와 지구에 있는 시계가 정확히 일치해야 한다. 위성은 시속 1만 4,000킬로미터의 속도로 지구 주위를 돈다. 그런데 특수상대성이론에 따르면 빠르게 이동하는 물체는 시간이 느려진다. 계산에 의하면 위성에서는 하루에 7ms(밀리초, 1ms=1,000분의 1초)씩 시간이 느려진다.

한편 위성은 지표면에서 2만 킬로미터 높은 곳에서 지구 주위를 돌고 있다. 그런데 일반상대성이론에 따르면 중력이 약한 곳에서는 시간이 빨리 간다. 이 때문에 위성 시계는 지표면보다 하루에 45ms 더 빨라진다. 따라서 특수상대성이론과 일반상대성이론의 두 가지 효과를 모두 고려하면, 결국 위성의 원자시계는 지표면보다 38ms 정도 빨리 가게 된다. 즉 한 달에 약 1초 이상의 오차가 생긴다. 이것을 시속 100킬로미터의 속도로 움직이는 자동차에 비유한다면 원래 위치에서 약 30미터의 거리를 벗어나게 된다. 따라서 우리가 자동차로 내비게이션을 이용해 원하는 곳에 가기 위해서는 상대성이론에 의한 효과를 보정해 주어야 한다.

과학 이외의 영역에서도 아인슈타인의 상대성 이론은 이 세상을 구성하고 있는 물질과 에너지, 시간과 공간에 대한 우리의 인식을 완전히 바꾸어 놓았다. 원자 크기의 마이크로 세계에서 물질과 에너지는 서로 변환되며, 물질은 끊임없이 창조와 소멸을 반복하고 있다. 또한 우주와 같은 마크로의 세계에서 시간과 공간은 서로 독립적이고 절대적인 차원이 아니라 관찰자와 관찰되는 대상 모두가 상대적이라는 것을 알려주었다.

진공관의 발명

과학사 최대의 혁명은 19세기 중반 진공 펌프의 발명과 함께 시작되었다. 현대 기술과 비교하면 하찮아 보일 수도 있지만, 마이클 패러데이가 진공 상태에서 전기가 어떻게 움직이는지 알기 위해 사용한 장비를 생각해보면 그런 진보가 얼마나 중요한지를 알 수 있다. 1830년대 말 패러데이는 한 개의 고정된 전극이 들어 있는 유리병을 사용하여 방전을 조사하고 있었다. 병 입구는 코르크로 밀봉하고, 여기에 또 다른 전극인 금속 핀을 꽂아 넣었는데, 이 핀은 병 안으로 들어갔다 나왔다 하며 위치를 바꿀 수 있었다.

전체적으로 완전 밀폐와는 거리가 멀었고, 계속해서 펌프질을 함으로써 내부 압력만 겨우 낮게 유지할 수 있었다. 그러다 1850년대 말 독일의 가이슬러(Heinrich Geissler, 1814~1879)가 획기적인 돌파구를 마련했다. 그는 진공 펌프에 수은을 사용하여 접촉 부위에 공기가 통하지 않도록 유리 용기의 모든 연결 부위와 꼭지 등을 밀폐시켰다. 공기를 빼낼 용기는 관으로 양방향 꼭지의 한쪽과 이어져 구로 연결되었고, 구는 구부릴 수 있는 관을 끼워 수은이 들어 있는 용기와 연결되었다.

양방향 꼭지의 나머지 한쪽을 통해 구는 공기와 연결되었다. 구가 공기와 연결되면 수은이 올라가면서 수은의 압력이 공기를 구 밖으로 밀어냈다. 그때 꼭지를 다른 쪽으로 바꾸면 수은이 낮아지면서 유리 용기 안의 공기는 구 방향으로 흘러들어간다. 이 과정을 반복하면 유리병 안에 매우 강력한 진공 상태가 만들어진다. 전문 유리 제작자였던 가이슬러는 더 나아가서 공기가 빠져나간 유리병에 두 개의 전극을 넣고 밀봉하는 기술을 고안하여 진공 상태가 항구적으로 유지되는 관을 만들었다. 마침내 진공관을 발명한 것이다. 가이슬러를 비롯한 여러 사람들이 그 후 수십 년에 걸쳐 이 기술을 발전시켜 1880년대 중반에 이르면 압력이 대기압의 만분의 몇 정도에 불과한 진공관을 만드는 게 가능해졌다. 바로 이 기술 덕에 전자와 X선을 발견하게 되었으며, 그와 더불어 방사능의 발견에까지 이르게 되었다.

음극선과 전자

독일 본 대학의 물리학 교수 플뤼커(Julius Plücker, 1801~1868)는 1860년대에 진공관 기술을 사용하여 전류가 전극 사이를 흐를 때 그 관에 나타나는 빛의 성질을 조사하는 실험을 했다. 그때 관의 음극에서 나오는 광선이 직선으로 움직이는 것을 처음으로 발견했다.

1876년, 독일 베를린에서 연구 중이던 골드슈타인(Eugen Goldstein, 1850~1930)은 이렇게 이글거리는 광선을 '음극선'이라고 이름을 붙였다. 그는 이들 광선이 그림자를 드리울 수도 있고, 자기장에 의해 휠 수도 있다는 것을 보여주었다. 1886년에 골드슈타인은 당시 사용하고 있던 방전관 양극의 구멍에서 나오는 또 다른 형태의 선을 발견하고, 구멍을 뜻하는 독일어 단어에서 이름을 따서 '양극선'이라 불렀다.

하지만 전자의 발견은 크룩스(William Crookes, 1832~1919)가 개량한 진공관(크룩스관) 덕택이었다. 이 진공관은 당시 유럽 본토에서 만들어진 그 어떤 것보다도 강력한 진공 상태를 유지했다. 이전보다 강력한 진공 상태에서 크룩스는 음극선의 입자성을 증명하는 실험을 했다. 그는 또한 작은 바퀴를 음극선이 흐르는 곳에 놓고는 음극선의 영향으로 바퀴가 돌아가게 해 음극선이 운동량을 가지고 있다는 것을 보여주었다. 하지만 1880년대 초 독일의 헤르츠가 실시한 실험에서는 전기장이 음극선에 아무런 영향을 미치지 않았고, 이 때문에 음극선이 일종의 전자기파라는 생각이 확실하게 자리를 잡았다.

음극선이 단순한 전자기 복사가 아니라는 증거는 1894년에 나왔다. 영국의 J.J. 톰슨(Joseph John Thomson, 1856~1940)은 음극선이 빛보다 훨씬 느리게 움직인다는 것을 증명했다. 맥스웰 방정식에 따르면 모든 전자기 복사는 빛의 속도로 움직인다. 따라서 음극선은 전자기파가 아니라는 사실이 밝혀졌다. 1897년에 이르러서는 음극선이 전하를 띤다는 사실에 점점 더 무게가 실리게 되었다. 1895년 프랑스의 페랭이 실시한 실험에서 음극선이 자기장에 의해 옆으로 휘는 것을 보여주었다. 그는 또한 음극선이 금속판에 부딪치면 금속판이 음전하를 띠게 된다는 것을 보여주었다.

1899년 톰슨은 전하를 띤 물방울을 전기장을 이용하여 관찰함으로써 전하 자체를 측정하는 데 성공했다. 톰슨은 1856년 영국의 맨체스터에서 태어났다. 그는 1876년에 케임브리지의 트리니티 칼리지에 입학했고, 1880년 수학 전공으로 졸업한 뒤 그곳에서 평생 근무했다. 톰슨은 1880년부터 캐번디시 연구소에서 일했는데, 1884년에 연구소장이 되었다. 1919년에 연구소장직에서 물러난 그는 과학자로서는 최초로 트리니티 칼리지 학장에 임명되었고 1940년 사망할 때까지 그 자리를 지켰다. 그는 전자에 관한 연구로 1906년 노벨상을 받았고 1908년에는 기사 작위를 받았다. 톰슨은 궁극적으로 이론 실험가였다고 말할 수도 있다. 19세기 말과 20세기 초 수많은 최고의 물리학자들을 케임브리지로 끌어들인 것은 그의 능력과 캐번디시의 연구방식 때문이었으며, 그의 조교로 일한 물리학자 중 일곱 명이 노벨상을 받았다.

X선의 발견

빌헬름 뢴트겐(Wilhelm Röntgen, 1845~1923)은 독일에서 태어나 일반적인 교육과정을 거쳐 1888년 뷔르츠부르크 대학의 물리학 교수가 되었다. 그는 특별히 두드러진 업적을 내지는 않았지만, 물리학의 몇 가지 분야에 대해서 연구한 훌륭하고 믿음직스런 물리학자였다. 1895년 당시 50세였던 뢴트겐은 개선된 진공관을 사용하여 음극선의 작용을 연구하고 있었다. 그는 검은 판으로 완전하게 가린 진공관을 연구하고 있었다.

그는 관 내부에서 이글거리는 빛을 차단하여 관의 유리를 통과하는 음극선의 희미한 흔적이라도 찾아내려 했다. 음극선을 탐지하는 기본

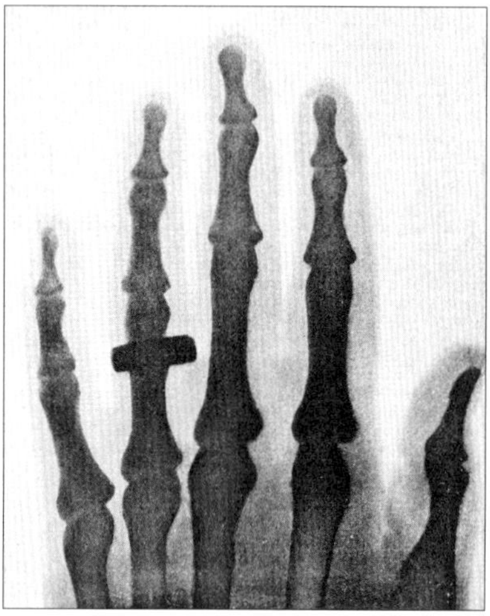
뢴트겐이 발견한 X선과 반지를 낀 그의 아내 손

적인 방법 중 하나는 음극선에 부딪치면 형광을 띠는 시안화백금산 바륨으로 칠한 종이 스크린을 사용하는 것이었다. 어두운 실험실에서 진공관이 작동되자, 놀랍게도 실험과는 상관없이 한쪽 옆에 놓여 있던 막이 밝게 형광을 띠는 것을 발견했다.

그는 그해 말 뷔르츠부르크 물리학-의학회에 그 발견을 발표했고, 이어 1896년 그 내용을 출판했다. 뢴트겐이 X선이라고 이름 붙인 전자기파의 발견은 사람의 살을 뚫고 들어가 그 안의 뼈를 영상화하는 놀라운 능력이 있다는 사실 때문에 일대 센세이션을 불러일으켰다. 뢴트겐은 아내의 손을 X선으로 찍은 사진을 포함하여 논문을 1896년 1월 1일에 배포했고, 일주일도 지나지 않아 신문에까지 그 내용이 실렸다.

그는 베를린에 있는 황제 빌헬름 2세 앞에서 X선 사진을 찍어 보였고, 그의 논문이 영어로 번역되어 〈네이처〉와 〈사이언스〉에 실렸다. 그는 1900년에 뮌헨 대학 물리학 교수가 되었으며 1923년 사망했다. 과학에 기여한 이 단 한 번의 업적으로 그는 1901년에 최초의 노벨 물리학상을 수상했다.

물리학자들은 X선의 정체는 잘 몰랐지만 그 작용에 대해서는 처음부터 많은 것을 알고 있었다. X선은 음극선이 진공관의 유리벽을 때릴 때 만들어져, 빛처럼 직선으로 움직였고 피사체에 영향을 주었으며 전기장이나 자기장에 의해 휘지 않았다. 그러나 빛과는 달리 반사되거나 굴절되지 않아 수년 동안 파동인지 입자인지가 분명하지 않았다.

X선은 의학과 물리학 분야에서 널리 사용되었다. 예를 들어 물리학에서 X선은 기체를 이온화시키는 데 이상적이었다. 1910년 이후에야 비로소 X선이 실제로 가시광선보다 훨씬 짧은 파장을 가진 일종의 전자기파라는 사실이 밝혀졌다. 그러나 원자물리학의 발전에서 X선의 발견이 갖는 가장 중요한 의미는 또 다른 복사의 발견을 가져왔다는 점이다.

우라늄과 방사능

가장 적당한 시간, 가장 적당한 곳에 있었던 과학자가 있었다면 그 사람은 바로 베크렐(Henri Becquerel, 1852~1908)일 것이다. 그는 집안의 전통을 따라 물리학을 공부하여, 1888년에 파리의 과학대학에서 박사학위를 받았다. 1891년 그는 자연사 박물관의 물리학 교수가 되었다. 1896년 프랑스 과학아카데미 회의에 참석한 베크렐은 음극선이 유리벽에 부딪쳐 형광을 발하게 되면 X선이 생겨난다는 소식을 들었다. 그는 어둠 속에서 빛을 발하는 인광체 역시 X선을 만들어낼지도 모른다고 생각했다.

인광 물질의 주요한 특징은 이들이 빛을 발하기 위해서는 태양 광선에 노출되어야 한다는 점이었다. 이러한 노출로 인광 물질이 에너지가 충전되면 그 물질은 어둠 속에서 잠시 빛을 발하다가 태양 광선에서 받은 에너지가 다 떨어지면 빛을 잃어버린다. X선을 찾는 실험에서 베크렐은 사진 건판을 두껍고 까만 두 장의 종이로 조심스럽게 싸서 빛이 통과하지 못하도록 한 뒤, 태양 광선에 노출시켜 인광 염이 담긴 접시 밑에 건판을 놓았다. 그가 사진 건판을 싼 종이를 풀고 현상해보니 인광 물질의 윤곽이 나타났다. 그와 동시에 동전과 같은 금속 물체를 인광 염과 종이로 싼 사진 건판 사이에 놓은 뒤 사진 건판을 현상한 결과 금속 물체의 윤곽이 나타났다. X선은 음극선이 유리에 작용할 때는 물론, 태양 광선이 인광 염에 작용할 때에도 생성되는 것처럼 보였다.

베크렐은 1896년 또 다른 실험을 준비했다. 그는 종이에 싼 사진 건판과 인광 염(우라늄 화합물) 사이에 십자가 모양의 구리조각을 놓고 태양이 나오길 기다렸다. 며칠 동안 파리의 날씨가 계속 흐리자, 기다리다 지친 베크렐은 사진 건판을 현상해보았다. 놀랍게도 구리 십자가의 윤곽이 나타났다. 인광 염이 빛을 발하지 않아도, 태양 광선에 의해 충전되지 않아도, 최소한 우라늄 화합물의 경우에는 X선 같은 무언가를 만들어냈던 것이다. 이 발견의 가장 극적인 점은 인광 염이 아무것도 없음에도 불구하고 에너지를 만들어냈다는 것으로, 이는 가장 중요한 물리학 법칙 중 하나인 에너지 보존법칙에 어긋나는 것이었다.

이 발견은 X선 발견과 같은 대중적인 충격을 주지는 않았다. 과학계 밖에서는 X선의 아류처럼 보였기 때문이다. 베크렐은 자신이 발견한 이 복사선의 특성에 대해 연구를 하여 1899년에는 그것이 자기장에 의해 휠 수도 있으며, 따라서 X선이 아닐 수도 있고 전하를 띤 입자들로 구성되어 있음이 틀림없다는 사실을 증명했다. 이 현상을 세밀하게 연구한 이들은 퀴리 부부, 그리고 러더퍼드였다. 베크렐은 이 업적으로 퀴리 부부와 함께 1903년에 노벨상을 공동 수상했다.

대중에게 초기 방사능 연구자로 강하게 각인되어 있는 사람은 마리 퀴리(Marie Curie, 1867~1934)다. 방사능이라는 용어도 퀴리가 붙인 것이다. 이는 그녀의 역할이 실제로 중요했기 때문이기도 하지만, 그녀가 여자라는 것도 크게 작용했다. 그녀는 여자 과학도들에게 몇 안 되는 훌륭한 역할 모델이었고 좋은 기삿거리였다. 게다가 어려운 조건에서 연구했고 거기에 로맨스라는 요소까지 곁들여졌다. 그런 점은 심지어 노벨상 위원회에까지 영향을 미쳤던 것으로 보인다. 위원회는 기본적으로 똑같은 연구 업적으로 그녀에게 두 번씩이나 노벨상을 수여했다(1903년 물리학상, 1911년 화학상).

1867년 폴란드 바르샤바에서 태어난 그녀의 원래 이름은 마리아 스클로도프스카(Marya Sklodowska)였다. 분단된 폴란드는 러시아의 지배를 받았기 때문에 대학에 다닐 가망은 없었다. 1891년 그녀는 어렵게 돈을 모아 파리의 소르본 대학교에 입학했다. 학부 시절 그녀는 다락방에서 말 그대로 거의 굶으며 지냈다. 그녀가 피에르 퀴리를 만난 것은 바로 소르본 대학에서였다. 피에르는 1859년 의사의 아들로 태어나 자기 물질 연구로 이미 명성을 쌓고 있었다.

결혼은 곧 임신으로 이어졌고, 마리는 1897년 비로소 우라늄에 대한 박사학위 연구를 시작했다. 당시 유럽의 어떤 대학교에서도 여성이 박사학위를 받은 경우는 없었다. 선구자적인 여성 과학자인 마리는 성적 자극을 야기하여 연구에 방해를 줄지도 모른다는 우려 때문에 본관 실험실에 들어가는 것조차 금지 당했고, 창고를 개인 실험실로 사용해도 좋다는 허락을 겨우 받아냈다.

마리는 1898년 첫 번째 위대한 발견을 하게 된다. 역청 우라늄광(우라늄이 추출되는 광석)이 우라늄보다 방사능이 월등하며, 매우 큰 방사능을 지닌 다른 원소를 포함하고 있다는 것이다. 이 발견은 너무나 대단해 피에르는 당시 자신이 하고 있던 연구 프로젝트를 뒤로 미루고 마리와 함께 이 알려지지 않은 원소를 분리해내기 위해 노력했다. 온 힘을 기울인 결과 그들은 실제로 두 가지 원소를 발견했다. 하나는 폴로늄(polonium, 당시 공식적으로는 존재하지 않았던 그녀의 조국을 암시하는 명칭으로, 명백히 정치적인 행동이었다)이라 불렀고, 또 하나는 라듐(radium)이라고 이름 지었다. 1902년에 이르러서야 엄청난 양의 역청 우라늄광으로부터 0.1그램의 라듐을 분리하여 화학적으로 분석한 다음 주기율표에 올려놓을 수 있었다.

마리는 1년 뒤 박사학위를 받았고, 바로 그해에 그녀는 첫 번째 노벨상을 받았다. 라듐에서 나오는 놀라운 에너지의 양을 측정한 것은 피에르였다. 라듐 1그램은 1.33그램의 물을 한 시간 만에 어는점에서 끓는점까지 가열시켰다. 1그램의 라듐은 이런 식으로 반복적으로 물을 계속 끓는점까지 가열시켰다. 에너지 보존법칙과는 달리 아무것도 없는 데서 뭔가가 만들어지고 있었던 것이다. 이는 라듐 발견 그 자체만큼이나 중요한 발견이었으며, 이 부부에게 더 많은 갈채를 안겨주었다.

그러나 퀴리 부부가 눈부신 성공으로 좀더 안락한 인생을 즐기기 시작하려던 때인 1906년 길을 건너다 미끄러진 피에르는 그만 마차 바퀴에 두개골이 으스러지면서 죽고 말았다. 그가 미끄러진 것은 분명 현기증 때문으로, 그 현기증의 원인은 바로 방사선이었다. 마리 퀴리도 1934년 병원에서 백혈병으로 사망했는데 그녀 역시 방사선의 희생자였다. 방사능의 치명적인 영향이 오래 지속된다는 사실은 1890년대에 마리 퀴리가 사용했던 서류들과 책을 통해 밝혀졌다. 현재 그녀의 실험 노트들은 납으로 밀폐된 통 속에 보관되어 있고, 방호복을 입은 사람들만 그것을 볼 수가 있다.

라듐과 폴로늄을 발견한 퀴리 부부

라돈은 우라늄과 라듐이 붕괴할 때 발생하는 방사성 불활성기체로서 우리 생활 주변 어디에나 존재한다. 토양에서 발생하는 라돈은 건물 바닥이나 건물 벽의 갈라진 틈을 통해서 안으로 유입된다. 그리고 라돈은 공기보다 7.5배나 무거워 건물이나 주택 등에 축적되므로 실내를 환기시키는 것이 중요하다. 수년 동안 고농도의 라돈 기체에 노출되면 폐암에 걸릴 위험이 커진다. 호흡을 통해 인체에 들어온 라돈은 알파선을 방출해 폐 조직을 파괴하기 때문이다.

초기에 방사능이 발견되었을 때 많은 사람들은 이 신비한 에너지원에 뭔가 좋은 측면이 있을 거라고 믿었다. 그래서 치약에 방사성 토륨을 넣기도 했다. 1920년대 말까지도 뉴욕의 글렌 스프링스 호텔은 방사성 미네랄 온천으로 유명했다. 생활용품에 방사성 물질의 사용이 금지된 것은 1938년이 되어서였다. 하지만 1934년에 백혈병으로 사망한 마리 퀴리에게는 너무 뒤늦은 조치였다.

그런데 아이러니하게도 방사능은 각종 암을 진단하고 치료하는데 이용되기도 한다. X선 장치가 인체 정보를 2차원 평면에 보여준다면, 전산화 단층촬영장치(CT)는 인체를 중심으로 수백 개의 각도에서 X선을 조사시킨 다음 반대 방향으로 나오는 X선을 검출한다. 이 과정을 모든 인체의 단면에 대해서 반복하면 인체 내부의 3차원 정보를 얻을 수 있다. 따라서 의사는 인체를 절단하지 않고도 암의 크기를 알 수 있다.

또한 감마선, X선 같은 전리방사선과 전자선, 양자선 등의 입자방사선을 이용하여 암을 파괴시킬 수도 있다. 방사선 조사를 받으면 정상 조직과 암 조직에서 모두 방사선으로 인한 장애를 일으키게 된다. 정상 조직은 어느 정도의 시간이 지나면 장애로부터 회복되지만, 암 조직은 어느 정도 기간 동안 충분한 회복이 불가능하다. 그러므로 이를 고려해 방사선으로 장기간 분할 치료를 하면 정상 조직의 방사선 장애를 최소화하는 동시에 암 조직을 파괴해서 효율적인 치료가 가능해진다.

알파선, 베타선, 감마선

X선과 원자 복사의 발견, 전자의 확인은 아원자(subatomic, 원자를 구성하는 더 작은 입자)세계에 대한 이해 과정의 첫 단계에 불과하다. 아원자 세계에 일종의 질서를 부여하고 최초로 원자 구조에 대해 이해했던 사람은 바로 러더퍼드(Ernest Rutherford, 1871~1937)였다. 러더퍼드는 뉴질랜드의 시골 마을에서 태어났다. 당시 뉴질랜드에는 시골 마을 외에는 아무 것도 없었다. 러더퍼드의 부모 모두 어린 시절에 그들의 부모를 따라 뉴질랜드에 온 최초의 이주자들이었다. 개척민들이 보통 그러하듯 그들은

대가족을 이루었다.

어린 시절의 그는 똑똑했지만 뛰어난 학생은 아니었다. 그는 상급학교 진학에 필요한 장학금을 탈 수 있을 정도만 공부했다. 이런 식으로 그는 1892년에 크라이스트처치에 있는 캔터베리 칼리지에서 문학사 학위를 받았고, 1893년에는 전기와 자기에 관한 연구로 석사학위를 받았다. 이것은 그해에 뉴질랜드에서 14명밖에 안 되는 대학원생 중 하나였다. 뉴질랜드에서는 더 이상의 기회가 없었기 때문에 그는 장학금으로 유럽에서 공부를 계속하려는 계획을 세웠다.

러더퍼드가 받으려 한 장학금은 영국 박람회를 기념하기 위해 1851년 영국에서 마련한 장학 프로그램의 일부분이었다. 그 장학 제도는 영국, 아일랜드, 캐나다, 오스트레일리아, 뉴질랜드 출신의 연구생들이 세계 어디에서든 공부할 수 있도록 2년 동안 장학금(연 150파운드)을 주는 것이었지만, 그 수가 극히 제한되어 있었고 매년 지정된 모든 나라에서 장학생을 선발하는 것도 아니었다. 1895년 뉴질랜드에서는 한 명의 장학생만 선발되었고, 후보는 겨우 두 명이었다.

최종 결정은 그들의 논문에 근거하여 이루어졌다. 장학금은 오클랜드 출신의 화학자에게 돌아갔다. 그러나 그는 취직을 하고 얼마 전 결혼한 상태였기 때문에 장학금을 포기했다. 그래서 러더퍼드가 대신 장학금을 받게 되었고, 1895년 연구생으로서는 최초로 케임브리지 대학에 들어가 캐번디시 연구소에 합류하게 되었다. 이전에는 그 배타적인 집단에 들어가는 유일한 길은 케임브리지에서 학부생부터 시작하는 것이었다. 이 일은 뢴트겐이 X선을 발견하기 두 달 전이었고, 톰슨이 전자의 비(e/m)를 측정하기 2년 전의 일이었다.

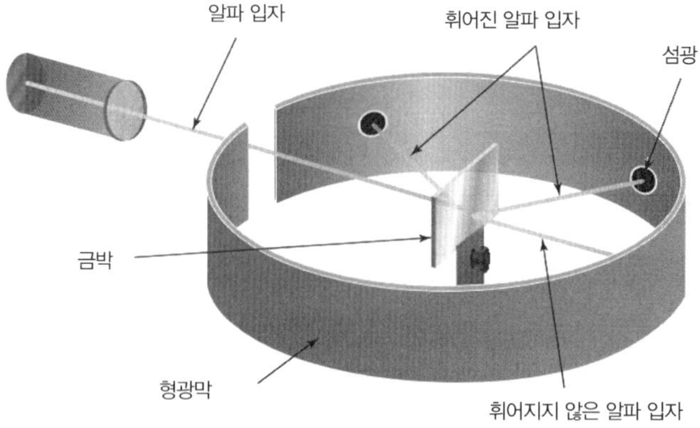

러더퍼드의 알파입자 산란실험

1896년 봄 러더퍼드는 J. J. 톰슨의 지도 아래 X선에 대한 연구를 하고 있었다. 그들이 함께한 연구는 X선이 어떻게 기체를 이온화시키는가에 대한 연구도 포함하고 있으며, X선이 훨씬 에너지가 큰 형태의 빛이며, 맥스웰 방정식으로 설명되는 전자기파라는 강력한 증거를 제공했다. 그는 곧 베크렐이 발견한 복사를 연구하기 시작했고, 그 복사가 두 요소로 구성되어 있다는 것을 발견했다.

그가 알파선이라고 부른 하나는 진행 거리가 짧고 종이나 몇 센티미터의 공기로 막을 수 있으며, 또 베타선이라고 부른 나머지는 훨씬 더 거리가 길며 투과력이 훨씬 더 강력하다. 1900년 캐나다에서 연구 중이던 러더퍼드는 세 번째 유형의 복사를 발견하고 이를 감마선이라 불렀다. 현재 우리는 알파선이 전자 두 개가 부족한 헬륨 원자의 흐름이며, 베타선은 음극선과 같지만 고에너지 전자이고, 감마선은 X선보다도 파장이 짧은 강력한 전자기 복사라는 것을 알고 있다.

러더퍼드가 캐나다로 간 것은 신입 연구생에 대한 규정과 관련하여 예기치 못한 일이 발생해서였다. 1895년에 그가 받은 장학금은 2년 동안 지원해주는 것이었는데 케임브리지의 규정은 실력 여하에 상관없이 대학에서 4년을 보내야만 특별연구원의 자격을 신청할 수 있게 되어 있다. 이것은 케임브리지 대학교 학생들이 학부 과정을 거쳐 올라오는 시간을 염두에 둔 조치였다. 러더퍼드는 일 년 동안 추가로 장학금을 받았지만 1898년 어쩔 수 없이 그곳을 떠나야만 했다. 다행히 그는 캐나다 맥길 대학의 교수직이 공석이라 그 자리를 맡게 되었다. 그때 그의 나이는 27세였다. 케임브리지에서 눈부신 연구 성과를 올렸으나 그에게는 박사학위가 없었다.

그러나 당시 과학계에서 박사학위는 기본 조건으로 요구하지는 않았다. 그는 몬트리올에서 영국 출신의 소디(Frederick Soddy, 1877~1956)와 공동 연구를 하면서 베크렐이 발견한 복사 과정(방사능 붕괴)에서 원자가 다른 원소의 원자로 전환되는 것을 발견했다. 원자가 알파 입자나 베타 입자를 방출할 때 뒤에 남는 것은 전혀 다른 종류의 원자다. 러더퍼드와 소디는 라듐과 같은 방사능 물질이 어떻게 지속적으로 에너지를 공급하는지도 규명해냈다. 그들은 원자의 이런 변환은 분명한 규칙을 따르며, 그 과정에서 특정 시간이 지나면 원자수가 줄어든다는 것을 발견했다.

러더퍼드는 방사능 연구에 사용되는 많은 중요한 개념들을 도입했는데, 그중에서 가장 중요한 것은 아마도 방사성원소의 '반감기(half life)' 일 것이다. 그는 주어진 양의 방사성 물질이 붕괴해 절반으로 줄어드는 데 걸리는 시간을 반감기로 정의했다. 또한 토륨 원소가 시간에 따라 감소되는 비율을 측정해 방사선의 세기가 지수함수로 감소한다는 사실도 알아냈다. 이는 현재 남아 있는 방사성 물질의 양과 반감기를 알면 거꾸로 그 시료의 연대를 측정할 수 있음을 의미했다. 따라서 반감기는 지질학에서 연대측정의 중요한 지표가 되었다. 실제로 그는 우라늄 광석을 연구해서 그것이 7억 년이나 되었다는 사실을 밝힘으로써 지구의 나이가 당시 사람들이 믿고 있었던 수천만 년보다 훨씬 오래되었다는 사실을 증명했다.

모든 원자핵 가운데 90퍼센트가 방사능 붕괴를 하는데, 심지어 우리 몸속에서도 초당 약 8,000개의 원자핵이 붕괴한다. 핵발전소와 핵무기에서 나오는 방사능을 인공방사능이라고 한다. 한편 자연에서도 방사능 붕괴를 하는데, 이런 자연방사능들은 우리 환경에 중요한 역할을 한다. 예를 들어 지표면에서 방출되는 지열은 지구의 뜨거운 핵에서 나오는 것이 아니라 약 35킬로미터 두께의 지각에 포함된 방사성원소들이 붕괴하면서 나온다. 지각에 있는 자연방사능의 대부분은 우라늄에서 나오는데, 우라늄은 자연에서 가장 무거운 원소다. 자연에 존재하는 우라늄은 대부분 우라늄 238로서 전체의 99.3퍼센트를 차지하고, 핵분열에 사용하는 우라늄 235는 0.7퍼센트에 불과하다. 우라늄 238의 반감기는 약 45억 년으로서 지구의 나이와 거의 일치한다. 따라서 오늘날 지구에 있는 우라늄은 원래 있던 양의 약 절반에 해당한다.

러더퍼드는 유럽 물리학계에서 고립되는 것은 아닌지 걱정스러웠기 때문에 당시 유리한 조건을 제시했던 미국 예일 대학의 제안을 물리치고 1907년, 훌륭한 연구 시설을 갖추고 있는 맨체스터 대학의 물리학 교수가 되어 영국으로 돌아갔다. 일 년도 지나지 않아 러더퍼드의 연구팀은 알파 입자가 헬륨 원자와 동일하다는 것을 입증했는데, 이는 당시 물리학이 얼마나 급속도로 발전하고 있었는지를 보여준다. 일 년 뒤인 1909년에는 자연적인 방사능으로 인해 생성된 알파 입자를 가지고 원자의 구조를 연구하게 되었다. 아마도 러더퍼드 하면 가장 먼저 떠오르는 것이 바로 이 연구일 것이다.

그 실험은 가이거(Hans Geiger, 1882~1945)와 마즈던(Ernest Marsden, 1889~1970)이라는 학생들이 진행했다. 이 실험은 알파 입자들을 투사하여 얇은 금박의 원자와 상호작용한 뒤 서로 다른 위치에 있는 알파 입자를 찾아내는 능력에 좌우되었기 때문에 바로 가이거가 방사선 탐지기를 개발했다는 것은 우연한 일이 아니다. 이 장치는 그의 이름을 따서 '가이거 계수기'라고 불린다.

통일성과 대칭성

1897년 영국의 J. J. 톰슨은 양극과 음극 사이에 높은 전압을 걸어준 진공관에서 처음으로 전자를 발견했다. 그리고 1904년 톰슨은 원자모형으로 '건포도 푸딩 모형'을 제안했다. 양전하를 띤 스펀지 같은 빵에 박혀 있는 건포도처럼 음전하를 띤 전자가 흩뿌려진 모양이라고 생각했다. 그러나 몇 해 뒤인 1910년, 영국의 러더퍼드는 얇은 금 박막에 알파 입자라고 부르는 이온화된 헬륨핵을 쏘아 보냈다. 톰슨의 원자모형에 의하면 알파 입자는 전자보다 훨씬 무거우므로 금 박막과 충돌하더라도 거의 휘어지지 않아야만 했다. 그런데 놀랍게도 비록 적은 수이긴 했지만 입자 중 일부가 정면으로 튕겨 나왔다. 그것은 마치 종이 한 장을 향해 발사한 포탄이 되돌아와 자신을 명중시키는 것과 같았다.

러더퍼드는 금박을 구성하는 원자 속에 무언가 단단하고 육중한 것이 있어서 무거운 알파 입자의 방향을 바꾼 것이라고 생각했다. 그래서 러더퍼드는 원자의 대부분은 빈 공간이고 중심에는 밀도가 아주 큰 것이 있어야 한다고 추론하고, 이를 '핵(nucleus)'이라고 불렀다. 이 순간 물리학자들은 『이상한 나라의 앨리스』에 나오는 것처럼 신비한 미시 세계로 들어가는 토끼굴을 발견했고, 핵물리학이 시작되면서 원자폭탄의 개발을 비롯해 태양에너지의 비밀이 풀렸다.

여기서 오늘날 우리가 알고 있는 원자의 구조를 살펴보자. 모든 원자는 전기적으로 양전하를 가진 양성자, 전기적으로 음전하를 가진 전자, 그리고 전하를 가지고 있지 않은 중성자 등 세 종류의 입자로 구성되어 있다. 양성자와 중성자는 핵을 구성하며, 이를 핵자라고도 부른다. 전자는 핵의 바깥에 구름처럼 퍼져 있다. 원자의 화학적 정체는 양성자수에 의해 결정된다. 하나의 양성자로 된 원소는 수소(H)이고, 두 개의 양성자로 된 원소는 헬륨(He)이며, 세 개의 양성자로 된 원소는 리튬(Li)이다. 양성자수가 늘어날 때마다 새로운 원소가 만들어진다.

핵은 원자 지름의 약 10만 분의 1로서, 지름이 펨토미터(10^{-15}m) 수준이다. 이는 마치 원자를 지구 크기에 비유할 때, 핵은 서울 크기에 해당한다. 원자들이 대부분 빈 공간으로 되어 있다면, 우리가 주변에서 경

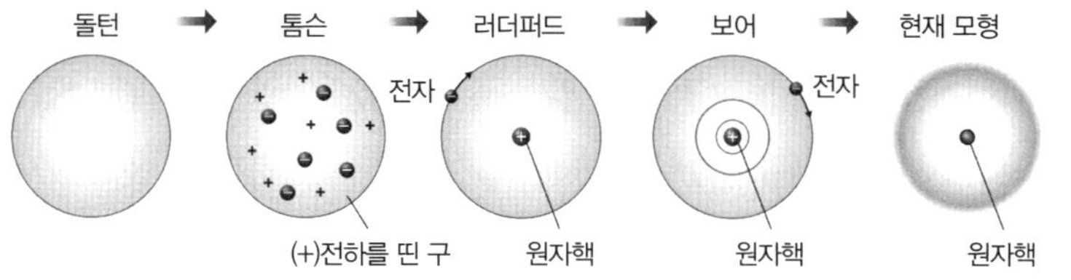

원자모형의 발전 과정

험하는 단단함이란 결국 환상에 불과하다. 우리가 의자에 앉을 때 실제로 의자에 앉아 있는 것이 아니라, 1옹스트롬(1억분의 1센티미터) 정도의 높이에 떠 있는 셈이다. 우리가 이 세상을 느낄 수 있게 해주는 것은 전체 원자 무게의 0.1퍼센트도 차지하지 않는 전자 덕분이다. 다시 말해 전자끼리 서로 밀어내는 반발력이야말로 우리가 텅 빈 공간 속으로 빠지지 않게 해준다. 중력이 우리를 땅에 붙어 있게 한다면, 전자들의 척력인 전자기력이 우리를 땅속으로 꺼지지 않게 해주는 셈이다.

오늘날 사람들이 생각하는 원자 모형은 한두 개의 전자가 태양 주위를 돌고 있는 행성들처럼 핵 주변을 날아다니는 것이다. 그런 이미지는 1904년 일본의 물리학자 나가오카 한타로가 영리하게 고안한 것일 뿐이다. 그런 모형에서 영감을 얻은 소설가들은 세상 속에 세상이 있는 이야기들을 만들어내게 되었다. 원자는 사람이 살고 있는 작은 태양계이고, 우리 태양계는 훨씬 더 큰 우주 속의 작은 티끌에 불과하다는 것이다. 하지만 전자들은 궤도를 돌고 있는 행성들과는 전혀 비슷하지도 않고, 오히려 선풍기의 날개처럼 궤도를 돌면서 모든 공간을 빈틈없이 채워준다. 선풍기의 날개는 모든 곳에 있는 것처럼 보일 뿐이지만, 전자들은 실제로 모든 곳에 있다는 것이 다를 뿐이다.

러더퍼드는 이후에도 탁월한 업적을 많이 남겼지만, 그 어떤 업적도 그의 원자 모형만큼 중요한 것은 없다. 그는 물리학 분야에서 두 번째 노벨상을 받았어야 했다. 제1차 세계대전 기간 중 그는 음파를 사용하여 잠수함을 탐지해내는 기술을 연구했으며, 1919년에는 톰슨의 뒤를 이어 캐번디시 연구소장이 되었다. 바로 그해에 그는 알파 입자를 질소 원자에 투사하면 질소가 산소 형태로 바뀌면서 수소핵(양성자)을 방출한다는 것을 알아냈다. 이는 최초로 원소를 인공적으로 변환시킨 일이었다.

이 과정에서 원자핵에 변화가 생겼고, 이는 핵물리학의 시초를 알리는 것이었다. 1920~1924년에 영국의 채드윅(James Chadwick, 1891~1974)과 공동으로 실험을 하면서 러더퍼드는 대부분의 가벼운 원소들이 알파 입자를 맞으면 양성자를 방출한다는 것을 보여주었다. 그때부터 사망할 때까지 그의 역할은 주로 캐번디시 연구소의 새로운 세대의 물리학자들을 이끌어주는 것이었다. 그는 1914년에 기사 작위를 받았으며, 채드윅이 중성자를 발견하여 원자의 핵 모형을 완성시키기 1년 전인 1931년에 남작이 되었다.

같기도 하고 아니 같기도 하고

러더퍼드가 핵이란 용어를 만들었던 1912년부터 채드윅이 중성자를 확인한 1932년 사이에는 한 원소의 핵이 다른 원소의 핵으로 변환될 수 있다는 발견 외에도 원자를 이해하는 데 가장 중요한 발전이 있었다. 바로 각각의 원소들이 여러 가지 종류로 존재한다는 사실을 발견한 것이다. 이런 발견을 한 사람은 1910년대 말 캐번디시에서 톰슨과 함께 연구를 한 애스턴(Francis Aston, 1877~1945)이었다. 당시 글래스고 대학에서 일하고 있던 소디는 1911년에 원소들의 화학적 성질은 동일하지만 원자량이 다른 변종이 존재한다고 주장했다. 1913년 그는 이러한 변종들을 '동위원소(isotope)'라 이름 붙였다. 그 후 소디는 1921년에 노벨상을 받았다.

동위원소의 존재에 대한 애스턴의 연구는 방전관에서 만들어진 양전하를 띤 이온이 전기장과 자기장에 의해 어떻게 휘는지 살펴보는 것이다. 이는 전자의 전하량과 질량비(e/m)를 측정하기 위한 것이었다. 동일한 전하의 경우 동일한 전기장에서 동일한 속도로 움직이는 입자들은 무거운 정도에 따라 휘는 정도가 달라질 것이다. 이것은 질량 분석기의 기본 원리였다.

애스턴은 이를 이용해 산소 같은 원소들이 질량이 다른 여러 가지의 변종을 가지고 있음을 보여주었다. 예를 들어 가장 흔한 형태의 산소는 수소 원자량의 16배 되는 질량을 가지지만 러더퍼드가 알파 입자를 질소에 쏘아 만든 산소 원자는 수소 원자의 17배나 되는 질량을 가진다. 왜 이렇게 되는지는 1930년대 채드윅의 연구로 밝혀졌다. 애스턴의 연구는 중요했고, 마침내 그는 1922년에 노벨 화학상을 받았다.

원자핵의 원자량은 양성자와 중성자의 합으로 나타내며, 양성자수는 같지만 중성자수가 다른 것이 바로 동위원소다. 예를 들어 지구상에서 자연적으로 존재하는 가장 무거운 원소는 원자번호 92인 우라늄으로 세 개의 동위원소(우라늄-233, 우라늄-235, 우라늄-238)를 갖고 있다. 그중에서 원자폭탄처럼 핵분열을 일으키는 원소는 양성자수 92, 중성자수 143인 우라늄-235이다.

1932년 채드윅(James Chadwick, 1891~1974)은 독일의 보테와 프랑스의 졸리오-퀴리 부부가 발견한 것에 대한 후속 연구를 시작했다. 1930년 보테는 알파 입자에 노출된 베릴륨(Be)이 새로운 형태의 복사를 만들어낸다는 것을 발견하고 그것을 감마선 차원에서 설명하려고 시도했다. 졸리오-퀴리 부부는 한 단계 더 나아가 베릴륨에 알파 입자를 쏘면 탐지하기 힘든 일종의 전하를 띠지 않는 복사가 표적 원자로부터 방출된다고 보고했다.

이 복사는 파라핀을 구성하는 원자의 핵에서 양성자가 방출되도록 했는데, 양성자는 감지하기가 쉽다. 그들은 베릴륨에서 유도된 이 인공적인 방사능을 강력한 형태의 감마선이라고 생각했지만, 채드윅은 알파선이 베릴륨의 핵에서부터 중성의 입자를 빠져나오게 하며, 이러한 중성 입자들은 많은 수소 원자를 함유하고 있는 파라핀에서 양성자(수소핵)를 빠져나오게 만든다는 것을 깨달았다. 붕소로 추가 실험을 한 결과 채드윅은 이와 같은 중성 입자의 존재를 확인했고, 그 질량이 양성자보다 약간 더 무겁다는 것을 알아냈다. 러더퍼드는 양성자와 전자가 결합되어 있는 상태를 '중성자(neutron)'라는 용어로 표현했다. 채드윅은 이 업적으로 1935년 노벨 물리학상을 받았다.

흑체복사와 양자역학

20세기 초는 전쟁으로 점철된 역사였다. 1914년 오스트리아 황태자 부부가 사라예보에서 저격당하는 사건을 계기로 제1차 세계대전이 발발한다. 1918년까지 4년 동안 계속된 전쟁은 독일, 오스트리아, 터키를 중심으로 한 오스만 제국의 3국 동맹과 영국, 프랑스, 러시아의 3국 연합으로 나뉘어 대립하게 된다. 처음으로 비행기와 탱크가 전투에 사용되었고 참호전과 독가스, 화염방사기가 등장했다. 전쟁은 수백만 명의 사상자를 내면서 연합국 측의 승리로 끝났다. 제1차 세계대전은 국제연맹 창설과 약소 식민지 국가들의 독립을 촉진시키는 긍정적인 부분도 있었으나, 결과적으로는 패전국 독일에 과도한 부담을 지움으로써 제2차 세계대전을 초래하고 말았다.

1939년 독일이 폴란드를 침공하자 점점 더 많은 국가들이 전쟁에 참가하면서 전선은 태평양, 북아프리카, 소련, 유럽 등으로 점차 확대되었다. 제2차 세계대전이 시작된 것이다. 그 후 미국과 소련이 참전하면서 전세는 연합국 쪽으로 기울어 독일과 이탈리아가 먼저 항복했고, 히로시마와 나가사키에 원자폭탄이 터지면서 마침내 일본도 항복함으로써 1945년 전쟁은 막을 내렸다. 이러한 전쟁의 소용돌이 속에서도 과학, 특히 물리학은 뉴턴 이래 최고의 성장을 구가하고 있었다. 그중 가장 중요한 업적은 양자역학과 상대성이론으로, 인생과 우주에 대한 인간의 사고방식을 변화시켰다.

뉴턴이 '자연철학의 수학적 원리'라는 『프린키피아』를 출판하면서 이후 200년 동안 고전역학은 과학자들 사이에서 절대적인 진리로 여겨졌

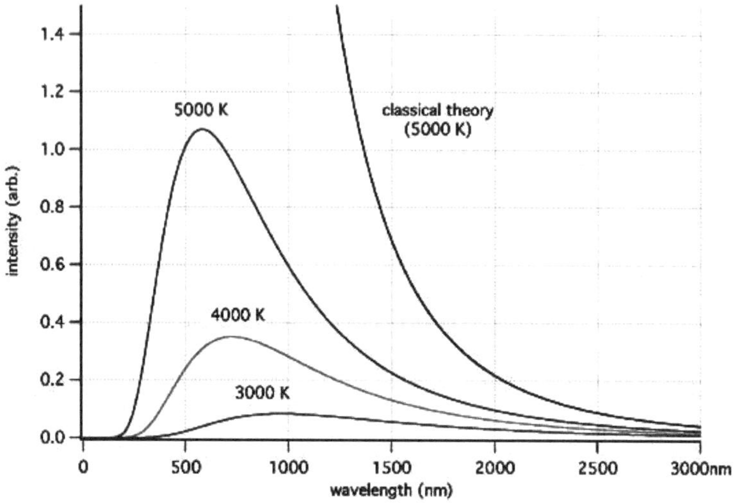

온도가 높은 물체에서 내는 빛의 파장은 짧아진다

다. 그때부터 세상은 뉴턴의 운동법칙에 따라 시계처럼 정확하게 작동하기 시작했다. 이를테면 뉴턴의 제2법칙인 가속도의 법칙에 따라 대포알이 날아가고, 제3법칙인 작용 반작용의 법칙에 따라 마차들이 움직였던 것이다. 뉴턴의 법칙에 따르면 주어진 시간에 위치와 속도를 알면 물체의 경로를 정확하게 계산할 수 있다. 다시 말해 세상에 우연이란 존재하지 않았으며, 우주의 모든 현상은 초기 조건에 따라 결정되었다.

이런 결정론적 세계관에 금이 가기 시작한 것은 1850년대 흑체복사 이론 때문이었다. 당시 산업혁명이 한창일 때 질이 좋은 철을 만들기 위해서는 무엇보다 용광로의 정확한 온도를 아는 것이 급선무였다. 양철지붕보다 훨씬 뜨거운 용광로의 온도를 직접 잴 수는 없었으므로 용광로에서 흘러나오는 철의 색깔을 보고 불의 온도를 조절했던 것이다.

우리는 물체가 열을 받으면 빛을 낸다는 사실을 잘 안다. 온도가 1,000도쯤 되는 용암은 이글거리는 주황색, 노란색의 빛을 내며, 전구의 텅스텐은 3,000도를 넘는다. 별의 표면 온도와 비슷한 셈이다. 이처럼 뜨거운 물체는 온도가 높아짐에 따라 처음에는 붉은빛, 다음에는 노란빛, 마지막으로 하얀빛을 낸다. 하얀빛이 나는 까닭은 붉은빛과 노란빛에 푸른빛이 더해지지 때문이다. 별도 마찬가지로 뜨거울수록 푸르게 보인다. 오리온자리의 별인 베텔기우스는 붉고, 표면온도가 6,000도인 태양은 노랗고, 하늘에서 가장 밝은 시리우스는 청백색이다.

당시 과학자들을 사로잡은 열역학 분야의 중요한 관심사는 흑체에서 방출되는 열의 스펙트럼이었다. 높은 온도의 뜨거운 물체는 전자파를 방출하는데, 이를 '복사(radiation)'라고 한다. 전자파는 파장에 따라 여러 종류로 나뉜다. 파장이 긴 것부터 늘어놓으면 전파, 적외선, 가시광선, 자외선, X선, 감마선의 순서다. 우리가 눈으로 볼 수 있는 빛은 가시광선뿐으로, 이것은 다시 파장이 긴 순서대로 빨강부터 보라까지 무지개색으로 나뉜다.

이런 전자파의 파장은 온도와 관계가 있다. 즉 온도가 낮은 물체는 파장이 긴 적외선을 방출하고, 온도가 높아짐에 따라 가시광선이나 자외선, X선을 방출한다. 가시광선 중에서도 파란 불꽃은 빨간 불꽃보다 온도가 더 높다. 모든 물체는 자신의 온도가 낮을 때는 빛을 흡수하고 온도가 높을 때는 빛을 방출한다. 물체에서 방출되는 스펙트럼은 온도에 따라 다르지만 빛이 나오는 물체 자신에 의해서도 영향을 받는다. 그래서 빛이 나오는 물체, 즉 광원에 영향을 받지 않고 온도에만 영향을 받는 이상적인 물체가 필요했다. 이것이 바로 '흑체(black body)'다.

속이 비어 있는 상자를 검은 종이로 둘러싸고 아주 작은 구멍을 뚫으면 상자에 들어간 빛은 상자 내부에서 이리저리 반사되지만 구멍을 통해 다시 나오기 힘들다. 이때 상자의 온도를 높이면 상자의 구멍에서 빛이 나오는데, 이를 흑체복사라고 부른다. 사람의 눈동자도 이와 비슷한 경우로 생각할 수 있다. 검은색으로 보이는 홍채의 중앙에 있는 동공을 통해 들어간 빛은 밖으로 방출되지 않고 내부에서 반사되어 시신경으로 전달된다.

1892년에 베를린 대학 이론물리학 교수가 된 플랑크(Max Planck, 1858~1947)는 흑체 복사의 수학 모델을 찾아내기 위해 힘썼다. 그의 전문 분야는 열역학이었고, 1895년 이후부터는 전자기 진동자의 엔트로피를 중심으로 흑체 복사의 법칙을 도출해보려고 시도했다. 플랑크의 모형은 이론과 실험 사이의 완벽한 일치를 얻으려는 과정에서 계속 다듬어졌다. 1900년 플랑크는 흑체복사 문제를 해결하기 위해 열의 물리학과 빛의 물리학을 하나로 결합했다. 그는 흑체에서 나오는 복사에너지가 연속적인 스펙트럼을 형성하는 것이 아니라 띄엄띄엄 떨어진 에너지 값을 갖는 덩어리로 존재한다는 논문을 발표했다. 이것을 '양자이론'이라고 하며, 당시 많은 과학자들을 당혹하게 만들었다.

양자이론에 의하면 원자 수준에서 열이나 빛 같은 에너지가 오로지 불연속적인 묶음, 즉 '양자(quantum)' 상태로만 존재할 수 있다. 우리가 일상적으로 경험하는 현실과는 완전히 동떨어진 주장이다. 예를 들어 주전자에 물을 끓이면 온도가 상온에서부터 끓는점까지 지속적으로 상승한다. 30도에서 40도로, 40도에서 50도로 펄쩍펄쩍 뛰어오르며 양자 도약을 하지는 않는다.

그때까지 고전역학에서는 에너지가 마치 물처럼 연속적으로 흐른다고 여겼으며, 에너지의 일종인 열도 마찬가지였다. 빛을 포함해 전자파의 에너지가 불연속적인 값을 갖는다는 양자 개념은 뉴턴의 결정론적 세계를 우연과 확률이 지배하는 세상으로 바꿔 놓았다.

모든 사건이 인과적으로 필연성을 지니고 일어난다는 종교적, 과학적 믿음이 사라진 시대를 사는 현대인들은 결정론적 세계관이 지배하는 세상을 상상하기 힘들다. 그러나 불과 한두 세기 전까지만 하더라도 심지어 과학자들까지 결정론적 세계관의 영향을 받았다. 양자역학은 과학뿐만 아니라 예술과 종교, 법 등 삶의 전반적인 영역에서 사람들의 세계관을 불확실성을 강조하는 방향으로 변화시켰다.

양자역학에서는 흑체 안에 있는 모든 진동자의 총에너지는 플랑크가 h라 부르는 자연 상수에 의해 결정된다. 그 자연 상수는 '플랑크 상수'라 알려지게 되었다. 플랑크는 1900년 베를린 과학 아카데미 회의에서 이 모형을 발표했다. 이 혁명적인 아이디어가 20세기가 시작되는 때에 발표되었다는 이유로 인해 양자혁명이 시작된 해라고 일컫기도 한다. 5년 뒤 알베르트 아인슈타인이 극적으로 끼어들면서 진정한 양자 혁명이 일어났다.

CCD와 음주측정기

1905년 아인슈타인은 플랑크의 양자이론을 바탕으로 빛이 작은 알갱이 또는 양자로 이루어져 있다는 가설 아래 '광전효과'에 대한 현상을 논문으로 발표했다. 여기서 광전효과란 금속에 빛을 쪼였을 때 전자가 튀어나오는 현상으로 오늘날 TV와 레이저, 태양전지 등 다양한 전기장치에 응용되고 있다. 그는 이 논문에서 물질(입자)을 지배하는 뉴턴의 운동법칙과 파동(복사)을 지배하는 맥스웰의 전자기이론 사이의 관계를 설명했다. 아인슈타인은 흑체복사를 비롯한 모든 전자파가 불연속적인 에너지를 가진 덩어리(양자)로 이루어진 입자와 똑같이 행동한다는 것을 보여 주었다. 이런 전자파의 덩어리를 '광자(photon)'라고 부른다.

1902년 필립 레너드는 앞서 이루어진 광전 효과에 대한 후속 연구를 하면서 특정 파장의 빛이 표면에 비춰지면 방출된 전자들은 모두 동일한 에너지를 갖지만, 빛의 파장이 다르면 그 에너지도 다르다는 것을 알아냈다. 광원이 밝거나 희미한 것은 문제가 되지 않았다. 빛이 더 밝으면 더 많은 전자들이 방출되지만 그들이 가지는 에너지는 여전히 똑같다. 만일 특정 파장의 빛이 동일한 에너지 $h\nu$를 가진 개별 광자들의 흐름으로 이루어졌다면, 그것은 아인슈타인의 모형으로 설명이 가능했다. 광자들은 각자 동일한 양의 에너지를 금속의 전자에 줄 수 있고, 따라서 방출된 전자들 역시 모두 동일한 에너지를 갖는다. 레너드가 발견한 현상은 빛의 파동 모형으로는 전혀 설명될 수 없었다. 아인슈타인은 플랑크와 달리 그는 광자가 진짜 있다고 확신했다. 그는 이것을 다음과 같이 설명했다.

"여기서 고려되는 가정에 따르면, 한 지점에서 방출된 광선이 퍼져나갈 때 그 에너지는 연속적으로 분포하지 않는다. 그 에너지는 공간의 어느 지점에 집중된 유한한 수의 양자로 구성되어 있고, 완전한 단위로서만 흡수되거나 생성될 수 있다."

이 문장은 양자혁명의 진정한 시작을 알려준다. 어떤 실험을 하느냐에 따라 빛은 파동처럼 행동하기도 하고, 입자의 흐름(광전 효과)처럼 행동하기도 한다. 어떻게 이런 일이 생길까? 동시대 사람들은 아인슈타인의 주장이 지니는 혁명적 의미를 잘 알고 있으면서도 그의 주장을 전혀 믿지는 않았다.

광자가 실제로 존재한다는 주장을 받아들일 수 없었던 미국 시카고 대학의 밀리컨(Robert Millikan, 1868~1953)은 광전효과에 대한 아인슈타인의 해석이 틀렸다는 것을 증명하기 위해 실험을 시작했다. 그러나 그는 아인슈타인의 가설이 옳다는 것을 실험적으로 확인했으며, 그 과정에서 플랑크 상수의 값을 정밀하게 계산해냈다. 아인슈타인의 생각이 틀렸다는 것을 증명하려고 노력한 밀리컨은 유감스러운 듯 이렇게 말했다. "나는 아인슈타인이 1905년에 발표한 방정식을 검증하는 데 10년을 보냈지만, 내 모든 기대와는 달리 사실임을 인정하지 않을 수 없다." 그나마 그에게 위로가 된 것은 이 연구를 통해 전자의 전하량을 정확하게 측정한 공로로 1923년 노벨상을 받았다. 아인슈타인은 1922년에 노벨상을 받았는데, 그의 수상 이유는 상대성이론에 의한 것이 아니라 바로 광전효과에 대한 업적 때문이었다.

오늘날 광전효과는 우리 생활의 다양한 분야에 응용된다. 예를 들어 술을 마시면 체내로 들어간 알코올 성분이 호흡을 통해 배출된다. 음주측정기는 숨을 내쉴 때 나오는 알코올 양을 측정해 간접적으로 혈중 알코올 농도를 측정하는 장치다. 알코올이 측정기 안의 백금판에 닿으면 푸른색의 가스로 변하면서 전자가 방출되어 전류를 발생시킨다. 전류의 양은 혈중 알코올 농도에 비례하는데, 숨 속에 알코올이 많을수록 전류가 많이 발생한다.

디지털 카메라도 광전효과를 기반으로 만들어진다. 카메라 안에는 전하결합소자(CCD)라는 부품이 들어 있다. 이 부품은 렌즈를 통과한 빛을 전기 신호로 바꾸는 일종의 광센서다. CCD는 네모난 판처럼 되어 있고, 그 위에 수많은 광센서가 붙어 있다. 예를 들어 500만 화소라면 500만 개의 광센서가 CCD에 붙어 있는 것이다. 영화 '마이너리티 리포트'에 나온 홍채인식장치를 비롯해 지문이나 얼굴인식장치에도 CCD가 들어 있다. 광센서는 음주측정기나 자동문, 자동 점멸 가로등, 복사기 토너, 자동카메라의 노출 시간 조정, 태양전지 등 많은 전자기기에 이용되고 있다.

이상한 나라의 엘리스

1913년 덴마크의 보어(Niels Bohr, 1885~1962)는 플랑크의 양자 개념을 이용해 원자 모형을 제안했다. 보어의 원자 모형은 1920년대 말 양자역학이 탄생하는데 결정적인 역할을 했다. 최초로 원자를 논한 사람은 그리스의 데모크리토스였다. 하지만 근대적인 의미에서 원자의 구조를 처음 얘기한 사람은 1800년경 영국의 존 돌턴이다. 그는 원자를 '더 이상 쪼갤 수 없는 물질의 기본 입자'라고 정의했다.

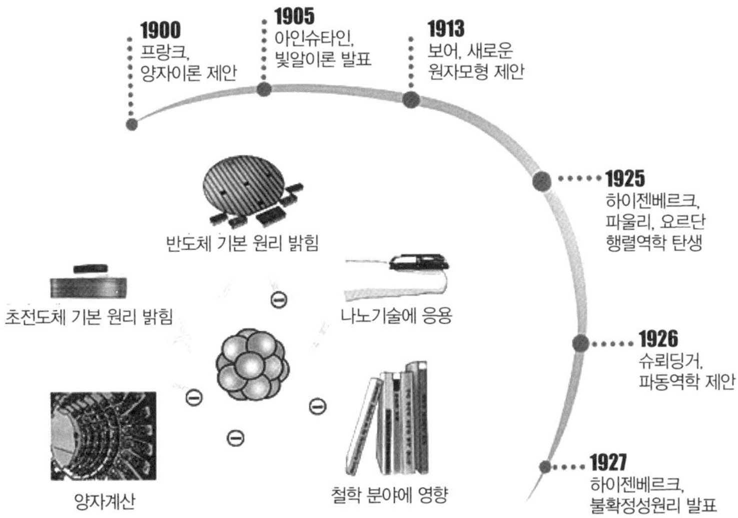

양자역학의 역사와 응용 사례들

기본적인 원자 모형이 갖추어진 것은 영국의 톰슨과 러더퍼드의 실험 덕분이었다. 1897년 J.J. 톰슨은 음극선 실험을 통해 전자를 발견했는데, 그가 생각한 원자 모형은 전자가 건포도처럼 군데군데 박혀 있는 둥그런 빵의 모습이었다. 그 후 러더퍼드는 얇은 금박에 알파선을 충돌시켜 오늘날 우리가 알고 있는 원자 모형을 만들었다. 러더퍼드의 원자 모형은 태양계처럼 (+)전하를 띤 양성자가 가운데 있고 그 주위를 전자가 도는 형태다. 그런데 여기에는 결정적인 문제가 있었다. 전자가 양성자 주위를 도는 경우, 가속도 운동을 하게 되므로 전자파를 방출한다. 그렇게 되면 에너지를 잃어버린 전자는 핵에 사로잡히고 결국 원자가 붕괴되고 만다.

보어는 이 문제를 해결하기 위해 전자들의 에너지가 양자화된 궤도 상에서만 도는 새로운 원자 모형을 제안했다. 이것이 바로 오늘날 우리가 학교에서 배우는 '러더퍼드-보어 원자 모형'이다. 그 후 원자핵은 양성자와 중성자로 구성되어 있으며, 이런 핵자들은 다시 쿼크라는 소립자들로 구성되어 있다는 사실이 밝혀졌다.

보어는 덴마크의 코펜하겐에서 태어났다. 그는 학자 집안 출신이었다. 훌륭한 과학 교육을 받은 그는 1911년에 코펜하겐 대학에서 물리학으로 박사학위를 받았다. 같은 해, 그는 캐번디시 연구소에 가서 일 년간 톰슨의 지도를 받으며 연구하게 되었지만 적응에 어려움을 겪었다. 완벽하지 못한 영어에 내성적인 성격, 게다가 그의 관심사가 당시 캐번디시 연구진들의 관심사와 전혀 조화를 이루지 못했던 탓도 있으며, 당시 50대 중반에 접어든 톰슨이 예전과는 달리 새로운 아이디어를 잘 받아들이지 않았던 것도 한몫을 했다.

그해 10월 러더퍼드가 케임브리지에 와서 자신의 최신 연구에 대한 이야기를 하는 순간 젊은 보어는 강한 인상을 받았다. 한 달 뒤 보어는 맨체스터에 있는 아버지의 친구를 방문했다. 이 사람은 러더퍼드를 저녁식사에 초대했다. 두 사람의 언어 장벽에도 러더퍼드와 보어는 즉시 의기투합했다. 과학적 관심사가 같다는 것 외에도, 케임브리지에서 아웃사이더로 지낸다는 게 어떤 것인지 러더퍼드가 잘 알고 있었다는 것도 중요한 요인이었다. 결국 1912년 보어는 맨체스터로 가서 6개월을 보냈다. 그곳에서 그는 러더퍼드 모형에 기초하여 최초로 양자론과 원자 모형의 결합을 시도했다.

1912년 여름 덴마크로 돌아온 보어는 결혼하고, 가을에 코펜하겐 대학에서 강사직을 맡았다. 바로 그곳에서 그는 원자의 구조에 관한 3부작 논문을 완성하여 1913년이 지나가기 전에 모두 출판했다. 그는 논문을 기초로 계속 연구하여 1922년에 노벨상을 받았다. 보어의 위대한 천재성은 물리학의 이런저런 단편들을 모아 어떤 현상을 설명하는, 제대로 된 모형을 만들어내는 능력에 있었다. 예를 들어 러더퍼드-보어 원자 모형은 약간의 전통 이론(궤도를 그리며 도는 전자)과 약간의 양자 이론(에너지가 불연속의 양자)을 포함하고 있다. 그럼에도 좀더 나은 설명이 등장할 때까지 물리학자들을 이끌고 나갈 통찰이 담겨 있었다. 사실 그 모형이 제시하는 물리학적 통찰은 매우 탁월하여 지금까지 우리가 학교에서 배우는 원자 모형은 기본적으로 러더퍼드-보어 원자 모형이다. 고전물리학의 법칙이 그러하듯, 보어는 전자들이 계속해서 복사를 방출할 능력이 없기 때문에 핵 주위의 궤도에 남아 있다고 생각했다.

전자는 에너지 양자를 한 번에 하나씩만 방출할 수 있으며, 이것은 한 궤도에서 다른 궤도로 건너뛰는 것에 비유할 수 있다. 이는 화성이 갑자기 에너지를 방출하고 지구의 궤도에 등장하는 것과 같다. 안정적인 궤도는 고정된 에너지를 가지고 있다. 그러나 중간 궤도는 없으므로 나선 형태로 안쪽으로 들어가는 것은 불가능하다. 그렇다면 왜 모든 전자들이 핵 속으로 직접 뛰어들지 않는 것일까?

보어는 각각의 궤도는 특정수의 전자만 받아들일 공간을 가지고 있으며, 바깥쪽의 전자들은 안쪽 궤도가 이미 꽉 차 있다면 그곳에 들어갈 수 없다고 주장했다. 물론 이 모든 것은 아무런 구조적 토대가 없는 모형에 지나지 않는다. 그러나 보어는 거기서 한걸음 더 나아갔다. 전자가 한 궤도에서 다른 궤도로 한 번씩 점프할 때마다 양자가 방출되고, 이는 정확한 빛의 파장에 해당되었다. 많은 수의 개별 원자들이 모두 이런 식으로 복사한다면 양자(광양자)는 합쳐져서 스펙트럼의 바로 그 파장에서 밝은 선을 만들어낼 것이다.

보어는 수학을 모형에 접목시켜, 전자가 아래로 이동할 때 에너지가 어떻게 방출되는지를 계산했고, 그 결과 모형이 예측한 스펙트럼선의 위치가 관측된 스펙트럼선의 위치와 정확하게 일치했다. 양자물리학은 각각의 원소가 왜, 그리고 어떻게 자신만의 고유한 스펙트럼 지문을 가지고 있는지 설명해주었다.

러더퍼드-보어 모형은 많은 의문을 풀어주었지만 동시에 많은 문제를 제기했다. 그러나 이 모형은 아인슈타인의 이론 연구와 밀리컨의 실험과 함께 양자물리학의 필요성을 절감하게 했고 1920년대에 전개될 양자이론으로의 첫걸음이었다. 보어의 연구 내용이 알려지면서 세 편의 논문이 출판되기도 전에 최고의 인기를 누리게 되었다. 1914년 초 코펜하겐 대학은 보어에게 이론물리학 교수직을 제안했다. 그때 러더퍼드는 맨체스터 대학에 2년 임기의 강사직을 맡아달라는 내용의 편지를 썼다. 당시 29세였던 보어는 코펜하겐 측에 약간의 시간을 얻어 잠시 러더퍼드와 함께 일할 기회를 잡았다.

제1차 세계대전이 발발했지만 1916년에 귀국한 보어는 맨체스터 대학의 종신교수직을 포함한 몇 가지 제안을 뿌리치고 덴마크에 남기로 했다. 그곳에서 그는 코펜하겐에 이론물리학 연구소를 세웠다. 이 연구소는 당대의 위대한 물리학자들을 단기 또는 장기로 초청하여 양자물리학의 새로운 화두들을 논의할 수 있는 무대를 제공했다.

보어는 젊은 과학자들을 모아 코펜하겐 학파를 형성해서 제2차 양자

혁명이라는 순수하게 수학적인 원자모형을 탄생시키는 대부 역할을 했다. 여기에서 드브로이의 물질파이론, 슈뢰딩거의 파동역학, 하이젠베르크의 행렬역학과 불확정성원리 등 양자역학의 핵심 개념들이 만들어졌다.

1930년대에 보어는 핵물리학과 핵분열로 에너지를 얻을 수 있는 방법에 관심을 갖게 되었다. 제2차 세계대전 중 덴마크가 독일군에 점령당하자, 그는 나치가 원자 폭탄을 개발할 것을 걱정하여 결국 스웨덴을 경유하여 영국으로 탈출했다. 결국 그는 미국에서 원자 폭탄을 만드는 맨해튼 프로젝트에 자문으로 참가했다.

전쟁이 끝난 뒤 보어는 원자력 에너지의 평화적인 사용을 촉구했고, 스위스에 있는 유럽 공동 원자핵 연구소(CERN)를 설립하는 데 주도적 역할을 했다. 그는 1962년 사망했다. 다음에는 새로운 양자물리학이 어떻게 핵에 관한 설명을 했으며, 입자물리학의 세계를 열게 되었는지 살펴보기로 하자.

파동-입자 이중성

1924년 프랑스의 드브로이(Louis de Broglie, 1892~1987)는 전자처럼 작은 입자들을 파동으로 해석할 수 있다고 주장했다. 그는 플랑크의 양자론과 아인슈타인의 상대성이론을 결합하여 파동을 나타내는 파장과 입자를 나타내는 운동량의 곱으로 된 방정식을 만들었다. 물질파이론은 입자와 파동의 이중성을 나타내는 중요한 개념이다.

귀족 집안에서 태어난 그는 아버지의 뜻에 따라 외교관이 되기 위해 1909년에 소르본에서 역사 공부를 시작했다. 그러나 그는 아버지의 심한 반대를 무릅쓰고 물리학으로 전공을 바꾸었다. 또한 제1차 세계대전 중 에펠탑에서 전파 전문가로 복무했기 때문에 물리학에의 출발은 더 늦어졌다. 그러나 그는 뒤늦은 출발을 잘 만회하여 아원자 세계에 대한 중요한 연구로 1929년에 노벨상을 받았다. 그의 아이디어는 글로 표현하면 너무나 간단하지만 상식과는 정면으로 대치된다.

드브로이는 광자에 적용되는 두 가지 방정식에서부터 출발했다. 이 중 하나($E=h\nu$)는 1905년 아인슈타인이 발표한 논문으로부터 나왔다. 나머지 하나는 1915년 아인슈타인이 상대성이론에서 만든 것으로 광자의 에너지는 $E=pc$가 된다. 여기서 p는 광자의 운동량이고 c는 광자가 움직이는 속도(광속)를 말한다. 그는 이 한 쌍의 방정식을 합쳐 $h\nu=pc$, 또는 $p=h\nu/c$를 얻었다. 전자기 복사의 파장(흔히 그리스 문자 람다 λ로 표시)은 $\lambda=c/\nu$에 의해 주파수와 연관되므로, $p\lambda=h$가 된다. 평범한 말로 풀어 쓴다면, 입자의 운동량과 파장을 곱한 것이 플랑크 상수라는 뜻이다.

1924년에 이르면 빛에 관해 이런 방정식을 적용하는 것은 그다지 놀라운 생각이 아니었다. 그러나 그는 여기서 더 나아가 입자들, 특히 전자에도 이 식이 적용된다고 말했다. 이를 바탕으로 그는 전자들을 마치 자기 꼬리를 물려고 꿈틀대는 뱀처럼 궤도를 돌아다니는 파동으로 표현한 원자 모형을 고안했다. 그는 원자의 서로 다른 에너지 수준을 가진 전자들은 기타 줄로 연주되는 음표처럼 파동의 서로 다른 배음에 해당하며, 그 배음이 꼭 들어맞는 궤도는 파동의 마루와 골을 상쇄시키기보다는 서로를 강화시킨다고 말했다.

드브로이는 박사학위를 받을 때 구두시험에서 그의 생각을 어떻게 검증할 것인지 질문을 받았다. 그는 자신의 방정식에 따르면 전자들이 결정격자에서 회절하려면 딱 맞는 파장을 가져야만 한다고 지적했다. 1927년에 이루어진 두 개의 독자적인 실험에서 드브로이의 예측은 확인되었다. 그때에 이르러 광자의 존재에 대한 확실한 증거가 제시되었다. 이를 제시한 이는 미국의 콤프턴(Arthur Compton, 1892~1962)으로, 그는 처음에는 세인트루이스의 워싱턴 대학에 있었고 이어 시카고에서 일했다. 원자의 전자로부터 퍼져 나온 X선과 관련된 일련의 실험을 실시한 콤프턴은 1923년 말 이러한 산란은 입자 운동량의 교환 차원에서만 설명될 수 있다고 분석했으며, 이 연구로 1927년에 노벨상을 받았다. 이것은 양자 세계의 희한한 논리의 또 다른 예로, 전자를 입자로 취급하여 전자기 복사가 파동이기도 하지만 입자이기도 하다는 사실을 증명했다.

드브로이의 방정식은 모든 물질은 파동-입자라는 이중성을 가지고 있다는 것이다. 운동량은 질량과 연관되어 있고, 플랑크 상수는 너무 작기 때문에 집, 축구공과 같은 일상적 물체의 파동성은 너무나 미미하여 결코 탐지될 수 없다. 파동성은 물체의 질량이 플랑크 상수와 비슷한 경우에만 중요해진다. 이는 파동-입자의 이중성에서 파동의 측면은 분자 수준 이상에서는 중요하지 않지만 원자의 경우에는 결코 무시할 수 없다.

그리고 양성자와 중성자의 행동을 설명할 때는 중요한 요소로 작용하여, 전자의 행동을 설명하는 데 절대적으로 중요하다는 것을 뜻한다. 이는 또한 우리의 일상적이고 상식적인 경험으로는 전자가 진정으로 무엇인지 이해할 가능성이 없다는 것을 뜻한다. 이는 말 그대로 우리가 한 번도 본 적이 없는 것과 같다. 단지 우리가 바라는 것은 전자들이 서로 다른 상황에서 어떻게 행동하는지, 즉 때로는 파동 같고 때로는 입자 같은 행동을 설명해주는 방정식, 즉 수학 모델을 찾아내는 일이다. 드브로이가 쓴 논문의 잉크가 채 마르기도 전에 바로 이런 일이 양자역학에서 일어났다.

파동 방정식과 확률

원자 속의 전자의 행동을 설명하는 완전한 수학 모델은 드브로이의 아이디어가 출판된 후 몇 달 동안 두 명의 물리학자가 제시했다. 오스트리아의 물리학자 슈뢰딩거(Erwin Schr dinger, 1887~1961)는 취리히에서 물리학 교수로 재직하면서 전적으로 파동에 기초한 모형을 만들었다. 그는 파동 방정식처럼 편안하고 친숙한 설명을 통해 아원자 물리학 세계에 어느 정도 질서를 부여했다고 생각하며 기뻐했다. 그러나 1926년, 그는 기본적으로 입자론에 근거하여 하나의 에너지 준위에서 다음 준위로의 양자-도약(quantum-jumping)을 강조하면서, 원자 속의 전자의 행동을 수학적으로 완전하게 설명한 다른 연구를 보고 당혹감을 느끼며 자신의 연구를 출판해야 했다.

그 접근 방법을 시도한 이는 독일의 하이젠베르크(Werner Heisenberg, 1901~1976)와 그의 동료인 괴팅겐 대학의 보른(Max Born, 1882~1970)과 요르단(Pascual Jordan, 1902~1980)이었다. 이어 영국의 젊은 물리학자 디랙도 이런 연구를 했다.

1925년 하이젠베르크는 기존의 원자 구조를 설명하는 방식을 완전히 바꿔서 '행렬역학'이라는 새로운 모델을 만들었다. 이는 원자 내부에 있는 전자들의 세계를 수학적으로 그려낸 수학 공식이었다. 그는 전자가 어떤 특정한 궤도에 존재한다고 가정하는 대신, 전자들의 위치와 운동량을 숫자로 이루어진 행렬로 묘사한 것이다.

바로 다음 해인 1926년, 슈뢰딩거는 원자핵을 도는 전자의 움직임을 파동함수로 기술했다. 하이젠베르크의 행렬역학은 원자가 특정 상황에서 어떻게 반응할지 확률적으로만 예측할 수 있을 뿐, 그 이상은 알 수 없었다. 그래서 슈뢰딩거는 드브로이의 물질파 개념을 도입해 전자를 입자가 아닌 공간에 퍼져 있는 파동이라고 간주해서 미분방정식을 만들었다. 그의 파동방정식에 따르면 전자는 원자핵을 에워싼 파동의 형태로 분포되어 있다. 갑자기 물리학자들은 원자의 내부를 들여다볼 수 있게 되었고, 전자의 궤도를 구성하는 파동을 분석할 수 있게 되었으며, 실험결과와 정확하게 일치하는 에너지준위를 이론적으로 계산할 수 있게 된 것이다.

그런데 전자가 파동으로 서술된다면, 대체 무엇이 파동처럼 진행한다는 것일까? 이 질문에 처음으로 답을 제시한 사람은 보른이었다. 그는 파동의 주체가 '확률(probability)'이라고 생각했다. 이 확률은 임의의 시간과 장소에서 특정 전자가 발견될 확률을 말해준다. 다시 말해 전자는 입자임이 분명하지만 그 전자가 발견될 확률은 슈뢰딩거의 파동방정식으로 주어진다는 것이다.

특정 지점에서 파동함수의 값이 크다는 것은 그 지점에서 전자가 발견될 확률이 높다는 뜻이다. 이처럼 양자역학은 하이젠베르크의 행렬역학과 슈뢰딩거의 파동역학을 통해 미시 세계의 현상들을 성공적으로 설명하고 있다. 행렬역학이 물체의 위치와 운동량 같은 입자성을 이용했다면, 파동역학은 전자처럼 작은 입자의 파동성을 이용했다고 할 수 있다.

양자역학에 의하면 빛은 파동이면서 입자이고, 전자는 입자이면서 파동이다. 이 사실은 실제로 TV 회로에서 흔히 볼 수 있는 음극선관에서 나오는 다량의 전자들에서 확인할 수 있다. 전자들이 오직 입자적 성질만을 갖고 있다면 작은 구멍을 통과한 후 TV 스크린에 도달했을 때 작은 반점이 찍힐 것이다. 그러나 실제로는 작은 동심원 모양의 흔적이 남는다. 이것은 전자가 파동적 성질을 갖고 있음을 보여준다.

1927년 J.J. 톰슨의 아들인 조지 톰슨은 얇은 표적에 음극선을 발사해서 전자가 회절하는 모습을 사진 건판에 담는 데 성공함으로써 전자의 파동성을 밝혀냈다. 재미있는 점은 두 부자가 모두 노벨상을 받았는데, 전자를 처음 발견한 J.J. 톰슨은 전자가 입자라는 사실을 증명한 반면, 그의 아들은 전자가 파동이라는 사실을 증명한 것이다. 미시 세계의 입자-파동 이중성은 2대에 걸쳐 노벨상을 안겨 준 셈이다.

디랙은 먼저 원자 속의 전자의 행동을 설명하기 위해 좀더 추상적인 수학적 형식을 만들어냈다. 그런 다음 나머지 두 가지 접근 방법도 그 안에 포함되며, 그 둘은 수학적으로 동등하다는 것을 보여주었다. 노벨 위원회의 착오로 요르단만 제외하고, 결국 모든 이들은 양자이론에 대한 공헌으로 노벨상을 받았다.

이렇게 봇물 터지듯 이루어진 연구 결과, 1927년에 이르러 물리학자

솔베이 컨퍼런스에 모인 물리학자들(1927년)

들은 전자의 행동을 계산하는 데 이용할 수 있는 수학 모델을 갖게 되었다. 그들은 대부분 친밀감을 느낄 수 있는 슈뢰딩거의 파동 방정식을 이용했다. 그러나 양자의 파동성이 입자성보다 더 심오한 진실을 가지고 있다는 의미는 결코 아니다. 그들은 단지 우리의 일상세계와는 전혀 다르지만, 때로는 입자처럼 때로는 파동처럼 행동하는 미시 세계의 서로 다른 측면일 뿐이다.

신도 주사위 놀이를 한다

양자역학은 하이젠베르크의 불확정성원리(Uncertainty Principle)에 의해 실질적으로 완성되었다고 해도 과언이 아니다. 불확정성 원리에 의하면 입자의 위치와 운동량은 동시에 정확하게 측정될 수 없다. 예를 들어 전자의 위치를 정확하게 알면 운동량은 그만큼 부정확해지며, 반대로 전자의 운동량을 정확하게 알면 위치는 그만큼 불확실해진다.

이것은 측정의 정밀성에 대한 문제가 아니라 우주가 가지고 있는 본래의 특성이며, 세계가 돌아가는 근본적인 방식을 보여 준다. 다시 말해 전자가 어느 순간 어디에 있는지를 절대로 정확하게 측정할 수 없으며, 단지 전자가 어느 곳에 있을 확률만 이야기할 수 있을 뿐이다. 하지만 아인슈타인은 양자이론에 확률 개념이 도입되는 것을 매우 싫어했다. 아인슈타인은 자신의 생각을 다음과 같이 표현했다.

> "양자역학이 훌륭한 이론임은 인정하지만, 궁극의 이론은 아니라는 느낌을 떨쳐버릴 수 없다. 그동안 양자역학이 내놓은 수많은 결과들이 실험과 일치하고 있으나, 창조의 비밀을 밝히는 것과는 거리가 있다. 나는 조물주가 주사위 놀음 따위는 하지 않을 것으로 믿는다."

이처럼 전자가 동시에 여러 장소에 존재할 수 있다는 것은 화학의 기초 원리이기도 하다. 전자는 태양계의 행성들처럼 원자핵 주변을 빠른 속도로 돌고 있다. 우주공간에서 두 개의 태양계가 충돌한다면 모든 질서가 붕괴하면서 행성들은 머나먼 우주로 흩어질 것이다. 그러나 두 개의 원자가 충돌하면 안정적인 분자가 형성되면서 전자를 공유하게 된다. 공유된 전자는 한 원자와 이웃한 원자의 경계 부근에서 동시에 여러 곳에 존재하면서 결합 상태를 유지해 준다. 다시 말해 우리의 몸을 이루고 있는 분자들은 동시에 여러 곳에 존재하는 전자 덕분에 지금과 같은 형태를 유지하고 있는 것이다. 양자역학이 없다면 우리 몸은 당장 소립자 단위로 분해되고 말 것이다.

거시 세계에서는 똑같은 조건일 때 항상 동일한 결과가 나오지만, 원자 규모의 미시 세계에서는 측정할 때마다 다른 결과가 나온다. 전자의 위치를 측정하기 위해서는 빛을 전자에 충돌시킨 후 반사되어 되돌아오는 빛을 통해 전자의 위치를 알 수 있다. 우리의 눈도 물체에서 반사되는 빛이 망막에 맺혀 시신경을 통해 후두엽에 전달될 때 사물을 인식할 수 있다. 빛이 전자에 충돌하면 자신의 운동량 일부를 전자에 전달해 주기 때문에 전자의 움직임에 대한 오차가 커지게 된다. 위치와 운동량에 적용된 불확정성원리는 시간과 에너지에도 똑같이 적용된다. 즉 입자의 에너지를 정확하게 측정한다면 시간에 대한 정보는 그만큼 불확실해진다. 반대로 입자의 정확한 시간을 측정한다면 에너지를 정확히 알 수 없게 된다.

양자란 에너지의 덩어리를 뜻하며, 양자역학이란 에너지가 덩어리 또는 알갱이로 존재한다는 개념을 기본으로 하는 이론이다. 일반적으로 자연 현상은 연속적으로 변하는 것처럼 보이지만, 물질을 구성하고 있는 소립자 차원에서는 에너지가 불연속적인 값을 갖는다. 미시 세계에서 입자들은 파동처럼 움직이며 이때 입자의 에너지는 어떤 진동수의 정수배로 나타나는데, 이것을 에너지의 양자화라고 부른다.

우리가 머리를 빗거나 합성섬유로 된 옷을 입을 때 정전기 현상이 일어나는 것을 경험했을 것이다. 이는 물체를 구성하고 있는 전자들이 이동하면서 만들어진 현상이다. 전자 한 개가 가지고 있는 전기량을 '전하'라고 하며, 어떤 물체의 전기량은 전자의 전하에 정수배를 곱한 값으로 나타난다. 이것을 전하의 양자화라고 부른다.

하이젠베르크가 불확정성 원리를 착안하게 된 동기는 아인슈타인과의 대화 때문이었다고 한다. 당시에 아인슈타인은 관찰이란 것은 관찰 대상과 감각의 연관성을 정해주는 자연법칙을 알고 있을 때만 의미가 있으며, 관찰할 수 있는 것이 무엇인지를 결정해주는 것이 바로 이론이라는 말을 했다고 한다. 1917년 아인슈타인은 보어의 원자모형을 이용하여 플랑크의 복사공식을 유도하는 논문을 썼는데, 이때 광자의 입자성을 나타내는 운동량이라는 개념을 물리에 도입시켰다. 하이젠베르크는 이 개념에 기초해 물리적인 관점에서 불확정성 원리를 연구하게 되었다. 그는 양자역학의 철학적 해석이라고 할 수 있는 『물리와 철학』, 『부분과 전체』라는 책을 저술하기도 했으며, 1934년에 노벨상을 받았다.

하이젠베르크의 불확정성 원리는 물리학뿐만 아니라 철학과 사회사상에도 많은 영향을 주었다. 불확정성 원리는 사회의 발전 방향이 이미 결정되어 있다는 결정론적 사고방식을 부정한다. 영국의 철학자 칼 포퍼(Karl Raimund Popper)는 하이젠베르크의 불확정성의 원리에 영향을 받아서 『열린사회와 그 적들』이란 유명한 책을 썼다. 그는 이 책에서 인류의 운명과 역사는 결정되거나 닫혀 있지 않고 무한한 가능성으로 열려 있다고 주장했다. 또한 양자의 위치와 속도가 정해져 있지 않듯이 인류의 운명도 미리 결정될 수 없다고 주장했다.

양자역학은 원자핵과 쿼크처럼 아주 작은 세계를 이해하고 설명해준다. 또한 원자들로 이루어진 분자 차원의 물체에도 양자론적 효과가 중요해지면서 물리학뿐 아니라 화학, 생물학 등 자연과학의 핵심적인 도구가 됐다. 그런 결과들은 반도체나 초전도체, 나노 같은 최첨단 물질의 개발에서 엿볼 수 있다.

반도체는 불연속적인 에너지값을 갖는 양자론의 특징을 잘 활용한 대표적인 예다. 전자의 흐름을 전류라고 하는데, 전자가 자유롭게 움직이면 전류가 잘 흘러 도체가 된다. 반면 전자가 원자에 구속되어 잘 움직이지 못하면 부도체가 된다. 도체와 부도체의 차이는 전자들이 불연속적인 에너지 변화에 의해 어떤 상태를 갖느냐에 따라 달라진다. 반도체는 도체와 부도체의 중간 상태로 전자들 중 일부만 움직일 수 있는 물질을 말한다.

1947년 반도체 트랜지스터가 발명된 이후 인류는 전자문명을 누리고 있다. 그런데 전자문명의 총아이자 근본인 컴퓨터가 머지않아 속도 한계에 도달한다는 어두운 전망이 나오고 있다. 컴퓨터 속도를 높이려면 소자의 크기를 줄여야 하는데 무한정 작아질 수 없다는 한계에 부딪힌다. 소자의 크기가 원자크기인 10나노미터(=10억분의 1m)에 이르면 불확정성원리와 같은 양자효과의 영향을 받아 디지털 정보를 표시하는 0과 1의 구분이 힘들어지기 때문이다. 이러한 상황에서 전자가 아닌 빛을 사용한 광컴퓨팅 기술이 유력한 대안으로 떠오르고 있다.

미래의 양자 컴퓨터가 어떤 모습일지는 모르지만 현재의 컴퓨터와는 사뭇 다를 것으로 예상된다. 양자 컴퓨터의 최대 장점은 정보처리 능력에 있다. 양자 컴퓨터는 데이터의 최소 단위를 나타내는 비트(0과 1의 조합) 대신 '큐비트(qubit)'라는 단위를 사용한다. 여기서 큐비트는 (0,0), (0,1), (1,0), (1,1)의 네 가지로 나타낼 수 있다. 이처럼 큐비트는 중첩 현상에서 나온 말로 양자가 동시에 다양한 상태로 존재하는 것을 말한다. 큐비트들을 적절히 얽히게 만들면 계산 속도가 엄청나게 빨라진다.

물질이면서 물질이 아닌 것

1920년대 중반에 획기적인 진전이 있은 뒤, 제2차 세계대전으로 과학 연구가 소강기를 맞았다가 20여년이 지난 뒤에야 비로소 기존의 연구들이 완결되었다. 그러나 소강기로 접어들기 전 두 가지의 중요한 발견이 이루어졌다. 1927년 디랙(Paul Dirac, 1902~1984)은 특수 상대성이론에서 요구되는 것을 완전히 갖춘 전자의 파동 방정식을 제시한 논문을 출판했다. 이는 곧 전자의 방정식의 완결판이었다. 이상하게도 그 방정식에는 답이 두 개였는데, 그것은 마치 $x^2=4$라는 방정식이 두 개의 답을 가지고 있는 것과 비슷했다.

이 사소한 방정식의 경우에는 $x=2$이거나 $x=-2$이다. 그러나 디랙의 방정식에서 훨씬 더 복잡한 음의 값이 뜻하는 것은 무엇이었을까? 전자와 반대되는 성질, 그중에서도 특히 음전하 대신 양전하와 같은 특성을 띠는 입자를 묘사하는 것은 아닐까? 처음에 디랙은 이 답이 양성자가 되게 하려 했는데, 양성자는 실제로 양전하를 가지고 있었지만 음전자가 되기에는 질량이 너무 컸다. 1931년에 이르러 그는 그 방정식이 실제로 전에는 알려지지 않은 입자, 즉 전자와 질량은 동일하나 양전하를 띠고 있는 입자의 존재를 예측한다는 것을 깨닫게 되었다. 그 방정식을 더 연구해본 결과, 강력한 감마선처럼 에너지만 충분하다면 아인슈타인의 방정식 $E=mc^2$과 일치하면서 한 쌍의 입자, 즉 평범한 전자와 음전자 쌍으로 전환된다는 것이 밝혀졌다.

미국 캘리포니아 공과대학에서 우주선(cosmic rays) 연구를 하던 앤더슨(Carl Anderson, 1905~1991)은 1932년과 1933년에 실시한 실험에서 양전하를 띠는 입자의 흔적을 찾아냈다. 그는 양전자(positron)가 우주선 연구에 사용되는 안개상자에서 디랙이 예측한 양-음 전자 한 쌍의 생성 과정을 거쳐 만들어졌다는 것을 깨닫지 못했지만, 곧 다른 사람들이 그 연관성을 찾아냈다. 반물질(antimatter)이라 알려진 그 입자는 물질계에 실제로 존재하고 있으며, 오늘날 모든 종류의 입자들은 반대의 양자 특성을 지닌 반물질을 가지고 있는 것으로 알려져 있다.

입자들의 개성은 각양각색

원자 내에 있는 전자는 동일한 양자상태를 가질 수 없다는 파울리의 배타 원리는 비정상 제만 효과와 원소의 주기적인 성질을 설명하기 위해 도입됐다. 오스트리아의 이론물리학자 파울리(Wolfgang Ernst Pauli, 1900~1958)의 배타 원리는 물리학뿐만 아니라 화학에서도 중요한 개념이며, 전자론과 같은 고체물리학부터 초대칭 이론과 같은 고에너지물리학에 이르기까지 널리 적용되고 있다. 파울리는 보어, 하이젠베르크, 디랙과 함께 양자역학을 전자기장에 적용하여 양자전기동역학(QED)과 양자장론의 기초를 만들었다.

1896년 네덜란드 물리학자 제만(Pieter Zeeman, 1865~1943)은 자기장 내에서 스펙트럼선의 분리현상을 발견했다. 그 후 분광학 기술이 향상되면서 1920년대에는 수많은 실험 자료들이 축적되었다. 그 가운데 가장 설명하기 힘들었던 부분은 자기장에서 궤도 각운동량과 스핀 각운동량이라고 부르는 양들의 결합에 의해 스펙트럼선이 복잡하게 갈라지는 비정상 제만효과였다. 양자론에서 기존의 고전역학적 개념을 철저히 거부한 파울리는 주양자수, 부양자수, 자기양자수 외에 스핀양자수를 가정함으로써 배타 원리를 확립시킬 수 있었다. 각각의 전자는 원자 내에서 동일한 양자상태에 있을 수 없다는 배타 원리를 바탕으로 고전양자론의 문제점을 완전히 제거하고 원소의 주기적 성질을 완벽하게 설명할 수 있었다.

파울리의 배타 원리를 만족하는 입자들을 묘사하기 위해서는 디랙의 방정식에서 부호가 바뀌는 반대칭 파동함수를 사용해야 한다. 한편 배타 원리의 지배를 받지 않는 입자들에서는 대칭인 파동함수를 사용해야만 한다. 파동함수의 대칭성과 관련된 입자들의 중요한 물리적 성질은 스핀으로 나타낼 수 있다. 스핀의 기본단위는 플랑크 상수를 2π로 나눈 값으로 자연에 존재하는 기본입자들은 스핀이 정수값 또는 분수값을 가진 두 종류로 분류된다.

1926년 이탈리아의 물리학자 페르미(Enrico Fermi, 1901~1954)는 이상기체의 상태방정식에 파울리의 배타 원리를 적용하여 새로운 통계법칙을 유도했다. 1927년 디랙은 분자 집단에 대한 상태함수는 대칭인 파동함수를 사용하고 이에 따른 새로운 통계역학으로 다루어져야 한다고 주장했다. 분수의 스핀값을 가진 전자나 양성자들은 '페르미온(fermion)'이라고 불리며, 배타 원리를 만족하기 때문에 반대칭인 파동함수에 의해 기술되고 페르미-디랙 통계를 따른다. 한편 정수의 스핀값을 가진 광자는 배타 원리를 만족하지 않기 때문에 '보존(boson)'이라고 불리며, 대칭인 파동함수에 의해 기술되고 보즈-아인슈타인 통계를 따른다.

파울리는 닐스 보어로부터 많은 영향을 받았지만, 에너지 보존법칙이나 대응원리와 같은 몇몇 부분에서는 닐스 보어에게 강한 비판을 가했다. 파울리는 고전양자론을 구성하고 있던 많은 개념들이 여전히 기존의 고전역학에서 사용되는 개념을 포함하고 있는 것에 대해 무척 커다란 불만을 느꼈다. 예를 들면, 당시에는 풀리지 않던 양자현상에 대한 문제를 해결하는데 유용한 개념적 도구였던 보어의 대응원리도 여전히 기존의 고전역학에 의존하고 있었다. 그는 원리 자체의 유용성에도 불구하고 그것이 새로운 양자론을 구성하는 중심 개념이라는 데 대해서는 깊은 회의를 나타냈다.

보어의 대응원리에 따르면, 미시 세계를 기술하는 새로운 양자이론은 그 극한에 있어서 거시 세계를 기술하는 기존의 고전역학과 일치한다. 따라서 많은 과학자들은 그때까지 설명할 수 없었던 새로운 양자현상에 대한 가능한 설명을 찾아내는 데 대응원리를 이용하곤 했었다. 그러나 파울리는 이런 대응원리조차 거부했다. 그는 새로운 양자론의 형성에 있어서 철저히 개념적인 혁명을 요구한 완벽주의자였다.

세상에서 가장 강한 힘

물리학 분야는 거시 세계에서 미시 세계의 작은 영역으로 들어가는 동시에 낮은 에너지에서 높은 에너지의 상호작용을 연구하는 쪽으로 발전했다. 뉴턴 물리학은 행성과 별 사이의 움직임과 같은 거대한 영역을 다루며, 중력에 의해 영향을 받는다. 기체 법칙과 같은 분자 영역으로 들어가면 분자들 사이의 결합에너지는 주로 전자기력의 영향을 받는다. 19세기 말과 20세기 초, 전자와 양성자가 발견됨에 따라 물리학자들은 상대적으로 강한 원자 속의 전자와 핵 사이의 상호작용을 연구하기 시작했다.

1930년대의 마지막 중요 발견에 대해 알아보기 위해서는 그보다 약 10여 년 앞선 1920년대 초로 되돌아가야 한다. 당시는 아직 중성자가 발견되기 이전이며, 알파 입자를 네 개의 양성자와 두 개의 전자가 결합한 것으로 설명하려는 다양한 알파 입자 모형이 존재했다. 하지만 그런 모형은 정전기 반발 때문에 역사 속으로 사라져버렸다. 1921년에 출판된 논문에서 채드윅과 그의 동료는 알파 입자에 대한 이런 종류의 모형이 옳다면 그것은 매우 강력한 크기의 힘에 의해 붙어 있는 것이 틀림없다고 쓰고, "이러한 효과를 만들어내는 힘의 장을 찾아내는 것이 우리의 임무다"라고 결론지었다.

원자핵 지름으로 표시되는 아주 짧은 거리에서 전기력보다 더 센 어떤 강력한 힘이 전기 반발을 압도하면서 모든 것을 함께 붙들어놓을 수 있어야 한다. 이것은 강한 핵력 또는 강력(strong force)이라고 알려지게 되었다. 후에 이루어진 실험들은 이 힘이 전기력보다 약 100배는 더 세다는 것을 보여주었고, 이는 가장 커다랗고 안정된 핵에 100여 개의 양성자가 있으며, 그 이상이 되면 전기적 반발력이 강력을 극복하고 핵이 불안정해진다는 사실을 의미했다. 그러나 강력은 전기력, 자기력, 중력과는 달리 역제곱법칙을 따르지 않는다. 그것은 약 10-13센티미터의 제한된 범위에서는 실제로 매우 강하며, 그 범위를 넘어서면 강력이 연기처럼 사라져버린다.

입자물리학 초기에는 오직 가벼운 전자와 무거운 핵자만이 알려졌다. 일본의 물리학자 유카와 히데키(湯川 秀樹, 1907~1981)가 1935년에 핵자 사이의 강한 상호작용을 설명하기 위하여 강력을 매개하는 입자를 도입했다. 유카와는 강력의 거리 범위로부터 이 입자의 질량을 계산한 결과 그 질량이 전자와 핵자의 중간 정도라는 사실을 알아내고, 이 때문에 이 입자를 '중간자'라고 이름 지었다.

핵력의 범위가 매우 짧다는 것은 양성자끼리 반발하는 쿨롱의 전자기력을 극복하고 복합핵이 만들어질 수 있다는 것을 의미한다. 별들은 이런 열핵융합과정을 통해 복사선을 방출하기 때문에 핵력은 별들의 구조와 진화에 매우 중요한 역할을 한다. 핵력의 성질을 이해하기 시작하면서 물리학은 매우 작은 세상을 위한 법칙(입자 물리학)과 아주 큰 우주를 위한 법칙(천체 물리학)으로 나뉘어져서 독립적으로 발전하게 되었다.

뉴트리노와 가장 약한 힘

러더퍼드에 의해 원자핵이 발견되면서 핵을 구성하고 있는 양성자와 중성자들이 연이어 발견되었다. 그리고 베크렐이 처음으로 방사능을 발견한 이래 원자핵에서 방출되는 방사선에는 세 가지 종류가 있다는 것이 밝혀졌다. 방사선이란 불안정하고 무거운 원소가 보다 안정된 원소로 바뀔 때 방출하는 입자로서 알파선은 헬륨핵, 베타선은 전자, 감마선은 광자라는 사실이 밝혀졌다. 그런데 물리학자들은 원자핵 내부에 전자가 존재할 수 없음에도 불구하고 베타선의 실체인 전자가 방출되는 현상을 이해하기 어려웠다.

알파 붕괴에서 방출되는 알파선은 방출 전과 방출 후에 에너지보존법칙이 성립한다. 그런데 베타 붕괴에서 방출되는 베타선의 운동에너지는 일정하지 않고 범위가 널리 분포되어 있었다. 1930년대 파울리는 이러한 모순을 해결하기 위해 새로운 입자를 제안했는데, 이것은 나중에 '뉴트리노(neutrino, 중성미자, 이탈리아어로 작은 중성자라는 뜻)'라고 하는 질량이 거의 없거나 매우 작은 입자로 밝혀졌다. 페르미는 약력의 존재를 가정하고 원자핵 내부의 중성자가 양성자와 전자로 바뀌면서, 이때 다양한 에너지를 가진 뉴트리노가 전자와 함께 방출된다는 논문을 발표했다.

페르미는 20세기 들어 이론과 실험 모두를 잘할 수 있었던 마지막 사람이었다. 그는 오늘날 파울리의 배타 원리에 따르는 입자에 적용되는 페르미 통계를 만들었으며, 베타붕괴에 대한 이론을 발전시켰다. 또한 베타붕괴에서 전자와 함께 방출되는 뉴트리노를 설명하기 위해 소위 '약력(weak nuclear force)'이라고 불리는 새로운 힘을 제안했다. 약력은 핵력에 비해 무척 약하기 때문에 붙여진 이름이며, 뉴트리노와 관련된 모든 입자들 사이의 상호작용을 말한다.

약력은 우라늄이나 코발트 같은 원소에서 방사능 붕괴를 일으키는 힘이며 원자 규모의 짧은 거리에서만 작용하고 거리가 멀어지면 급격하게 감소한다. 현재까지 알려진 바에 의하면 자연계에는 4가지 기본적인 힘이 존재하는데, 다음과 같은 두 가지 공통점이 있다. 첫째, 이 힘들은 아주 미세한 입자(힘을 매개하는 입자)들에 의해 전달된다는 것이다. 전자기력은 광자라고 하는 질량이 없는 입자(빛)에 의해 매개되며, 약력과 강력은 각각 위크게이지 보존과 글루온에 의해 매개된다.

세 종류의 매개입자들의 성질은 1984년 무렵까지 거의 완전하게 규명되었다. 그래서 물리학자들은 중력의 경우에도 힘을 매개하는 입자가 존재할 것으로 가정하여 '중력자'라는 이름을 붙여 놓았지만 아직까지 발견되지 않았다. 두 번째 공통점은 각각 힘의 크기를 결정하는 물리량이 존재한다는 것이다. 중력은 질량에 의해 크기가 결정되고, 전자기력은 전기 전하에 의해 힘의 크기가 결정된다. 마찬가지로 강력은 강전하, 약력은 약전하라고 하는 물리량에 의해 그 세기가 결정된다. 짧은 거리에서 작용하는 힘일수록 그 세기가 커지는데, 강력은 전자기력의 100배, 그리고 약력의 10만 배나 큰 반면, 중력은 네 가지 힘 중에서 가장 작다.

중성미자의 확인으로 일상세계의 모든 미시 세계를 결정하는 입자와 힘의 집합이 완결되었다. 모든 물질은 원자로 이루어져 있다. 원자는 양성자, 중성자, 전자로 이루어져 있다. 핵은 강력에 의해 양성자와 중성자를 붙들어 두고, 핵 속에서 약력으로 인해 베타 붕괴가 일어날 수 있다. 전자는 핵 외부의 구름 속에서 돌고 있으며, 전자기력으로 일정한 에너지 상태를 차지하는 것으로 존재한다.

가장 성공적인 이론

중력 외에 약한 핵력은 방사능을 통해 우리에게 제한적으로 영향을 주며, 전자 사이의 상호작용, 전자와 양전하를 띠는 원자핵 사이의 상호작용, 전자와 전자기 복사의 상호작용에 따라 인간 세계의 거의 모든 것이 영향을 받는다. 이러한 상호작용은 1940년대에 빛(전자기 복사)과 물질의 완전한 이론으로 합쳐진 양자역학의 법칙에 좌우된다. 이 이론은 양자전기역학(quantum electrodynamics, QED)이라고 알려져 있으며, 지금까지의 과학이론 중 가장 성공적인 이론일 것이다. 사실 양자전기역학은 세 명의 과학자들에 의해 각각 독자적으로 만들어졌다.

완전한 이론을 처음 만들어낸 이는 일본의 도모나가 신이치로(朝永振一郎, 1906~1979)였다. 그는 제2차 세계대전이라는 힘든 상황과 그 다음에는 더 지독한 상황에서 연구를 했는데, 바로 이런 어려움 때문에 그의 연구 결과는 다른 두 명의 선구자들인 미국인 슈빙거(Julian Schwinger, 1918~1994)와 파인만(Richard Feynman, 1918~1988)의 연구 논문이 출판될 때와 거의 비슷한 시기에야 비로소 출판되었다. 세 명 모두 1965년에 노벨상을 공동 수상했다.

도모나가와 슈빙거는 당시 양자역학의 전통적인 수학적 틀 안에서 연구를 했다. 그들은 1920년대의 획기적 발견 이후 계속된 연구의 토대 위에서, 특히 디랙의 연구를 토대로 삼아 연구했다. 파인만은 기본적으로 처음부터 양자역학을 완전히 다시 만들어내는 접근법을 사용했다. 파인만에 따르면, 두 개의 전자나 또는 전자 한 개와 양성자 한 개처럼 전하를 띠는 두 개의 입자들이 상호작용을 할 때, 이것들은 광자를

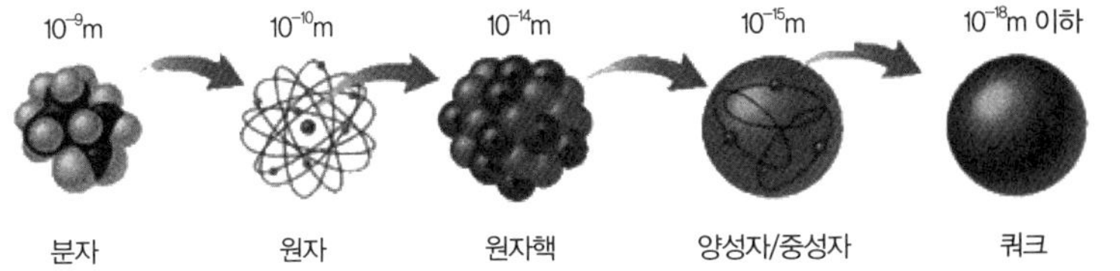

물질의 크기에 따른 입자의 분류

교환하는 것으로 생각할 수 있다. 예를 들어, 두 개의 전자는 서로 상호작용해서 광자를 교환하고 새로운 경로를 가질 수 있다. 바로 이러한 광자의 교환이 양자전기역학에서 역제곱법칙에 따라 반발력을 일으킨다. 강한 핵력과 약한 핵력은 광자 같은 입자들을 비슷한 방식으로 교환한다. 이처럼 아직 완전한 양자 중력 모형은 만들어지지 않았지만 중력 역시 중력자(graviton)라 부르는 입자의 교환으로 설명할 수 있다.

자기 모멘트(magnetic moment)라 부르는 전자의 특성 하나만 보더라도 양자전기역학의 정확성을 알 수 있다. 디랙이 1920년대 말에 만들어낸 초기의 양자전기역학에서는 단위를 잘 선택할 때 자기 모멘트는 1로 예측되었다. 동일한 단위에서 실험을 통해 측정된 전자의 자기 모멘트는 1.00115965221로, 끝자리에서 ±4의 불확정성이 있다. 이는 1930년대 물리학자들에게 양자전기역학이 제대로 작동하고 있다는 확신을 주었다.

이론과 실험의 불일치는 0.00000001퍼센트로, 파인만은 이것이 뉴욕에서 로스앤젤레스까지의 거리를 인간의 머리카락 두께로 재는 것에 해당한다고 지적했다. 이는 지금까지 지구상에서 이루어진 실험 중 이론과 가장 정확하게 일치하는 것이다. 과학이 우리가 매일 접하는 물질계의 행동을 얼마나 잘 설명해주는지, 갈릴레오와 뉴턴 같은 사람들이 과학적인 관찰과 실험을 통해 이론을 검증한 이후 우리가 얼마나 진보되어왔는지를 잘 보여준 예이다.

자연을 구성하는 물질

19세기 말과 20세기 초에 전자와 양성자가 발견되자 그리스 시대 이후 오랫동안 추구해왔던 자연의 기본적인 구성 물질을 찾았다고 생각했다. 그러나 실험장치의 발전과 더불어 새로운 입자들이 계속 나타나게 되자 입자들의 성질과 구조를 알기 위한 입자물리학의 새 장이 시작되었다. 20세기 초반에 발견된 입자들의 순서에 따라 물리학이 어떻게 발전돼 왔는지를 살펴보자.

먼저 빛이라 불리는 광자는 플랑크의 양자론에 의해 처음으로 세상에 나왔다. 광자는 질량과 전하가 없는 전자파로서 파동과 입자의 성질을 모두 갖고 있다. 실제로 미시 세계에서는 광자뿐만 아니라 모든 것이 입자와 파동의 두 가지 성질을 가지고 있다. 여기서 질량이 없다는 것은 그 입자가 움직이지 않을 때의 정지질량을 말한다. 그러나 상대성 이론에 의하면 빠른 속도로 움직이는 입자는 운동에너지를 가지고 있으므로 질량이 증가한다. 광자를 에너지에 따라 분류하면 우리가 흔히 알고 있는 전파와 마이크로웨이브, 적외선, 가시광선, 자외선, X선, 감마선에 이르기까지 연구대상과 성격에 따라 달리 부른다.

전자는 오래 전부터 그 성질을 알고는 있었지만, 19세기 말까지 정확한 실체는 알려지지 않았다. 1830년대 패러데이는 전기분해 실험을 통해 전하의 개념을 확립했으며, 1897년 톰슨은 음극선의 실체가 전자라는 것을 입증했다. 또한 1905년 밀리칸은 기름방울 실험을 통해 전자의 질량과 전하량을 정확하게 측정함으로써 전자의 물리적인 특성을 밝혀냈다.

같은 시기에 음극선관의 양극으로부터 음극 쪽으로 느리게 움직이는 양전하를 띤 입자들을 발견했는데, 양성자로 불리는 이 입자의 질량은 전자보다 1840배나 무거우며 전하량의 크기는 전자와 같고 부호는 반대이다. 1911년 러더퍼드는 알파입자의 산란실험을 통해 원자핵을 발견했으며, 오늘날 우리가 알고 있는 원자 모형을 수립하는데 결정적인 역할을 했다.

양성자보다 약간 더 무거운 중성자는 1932년 채드윅에 의해 발견되었다. 중성자는 전하가 없으며 양성자와 더불어 원자핵 내부에서는 안정적이지만, 원자핵 바깥에서는 약 12분 만에 양성자와 전자로 붕괴한다. 이로써 원자핵을 구성하는 양성자와 중성자, 그리고 원자핵 주위를 도는 전자의 실체가 모두 밝혀짐에 따라 더 이상의 소립자는 없을 것으로 예상되었다. 그러나 같은 시기에 앤더슨이 우주선에서 양전자(반전자)를 발견함으로써 소립자 연구는 새로운 국면을 맞이하게 된다.

양전자는 전자의 반입자로서 모든 면에서 동일한 성질을 지녔으나 전하가 반대이다. 이 발견으로 인해 물리학자들은 모든 입자들에는 반입자가 존재한다고 확신하게 되었다. 광자의 반입자는 광자 자신이지만, 전자나 양성자 등은 자신과 뚜렷하게 구별되는 반입자를 갖는다. 양전자는 불안정해서 물질 내에서 전자와 결합하여 함께 소멸되면서 질량은 없고 에너지만 있는 두 개의 감마선이 생성된다. 즉 물질이 없어지면서 에너지가 만들어지는 것이다. 반대로 에너지만 있는 곳에서 갑자기 입자들이 만들어지기도 한다.

우주선에서 양전자가 발견되자 물리학자들은 우주 공간으로 눈을 돌리기 시작했다. 별들과 은하계로부터 지구로 날아오는 우주선은 에너지가 큰 양성자와 무거운 핵들로 이루어져 있는데, 지구의 대기를 구성하고 있는 입자들과 충돌할 때 수많은 종류의 새로운 입자들이 생성되면서 소나기처럼 쏟아진다. 1934~1935년 사이에 앤더슨은 우주선으로부터 또 다른 새로운 입자를 발견했는데, 투과력이 강하고 정지질량이 큰 입자들이었다. 뮤중간자로 불린 이 입자는 전자보다 약 200배나 무거웠으며, 200만 분의 1초 뒤에는 전자와 중성미자, 그리고 반중성미자로 붕괴했다. 여기서 '중간자'라는 뜻은 그 질량이 전자와 양성자 사이에 있음을 의미한다. 뮤중간자는 오늘날 뮤온이라고 불리며, 불안정하고 무거운 전자로 분류된다. 전자와는 달리 뮤온은 아무런 역할도 하지 않는 것처럼 보여서 발견될 당시와 마찬가지로 물리학자들은 자연이 무엇 때문에 불필요한 입자를 창조했는지 의심스런 눈초리로 쳐다보고 있다.

1935년 유가와는 매우 짧은 거리에서만 작용하는 핵력이 있기 위해서는 힘을 매개하는 입자가 존재한다고 생각했다. 당시 전기력은 광자에 의해 매개된다는 것을 알고 있었으므로 핵력에도 매개 입자가 있을 것으로 예상한 것이다. 그는 불확정성 원리를 적용하여 매개 입자의 질량을 계산했다. 이것을 유가와의 중간자 이론이라고 하는데, 마침 그와 질량이 비슷한 뮤온이 발견되었다. 물질을 구성하는 전자와 양성자, 중성자는 모두 페르미온이며 파울리의 배타원리를 만족해야 한다. 즉 페르미온은 한 상태에 한 입자만 존재할 수 있다. 한편 광자는 보존이므로 한 상태에 얼마든지 많은 입자가 존재할 수 있으며, 전자기력을 매개하는 입자이다. 핵력이나 약력 같은 기본적인 힘을 매개하는 입자는 모두 보존이어야만 한다. 뮤온의 성질을 자세히 조사한 결과 전자와 같은 페르미온이었으며, 따라서 유가와가 예언한 핵력을 매개하는 입자가 될 수 없었다.

1946~1947년에 걸쳐 파웰(Powell)은 우주선에서 파이온이라는 입자를 발견했다. 파이온은 유가와가 예측한 것과 비슷한 질량을 가진 보존으로 두 핵자가 충돌할 때 풍부하게 만들어진다. 이것은 파이온이 핵력을 매개하는 입자라는 또 다른 증거가 되었다. 반감기가 약 1억 분의 1초로 매우 짧은 수명을 가진 파이온은 전자보다 약 270배 무거우며 전하가 양과 음 그리고 0인 세 가지 종류가 있다.

중성미자는 이제껏 알려진 입자들 중에서 가장 신비스러우며, 아직도 정확한 질량을 측정할 수 없을 정도로 그 구조가 알려지지 않았다. 1920년대 베타선을 방출하는 방사성물질들을 조사하면서 에너지보존법칙에 위배되는 사실을 발견했다. 즉 베타선을 방출한 후의 핵이 베타선을 방출하기 전의 핵보다 질량이 작았다. 에너지보존의 원리가 적용되지 않는 문제가 너무 심각해서 보어를 포함한 몇몇 저명한 물리학자들은 핵에서 일어나는 과정에 대해 에너지보존 법칙을 포기하자는 말까지 나왔다. 1930년 파울리는 마지못해 절망적인 마음으로 베타붕괴에서 전자와 함께 새로운 입자가 방출된다는 개념을 제안했다. 당시 알려진 기본 입자는 단지 광자, 전자, 그리고 양전자뿐이었다. 이들 세 입자들이 에너지와 질량에 관한 모든 법칙들을 적절하게 설명한다고 생각되었기 때문에 이러한 제안은 터무니없고 대담한 것으로 받아들여졌다.

1934년 페르미는 이 입자를 중성미자로 부르면서 약력이라고 하는 새로운 상호작용을 도입하여 베타붕괴를 설명하는 논문을 발표했다. 이 논문에 의하면 중성미자는 베타붕괴에 대한 에너지보존 법칙을 만족시키기 위해 다양하고 연속적인 에너지를 가진다. 중성미자는 물질과 너무 약하게 상호작용하기 때문에 그 실체를 밝히기 어려웠지만, 1956년에 실험을 통해 처음으로 관찰되었다.

베타붕괴는 핵 속의 중성자가 양성자로 변하면서 전자와 중성미자를 방출하는 과정이다. 반대로 양성자와 전자, 중성미자를 융합시키면 중성자가 만들어진다. 이러한 과정은 태양과 같은 별의 중심부에서 네 개의 양성자가 열핵융합을 일으켜 헬륨 원자핵을 만드는 첫 번째 단계이며, 별들은 수소폭탄과 같은 핵융합을 통해 헬륨 원자핵과 네 개의 양성자(수소) 사이에서 질량의 차이에 해당하는 만큼의 에너지를 만들어낸다.

1930년대부터 우주선으로부터 양전자와 뮤온, 파이온이 발견된 이후 소립자의 수는 계속 늘어났으며, 1960년대에는 대형 입자가속기가 만들어짐에 따라 실험을 통해 새로운 입자들이 계속 만들어졌다. 자연적으로 발견된 소립자뿐만 아니라 인위적으로 만들어진 소립자가 수백가지에 이르면서 이들 소립자를 다시 분류할 필요가 생기게 되었다. 소립자는 질량에 따라 전자와 같이 가벼운 입자와 파이온처럼 질량이 중간쯤 되는 입자, 그리고 양성자와 중성자같이 무거운 입자로 나뉜다. 가벼운 입자는 렙톤이라고 하며, 모두 다 페르미온 입자에 속한다. 질량이 중간쯤 되는 입자는 메존이라고 하며, 핵력을 매개하는 입자로 모두 보존에 속한다. 질량이 가장 큰 입자는 바리온이라고 하며, 모두 페르미온에 속한다.

지금까지 다양한 입자들의 유사성과 차이점을 분류하기 위해 여러 가지 분류법들이 제안되었다. 가장 좋은 방법은 입자가 갖는 두 가지 성질, 즉 입자의 스핀과 강력(핵력)에의 의존도에 따라 분류하는 것이다. 입자의 스핀에 따라 반정수(1/2, 3/2, 5/2,…)값을 갖는 페르미온과 정수(0, 1, 2,…)값을 갖는 보존으로 나눈다. 페르미온은 파울리의 배타원리에 따라 한 상태에 한 입자만 존재할 수 있다. 한편 보존은 파울리의 배타원리에 적용되지 않으므로 한 상태에 무수한 입자들이 존재할 수 있으며, 기본적인 힘(중력, 전자기력, 강력, 약력)을 매개하는 입자들이다.

물질의 바다를 항해하다

그리스시대 이래 물질을 구성하는 가장 기본적인 입자를 원자라고 생각했지만, 원자는 그보다 더 작은 전자와 양성자, 중성자로 나뉘어졌다. 처음에는 3개로 출발했던 소립자가 시간이 지날수록 새로운 소립자들이 발견되면서 결국 수백 개에 이르렀다. 그러나 기본적인 입자들 중에서 오직 광자, 전자, 양성자, 중성자, 중성미자들만 안정된 상태로 존재한다. 다른 모든 입자들은 시간이 지남에 따라 안정된 입자들로 붕괴한다. 현재까지 물질의 영역 속으로 항해를 거듭함에 따라 다섯 단계에 걸친 물질의 바다를 건너왔다. 그것은 분자, 원자, 핵, 하드론, 그리고 쿼크의 영역으로 분류할 수 있다. 여기서 하드론이란 양성자와 중성자를 비롯해서 핵 속에서 핵력에 의해 지배를 받는 입자들을 말한다.

입자들의 존재를 확인하는 데는 실험기기들의 발달에 힘입은 바가 크다. 1897년 톰슨은 음극선관을 이용하여 전자를 발견했으며, 1919년 러더퍼드는 섬광스크린을 이용하여 양성자를 발견했다. 1956년 코완과 라이메스는 원자로와 광전자증배관, 액체섬광계수기와 같은 첨단의 장비를 이용하여 중성미자를 검출하는데 성공했다. 그 외 대부분의 소립자들은 대규모의 입자가속기와 첨단 검출장비를 사용하여 발견되었다. 그 중에서 대부분의 입자들은 거품상자 속에서 사진으로 확인되었다.

1952년 글래저와 알바레는 윌슨이 개발한 안개상자의 원리와 비슷한 거품상자(bubble chamber)를 만들었다. 액체수소나 헬륨을 상자에 넣고 끓는점에 가까운 온도로 유지시킨 다음, 압력을 낮게 하면 액체는 끓는점보다 높은 온도에서 과열 상태가 된다. 이 상태에서 하전입자가 통과하면 기포가 형성되어 입자의 경로가 나타나게 된다. 글래저는 맥주잔의 바닥에서 올라오는 거품들을 보고 이런 착상을 했다고 한다.

1950년대와 1960년대에 만들어진 입자가속기에서는 수많은 강입자(하드론)들이 쏟아져 나오기 시작했다. 물리학자들은 그 입자들을 그리스와 라틴어의 자모에 따라 케이온(kaon), 로 메존(rho meson), 람다 하이퍼론(lambda hyperon)등으로 불렀다. 원자핵 내부에서 너무 많은 하드론들이 발견되면서 오늘날에는 거의 무한에 가까운 종류의 하드론들이 있을 것으로 추측된다. 페르미는 하드론의 종류가 계속 발견되자, 이럴 줄 알았으면 동물학을 공부했을 것이라는 이야기까지 했다.

하드론은 메존과 바리온으로 나눌 수 있다. 그들을 구별하는 특징은 스핀과 질량, 그리고 전하량으로 몇 가지 보존법칙에 따라 다르게 상호작용한다. 1961년 겔만(Gell-Mann), 니만(Neeman)은 서로 독자적으로 하드론들을 분류하여, '팔정도(八正道)'라고 이름을 붙였다. 팔정도는 불교의 아함경에 나오는 경구에서 따왔으며, 수학적 대칭성에 기반을 두고 하드론들을 분류했다. 팔정도에 의하면 모든 하드론들은 일정한 수의 입자들로 구성되어 있는 특정한 가족의 일원이 되어야 한다.

하드론은 결국 쿼크로 이루어져 있다는 사실이 밝혀졌다. 그러나 이전의 입자들이 실험물리학에 의해 발견된 것과는 달리 쿼크는 이론물리학의 수학적 기법에 의해 발견되었다. 겔만은 팔정도 분류법에서 점과 같은 입자들이 1보다 작은 분수의 전하를 가진다고 가정했다. 그는 이 입자들을 제임스 조이스의 소설 『피네간의 경야』에 나오는 문장에서 따온 '쿼크(quark)'라는 이름을 붙였다. 겔만은 세 가지 쿼크가 존재한다고 제안하면서 그것들을 각각 '위(up)', '아래(down)', '기묘한(strange)' 쿼크라고 불렀다. 이것들은 간단하게 u, d, s 쿼크로 표시된다.

쿼크 이론에 의하면, 하드론 내에서 쿼크들이 서로 다른 궤도를 돌며 수많은 구조로 결합할 수 있다. 예를 들어 양성자는 두 개의 u 쿼크와 한 개의 d 쿼크로 이루어져 있고 중성자는 한 개의 u 쿼크와 두 개의 d 쿼크로 이루어져 있다. 그리고 양성자와 중성자는 여덟 개의 하드론족을 구성하는 두 개의 구성원에 불과하다. 쿼크들 사이의 차이점은 단지 질량 차이로 s 쿼크는 u, d 쿼크에 비해 50배나 더 무겁다.

쿼크의 분류

입자		형태	약력	전자기력	강력
게이지보존 (gauge boson)	광자(photon)	게이지보존	X	O	X
	W+, W-, Z0		O	O	X
	글루온(Gluon)		X	X	O
경입자 (lepton)	중성미자(neutrino)	페르미온 (fermion)	O	X	X
	전자(electron)		O	O	X
	뮤온(muon)		O	O	X
	타우온(tauon)		O	O	X
강입자 (hardon)	중간자(meson)	보존(boson)	O	O	O
	중입자(baryon)	페르미온	O	O	O
	쿼크(quark))	페르미온	O	O	O

이제 무수히 많은 하드론들의 문제는 단 세 개의 쿼크들의 상호작용과 동력학의 문제로 줄어들었다. 1968년 미국 스탠퍼드대학의 3.2킬로미터나 되는 선형입자가속기(SLAC)를 이용한 실험에서 양성자의 전하가 점 같은 형태로 집중되어 있으며, 쿼크들은 떡 속에 박힌 콩과 같음을 보여주었다. 양성자의 내부 구조를 밝힌 실험은 50년 전 원자의 구조를 밝힌 러더퍼드의 실험과 비슷했다.

두 실험은 모두 한 입자를 다른 입자에 충돌시키는 것으로 러더퍼드는 금 원자에 알파입자를 충돌시켰지만, SLAC 실험은 양성자에 전자를 충돌시켰다. 러더퍼드의 실험은 책상 위에서 행해졌지만, 스탠퍼드의 실험은 3.2킬로미터의 길이를 필요로 했다. 양성자의 내부를 보는 실험은 원자의 내부를 보는데 필요한 에너지보다 10억 배나 더 컸으며, 더 작은 세계를 보기 위해서는 어마어마한 크기의 실험장치가 필요했다.

쿼크들은 하드론 내부에 영원히 갇혀 있으며, 쿼크들의 상호작용을 설명하기 위해 수많은 모형들이 제안되었다. 가장 대표적인 모형은 주머니 모형(bag model)과 줄 모형(string model)이다. 주머니 모형에 의하면 하드론들은 주머니 속에 들어 있는 액체 안의 공기방울과 같으며, 쿼크들은 방울 속에 영원히 갇혀 있다. 주머니 안에서 쿼크들을 떼어내려고 할 때 쿼크들 사이에 줄로 연결되어 거리가 늘어나는 것처럼 보인다. 주머니 모형과 줄 모형은 하드론들의 성질들을 어느 정도 설명할 수 있지만, 근본적인 양자 이론들은 아니다. 오늘날 쿼크들의 동력학은 양자 색역학(QCD)이라는 이론에 의해 보다 성공적으로 설명되고 있다.

하바드 대학의 글래쇼(Glashow)는 네 번째 쿼크가 존재한다고 주장했으며, 가상적인 쿼크의 이름을 '매력적(charmed)' 쿼크라고 불렀다. 1974년 입자가속기 실험을 통해 매력적 쿼크인 c 쿼크가 발견되었다. 그리고 1978년 페르미국립연구소의 레더만(Lederman)은 또 하나의 새로운 쿼크를 발견했으며, 이 쿼크의 이름을 '바닥(bottom)' 쿼크라고 불렀다. 그렇다면 더 큰 질량을 가진 쿼크들이 무수히 많이 존재할 수 있지 않을까? 실제로 1995년 '탑(top)' 쿼크가 발견되었으며, 더 큰 에너지를 가진 쿼크들이 존재할 가능성을 배제할 수는 없다. 그러나 현재까지 발견된 u 쿼크와 d 쿼크 이외에 네 개의 쿼크들은 질량이 너무 커서 아주 빠른 속도로 양성자나 중성자로 붕괴하고 만다.

만물의 이론

19세기 초반 돌턴의 원자론이 물리화학적 실험과 이론에 의해 확실한 기반을 갖추면서 물리학은 더 이상 쪼갤 수 없는 물질의 최소 단위인 입자들의 성질을 밝혀왔다. 궁극의 기본 입자로 생각되었던 소립자들의 수가 한없이 늘어나면서 물리학자들은 "과연 물질을 구성하는 최소 단위는 무엇인가?"라는 딜레마에 빠지게 되었다. 이러한 상황에서 모든 입자들은 근본적으로 끈의 형태로 이루어져 있다고 주장하는 끈 이론이 대두되었다. 즉, 입자들은 점이나 구의 형태가 아니라 지극히 미세한 1차원 고리 모양을 하고 있다는 것이다. 과거의 물리학자들이 찾아낸 물질의 미세 구조(원자, 전자, 양성자, 중성자, 쿼크)에 '진동하는 고리형 끈'이라는 최소 단위가 하나 더 추가된 것이다.

1968년 베네치아노(Veneziano)는 핵자들(양성자와 중성자) 사이에 작용하는 강력을 수학적으로 기술하면서 끈 이론을 처음으로 도입했다. 1970년 남부(Yoichiro Nambu)와 서스킨드(Leonardo Susskind)는 소립자의 형태를 '진동하는 1차원 끈'으로 간주했을 때 핵자들 사이의 상호작용을 성공적으로 기술할 수 있었다. 그러나 입자가속기를 이용한 실험결과들과 일치하지 않는데다, 점 입자론을 기초로 한 양자색역학(QCD)이 개발되어 강력을 성공적으로 기술하는 바람에 끈이론은 더 이상 설 자리를 잃어버렸다.

1974년 슈바르츠(John Schwarz)는 매개입자의 형태로 진동하는 끈들을 집중적으로 연구한 끝에 끈의 정체가 그동안 가설 속에서만 존재하던 중력의 매개입자인 중력자(graviton)라는 사실을 알아냈다. 그 후 1977년 글리오치, 셔크, 올리브가 초대칭의 개념이 도입된 끈이론을 발표하여 초끈 이론이 탄생했다.

당시 물리학계는 일반상대성 이론과 양자역학을 한데 묶으려는 수많은 시도들이 실패로 끝나면서 새로운 탈출구를 찾지 못하는 실정이었다. 끈 이론 역시 처음에는 강력을 설명하는 도구로 채택되었다가 문제점이 드러난 데다, 1970대 말~1980년대 초반에 걸쳐 끈 이론과 양자역학 사이의 논리적 불일치가 발견되면서 끈 이론의 입지는 더욱 좁아지게 되었다. 그러나 1984년, 슈바르츠와 그린이 끈 이론에 내재되어 있던 양자역학적 모순을 해결했을 뿐만 아니라 끈 이론 속에 네 가지 기본적인 힘(중력, 전자기력, 강력, 약력)과 모든 물질들이 포함된다는 고무적인 사실을 발견했다. 그러나 끈 이론의 연구과정에서 나타난 방정식들은 기존의 방정식들보다 훨씬 다루기 어려워서 그들 중 일부만이 근사적인 방법으로 간신히 해결될 정도였다.

1985년에 이르면 끈 이론은 10차원의 시공간을 전제로 하고 있으며, 입자의 스핀에 대칭성을 부여하는 방법에 따라 다섯 개의 이론이 존재하고 있었다. 1995년 위튼(Edward Witten)은 다섯 종류의 끈 이론이 겉으로는 서로 다른 형태를 취하고 있지만 사실은 이들 모두가 동일한 물리법칙을 기술하고 있다고 주장했다. 그는 끈 이론의 기본적인 구성요소가 10차원이 아닌, 11차원 시공간의 2차원 면이라는 M-이론을 주장하면서 끈 이론은 새로운 국면에 접어들었다.

끈 이론의 가장 큰 매력은 상대성이론의 거시적인 연속성과 양자역학의 미시적인 불연속성 사이에 존재하는 모순을 해결할 수 있는 가능성을 지녔다는 점이다. 예를 들어 바이올린 줄이 어떻게 진동하느냐에 따라 음색이 달라지듯이 만물의 근원인 끈의 진동세기와 패턴에 따라 다른 질량을 가진 소립자와 다른 힘을 가진 매개입자의 모습을 보여준다. 아인슈타인의 특수상대성 이론에 의하면 질량과 에너지는 근본적으로 같은 존재이지만, 서로 다른 형태를 가지고 있다. 마찬가지로 끈의 진동이 약하면 에너지가 작고 그것에 대응하는 질량이 작으며, 끈의 진동이 격렬하면 에너지가 크고 질량이 커진다. 마치 바이올린의 끈을 세게 튕기면 격렬하게 진동하지만, 약하게 튕기면 부드럽게 진동하는 것과 같은 이치이다. 이것은 끈의 진동세기에 의해 힘의 크기가 결정되고, 끈의 진동패턴에 따라 힘의 종류가 결정된다는 것을 의미한다.

초끈 이론에서는 끈들이 진동하는 유형에 따라 입자마다 고유한 성질들이 달라지고, 우주를 생성과 소멸의 과정으로 보는 빅뱅 이론과는 달리 영원히 성장과 수축을 반복하는 과정으로 본다. 또한 우리가 살고 있는 우주 외에도 수많은 다른 우주들이 각각의 물리법칙에 따라 존재한다고 가정한다. 그러나 우주의 최소 단위인 끈이 시간의 변화에 따라 어떤 특이성을 갖는지, 우주가 왜 갑자기 성장하게 되었는지 등에 관한 이유를 입증하지 못해 아직도 불완전한 이론으로 남아 있다.

이론물리학의 궁극적인 목표는 통일장 이론의 완성일 것이다. 통일장 이론을 한마디로 요약하면 모든 것을 설명하는 만물의 이론(Theory of Everything)이라고 할 수 있다. 현재까지 밝혀진 바에 의하면 자연계에는 네 가지 기본적인 힘 - 중력, 전자기력, 강력, 약력이 존재한다.

핵분열과 핵융합

제1차 세계대전이 끝난 1918년의 독일 모습은 황폐하기 그지없었다. 하지만 독일은 물리학의 황금기를 맞이하고 있었다. 1900년에 처음으로 양자가설을 도입하여 양자역학의 기초를 세운 플랑크와 1905년에 상대성이론을 주창한 아인슈타인, 그리고 불확정성원리를 만든 하이젠베르크, X선 결정학의 기초를 세운 라우에 등 일급 이론물리학자들이 있었다. 그 속에 당시에는 알려지지 않았지만 우라늄에서 여분의 중성자가 생성된다는 사실을 최초로 밝혀낸 헝가리에서 유학 온 젊은 물리학자 실라르드(Szilárd Leó, 1898~1964)도 있었다.

만일 내일 지구의 종말이 온다면 인류의 문화유산 가운데 반드시 보존해야 할 것은 무엇일까? 미국의 물리학자 파인만은 재앙이 발생해 다음 세대에 전할 수 있는 지식을 오직 한 문장으로 요약해야 하는 일이 벌어진다면 "나는 약간 떨어진 거리에 있을 때면 서로 끌어당기고 아주 가까이 다가가면 서로를 밀어내며 영원히 움직이는 원자에 대한 지식이다"라고 말했다.

원자들은 어디에나 존재하고 모든 것을 구성하고 있다. 원자들은 신기할 정도의 영속성을 가지고 있기도 하다. 우리 몸속에 있는 원자들은 우리 몸을 구성하기 전에 이미 몇 개의 별을 거쳐서 왔을 것이고, 수많은 생물들의 일부였을 것이 분명하다. 우리는 정말로 엄청난 수의 원자들로 구성되어 있을 뿐만 아니라, 우리가 죽고 나면 그 원소들은 모두 재활용된다. 그래서 우리 몸속에 있는 원자들 중의 상당수는 한때 부처와 칭기즈칸, 그리고 셰익스피어는 물론 거의 모든 역사적 인물로부터 물려받은 것들로 각각 수십억 개씩은 될 것이다. 따라서 수명이 상대적으로 짧은 우리는 모두 윤회하고 있는 셈이다. 우리가 죽고 나면 우리를 구성하고 있던 원자들은 모두 흩어져서 나무의 일부가 될 수도 있고, 다른 사람의 몸이 될 수도 있다. 그렇지만 원자들은 영원히 존재한다.

과학자들이 최초로 핵을 쪼개는 데 성공한 것은 1932년이다. 영국 케임브리지의 코크로프트와 월턴이 고전압 발생 장치를 만들어 양성자를 리튬 원자에 쏘았다. 리튬은 붕괴되면서 아인슈타인의 E=mc2에 해당하는 에너지를 발생시켰다. 하지만 생성되는 에너지보다 실험에 투입되는 에너지가 더 컸기 때문에 이 에너지를 상업적으로 이용할 수 있을 거라고는 전혀 예측하지 못했다. 이는 방사성 물질을 사용하지 않은 최초의 인공 핵반응이었다.

당시 중성자를 원자에 충돌시켜 핵이 변환되는 것을 연구하던 수많은 과학자들 가운데 우라늄의 핵분열을 발견한 것은 독일의 오토 한(Otto Hahn, 1879~1968)과 프리츠 슈트라스만(Fritz Strassmann, 1902~1980)이었다. 그들은 1938년 말 우라늄에 중성자를 쏘면 우라늄이 쪼개지고, 여기서 두세 개의 중성자가 나와서 이것이 연쇄반응을 일으킨다는 놀라운 사실을 발견했다. 우라늄보다 더 무거운 원소를 만들려는 목적이었는데, 그보다 훨씬 가벼운 원소가 검출되었던 것이다. 즉, 우라늄은 바륨(Ba)과 크립톤(Kr)으로 분열한 후 두세 개의 중성자를 방출하고, 또한 질량 결손에 의해서 막대한 에너지가 연쇄적으로 발생한 것이다. 바로 이것이 세계를 깜짝 놀라게 했던 원자폭탄의 기본 원리이다.

당시 독일은 히틀러가 집권하여 1939년 제2차 세계대전이 일어나게 된다. 한은 독일을 떠나 스웨덴에 피신해 있던 오스트리아인 동료 리제 마이트너(Lise Meitner, 1878~1968)에게 이 현상을 편지로 알렸다. 마이트너는 그의 조카인 물리학자 프리시와 우라늄 분열 메커니즘을 밝혀냈다. 그들은 핵이 쪼개지는 과정에서 에너지가 방출되는 현상이 생물 세포의 분열과 비슷하다고 하여 '핵분열(nuclear fission)'이라는 표현을 사용했다.

실라르드는 1933년 나치의 유대인 사냥에서 벗어나 영국 런던으로 건너왔다. 바로 그 무렵 그는 제1차 세계대전이 시작되기 전인 1914년 웰스가 쓴 소설『자유로워진 세계』를 읽었다. 그리고 인위적 핵붕괴를 이용하는 원자탄에 대한 공상 과학적인 묘사를 읽고 웰스의 상상력에 공감하며 다음과 같이 요약했다.

> "산업에 이용할 목적으로 대규모의 원자에너지 방출, 원자탄의 개발 그리고 세계대전… 영국, 프랑스 그리고 아마도 미국을 포함하여 중부 유럽에 위치한 강국 독일과 오스트리아에 대항하여 싸우는 세계대전"

웰스는 이 책에서 1956년에 전쟁이 일어나서 세계의 주요 도시들이 원자폭탄에 의해 모두 파괴된다고 예언했다. 이에 자극을 받은 실라르드는 핵의 연쇄반응을 발견하여 핵에너지를 이용할 수 있는 길을 열었다. 한편 이탈리아의 페르미는 양자이론에 대한 공헌으로 1938년 노벨상 수상식에 참여한 뒤, 무솔리니의 파시즘 정권을 피해 미국으로 망명했다. 1942년 페르미는 실라르드와 함께 시카고대학교의 실험실에서 처음으로 연쇄반응에 성공했다.

실라르드는 1939년에는 아인슈타인과 함께 루스벨트 대통령에게 편지를 보내 핵무기 개발을 비밀리에 건의했다. 하지만 대통령이 조치를 취한 것은 영국의 물리학자들이 핵무기 제작이 얼마나 쉬운 지 보여준 1941년이 되어서였다. 마침 일본이 진주만을 공격했고, 이에 자극을 받은 루스벨트는 핵폭탄 제작 연구를 지시했다. 이른바 맨해튼 계획이었다. 미국 버클리 대학의 물리학자 오펜하이머(Julius Robert Oppenheimer, 1904~1967)가 로스 알라모스 연구소장이 되어 여러 학자들과 함께 원자

폭탄을 만들기 시작했다.

1945년 8월 6일, '리틀 보이'가 히로시마에 떨어졌다. 3일 뒤에는 '팻맨'이 나가사키를 초토화시켰다. 안전판이 붙어 있는 긴 쓰레기통처럼 생긴 폭탄이 B-29로부터 투하되는 데는 43초가 걸렸다. 세로 3미터, 가로 0.76미터 크기의 폭탄은 육안으로 보기에는 작은 점이었다. 폭탄 내부에서 중성자 방출이 기하급수적으로 증가하는 과정은 100만분의 1초밖에 걸리지 않았다. 처음에 9킬로미터 상공에서 폭탄이 투하될 때는 차가운 공기 속을 표류하고 있었지만, 연쇄 반응이 일어나기 시작한 약 600미터 고도에서 폭탄은 섭씨 26.5도의 상쾌한 바람을 맞고 있었다. 우라늄 파편은 빛에 근접한 속도로 쪼개지면서 삽시간에 태양의 중심온도인 1,000만 도에 도달했고, 온도는 계속 올라갔다.

짧은 시간 동안 폭탄의 중심에는 우주가 창조되는 최초의 순간이 만들어졌다. 먼저 감마선은 넓게 퍼진 화살처럼 지상을 향해 뿜어졌다. 그 후 감마선보다 조금 늦게 하늘이 찢어지는 것처럼 우리가 눈으로 볼 수 있는 섬광이 나타났다. 우리 은하의 저편으로부터 거대한 태양이 나타난 것 같았다. 하지만 그것은 날마다 대지 위로 떠오르는 태양보다 몇백 배나 넓게 하늘을 채우고 있었다. 연쇄반응을 통해 생성된 에너지의 최소한 3분의 1이 섬광으로 분출되었다.

나머지 열기는 어마어마한 가속도로 공기를 밀어냈다. 세상에서 가장 빠른 허리케인보다 몇 배나 빠르게 이동했다. 아니 너무나 빨라서 오히려 조용했다. 어떤 강력한 소리보다도 더 빠르게 질주했기 때문이다. 그 결과 대기는 밀려나간 공간을 채우기 위해 반대 방향으로 몰려들었고, 곧이어 거대한 버섯 모양의 구름이 솟아올랐다. 이 모든 과정이 일어나는 데 걸린 시간은 불과 몇 초에 지나지 않았다. 폭탄은 다이너마이트 2만 톤에 달하는 에너지를 방출했고, 수십만 명이나 되는 사람들의 목숨을 즉시 앗아갔다. 그 후로도 방사능 낙진과 오염에 의해 그 두 배가 넘는 피해자들을 만들어냈다. 두 차례에 걸쳐 원자폭탄 공격을 받은 일본은 8월 15일에 연합군에 무조건 항복을 선언했다.

1890년대에 방사능이 발견된 이래, 과학자들은 우라늄이나 그와 비슷한 연료가 넓은 우주 공간에서 어떤 작용을 하고 있을지도 모른다고 생각해왔다. 특히 태양만 해도 매초마다 원자폭탄 수백만 개에 버금가는 폭발을 하고 있다. 하지만 불행하게도 천문학자들은 태양 속에 우라늄이 있을 만한 어떤 징후도 발견하지 못했다. 세실리아 페인(Cecilia Payne-Gaposchkin, 1900~1979)이라는 젊은 영국 여성이 태양의 스펙트럼 자료를 분석한 결과, 태양이 대부분 수소로 구성되어 있다는 사실을 밝혀냈다. 현재 정밀한 분석에 따르면 태양의 75퍼센트가 수소로 되어 있으며, 나머지 23퍼센트도 대부분 가벼운 헬륨으로 구성되어 있다.

수소폭탄의 아버지로 불렸던 독일의 물리학자 한스 베테(Hans Albrecht Bethe, 1906~2005)는 1938년 별이 양성자-양성자 순환이라는 반응을 통해 수소 핵을 헬륨 핵으로 변환시키면서 빛을 낸다는 사실을 밝혀냈다. 이런 과정을 '핵융합(nuclear fusion)' 반응이라고 한다. 4개의 수소핵의 질량을 1+1+1+1이라고 하자. 하지만 그것들이 결합해서 헬륨이 되면 그 합은 4가 아니다. 헬륨 핵은 4개의 수소 핵보다 약 0.7퍼센트가 작다. 그 잃어버린 0.7퍼센트의 질량이 아인슈타인의 공식 E=mc2에 따라 에너지로 변하는 것이다. 그것은 대단치 않은 숫자로 보일 수 있다. 하지만 일본에 떨어진 폭탄은 우라늄이 핵분열하는 과정에서 불과 몇

십 그램의 질량이 에너지로 변환되었지만, 도시 전체를 파괴시켰다. 거기에 비해 태양은 지난 50억 년 동안 매초마다 400만 톤의 수소를 핵융합시켜 막대한 에너지를 방출한다.

수소폭탄의 원리가 되기도 하는 핵융합 반응에 의해 생성된 태양에너지는 전자파의 형태로 1억 5천만 킬로미터를 이동하여 지구에 도달한다. 태양에너지의 30%는 대기권에 도달하기 전에 소멸되고, 오직 70% 정도만 대기권에 도달한다. 우리가 보는 빛이란 다름 아닌 태양에너지의 한 형태로서 적외선과 가시광선, 자외선을 말한다.

별은 자연의 핵융합로다. 우리가 조리법에 따라 단계별로 요리를 하듯이 별 속에서는 단계적인 융합 과정을 거쳐 점점 더 무거운 원소가 태어난다. 처음에는 수소, 다음엔 헬륨, 그 다음엔 탄소, 그리고 철보다 무거운 원소들이 만들어진다. 태양 같은 크기의 항성은 주로 수소를 헬륨으로 융합하는 반응을 통해 빛을 낸다. 이 반응은 상당히 느리게 진행되기 때문에 무거운 원소는 그리 많이 생겨나지 않는 편이다. 한편 더 큰 별에서는 탄소, 질소, 산소가 결합하는 반응이 한층 빠르게 일어나면서 무거운 원소들이 만들어진다. 이처럼 핵융합은 가벼운 핵들을 뭉쳐서 무거운 핵으로 만드는 과정이다. 그런 의미에서 우리 몸을 비롯하여 주변의 모든 원소들은 핵융합의 산물이다. 우리는 모두 별의 먼지들로 이루어진 존재들이다.

빛의 증폭과 가상현실

파란 하늘 사이로 흰 구름이 흘러가고 있다. 작은 조약돌을 하나 주워 호수에 던지면 파란 하늘과 흰 구름을 흔들면서 작은 물결이 서서히 퍼져나간다. 무심코 그러한 동작을 계속하다 보면 재미있는 현상이 나타날 것이다. 물결파들이 여기저기 생겨나면서 서로 겹치며 지나가지만, 그들끼리는 아무런 영향을 주고받지 않을 것이다.

긴 줄을 양쪽에서 붙잡고 흔들어 보자. 그러면 양쪽에서 만들어진 두 파동이 접근하여 겹쳐지면서 줄은 크게 부풀어 오를 것이다. 이 줄은 자신의 정보를 잃고 새로운 파동을 만들까, 아니면 다시 원래의 두 파로 갈라질까? 잠시 기다려보면 원래의 진행 방향을 그대로 유지하면서 각자의 길을 가는 모습을 보게 될 것이다. 이것은 두 파동이 서로 같은 공간을 점유하고 있지만 독자적으로 행동하고 있다는 의미이다. 여기서 중요한 것은 두 파동이 만났을 때 에너지가 집중된다는 사실이다.

만일 두 파동이 아니라 수백, 수천의 파동이 집중된다면 그 에너지는 상상을 초월한 힘을 발휘할 것이다. 이런 원리를 이용한 것이 바로 레이저다. 레이저는 공간에 넓게 퍼져 있는 에너지를 빛의 응축 성질을 이용하여 한 곳에 집약시킨 것이다. 이렇게 공간의 같은 지점을 공유하면서 파동을 중첩하면 엄청난 에너지를 집중시킬 수 있다. 이 에너지를 이용하여 우리는 쇠를 자르고 미사일을 격추시킬 수도 있는 것이다.

1953년 미국 버클리 대학의 찰스 타운스(Charles Hard Townes, 1915~2015)는 마이크로파를 이용하여 결 맞는 복사파를 최초로 만들어냈으며, 여기에 '메이저(maser)'라는 이름을 붙였다. 그 후 마이크로파가 아닌 가시광선을 이용하여 그 유명한 '레이저(laser)'가 탄생하게 되었다. 타운스는 이 공로를 인정받아 1964년 노벨상을 받았다.

레이저가 작동하려면 특별한 기체나 결정, 또는 다이오드 등 레이저를 통과시키는 특별한 매질이 있어야 한다. 이 매질에 전기나 라디오파, 빛 등의 형태로 에너지를 주입하면 매질 속의 전자가 에너지를 흡수하여 바깥쪽 궤도로 점프를 하며 원자는 들뜬 상태가 된다. 여기에 빛을 주입하면 들뜬 원자들이 광자와 충돌하면서 수많은 광자를 방출하고 원자는 안정된 상태, 즉 에너지가 낮은 상태로 되돌아간다. 이때 방출된 광자는 또다시 다른 원자와 충돌하여 수많은 광자를 방출시키고, 이 과정이 빠르게 반복되면서 순식간에 빛으로 방출된다.

이것은 일렬로 늘어서 있는 도미노 칩들이 쓰러지는 과정과 비슷하다. 도미노 칩들은 바닥에 쓰러져 있을 때 에너지가 가장 작고, 똑바로 서 있을 때 에너지가 가장 크다. 에너지가 큰 도미노 칩은 들뜬 상태에 있는 원자에 비유할 수 있다. 여기서 첫 번째 도미노 칩을 쓰러뜨리면 모든 칩들이 연쇄적으로 쓰러지면서 에너지가 작은 상태로 전이된다. 레이저빔의 작동 원리도 이와 비슷하다.

오늘날 새로운 형태의 레이저가 매일 개발되고 있으며, 레이저를 생성하는 매질과 그 속에 에너지를 주입하는 방법도 꾸준하게 개량되고 있다. 레이저는 매질의 종류와 매질 속에서 에너지를 공급하는 방법에 따라 기체레이저, 화학레이저, 엑시머레이저, 고체레이저, 반도체레이저, 다이레이저 등으로 구별된다.

오늘날 레이저는 거의 모든 분야에서 다양한 목적으로 사용되고 있다. 세상에서 가장 정확한 시계는 세슘 원자시계로 알려져 있다. 이처럼 정확한 시계는 어떻게 만들어질까? 레이저를 이용하여 세슘 원자의 온도를 극저온으로 냉각하고 포획한 뒤, 단색 마이크로파를 극저온 세슘 원자와 상호 작용시킬 때 나오는 공명신호를 이용하면 시계를 만들 수 있다. 하지만 레이저는 여러 가지 결점이 있는데 비, 안개, 먼지 또는 대기의 난류 등에 많은 영향을 받으며 마이크로파에 비해 장애물을 통과하는 능력이나 반사하는 능력이 약하다.

이 결점을 제거한 것이 레이저를 광섬유로 통과시키는 방법이다. 이것은 수십 가닥의 동축 케이블 용량을 한 개의 광섬유로 대체할 수 있으므로 광통신 기술은 컴퓨터의 기술 개발과 더불어 정보화 시대의 선봉자라고 할 수 있다. 이때 사용되는 광섬유의 재질은 우리나라 서해안의 모래로 만든 유리인데, 머리카락보다 조금 굵고 길게 뽑아서 만든다. 그리고 레이저 빛의 파장이 1.5마이크로미터(1㎛=10-6m)처럼 적외선 영역에 속하면 광섬유는 거의 빛을 흡수하지 않아 장거리 전송에 유리하다.

현재 가장 많이 쓰이는 다중통신기술은 진동수 분할 방식으로 반송파의 진동수를 일정하게 분할하여 신호를 얻는다. 분할된 진동수 영역(흔히 채널이라 부른다)은 선폭이 넓을수록 채널수를 많이 만들 수 있다. 레이저빔의 지향성은 통신에 유용한 성질이지만, 그보다 더 좋은 점은 많은 정보를 전달할 수 있다는데 있다. 예를 들어 전화에 이용되는 전자파 선폭이 4kHz이고 텔레비전의 선폭이 4MHz라면, 텔레비전의 전자파는 전화에 비해 1,000배의 정보량을 1초 동안에 보낼 수 있다.

따라서 많은 정보량을 짧은 시간에 보내려면 큰 선폭이 바람직하고 선폭이 크기 위해서는 반송파의 진동수가 높아야 한다. 반도체 레이저의 발진 파장은 적외선이므로 마이크로파에 비해 진동수가 약 만 배 높고 선폭이 수십 GHz의 넓은 선폭을 가지고 있다. 따라서 채널당 20GHz의 선폭을 이용하는 컬러 TV인 경우, 수천 채널을 동시에 방송하는 것이 가능하다.

한편 레이저는 자연과학 연구에 필수적인 도구로 사용되고 있다. 이를테면 원자와 분자를 탐구할 때나 대기 속의 미량원소를 탐지할 때, 가공된 제품을 측정할 때 레이저가 쓰인다. 일상에서는 고속도로에서 과속 차량을 단속하기 위해 레이저로 거리와 속도를 측정한다거나, 극도로 정밀하게 방향을 조종하거나 회전운동을 측정할 때 레이저 자이로스코프를 이용한다.

최근에는 고온의 핵융합에 고출력 레이저를 이용하거나 원자들을 극한으로 냉각하는 데도 이용하고 있다. 레이저는 일반적인 빛처럼 퍼지지 않고 한 곳으로 초점을 모을 수 있어 엄청난 에너지를 집약시킬 수 있다. 미국 스탠퍼드 대학의 선형가속기연구소(SLAC)에서 만들어낸 레이저는 물질의 온도를 200만 도까지 높일 수 있다. 한편 덴마크 코펜하겐에 있는 닐스 보어 연구소는 레이저를 이용해 섭씨 영하 269도로 냉각시키는 기술을 개발했다.

돌을 연못에 던지면 밖으로 퍼져나가는 동심원 모양의 파문이 생긴다. 이러한 물결이 서로 교차하면서 퍼져나갈 때 생기는 골과 마루의 복잡한 배열을 간섭무늬라고 한다. 빛, 전파, 레이저 광선 등의 파동은 간섭무늬를 만들어낸다. 파동의 간섭현상을 이용해 물체의 입체정보를 기록하는 기술을 홀로그래피라고 하며, 홀로그래피 기술로 만들어낸 영상은 홀로그램이라 일컫는다. 홀로그램은 하나의 레이저 광선을 두 갈래로 나누어 만든다. 첫 번째 광선은 피사체에 반사시키고 두 번째 광선은 피사체에서 반사된 광선에 부딪히게 한다. 그 결과 간섭무늬가 만들어지고, 이러한 간섭무늬를 필름 위에 기록한 것이 홀로그램이다.

눈으로 보면 필름에 기록된 영상은 피사체와 전혀 상관이 없어 보인다. 그러나 여기에 또 다른 레이저 광선을 통과시키면 피사체의 3차원 영상이 다시 나타난다. 이 입체 영상은 진짜처럼 보이지만 손으로 만져보면 거기에는 아무것도 없다는 것을 알게 된다. 정지 영상뿐만 아니라 입체 홀로그램 동영상을 먼 곳으로 전송하고 실시간에 가깝게 업데이트하는 기술도 곧 실현될 전망이다.

극저온의 세계

컴퓨터를 켜면 팬 돌아가는 소리가 난다. 이것은 전기회로에서 저항에 의해 발생하는 열을 방출하기 위해 냉각 팬이 돌아가기 때문에 생기는 소음이다. 컴퓨터나 TV 같은 전기회로의 내부를 보면 저항이라는 부품이 많이 들어 있다. 전기회로를 제어하기 위해서는 저항이 필요하기 때문이다. 이처럼 저항은 우리에게 해롭지만 없어서도 안 되는 이상한 존재다.

그러면 저항은 어떻게 정의된 것일까? 1826년 독일의 물리학자 옴(Georg Simon Ohm, 1789~1854)은 전기회로를 연구하던 중 전류의 흐름을 방해하는 저항이라는 개념을 도입해야 한다는 사실을 깨달았다. 저항이 크면 전류가 잘 흐르지 않지만, 저항이 작으면 전류가 잘 흐른다. 예를 들어 구리는 저항이 작지만 돌멩이는 저항이 무한히 크다. 전류는 걸어 준 전압에 비례하지만 저항에는 반비례한다. 이것을 '옴의 법칙'이라고 부른다.

전기회로에 사용하는 대부분의 소자들은 저항이 있기 때문에 쓸모가 있다. 저항이 있기 때문에 전등은 빛을 내고, 저항이 있어서 전열기는 열을 방출한다. 저항이 없다면 그들을 제어할 방법이 없으므로 첨단기기들도 모두 무용지물이 되고 말 것이다. 그렇다고 저항이 항상 쓸모 있는 것은 아니다. 우리가 날마다 사용하는 컴퓨터는 저항이 만들어내는 열을 식히기 위해 팬을 가동시키고 있다. 핸드폰은 통화 중에 배터리에서 나오는 열을 감당하지 못하고 가끔 폭발하는 경우가 있으며, 액정화면은 너무 뜨거워서 얼굴을 데일 수도 있다. 전력을 생산하는 발전소에서도 수십만 볼트의 고전압으로 높여서 송전하는 지금과 같은 방식에서는 전력의 불필요한 손실이 일어나므로, 저항에 의한 손실 없이 전기를 송전하는 방법을 연구하고 있다. 미래에는 저항이 전혀 없는 초전도물질을 사용하는 전기혁명이 시작될 것이다.

네덜란드의 물리학자 온네스(Heike K merlingh Onnes, 1853~1926)는 1908년 기체헬륨을 압축하여 섭씨 269도(절대온도 4K)의 액체헬륨을 만들어내는데 성공하였고, 액체헬륨을 이용하여 물질의 온도를 절대 0도에 가깝게 냉각시킬 수 있었다. 1911년 그는 수은을 저온으로 냉각시키면서 전기저항을 측정하던 중 액체헬륨의 기화온도인 4.2K 근처에서 수은의 저항이 급격히 사라지는 것을 발견했다. 이렇게 전기저항이 완전히 없어지는 현상을 '초전도(superconductivity)'라고 부른다. 온네스는 다른 금속에 대해서도 같은 실험을 했으며, 주석이나 납과 같은 금속에서도 초전도 성질이 나타난다는 사실을 발견했다. 그는 이러한 현상을 발견한 공로로 1913년에 노벨물리학상을 받았으며, 지금까지 초전도체 연구로 모두 9명의 과학자가 노벨상을 받았다.

물질 내부에는 무수히 많은 꼬마자석들이 있다. 이러한 꼬마자석들은 외부에 자기장이 없으면 열적인 교란 등에 의해 무질서하게 배열된다. 하지만 외부에 자기장이 걸리면 꼬마자석들은 자기장의 방향에 따라 질서정연하게 배열된다. 한편 자석에는 '렌츠의 법칙'이 존재한다. 이 법칙에 의하면 외부에 있는 자기장의 변화에 저항하도록 전자의 운동이 변한다. 그 결과 물체는 외부 자석에 반발하려는 경향을 보인다. 이처럼 물체의 내부에는 외부의 자석에 붙으려는 힘과 반발하려는 힘이 동시에 존재한다. 물체들은 두 힘 중에서 어느 쪽이 크냐에 따라 자석에 대한 반응이 달라질 것이다.

일반적으로 미약하게나마 자석에 붙으려는 물질을 '상자성체'라고 한다. 종이, 나트륨, 알루미늄, 염화구리, 산소 등 많은 물질이 여기에 속한다. 그리고 자석에 반발하는 물질을 '반자성체'라고 부른다. 플라스틱, 금, 은, 구리, 물, 산소를 비롯한 대부분의 기체들이 여기에 속한다. 상자성체와 반자성체 외에도 '강자성체'라는 물질이 있다. 철은 바로 대표적인 강자성체이다. 강자성체들은 자석에 매우 강하게 붙으며, 또한 자석에 장시간 붙였다가 떼어내면 자석이 되는 성질 때문에 자석의 재료로도 사용된다. 강자성체들은 마그네틱테이프, 신용카드, 하드디스크, 스피커 등에 광범위하게 사용된다.

초전도체는 외부 자기장을 완전히 상쇄시키므로 물체 내부의 자기장이 0이 된다. 그러므로 초전도체는 저항이 0일 뿐만 아니라, 완전한 반자성체이기도 하다. 초전도체가 완전히 반자성체의 성질을 띠는 것을 '마이스너 효과'라고 부른다. 하지만 초전도체라 할지라도 외부 자기장을 차단하는 유도전류가 생기는데, 외부 자기장이 어떤 한계보다 커지면 초전도 성질이 사라지고 보통 상태의 물질이 된다. 이러한 자기장을 '임계자기장'이라 한다. 그런데 임계자기장의 성질에 따라 초전도체는 두 종류로 나누어진다. 임계자기장 이하에서는 완전히 반자성체로 작용해 자기장을 전혀 통과시키지 않지만, 임계자기장을 넘어서면 초전도 성질이 사라지고 외부자기장을 통과시킨다. 이런 초전도체를 '제1종 초전도체'라고 부른다.

1950년대에 구소련의 물리학자 아브리코소프(Алексе'й Алексе'евич Абрико'сов, 1928~)는 새로운 종류의 초전도체가 존재한다는 유명한 논문을 발표했다. 그는 자기장이 '보텍스(vortex)'의 형태로 초전도체 내부로 뚫고 들어가는 물질이 있다면 매우 강한 자기장에서도 초전도 성질이 깨지지 않고 유지될 것이라고 예측했다. 1961년 미국의 벨연구소에서 니오브와 주석의 화합물(Nb3Sn)에 자기장을 걸고 저항을 측정했더니, 놀랍게도 10만 가우스라는 엄청난 자기장 속에서도 저항이 계속 영으로 나왔다. 이것은 아브리코소프가 말한 새로운 초전도체라는 사실이 밝혀졌으며, 이를 '제2종 초전도체'라고 부른다. 새로운 초전도체를 이용하면 지구 자기장보다 수십만 배에서 수백만 배에 이르는 초강력 자기장을 만들 수 있으며, 작은 도시가 사용하는 전력을 하나의 도선에 흘릴 수 있을 정도이다.

초전도 물질을 일상생활에 응용할 경우 가장 큰 장애는 극저온에 가까운 온도이다. 현재 대부분의 초전도 물질을 극저온으로 유지하는 냉매로서 액체 헬륨을 사용하고 있다. 하지만 액체 헬륨은 지구상에 매우 희귀한 원소이기 때문에 저온을 유지하는 비용이 만만치 않게 든다. 이런 단점을 개선할 획기적인 사건이 1986년에 일어났다. 스위스에 있는 IBM 연구소의 베드노쯔(Bednorz)와 뮐러(Muller)는 영하 243도(30K)에서 전기 저항이 사라지는 새로운 초전도 물질을 발견했다. 이것은 가히 혁명적인 발견이었다. 그들의 발견이 얼마나 놀라웠는지 스웨덴의 노벨상 위원회가 바로 다음해인 1987년에 그들에게 노벨물리학상을 수상한 사실만 보아도 알 수 있다. 노벨상 수상 역사상 이렇게 빨리 상을 받은 경우는 전무후무하다.

바로 다음 해인 1987년 중국계 미국인 물리학자 폴 추(Paul Chu)는 초전도 역사를 다시 썼다. 그는 영하 183도(90K)에서 초전도가 되는 물질을 발견했다. 무려 임계온도를 60K나 끌어올린 것으로, 초전도 물리학의 새로운 장을 열었다. 이제 값비싼 액체 헬륨 대신에 구하기 쉬운 액체 질소를 사용해 초전도를 일상생활에 응용할 수 있게 된 것이다.

초전도체가 응용된 가장 잘 알려진 설비는 아마 자기부상열차일 것이다. 자기부상열차는 초전도체가 저항이 0인 성질과 완전한 반자성체라는 성질을 함께 응용한 것이다. 기차의 바닥에는 초전도체로 만든 강력한 전자석이 장치되어 있다. 동시에 기차의 레일 부분에 초전도 자석이 아닌 재래식 전기 자석을 만들어서 초전도 자석과 극성을 같게 하면 서로 밀어내는 힘이 작용해서 기차가 공중에 뜨게 된다. 그리고 기차가 떠 있는 상태에서는 마찰이 거의 없으므로 초전도 기차에 추진력을 만들면 기차는 앞으로 나아가게 된다. 이렇게 만들어진 초전도 기차는 시간당 500~600킬로미터까지 속도를 낼 수 있다.

요즘에는 MRI라는 장비를 사용하는데, 공명현상을 이용해 몸 속에 있는 수소의 원자핵에서 자기 공명을 측정하는 장비이다. 1946년 미국의 블로흐(Felix Bloch)와 퍼셀(Edward Mills Purcell)은 강한 자기장에서 핵에 특정한 주파수의 마이크로파를 발사하면 핵이 공명을 일으킨다는 사실을 발견했다. 이것이 바로 핵자기 공명현상이다.

우리 몸에는 많은 물이 존재하며, 그 물은 수소와 산소로 이루어져 있다. MRI는 그 중 수소의 자기 공명을 이용해 수소 원자핵의 존재를 알아낼 수 있다. 수소 원자핵은 하나의 조그만 자석이다. 이 자석은 자기장이 없을 때 보통 무질서한 상태로 존재하지만 강력한 자기장을 걸어주면 자기장에 평행하거나 반평행하게 배치된다. 평행인 상태는 안정된 상태이고, 반평행인 상태는 불안정한 상태이다.

외부에서 특정한 에너지를 가진 마이크로파를 발사하면 평행인 자석은 에너지를 흡수해 반평행인 자석으로 들뜨게 된다. 그리고 잠시 후 들떴던 원자핵이 다시 안정 상태로 되돌아오면서 외부에 에너지를 방출한다. 이때 방출되는 전자파를 검출해 수소의 분포를 알 수 있고, 더 나아가 몸의 내부 구조를 볼 수 있다. MRI는 X선 장비와 달리 방사능 위험이 전혀 없다.

MRI를 작동시킬 때, 가장 중요한 장치가 바로 자석이다. 질 좋은 영상을 얻기 위해서는 자기장이 강하고 균일해야 한다. 이런 이유 때문에 주로 초전도 코일을 이용해 만든다. 하지만 극저온을 유지하기 위해 액체 질소와 액체 헬륨을 주기적으로 공급해 주어야 한다. 현재 MRI에 들어가는 자기장은 약 2테슬라 정도이며, 최근에는 3테슬라의 자기장을 사용하는 장비도 나왔다. 이것은 지구 자기장의 세기에 비해 약 4만 배에서 6만 배 정도로 강한 것이다.

제4의 물질

플라스마(plasma)는 그리스어로 '주조되어 만들어진 물건'이란 뜻으로 19세기 생물학이나 의학에서 사용되던 단어였다. 생물학에서는 원형질이나 세포질을 말하며, 의학에서는 혈장이나 림프액을 의미하는 말로 쓰였다. 물리학에서는 1928년 미국의 랭뮤어(Irving Langmuir)가 전자와 이온이 분리된 상태로 균일하게 존재하는 물질을 플라스마라고 불렀다. 고체 상태의 물질에 열을 가하면 액체 상태를 거쳐 기체 상태로 변한다. 여기에 더욱 에너지를 가해주면 원자나 분자에서 전자가 분리되어 전자(음이온)와 양이온들이 독립적으로 존재하면서 전기적으로 중성인 플라스마 상태가 된다. 이때 원자가 원자핵(양이온)과 전자로 분리되는 상태를 '전리 현상'이라고 한다.

사실 태양과 별, 행성간 기체 등 눈에 보이는 우주의 거의 대부분은 플라스마로 이루어져 있다. 우주에는 자연 상태의 플라스마가 존재하는데, 하전입자들의 흐름인 태양풍과 수소 플라스마로 이루어진 성간 물질을 들 수 있다. 그리고 별들은 그 자체가 이온화된 플라스마 상태라고 할 수 있다. 플라스마 내에서 이온온도, 전자온도, 기체온도, 광자온도가 모두 같은 경우를 열역학적 평형 상태라고 하는데, 이런 경우는 별 내부의 강한 폭발처럼 아주 짧은 시간에만 존재할 수 있다.

우리는 일상생활에서도 끊임없이 플라스마를 접하고 있는데 한낮의 태양, 밤하늘의 별, 방 안의 형광등, 길거리의 네온사인 등은 직접 접할 수 있는 플라스마이며 반도체, LCD 모니터, 핸드폰처럼 제조 공정에서 플라스마를 사용해 만들어진 제품들을 통해 간접적으로 접하기도 한다.

자연에 존재하는 대표적인 플라스마 상태는 번개와 오로라를 들 수 있다. 공기 중에는 우주선의 전리 작용에 의해 원자로부터 전자가 튀어나온 하전입자들이 포함되어 있다. 이와 같은 상태에서 강한 전압이 걸리면 전자들이 양극 쪽으로 이동하면서 공기 중의 기체를 이온화시키는데, 이때 전자들이 급격하게 만들어지면서 실처럼 가느다란 형태를 띠게 된다. 이것이 바로 플라스마 상태로서, 우리가 번개라고 부르는 현상이다. 구름에서 지면으로 내리꽂히는 벼락은 전체 번개의 3분의 1에 불과하다.

한편 오로라는 태양 표면의 폭발로 우주 공간으로부터 날아온 하전입자들이 지구 자기장과 상호작용해 극지방의 100~150킬로미터 상공에서 대기 중의 기체 분자와 충돌할 때 생기는 방전 현상이다. 매초 수십억 개의 하전 입자들이 우주 공간으로부터 지구에 쏟아지는데, 다행스럽게도 지구상에는 자기장이 형성되어 지상의 생명체를 보호해 준다. 지구의 자기장에 의해 잡힌 하전 입자들이 이루는 도넛 모양의 영역을 '반알렌대(Van Allen belt)'라고 부른다. 반알렌대는 두 개의 구역으로 나눌 수 있는데, 안쪽 구역은 지구상에서 약 3,000킬로미터 근방에 있고 바깥쪽 구역은 고도 약 1만 5,000~2만 킬로미터에 위치해 있다.

플라스마가 처음 응용되기 시작한 것은 19세기, 전기 아크에서 발생하는 빛을 광원으로 사용한 때라고 할 수 있다. 하지만 아크등은 그 후 효율이 좋고 간편한 백열전구가 등장하면서 사라지게 되었다. 그 이유는 아크 방전에 사용되는 높은 직류 전류를 수송하는 것이 큰 문제가 되었기 때문이다. 1940년대 제2차 세계대전을 계기로 레이더가 개발되면서 마이크로웨이브를 이용한 플라스마 발생이 가능하게 되었다. 1950년대부터는 핵융합에 플라스마가 이용되면서 많은 발전이 이루어졌다. 특히 1970년대 이후 플라스마는 산업체에서 중요한 몫을 하기 시작했으며, 최근에는 반도체 제조 공정뿐만 아니라 환경, 에너지, 생명공학, 재료, 섬유, 의학 등 다양한 분야에 적용되고 있다.

반도체는 실리콘 기판 위에 물질을 증착하거나 식각하는 과정을 통해 완성되는데, 기체나 액체 재료를 기판 위에 반응시킬 때 플라스마 상태를 이용한다. 플라스마는 우리 생활의 다양한 부문에 많이 이용되고 있다. 텔레비전에 사용되고 있는 PDP는 플라스마 상태에서 발생하는 빛을 이용하고 있다. 형광등과 네온사인 역시 플라스마 상태로부터 방출되는 가시광선을 이용하고 있다. 최근에는 플라스마 기술을 바탕으로 치아 미백이나 충치 치료법이 연구되고 있다. 플라스마는 불규칙한 표면의 살균이 가능하기 때문에 통증이나 치아의 손상을 최소화시키면서 치아에 발생한 충치를 치료하는 것이 가능하다. 그 외에도 플라스마를 이용한 쓰레기 처리나 살균 등 여러 가지 용도로 사용되고 있으며 앞으로도 플라스마를 활용하는 기술은 더욱 확대될 전망이다.

가장 작은 세계

나노(Nano)는 10-9, 즉 10억분의 1을 나타내는 접두어로서, 그리스어의 난쟁이에서 유래했다. 우리의 키는 대부분 1~2미터 사이로서 미터 규모의 세상에서 살고 있다. 우리 몸의 손가락 끝에 달려 있는 손톱은 1센티미터이고, 우리가 체했을 때 손끝을 따는 바늘의 직경은 1밀리미터 정도다. 그리고 한 방울의 피가 나오는데, 이때 피 속에 있는 적혈구는 바늘 직경의 1,000분의 1인 10-6으로 마이크로미터 정도의 크기다. 나노미터는 마이크로미터를 다시 1,000분의 1로 나눈 크기로서 DNA 폭 정도의 크기다. 이 나노미터를 다시 10분의 1로 나누면 원자의 크기(10-10m)가 된다. 1미터와 1나노미터 사이는 지구와 축구공 사이처럼 규모가 다르다.

나노기술의 기본 개념은 1959년 미국물리학회에서 발표한 노벨상 수상자인 리처드 파인만이 "바닥에는 아직도 많은 방이 남아 있다"는 반농담조의 연설에서 탄생했다고 해도 과언이 아니다. 당시 파인만은 기존의 물리학 법칙이 허용하는 한도 내에서 브리태니커 백과사전에 들어 있는 모든 내용을 하나의 머리핀에 기록한다든가, 초고배율 현미경의 개발, 컴퓨터의 소형화 등 현대 나노기술의 기본이 되는 많은 개념들을 제안했고, 실제로 이미 대부분 실현되었다. 예를 들어 2007년 삼성전자가 세계 최초로 30나노 64기가 플래시 메모리를 개발했다. 30나노는 머리카락 두께의 4,000분의 1정도의 초미세 기술이며, 64기가 용량은 세계 인구 65억 명의 10배에 해당하는 640억 개 메모리 저장소가 손톱 크기의 반도체칩에 집적되어 있다. 이 정도의 용량이면 영화 80편, 800년 분량의 신문 정보를 저장할 수 있다.

나노과학이란 수 나노미터에서 수백 나노미터 크기의 물질을 만들어내고, 이때 나타나는 새롭고 특이한 성질을 연구하는 학문이다. 나노미터 크기의 물체는 일반 물체와는 구조가 다르다. 예를 들어 탄소 원자로 된 물체를 생각해보자. 탄소 원자가 이웃하는 네 개의 원자와 공유결합을 하여 3차원 네트워크를 형성하면 다이아몬드가 된다. 지상 최고의 보석인 다이아몬드는 강한 공유결합 때문에 높은 경도를 가지므로 공업용으로 활용되기도 한다.

한편 탄소 원자들이 거북의 등처럼 육각형을 이루며 침대시트 모양으로 쌓이면 흑연이 된다. 흑연의 판과 판 사이에는 약한 힘, 이른바 '반데르발스 힘'으로 결합되어 있다. 그래서 연필심은 판 사이의 약한 결합이 끊어지면 흑연가루가 종이에 달라붙는다.

이처럼 원소의 결합 방법이 달라지면 전혀 다른 구조와 특성을 가진 물질이 만들어진다. 다이아몬드와 흑연은 아보가드로 상수(6.02×1023) 수준의 수많은 탄소로 결합된 고체이며, 이러한 덩어리를 벌크 소재라고 부른다. 하지만 수십 개에서 수천 개의 탄소로 이루어진 나노미터 크기의 고체는 벌크 소재와 다른 구조를 갖고 있다. 예를 들어 1985년 탄소 원자 60개가 축구공 모양으로 결합된 특수한 분자구조(C60)가 발견되었는데, 이를 비슷한 모양의 돔을 설계한 건축가 풀러(Richard Buckminster Fuller)의 이름을 따서 '풀러렌'이라고 부른다.

또한 1991년 일본전기회사(NEC) 연구진이 탄소 6개로 이루어진 육각형 벌집 모양의 속이 비어 있는 긴 대롱 형태의 탄소나노튜브를 발견했다. 직경이 수 나노미터인 탄소나노튜브는 전기전도율이 구리와 비슷하고, 열전도율은 자연계에서 가장 뛰어난 다이아몬드와 같으며, 강도는 철강보다 100배나 뛰어나다.

탄소나노튜브를 엮으면 엄청나게 튼튼한 실을 만들 수 있는데, 그 실

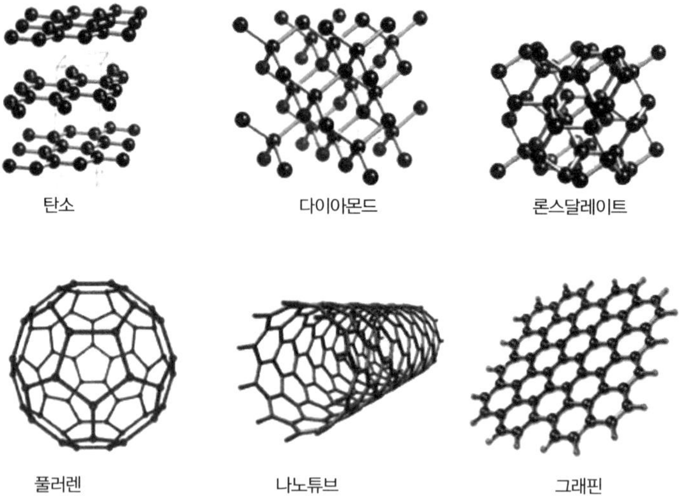

탄소 원자의 여러 가지 결합 형태

의 인장강도는 강철로 된 실의 500배에 달한다고 한다. 그래서 미국항공우주국(NASA)은 우주 공간에 엘리베이터를 설치하는 목표를 진지하게 검토 중이다. 먼저 로켓을 이용해 나노튜브 합성물질로 만든 밧줄을 우주 궤도에 올린다. 밧줄의 한쪽 끝은 고도 수천 킬로미터에 놓이고 다른 쪽 끝은 태평양 적도 부근에 고정되면, 밧줄은 지구의 자전에 의한 원심력으로 팽팽하게 당겨질 것이다. 따라서 이 밧줄을 이용하여 인간과 물자들을 우주 궤도로 운반할 계획이다.

풀러렌과 탄소나노튜브는 높은 강도와 탄성 때문에 이미 많은 분야에서 활용되고 있다. 예를 들어 스포츠 용품에서 스키, 야구배트, 테니스라켓, 골프채, 자전거 프레임 등에 사용되고 있다. 전자제품 분야에서도 반도체, 평판 디스플레이, 배터리 등에 활용되고 있다.

물체가 나노미터 크기로 작아지면 구조나 성질도 달라질 뿐 아니라 표면적도 달라진다. 가장 대표적인 예가 은나노 입자이다. 은에 살균 효과가 있다는 것은 옛날부터 잘 알려진 사실이다. 그런데 최근에는 입자를 나노미터 크기로 만들어 아주 적은 양의 은을 사용하면서도 은의 표면적을 크게 하여 살균 효과를 증대시키는 기술이 세탁기, 양말, 화장품 등 다양한 분야에 응용되고 있다. 또한 나노 물질들은 표면적이 크게 증가하여 촉매 효과를 높이는데, 자동차 배기가스를 정화하거나 발전소 폐가스에 활용되기도 한다.

나노기술은 물체를 나노미터 크기로 작게 만드는 능력에 기반하고 있다. 이를 위해서는 우선 나노 소재와 재료를 만드는 공구 또는 가공 장치가 나노미터 크기로 만들어지고 조작되어야 한다. 그리고 이렇게 만들어진 나노 물체를 확인하는 기술이 있어야 한다. 나노미터 크기의 물체를 사람의 육안으로 관찰하려면, 우리 눈이 가지고 있는 최고의 해상도인 0.1밀리미터(10만 나노미터)로 확대할 필요가 있다. 일반적인 광학 현미경의 최고 배율이 약 1,000배임을 감안하면, 결국 나노기술이 획기적으로 발전하기 위해서는 최소한 10만 배의 배율로 관찰이 가능한 현미경이 필요하다.

1930년 중반 독일의 루스카(Ernst Ruska)는 전자가 비록 입자지만 빛과 같은 파동성을 가진다는 점에 착안하여 전자현미경을 발명했다. 전자현미경 기술은 계속 발전하여 2000년대에 이르러서는 0.1나노미터의 해상도를 가지고 물체를 관찰할 수 있게 되었다. 이로써 우리는 원자를 직접 볼 수 있게 되었다. 하지만 전자현미경으로 물질을 관찰하는 것은 진공 내에서만 가능했고, 시편(시험용 조각)을 아주 얇게 처리해야만 하는 단점이 있었다.

생체는 수분을 함유하고 있어 진공에서 직접 관찰하는 것이 불가능하다. 즉 생체를 살아 있는 상태로 관찰하려면 전자를 사용하지 않는 다른 관찰법이 필요하다. 1981년 IBM 연구소의 물리학자 하인리히 로러(Heinrich Rohrer)와 게르트 비니히(Gerd Binnig)가 주사터널링 현미경(STM)이라는 장치를 개발했다. 이 현미경의 원리를 살펴보면 원자들 사이에 터널링 전류를 측정하여 원자간 거리를 측정하는 것이다.

터널링 전류는 원자 사이에 전자가 교환되면서 흐르는 전류를 말하는데, 이 전류는 원자 사이의 거리에 따라 민감하게 변하므로 전류를 측정하면 원자 사이의 거리를 정확하게 측정할 수 있다. 놀랍게도 원자 크기의 바늘로 표면을 스치듯 더듬어서 원자의 배치는 물론, 원자 주위의 전자분포까지 영상화할 수 있게 되었다. 1986년 노벨 물리학상을 수상한 이 발명으로 우리는 0.01나노미터의 해상도로 특별한 처리 없이도 물체를 관찰할 수 있게 되었다. 또한 원자힘 현미경(AFM)도 발명되었는데, 이것은 원자 사이에 밀치는 힘을 측정한다. 원자힘 현미경은 표면의 원자를 관찰하는 것 외에도 원자를 조작할 수도 있다. 즉 탐침을 시편 표면의 원자에 근접시키고 일정한 전류를 가해 주면, 원자를 탐침 끝에 부착시키거나 떨어뜨릴 수도 있어 원자로 이루어진 글씨를 쓰는 것이 가능해졌다.

나노기술은 우리가 사용하는 에너지를 태양에너지로부터 얻게 해주기 때문에 자동차나 발전소로부터 오염 물질이 아예 발생하지 않는 사회를 만들어 줄 것이다. 또한 나노기술은 우리가 오랫동안 건강하게 살 수 있도록 해줄 것이다. 암세포만 공격하여 치료하는 약물 전달 시스템이나 나노로봇이 출현할 것이며, 손상된 치아나 무릎, 엉덩이 관절을 대체하는 재료가 나노기술로 더욱 향상되어 단기간에 치료할 수 있을 것이다. 손상된 뼈를 대체하지 않고 나노입자가 포함된 약물을 투입함으로써 복원을 가능하게 할 수도 있을 것이다. 또한 생체분자를 이용하여 분자 수준에서 물질을 검출하는 나노바이오센서는 우리몸 상태를 항상 정밀하게 모니터링하는 데 사용될 것이다.

결론적으로 나노기술(NT)은 정보기술(IT)과 융합하여 꿈과 같은 유비쿼터스 환경을 만들어 주고, 현재 우리가 직면하고 있는 에너지와 자원 부족을 해결하여 깨끗한 환경을 만들어 줄 것이다. 또한 바이오기술(BT)과 융합하여 건강하고 오래 살 수 있는 사회를 만들 것이다.

14

현대문명—생명

HOMO SCIENTIFICUS

현대문명—생명

| 19~20세기의 과학기술사 연표 |

1838년	슐라이덴, 〈식물세포설〉을 발간하다
1839년	슈반, 세포학설의 기초를 확립하다
1847년	심프슨, 클로로포름 마취를 사용하다
1855년	베르나르, 간장의 글리코겐을 발견하다
1857년	파스퇴르, 알코올 발효의 원인이 미생물에 의한 것을 발견하다
1858년	피르호, 〈세포병리학〉을 발간하다
1859년	다윈, 〈종의 기원〉을 발간하다
1865년	멘델, 유전의 법칙을 발표하다
1880년	에베르트, 티푸스균을 발견하다
1882년	코흐, 결핵균을 발견하다
1883년	클레프스, 디프테리아균을 발견하다
1884년	프렌켈, 폐렴균을 발견하다
1885년	파스퇴르, 광견병 예방법을 완성하다
1890년	베링, 혈청요법을 발표하다
1894년	에르상, 페스트균을 발견하다
1901년	드프리스, 돌연변이설을 발표하다
1907년	얀스키, 혈액형 4종을 발견하다
1910년	모건, 유전자설을 발표하다
1922년	밴팅, 베스트, 인슐린을 발견하다
1928년	플레밍, 페니실린을 발견하다
1929년	베르거, 뇌파를 발견하다
1933년	앤드류, 레이드로 인플루엔자 바이러스를 발견하다
1936년	오파린, 〈생명의 기원〉을 발간하다

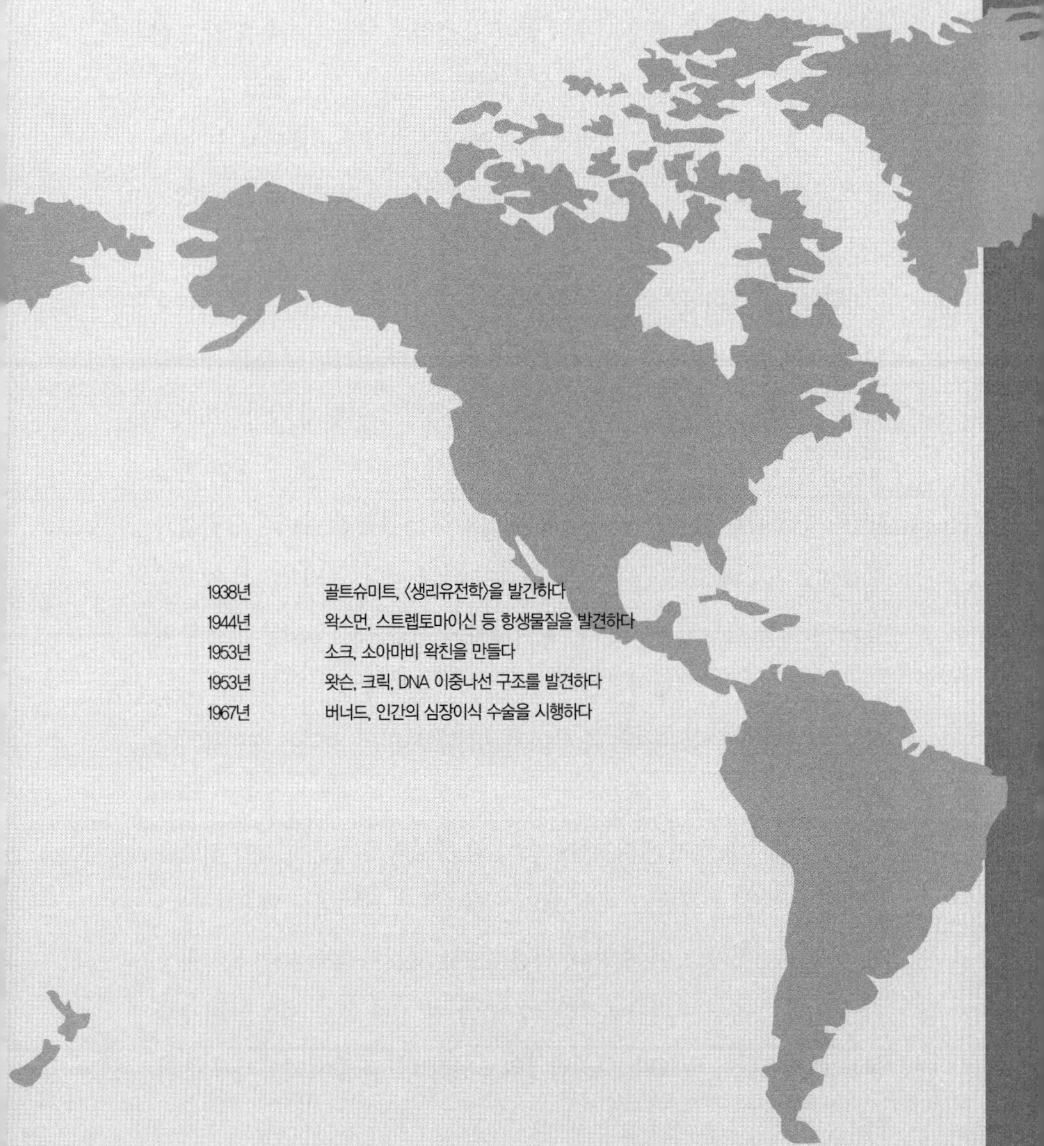

1938년 골트슈미트, 〈생리유전학〉을 발간하다
1944년 왁스먼, 스트렙토마이신 등 항생물질을 발견하다
1953년 소크, 소아마비 왁친을 만들다
1953년 왓슨, 크릭, DNA 이중나선 구조를 발견하다
1967년 버너드, 인간의 심장이식 수술을 시행하다

생명의 본질

종교와 철학 그리고 과학의 첫 번째 질문은 바로 생명의 근원이다. 그리고 마지막 질문은 생명 이후의 일이다. 생명의 이전과 이후를 알고 현재의 생명에 대해 알게 된다면, 이 세계의 전부를 안다고 말할 수 있다. 따라서 첫 번째 주제를 고려하지 않으면 다음 발자국을 내딛을 수 없다. 우리가 어디서 온 것인지 모른다면, 어디로 가는지 어떻게 알 수 있겠는가?

인간은 왜 태어났으며 왜 죽어야 하는가? 우리는 언제부터 존재했으며 언제까지 존재할 것인가? 탄생이 우리의 시작이라면 죽음은 우리의 끝인가? 죽음 이후에 우리가 존재한다면 어디서 어떻게 살아갈까? 이 모든 의문들에 대한 해답은 종교와 철학에서 찾을 수 있다고 굳게 믿었다. 하지만 최근 과학을 보면 종교와 철학의 영역뿐만 아니라 합리성과 객관성을 바탕으로 모든 학문의 배경이 되고 있다. 물리학에서 자연의 모든 법칙을 하나의 이론으로 설명하려고 하는 대통일이론과 우주의 처음을 설명하는 빅뱅이론이라든가, 최근 생물학에서 벌어지고 있는 생명에 관한 눈부신 업적들을 돌이켜보건대 과학의 발전은 경이롭기까지 하다.

지난 2세기에 걸쳐 과학자들은 열심히 생명의 흔적들을 찾아 퍼즐을 맞춰왔다. 화석 기록은 고대의 생명이 현존하는 생명과는 매우 다르다는 것을 분명하게 보여 주었다. 일반적으로 과거로 돌아갈수록 지구상에 살았던 생명체는 간단해진다. 약 10억 년 전만 해도 생명은 단세포 생물로 제한되어 있었다. 하지만 5억 5천만 년 전 캄브리아기에 종의 폭발이 이루어져 많은 식물과 동물에 의해 육지가 점령됨으로써 절정에 도달했다. 이런 복잡화와 다양화의 기록은 다윈의 진화론으로 설명된다. 진화론에 의하면 종은 끊임없이 분화되면서 다른 종들과 구별되는 가계를 형성한다. 역으로 생각해보면 과거로 돌아갈수록 이런 가계들은 서로 통합되어 줄어든다. 즉 모든 사람과 동물, 식물, 그리고 미생물을 거꾸로 추적하면 수십억 년 전에 살았던 최초의 생명체에 도달할 수 있다.

생명의 본질을 정의하는 것조차 과학자들 사이에서 아직도 통일되어 있지 않다. 그러나 일반적인 정의에 의하면 물질대사, 항상성, 자기복제, 적응성과 같은 생명의 특성들을 간직하고 있다. 하지만 모든 생명 현상을 하나로 통합해서 설명한다면 무엇이라고 할 수 있을까? 그것은 바로 '정보(information)와 에너지(energy)'다. 즉 생명이란 자기에 대한 정보를 가지고 능동적으로 환경과 다른 생명들에 대해 정보를 교환하는 활동적인 존재라고 할 수 있다. 그렇다면 물질은 우리가 알고 있는 무생물의 겉모습처럼 죽은 존재가 아니라고 할 수 있다. 물질은 에너지와 정보를 가지고 물질 상호간에 정보를 교환하고 그것들을 결합해서 새로운 통합 정보를 생성해낸다.

물질 중에서 단백질은 아미노산을 길게 연결한 것으로 생명은 많은 종류의 단백질을 필요로 한다. 우리 인체에는 100만 가지 정도의 단백질이 들어 있고, 그런 단백질 하나하나가 작은 기적이다. 마치 한글의 자음과 모음을 특별한 순서로 연결해서 단어를 만드는 것처럼 단백질을 만들려면 아미노산을 특별한 순서에 따라 연결해야만 한다. 흔히 동물의 힘줄이나 연골조직을 구성하는 단백질을 뜻하는 콜라겐이라는 단어는 한글의 자음과 모음 8개를 제대로 나열하기만 하면 된다. 하지만 실제로 콜라겐이라는 단백질을 만들려면 1055개의 아미노산을 정확한 순서로 연결시켜야만 한다. 146개의 아미노산으로 구성되어 있는 헤모글로빈은 단백질 중에서 꼬마에 해당하지만, 그것을 배열하는 경우의 수는 우주 전체에 있는 원자의 숫자보다 크다. 영국의 천문학자 프레드 호일의 비유처럼 회오리바람이 폐차장을 휩쓸고 간 후에 완전히 조립된 점보제트기를 기대하는 것과도 같다.

생명은 단백질로부터 시작된다. 단백질이 쓸모가 있으려면 아미노산이 정확한 순서에 의해 연결될 뿐만 아니라 아주 특별한 모양으로 형성되어야 한다. 그런 구조적인 복잡성을 만족한다고 하더라도, 그것이 스스로 복제를 하지 못하면 아무 쓸모가 없다. 단백질이 자기 복제를 하기 위해서 필요한 것이 바로 DNA이다. DNA는 몇 초 만에 스스로를 복제할 수 있지만, 다른 일은 별로 하지 못한다. 따라서 우리는 역설적인 입장에 놓이게 된다. 단백질은 DNA가 없이는 존재할 수 없고, DNA는 단백질이 없으면 존재 의미가 사라진다. 마치 닭과 달걀의 문제처럼 연속된 되먹임 고리처럼 허공에서 되돌아오지 않는 메아리와 같다.

우리는 전 우주에 존재하고 있는 것들 중에서 가장 복잡한 존재다. 원자와 같이 작은 물체는 몇 가지 법칙을 따르는 간단한 요소들로 구성되어 있다. 우주 전체는 너무 크기 때문에 별처럼 커다란 천체에서 벌어지는 사소한 일은 무시될 수 있으며, 전 우주는 질량-에너지가 통합된 하나의 물체로 취급될 수 있다.

그러나 원자들이 합쳐져 분자를 만드는 단계가 되면 적용되는 법칙은 여전히 간단하지만, 원자 화합물의 수가 엄청나게 커지는 동시에 그들 사이에 미묘한 상호작용이 있게 된다. 생명체는 원자가 이렇게 복잡한 방식으로 분자를 형성한 결과다.

생명체가 존재하는 데 필요한 물질의 크기는 전자기력과 중력의 크기에 따라 결정된다. 분자들을 붙들고 있는 전기력은 중력보다 1036배는 더 강하다. 원자들이 물질 덩어리 속에 서로 붙어 있을 때 각 원자는 전기적으로 중성이므로 전체적으로 전하를 띠지 않는다. 그러므로 기본적으로 각각의 원자는 독립적으로 중력을 버텨낸다. 그러나 물질 속의 각 원자에 작용하는 중력의 세기는 원자가 합쳐져 덩어리를 이루면서 증가한다.

구의 경우, 질량의 크기는 반지름의 세제곱에 비례하지만 중력의 크기는 역제곱법칙에 따라 감소하므로 반지름 차원에서 볼 때 표면에서의 중력은 3분의 2 제곱씩 전기력에 비슷해진다. 이는 1054개의 원자들이 한 덩어리로 있다면 중력이 전기력을 압도하여 복잡한 분자들이 부서진다는 것을 뜻한다.

10개의 원자에서 시작하여 100개, 1,000개 등 10배씩 원자수가 늘어나는 일련의 물체들을 상상해보자. 24번째 물체는 각설탕 한 개만한 크기가 될 것이고, 27번째는 커다란 포유동물 크기가 되며, 54번째는 목성 정도의 크기가 되고, 57번째는 태양만큼 커질 것이다. 인간은 거의 원자와 별의 중간 정도 크기다. 또한 인간은 24번째인 설탕 덩어리와 39번째 물체인 지름 약 1킬로미터의 바위 사이에 있다고 말하면 타당할 것이다. 하지만 생명의 복잡성은 더 깊은 차원, 즉 생명의 주요 요소인 DNA 차원에서 일어나고 있는 화학 작용에 좌우된다. 생명의 열쇠인 DNA가 어떻게 확인되었는가는 20세기 과학사에서 양자역학에 이어서 두 번째로 위대한 이야기다.

성, 유전자

자연선택에 의한 진화론은 1859년 『종의 기원』이 출판되면서 엄청난 논란을 불러일으켰다. 그 이유 중 하나는 진화에 필요한 시간 때문이었는데, 그 문제는 방사능에 대한 이해와 더불어 20세기에야 비로소 해결되었다. 하지만 다윈과 그의 동시대 사람들은 한 생물체의 특성이 한 세대에서 다음 세대로 전해지는 유전 기작을 제대로 이해하지 못했다는 점이다. 이 역시 20세기가 한참 지날 때까지 명확해지지 않았다.

다윈의 유전에 대한 생각은 1868년, 그의 책 『사육 동물과 재배 식물의 변이』의 마지막 장에서 처음 세상에 발표되었다. 다윈의 생각은 당시 많은 생물학자들이 어떻게 생각하고 있었는지를 보여준다. 그는 그 모형의 이름을 '범생설(pangenesis)'이라고 붙였는데, 이는 몸을 이루는 모든 세포를 나타내는 그리스어 'pan(모든)'과 생식의 개념을 담고 있는 '발생(genesis)'을 결합시킨 것이었다. 그의 주장은 몸의 모든 세포는 작은 입자를 이루고 있으며, 이런 입자들은 몸 전체로 운반되고 난자나 정자와 같은 생식세포에 저장되어 다음 세대로 전해진다고 설명했다.

이 모형에는 융합유전(blending inheritance)의 개념도 포함되었는데, 이 개념은 두 개체가 결합하여 자손을 낳으면 그 자손에게 부모의 특성이 섞여 나타난다는 것이다. 현대의 시각으로 볼 때, 다윈 자신이 이런 생각을 주장했다는 것은 놀라운 일이다. 그런 생각은, 예를 들어 키 큰 여자와 키 작은 남자의 아이들은 그 중간 정도의 키로 자라야 한다는 뜻이다. 융합유전은 몇 세대만 지나면 동일한 개체군을 만들어내게 되므로 자연선택에 의한 진화의 기본 원칙에 완전히 어긋난다. 다윈이 이런 생각을 했다는 사실은 당시 생물학자들이 유전에 대해 얼마나 모르고 있었는가를 보여준다.

이런 배경을 바탕으로 다윈은 여러 번 『종의 기원』을 수정하면서 점점 라마르크의 생각으로 기울게 된다. 그의 비판자들은 자연선택에서 묘사된 일련의 작은 단계를 통해서는 진화가 이루어질 수 없다고 했다. 그 이유는 중간 형태가 살 수 없기 때문이라고 주장했다. 다윈의 비판자들은 진화를 위해서는 한 세대에서 다음 세대로 넘어갈 때 사슴이 기린을 낳는 것 같은 급격한 변화가 필요하다고 주장했다. 그러나 그들도 이런 과정이 어떻게 이루어지는지에 대해서는 설명을 하지 못했다. 어쨌든 다윈은 생식에서 개별세포가 갖는 중요성을 강조한 것과, 생식세포가 한 세대에서 다음 세대로 정보를 운반하는 작은 입자를 가진다고 생각함으로써 최소한 올바른 주장을 했다고 말할 수 있다.

생명체의 근본적인 구성 요소로서 세포가 지닌 역할은 다윈이 자연선택에 의한 진화이론을 전파하던 1850년대 말에야 비로소 명확해졌다. 이를 가능하도록 공헌한 것은 현미경의 발전이었다. 독일의 식물학자 슐라이덴(Matthias Schleiden, 1804~1881)은 1838년에 모든 식물 조직이 세포로 이루어져 있다고 주장했으며, 1년 뒤 독일의 생리학자 슈반(Theodor Schwann, 1810~1882)은 이 주장을 동물에까지 확대시켜 모든 생명체는 세포로 되어 있다고 강조했다.

당시 현미경 기술은 세포의 중앙에 핵을 가진 물질이라는 단계로 발전해 있었다. 실제로 1870년대 말 독일의 두 학자는 각각 독자적으로 정자가 난자 속으로 뚫고 들어가 두 개의 핵이 합쳐져 하나의 새로운 핵을 만들면서 부모로부터 물려받은 물질이 합쳐지는 것을 현미경으로 관찰했다. 1879년, 또 다른 독일의 세포유전학의 창시자 발터 플레밍(Walther Flemming, 1843~1915)은 핵이 실 같은 구조를 가지고 있다는 것을 발견했다. 이 실 같은 구조는 염색 물질을 잘 빨아들여 현미경 사용자들이 세포 구조를 잘 볼 수 있도록 해주었고, 그런 이유로 '염색체(chromosome)'라 알려지게 되었다.

1880년대에 플레밍과 벨기에의 베네덴(Edouard van Beneden, 1846~1910)은 세포가 분열될 때 염색체들이 둘로 분열, 복제되어 두 개의 딸세포 사이에 공유되는 것을 각각 독자적으로 관찰했다. 독일 프라이부르크 대학의 바이스만(August Weismann, 1834~1914)도 1880년대에 같은 연구를 했다. 염색체를 유전 정보의 운반자로 지적한 이가 바로 바이스만이었다. 그는 "유전은 화학적으로 분자 차원의 구조를 갖는 물질이 한 세대에서 다른 세대로 전달됨으로써 일어난다"고 말했다.

그는 두 종류의 세포분열이 일어난다고 설명했다. 성장 및 발생과 연관된 세포분열에서는 세포가 분열되기 전에 세포 안의 모든 염색체가 둘로 복제되어 각각의 딸세포는 원래의 염색체 세트와 똑같은 복사본을 갖게 된다. 난자나 정자 세포를 만들어내는 세포분열에서는 염색체의 양이 반으로 나뉘며, 난자와 정자 세포가 하나로 합쳐져 염색체 수는 처음과 같아진다. 바이스만은 20세기 초, 생식에 관련된 세포들은 몸에서 벌어지는 다른 과정에 관여하지 않으며, 마찬가지로 다른 세포들 역시 생식세포의 생성에는 관여하지 않는다는 것을 보여주었다.

이로써 다윈의 범생설은 완전히 틀렸으며, 한 세대에서 다음 세대로의 변이를 직접 불러일으키는 환경에 따른 외부 영향을 주장하는 라마르크주의자들의 생각도 틀렸다는 사실을 보여주었다. 훗날 복제가 생식세포의 DNA를 직접 손상시켜 오늘날 돌연변이를 일으킬 수 있다는 것이 알려졌어도 바이스만의 주장은 빛이 바래지 않았다. 왜냐하면 이러한 무작위적인 변화는 거의 유해한 것이라 그 영향을 받은 유기체의 후손들은 환경에 잘 적응하지 못했기 때문이다.

바이스만이 세포를 조사하여 유전의 전달자를 확인하던 때와 거의 비슷한 시기에 네덜란드의 식물학자 드브리스(Hugo de Vries, 1848~1935)는 식물이 개체의 특성을 어떻게 한 세대에서 다음 세대로 전하는지를 연구했다. 다윈이 죽은 뒤 7년밖에 되지 않은 1889년, 드브리스는 『세포간 범생설(Intra cellular Pangenesis)』이라는 책을 출판하고, 당시 새롭게 부각되던 연구 주제인, 세포가 어떻게 작동되는가 하는 문제에 다윈의 생각을 적용시켜보려 했다.

식물의 유전을 관찰한 그는 종의 유전형질이 많은 수의 개별 단위로 이루어지는 것이 틀림없으며, 그 각각은 한 세대에서 다음 세대로 전해지는 단일한 유전인자이기 때문에 서로에 대해 독립적이라고 말했다. 그는 그러한 유전인자들을 다윈의 범생설이라는 용어에서 힌트를 얻어 '판겐스(pangens)'라고 이름 붙였다. 몸 전체가 이러한 유전인자의 생성에 관여하는 것은 아니라는 것을 보여준 바이스만의 연구 이후 'pan'은 조용히 사라졌고, 1909년 덴마크 출신의 빌헬름 요한센이 처음으로 우리에게 친숙한 현대 용어 'gene(유전자)'을 사용했다.

완두콩과 유전 법칙

1890년대에 드브리스는 일련의 식물교배 실험을 하면서 어떤 특성이 세대에 걸쳐 어떻게 나타나는지 자세히 기록했다. 같은 시기에 윌리엄 베이트슨(William Bateson, 1861~1926)도 영국에서 비슷한 연구를 하고 있었는데, 그는 훗날 유전 기작이 어떻게 일어나는지를 연구하는 학문에 '유전학(genetics)'이라는 명칭을 붙였다. 1899년 드브리스는 자신이 연구한 것을 출판하려고 준비하면서 과학 문헌을 조사했다.

바로 그때 그는 자신이 내린 것과 비슷한 결론이 거의 읽혀지지도 않았고 심지어 인용도 별로 되지 않은 두 편의 논문으로 이미 출판되어 있음을 알게 되었다. 그리고 그 논문을 쓴 사람은 오스트리아의 수사 그레고르 멘델(Gregor Mendel, 1822~1884)이었다. 그 연구는 멘델이 직접 1865년에 브륀의 자연과학회에서 발표하고, 1년 뒤 학회 〈회보〉에 실린 두 편의 논문 속에 설명되어 있었다. 이것을 알게 된 드브리스의 심정이 어떠했을지는 쉽게 상상할 수 있다.

약간 부도덕하다고도 할 수 있지만, 어쨌든 그는 1900년 초에 자신의 연구 결과를 두 편의 논문으로 출판했다. 프랑스어로 발표한 첫 번째 논문에서는 멘델에 대한 언급이 없었다. 그러나 독일어로 출판한 두 번째 논문에서는 멘델을 과하다 싶을 정도로 칭찬하며, "이 중요한 논문이 거의 인용되지 않는 바람에 나 자신도 실험을 대부분 끝내고 독립적으로 위와 같은 주장을 도출할 때까지 이 논문을 알지 못했다"라고 말하고 다음과 같이 요약했다.

“이 실험과 기타 수많은 실험에서부터 멘델이 완두콩에서 발견한 분리의 법칙이 식물계에 일반적으로 적용될 수 있으며, 기본적으로 종의 유전형질을 구성하는 단위의 연구에 중요하다는 결론을 내리게 되었다.”

당시 독일에서 비슷한 연구를 하고 있던 코렌스(Karl Correns, 1864~1933)도 그때쯤 멘델의 논문을 보게 되었으며, 드브리스의 프랑스어 논문을 받았을 때 자신도 연구 결과를 출판하려고 준비하던 중이었다. 또한 오스트리아에서의 자이제네크(Erich Seysenegg, 1871~1962)도 비슷한 경우였다. 그 결과, 유전의 기초는 확실한 자리를 잡게 되었고, 세 번에 걸쳐 기본 원리가 재발견됨으로써 유전법칙의 진정한 발견자인 멘델이 그 업적을 차지했다.

결국 1900년에 세 사람이 발견을 했다고 주장하는 상황에서, 누가 먼저 그 일을 했느냐를 놓고 논쟁을 벌이기보다는 지금은 사망한 선구자를 인정하는 것이 세 사람 모두에게 차라리 나은 일이었다. 그래도 이 이야기에서 한 가지 중요한 역사적 교훈을 찾을 수 있다. 몇몇 사람들이 1890년대 말 각자 독립적으로 비슷한 발견을 한 것은, 그만큼 시기가 무르익었고 핵과 염색체의 발견으로 토대가 닦여 있었기 때문이라는 점이다. 핵 자체가 확인된 것은 다윈과 월리스가 린네학회에서 공동 논문을 발표한 1858년 바로 그해였고, 멘델의 연구 결과는 1866년에 출판되었다는 것을 기억해야 한다.

멘델의 연구가 19세기 후반, 생물과학의 발전에 전혀 아무런 영향도 미치지 않았지만, 그에 대한 오해를 풀고 종종 놓치고 있는 그의 연구를 잠시 살펴보도록 하자. 멘델은 수사복을 입은 운 좋은 시골의 정원사가 아니었다. 그는 훈련받은 과학자였으며 자신이 무슨 일을 하는지 정확하게 알고 있었고, 물리학에서 사용하는 엄격한 방법을 생물학에 적용했던 최초의 인물들 중 하나였다. 1822년 오스트리아제국에서 태어난 멘델은 분명히 비범할 정도로 똑똑한 아이였으나 농사를 짓는 가난한 집안 출신이었다. 집에서는 이 똑똑한 젊은이를 고등학교(김나지움)에 보내고, 이어 대학 입학준비를 하도록 2년제 철학학교에 보내느라 돈을 다 써버리고 말았다.

대학 진학은 경제적으로 자신의 능력에서 벗어난 일이었고, 그는 공부를 계속하기 위한 유일한 수단으로 사제가 되는 길을 택했다. 당시 수도원 사제 중에는 수도원 담장 밖에서도 높은 명성을 지닌 식물학자, 천문학자, 철학자, 작곡가 등이 있었다. 멘델은 1848년에 신학 공부를 마치고 심각한 시험 공포 때문에 비록 정규직 자격시험은 통과하지 못했지만, 근처 김나지움과 그리고 나중에는 기술학교에서 임시 교사로 일했다.

탁월한 능력을 발휘한 멘델은 1851년에 빈 대학에 29세의 나이로 유학을 가게 되었다. 그는 수도원에서 딱 2년만 떠날 수 있도록 허락받았고, 그 시간에 무엇보다도 실험물리학, 통계와 확률, 화학의 원자이론, 식물생리학 등을 정신없이 공부했다. 그는 학위를 따지는 않았지만 교사로서의 역할을 위해 전보다 준비를 갖춘 뒤 브륀에 돌아왔다. 그러나 그의 학문 지식에 대한 갈망은 이것으로 충족되지 않았다.

1856년 멘델은 완두콩의 유전을 집중적으로 연구하기 시작했고 그 후 7년에 걸쳐, 정확한 실험을 통해 유전이 어떻게 이루어지는지를 발견하게 되었다. 그는 수도원에 길이 35미터, 폭 7미터의 밭과 온실을 가꾸고 있었고, 강의와 종교상의 임무에서 시간이 날 때마다 실험에 매달렸다. 그는 2만8천 그루의 식물을 연구했고, 이중 1만2천835그루는 세밀하게 시험했다.

각각의 식물을 개체로 구분하여, 그 후손들을 인간의 가계도처럼 추적했는데, 이는 가지각색의 식물을 한꺼번에 집단으로 심어 그 결과로 생긴 잡종들 속에서 뭔가 의미 있는 것을 찾아내려고 한 과거의 생물학자들과는 확연히 다른 모습이었다. 무엇보다 멘델은 자신의 실험 대상인 식물들 하나하나를 직접 손으로 수정시켰다. 즉 그는 자신이 정확히 파악하고 있는 식물 개체의 꽃가루를 손으로 털어 또 다른 개체의 암술에 일일이 손으로 묻혀 주었다. 그리고 이 모든 과정을 자세하게 기록했다.

멘델의 연구에서 중요한 점은 그가 물리학자처럼 연구를 했다는 것이다. 그는 반복 가능한 실험을 실시했으며 빈에서 배운 대로 적절한 통계 기법을 적용하여 자신의 결과를 분석했다. 그의 연구가 보여준 것은 식물의 전체적인 특성을 결정하는 뭔가가 식물체 안에 있다는 것이다. 여기서 그 무언가를 현대적 이름인 유전자로 부르는 게 나을 것 같다. 유전자는 쌍으로 존재하므로 멘델이 연구한대로 설명하자면, 매끄러운 씨가 나오게 하는 S라는 유전자와 거친 씨를 나오게 하는 유전자 R이 있을 때 개별식물은 S와 R의 가능한 결합, 즉 SS, RR 또는 SR 중 하나를 갖게 된다. 그러나 개별식물에서는 한 쌍에 들어 있는 유전자 중 하나만이 발현된다. 식물이 RR이나 SS를 가지면 달리 선택할 것 없이 거친 씨 또는 매끄러운 씨를 만들어낸다.

그러나 만일 RS의 결합을 가지면 절반은 거친 씨를, 절반은 매끄러운 씨를 만들 것이라고 생각할지도 모르겠다. 그러나 그렇지 않다. R은 무시되고 S만이 표현형으로 발현된다. 이 경우 S는 우성이고, R은 열성이라고 한다. 멘델은 이 모든 것을 통계적으로 알아냈는데, 이 경우에서는 RR 식물(항상 거친 씨를 만들어내는 식물)을 SS 식물(항상 매끄러운 씨를 만들어내는 식물)과 교배했을 때부터 관찰을 시작했는데, 자손의 75퍼센트가 매끄러운 씨를 만들어냈고 25퍼센트만이 거친 씨를 만들어냈다.

그 이유는 물론 SS, RS, SR의 세 가지 조합이 있기 때문이다. 그러므로 다음 세대에서 개체들은 네 개의 유전자형 RR, RS, SR, SS로 고르게 분포되며 이중 RR만이 거친 씨를 갖게 될 것이다. 이것은 멘델이 연구에서 얻은 가장 간단한 분석의 예이다. 유전은 부모의 특성을 섞는 것이 아니라 부모 각각으로부터 개별적인 특성을 가져옴으로써 이루어진다.

1900년대 초에 이르러 유전자가 염색체에 있고, 염색체는 각각 부모로부터 하나씩 물려받아 쌍으로 존재한다는 것이 분명해졌다. 생식세포를 만들어내는 세포분열의 경우에는 이러한 염색체 쌍이 분리되는데, 반드시 그에 앞서 쌍으로 이루어진 염색체로부터 물질이 떨어져 나와 서로 교환하여 다음 세대로 전해질 유전자의 새로운 조합을 만들어낸다.

멘델의 발견은 그의 나이 42세 때인 1865년에 그 의미를 거의 제대로 이해하지 못했던 브륀의 자연과학회에서 발표되었다. 그 논문들은 멘델이 서신 왕래를 하던 다른 생물학자들에게 보내졌지만 그들은 당시 중요성을 인식하지 못했다. 그러나 1868년에 수도원장이 사망하자 멘델은 수도원장에 선출되었다. 그 후 그는 과학에 전념할 시간이 거의 없었다. 그는 1884년 사망했지만, 식물 교배 프로그램은 그가 46세이던 해에 이르러서 중단되었다.

멘델의 유전법칙이 재발견된 것은 20세기 초로서, 염색체의 확인과 더불어 이루어진 재발견은 분자 수준에서 진화가 어떻게 일어나는가에 대한 이해의 열쇠를 제공했다. 그 다음에 유전학에 발전을 가져온 이는 미국인 모건(Thomas Hunt Morgan, 1866~1945)이었다. 1886년 켄터키 주에서 태어나 1904년에 컬럼비아 대학의 동물학 교수가 된 모건은 명문가 출신이었다.

로버트 밀리컨이 광전 효과에 관한 아인슈타인의 생각에 회의적이었던 것과 마찬가지로 모건은 가설상의 유전인자가 한 세대에서 다음 세대로 전해진다는 생각에 근거하는 멘델식의 유전에 관한 주장에 대해 의심을 가지고 있었다. 이러한 인자들이 염색체에 의해 운반될 가능성은 존재했지만 모건은 이를 받아들이지 않았다. 그는 멘델이 발견한 간단한 법칙들이 잘 해봐야 특정 식물의 몇 가지 간단한 특성에만 적용되는 특수한 경우이고 생물계 전체에 일반적으로 적용되지는 않는다는 것을 증명하기 위한 실험을 시작했다. 그런데 그는 이 실험으로 1933년에 노벨상을 받게 된다.

초파리와 염색체

모건이 연구를 위해 택한 유기체는 조그마한 초파리, 드로소필라(Drosophila)였다. '이슬의 연인'이라는 뜻의 이 초파리를 썩은 과일로 끌어들인 것은 이슬이 아니라 발효하고 있는 효모다. 식물보다 곤충을 연구한다는 것은 분명히 어려운 일이지만 초파리는 유전 연구 학도들에게 한 가지 대단한 장점을 제공한다. 멘델은 교배 실험에서 다음 세대의 완두콩을 얻으려면 1년을 기다려야 했지만 이 작은 초파리들은 2주마다 새로운 세대를 생산하며, 암컷이 한 번에 낳는 알만 해도 수백 개나 된다. 초파리가 네 쌍의 염색체만 가지고 있다는 것은 순전히 행운이었으며, 그 덕분에 특성이 어떻게 한 세대에서 다음 세대로 전해지는가를 조사한 모건의 연구는 생각보다 훨씬 더 쉬웠다.

유성 생식하는 모든 종의 경우와 마찬가지로 이들 염색체 중 한 쌍이 특히 중요하다. 대부분의 쌍에 들어 있는 개별 염색체들은 서로 비슷해 보이지만, 성을 결정하는 쌍에 들어 있는 염색체는 형태가 확연히 다르며 그 생김새 때문에 X, Y라 알려져 있다. 특정한 개체에서 세 가지의 결합(XX, XY, YY)이 가능할 것이라고 생각할지도 모르겠다. 그러나 암컷에서는 세포가 항상 XX 쌍을 가지며 반면 수컷에서의 조합은 XY이다. 따라서 새로운 개체는 어머니로부터 X 염색체를 반드시 물려받아야 하며 아버지로부터는 X나 Y중 하나를 물려받을 수 있다. 아버지로부터 X를 물려받으면 암컷이 되고 Y를 물려받으면 수컷이 된다.

중요한 점은 모건이 초파리 중에서 보통 흔히 보이는 빨간 눈 대신 하얀 눈을 가진 변이를 발견했다는 것이다. 면밀한 교배 프로그램과 그 결과에 대한 통계 분석을 통해 초파리의 눈 색깔에 영향을 주는 유전자는 X 염색체로 운반되어야 하며 그 유전자는 열성이라는 것이 알려졌다. 수컷의 경우, 변이유전자(대립유전자)가 하나의 X 염색체에 있으면 그 초파리는 흰색 눈을 가졌다. 그러나 암컷의 경우, 대립유전자는 두 개의 X 염색체 모두에 있어야만 표현형에 하얀 눈의 특성이 나타났다.

이 첫 번째 결과에 고무된 모건은 1910년대에 학생 연구팀과 공동으로 연구를 계속했다. 그들은 연구를 통해 염색체가 실에 꿰어진 구슬같이 유전자들의 묶음을 가지고 있으며, 정자나 난자 세포를 만드는 과정에서 쌍으로 이루어진 염색체가 잘려나갔다가 다시 합쳐져 새로운 대립유전자 조합을 만든다는 것을 확인했다. 염색체 속에서 멀리 떨어져 있는 유전자들은 이와 같은 교차와 재조합 과정에서 분리되기 쉽다. 한편 염색체 상에서 서로 가깝게 있는 유전자들은 아주 드물게 분리된다. 이런 연구는 염색체상에서 유전자의 순서를 그려내는 기초를 제공했다.

20세기 후반의 개선된 기술을 이용하여 이런 종류의 연구가 훨씬 더 많이 이루어지긴 하지만 멘델의 유전과 유전학 전체가 드디어 본격적인 단계에 들어선 때는 모건과 그의 동료들이 쓴 고전적인 책 『멘델 유전의 기작(The Mechanism of Mendelian Heredity)』을 출판한 1915년이다. 모건 자신은 『유전자 이론(The Theory of the Gene)』(1926년)을 썼으며 1928년에 캘리포니아 공과대학으로 자리를 옮겼고, 1945년 사망했다.

자연선택에 의한 진화는 선택할 개체들이 다양할 때에만 가능하다. 그러므로 생식 과정에서 유전적 가능성이 계속 뒤섞임으로써 어떻게 다양성이 증가하는가는 유성 생식하는 종들이 변화하는 환경 조건에 쉽게 적응할 수 있는 이유를 설명해주기도 한다. 예를 들어 인간의 경우, 표현형을 결정하는 유전자의 수는 약 3만 개에 달한다. 이들 유전자 중 93퍼센트 이상이 동형접합성(homozygous)인데, 이는 이 유전자들이 모든 인간의 염색체 상에서 동일하다는 의미이다. 7퍼센트 미만의 유전자들만이 이형접합성(heterozygous)이며, 이는 무작위로 뽑은 한 개인의 염색체 쌍에 서로 다른 대립유전자가 있다는 것을 뜻한다.

이들 서로 다른 대립유전자들은 돌연변이 과정을 통해 만들어지며, 대개 표현형에 아무런 영향을 미치지 않고 유전자 풀에 그냥 있게 된다. 그리고 불리한 결과를 가져오는 돌연변이는 곧 사라지며, 이것이 바로 자연선택이다. 최소한 두 가지 변이를 갖는 약 2천 쌍의 유전자가 있으면 두 사람은 22000 가지의 방법으로 서로 다를 수 있다. 이는 너무나 큰 숫자여서 천문학적 숫자조차 하찮아 보이게 한다.

이것은 지구상의 어떤 사람도 유전적으로 동일하지 않을 뿐만 아니라 지금까지 생존했던 어떤 사람도 서로 정확하게 똑같지 않다는 것을 뜻한다. 즉, 자연선택이 작용하는 다양성을 의미한다. 1915년 이후 염색체, 성, 재조합, 유전 등의 본질이 점점 더 분명해짐에 따라 중요한 질문으로 등장한 것은 핵과 염색체의 내부와 같이 좀더 깊은 차원에서 무슨 일이 벌어지는가 하는 것이었다. 이 질문에 답을 구하기 위해서는 양자물리학과 화학의 최신 정보를 활용해야 한다. 그러나 DNA의 이중나선을 향한 첫 걸음은 거의 반세기 전에 구태의연한 방법으로 이루어졌다.

유전 정보의 운반자

그 첫 걸음을 내디딘 사람은 바로 스위스의 생화학자 미셔(Friedrich Miescher, 1844~1895)였다. 1872년 미셔는 바젤 대학의 생리학 교수가 되었으며, 1895년 55세 생일이 지난 지 3일 만에 결핵으로 사망했다.

미셔는 자신의 첫 번째 연구 프로젝트로서 인간의 백혈구 세포 연구를 시작했다. 백혈구는 근처 외과병원에서 나오는 고름에 젖은 붕대에서 얼마든지 구할 수 있다는 장점이 있었다. 단백질이 몸에서 가장 중요한 구조 물질이라는 것은 이미 밝혀져 있었다. 그가 연구를 통해 얻으려는 것은 세포화학에 관여하는, 따라서 생명의 열쇠를 쥔 단백질들을 확인하는 것이었다. 붕대에서 완전한 상태의 세포를 손상시키지 않고 씻어내 화학 분석을 해야 하는 어려움을 극복하면서 그는 세포에서 핵 바깥 부분을 채우고 있는 세포질에 단백질이 풍부하다는 것을 알게 되었다. 그러나 연구를 더 진행한 결과, 세포에는 다른 무엇이 존재한다는 것이 분명해졌다.

그는 바깥쪽의 모든 물질을 제거하고, 세포질이 없고 손상되지 않은 핵을 모아 핵의 구성 성분을 분석할 수 있었고, 그 구성 성분이 단백질의 구성 성분과는 매우 다르다는 것을 발견하게 되었다. 그가 '뉴클레인(nuclein, 오늘날의 DNA)'이라고 부른 이 물질은 다른 유기분자처럼 많은 양의 탄소, 수소, 산소, 질소를 함유하고 있었다. 그러나 그는 단백질과는 달리 이 물질이 상당한 양의 인을 함유하고 있다는 것도 발견했다. 1869년 그는 세포핵에서 새로운 물질이 나오며, 그 물질이 고름에서 나온 백혈구뿐 아니라 효모 세포, 신장, 적혈구 세포 및 기타 조직에도 존재한다는 것을 확인했다.

그는 뉴클레인 연구를 계속하면서 연어의 정자 세포 분석에 집중했다. 정자 세포는 핵이 거의 전부를 차지하고 있으며 약간의 세포질 흔적만을 가지고 있는데, 이는 정자 세포의 주된 목적이 난자 세포의 핵과 융합하여 다음 세대에게 유전 물질을 전해주는 것이기 때문이다. 연어는 엄청난 양의 정자를 만들어내며, 몸의 조직이 생식 물질로 전환됨에 따라 산란지로 가는 여행 중에 몸이 점점 말라가게 된다.

실제로 그는 몸의 단백질 구조는 이런 식으로 분해되어 정자로 전환되어야 한다는 것을 지적했으며, 그 자체는 몸의 다른 부위가 해체되어 다른 형태로 다시 만들어질 수 있음을 깨달은 중요한 사건이었다. 이 연구를 하면서 그는 뉴클레인은 몇 가지의 산성기가 포함된 커다란 분자라는 것을 발견했다. '핵산(nucleic acid)'은 그의 제자였던 리하르트 알트만이 1889년에 붙인 용어이다. 그러나 그는 자신이 발견한 연구의 중요성을 전혀 알지 못한 채 사망하고 말았다.

거의 모든 다른 학자들과 마찬가지로 그는 뉴클레인이 유전 정보의 운반자일 수도 있다는 사실을 알아채지 못했다. 그들은 너무 분자에만 집중하고 있어서 세포의 전체적인 그림을 보지 못했으며, 비교적 간단해 보이는 이들 분자를 일종의 구조 물질, 아마도 좀더 복잡한 단백질의 재료 정도로 생각했다. 그러나 새로운 염색 기법으로 무장한 세포생물학자들은 세포가 분열될 때 유전 물질이 어떻게 공유되는지를 실제로 보았고 뉴클레인의 중요성을 훨씬 빨리 알아챌 수 있었다.

DNA와 RNA

그 다음은 뉴클레인의 구조를 확인하는 데 달려 있었으며, 관련 분자의 기본 요소는 미셔가 사망한 뒤 몇 년 안에 모두 밝혀졌다. DNA라는 이름을 갖게 한 기본 요소는 '리보오스(ribose)'인데, 리보오스는 네 개의 탄소 원자가 산소 원자 한 개와 연결되어 오각형의 고리를 이루고 있으며, 고리의 각 부분에 다른 원자들이 붙어 있는 당이다. 오각형의 리보오스로 인해 분자 이름을 리보핵산(ribonucleic acid) 또는 RNA로 부른다.

리보오스에 이어 두 번째 기본 요소는 인을 함유한 분자 그룹으로 '인산기(phosphate group)'라 알려져 있다. 마지막으로 세 번째 기본 요소는 '염기(base)'라 부르는 것으로 구아닌, 아데닌, 시토신, 티민, 우라실 등 다섯 가지의 종류가 있다. 간단히 앞 글자를 따서 G, A, C, T, U로 표시한다. 거의 동일한 분자 형태를 가지고 있으며, 단지 각 당에 산소 원자 한 개가 빠져 있는 것을 디옥시리보핵산(deoxyribonucleic acid, DNA)이라고 부른다.

RNA와 DNA의 또 다른 차이점은 이들 모두 네 개의 염기를 가지고 있지만 RNA는 G, A, C, U를 가지고 있는 반면, DNA는 G, A, C, T를 가지고 있다는 점이다. 바로 이 발견 때문에 뉴클레인이 단지 구조 물질에 불과하다는 생각이 들었으며, 그 때문에 유전에서 DNA의 역할도 제대로 이해되지 않았다.

이런 오해에 가장 크게 기여한 사람은 러시아 태생의 미국인 피버스 레빈(Phoebus Levene, 1869~1940)이다. 1905년에 뉴욕의 록펠러 연구소 창립 멤버인 레빈은 평생 그곳에서 일했다. 그는 RNA 기본 요소가 서로 어떻게 연결되어 있는지를 알아내는 데 주도적인 역할을 했고, 실제로 1929년에 DNA를 확인해냈다. 그러나 그는 사소한 실수를 하나 저질렀는데, 생화학자로서 그가 지닌 명성과 영향력으로 인해 오히려 치명적인 결과를 가져오게 되었다. 레빈의 사소한 실수는 비교적 많은 양의 핵산을 분석하는 데서 비롯되었다.

분석을 위해 핵산을 분해하자 거의 동일한 양의 G, A, C, U를 가지고 있는 것으로 나타났다. 그는 이 결과에 따라 핵산은 네 개의 반복되는 단위로 이루어진 간단한 구조라고 결론지었다. 심지어 하나의 RNA 분자가 염기 네 개 중 하나만 가지고 있는 것처럼 보이기도 했다. 이런 생각은 테트라뉴클레오티드 가설이라고 알려지게 되었다.

그러나 레빈의 동시대 사람들과 후학들 중 너무나 많은 사람들은 이런 생각을 적절한 검증을 거쳐야 하는 가설로 여기지 않고 아무런 의문 없이 받아들였다. 단백질이 서로 다른 방식으로 연결된 매우 다양한 아미노산으로 이루어져 있다는 것을 알고 있기 때문에 세포의 중요한 정보는 단백질 구조에 들어 있고, 핵산은 단지 단백질을 제자리에 있도록 하는 단순한 구조 역할만 한다는 생각에 더욱 확신을 심어주었다.

어쨌든 한 단어, GACU만 끊임없이 반복되는 메시지에 들어 있는 정보는 너무 적었다. 그래도 1920년대 말에 이르러, 핵산이 지지 구조 역할만 하는 게 아니라 뭔가 다른 게 더 있을 것이라는 생각에 힘을 실어주는 증거가 나오기 시작했다. 최초의 힌트는 레빈이 DNA 자체를 확인하기 일 년 전인 1928년에 등장했다.

그 단서는 영국의 미생물학자 그리피스(Fred Griffith, 1881~1941)의 연구에서 나왔다. 그는 폐렴을 일으키는 박테리아를 연구하고 있었는데, 유전에 관한 심오한 진실을 찾아낼 의도는 애초부터 없었다. 초파리들이 완두콩보다 훨씬 빠른 속도로 번식을 하므로 조건만 제대로 갖춘다면 유전이 어떻게 이루어지는지 좀더 빨리 보여줄 수 있듯이, 초파리보다 훨씬 빨리 번식하는 박테리아와 같은 미생물은 몇 시간 만에 많은 세대가 만들어지므로 몇 년에 걸쳐 이루어진 초파리 연구로 밝혀진 변화를 단 몇 주 만에 보여줄 수 있다. 그리피스는 두 종류의 폐렴 쌍구균이 있으며, 하나는 매우 독성이 강하여 종종 치명적인 병을 일으켰고, 또 하나는 전혀 나쁜 영향을 일으키지 않는다는 것을 발견했다.

사람의 폐렴 치료에 도움이 될 수도 있는 정보를 찾아낼 목적으로 쥐를 대상으로 실험하던 중 그리피스는 위험한 형태의 폐렴 쌍구균이 열로 죽을 수도 있으며, 이렇게 죽은 박테리아는 쥐에게 투입해도 아무런 효과를 보이지 않는다는 것을 알게 되었다. 그러나 죽은 박테리아를 치명적이지 않은 폐렴 쌍구균 종에서 나온 박테리아와 섞으면 그 혼합물은 살아 있는 독성 폐렴 쌍구균처럼 쥐에게 치명적이었다. 그리피스는 왜 이런 일이 일어나는지를 몰랐으며, 그의 연구가 지닌 중요성이 확인되기 전에 사망하고 말았다. 그러나 이 발견은 1913년부터 뉴욕의 록펠러 연구소에서 폐렴을 연구하고 있던 미국인 미생물학자 에이버리(Oswald Avery, 1877~1955)에 의해 연구의 전환점을 가져온다.

1940년대에 들어서까지 에이버리와 그의 연구팀은 오랜 시간이 걸리고 조심스럽고도 주도면밀하게 시행되는 일련의 실험으로 어떤 형태의 폐렴 쌍구균이 다른 형태로 전환되는 방식에 대해 탐구했다. 처음에 그들은 그리피스의 실험을 반복하다가 열처리되어 죽은 독성 세포가 들어 있는 표준 유리용기에서 치명적이지 않은 폐렴 쌍구균 콜로니를 배양하는 것만으로도 독성 형태로 전환시킬 수 있다는 것을 알아냈다. 죽은 세포에서 살아 있는 폐렴 쌍구균으로 무언가가 전달되어 그 유전 구조에 들어가 변화를 일으키고 있었다.

다음 단계에서는 번갈아가면서 얼리고 열을 가해 세포를 부서뜨린 뒤 원심분리기를 사용하여 고체의 액체 잔여물을 분리해냈다. 그 결과, 변화를 일으키는 물질은 불용성의 고체가 아닌 액체 찌꺼기에 들어 있다는 것이 밝혀지면서 점점 연구의 초점이 좁혀졌다. 이 모든 실험 연구로 에이버리의 실험실에 있는 여러 사람들은 바쁘게 움직였다. 에이버리는 자신의 실험실에서 진행되던 그 연구를 지켜보기만 하고 직접 관여하지 않았으나, 본격적으로 연구에 뛰어들기로 결심하고 캐나다 태생의 매클라우드(Colin Macleod, 1909~1972)와 인디애나 주 출신의 매카티(Maclyn McCarty, 1911~2005) 등 젊은 두 명의 연구자들을 영입했다.

세부 사항까지 일일이 힘들게 챙기는 에이버리의 고집과 제2차 세계대전으로 연구가 중단되기는 했지만, 그들이 발견한 것은 너무도 놀라워서 1944년에야 비로소 연구 논문을 작성했다. 이 논문은 그리피스가 1928년에 처음 관찰한 전환 현상을 일으키는 화학 물질을 확인하는 것이었다. 그들은 전환 물질이 DNA라는 것을 증명해냈던 것이다.

1944년에 출판된 에이버리, 매클라우드, 매카티의 논문은 중요한 자극제가 되었고, 다음 단계로 걸음을 내딛은 사람은 샤가프(Erwin Chargaff, 1905~2002)였다. 샤가프는 오스트리아에서 태어나 1928년에 빈에서 박사학위를 받고 예일 대학교에서 2년을 보낸 뒤 유럽으로 돌아왔다. 그는 베를린과 파리에서 일을 한 뒤 1935년에 미국으로 영구 이주하여 생애 나머지 부분을 컬럼비아 대학에서 보냈다. 샤가프는 DNA 분자가 매우 다양한 형태로 있어야 하며, 훨씬 더 복잡한 내부 구조를 가졌다는 것을 깨달았다.

종이 크로마토그래피라는 새로운 기법과 자외선 분광 기술을 사용하여 샤가프와 그의 동료들은 DNA의 구성이 생물 종마다 동일하기는 하지만, 그 세부 사항은 다르다는 것을 보여줄 수 있었다. 그는 종의 수만큼이나 서로 다른 종류의 DNA가 있을 것이라고 주장했다. 그러나

DNA 분자의 이러한 복잡성에는 일정 수준의 동일함이 있다는 것도 발견했다. DNA 분자에서 발견되는 네 개의 서로 다른 염기에는 두 가지 종류가 있다.

구아닌과 아데닌은 퓨린이라고 알려진 화학 그룹에 속하고, 시토신과 티민은 피리미딘계에 속한다. 샤가프 법칙은 1950년에 발표되었다. 이 법칙에 따르면, 첫째, DNA 표본에 있는 퓨린의 총량(G+A)은 함께 존재하는 피리미딘의 총량(C+T)과 항상 동일하다. 둘째, A의 양은 T의 양과 동일하고, G의 양은 C의 양과 동일하다. 이러한 법칙은 그 유명한 DNA의 이중 나선 구조를 이해하는 데 중요하다.

원자들의 결합

닐스 보어의 연구에서 시작하여 1920년대 절정에 달한 양자물리학은 원소의 주기율표에서 발견되는 패턴을 설명하고, 왜 어떤 원자들은 다른 원자들과 결합하여 분자를 이루지만, 다른 원자들은 그렇지 않는지 알게 해주었다. 모형의 세부 사항은 에너지가 원자 안의 전자에 어떻게 분포되어 있는가를 계산해내는 데 달려 있다. 그 분포는 원자가 외부로부터 강력한 영향을 받지 않는 한 항상 원자의 전체적인 에너지를 최소화하도록 이루어져 있다.

가장 중요한 차이는 원래 전자를 조그맣고 단단한 입자로 생각했지만, 양자이론에서는 전자를 퍼져 있는 존재로 규정하며, 따라서 하나의 전자라도 파동처럼 원자핵 주위를 둘러쌀 수 있다는 것이다. 전자의 양자 성질은 일정 수의 전자만이 원자의 각 에너지 준위를 차지할 수 있게 하며, 각각의 에너지 준위는 핵 주위의 서로 다른 궤도에 해당한다고 생각할 수 있다. 이러한 에너지 상태는 화학자들 사이에 '껍질(shell)'이라고 알려져 있으며, 몇몇의 전자들이 하나의 껍질을 차지한다 하더라도 각각의 개별 전자는 껍질 전체에 걸쳐 퍼져 있다고 생각해야 한다. 허락된 최대 수의 전자를 가지고 있는 꽉 찬 껍질이 덜 찬 껍질보다 에너지가 크다는 사실이 밝혀졌다.

어떤 원소이든 개별 원자의 가장 낮은 에너지 준위에는 두 개의 전자만이 있을 수 있다. 그 다음 껍질에는 여덟 개의 전자가 있을 수 있으며 세 번째 껍질도 여덟 개의 전자가 들어간다. 수소 원자는 핵에 하나의 양성자가 있으므로 하나의 껍질에 하나의 전자만을 가지고 있다. 에너지 면에서 볼 때 이는 껍질에 두 개의 전자를 가지고 있는 것보다 불안정하며, 이에 따라 수소는 다른 원자와 두 번째 전자를 공유하는 형태로 결합하는 것이 안정된 상태다.

예를 들어 수소 분자(H2)는 각 원자 속의 전자가 한 개씩 합쳐져 쌍을 이룸으로써 두 핵이 전자를 서로 공유하여 마치 껍질이 꽉 찬 듯한 착각을 불러일으킨다. 그러나 하나의 껍질에 두 개의 전자를 가지고 있는 헬륨(He)은 매우 안정된 에너지 상태에 있으며 다른 원소들과 반응하지 않는다. 그 다음 원소인 리튬(Li)은 핵에 세 개의 양성자가 있으며, 따라서 껍질에 세 개의 전자를 가지고 있다. 이 중 두 개는 첫 번째 껍질에 있고 나머지 한 개가 혼자서 그 다음 껍질을 차지하게 된다. 원자의 화학적 특성을 결정하는 가장 두드러진 특징은 전자가 있는 제일 바깥의 껍질로서, 리튬이 세 번째 전자를 떼어내기 위해 활발한 반응을 보이는

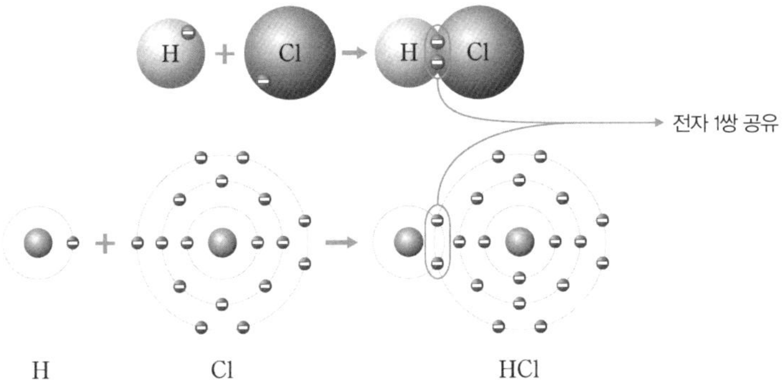

공유결합

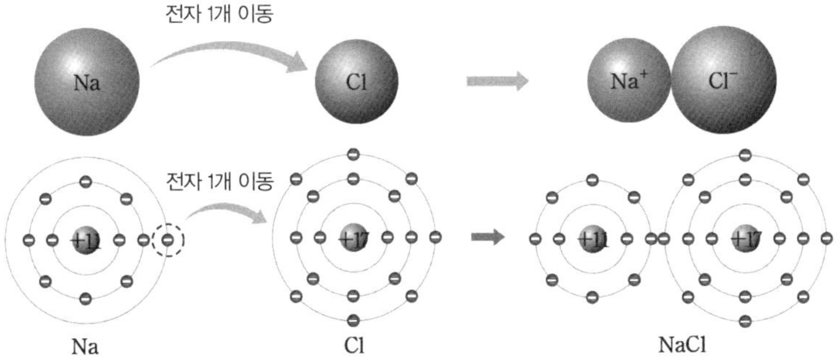

이온결합

이유를 설명해준다. 네온(Ne)은 모두 10개의 양성자를 가지고 있으며, 가장 안쪽 껍질에 전자 2개, 두 번째 껍질에 전자 8개 등 총 10개의 전자를 가지고 있다. 헬륨처럼 네온은 비활성 기체이다. 이쯤 되면 주기율표에서 여덟 개 단위로 반복되는 원소의 화학적 특성이 어디에서 나온 것인지 알 수 있다.

원자들이 사실상 닫힌 껍질을 완성하기 위해 전자쌍을 공유하면서 결합을 한다는 주장은 미국인 루이스(Gilbert Lewis, 1875~1946)가 1916년에 제기했다. 이는 '공유결합 모형'이라 알려졌으며, 생명체의 중심에 존재하는 탄소를 설명하는 데 특히 중요하다. 탄소는 핵에 여섯 개의 양성자를 가지고 있고, 그 구름에 전자 여섯 개를 가지고 있다. 이중 두 개의 전자는 늘 그렇듯이 가장 안쪽 껍질에 있으며, 나머지 네 개는 두 번째 껍질을 차지하고 있다.

이 네 개의 전자는 수소 원자가 제공하는 전자와 쌍을 이뤄 메탄 분자(CH4)를 만들 수 있다. 메탄 분자는 탄소 원자가 마치 여덟 개의 전자로 꽉 찬 껍질을 가지고 있고, 바깥에 있는 각각의 수소 원자 네 개도 두 개의 전자로 꽉 찬 껍질을 가지고 있는 듯한 착각을 불러일으킨다.

원자가 형성할 수 있는 결합의 최대 수는 네 개이며, 핵과 가까이 있는 껍질일수록 결합이 더 강하다. 탄소가 가장 뛰어난 화합물 제조자인 이유가 여기에 있다. 수소 원자를 하나나 두 개 정도 좀더 색다른 원자로 교체해본다면, 탄소가 다양한 수의 복잡한 분자를 만들어낼 수 있는 잠재력이 얼마나 큰지 이해할 수 있을 것이다.

원자들은 다른 방법으로도 결합을 형성한다. 이를 알아보려면 다시 리튬과 나트륨으로 돌아갈 필요가 있다. 일상적으로 사용되는 소금(NaCl))에서 이런 종류의 결합이 발견된다. '이온결합'이라 부르는 이 결합을 19세기에서 20세기로 접어들면서 몇몇 사람들이 주장했다. 이 주장의 기초를 닦은 사람은 스웨덴의 아레니우스(Svante Arrhenius,

1859~1927)로, 그는 용액의 이온에 관한 연구로 1903년에 노벨상을 수상했다.

앞에서 살펴보았듯이 나트륨의 안쪽 껍질 두 개는 꽉 차 있고 바깥에 전자 한 개를 가지고 있다. 혼자 있는 전자를 제거한다면 나트륨은 네온과 비슷한 전자 배열을 갖게 된다. 반면 염소는 껍질에 17개의 전자를 가지고 있으며, 껍질 두 개는 꽉 차 있고 세 번째 껍질에 7개의 전자를 가지고 있어 다른 전자가 들어올 수 있는 한 개의 여분이 있다. 나트륨 원자가 전자 하나를 완전히 포기하여 염소 원자에 주어버리면 두 원자 모두 완전한 상태에 있게 되지만, 전체적으로는 전하를 띠게 되는 결과(나트륨은 양전하, 염소는 음전하)를 낳게 된다. 그 결과로 생긴 나트륨과 염소의 이온은 전기력에 의해 서로 붙어 있다. 따라서 염화나트륨(NaCl) 분자는 H나 CH분자처럼 독립된 단위로 존재하지 않는다.

그러나 양자물리학에서는 우리가 바라는 것처럼 그렇게 모든 것이 분명하고 간단하지 않으며, 화학 결합은 두 결합이 서로 섞여 있는 것이라고 규정한다. 어떤 것은 공유결합이 더 우세하지만 이온결합도 섞여 있고, 어떤 것은 이온결합이 더 강하지만 공유결합이 약간 섞여 있다. 그러나 이 모든 이미지는 우리의 상상을 도와주는 도우미에 불과하다. 중요한 것은 이런 변화가 일어날 때의 에너지를 대단히 정확하게 계산해낼 수 있다는 것이다.

실제로 슈뢰딩거가 양자역학 파동 방정식을 출판하고 1년이 채 지나기도 전에, 그리고 그리피스의 폐렴 쌍구균 연구가 있기 1년 전인 1927년에 두 명의 독일 물리학자, 하이틀러(Walter Heitler, 1904~1981)와 론돈(Fritz London, 1900~1954)은 수학적 접근법을 통해 수소 원자 두 개가 결합하여 전자를 공유하며 수소 분자를 만들 때 일어나는 전체적인 에너지를 계산했다. 그들이 계산한 에너지 변화는 화학자들이 실험을 통해 이미 알고 있던 수소 분자의 결합을 끊을 때 필요한 에너지와 거의 일치했다.

양자이론이 발전됨에 따라 추후에 이루어진 계산치는 실험과 더 잘 맞아떨어졌다. 그 계산은 원자의 전자 배열과 분자의 원자 배열이 임의로 이루어지는 것은 아니며, 원자와 분자에서 가장 안정된 상태의 배열은 가장 적은 에너지를 갖는 배열이라는 것을 보여주었다. 이것은 화학을 분자 수준에서 정량과학으로 만드는 데 매우 중요한 역할을 했다.

X선 회절과 분자 구조

윌리엄 브래그(William Henry Bragg, 1862~1942)와 그의 아들 로렌스(William Lawrence Bragg, 1890~1971)는 DNA 구조 발견에서 핵심적인 인물이다. 브래그는 1884년 케임브리지 대학을 졸업하고 J. J. 톰슨과 1년간 일한 뒤 오스트레일리아의 애들레이드 대학으로 자리를 옮겼다. 그는 알파선과 X선 연구를 했고, 1909년에 영국으로 돌아와서는 1915년까지 리즈 대학에 있다가 런던의 유니버시티 칼리지로 옮겨가서 X선의 파장을 측정하는 X선 분광계를 처음 발명했다. 1923년에 왕립연구소 소장으로 임명된 그는 X선 회절을 이용하여 복잡한 유기분자의 구조를 밝혀내려는 꿈을 최초로 가졌던 사람이다. 하지만 1920년대의 기술 수준으로는 이런 연구를 실현할 수 없었다.

한편 뮌헨 대학에서 연구하던 라우에(Max von Laue, 1879~1960)가 결정체에 의한 X선 회절을 관측했다는 소식이 독일에서 전해져왔을 때, 브래그는 리즈에서 교수로 있었다. X선 회절은 빛이 이중 슬릿 실험에서 회절하는 것과 똑같지만 X선의 파장이 빛의 파장보다 훨씬 짧으므로 슬릿 사이의 간격은 훨씬 더 작아야 한다. 결정체 속의 원자들의 층 간격은 이런 연구에 아주 적합한 것으로 드러났다. 이 연구로 X선이 전자기파의 한 형태이며 빛과 같지만 그보다는 훨씬 파장이 짧다는 것을 밝혀냈다. 이 연구의 중요성은 라우에가 이 연구를 한 지 겨우 2년 뒤인 1914년에 노벨상을 받았다는 것을 보면 잘 알 수 있다.

라우에 팀은 확실히 복잡한 회절 패턴을 발견했지만 그 패턴이 X선이 회절하는 결정체의 구조와 어떻게 연관되어 있는지에 대해서는 자세한 설명을 할 수 없었다. 브래그와 그의 아들은 이 새로운 발견에 대해 이야기했고, 서로 다른 측면에서 그 문제를 연구했다. 특정한 파장을 가진 X선이 특정한 각도로 원자 사이의 결정격자에 투사될 때 회절 패턴에서 밝은 점이 어디에 만들어질지 정확하게 예측 가능한 법칙을 만들어낸 사람은 바로 브래그의 아들이었다. X선 회절이 발견됨과 거의 동시에 그 파장만 측정하면 결정체 구조를 조사하는 것이 확실해졌다.

로렌스가 밝혀낸 관계는 곧 '브래그 법칙'으로 알려지게 되었으며, 만일 결정체의 원자 간격을 알고 있다면 밝은 점들의 간격을 측정함으로써 X선의 파장을 알아낼 수 있다. 또한 X선의 파장을 안다면 같은 방법을 이용하여 결정체 안의 원자 간격을 측정할 수 있다. 이 연구는 염화나트륨과 같은 물질에는 개별 분자(NaCl)가 없고 나트륨 이온과 염소 이온이 기하학적 패턴으로 배열되어 있음을 보여주었다.

브래그 부자는 그 후 2년 동안 함께 연구하여 공동 논문을 발표했고, X선이 발견된 지 겨우 20년 만인 1915년에 『X선과 결정체 구조(X Rays and Crystal Structure)』라는 책을 출판했다. 그 전 해에 로렌스는 트리니티 칼리지의 특별연구원이 되었지만 전쟁이 일어나 프랑스에서 영국군 기술 고문으로 복무하게 되어 학문 활동이 잠시 중단되었다. 바로 그곳에서 그는 1915년에 자신과 아버지가 노벨상을 수상하게 되었음을 알게 되었다. 당시 로렌스는 25세로 노벨상 수상자 중 가장 어렸으며, 브래그 부자는 공동 연구로 노벨상을 수상하게 된 유일한 부자 팀이었다. 1919년에 로렌스 브래그는 맨체스터 대학의 물리학 교수가 되었고 1938년에는 러더퍼드의 뒤를 이어 캐번디시 연구소장직에 올랐다. 그는 1954년 케임브리지를 떠나 영국 왕립연구소의 소장이 되었으며 1966년에 은퇴했다.

화학을 물리학의 한 분과로 만든 이가 미국의 폴링(Linus Pauling, 1901~1994)이다. 폴링은 1922년에 오리건 주립 대학에서 화학공학으로 첫 번째 학위를 받은 뒤, 캘리포니아 공과대학에서 물리화학을 공부하여 드브로이의 전자에 대한 생각이 주목을 받기 시작하던 1925년에 박사학위를 받았다. 그는 구겐하임 특별연구원 자격으로 유럽을 방문했다. 폴링은 뮌헨에서 몇 달 동안 연구를 한 뒤, 닐스 보어가 소장으로 있던 코펜하겐 연구소로 갔으며, 취리히에서 슈뢰딩거와 얼마간 시간을 보내고, 런던에 있는 브래그의 연구실을 방문했다.

폴링은 학생 시절에 X선 결정학에 대한 이야기를 주로 브래그 부자가 쓴 책을 통해 알게 되었고, 1922년에 그 기법을 사용하여 결정체 구조를 자신이 직접 알아내겠다는 결심을 했다. 미국으로 돌아와 1927년

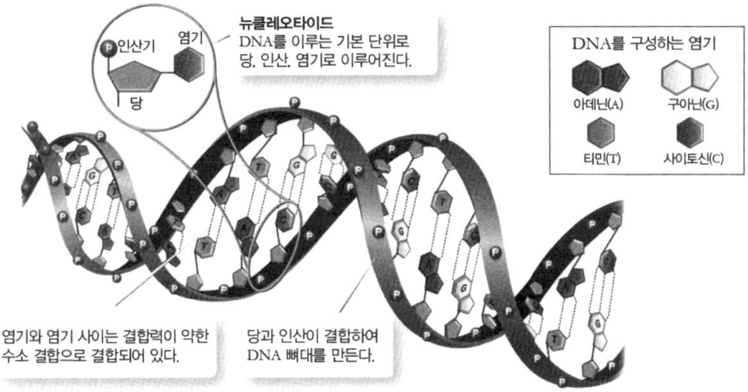

DNA 분자 구조

에 캘리포니아 공과 대학에 자리를 잡고 이어 1931년에 정교수가 되었을 무렵 그는 X선 결정학에 대한 최신 정보를 기초로 하여 좀더 복잡한 결정체의 X선 회절 패턴을 해석하는 일련의 법칙을 개발해냈다.

로렌스 브래그도 기본적으로 같은 법칙을 같은 시기에 만들어냈지만 유감스럽게도 폴링이 먼저 출판을 했고 오늘날까지 '폴링의 법칙'이라 알려져 있다. 이 일로 폴링과 브래그는 라이벌 관계가 되었고, 이런 경쟁관계가 부분적으로는 DNA 구조 발견에 한몫을 하기도 했다.

그러나 이때 폴링의 주요 관심사는 화학 결합의 구조였으며, 그 후 약 7년에 걸쳐 양자역학적인 차원에서 설명했다. 유럽을 방문하며 양자물리학의 새로운 정보를 흡수한 뒤 1931년에 그는 위대한 논문 〈화학 결합의 본질(The Nature of the Chemical Bond)〉을 썼다. 〈미국화학회 학술지〉에 실린 이 논문은 모든 기초적인 토대를 놓아주었다. 그 후 2년간이 주제를 자세히 다룬 여섯 편의 논문이 뒤따랐고, 이어 모든 것을 정리하는 책이 출간되었다. 폴링을 포함하여 영국의 버널(Desmond Bernal, 1901~1971), 호지킨(Dorothy Hodgkin, 1910~1994), 애스트버리(William Astbury, 1889~1961), 켄드루(John Kendrew, 1917~1977), 로렌스 브래그, 오스트리아의 페루츠(Max Perutz, 1914~2002) 같은 사람들의 엄청난 양의 연구로 생화학자들은 그 뒤 40년에 걸쳐 헤모글로빈, 인슐린, 그리고 근육 단백질인 미오글로빈 같은 수많은 생물분자의 구조를 알아낼 수 있었다.

수소 결합은 화학, 특히 생명의 화학에 대한 양자물리학의 중요성을 부각시켜주며 양자 세계가 우리의 일상적인 세계와 다르다는 것을 깨닫게 해준다. 화학자들은 어떤 상황에서는 분자들이 수소 원자로 서로를 연결한다는 것을 이미 알고 있었다. 폴링은 일찍이 1928년에 정상적인 공유결합이나 이온결합보다 좀더 약한 수소 결합에 대해 썼고, 1930년대에 다시 이 주제를 다뤘다.

수소 결합에서는 하나의 전자를 조그만 당구공이 아니라 전하의 구름 속에 뭉개져 있는 것으로 생각해야만 한다. 수소 원자의 전자를 강력하게 잡아당기는 산소와 수소가 결합할 때, 전하구름은 산소 원자 쪽으로 끌려가고 수소 원자의 반대쪽에는 음전하가 약하게 남아 있게 된다.

화학적으로 반응하는 다른 원자들과는 달리 수소는 안쪽 껍질에 다른 전자가 없어서 수소 핵의 양전하는 근처의 다른 원자나 분자에 쉽게 노출된다. 이것은 음전하에 치우쳐 있는 근처의 원자를 잡아당긴다. 물 분자에서 두 수소 핵의 양전하는 이런 식으로 다른 물 분자의 전자구름과 연결될 수 있으며, 이 때문에 얼음은 열린 결정체 구조를 갖게 되고, 밀도가 낮아 물 위에 뜨게 된다. 폴링의 얼음에 관한 연구는 관련된 에너지를 계산해냈고 그 값이 실험에서 밝혀진 값과 일치한다는 것을 보여주었다.

수소 결합이라는 아이디어는 그의 손을 거치면서 모호하고 정성적인 아이디어가 아니라 정확하고 정량적인 과학이 되었다. 폴링은 1930년대 중반, 긴 사슬의 단백질 분자가 압축된 형태로 접힐 때는 단백질 사슬의 수소 결합으로 그런 모양을 유지한다는 것을 보여주었다. 이는 매우 중요한 통찰이었다. 왜냐하면 단백질 분자의 형태는 세포 내의 활동에 대단히 중요하기 때문이다. 그리고 이 모든 것은 양자물리학 차원이 아니면 적절히 설명할 수 없는 수소 결합이라는 현상 덕택이다. 생명의 분자에 대한 우리의 이해가 양자역학에 대한 이해가 있은 뒤 이루어졌다는 것은 우연이 아니다.

단백질의 구조

단백질의 단위가 어떻게 서로 들어맞으며, 분자가 만들어내는 X선 회절 패턴에 대한 이해를 결합하여 얻게 된 최초의 위대한 성과는 1950년대 초 머리카락, 양털, 손톱 등에서 발견되는 섬유질의 단백질 구조를 알아낸 것이었다. 이 성과를 얻기까지의 길고도 험난한 역정은 1920년대 애스트버리가 런던의 왕립연구소에 있는 윌리엄 브래그 일행과 함께 연구를 하면서 시작되었다.

애스트버리는 이곳에서 섬유 단백질을 연구하기 시작했는데, 이들 섬유의 일부에 대한 X선 회절 사진을 처음으로 얻어냈고, 1928년 리즈

대학으로 옮겨가서도 계속 이 분야를 연구했다. 1930년대에 그는 이러한 단백질의 구조 모형을 만들었으나 그리 정확하지 않았다. 그러나 헤모글로빈과 미오글로빈 같은 단백질 분자가 긴 사슬의 단백질이 공처럼 접힌 모양이라는 것을 보여준 이가 바로 애스트버리다.

폴링은 후에 "1937년 여름 내내, 애스트버리의 X선 자료에 필적할 만한 3차원 상의 폴리펩티드 사슬을 구현할 방법을 찾았다"고 회상했다. 그러나 이 문제를 푸는 데 한 해 여름이 넘는 시간이 걸렸다. 섬유 단백질은 전망이 훨씬 밝아 보였지만, 제2차 세계대전 때문에 폴링의 캘리포니아 공과대학 팀과 케임브리지의 로렌스 브래그 팀 모두 1940년대 말에야 그 답에 근접할 수 있었다.

브래그 쪽이 1950년에 먼저 출판했지만, 그들 모형의 단점이 드러났다. 하지만 폴링 쪽은 1951년에 섬유 단백질의 기본 구조는 끈들이 꼬여 줄을 만드는 것처럼 나선 형태로 서로 감겨 있는 기다란 폴리펩티드 사슬로 형성되어 있으며, 꼬여 있는 형태를 유지하는 데 수소 결합이 중요한 역할을 한다는 정확한 답을 찾아냈다.

그리고 이는 그 자체만으로도 대단한 일이었지만 캘리포니아 공과대학 팀이 1951년 〈국립 과학 아카데미 회보〉에 실린 7편의 논문에서, 섬유의 알파 나선 구조는 물론 머리카락, 깃털, 근육, 실크, 뿔과 기타 단백질들의 화학 구조를 자세히 설명하자 생화학계는 거의 압도당했다. 그 구조가 나선형이라는 것은 확실히 다른 생물학적 거대 분자들의 구조도 나선일 가능성이 있다는 생각으로 이끌었다.

이는 X선 자료, 모형 구축, 양자화학의 이론적 이해를 혼합한 폴링의 접근 방법이 엄청난 성공을 거뒀다는 점이다. 폴링이 강조했듯이, 알파

DNA 이중 나선 모형

나선 구조는 단백질에 관한 실험 관찰에서부터 직접 추론한 것이 아니라 보다 단순한 물질의 연구에 기초한 이론적 고찰로부터 알아낸 것이었다.

DNA는 1940년대에는 유전 물질로 이미 알려져 있었다. 두 번씩이나 폴링에게 추월당한 로렌스 브래그가 케임브리지의 실험실에서 DNA의 구조를 알아내기를 얼마나 간절히 바랐을지 상상하고도 남음이 있다. 그러나 사실 그럴 가능성은 없었다. 과학적 이유 때문이 아니라 전쟁의 여파로 경제가 더디게 회복되던 영국은 과학 연구에 대한 재원을 제한하여 결국 연구자들의 활동이 위축될 수밖에 없었다. 당시 DNA 구조 문제를 해결할 역량이 있는 그룹은 둘밖에 없었는데, 하나는 캐번디시 연구소의 페루츠가 이끄는 팀과 또 하나는 런던 킹스 칼리지의 랜들

(John Randall, 1905~1984) 팀이었다.

이들은 모두 의학연구위원회에서 지원을 받고 있었다. 또한 한정된 자원을 낭비하지 않는 뜻에서 킹스 칼리지 팀이 먼저 DNA를 연구하게 되었다. 그러나 윌킨스(Maurice Wilkins, 1916~2004)가 이끄는 킹스 칼리지 팀은 서둘러 연구를 마칠 생각이 없었다. 또 다른 난관은 DNA로부터 훌륭한 X선 회절 사진을 만들어낸 젊은 연구자인 로잘린드 프랭클린(Rosalind Franklin, 1920~1958)과 마찰을 빚어 윌킨스에게서 거의 배척당한 점을 들 수 있다. 아마도 그 마찰에는 프랭클린이 여성이라는 편견이 작용했던 것 같다.

이중 나선 모형

킹스 칼리지 팀의 혼란은 성마른 젊은 미국인 제임스 왓슨(James Watson, 1928~)에게 기회의 문을 열어주었다. 박사후 과정 장학금으로 1951년에 케임브리지에 나타난 그는 DNA 구조를 연구하겠다는 결심을 불태우고 있었는데, 영국 신사들 사이의 합의에 대해 알지도 못했고 신경 쓰지도 않았다. 왓슨은 그보다 나이가 많은 영국인 박사과정으로 있던 프랜시스 크릭(Francis Crick, 1916~2004)과 같은 방을 쓰게 되었는데, 크릭은 왓슨을 보완해줄 접근법을 가지고 있었고 둘은 힘을 합치게 된다.

물리학자로 출발했던 크릭은 전쟁 중에 영국 해군을 위해 기뢰에 대한 연구를 했다. 그러나 당시 많은 물리학자들처럼, 그는 물리학이 전쟁에 활용된 것을 목격하고는 물리학에 환멸을 갖게 되었다. 그는 또한 동시대인들과 마찬가지로, 슈뢰딩거가 1944년에 출판한 『생명이란 무엇인가?(What is Life?)』라는 작은 책에 영향을 받았다. 이 책에서 이 위대한 물리학자는 유전 암호의 문제를 물리학자의 관점에서 고찰했다.

그 책을 쓸 당시 슈뢰딩거는 염색체가 DNA로 구성되어 있다는 사실을 알지 못했지만 일반적인 용어로 설명했다. 그는 "살아 있는 세포의 가장 근본적인 부분(염색체 섬유)을 비주기적인 결정체라고 부를 수 있을 것"이라면서 소금 결정체와 같은 보통의 결정체와 구분했으며, 간단한 기본 패턴이 끝없이 반복된다고 보았다.

비록 몇 가지 색깔이 서로 다른 방식으로 배열되어 있기는 하지만, 라파엘로의 태피스트리처럼 지루한 반복 대신 정교하고 통일성 있고 의미 있는 디자인에서 볼 수 있는 구조라고 설명했다. 또 정보의 저장을 단어로 정보를 써내려가는 알파벳 문자의 차원에서 보기도 하고, 점과 대시를 사용하여 모스 부호와 같은 부호의 차원에서 보기도 했다. 슈뢰딩거는 비주기적인 결정체에 정보가 저장되어 전해지는 방식 중 모스 부호와 비슷하지만 10개의 그룹에 점과 대시뿐 아니라 세 개의 기호를 사용하는 코드에서 "8만8천572개의 서로 다른 글자를 만들 수 있다"고 썼다.

이런 배경을 가진 물리학자 크릭은 연구 학생으로 1949년, 33세라는 늦은 나이에 캐번디시 연구소의 의학연구위원회 분과에 합류했다. 논문을 위해 그는 폴리펩티드와 단백질에 대한 X선 연구를 하고 있었다. 그는 1953년에 학위를 받았는데, 박사학위에 전념하는 대신 왓슨의 부추김을 받아 비공식 연구를 진행했고 이 연구로 영원히 기억에 남게 되었다.

이 연구는 전적으로 비공식적인 것이었다. 사실 크릭은 브래그로부터 두 번씩이나 DNA 연구는 킹스 칼리지 팀에게 맡기라는 말을 들었으나 그는 모두 무시했다. 오히려 연구 후반부에 가서는 폴링이 그 수수께끼를 먼저 풀지 않을까 염려한 브래그 교수로부터 일종의 공식적인 승인을 얻기에 이르렀다. 이론적 통찰과 실용적인 모형 구축이 중요하긴 했지만 모든 것은 X선 회절 사진에 달려 있었고, 최초의 DNA 이미지는 1938년에 애스트버리만이 확보할 수 있었다. 윌킨스의 그룹이 이 주제를 연구하게 된 1950년대까지 아무런 진전이 없었다. 사실 폴링의 DNA 구조 연구는 애스트버리의 오래된 자료만을 가지고 해야 했기 때문에 어려움이 있었다.

캐번디시의 왓슨은 킹스 칼리지의 프랭클린이 한 이야기에서 주워 모은 자료를 이용하여 크릭과 함께 곧 DNA 모형을 만들게 되었다. 그들은 줄이 서로 꼬여 있고 뉴클레오티드 염기(A, C, G, T)가 옆으로 튀어나온 모형을 만들었고, 특별히 초청한 윌킨스와 프랭클린 그리고 그밖에 두 명의 동료들에게 자랑스럽게 그 모형을 보여주었다. 그 모형은 너무나 당혹스러울 정도로 형편없었고, 그에 대한 평이 어찌나 신랄했던지 혈기 넘치는 왓슨까지 한동안 거처에서 은둔할 정도였고 크릭은 단백질 연구로 되돌아갔다.

그러나 1952년 여름, 수학자 존 그리피스와의 대화 중 크릭은 분자들을 붙어 있게 하려면 DNA 분자의 뉴클레오티드 염기들이 어떤 식으로든 서로 끼워 맞춰져 있을 것 같다는 생각을 말했다. 아데닌(A)과 티민(T)이 한 쌍의 수소 결합으로 서로 연결되어 있고, 구아닌(G)과 시토신(C)도 세 개의 수소 결합을 통해 연결되어 있으나 네 개의 염기는 다른 어떤 식으로는 쌍을 이룰 수 없는 그런 분자 형태였다.

크릭은 이 짝짓기가 갖는 중요성과 수소 결합의 관련성을 즉시 알아채지 못했으며, 생화학의 신참자로서 샤가프 법칙도 알지 못하고 있었다. 그러나 정말 운 좋게도 1952년 7월에 샤가프가 캐번디시를 방문하여 그곳에서 크릭을 만났다. 크릭이 DNA에 관심이 있다는 것을 알고 샤가프는 DNA 표본이 어떻게 항상 동일한 수의 A와 T, 동일한 수의 G와 C를 가지고 있는지에 대해 언급했다.

이것을 그리피스의 작업과 종합한 결과, 그는 DNA 구조가 AG와 CT의 다리에 의해 연결된 긴 사슬의 분자쌍을 수반해야 한다는 것을 알게 되었다. 심지어 이런 식으로 형성된 CT 다리의 길이가 같은 식으로 만들어진 AG 다리의 길이와 동일하며, 따라서 두 개의 분자 사슬 사이에는 간격이 일정할 것이라는 사실이 밝혀졌다. 그러나 수개월 동안 캐번디시 팀은 그 아이디어에 대한 진지한 연구 없이 대화로만 의견을 나누었다. 그들은 1952년 말이 되어서야 비로소 또 다른 멋진 모형 구축에 정신없이 뛰어들었다.

캐번디시 연구소의 대학원생이자 라이너스 폴링의 아들이었던 피터 폴링은 12월에 아버지로부터 DNA 구조를 만들어냈다는 편지를 받았다. 그 소식은 왓슨-크릭 진영에 그림자를 드리웠지만 그 편지에는 모형에 대한 자세한 내용은 들어 있지 않았다. 1953년 여름, 아버지 논문을 출판하기 전의 견본 형태로 받게 된 피터 폴링은 그 논문을 왓슨과 크릭에게 보여주었다. 기본 구조는 DNA 사슬 가닥 세 개가 서로 엮인 3중 나선 형태였다. 그러나 이제 X선 회절 패턴에 대해서 좀더 잘 알게 된 크릭과 왓슨은 놀랍게도 폴링이 실수를 했으며, 그의 모형이 프랭클린이 얻은 자료와 일치하지 않는다는 사실을 깨달았다.

며칠 뒤 왓슨이 폴링의 논문을 런던으로 가져가 윌킨스에게 보여주자 윌킨스는 왓슨에게 프랭클린이 찍은 최고의 사진 하나를 프랭클린에게 알리지도 않은 채 보여주었는데 이는 예의에 어긋나는 일이었다. 아무튼 바로 이 사진은 나선 구조의 차원에서만 해석될 수 있는 것이었고, 여기에 샤가프 법칙과 존 그리피스가 연구한 관계 등이 더해져서 크릭과 왓슨은 그 유명한 이중 나선 모형을 만들게 되었다.

1953년 3월 첫째 주가 끝나갈 무렵에 완성된 이 모형에는 뒤엉킨 분자들이 중간에 뉴클레오티드 염기를 연결하는 수소 결합으로 서로 붙어 있었다. 당시 폴링은 자신의 3중 나선 모형이 틀렸다는 것을 깨닫지 못했다. 그리고 그는 영국에 있는 경쟁자들이 얼마나 목표에 가깝게 와 있는지도 알지 못했다.

그러나 킹스 칼리지의 프랭클린은 크릭, 왓슨과 매우 비슷한 생각을 하고 있었으며, 이중 나선에 관한 논문을 출판할 준비를 거의 마치고 있던 때에 케임브리지에서 그 소식이 들려왔다. 그녀는 그 하루 전날 〈네이처〉 지에 보내기 위해 첫 번째 논문 초안을 준비했었다. 폴링의 때 이른 논문으로 분발한 크릭과 왓슨은, 프랭클린의 코앞에 다가왔던 월척을 낚아챈 셈이 되었다. 그 결과 1953년 4월 25일자 〈네이처〉 지에 세 편의 논문이 나란히 실리게 되었다.

첫 번째는 크릭과 왓슨이 쓴 논문으로, 그들의 모형을 자세히 설명했고 샤가프 법칙과의 관계를 강조하면서 X선 증거는 중요하게 다루지 않았다. 두 번째는 윌킨스와 그의 동료의 논문으로, DNA 분자의 나선 구조를 일반적인 차원에서 설명하는 X선 자료를 제시했다. 프랭클린의 세 번째 논문은 강력한 X선 자료를 제시했는데, 이는 크릭과 왓슨이 제시한 DNA의 이중 나선 구조와 같은 것을 암시했으며, 프랭클린이 손질하고 있던 논문과 기본적으로 같았다.

당시 아무도 알지 못했던 또 한 가지 사실은 프랭클린이 크릭과 왓슨의 연구를 확인시켜주었다기보다는, 완전히 독립적으로 DNA의 세부 구조를 발견했다는 점이다. 오히려 크릭과 왓슨의 발견이 프랭클린의 연구에 크게 기초하고 있었다.

한참 뒤에야 얼마나 중요한 X선 자료가 케임브리지로 갔는지, 그 자료가 모형 구축에 얼마나 중요한 역할을 했는지, 프랭클린이 킹스 칼리지의 동료와 왓슨, 크릭에게 얼마나 형편없는 대접을 받았는지가 드러났다. 프랭클린은 1953년에 킹스 칼리지를 떠나 좀더 우호적인 환경의 런던 버크벡 칼리지로 갔다. 하지만 그녀는 1958년, 38세의 나이에 암으로 사망했기 때문에 그 모든 진실을 알지 못했다. 그 후 크릭, 왓슨, 윌킨스는 겨우 4년 뒤인 1962년에 노벨 생리학상을 공동 수상했다.

유전암호

그러면 DNA란 무엇인가에 대해 간단하게 정리하고 넘어가자. 인간을 비롯해 세균에 이르기까지 지구상의 모든 생명체들은 유전물질로 DNA를 갖고 있다. DNA를 이루는 기본 구조는 디옥시리보오스, 인산, 그리고 디옥시뉴클레오티드로 구성되어 있다. 디옥시뉴클레오티드는 모두 네 종류가 있는데, 다른 구조는 모두 동일하고 염기 부분만 다르게 되어 있다. 염기들은 아데닌, 구아닌, 시토신, 티민 등 네 가지로 각각 머리글자를 따서 A, C, G, T라고 표시한다.

디옥시리보핵산(DNA) 분자는 2개의 뉴클레오티드가닥으로 이루어져 있으며, 이들은 서로 꼬여서 비틀어진 사다리 모양의 이중나선 구조를 갖고 있다. 인간의 DNA는 약 30억 쌍의 디옥시뉴클레오티드로 구성되어 있다. DNA상의 디옥시뉴클레오티드의 나열은 아무 의미도 없는 반복으로 이루어진 부분이 있고, 특정한 단백질을 만들어 내는 암호로 구성된 부분도 있다. 이렇게 특정한 단백질을 합성하는 정보를 가지고 있는 디옥시뉴클레오티드의 묶음을 유전자라고 한다. 즉 유전자란 DNA 전체가 아니라 특정한 단백질을 만들어 내는 디옥시뉴클레오티드의 묶음을 말한다.

인간은 DNA 안에 약 3만여 개의 유전자를 지니고 있다. 만일 유전자 하나당 디옥시뉴클레오티드 1000개로 계산하더라도 그 양은 전체 DNA의 1퍼센트에 불과하다. 따라서 실제로 DNA 전체에서 유전자가 차지하는 비율은 그리 크지 않으며, 나머지는 별다른 기능이 없는 디옥시뉴클레오티드의 나열에 불과할 따름이다.

그러면 염색체란 무엇일까? 염색체란 핵 속에 들어 있는 DNA 뭉치를 말한다. 그러면 왜 DNA 뭉치에 염색체라는 다소 상관이 없는 이름이 붙었을까? 이는 말 그대로 세포에 염료를 처리하면 쉽게 염색이 되기 때문이다. 평소에는 핵 속에 염색체가 실 형태로 풀려 있어서 보이지 않지만, 세포가 분열할 때는 실타래로 뭉쳐진 막대기가 된다. 염색체의 숫자는 생물마다 다르다. 예를 들어 사람은 상염색체 22쌍과 성염색체 1쌍으로 모두 23쌍(46개)의 염색체를 가지며, 초파리는 8개, 개구리는 26개, 개는 사람보다 훨씬 많은 78개의 염색체를 가지고 있다. 염색체의 숫자는 매우 중요한데, 사람의 경우 염색체의 수가 하나라도 적거나 많으면 이상 증세가 나타난다.

마지막으로 유전물질을 가리키는 말 중에 게놈이라는 것이 있다. 게놈(genome)이란 유전자와 염색체의 합성어로 유전정보의 종합을 의미하는 말이다. 2003년 인간 게놈 프로젝트는 인간 DNA의 뉴클레오티드 배열을 모두 분석한 것으로 인간의 유전정보를 밝히려고 시도했던 거대한 계획의 일부였다.

이제 뉴클레오티드, 유전자, 염색체, 게놈, DNA를 이해하기 쉽도록 비유를 들어보자. 여기 암호로 된 문서가 있다고 하자. 암호문은 A, C, G, T의 네 개의 문자로만 이루어져 있다. 이때 문자를 뉴클레오티드라고 하는데, 문자 자체에 어떤 의미가 있는 것은 아니다. 중요한 것은 문자가 배열된 순서이며, 전체 암호문이 모두 의미를 가지고 있는 것도 아니다. 대부분의 암호들이 의미 없는 문자들의 나열이며, 그중에서 일부분만 중요한 의미를 지니고 있다. 여기서 암호문의 단어들은 DNA가 되고, 암호문에서 의미 있는 문장은 유전자가 된다. 또한 암호문을 작성한 책은 염색체가 되고, 게놈은 암호문 전체를 말한다.

DNA의 이중나선 구조는 하나의 과학적 상징이다. DNA 가닥을 벌리면 각각의 가닥이 상대편 가닥을 새로 만들 수 있는 주형이 되어, 한때는 하나였던 것이 완전히 똑같은 두 개의 이중나선이 된다. 생명체는 생식을 할 때마다 자신의 DNA 가닥을 둘로 분리해 원래와 똑같은 두 개의 복사본을 만들어 자손에게 전달한다. 인간의 몸은 무려 15조 개의 세포로 이루어져 있는데, 똑같은 DNA를 충실하게 복제한 복사본이 세포마다 들어 있다. 한 개의 난세포에서 출발해 우리 몸이 되기까지에는 세포에 들어 있는 DNA 나선이 두 가닥으로 분리되어 주형이 되기를 15조 번만큼 반복된다는 것이다.

각각의 문자는 놀라우리만치 정확하게 복제되는데, 오류가 생길 확률은 약 10억분의 1이다. 이 정확도를 필경사에 비유하면, 성경 전체를 280번 필사하는 동안 딱 한 글자만 틀린다는 얘기다. 현재 남아 있는 신약성경 필사본은 모두 2만 4000권이라고 한다. 그런데 그중 똑같은 책은 단 한 권도 없다.

1953년 미국의 왓슨과 영국의 크릭은 생물학사의 커다란 획을 그은 DNA 이중나선의 구조를 밝혔다. 유전정보를 담은 DNA의 이중나선의 핵심은 인산과 당이다. 나선 안쪽으로 4가지 염기(아데닌, 구아닌, 시토신, 티민)가 달려 있는데, 이 염기의 순서가 바로 생명체의 유전정보다. 한쪽 가닥에 달린 염기가 다른 쪽 가닥에서 나온 염기와 손을 잡듯 결합한다.

염기쌍이라고 하는 이러한 조합의 방식에 따라 유전정보 또한 다르다는 것이 이중나선 구조의 핵심이다. DNA 1그램에는 염기(A, C, G, T)가 1021개 들어 있다. 이를 메모리로 환산하면 10억 테라비트(Tb, 1Tb=1012b)에 해당하는 엄청난 정보량이다. 생명에 대한 모든 정보는 DNA 속에 담겨 있다. DNA가 모여서 유전자를 만들고, 이 유전자가 우리 몸속에서 필요한 명령을 내린다.

세포의 반란

모든 생명체는 단 하나의 세포에서 시작된다. 첫 번째 세포가 둘로 분할되고, 둘이 넷이 되는 일이 계속된다. 그런 분할이 47회만 반복되면 1경(1016)개의 세포가 생기면서 인간으로 태어날 준비가 끝난다. 자연에 존재하는 모든 세포는 그야말로 신비로운 대상이다. 예를 들어 가장 간단한 효모 세포를 만들려고 해도, 보잉 777 여객기에 필요한 부품의 수만큼에 해당하는 성분들을 초소형으로 만들어서 지름이 5마이크론(10-6m) 정도 되는 공속에 맞추어 넣어야 한다. 그리고 그렇게 만든 공이 스스로 번식할 수 있도록 해야만 한다.

우리 몸에는 수백 종류의 세포가 있으며, 길이가 몇 미터나 되는 가는 실처럼 생긴 신경 세포로부터 작은 판 모양의 적혈구 세포, 시각을 도와주는 막대 모양의 광섬유에 이르기까지 그 크기와 모양이 엄청날 정도로 다양하다. 세포들의 크기는 경이로울 정도이다. 특히 수정이 일어나는 순간에는 정자 세포가 자신보다 8만 5천배나 큰 난자와 결합한다. 그러나 인간의 세포는 대체로 지름이 1밀리미터의 100분의 2(20㎛) 정도로 눈으로 보기에는 너무 작지만, 미토콘드리아를 비롯한 수천 개의 복잡한 구조와 수천만 개에 이르는 분자들을 담기에는 충분하다.

피부 세포는 모두 죽은 것들이다. 보통의 몸집을 가진 성인은 대략 2킬로그램 정도의 죽은 피부를 갖고 있으며, 매일 수십억 개의 작은 파편들이 떨어져나간다. 먼지가 쌓인 선반을 손가락으로 닦으면 오래된 피부들이 묻어나온다고 생각하면 된다. 대부분의 세포는 한 달 이상 사는 경우가 드물다. 위장세포의 수명은 대단히 짧아 2시간 30분밖에 되지 않는다. 면역을 담당하는 세포인 백혈구는 48시간 정도이다. 반면 적혈구는 상당히 길어서 120일이나 된다. 뇌세포는 수명이 무려 60년 정도 된다. 모든 체세포의 평균 수명은 25~30일 정도이다. 심지어 뼈의 조직은 끊임없이 죽어서 다른 조직으로 바뀌는데, 7년마다 한 번씩 몸 전체의 모든 뼈가 새로 바뀐다.

세포를 처음 설명했던 사람은 영국의 로버트 훅이었다. 그가 처음 찾아낸 미시세계의 특징은 식물에서 발견했던 작은 방들이었다. 그는 그 모습이 수도자들의 방을 닮았다고 생각해서 "세포"라는 이름을 붙였다. 그가 사용하던 현미경의 배율은 17세기 광학기술로 얻을 수 있었던 최고의 값이었던 30배율이었다. 10년 후 네덜란드의 모직물 상인이었던 레벤후크는 275배율의 현미경을 만들었다. 놀랍게도 그는 마흔이 지난 무렵부터 무려 50년 동안 200여 편의 보고서를 영국의 왕립학회에 제출했다.

레벤후크는 아무런 설명도 없이 자신이 관찰한 사실과 훌륭한 그림들만 보고서로 제출했다. 그는 빵 곰팡이, 벌침, 혈액 세포, 이빨, 머리카락, 대변과 자신의 정액을 비롯해서 살펴볼 수 있는 것이라면 거의 모든 것에 대한 보고서를 제출했다. 레벤후크는 1683년에 세균을 발견했지만, 아쉽게도 현미경 기술의 한계 때문에 그로부터 150년 동안에는 아무런 진전이 없었다.

1831년이 되어서야 스코틀랜드의 식물학자 로버트 브라운(Robert Brown, 1773~1858)이 세포의 핵을 처음 볼 수 있게 되었다. 생명은 저절로 나타날 수 없고, 이미 존재하는 세포로부터 시작되어야만 한다는 사실이 확실하게 밝혀진 것은 1860년대에 루이 파스퇴르(Louis Pasteur,

1822~1895)의 기념비적인 업적에 의해서였다. 그런 주장은 "세포설"이라고 하며 현대 생물학의 기반이 되었다.

크기나 모양에 상관없이 몸속에 있는 세포들은 기본적으로 똑같은 계획에 의해 만들어진다. 세포막이라고 하는 바깥 껍질과 생명체에 꼭 필요한 유전 정보가 들어 있는 핵, 그리고 그 사이에 엄청난 일이 일어나고 있는 세포질로 구성되어 있다. 단백질은 특히 활동적이어서 리소좀, 엔도좀, 리보솜, 퍼옥시좀을 비롯한 온갖 크기와 모양을 가진 수백만 종의 단백질들이 역시 수백만 종의 다른 것들과 충돌한다.

그래서 영양분에서 에너지를 추출하거나, 구조를 만들거나, 노폐물을 제거하거나, 침입자를 몰아내거나, 신호를 주고받는다. 보통 하나의 세포에는 약 2만 종류의 단백질이 있고, 그중 2000종류 정도는 적어도 단백질이 5만 개씩이나 존재한다. 하나의 세포에 들어 있는 단백질 분자의 수는 최소한 1억 개가 넘는데, 이로부터 우리 몸속에서 일어나는 생화학적 활동이 얼마나 굉장한가를 짐작할 수 있다.

세포 속에서 셋방살이를 하고 있는 미토콘드리아는 박테리아에서 시작되었는데, 우리에게 에너지를 공급하는 발전소 역할을 한다. 우리가 섭취한 음식물과 산소는 적절한 처리과정을 거친 후에 미토콘드리아로 보내져서 아데노신 삼인산(ATP)이라고 부르는 분자로 변환된다. ATP는 기본적으로 세포 속을 돌아다니면서 우리에게 에너지를 공급하는 작은 배터리이다. 피부가 따뜻하게 느껴지면, 그것은 바로 ATP가 작동하는 증거이다.

더 이상 쓸모가 없게 된 세포들은 명예로운 죽음을 맞게 된다. 세포가 해체되는 과정을 계획된 세포의 죽음, 즉 아포토시스라고 부른다. 매일 수십억 개의 세포들이 죽어가고, 수십억 개의 다른 세포들이 남은 것을 청소해준다. 가끔 일어나는 일이기는 하지만, 세포가 예정된 순서에 따라 사라지기만 하는 것은 아니다. 분열되면서 마구 성장하기도 하는데, 그 결과를 암이라고 부른다. 사실 암 세포는 혼란에 빠진 세포에 불과하다.

세포의 활동에 대해서 가장 놀라운 사실은 모두가 그저 아무렇게나 일어나는 충돌의 결과일 뿐이지만, 우리가 눈치를 챌 수도 없을 정도로 완벽하고 질서 정연한 움직임이라는 것이다. 세포를 구성하는 분자는 스스로 살아 있는 것도 아니고, 다른 일은 아무 것도 하지 못한다. 하지만 세포 조직은 그 수를 헤아릴 수도 없는 화학반응들이 서로 겹쳐져서 우리가 생각하고 행동하고 결정을 내릴 수 있게 해준다.

광합성과 산소

우리의 에메랄드 행성은 빛을 흡수해 광합성을 하는 식물과 조류의 초록색 색소의 영광을 보여준다. 이 색소들 가운데 가장 돋보이는 것은 엽록소다. 엽록소는 빛을 이용해 다량의 화학에너지로 바꾸는데, 이 에너지가 식물과 동물이 살아가는 원동력이 된다. 광합성이 없는 세상을 상상해보자. 먼저 세상에는 파란색이 없었을 것이다. 하늘과 바다가 푸른빛을 띠려면 대기와 물이 깨끗해야 하는데, 광합성이 없다면 산소도 없을 것이고 산소가 없으면 대기와 물에서 뿌연 안개와 먼지를 제거하지 못할 것이다. 또한 대양도 없었을지 모른다.

산소 없이는 오존도 있을 수 없다. 오존이 없으면 태양으로부터 오는 자외선을 차단하지 못할 것이다. 자외선은 물을 산소와 수소로 분해한다. 산소는 천천히 형성되며 공기 중에는 전혀 축적되지 않는다. 대신 암석에 있는 철과 반응하여 암석을 붉은색으로 바꿔놓는다. 그리고 가장 가벼운 수소는 지구의 중력을 벗어나 우주 공간으로 흩어질 것이다. 자외선은 금성과 화성에서 대양을 앗아간 것처럼 지구의 물도 우주 공간으로 날려버렸을 것이다.

산소는 생명체의 삶에서 중요한 요소다. 광합성의 노폐물에 지나지 않는 산소는 진정 세상을 만든 원소다. 물이 분해되어 나온 수소는 우주 공간으로 날아가기 전에 대기 중의 산소 분자와 충돌하여 빠른 속도로 다시 물이 된다. 이 물이 비가 되어 내리면서 대양에서 물이 일정하게 유지된다.

산소는 모든 생명체가 힘을 발휘할 수 있게 하고 몸집을 크게 만든다. 먹이사슬을 생각해보자. 최종 소비자는 작은 동물을 잡아먹고, 작은 동물은 곤충을 잡아먹고, 곤충은 더 작은 곤충을 잡아먹고, 더 작은 곤충은 나뭇잎이나 균류를 먹고 살아간다. 흔히 대여섯 단계에 걸쳐 먹이사슬이 형성되는 것을 볼 수 있다. 그런데 먹이사슬에서는 각 단계마다 에너지 손실이 일어나는데, 어떤 호흡 형태도 결코 100퍼센트 효율을 유지할 수 없다.

사실 산소 호흡의 에너지 효율은 약 40퍼센트인 반면, 철이나 황을 활용하는 다른 형태의 호흡은 대부분 10퍼센트에도 미치지 못한다. 다시 말해 먹이사슬이 길게 늘어지는 것도 산소 호흡에서나 가능한 일이다. 당연히 포식자와 피식자 사이에는 군비 경쟁을 유발해 몸집의 크기를 점차 키워간다. 딱딱한 껍질은 이빨과 전투를 벌이고, 위장술은 눈을 속이며, 몸집의 크기는 쫓는 자와 쫓기는 자 모두를 위협한다.

산소는 생물체의 구성에도 도움을 주었다. 동물의 몸에서 근육의 팽팽한 힘을 만드는 단백질은 콜라겐이다. 콜라겐은 뼈와 이빨과 단단한 껍질을 만들며, 힘줄과 인대, 연골, 피부를 만든다. 콜라겐은 포유류의 몸을 이루는 단백질 총량의 25퍼센트를 차지한다.

콜라겐을 만들기 위해서는 자유 산소가 필요하다. 캄브리아기가 시작되기 바로 전, 지구 전역에서는 대기 중의 산소량이 증가했다. 약 5억 5000만 년 전인 캄브리아기가 시작될 무렵의 화석 기록에서 몸집이 큰 동물이 갑자기 출현한 일도 산소가 갑자기 풍부해진 것이 원인이었을 것이다.

따라서 산소가 없었다면 큰 동식물도 없고, 파란 하늘도 없고, 어쩌면 바다도 없는 오로지 흙먼지와 세균만 가득했을지도 모른다. 분명 산소는 상상할 수 있는 모든 쓰레기 중에서 가장 값진 쓰레기다. 지구나 화성 또는 우주 어디서나 산소를 전혀 생산하지 않는 광합성이 진화할 수 있는 가능성은 무척 크다. 그렇게 되면 세균 수준의 복잡성을 벗어날 생물은 분명 거의 없을 것이다.

지구상 최초의 원핵생물은 화학에너지와 열에너지가 있는 심해의 열수분출구에서 진화한 것으로 생각된다. 약 35억 년 전 어떤 세포들이 바다 표면을 떠다니다 태양으로부터 오는 풍부한 에너지를 이용하기 시작했다. 또한 시아노박테리아, 즉 남조균이 물속에 엄청난 양으로 녹아 있던 수소를 이용하는 방법을 알아냈다. 그들은 물을 빨아들여서 수소를 섭취하고 폐기물인 산소를 뱉어냈다. 이런 과정에서 그들은 광합성을 발명했다.

남조균이 번성하게 되면서 세상은 산소로 가득 채워지게 되었고, 당시 다른 생물들은 산소의 독성에 깜짝 놀랄 수밖에 없었다. 산소는 독성이 매우 강한데, 실제로 우리 백혈구는 산소를 이용해서 박테리아를 죽인다. 이처럼 산소는 에너지를 생산하는 효율적인 수단이기도 했지만, 경쟁상대가 되는 생물체를 제거해주기도 했다. 습지와 호수 바닥의 무산소성 세상으로 되돌아간 생물체도 있었다.

아주 먼 훗날에는 우리 인간과 같은 생물체의 소화관 속으로 옮겨가기도 했다. 지금도 상당수의 원시적인 생물체들이 아주 적은 양의 산소마저도 무서워서 우리 몸속으로 숨어들어와 음식물의 소화를 돕고 있다. 이처럼 산소는 많은 종들에게 해로운 것이어서 새로운 환경에 적응하지 못한 종들은 사멸되었지만, 동시에 수많은 새로운 종들이 출현했다. 수백만 년 동안 광합성을 하면서 엄청난 수의 원핵생물은 지구의 환경을 이산화탄소가 풍부한 행성에서 산소가 풍부한 행성으로 바꾸어 놓았다.

공생과 수정

그런데 생명의 시작이 원핵세포에서 비롯되었다면 진핵세포는 어떻게 핵을 갖게 되었을까? 20억 년 동안 배출된 산소는 지구 대기의 산소를 20퍼센트로 끌어올림으로써 다음 단계의 더욱 복잡한 생명의 역사가 시작될 수 있었다. 그때 아주 갑작스럽게 전혀 새로운 형태의 세포가 등장했다. 핵과 세포기관이라고 부르는 작은 몸을 가진 세포가 출현했다. 그 문제는 오랫동안 과학자들에게 수수께끼로 남아 있었는데, 이에 대해 하나의 열쇠를 제공한 학자가 미국의 생물학자 린 마굴리스(Lynn Margulis, 1938~2011)이다.

마굴리스에 의하면 원핵생물인 박테리아가 너무 많이 번성하자 굶주린 박테리아들은 동료 박테리아에게로 눈을 돌리게 되었다. 즉, 배고픈 박테리아가 주변의 다른 박테리아를 먹기 시작했다. 먹힌 박테리아는 종종 반쪽만 소화된 채 자기를 삼킨 박테리아 안에서 공생하기도 하는데, 이것이 진핵세포로 발전되었다는 것이다. 이런 공생관계에서 진핵세포로 진화했고 생명체의 수정 행위가 시작되었다는 게 마굴리스의 주장이다.

포획된 박테리아는 미토콘드리아가 되었을 것으로 생각된다. 식물에서도 이와 비슷한 방법으로 엽록체가 만들어져 광합성을 할 수 있는 식물이 생겨났다. 미토콘드리아는 산소를 이용해서 영양분으로부터 에너지를 생산한다. 미토콘드리아는 모래알 정도의 공간에 10억 개가 들어갈 수 있을 정도로 아주 작다. 하지만 미토콘드리아는 우리와는 함께 살 수 없다고 생각하는 것처럼 행동해왔다.

생물체가 흡수하는 거의 모든 영양분은 미토콘드리아를 먹여 살리는 데에 사용된다. 또한 미토콘드리아는 그 자신만을 위한 DNA를 가지고 있다. 미토콘드리아는 주인 세포와는 다른 시기에 번식을 한다. 그들은 박테리아처럼 생겼고, 박테리아처럼 분열한다.

새로운 형태의 세포는 "진짜 핵을 가지고 있다"는 의미로 진핵세포라고 부르며, 구식의 세포는 "핵이 생기기 전"이라는 의미로 원핵세포라고 한다. 옛날의 원핵세포는 새로운 진핵세포와 비교할 때 한 줌의 화학물질에 불과했다. 진핵세포는 원핵세포보다 1만 배나 더 크고, 1000배나 더 많은 DNA를 가지고 있다. 진핵세포는 더욱 독특한 마술을 배우게 되었다. 10억 년 정도의 오랜 세월이 걸렸지만, 함께 모여서 복잡한 다세포 생물을 만들게 된 것이다. 결국 세상은 점점 식물처럼 산소를 배출하는 생물체와 인간처럼 산소를 소비하는 생물체의 두 종류가 지배하게 되었다.

지구의 진정한 지배자

최근 수십 년 동안 전자현미경의 등장에 따른 미생물 구조에 대한 지식이 증가하고, 여러 가지 생물의 핵산과 단백질 서열 분석을 통해 생물은 진정세균, 고세균, 진핵생물의 세 가지 영역으로 나누어진다.

진정세균(박테리아)은 단세포로 구성된 원핵세포 생물이다. 세포벽에 펩티도글리칸이라는 구조 분자를 포함하고 있다. 물, 공기, 흙과 같은 우리 주변의 환경뿐만 아니라 피부, 입, 창자 등 우리 몸속에도 서식하고 있다. 진정세균의 일부는 질병을 유발하지만 대다수는 생태계 물질 순환에 중요한 역할을 한다. 고세균 역시 원핵세포 생물이다. 진정세균과는 단백질을 합성하는 세포 기관인 리보솜의 일부를 차지하는 세포 내 분자(rRNA)의 배열에 차이가 있고, 세포벽에는 펩티도글리칸이 없으며 지질도 다르다, 많은 고세균은 고온, 고농도 염분 같은 극단적인 환경에서 발견된다.

진핵생물은 원생생물이나 진균류로 분류된 미생물을 포함하고 있다. 동물 이전의 생물이란 뜻으로 원생생물이라 부르는데, 그중 식물성 플랑크톤은 시아노박테리아와 함께 지구 산소의 75퍼센트를 만들어낸다. 이들은 또한 물속 생태계 먹이사슬의 기초를 이루고 있다. 원생동물은 원생생물 중 운동성을 갖고 있는 생물로 단세포이다.

진균류는 균류라고도 하며 효모와 같은 단세포로부터 곰팡이와 버섯 같은 다세포까지 다양하다. 곰팡이와 버섯은 균사라 불리는 실과 같은 가느다란 구조를 만든다. 진균류는 다양한 물질대사를 하는데, 그 결과 빵을 부풀게 하는 데 사용되거나 항생물질 생산, 죽은 생물체의 분해 등 유익한 역할을 한다. 이중 일부는 식물에 병을 옮기거나 동물에게 병을 일으키기도 한다. 또한 비세포성 존재인 바이러스도 미생물의 범주에 포함된다. 바이러스는 단백질과 핵산(DNA, RNA), 일부 효소로 구성돼 있다. 이들은 감기, 천연두, 광견병, 인플루엔자, 후천성면역결핍증(AIDS) 등을 유발하기도 한다.

사실 박테리아(세균)는 우리 몸을 비롯해서 주위에 상상도 할 수 없을 정도로 엄청나게 많이 존재한다. 우리 피부에는 대략 1조 마리의 박테리아 군단이 살고 있다. 피부에 붙어사는 박테리아는 매일 떨어져 나오는 100억 개 정도의 피부 조각과 땀구멍에서 나오는 맛있는 기름과 힘을 북돋워주는 미네랄 성분을 먹고 있다.

우리 소화기관에 살고 있는 것만 해도 적어도 400종에 100조 마리가 넘는다. 사람의 몸은 1경(1016) 개의 세포로 되어 있는데, 그 속에 살고 있는 박테리아는 무려 10경(1017) 마리나 된다. 다시 말해 박테리아는 우리 몸의 중요한 구성 요소인 셈이다. 물론 박테리아 입장에서 보면 사람은 그들의 작은 일부에 불과할 뿐이다.

박테리아는 우리가 존재하지 않았을 때에도 수십억 년을 스스로 살아왔다. 그러나 우리는 박테리아가 없으면 하루도 살 수 없다. 박테리아는 우리가 버린 것들을 처리해서 다시 쓸 수 있도록 해준다. 박테리아는 물을 깨끗하게 해주고, 토양을 비옥하게 해준다. 내장 속에 있는 박테리아는 비타민을 합성해주기도 하고, 우리가 섭취한 것을 쓸모 있는 당과 다당류로 바꾸어준다. 그리고 박테리아는 놀라울 정도로 번성한다. 노벨상을 받았던 벨기에의 생화학자 드 뒤브(Christian Rene de Duve, 1917~2013)에 따르면, 하나의 박테리아가 단 하루만에 280조 마리로 번식할 수 있다. 인간의 세포는 하루에 겨우 단 한 번의 분열을 할 수 있을 뿐이다.

박테리아는 약간의 수분만 공급해주면 어디서나 번성한다. 티오바실루스 콘크레티보란스라는 미생물은 금속을 녹일 정도로 강한 황산 속에 살고, 미크로콕쿠스 라디오필루스라는 미생물은 원자로의 폐기물 탱크 속에서 플루토늄을 비롯한 방사성 물질을 먹고 산다. 펄펄 끓는 연못이나 바위 속 깊은 곳에 살고 있는 박테리아도 있다. 수면보다 압력이 1000배나 더 높아서 점보 여객기 50대 밑에 깔려 있는 것과도 같은 수심 11킬로미터나 되는 태평양 바다 속에 사는 박테리아도 있다. 현실적으로 도저히 죽일 수 없는 것처럼 보이는 미생물도 있다. 데이노콕쿠스 라디오두란스는 DNA에 방사선을 쪼이면 잘라진 조각들이 다시 조합되기도 한다.

지구 깊숙한 곳에도 많은 미생물이 살고 있는데, 대부분은 돌, 정확하게 말하면 돌 속에 있는 철, 황, 망간 등을 먹고 산다. 땅 속에 있는 박테리아를 모두 꺼내서 지표를 덮으면 그 높이가 1.5미터는 될 것이다. 지구의 땅 속에는 지표면에 살고 있는 것보다 더 많은 생물이 살고 있는 셈이다. 땅 속에 사는 미생물은 크기가 아주 작고 게으르다. 가장 활발한 것이라고 해도 한 세기에 한 번 정도 분열하거나, 500년에 한 번 밖에 분열하는 것도 있다.

박테리아의 내구성에 대한 세계기록은 2000년에 미국 뉴멕시코 주의 지하 600미터에 있는 소금 광산에 갇혀 있던 바실루스 페르미안스라는 박테리아를 되살려낸 것이다. 그 박테리아는 2억 5000만 년이나 된 것인데, 만약 그것이 사실이라면 그 미생물이 살았던 북아메리카 대륙보다 더 오래된 것이다.

박테리아보다 더 작고 단순한 바이러스는 스스로 살아 있지 못한 상태다. 고립된 바이러스는 활성도 없고 해를 끼치지도 않는다. 그러나 적당한 숙주를 만나면 번성해서 바쁘게 활동한다. 대략 5000종의 바이러스가 알려져 있고, 독감과 감기를 비롯해 치명적인 질병을 일으키는 소아마비, 공수병(광견병), AIDS를 일으키는 인체면역결핍 바이러스(HIV)등이 모두 바이러스들이다. 돼지독감 또는 스페인 독감이라고 불렸던 질병은 이름과는 달리 치명적이었다. 4년 동안의 제1차 세계대전에서 스페인 독감에 희생된 사람의 수는 2100만 명이었다.

진화가 진행되면서 새롭게 탄생한 종은 날이 갈수록 점점 더 복잡해졌지만, 박테리아만큼은 그대로 유지되었다. 박테리아는 생명의 초기 단계에 등장하여 아마도 지구가 멸망하는 날까지 생존할 것이다. 따라서 지구의 진정한 주인은 박테리아라고 할 수 있을 것이다. 우리 몸의 대장에서만 지구상에 살고 있는 인간의 숫자보다 더 많은 박테리아가 살고 있는 것이다. 하지만 놀랄 일은 이것으로 끝이 아니다.

최초의 유기체는 구조가 아주 단순했다. 박테리아만큼 간단한 생명의 설계도를 가지고 있는 것도 없다. 지구 역사의 6분의 4, 즉 거의 30억 년의 세월 동안 단세포 생물만 존재했다. 미미한 진화의 한 걸음을 내딛기 위해 생명은 끝없이 긴 시간을 필요로 했던 것이다. 그 이유는 지구의 대기, 즉 공기 중에 복잡한 생명을 가능케 할 산소가 아직 너무 적었다.

거대한 세포핵을 가진 단세포생물은 약 20억 년 전에 등장했다. 세포핵을 가진 단세포생물에서 다세포생물이 등장할 때까지는 다시 약 14억 년이라는 시간이 걸렸다. 최초의 다세포생물은 소위 에디아카라 동물군으로 불리는 납작한 모양의 절지 생명체였다. 이들은 나뭇잎이나 깃 모양의 양치류 이파리처럼 생겼다.

생명의 골디락스 조건

생명이 형성되고 번성하게 된 지구상의 골디락스 조건은 무엇일까? 이 질문에 대한 답을 제시함으로써 왜 지구가 특히 복잡한 생명체의 출현에 적합했는지, 그리고 간단한 원핵생물에서 매우 복잡한 포유동물에 이르기까지 어떻게 변해왔는지 이해할 수 있을 것이다. 먼저 살아 있는 유기체는 아주 복잡한 화학원소들로 이루어져 있다.

원자들이 정교한 화학작용을 하기 위해서는 지구와 같은 암석 행성이 필수적이다. 암석 행성은 유기체 생명에 필요한 다양한 원소들을 가

골디락스와 곰 세 마리

지고 있기 때문이다. 지구에는 92종의 천연 원소가 있다. 하지만 지구에 흔히 존재하는 천연 원소는 모두 합쳐서 30종 정도이고, 그중에서도 생물에게 중요한 것은 10여 종에 불과하다.

살아 있는 생명을 만들어내기 위해서는 탄소, 수소, 산소, 질소의 네 가지 주된 원소들과 황, 인, 칼슘, 철을 비롯한 몇 가지 다른 원소들이 조금씩 필요할 뿐이다. 예를 들어 우리 인체를 구성하는 원자의 개수를 200개라고 하면 126개는 수소이고, 51개는 산소이며, 탄소는 겨우 19개에 불과하다. 이런 원소들을 30여 가지 방법으로 조합하면 살아 있는 모든 생명체를 만들 수 있다. 생물을 구성하는 물질에는 특별한 점이 아무 것도 없다. 살아 있는 생물도 다른 모든 것과 마찬가지로 분자들의 집합일 뿐이다.

생명의 탄생에 필요한 또 다른 조건은 물이다. 생명이 처음 시작되었던 곳이라고 다윈이 믿었던 "따뜻하고 작은 연못"에서부터 오늘날 생명이 탄생한 곳으로 가장 유력한 바다 밑의 해저 분출구에 이르기까지 모두 물이 필요하다. 기체 상태에서는 원자들이 엄청나게 빠르게 움직이며, 고체 상태에서는 거의 정지되어 있다. 하지만 액체 상태에서는 원자들이 온갖 복잡한 형태로 쉽게 얽히게 된다.

물은 모든 곳에 있다. 감자의 80퍼센트, 박테리아의 75퍼센트가 물이다. 95퍼센트가 물로 된 토마토는 물을 빼고 나면 아무 것도 아닌 셈이다. 심지어 65퍼센트가 물로 되어 있는 인간의 경우에도 액체가 고체보다 거의 두 배나 많다. 물은 이상한 물질이다. 물은 아무런 맛도 없지만, 우리는 그 맛을 좋아한다. 물이 위험하고 매년 수만 명의 사람들이 그런 물에 빠져 죽는다는 사실을 알고 있으면서도, 우리는 물속에서 뛰놀고 싶어서 안달을 한다.

대부분의 액체는 식으면 부피가 10퍼센트 정도 줄어든다. 물도 마찬가지이지만, 어느 정도까지만 그렇다. 물이 어는 상태에 가까워지면, 오히려 부피가 늘어나는 상상할 수 없는 일이 일어난다. 얼음이 되고 나면 부피가 거의 10퍼센트 정도 늘어난다. 얼음이 되면서 부피가 늘어나기 때문에 얼음은 물에 뜬다.

만약 물이 그런 기막힌 성질을 가지고 있지 않았다면 얼음은 물속으로 가라앉을 것이고, 호수와 바다는 바닥에서부터 얼어붙게 될 것이다. 만일 얼음이 수면을 덮고 있지 않다면, 물은 점점 더 차가워지고 결국 더 많은 얼음이 생기게 될 것이다. 바다는 곧장 얼어버릴 것이고 지구는 영원히 냉동고가 될 것이다.

우리는 살아가기 위해서 소금이 필요하지만, 아주 적은 양만 필요할 뿐이다. 보통 바닷물 1리터에는 우리가 음식에 넣는 소금이 2.5스푼 정도 들어 있다. 그런데 우리 조직 속에 들어 있는 소금과 광물질의 비율은 바닷물과 놀라울 정도로 비슷하다. 우리가 흘리는 땀이나 눈물은 바닷물과 비슷한데도 이상하게 우리는 바닷물을 마시지 못한다.

바다 깊은 곳에 무엇이 있는가에 대해서는 정말 알려진 것이 없다. 우리는 바다 밑의 어둠 중에서 10억분의 1 정도를 탐사했을 뿐이다. 아마도 그보다 훨씬 더 적을 것이다. 그런데 1977년 해저 탐구에서 가장 중요하고 놀라운 생물학적 발견을 이룩했다. 갈라파고스 제도 근처에 있는 심해 분출구 부근에서 대형 생물이 군락을 이루고 있다는 사실을 알아냈던 것이다. 3미터가 넘는 갯지렁이와 폭이 30센티미터가 넘는 조개를 비롯해서 다양한 새우와 홍합, 지렁이들이 발견되었다. 그들은 분출구에서 끊임없이 쏟아져 나오는 황화수소로부터 에너지와 영양분을 얻는 엄청난 박테리아 군락 덕분에 그곳에 살고 있었다.

그곳은 햇빛이나 산소를 비롯해서 일반적으로 생명과 관계되는 모든 것들이 존재하지 않는다. 하지만 그들은 광합성이 아니라 화학합성을 근거로 살아가고 있었다. 분출구에서는 엄청난 양의 열과 에너지가 흘러나온다. 분출구 중앙에서는 온도가 섭씨 440도 정도이지만, 몇 미터만 떨어진 곳의 물은 섭씨 0도 정도에 불과하다.

알비넬리드라고 부르는 지렁이들은 바로 그런 경계에 살고 있어서 머리 부분과 꼬리 부분의 온도 차이가 거의 80도에 이른다. 이전에는 70도보다 뜨거운 물에서는 고등생물이 살 수 없을 것이라고 믿었지만,

이 생물은 그보다 훨씬 뜨거울 뿐만 아니라 몸의 한쪽 끝은 끔찍할 정도로 차가운 곳에서 살고 있었다. 그런 발견은 생명이 존재하기 위한 조건에 대한 우리의 이해를 완전히 바꾸어 놓았다. 바다 속에는 많게는 3000만 종의 생물이 살고 있을 것으로 추산되지만, 대부분은 아직도 발견되지 않은 상태이다.

마지막으로 생명이 살기 위한 골디락스 조건은 에너지다. 에너지가 너무 많으면 복잡한 분자들이 터져버려 손상되고, 너무 적으면 원자들이 결합하는 데 충분한 에너지를 얻을 수 없게 된다. 지구는 완벽한 조건을 가지고 있는데, 태양이라는 별로부터 적당한 에너지를 받고 있다. 예를 들어 금성의 크기와 성분은 지구와 매우 비슷하다. 그러나 한 가지 차이라면 태양과의 거리가 지구보다 조금 가까울 뿐이다.

금성은 지구보다 태양으로부터 4000만 킬로미터 가깝다. 태양의 열기는 지구보다 2분 먼저 금성에 도달할 뿐이다. 태양계가 생성되던 초기의 금성은 지구보다 조금 더 뜨거웠을 테고, 바다도 있었을 것이다. 하지만 금성이 조금 더 많은 열기를 받게 되었던 탓에 금성은 표면의 물을 잡고 있을 수가 없었다. 그 결과 금성의 물이 증발하면서 수소는 우주 공간으로 날아가 버렸고, 남아 있던 산소는 탄소와 결합해 이산화탄소라는 온실 기체로 된 두꺼운 대기가 만들어졌다. 금성 표면의 온도는 펄펄 끓는 섭씨 470도로 납이 녹아버릴 정도이며, 표면에서의 대기압은 지구보다 90배나 커서 생명체가 도저히 견딜 수 없는 정도다.

금성 표면에 대한 지식은 장거리 레이더로 얻은 영상과 1972년 금성의 구름 속으로 떨어뜨린 소련의 무인 탐사선이 보내준 놀라운 정보를 바탕으로 한 것이다. 이것이 바로 빛의 속도로 2분 정도의 거리에 해당하는 만큼 태양에 가까이 있을 때 일어나는 일이다. 태양으로부터 멀어지는 경우에는 뜨거움이 아니라 추위가 문제가 된다. 화성도 한때는 훨씬 좋은 곳이었겠지만 결국은 완전히 얼어붙은 불모지로 바뀌어 버렸다.

여러 사람들이 지구에 생명이 살 수 있게 된 이유를 20가지 정도 밝혀냈지만, 여기서는 세 가지 정도만 살펴보았다. 그러면 우리 지구와 태양계를 비롯한 우주는 어떻게 시작되었고 별들은 왜 빛나는지 그리고 우주는 얼마나 큰지에 대해 알아보자.

15

현대문명—우주

HOMO SCIENTIFICUS

현대문명-우주

| 19~20세기의 과학기술사 연표 |

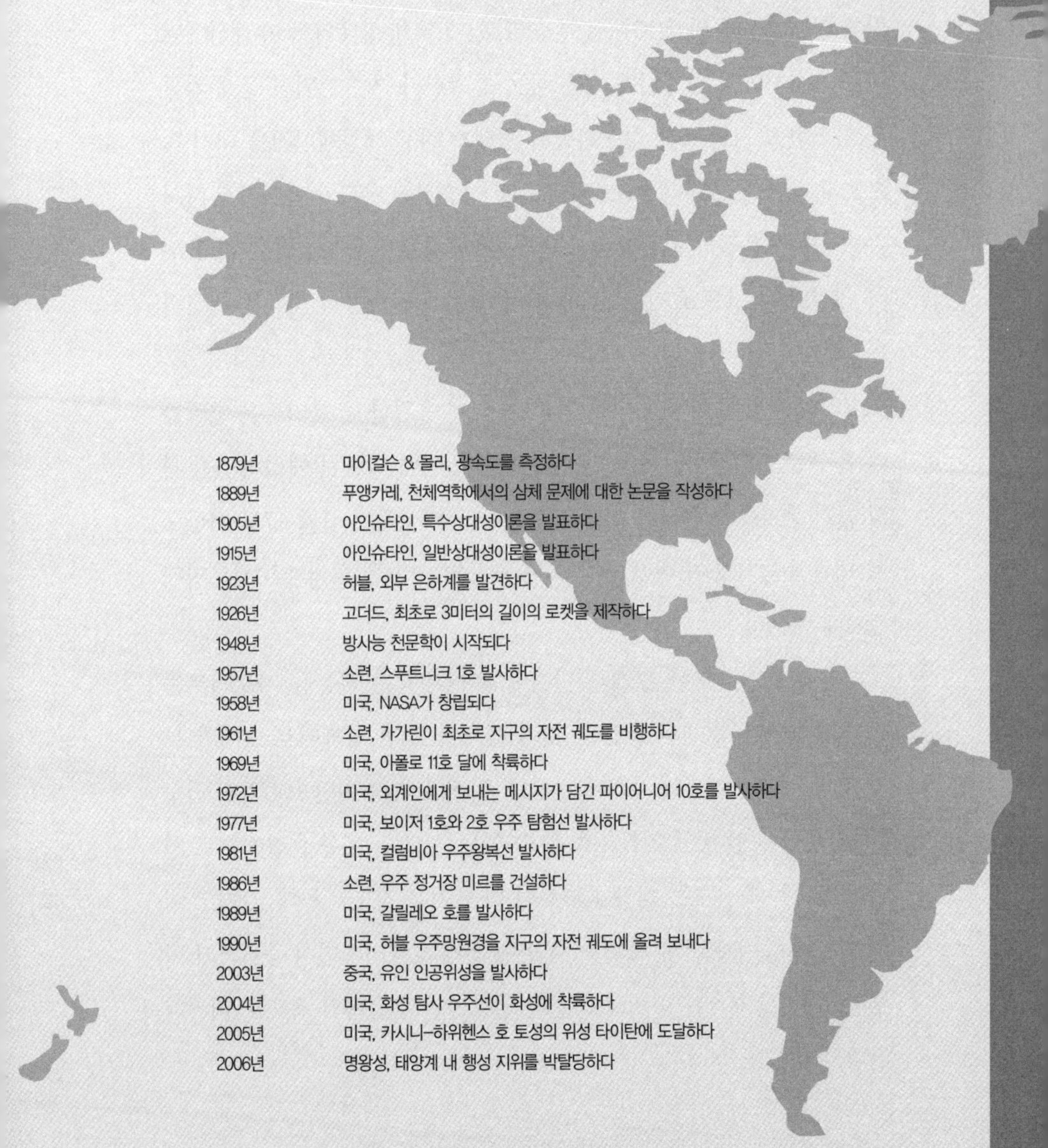

1879년	마이컬슨 & 몰리, 광속도를 측정하다
1889년	푸앵카레, 천체역학에서의 삼체 문제에 대한 논문을 작성하다
1905년	아인슈타인, 특수상대성이론을 발표하다
1915년	아인슈타인, 일반상대성이론을 발표하다
1923년	허블, 외부 은하계를 발견하다
1926년	고더드, 최초로 3미터의 길이의 로켓을 제작하다
1948년	방사능 천문학이 시작되다
1957년	소련, 스푸트니크 1호 발사하다
1958년	미국, NASA가 창립되다
1961년	소련, 가가린이 최초로 지구의 자전 궤도를 비행하다
1969년	미국, 아폴로 11호 달에 착륙하다
1972년	미국, 외계인에게 보내는 메시지가 담긴 파이어니어 10호를 발사하다
1977년	미국, 보이저 1호와 2호 우주 탐험선 발사하다
1981년	미국, 컬럼비아 우주왕복선 발사하다
1986년	소련, 우주 정거장 미르를 건설하다
1989년	미국, 갈릴레오 호를 발사하다
1990년	미국, 허블 우주망원경을 지구의 자전 궤도에 올려 보내다
2003년	중국, 유인 인공위성을 발사하다
2004년	미국, 화성 탐사 우주선이 화성에 착륙하다
2005년	미국, 카시니-하위헨스 호 토성의 위성 타이탄에 도달하다
2006년	명왕성, 태양계 내 행성 지위를 박탈당하다

에너지의 원천

비는 어떻게 생길까? 태풍이 생성되는 계절에 태양에너지는 적도 근처에 있는 바닷물의 온도를 높여 준다. 이때 액체 상태의 물이 태양에너지를 흡수하면서 엄청나게 많은 물이 증발한다. 자유로워진 물 분자들은 따스한 공기와 함께 상승하면서 형태가 바뀐 태양에너지를 대기 속으로 운반한다. 그러나 2킬로미터 정도 상승하면 온도가 떨어져서 다시 수증기들은 응결하여 물방울이 된다. 이때 응결한 물방울들은 비가 되어 내린다. 이것은 요리를 할 때 냄비 뚜껑에 물방울이 맺히는 현상과 동일하다.

그러면 바람은 어떻게 생길까? 비가 되어 응결한 물 분자들은 증발할 때 흡수했던 태양에너지를 다시 방출한다. 이때 방출된 에너지는 주위의 공기 분자들을 움직여 바람을 형성한다. 바닷물이 섭씨 27도 이상으로 데워지면 태풍이 발생한다. 이때 태풍의 시속은 최저 120킬로미터 정도에 이른다.

태양에너지는 또한 번개를 만들어낸다. 번개는 하늘을 가로지르는 전기 불꽃이다. 번개의 전압은 30억 볼트에 12만 암페어로 수백만 분의 몇 초, 즉 눈 깜짝할 사이에 흐른다. 이 정도 전압이면 100와트 전구를 몇 개월 동안 밤낮으로 켜놓을 수 있는 규모다. 또한 순간적으로 열이 발생하는데 온도는 태양 표면보다 더 뜨거울 정도로 높다. 그리고 이때 가열된 공기가 번개, 즉 전기 폭발에 의해 흐트러지면서 충격파가 발생한다. 이 충격파는 공기에 파문을 일으키면서 음속의 속도로 퍼져나간다.

번개는 구름 속의 강력한 상승기류에 의해 만들어진다. 상승기류 속의 공기 분자들은 물방울과 얼음알갱이에 강하게 마찰된다. 그러면 고양이털에 플라스틱 막대를 비빌 때처럼 물방울과 얼음알갱이는 전하를 띠게 된다. 양전하를 띤 물방울은 땅으로 떨어지는 반면, 음전하를 띤 얼음알갱이는 구름 속에 머문다. 얼음과 물 사이의 전위차는 점점 커지고, 번개의 형태로 방전이 일어난다. 결국 형태만 바뀌었을 뿐이지 비와 바람과 번개는 모두 태양에너지에 의해 만들어지는 셈이다.

생명도 거의 전적으로 태양에너지에 의존한다. 식물은 태양에너지와 이산화탄소, 물을 이용하여 포도당과 산소를 만드는 광합성을 한다. 생명을 가진 엽록체에서 일어나는 반응은 태양전지에서 에너지를 생산하는 과정과 비슷하다. 햇빛은 반도체 태양전지에서 전자들을 떼어내 전기 에너지를 만든다. 반면에 식물에서는 빛이 물을 산소와 양성자, 전자로 분해한다. 이와 같은 광합성을 통해 지구의 생명체는 매년 탄수화물 1,600억 톤을 발생시킨다.

석유, 석탄, 천연가스와 같은 화석연료에는 수백만 년 동안 모인 태양에너지가 화학적으로 저장되어 있는 경우다. 석유와 천연가스의 경우 태양에너지는 주로 탄소 원자와 수소 원자로 이루어진 화학 결합 속에 들어 있다. 우리는 이런 화학 에너지를 연소 과정을 통해 열에너지로 바꾸고, 열은 다시 가정과 산업에서 난방이나 기계를 돌리는 전기에너지로 사용된다. 또는 자동차의 연료로 쓰이기도 한다. 이때 이산화탄소가 발생되어 지구의 온도를 높여 기후를 변화시키기도 한다.

태양에너지는 핵융합에 의해 만들어지는 반면, 지구 내부에서는 핵분열에 의해 지진과 화산 폭발이 일어난다. 우리는 뜨거운 난로 위에 살고 있는 셈이다. 핵발전소에서 쓰이는 우라늄은 보다 가벼운 핵으로 붕괴하면서 붕괴 전후의 질량 차이만큼 운동에너지를 방출한다. 이를 핵분열이라고 하는데, 원자핵이 쪼개지는 힘으로부터 엄청난 에너지가 방출된다.

인구 100만이 넘는 대도시에서 1년 동안 전기에너지를 공급하려면 석탄을 200만 톤을 넘게 태워야 하지만, 핵발전소에서 우라늄을 태울 때는 30톤이면 충분하다. 하지만 핵발전소에서 만들어지는 일부 폐기물은 아주 오랫동안 방사능을 유지하기 때문에 적어도 수천 년 동안 확실하게 보관해야 한다. 핵분열은 과학의 가장 위대한 성취인 동시에 가장 어두운 그늘인 것이다. 1945년 제2차 세계대전 당시 일본의 히로시마와 나가사키를 초토화했던 원자폭탄은 각각 다이너마이트 2만 톤에 해당하는 에너지를 방출하여 수많은 사람들의 목숨을 앗아갔다.

별들의 거리

우주에 대한 우리의 지식은 대체로 두 가지 토대에 기초하고 있다. 즉 바로 별까지의 거리를 측정하는 것과 별들의 구성 성분을 알아내는 것이다. 앞에서 살펴보았듯이 18세기 핼리는 고정되어 있는 별(항성)들 중 일부가 고대 그리스인들이 관측한 이후로 자리를 움직였다는 사실을 깨달았다. 천문학자들은 측량의 기초인 삼각측량법을 이용하여 태양계를 가로지르는 거리를 측정하기 시작했다. 어떤 물체가 있는 곳까지 가지 않고도 거리를 재기 위해서는 길이를 알고 있는 기준점의 양끝으로부터 그 물체를 볼 수 있어야 한다.

기준점의 양끝에서 물체까지 각도를 알면 기하학을 이용하여 그 거리를 알아낼 수 있다. 이 기법은 우리로부터 38만 4천4백 킬로미터밖에 떨어져 있지 않은, 우리와 가장 가까운 이웃인 달까지의 거리를 측정하는 데 이미 사용되었다. 그러나 좀더 멀리 떨어져 있는 천체와의 거리를 정확하게 재기 위해서는 좀더 긴 기준선이 필요하다. 1671년 프랑스의 천문학자 리셰(Jean Richer, 1630~1696)는 프랑스령 기아나로 가서 항성들을 배경으로 화성의 위치를 관측했고, 동시에 파리에 있는 그의 동료였던 이탈리아 태생의 카시니(Giovanni Cassini, 1625~1712)도 비슷한 측정을 했다.

이로써 화성까지 거리를 알아낼 수 있게 되었고, 그 결과를 케플러의 행성 운동법칙과 결합시켜 지구로부터 태양까지 거리를 측정하는 것이 가능해졌다. 카시니가 측정한 태양-지구간 거리는 1억 4천만 킬로미터였는데, 이는 현재 통용되고 있는 측정치(1억4천9백6십만 킬로미터)보다 겨우 7퍼센트 작은 값으로서 최초로 태양계의 크기를 정확하게 측정한 것이다. 1761년부터 1769년 사이에 이루어진 금성에 대한 유사한 연구로 태양-지구간 거리(천문단위, Astronomical Unit 또는 AU)는 1억5천3백만 킬로미터로 측정되었다. 이 수치는 오늘날 측정값에 근접하는 것이다.

당시 성간 시차와 관련된 가장 큰 문제는 별까지의 거리가 상상할 수 없을 정도로 크다는 점이었다. 6개월 동안 지구는 태양의 한쪽에서 3억 킬로미터(2AU) 기준선의 반대쪽 끝으로 움직인다. 그러나 이 거대한 기준선의 양쪽 끝에서 봤을 때 밤하늘 별들의 위치는 변하지 않는다. 팔을 펴 손가락을 들고 번갈아 한쪽 눈을 감으면 손가락의 위치가 더 멀리

허블 망원경에 찍힌 별들의 탄생 모습

있는 물체를 배경으로 움직이는 것처럼 보이듯이, 좀더 가까이에 있는 별들이 더 멀리 있는 별들을 배경으로 움직이는 것처럼 보인다.

천체간의 거리를 나타낼 때 쓰이는 파섹(parsec, 시차인 parallax와 초인 second의 합성어)은 반지름이 1AU인 공전 궤도 양끝에서 측정하려는 별까지 직선을 그었을 때 형성되는 각의 절반인 1초인 거리를 의미한다. 그러므로 1파섹 떨어져 있는 별은 지구 공전 궤도의 지름으로 표시되는 기준선의 양끝과 별이 만드는 각이 2초라는 것을 의미한다. 간단한 기하학으로 설명하자면, 그와 같은 별은 3.26광년 떨어져 있으며, 그 거리는 지구와 태양간 거리의 206,265배이다. 그러나 지구가 태양 주위를 돌 때 우리에게 이만큼의 시차 이동을 보여줄 정도로 가까이에 있는 별은 없다.

네덜란드의 호이헨스는 밤하늘에서 가장 밝은 시리우스의 밝기를 태양의 밝기와 비교하여 시리우스까지 거리를 측정하려고 한 바 있다. 이를 위해 그는 햇빛이 스크린의 작은 구멍을 통해 어두운 방으로 들어가게 하여, 통과한 빛이 만드는 점의 밝기가 시리우스의 밝기와 거의 같아질 때까지 구멍의 크기를 조정했다. 이는 해는 낮에 보고 시리우스는 밤에 봐야했기 때문에 결코 쉬운 일은 아니었다. 그리고 물체의 밝기가 그 거리의 제곱에 역비례한다는 것을 알고 있었던 그는 시리우스의 밝기가 태양과 같다면 그것은 27,664배 더 멀리 있어야 한다고 주장했다.

스코틀랜드 출신의 그레고리(James Gregory, 1638~1675)는 시리우스의 밝기를 하늘에서 동시에 볼 수 있는 행성들의 밝기와 비교함으로써 이 기법을 개선시켰다. 개선된 기법은 햇빛이 행성까지 가면서 어떻게 희미해졌는지를 알아내고, 얼마만큼의 빛이 반사되었는지를 계산해야 하고, 반사된 빛이 지구로 오는 길에 얼마나 줄어드는지를 계산해야 했기 때문에 좀 복잡했다. 그러나 1668년에 그레고리는 시리우스까지의 거리가 83,190AU라고 측정했다. 뉴턴은 이 계산치를 수정하고 시리우스까지의 거리를 1백만 AU로 계산하여 『세계의 체계(System of the World)』를 1728년에 출판했다.

시리우스까지의 실제 거리는 55만 AU, 즉 2.67파섹이지만 뉴턴이 다른 이보다 비교적 정확한 측정치를 얻은 것은 그의 판단력과 정확한 천문학 자료 덕이었다. 당시로서는 대단한 업적이었던 플램스티드의 목록은 10초의 정확도(보름달 지름의 1/180에 불과)로 별들의 위치를 알려주었다. 별까지의 거리는 1830년대에 비로소 처음으로 측정되었는데, 그 당시 개선된 기술 덕분에 미세한 시차 이동을 측정할 만큼의 정확도를 확보할 수 있었다.

성간 시차 측정을 최초로 발표한 사람은 1838년, 독일의 베셀(Friedrich Wilhelm Bessel, 1784~1846)이었다. 그는 백조자리 61번 별을 택하여 시차가 0.3136초라는 것을 알아냈는데, 이는 10.3광년에 해당하는 거리다(현대 측정치는 11.2광년, 즉 3.4 파섹이다). 사실 최초의 성간 시차 측정은 남아프리카에서 연구를 하던 영국의 헨더슨(Scot Thomas Henderson, 1798~1874)이 1832년에 실행했다.

그는 밤하늘에서 세 번째로 밝은 별인 알파 센타우리를 연구했고, 그 시차가 1초라는 것을 알아냈다. 그러나 헨더슨의 연구 결과는 그가 영국으로 돌아온 1839년 전에는 출판되지 않았다. 알파 센타우리는 태양과 가장 가까운 별로서, 측정된 별 중에서 가장 큰 시차를 가지고 있다. 상트페테르부르크 근처 풀코보 천문대에서 일하던 독일 태생의 천문학자 슈트루베(Friedrich von Struve, 1793~1864)는 헨더슨의 발표가 있고 일 년이 지난 뒤 직녀성(거문고자리 알파별)의 시차를 측정했다. 그가 계산한 수치는 현대의 계산값보다 약간 컸다. 오늘날 측정치에 따르면 시차가 0.2613초이며 그 거리는 8.3파섹(27광년)이다.

여기서 중요한 점은 우주에서 우리와 가까이 있는 별들에 관한 것이다. 태양에 가장 가까운 별은 일반적으로 태양계에서 가장 멀리 있다고 여겨지는 명왕성보다 7천 배는 멀리 떨어져 있다. 일단 별까지의 실제 거리를 알게 되면 호이헨스, 그레고리, 뉴턴 등이 시리우스에 적용했던 기법을 역으로 적용하여 그 별의 실제 밝기(절대등급)를 알아낼 수 있다.

이런 식으로 계산해서 지구에서 2.67파섹 떨어져 있는 시리우스가 실제로는 태양보다 훨씬 더 크다는 것을 알고 있으며, 이는 뉴턴과 그의 동시대 사람들이 전혀 알지 못했던 사실이다. 그러나 1830년대 말까지의 계산은 우주의 광활한 규모를 알려주는 데에 그치고 말았다.

19세기에 가서야 비로소 별들의 위치를 기록하는 사진 건판을 이용하여 좀더 쉽게 시차를 측정할 수 있게 되었다. 그 전까지 별들의 위치는 실시간으로 망원경의 열십자 눈금을 사용하여 눈으로 측정해야만 했다. 따라서 1840년에서 1900년까지 일 년에 대략 한 번씩 측정이 이루어져 겨우 61개의 시차가 알려졌다는 사실은 그리 놀라운 일도 아니다. 1950년까지 약 1만 개의 별까지 거리가 밝혀졌고 20세기 말에 이르러서는 히파르코스 위성으로 거의 12만 개에 달하는 별들의 시차를 0.002초의 정확도로 측정했다.

별의 구성 물질

여러 가지를 고려해볼 때 현대의 천문학, 즉 천체물리학은 20세기 초에 이르러서야 시작되었다. 그 이유는 별들의 이미지를 보존하는 사진 기법의 발달 덕분이다. 사진술은 별에 대한 통계 연구가 의미 있는 것이 될 수 있을 만큼 별까지 거리를 알려주었을 뿐 아니라, 별들의 스펙트럼 이미지를 기록하고 보존하는 방법을 제공했다. 천문학자들이 별들의 성분에 대한 정보를 얻을 수 있게 된 것은 분광학 덕분이었다. 한 가지 또 중요한 정보가 필요했는데 바로 별들의 질량이었다. 이 정보는 두 개의 별들이 서로 궤도를 그리며 움직이는 쌍성계에 대한 연구를 통해 얻을 수 있었다.

가까이에 있는 몇몇 쌍성의 경우, 별들의 각도를 측정할 수 있으며 이는 쌍성계까지의 실제 거리를 알고 있다면 직선거리로 전환할 수 있다. 쌍성계의 별들로부터 보이는 빛의 스펙트럼에서 도플러 효과는 천문학자들에게 그 별들이 얼마나 빨리 서로의 주위를 돌고 있는지 알려주며, 케플러 법칙을 함께 적용하면 별들의 질량을 알아낼 수 있다.

이를 바탕으로 대서양 반대쪽에서 독자적으로 연구하고 있던 두 명의 천문학자들이 수수께끼 조각을 맞추고 별들의 본질에 대해 가장 중요한 통찰, 즉 별의 색깔을 별의 밝기와 연관시키는 그림을 만들어냈다. 이것은 원소의 주기율표가 화학에서 차지하는 중요도만큼이나 천체물리학에서 중요하다. 이는 실제 혁명적인 발전이 아니라 개선된 기술의 토대 위에서 진화를 거듭하여 이룬 전진이었다.

헤르츠스프룽(Ejnar Hertzsprung, 1873~1967)은 덴마크에서 태어났다. 그는 1898년 코펜하겐 폴리테크닉을 졸업하고 광화학을 공부했으나 1902년부터는 개인적으로 코펜하겐 대학의 천문대에서 일하면서 관측천문학자의 길을 걸었고, 자신의 사진술을 천문 관측에 적용했다. 그가 빛의 밝기와 색깔 사이에 관계가 있음을 발견한 것은 바로 이때였다. 그는 자신의 연구 결과를 사진 저널에 실었으나, 전 세계의 천문학자들은 미처 그 사실을 알지 못했다. 그래도 헤르츠스프룽의 명성은 날로 높아져서, 1909년에는 그와 서신 교환을 하던 슈바르츠실트(Karl Schwarzschild, 1873~1916)로부터 괴팅겐 천문대의 일자리를 제안 받을 정도였다.

슈바르츠실트가 그해 후반에 포츠담 천문대로 옮겨가자 헤르츠스프룽도 그를 따라갔으며, 그곳에서 일하다가 1919년 네덜란드로 옮겼다. 그곳에서 처음에는 라이덴 대학의 교수로 일했고 이어 1935년에는 라이덴 천문대 소장이 되었다. 그는 관측천문학에 많은 공헌을 했다. 그중에는 고유운동과 우주의 거리척도 연구 등이 있지만, 그가 아마추어 시절에 이룬 발견에 견줄 만한 것은 아무것도 없다.

미국의 러셀(Henry Norris Russell, 1877~1957)은 헤르츠스프룽보다는 좀 더 전통적인 절차를 밟아 학문 활동을 시작했다. 그는 프린스턴에서 공부한 뒤 케임브리지 대학에 갔다가 1911년에 프린스턴에서 천문학교수가 되었다. 그는 바로 그곳에서 헤르츠스프룽이 별의 색과 밝기 사이의 관계에 대해 알아낸 사실과 기본적으로 같은 것을 발견했다.

1913년 그는 그 발견을 천문학자들이 읽는 학술지에 실었고, 번뜩이는 영감으로 그 관계를 일종의 도표(헤르츠스프룽-러셀도, HR도)로 그려냈는데, 이 도표는 천문학자들로 하여금 그 중요성을 즉각 알게 해주었다. 이 발견에 대한 헤르츠스프룽의 기여도 곧 인정되었고, 따라서 도표에 그런 이름이 붙게 되었다. 그는 HR도 외에 쌍성계 연구에 중요한 공헌을 했으며, 분광학을 이용하여 태양 대기의 성분에 대해서도 연구했다. 1947년에 은퇴한 그는 1957년, 프린스턴에서 사망했다.

HR도(색-등급도)의 핵심은 별의 온도가 별의 색과 밀접한 관계를 가지고 있다는 점이다. 푸른색과 흰색의 별들이 항상 밝으며 오렌지색과 붉은색의 별들은 어떤 것은 밝고 어떤 것은 희미하다. 천문학자들은 이보다 더 나아가 정량적인 토대 위에서 색을 측정했다. 그들은 별의 색을 에너지의 양으로 매우 정확하게 정의했는데, 그러한 에너지의 양은 빛을 방출하는 표면의 온도를 말해준다. 이미 알려져 있는 흑체 복사의 특성을 이용하여 단지 세 개의 파장에서 측정된 값으로 별 표면의 온도를 알아낼 수 있다.

그러나 별의 본질적인 밝기(절대등급)는 별의 온도에 상관없이 전체적으로 얼마만큼의 에너지를 방출하는가를 알려준다. 예를 들어 붉은 별은 차가우면서도 밝을 수가 있는데, 그 이유는 별이 매우 커서 비록 표면의 온도는 낮아도 우주로 방출하는 에너지양은 많을 수도 있기 때문이다. 작은 별들은 단위 면적당 많은 에너지를 가지고 있고, 푸르거나 흰색을 띤다.

태양처럼 작은 오렌지색 별들은 똑같은 온도와 똑같은 크기의 별보다 덜 밝다. 그리고 여기에 별들의 질량이 더해져 차이가 생긴다. 별들의 온도(색)와 밝기(등급)를 HR도에 표시하면 대부분의 별들은 도표를 가로지르는 대각선의 띠로 그려지는데, 태양과 비슷한 크기의 무거운 별들은 대각선의 한쪽 끝으로 모이고, 태양보다 가벼운 질량의 차고 희미한 별들은 그 반대쪽 끝에 모이게 된다.

태양은 중간별로서 주계열의 중간쯤에 위치한다. 크고 차갑지만 밝은 별들(적색 거성)은 주계열 위에 놓이며 일부 희미하고 작지만 뜨거운 별들(백색 왜성)은 주계열 아래에 놓인다. 그러나 천체물리학자들로 하여금 별들의 내부에서 일어나는 작용에 대한 통찰을 갖게 해준 것은 바로 이 주계열이었다. 그러한 통찰은 영국의 천문학자 에딩턴(Arthur Eddington, 1882~1944)이 알아냈는데, 그는 최초의 천체물리학자로 평가받는 인물로서 별의 질량과 주계열상에서 별의 위치에 대한 관계를 발견했다.

에딩턴은 맨체스터 대학에서 공부한 뒤 1902년에 케임브리지 대학에서 공부했다. 그는 왕립 그리니치 천문대에서 1913년까지 일하다가 천문학과 실험물리학 교수에 임명되어 케임브리지로 돌아왔으며, 1914년에는 그 대학 천문대 소장이 되었다. 숙련된 관측자, 명석한 이론가, 유능한 행정가에다가 중요한 과학 지식을 많은 청중들에게 분명한 언어로 표현하는 재능도 갖췄던 에딩턴은 20세기 천문학에 지대한 공적을 남겼다. 무엇보다도 그는 두 가지 면에서 중요한 기여를 했다.

첫 번째로 그는 아인슈타인의 상대성이론을 대중화시킨 최초의 사람이었다. 아인슈타인의 일반상대성이론은 1915년에 처음으로 베를린 과학아카데미에서 발표되었고, 영국과 독일이 전쟁 중이던 그 다음 해에 출판되었다. 그러나 중립국인 네덜란드의 드 지터(Wilhelm de Sitter, 1872~1934)에게도 아인슈타인의 논문 한 부가 보내졌다.

드 지터는 그 논문을 당시 왕립천문학회 간사로 활동하던 에딩턴에게 보냈는데, 에딩턴은 학회 간부의 입장으로 아인슈타인의 연구를 학회에 알렸다. 이를 계기로 에딩턴은 일반 상대성이론을 사람들에게 알리기 시작했다.

무엇보다도 아인슈타인의 이론은 멀리 있는 별들에서 나온 빛은 태양 가까이 지나가면서 특정한 양만큼 휘며, 이 때문에 별들의 겉보기 위치가 달라진다고 예측했다. 이 사실은 일식 때 관측이 가능했다. 일식이 1919년에 있을 예정이었지만 유럽에서 관측할 수 없었다.

1917년, 왕립천문학회는 전쟁이 제때에만 끝난다면 탐사대 두 팀을 각각 브라질과 아프리카 서쪽 해안으로 보내 이를 관찰하고 사진을 찍는 계획을 세웠다. 그는 아프리카 서쪽 해안으로 갔고 또 다른 팀은 브라질로 갔다. 그러나 모든 결과를 처리하고 분석하는 일은 에딩턴이 맡았다. 이러한 일식 관측의 중요성은 잠시 후 알아보기로 하고, 그에 앞서 에딩턴의 두 번째 기여에 대해서 살펴보자.

1918년 제1차 세계대전이 끝나고 세상이 정상으로 돌아가게 되자 에딩턴은 별들의 질량에 대해 모든 자료를 취합하여 HR도에 나오는 자료와 종합하여 밝은 별들이 무겁다는 사실을 밝혀냈다. 예를 들어 태양의 질량의 25배인 주계열 별은 태양보다 4천 배 더 밝다. 별은 내부로 잡아당기는 중력에 대한 반작용으로 만들어지는 압력으로 형태를 유지한다. 무거우면 무거울수록 안으로 짓누르는 무게는 더 크며, 그에 따라 형성되는 압력 역시 더 크다. 그것은 내부 연료를 좀더 빨리 태워 더 많은 열을 발생시키기 때문이다.

19세기에 지질학자들과 진화론자들은 물리학자들과 지구와 태양의 나이를 두고 치열한 논쟁을 벌였다. 윌리엄 톰슨(켈빈 경)과 같은 물리학자들은 당시 과학으로는, 생명의 진화를 설명할 수 있을 정도로 긴 시간 동안 태양이 빛나는 과정을 알 수 없다고 주장했다. 하지만 19세기가 끝나기도 전에 방사능 동위원소라는 형태로 새로운 에너지원이 발견되었다. 20세기 초 이런 사실에 근거하여 태양과 같은 별이 라듐을 가지고 있다면 태양을 뜨겁게 유지할 수 있을지도 모른다고 추측했다.

태양 부피의 1세제곱미터당 3.6그램의 순수 라듐만 있어도 충분히 에너지를 낼 수 있다는 생각이 제기되었다. 라듐의 반감기는 이런 역할을 하기는 너무 짧았지만 원자 에너지가 태양과 별들의 수명에 대한 열쇠를 쥐고 있다는 것은 분명했다. 20세기 초 처음 20년 동안 원자 물리학의 발전과 아인슈타인의 특수 상대성이론, 그리고 방정식 E=mc2으로 무장한 에딩턴은 1920년에 영국 과학진흥협회 연례 회의에서 청중들에게 그 의미를 역설했다.

> "별은 우리가 알지 못하는 방법에 의해 광대한 에너지 저장소를 갖고 있습니다. 이 저장소는 모든 물질에 풍부하게 존재하는 것으로 알려진 원자 에너지가 아닌, 다른 것일 가능성은 거의 없습니다. 때때로 우리는 언젠가 그 저장소의 에너지를 방출할 수 있는 법을 알게 되고 스스로를 위해 에너지를 쓰게 될 것이라고 꿈을 꿔봅니다. 이용할 수만 있다면 그 저장소는 소진되는 일이 거의 없습니다. 태양은 저장소를 충분히 가지고 있어 150억년 동안이나 열을 방출할 수 있습니다."

에딩턴은 길을 제대로 찾았지만, 에너지가 별 내부에서 어떻게 방출되는지 자세히 밝혀지기까지는 수십 년을 더 기다려야 했다. 그러나 1920년대에 이르러 항성천문학에서는 별까지 거리를 측정하는 방법과 그런 기술을 적용할 수 있는 새로운 망원경이 개발되어 우주에서 인류의 위치에 대한 견해에 극적인 변화를 가져오게 되었다. 주계열의 증거는 태양이 우리은하에서 특별할 게 없는 평범한 별에 불과하다는 것이었다. 새로운 거리 지표로부터 등장하게 된 증거는 우리은하 그 자체도 우주에서 특별할 게 없다.

HR도 자체에 그려지는 색-등급 관계는 별까지의 거리를 알게 해준다. 별의 색을 알면 그 별이 주계열 상에서 어디에 속하는지 알게 되며, 그 별의 절대등급을 알려준다. 따라서 해야 할 일은 오로지 그 별의 겉보기 등급을 재서 얼마나 멀리 떨어져 있는지를 알아내는 일이다. 그러나 우주의 거리 척도를 발전시킨 주요 단계는 헤르츠스프룽과 러셀이

색-등급 관계에 대한 아이디어를 개발하던 비슷한 시기에 매우 다른 종류의 연구에서 만들어졌다.

그 발견은 1876년에 하버드 대학 천문대 소장이 된 피커링(Edward Pickering, 1846~1919)의 지도하에 이루어지던 남쪽 하늘의 별들에 대한 조사를 통해서였다. 피커링은 타고난 목록 작업가였고, 미국의 다음 세대 천문학자들에게도 영감을 주었다. 그러나 천문학에 대한 그의 가장 큰 공헌은 그의 동생이 페루에서 실시한 남반구 하늘에 대한 조사 결과로 이루어진 것이었다. 목록 작업의 실질적인 일, 즉 하버드에 보내는 사진 건판의 모든 별들의 위치와 밝기를 커다란 장부에 펜과 잉크로 깨끗하게 기록하는 일은 여성들이 맡아서 했는데, 당시는 여자들이 남자보다 인건비가 쌌고, 좀더 창조적인 일을 할 만한 지적 능력이 없다고 여기던 때였다.

피커링은 이들 중 천문학에 소질을 보인 일부 여성들에게 연구를 해보도록 격려했고, 몇몇은 당시 남성의 학문 세계였던 분야로 입문시켜 주었다. 그런 여성 중 하나가 리비트(Henrietta Swan Leavitt, 1868~1921)로, 그녀는 1895년에 하버드 팀에 합류했다. 피커링은 리비트에게 남반구의 변광성을 확인하는 작업을 맡겼는데, 외적으로 어떤 변화가 있는지 알아내기 위해서는 서로 다른 시간에 동일한 지역을 촬영한 사진 건판을 비교하는 것이 유일한 방법이었다.

은하에서 우리의 위치

세페이드 변광성(관측되는 빛의 세기가 두드러지게 변하는 별)은 영국의 천문학자 구드리크(John Goodricke)가 21세의 나이로 죽기 2년 전인 1784년에 변광성으로 확인한 델타 세페이라는 별에서 이름을 땄다. 모든 세페이드 변광성은 밝은 상태와 희미한 상태를 반복하는 특징적 패턴을 보여주는데, 어떤 것들은 하루 정도의 짧은 주기를 갖는 반면, 어떤 것들은 100일도 넘는 주기를 가지고 있다. 세페이드는 보통 황색 거성으로, 수축과 팽창을 통해 밝기가 주기적으로 변한다. 세페이드 변광성들의 광도는 태양의 103 ~ 104배이다.

페루에서 보낸 사진 건판들은 대마젤란은하와 소마젤란은하라고 알려진 두 개의 성운에 관한 것이었다. 리비트는 소마젤란은하의 세페이드 변광성들 중 더 밝은 별들이 좀더 느린 주기를 지닌다는 것을 발견했다. 이 발견은 1908년에 처음 보고되었다. 리비트는 1912년까지 충분한 자료를 갖게 되었고, 소마젤란은하에 있는 25개의 세페이드 변광성에 대한 연구를 통해 이러한 주기-광도 관계를 수학 공식화했다.

그녀는 소마젤란은하가 너무나 멀리 있어서 그 속의 별들이 모두 사실상 우리로부터 같은 거리에 있으며 따라서 각각의 별에서 나오는 빛은 망원경까지 도달하는 과정에서 동일한 양만큼 희미해진다는 것을 깨달았다. 물론 소마젤란은하에 있는 각각의 별들까지의 거리에는 차이가 있으며, 그 차이는 절대단위로는 수십 또는 수백 광년에 달할 수 있다. 그러나 소마젤란은하 같은 거리에서 이러한 차이는 지구로부터 거리에 비해서 아주 미미한 비율에 불과하므로 겉보기 밝기에는 아주 작은 영향만 미친다.

리비트는 소마젤란은하의 세페이드 변광성 하나의 겉보기 밝기와 그 주기간의 분명한 수학적 관계를 찾아냈는데, 예를 들어 3일의 주기를 가진 변광성은 30일의 주기를 가진 변광성보다 그 밝기가 1/6밖에 되지 않는다. 이제 필요한 것은 우리 이웃에 있는 한두 개의 세페이드 변광성과의 거리를 알아내어 절대광도를 측정하는 것이었고, 그렇게 되면 리비트가 발견한 주기-광도 법칙에 근거하여 모든 세페이드 변광성들의 절대광도를 알아낼 수 있다. 세페이드 변광성들이 우주 안에서 우리의 위치에 대한 이해를 바꿔놓게 된 것이다.

그런 탐색이 가능하게 된 것은 새로운 세대의 망원경 개발 덕분이었는데, 이는 주로 미국의 헤일(George Ellery Hale, 1868~1938)이 지닌 열정의 결과였다. 헤일은 후원자들로 하여금 거액을 내놓도록 설득하는 재능과, 그 돈으로 새로운 망원경과 천문대를 만드는 데 잘 쓰이도록 하는 행정력을 두루 갖춘 천문학자였다. 그는 처음에는 시카고 대학에, 그 뒤에는 캘리포니아의 윌슨산, 그리고 마지막으로 역시 캘리포니아의 팔로마산에 망원경과 천문대를 세웠다. 핵심적인 우주 탐사 도구는 1918년에 윌슨산에 설치되어 오늘날까지 사용하고 있는 반사망원경이었다.

지름 1백 인치의 이 망원경은 30년 동안 지구 최대 망원경의 자리를 지켰고 우주에 대한 우리의 이해를 바꾸어 놓았는데, 그것은 주로 허블(Edwin Hubble, 1889~1953)과 휴메이슨(Milton Humason, 1891~1972) 두 사람의 손에서 이루어졌다. 세페이드 변광성을 이용해서 1910년대 말에 최초로 우리은하의 지도를 현재의 지도와 비슷하게 만들어낸 사람은 섀플리(Harlow Shapley, 1865~1972)였다.

그는 윌슨산에 있는 60인치 반사망원경을 1908년부터 1918년까지 사용했으며, 최초로 1백 인치짜리 망원경을 사용한 사람들 중 하나였으나 1921년 하버드 대학 천문대 소장으로 자리를 옮기면서 첨단의 망원경을 최대로 이용할 수 있는 기회를 놓치고 말았다. 이미 그 무렵에 분명해진 사실은 은하수(Milky Way)라고 알려진 밤하늘의 빛의 띠가 엄청난 수의 별들을 가진 원반 형태의 납작한 국부은하이며, 태양은 하나의 별로서 은하수를 구성하는 별들의 중심에 위치하고 있다는 것이었다.

구상 성단이라 알려진 둥근 구같이 생긴 별들의 집합체도 있었는데, 이 별들은 우리은하 위와 아래에 둥글게 공간을 차지하고 있으며, 그 사이에 원반 모양의 은하수가 끼어 있다. 섀플리는 구상성단까지의 거리를 측정하면서 이 구형의 가운데가 어디인지 알게 되었고, 태양이 우리은하의 중앙에 있지 않다는 것을 확인했다.

1920년까지 그가 측정한 바에 따르면, 우리은하는 그 폭이 10만 파섹 정도이며, 그 중심부는 우리로부터 1만 파섹 떨어져 있다는 것이었다. 그러나 원반 형태의 우리은하 두께는 수백 파섹에 불과하며, 이는 그 지름과 비교했을 때 실제로 매우 얇은 편이다. 그러나 숫자보다 더 중요한 것은 수천억 개의 별들을 가지고 있는 것으로 추정되는 은하에서, 별로 중요하지 않은 태양은 우리은하에서 그저 외곽의 평범한 자리를 차지하고 있음을 보여준다.

그래도 1920년대 초에는 우리은하가 우주를 장악하고 있다는 생각이 널리 퍼져 있었다. 밤하늘에 다른 빛 조각들도 뿌옇게 보이기는 했지만 이런 것들은 우리은하에 딸려 있는 크기가 작은 은하거나 은하수 내에서 빛을 내는 가스 구름 정도로 여겨졌다. 몇몇 천문학자들만이 이러한 나선성운 중 많은 것들이 실제로는 은하이며, 너무 멀리 떨어져 있어서 각각의 별들은 당시 현미경으로도 식별해낼 수 없을 정도라고 했다. 따라서 우리은하는 훨씬 더 작으며 허공 전체에 퍼져 있는 수많은 은하들 가운데 한 개의 섬에 불과하다고 주장했다. 이런 주장을 가장 열심히 외친 사람은 미국의 커티스(Heber Curtis, 1872~1942)였다.

허블이 등장한 것은 바로 이때였다. 1923년에서 1924년으로 넘어가던 겨울, 허블은 1백 인치짜리 망원경을 사용하여 안드로메다자리 방향에 M31이라 알려진 커다란 나선성운 속에 있는 각각의 별들을 식별해낼 수 있었다. 더욱이 그는 그 성운 안에 있는 세페이드 변광성 몇 개를 확인했고, 그 거리를 20만 파섹, 즉 거의 1백 만 광년에 달한다고 계산해냈다. 현재 안드로메다은하는 훨씬 더 멀리, 70만 파섹 떨어진 곳에 있다는 것이 밝혀졌다. 이 발견에 바로 뒤이어 허블은 몇몇의 유사한 성운에서도 세페이드 변광성들을 발견하여 기본적으로 커티스가 옳았음을 밝혔다.

모든 별들이 대략 동일한 최대의 절대밝기를 띠며 폭발하는 별들, 즉 초신성의 관측 등을 포함하여 여러 은하들까지 거리를 측정하는 기법들이 개발되고 있었다. 이에 따라 우리은하 안에 수천억 개의 별들이 있듯이 사방으로 수십억 광년 뻗쳐 있는, 눈에 보이는 우주 안에도 수천억 개의 은하들이 있다는 것이 분명해졌다. 태양계는 이 모든 광대함 속에 있는 별로 중요하지 않은 점 속의, 또 중요하지 않은 점 하나에 불과하다. 1990년대 말에야 허블 우주망원경을 사용하여 얻은 세페이드 변광성 자료를 바탕으로 우리은하와 비슷한 상당수의 나선은하들까지 정확한 거리를 알 수 있게 되었다. 그리고 마침내 우리은하의 크기가 다른 은하와 비교했을 때 딱 평균이라는 것이 확인되었다.

허블은 1920년대 말과 1930년대 초에 휴메이슨의 도움을 받으며 1백 인치짜리 망원경을 사용하여 우주 내 은하들까지의 거리를 측정했다. 비록 세페이드 변광성의 거리는 비교적 가까이에 있는 몇 안 되는 은하들의 경우에만 측정 가능했지만, 그러한 은하들까지의 거리를 알아냄으로써 그는 초신성 또는 나선 은하들의 특정한 별들의 밝기 등과 같이 일반적인 은하들의 특징을 알아낼 수 있었다.

그리고 그 특징을 1백 인치짜리 망원경으로도 세페이드 변광성들을 식별할 수 없었던 좀더 멀리 있는 은하들까지의 거리를 알아내는 2차 지표로 이용했다. 이런 연구를 하던 중 허블은 그의 이름이 항상 따라다니게 될 발견을 하게 되었다. 바로, 은하까지의 거리와 은하에서 나오는 빛의 스펙트럼의 적색이동 사이에 관계가 있다는 것이었다.

성운(nebulae)의 빛에서 나타나는 적색이동을 실제로 1910년대에 발견한 사람은 슬라이퍼(Vesto Slipher, 1875~1969)였다. 당시 그는 로웰 천문대에서 24인치짜리 굴절망원경으로 연구 중이었다. 이 망원경을 사용하여 희미한 물체들의 스펙트럼을 사진으로 얻어내는 것은 당시로서는 최첨단 기술이었으며, 슬라이퍼는 성운들의 스펙트럼과 일반적인 별들의 스펙트럼 사이의 유사성을 고려해볼 때 성운이 수많은 별들로 구성되어 있음이 틀림없다고 확신했다. 그러나 그의 장비는 이러한 성운들 속에 있는 각각의 별들을 식별해낼 수 없었기 때문에 1920년대 허블이 나아간 단계에는 이르지 못했다.

1925년에 슬라이퍼는 성운에서 39개의 적색이동을 측정했지만 청색이동은 단지 두 개만 발견했다. 다른 관측자들이 슬라이퍼의 연구 결과 중 많은 것을 확인해냈지만, 슬라이퍼가 처음에 조사하지 않은 은하에서 천문학자들은 겨우 네 개의 적색이동을 측정했고 그나마 청색이동은 측정하지 못했다. 이러한 자료에서 당연히 생각할 수 있는 것은 '도플러 효과', 즉 대부분의 성운들은 우리로부터 빠른 속도로 멀어져가고 두 개만이 우리를 향해 다가오고 있다는 것이었다.

허블과 휴메이슨은 슬라이퍼가 분광학적으로 최초로 관측한 성운들까지의 거리를 측정하기 시작했으며, 그들이 직접 분광학 자료를 모아 그들의 도구를 시험하고 슬라이퍼의 연구 결과를 확인했다. 그런 다음 그들은 이런 종류의 조사를 다른 은하에 대해서도 실시했다. 이미 알려진 몇 개 안 되는 천체들 외에는 청색이동이 발견되지 않았다. 그들은 은하의 거리는 적색이동에 비례한다는 것을 발견했다. 그 현상은 1929년에 보고되었고, 현재 '허블의 법칙'이라고 알려져 있다.

팽창하는 우주

허블과 휴메이슨의 발견은 1916년에 출판된 아인슈타인의 일반상대성이론으로 설명되었다. 이 이론을 일반적으로 만든 것은, 같은 속도로 일직선상을 움직이는 물체뿐 아니라 가속의 문제를 다루고 있기 때문이다. 그러나 아인슈타인의 위대한 통찰은 가속과 중력 사이에 아무런 차이가 없다는 것을 깨달은 것이었다. 아인슈타인의 천재성은 가속과 중력을 하나의 묶음으로 표현하는 방정식을 찾아낸 것이었다.

에딩턴의 일식 탐사 이후, 신문을 장식한 야단스런 머리기사에도 불구하고 아인슈타인의 이론이 뉴턴의 연구 업적을 뒤집었다는 것은 전혀 사실이 아니다. 뉴턴의 중력은 극단적인 조건에 처해 있을 경우를 제외하고는 우주의 현상들을 여전히 잘 설명해준다. 일반상대성이론은 시공간과 물질 간의 관계를 설명하며, 중력이 이 둘을 연결하는 상호작용에 대해 다루고 있다.

물질의 존재는 시공간을 휘게 만들며, 물질 또는 빛조차도 휜 시공간을 따라가는 방식이 우리에게는 중력으로 나타난다. 이를 가장 멋지게 요약한 표현이 바로 물질은 시공간이 어떻게 휠지를 말해주고, 시공간은 물질이 어떻게 움직일지를 말해준다는 것이다. 당연히 아인슈타인은 자신의 방정식을 물질, 공간, 시간의 가장 큰 집합체인 우주에 적용시키고 싶었다. 그는 일반상대성이론을 완성하여 1917년에 그 결과를 출판했다. 하지만 그가 발견한 방정식에는 기이하고 예기치 못한 특징이 하나 있었다.

원래의 방정식은 정적인 우주의 가능성을 허락하지 않았다. 그 방정식에 따르면 공간 자체는 시간이 지나면서 팽창하거나 줄어들거나 둘 중 하나이어야만 하며, 가만히 있을 수 없다는 것이었다. 당시에는 우리 은하가 우주 전체를 구성하는 것으로 여겨졌으며, 팽창하거나 줄어드는 등의 아무런 조짐도 보이지 않았다는 것을 기억할 필요가 있다. 성운의 적색편이가 처음으로 몇 개 측정되었지만 아무도 그것이 무엇을 의미하는지 알지 못했으며, 어쨌든 아인슈타인은 슬라이퍼의 연구를 알지 못했다.

그래서 그는 우주가 정지되어 있는 것으로 묘사될 수 있도록 자신의 방정식에 또 하나의 항을 추가했다. 보통 그리스어 글자 람다(λ)로 표시되는 이것은 종종 '우주상수'라고 부른다. 사실 그 우주상수를 언급한 것은 틀린 것이었다. 아인슈타인이 만든 방정식들은 람다 항의 값을 서로 다르게 선택할 수 있으며, 그중 어떤 것은 우주가 팽창하게도 만들고, 또는 정지 상태에 있게 하며, 또 어떤 것은 줄어들게 만들기도 한다.

그러나 일반상대성이론의 방정식들이 발표되자마자 다른 수학자들은 그것을 다른 모형의 우주를 설명하는 데 이용했다. 또한 1917년에는 네덜란드의 드 지터가 아인슈타인의 방정식에 대한 해답을 찾아냈는데, 그것은 두 개의 입자 사이의 거리가 일정 시간 이후 두 배가 되고, 동일한 시간 간격이 지난 뒤에는 네 배로, 그 다음에는 여덟 배로, 그 다음에는 열여섯 배로 기하급수적으로 팽창하는 우주를 설명하는 것이었다.

러시아에서는 프리드만(Aleksandr Friedmann, 1888~1925)이 그 방정식에 대한 답을 찾아냈는데, 어떤 것은 팽창하는 우주를 설명하고, 또 어떤 것은 수축하는 우주를 설명하는 것으로서 1922년에 출판되었다. 벨기에의 천문학자이자 사제였던 르메트르(Georges Lemaitîre, 1894~1966)도 1927년에 아인슈타인의 방정식에 대한 비슷한 답을 독자적으로 출판했다. 허블과 르메트르 사이에는 일종의 접촉이 있었다. 르메트르는 1920년대 중반에 미국을 방문했고, 1925년에 러셀이 안드로메다성운에서 세페이드 변광성들을 발표한 회의에도 참석했다.

르메트르는 아인슈타인과도 서신을 교환했다. 허블과 휴메이슨이 적색이동이 거리에 비례한다는 것을 보여주며 거의 백 개에 달하는 은하들의 적색이동과 거리에 대한 연구를 출판했던 1930년대 초에는 이런 저런 발견들로 우주가 팽창한다는 것이 분명해졌다. 뿐만 아니라 그러한 팽창을 설명하는 수학적 설명도 이미 나와 있었다.

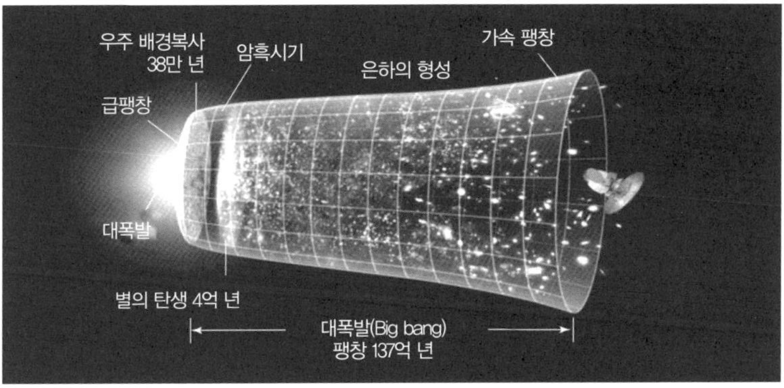

우주의 대폭발

적색이동-거리 관계(허블의 법칙)가 관측되었다는 것은 우주가 과거에는 더 작았으며, 이는 은하들이 빈 공간에 떠 있는 덩어리 속에 꾸겨져 있었다는 의미가 아니라, 은하들 사이에 또는 그 바깥에 공간이 없었다는 의미이다. 이는 또한 우주의 시작을 의미했다. 르메트르는 직접 이름 붙인 원시원자(Primeval Atom)라는 개념을 주장했는데, 우주의 모든 물질이 처음에는 초원자핵과 같이 하나의 덩어리였으나 엄청난 폭발로 산산조각이 났다는 것이었다.

이 아이디어는 1930년대 대중의 관심을 받았으나 대부분의 천문학자들은 에딩턴처럼 실제로 우주에 시작이 있었을 리 없다고 생각했다. 지금 빅뱅(Big Bang) 모형으로 알려진 아이디어는 러시아 망명자 가모브(George Gamow, 1904~1968)에 힘입은 바가 크다. 많은 천문학자들이 우주에 시작이 있었다는 생각을 받아들이지 않았던 문제 외에도 1930년대와 1940년대에는 허블과 휴메이슨의 관측을 이렇게 직설적으로 해석하는 데는 또 다른 문제가 있었다.

관측상의 문제와, 세페이드 변광성과 다른 종류의 변광성의 혼동 등으로 허블이 1930년대 초에 세운 거리 척도는 대략 10의 배수만큼 오류가 있었다. 이는 허블이, 우주가 지금 우리가 생각하는 것보다 10배는 더 빨리 팽창하고 있다고 생각했다는 것을 의미한다. 일반 상대성이론에서 나온 우주 방정식을 이용하면 적색이동-거리 관계로부터 빅뱅 이후 시간이 얼마나 지났는지를 계산해낼 수 있다.

허블의 자료는 우주가 10배 더 빨리 팽창하고 있다는 것을 뜻했기 때문에 그 자료에 근거한 계산은 우주의 나이를 현대 계산치의 10분의 1에 불과한 12억 년으로 추정했고, 그것은 현재 추정되는 지구 나이의 3분의 1에 지나지 않는다. 분명히 뭔가 잘못되어 있으며 우주의 나이 문제가 해결되기 전까지는 많은 사람들이 원시원자에 대한 생각을 진지하게 받아들이기가 힘들었다.

대폭발

우주의 나이 문제를 해결하기 위해 영국의 프레드 호일(Fred Hoyle, 1915~2001), 허먼 본디, 토머스 골드 등은 1940년대에 빅뱅 이론의 대안으로 정상 모형(steady state model)을 주장했다. 이 모형에서 우주는 영원하고 항상 팽창하지만 항상 오늘날과 거의 같은 상태로 보이는데, 그 이유는 은하들이 서로 떨어지면서 생긴 틈에서 그 틈을 메울 수 있는 속도로 수소 원자 형태의 새로운 물질이 생성되기 때문이라는 것이었다. 이는 1950년대와 1960년대를 거쳐 빅뱅 모형에 대한 그럴듯하고 가능성 있는 대안이었다. 어쨌든 한 번에 원자 하나씩 물질이 정상적으로 생성된다는 것이 우주의 모든 원자들이 한 번의 사건, 빅뱅으로 생성된다는 것보다는 훨씬 덜 충격적이었다.

그러나 20세기 후반부에 전파천문학의 새로운 기술 개발 등으로 관측의 정확성이 높아지면서 우주 저 멀리의 은하들이 보낸 빛의 형태를 관측하여 먼 은하가 근처의 은하들과는 다르다는 것을 보여주었다. 이는 시간이 지나면서 우주가 변하고 있으며 은하들이 나이를 먹는다는 것을 증명했다. 또한 1947년에는 팔로마산에 2백 인치 반사망원경이 설치되었고, 세페이드 변광성과 다른 종류의 변광성들 사이의 혼동이 해결되자 우주의 나이 문제도 점차 해결되었다.

여전히 측정하기 힘든 우주 팽창률의 불확정성을 10퍼센트까지 줄이는 데도 오랜 시간이 걸렸으며, 사실 이는 허블 우주망원경의 도움으로 1990년대 말에서야 비로소 달성되었다. 그러나 20세기 말에 이르러 우주의 나이는 합리적으로 정확하게 130억 년에서 160억 년 사이인 것으로 측정되었다. 이는 지구는 물론 가장 오래된 별들을 포함하여 우리가 측정할 수 있는 어떤 것의 나이보다도 훨씬 더 많은 수준이다. 그러나 가모브와 그의 동료들이 빅뱅이 일어난 그때 무슨 일이 벌어졌는지를 과학적으로 연구하기 시작했을 때만 해도 그런 측정은 불가능했다.

약 150억 년 전에 엄청난 에너지를 가진 어떤 한 점이 대폭발을 일으키면서 모든 공간과 물질들이 쏟아져 나왔다. 대폭발 이전에는 공간도 시간도 물질도 존재하지 않았다. 대폭발 이후 물질의 기본이 되는 소립자와 그 반입자들이 엄청나게 많이 생성되었다. 대부분은 입자-반입자

쌍이 충돌하여 소멸했지만, 소멸을 모면한 일부 소립자들이 남아 오늘날의 우주를 생성했다.

우주가 팽창하고 있다는 가능성이 처음으로 제기된 것은 아인슈타인의 일반상대성이론 방정식을 통해서였다. 이것은 휘어진 시공간의 기하학적 특성을 설명한 이론이었다. 시공간을 휘어지게 만드는 것은 물질과 관련된 중력이다. 따라서 일반상대성이론은 뉴턴의 중력이론을 연장한 것이라고 볼 수 있다. 아인슈타인의 방정식에는 또한 시공 속의 4차원 점 하나가 거대한 폭발을 일으키면서 우주가 창조되었다는 주장이 포함되어 있다. 이러한 묵시록적 폭발은 시간의 시작이자 공간의 창조를 의미하기 때문에 빅뱅 이전에 무슨 일이 있었는지에 관해서는 생각조차 할 수 없다.

일반상대성이론에 의하면 우주 자체가 자신의 무게로 인해 붕괴하든지 아니면 팽창한다. 우주가 궁극적으로 붕괴할 것이라는 예측이 나온 것은 사과와 지구가 서로에게 끌리는 것처럼 모든 행성, 은하 역시 중력으로 인해 서로에게 끌리고 있다는 사실 때문이었다. 중력을 상쇄하는 다른 힘이 존재하지 않는다면 은하들은 서로 충돌할 것이고 결국 우주 전체가 하나의 물질 덩어리로 융합될 것이기 때문이다. 뉴턴은 필사적인 심정으로 하느님이 바로 중력을 상쇄하는 힘의 원천이라고 주장했다. 하지만 라이프니츠는 "하느님이 자신의 손목시계에 태엽을 감아 주어야 한단 말인가?"라면서 자연을 기계론적으로 바라보는 뉴턴의 시각을 의심했다.

아인슈타인도 이런 문제를 해결하기 위해 휘어진 4차원 시공간에 관한 자신의 원래 방정식에 우주상수라는 상수를 도입했다. 그는 이를 통해 중력의 인력을 완전히 상쇄해서 중력붕괴를 예측하는 상황을 피할 수 있게 되기를 바랐다. 하지만 1922년 프리드먼은 아인슈타인의 원래 방정식에서 팽창 쪽을 선택하자, 팽창의 힘이 중력붕괴를 상쇄하는 우주 모델을 보여 주었다. 또한 르메트르도 아인슈타인의 방정식을 바탕으로 팽창하는 우주 모델을 개발했다. 그는 원시 원자의 폭발로 우주가 생겨났으며, 최초의 폭발이 있던 순간부터 계속 팽창하고 있다는 빅뱅 이론의 씨앗을 뿌렸다.

그런데 1929년에 허블이 우주가 정말로 팽창하고 있다는 증거를 찾아냈다. 별빛의 파장이 스펙트럼에서 빨간색 쪽으로 기울어지는 현상이 관찰되었던 것이다. 이것은 구급차의 사이렌 소리나 기차의 기적 소리가 우리에게서 멀어질 때는 소리의 파장이 낮아지고, 우리에게 다가올 때는 높아지는 것과 똑같은 현상이다.

소리와 빛의 이러한 변화는 오스트리아의 물리학자 도플러의 이름을 따서 도플러 효과라고 부른다. 이처럼 멀리 있는 별에서 오는 빛이 적색 편이를 일으키고 있다면, 이 별들이 구급차나 기차처럼 우리에게서 멀어지고 있음이 틀림없다. 우주 공간이 점점 팽창함에 따라 별들도 급속도로 우리에게서 멀어지고 있는 것이다. 허블의 기념비적인 발견 이후, 아인슈타인은 우주상수를 도입한 것이 자기 인생 최대의 실수라고 말했다.

사실 빅뱅이라는 이름은 영국의 천문학자 프레드 호일이 1950년에 창조의 순간이 존재했다는 주장을 깎아내리려고 만들어낸 용어였다. 빅뱅 직후, 갓 태어난 우주의 최초로 돌아가 보자. 그때는 지금까지 존재했던 모든 물질을 구성하는 입자들이 특이점이라 부르는 엄청나게 뜨거운 일종의 용광로 속에 한데 뭉쳐 있었다.

1948년 가모브는 우주 초기에 온도가 매우 높았다면, 대폭발로부터 광자의 형태로 방출된 복사의 일부가 남아 있을 것으로 생각했다. 1940년대 후반 미국의 랠프 앨퍼(Ralph Alpher)와 로버트 허먼(Robert Herman)은 대폭발 당시 나온 복사는 우주가 팽창하면서 냉각되었기 때문에 현재 남아 있는 복사의 잔해는 절대온도로 약 5K(-268℃)정도 될 것이라고 예측했다. 그러나 1950년대와 1960년대 초반의 물리학자들에게는 우주의 초기 역사를 재구성하는 문제는 심각한 연구 주제가 아니었기 때문에 그들의 논문은 오랫동안 잊힌 채 묻혀버렸다.

우주 초기의 복사는 1965년 미국의 펜지아스(Arno Penzias)와 윌슨(Robert Wilson)이 라디오 안테나의 마이크로파 잡음을 제거하는 과정에서 발견되었다. 이 복사는 '우주배경복사'로 불리게 되었으며, 복사의 온도를 추정한 결과 2.7K로 앨퍼와 허먼이 추정한 값에 매우 근접했다. 우주배경복사의 발견은 빅뱅 이론에 대한 본격적인 연구의 시작을 의미했다.

펜지아스와 윌슨은 벨 연구소의 대형 통신 안테나에서 매우 민감한 극초단파 검출기를 시험하고 있었다. 그들은 검출기에서 원래 수신되어야 할 신호보다 더 많은 잡음이 나오는 것을 알고 이를 제거하려고 했다. 잡음은 끊임없이 들려왔고 밤과 낮, 계절에 상관없이 검출기의 방향을 어디로 향하더라도 똑같이 나타났다. 이것은 우주의 복사가 은하계 너머에서 온다는 사실을 알려 주는 것이었다. 그들은 우주에서 가장 오래된 빛을 본 셈이다. 우주배경복사의 발견으로 빅뱅 이론은 우주 모형의 표준으로 받아들여졌다.

1989년 미항공우주국(NASA)에서는 우주배경복사를 관측하기 위해 코비(COBE) 위성을 발사했다. 그리고 코비 위성은 우주배경복사의 전체적인 스펙트럼을 완벽하게 측정하는 데 성공했다. 그 스펙트럼은 우주의 초기 온도가 현재보다 수십 만 도나 더 뜨거웠음을 확인시켜 주었다. 우주배경복사가 태양계 가까운 곳에서 최근에 형성된 것이 아님을 밝혀 주는 또 하나의 실험이 U2 정찰기의 고공 관측에 의해 수행되었다. 그 결과 복사의 세기가 하늘 전체를 통틀어 미세하지만 체계적인 변화가 있음을 보여 주었다. 이러한 변화는 우주배경복사가 먼 과거로부터 생겨났으며, 우주의 모든 방향으로 고르게 퍼져 나갔음을 의미한다.

1970년 영국의 물리학자인 스티븐 호킹(Stephen William Hawking)과 로저 펜로즈(Roger Penrose)는 아인슈타인의 방정식에 따르면, 우주가 텅 빈 곳에서 자그마한 물질 한 조각에서부터 팽창한 것이 아니라 4차원 시공간의 한 점에서부터 팽창해 나왔음을 증명했다. 이는 빅뱅이 이미 존재하던 특정한 3차원 시간과 공간이라는 곳에서 발생한 평범한 폭발이 아니라, 폭발과 더불어 시간과 공간이 사실상 창조되었음을 뜻한다.

그와 더불어 창조된 물질과 에너지는 지금 우리가 관측할 수 있는 우주를 가득 채운 은하와 별들로 진화했다. 폭발이 일어나기 전, 즉 137억 년 전에는 시간도 공간도, 물질도 아무것도 없었다. 우주가 팽창하면서 비어 있던 공간을 채우는 것이 아니라, 폭발이 일어나면서 만들어진 공간만이 존재할 뿐이다.

1979년 미국의 앨런 구스(Alan Guth)는 우주에 관한 기존 지식과 부합되는 통일장 이론 체계를 구축했다. 이것을 '인플레이션 이론'이라고 한다. 아인슈타인이 처음에 도입했던 우주상수는 은하들끼리 서로 밀쳐 거대한 팽창이 일어나는 원인을 만들었다. 인플레이션 이론에 의하면, 유일한 힘이었던 초강력이 오늘날 자연계의 기본적인 4가지 힘-중력, 전자기력, 강력, 약력으로 분리되면서 거대한 팽창의 동력을 제공했다. 즉 우주가 처음에는 천천히 커지다가 인플레이션이 일어나 급격하게 팽창한 후 다시 느리게 팽창했다는 이야기다.

빅뱅 이후 우주가 점차 식으면서 전자기력과 약력이 분리되어 각자 고유의 성질을 갖게 되었는데, 이러한 과정을 '대칭성 붕괴'라고 부른다. 물리학자들은 지금까지 알려진 과학 지식을 토대로 우주 탄생의 시나리오를 작성했다. 빅뱅이 일어난 지 10-43초 후에 소립자보다 작은 초미니 우주(10-34cm)가 급격하게 팽창했다. 이때 우주의 온도는 약 1,032K였으며, 이는 지금의 태양 중심부의 온도보다 1,025배에 해당되는 엄청난 온도였다.

이때는 높은 열 때문에 핵조차 존재할 수 없었고 전자, 쿼크, 빛과 같은 기본 입자들로 가득했다.빅뱅이 발생한 지 10-5초 후에는 빛에너지로 가득한 불덩어리가 계속 팽창을 했다. 이때 온도는 1,013K였으며, 쿼크가 셋씩 결합해 양성자와 중성자를 형성하게 되었다. 10-2(0.01)초 후에는 원소의 주기율표에 존재하는 가벼운 원자핵들이 식어가는 플라스마 속에서 탄생했다.

1초 후에는 원자폭탄이 폭발할 때 중심부의 온도에 해당하는 약 100억 도로 낮아졌으며, 쿼크들이 서로 뭉쳐 양성자와 중성자를 만들었다. 빅뱅 3분 후에는 우주의 온도가 수십 억 도까지 낮아져서 양성자와 중성자를 적절하게 섞어 원자핵을 만들었고, 이때 비로소 수소의 핵융합을 통해 헬륨과 리튬 등의 원소들이 생겨나기 시작했다. 그러나 일단 우주가 핵융합을 일으킬 수 있는 임계 온도 아래로 식어버리자, 베릴륨보다 무거운 원소들은 만들어질 수 없었다.

따라서 최초의 우주에는 빅뱅에서 생겨난 수소와 헬륨, 리튬, 베릴륨 같은 핵들로 가득했다. 그로부터 수십만 년 동안, 우주는 계속 팽창하면서 온도가 수천 도까지 떨어졌다. 이때 사방에 흩어져 있던 전자들이 원자핵에 포획되어 전기적으로 중성인 원자들이 생성되었다. 그리고 약 10억 년이 지난 후 중력에 의해 은하, 별, 행성 등이 만들어지기 시작했다.

우리은하의 탄생

초기 우주는 온도가 너무 높아서 입자들이 서로 결합하지 못하고 이온화된 물질의 플라즈마를 형성하고 있었다. 약 3000K의 온도에 이르게 되었을 때 비로소 복사 에너지가 물질로 변하는 상전이가 일어나기 시작했으며, 전자와 원자핵이 결합하여 원자를 형성하기 시작했다. 우주는 시간이 흐름에 따라 팽창과 냉각을 계속했지만, 영역에 따라 평균보다 약간 밀도가 높은 곳에서는 가스와 구름이 형성되었다. 그러한 영역에서는 중력으로 인해 물질들이 서로 끌어당기면서 조금씩 회전하기 시작한다.

수축하는 영역이 점차 작아질수록 회전속도는 더욱 빨라진다. 이것은 얼음판 위에서 스케이트 선수가 팔을 안으로 끌어당기면 더욱 빠른 속도로 회전하는 것과 같은 이치다. 수축하던 영역이 충분히 작아지면 원반형으로 회전하는 은하가 태어난다. 회전을 하지 않았던 다른 영역들은 타원은하라고 부르는 길쭉한 원 모양의 은하가 된다.

시간이 흐르면서 은하 속의 수소와 헬륨 가스는 보다 작은 구름들로 분리되어 중력에 의해 수축되기 시작한다. 구름을 형성하던 원자들이 서로 충돌을 일으키고 가스의 온도가 높아지면서 마침내 핵융합 반응을 일으킨다. 이 과정에서 방출된 열이 압력을 높여서 가스 구름은 더 이상의 수축을 멈추게 된다. 가스 구름은 태양과 같은 별처럼 오랜 기간 동안 안정을 유지하며 수소를 태워서 헬륨을 만들고, 이때 발생한 에너지를 열과 빛의 형태로 복사한다.

질량이 더 큰 별들은 그만큼 강한 중력과 균형을 이루기 위해서 훨씬 높은 온도가 필요하다. 따라서 별의 질량이 클수록 핵융합 반응은 더욱 빨라져서 자신이 가지고 있는 수소 연료를 빨리 소모한다. 그 후 별들은 조금씩 수축하고 온도가 높아지면서 헬륨을 탄소나 산소 같은 좀더 무거운 원소들로 변환시킨다. 이런 별의 바깥쪽 부분은 가끔씩 엄청난 폭발을 일으키는 초신성이 되면서 외부로 떨어져 나간다.

별이 수명을 다할 무렵에 생성된 무거운 원소들 가운데 일부는 은하의 가스 속으로 다시 돌아가서 다음 세대의 별들이 만들어질 원료를 제공한다. 태양은 이런 무거운 원소들을 약 2퍼센트 정도 가지고 있다. 왜냐하면 태양은 약 50억 년 전에 폭발한 초신성의 잔해로 이루어진 가스 구름으로부터 형성된 제2세대 또는 제3세대의 별이기 때문이다. 구름 속에 들어 있던 대부분의 가스들은 태양을 형성하거나 멀리 날아가 버렸지만, 무거운 원소들 가운데 작은 부분이 한데 모여 지구와 같이 태양 주위를 도는 행성들을 형성했다.

지구가 속해 있는 태양계는 '우리은하'의 중심부에서 약 3만 광년 떨어져 있다. 우리은하의 중심부는 은하수라고 부르며, 우리은하의 지름은 약 10만 광년으로 위에서 바라보면 바람개비 모양의 나선 형태이며, 옆에서 보면 원반 모양을 하고 있다. 우리은하는 최소한 1000억 개 이상의 별들로 이루어져 있다. 태양이 우리은하의 중심을 한 번 도는 데는 2억2000만 년이 걸린다.

우리은하는 안드로메다은하와 함께 '국부 은하군'에 속한다. 이 은하군은 반지름이 약 500만 광년이며 30개가 넘는 은하를 포함하고 있다. 국부 은하군은 또다시 '버르고 초은하단'에 속해 있는데, 우주에는 이 같은 초은하단이 20~30개가 있다고 알려져 있다. 천문학자들은 우주에 태양과 같은 별이 200억 조 개가 있을 것으로 추정한다.

블랙홀과 사건의 지평선

특수상대성이론에서는 물체의 속도가 빠를수록 시간 연장과 길이 수축, 질량 팽창의 효과가 크게 나타나며, 일반상대성이론에서는 물체의 질량이 클수록 시공간의 왜곡이 심하게 나타난다. 1916년 아인슈타인이 일반상대성이론을 발표한지 불과 몇 달 만에 독일의 슈바르츠쉴트(Karl Schwarzschild, 1873~1916)는 시공간의 왜곡 형태를 수학적으로 규명했다. 그는 일반상대성이론의 백미라 할 수 있는 '슈바르츠쉴트 해'를 찾아냈으며, 다음과 같은 사실을 새롭게 발견했다.

만약 어떤 별의 질량이 매우 좁은 영역 안에 밀집되어 있어서 질량을

허블 망원경으로 바라본 성운의 중심부에는 항상 블랙홀이 존재한다

반지름으로 나눈 값이 어떤 임계값보다 커지면 시공간의 왜곡이 급격하게 심해지고, 그 근처에 존재하는 물체들은 모두 그 별의 중력에 빨려 들어가게 된다는 것이다. 이런 별에서는 빛조차도 중력권을 탈출하지 못한다.

매우 큰 질량을 가진 별은 시공 속에서 빛의 경로를 별의 표면 쪽으로 약간 휘어지게 만든다. 일식이 진행되는 동안 멀리 떨어진 별에서 오는 빛이 휘어지는 모습에서도 이러한 현상을 관측할 수 있다. 별이 수축함에 따라 별 표면의 중력장은 더욱 커지고 그 별에서 나오는 빛은 탈출하는 것이 점점 힘들어져, 멀리 떨어진 관측자에게 점차 더 흐리고 붉게 보인다. 표면의 중력장이 너무 강해지면 빛은 더 이상 빠져 나오지 못하게 된다.

상대성이론에 따르면 그 무엇도 빛보다 빠른 속도로 달릴 수 없으므로 모든 것이 중력장에 의해서 끌어당겨지는 시공간의 영역이 존재하게 된다. 이것을 '블랙홀(black hole)'이라고 부르며, 블랙홀의 경계는 그곳에서 벗어나지 못한 빛의 경로와 일치하는 '사건의 지평선(event horizon)'을 만든다. 블랙홀의 중력 사정거리인 사건의 지평선으로 들어가면 어떤 물체건 블랙홀의 중심 쪽으로 무자비하게 끌려가면서 상상을 초월하는 중력에 의해 산산이 분해될 것이다.

블랙홀이라는 용어는 1969년 미국의 존 휠러(John Archibald Wheeler, 1911~2008)가 만들었다. 그는 별의 질량이 아주 무거우면 중성자별의 단계를 지나서도 계속 붕괴하여 빛조차 빠져나올 수 없는 상태가 된다고 주장했다. 영국의 스티븐 호킹은 일반상대성이론을 적용해 블랙홀 속에 무한한 밀도와 무한한 시공간 곡률을 갖는 '특이점(singularity)'이 존재함을 보여주었다. 특이점이란 질량이 큰 별이 수축하면서 하나의 점과 같은 상태가 되는 것을 말한다. 만약 지구를 블랙홀로 만들기 위해서는 현재 반지름이 약 6,400km인 지구를 1센티미터가 될 때까지 모든 방향으로 꽉꽉 눌러야 한다.

블랙홀에서는 빛조차 빠져나올 수 없기 때문에 빛을 감지하는 광학망원경으로 직접 관측이 불가능하다. 대신 사건의 지평선 근처에서 비정상적으로 움직이는 별들을 찾아냄으로써 블랙홀의 존재를 간접적으로 추적하고 있다. 블랙홀을 둘러싸고 있는 먼지나 가스층이 사건의 지평선 안쪽으로 빨려 들어가는 경우, 그 속도는 거의 광속에 가깝다. 이때 거대한 소용돌이가 형성되면서 물질들 사이의 마찰에 의해 초고온의 열이 발생하며, 그 결과 X선을 비롯한 다양한 파장의 빛이 방출된다.

이 빛은 사건의 지평선 바로 외곽에서 방출되기 때문에 블랙홀로 빨려 들어가지 않고 우주공간을 통과하여 지구에 있는 망원경에 도달할 수 있다. 1974년 호킹은 일반상대성이론과 양자역학을 이용하여 블랙홀이 복사를 방출한다는 사실을 수학적으로 보여주었다. 이것은 일반 사람들이 생각하는 것처럼 블랙홀이 완전히 검지 않다는 것을 의미한다. 일반적으로 블랙홀은 엄청나게 큰 질량을 가진 천문학적 대상이며, 소립자는 물질을 이루는 최소 단위로서 규모의 차원에서 완전히 정반대로 극과 극을 달리고 있다. 1960년대 말부터 여러 물리학자들은 블랙홀과 소립자가 동일한 존재의 다른 모습일 수도 있다는 놀라운 사실을 발견했다. 이들은 휠러가 말했던 것처럼 "블랙홀은 머리카락이 없다(무모 이론)"는 것을 입증하는 강력한 증거들을 찾아냈다.

무모 이론(no hair theorem)은 존재 가능한 블랙홀의 유형을 엄격하게 제한하기 때문에 매우 중요한 개념이다. 질량과 전하, 스핀을 제외하면 모든 블랙홀은 거의 비슷하다. 다시 말해서 블랙홀은 그들끼리 구별될 만한 독특한 헤어스타일을 전혀 갖고 있지 않다는 뜻이다. 그런데 질량과 전하, 스핀으로 구별되는 것은 물질을 이루는 최소 단위인 소립자들의 특징이다.

블랙홀은 질량이 너무 크기 때문에 일반상대성이론을 적용해야 하고 소립자는 너무 작아서 양자역학을 적용해야 한다. 블랙홀과 소립자 사이의 유사성을 해명하기 위해서는 양자역학과 일반상대성이론 사이의 문제들을 해결해야만 한다. 이들 사이에 처음으로 이론적인 연결고리를 제공한 것은 바로 '끈이론(string theory)'이었다. 블랙홀을 구별하는 가장 큰 특징은 질량이다. 상대성이론에 의하면 블랙홀이 가질 수 있는 질량의 최소치에는 한계가 없다.

일반상대성이론에 따르면 움직이는 무거운 물체는 중력파, 즉 시공간 곡률에 파문을 일으킬 것으로 예상했다. 중력파는 광파와 비슷하지만, 이를 실제로 검출한다는 것은 매우 힘들다. 빛과 마찬가지로 중력파도 그것이 방출된 물체로부터 에너지를 빼앗는다. 예를 들어 태양 주위를 도는 지구의 운동은 중력파를 발생시킨다. 지구에서 방출된 중력파의 에너지는 지구의 궤도를 변화시켜서 지구를 점점 더 태양에 가깝게 접근시킬 것이다. 그러나 에너지 손실 비율은 너무 미미하기 때문에 그다지 걱정할 필요는 없다.

한편 이와 동일한 효과를 내는 펄서(규칙적으로 전파 펄스를 방출하는 중성자별)들이 관측되었다. 서로의 주위를 도는 두 개의 중성자별은 중력파를 방출하면서 에너지를 잃는데, 이 에너지가 두 개의 중성자별로 하여금 서로를 향해 나선을 그리며 회전하게 만든다. 1993년 미국의 테일러(Joseph Hooton Taylor)와 헐스(Russell Alan Huls)는 쌍성펄서의 발견과 중력파를 간접적으로 확인한 공로로 노벨물리학상을 수상했다.

블랙홀은 실험이나 관측을 통해 이루어진 것이 아니라 수학적 이론으로 상세하게 규명된 극소수의 예들 중 하나이다. 1967년 영국의 버넬(Jocelyn Bell Burnell)은 하늘에서 규칙적인 전파 펄스를 방출하는 천체(펄서)를 찾아냈다. 이 발견은 중성자별이 존재한다는 최초의 명확한 증거였다. 중성자별은 반경이 약 15킬로미터 정도로, 블랙홀의 기준이 되는 임계 반경의 몇 배밖에 되지 않는다. 이것은 별들이 더 작은 크기로 붕괴해서 블랙홀이 될 수도 있다는 것을 보여 주는 간접적인 증거이다.

현재 우리가 속해 있는 은하계 중심부에는 태양 질량의 250만 배나 큰 블랙홀이 존재하는 것으로 추정되고 있다. 그러나 이 정도는 퀘이사라 불리는 엄청나게 큰 천체의 중심부에 자리 잡고 있는 블랙홀에 비하면 하나의 점에 불과하다. 매우 밝은 빛을 발하는 퀘이사는 우주 전역에 골고루 흩어져 있으며, 그 중심에 있을 것으로 추정되는 블랙홀은 태양의 수십억 배에 달하는 질량을 갖고 있다.

시공간에 퍼져나가는 파동

빅뱅 이전에는 과연 무엇이 있었을까? 현재 빅뱅의 비밀을 밝혀 줄 차세대 관측 장비가 한창 건설 중에 있다. 현재의 장비로는 빅뱅 후 30만년(원자가 형성되기 시작한 시점)에 방출된 마이크로 복사파만을 감지할 수 있을 뿐이다. 빅뱅 초기에 방출된 복사는 너무 뜨겁고 무작위라서 유용한 정보를 얻을 수 없다.

그러나 다른 형태의 복사를 관측하여 빅뱅에 접근하는 방법도 있다. 예를 들어 뉴트리노를 추적하면 거의 빅뱅이 일어났던 시점까지 접근할 수 있다. 뉴트리노는 질량이 없거나 있더라도 거의 무시할 정도라 다른 입자와 상호작용을 하지 않기 때문에 태양계 크기의 납덩어리를 아무렇지 않게 통과할 정도로 투과성이 뛰어나다. 뉴트리노 복사는 우리를 빅뱅 후 몇 초가 지난 시점까지 데려다 줄 것이다.

그러나 뭐니 뭐니 해도 빅뱅의 비밀을 밝혀줄 가장 그럴듯한 후보는 시공간을 따라 움직이는 '중력파(gravity wave)'일 것이다. 1916년 아인슈타인이 그 존재를 처음으로 예측했던 중력파는 앞으로 우주론 분야에서 가장 중요한 탐사 도구로 자리 잡을 것이다. 역사적으로 볼 때, 인류가 새로운 복사에너지를 활용할 때마다 천문학의 새로운 장이 열리곤 했다. 첫 번째 복사에너지는 갈릴레오가 망원경으로 태양계를 관측할 때 사용했던 빛이었고, 두 번째는 은하의 중심에서 블랙홀을 발견하는 데 결정적인 기여를 했던 전자파였다. 앞으로 중력파가 이들의 뒤를 이어 우주 창조의 비밀을 밝혀 줄 것으로 기대된다.

어떤 면에서 보면 중력파는 반드시 존재해야 하는 파동이다. 예를 들어 "태양이 갑자기 사라진다면 어떤 일이 생길까?" 뉴턴 물리학에 의하면 우리는 태양의 부재를 즉각적으로 느낄 수 있다. 태양이 사라지는 바로 그 순간 지구는 공전궤도에서 벗어나 우주 공간으로 내던져질 것이다. 왜냐하면 뉴턴의 중력이론에 의하면 중력이 전달되는데 털끝만큼의 시간도 걸리지 않기 때문이다. 그러나 아인슈타인은 우주 안에 존재하는 그 어떤 것도 빛보다 빠르게 이동할 수 없다고 했으므로 중력도 빛보다 빠르게 전달될 수 없다.

만일 중력이 빛과 동일한 속도로 전달된다면, 지구와 태양 사이의 거리가 약 1억5천만 킬로미터이므로 지구의 생명체가 태양의 부재를 느끼려면 8분 20초가량 기다려야 한다. 빛의 속도와 중력파의 속도가 같기 때문에 시야에서 태양이 사라지는 순간 태양의 중력도 사라진다.

중력파가 존재하는 또 다른 증거는 커다란 침대 시트에서 찾을 수 있다. 아인슈타인의 일반상대성이론에 의하면 시공간은 사람 때문에 휘어진 침대 시트처럼 특정한 곡률에 따라 휘어져 있다. 침대시트의 한 곳을 손에 쥐고 위아래로 빠르게 흔들면 물결 모양의 파동이 시트의 표면을 따라 퍼져나간다. 이와 마찬가지로 중력파는 시공간을 따라 퍼져나가는 파동으로 간주할 수 있다.

중력파는 현대물리학에서 가장 빠르게 변하는 테마 중 하나이다. 지난 2003년 세계에서 가장 큰 중력파 검출기인 LIGO(Laser Interferometer Gravitational Wave Observatory)가 가동되기 시작했다. 제작비만 무려 3억 6,500만 달러에, 총 길이는 4킬로미터에 이르는 LIGO는 서로 충돌하는 중성자별이나 블랙홀에서 방출된 중력파를 검출할 수 있을 것으로 기대하고 있다.

2015년에는 빅뱅의 순간에 발생했던 중력파를 감지하기 위해 완전히 새로운 형태의 위성이 발사되었다. 지구에서 4,800만 킬로미터 떨어진 태양 주변 궤도를 공전하는 세 개의 위성으로 이루어진 LISA(Laser Interferometer Space Antenna) 프로젝트는 서로 480만 킬로미터의 거리를 두고 삼각 대형을 이룬 채 공전하도록 설계되었으며, 각 위성은 레이저빔을 통해 서로 연결된다. 이 프로젝트가 예정대로 진행된다면 과학 역사상 가장 큰 규모의 관측 장비가 될 것이다.

이 위성에 탑재될 감지기는 빅뱅이 일어나고 수조 분의 1초 후에 방출된 중력파까지 감지할 수 있을 정도로 정밀하다. 빅뱅 때 발생한 중력파가 아직도 우주를 떠돌고 있다면 위성에서 발사된 레이저빔을 교란시킬 것이고, 이것을 정밀하게 분석하면 갓 태어난 아기우주의 사진을 재현할 수 있다.

별들의 진화

1920년대 들어서 별들을 빛나게 하는 것이 무엇인지에 대해 밝혀지기 시작했다. 그러나 천체물리학자들이 그 과정을 설명하기 위해 핵 상호작용을 파악하려면 아직 몇 년은 더 걸려야 했으며, 얼마나 많은 수소가 우주를 구성하고 있는지를 완전히 이해하기 위해서는 약간 더 오랜 시간이 걸려야 했다. 천체물리학자들은 수소를 헬륨으로 전환시킬 수 있는 세부 과정을 발견하고서야 비로소 별들에 존재하는 중수소는 매우 드물며, 수소와 헬륨이 별의 99퍼센트를 구성한다는 것을 깨달았다.

핵융합 과정과 관련된 주요 상호작용을 밝혀낸 사람들은 당시 코넬 대학에서 일하던 독일 태생의 베테와 1930년대 말 베를린에서 일하고 있던 바이재커(Carl von Weizäcker, 1912~2015)이다. 그들은 터널링 같은 양자 과정을 참작하여, 별들의 내부 온도에서 적당한 에너지의 방출과 함께 수소를 헬륨으로 전환시키는 두 개의 과정을 찾아냈다. 그중 하나는 양성자-양성자 반응이라고 알려진 것으로, 태양과 같은 별에서 일어나는 상호작용이다.

이 반응에서는 두 개의 양성자가 합쳐져 한 개의 양전자가 방출되면서 듀테륨(중수소)의 핵을 만든다. 또 하나의 양성자가 이 핵과 융합하면 헬륨-3이 만들어지며, 두 개의 헬륨-3의 핵들이 합쳐지고 두 개의 양성자를 방출하면 그 결과는 헬륨-4의 핵이 된다. 두 번째 과정은 탄소-질소 순환과정으로 탄소가 촉매로 작용한다. 양성자-양성자 연쇄반응은 태양과 같거나 그보다 작은 질량을 갖는 별에서 일어나는 반면, 탄소-질소 순환과정은 좀더 무거운 별들에서 일어난다.

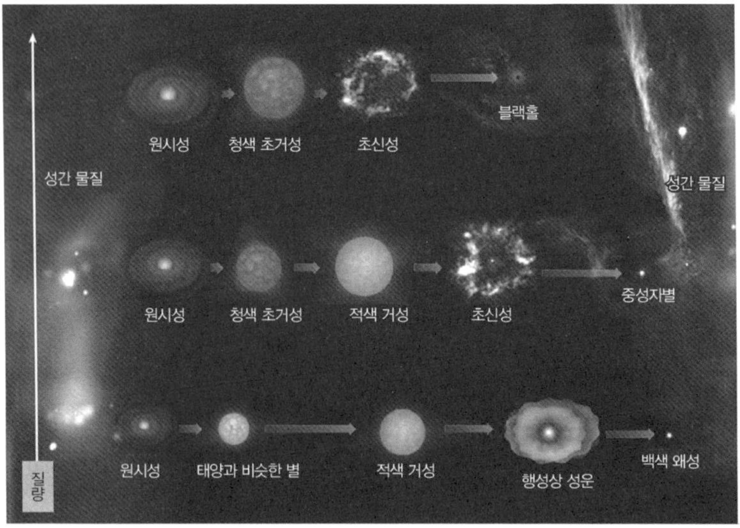

별의 진화

탄소 순환은 고리를 이루며 발생하는데, 탄소의 핵이 약간 있으면 양성자들이 이들 핵 속으로 터널링해 들어간다. 고리 형태로 순환하는 과정이기 때문에 효과적인 촉매 역할을 하고, 순환이 끝난 뒤에도 아무런 변화 없이 남아 있다. 탄소-12의 핵에서부터 시작하여 양성자 하나를 첨가하면 불안정한 질소-13이 되고, 다시 질소-13은 양전자를 내뱉고 탄소-13이 된다.

두 번째 양성자를 첨가하면 질소-14가 되고, 세 번째 양성자를 질소-14의 핵에 더하면 불안정한 산소-15가 되며, 이 산소-15는 양전자를 방출하고 질소-15가 된다. 이제 마지막 단계이다. 네 번째 양성자를 첨가하면 핵은 완전한 알파 입자 하나를 방출하고 처음의 탄소-12로 되돌아간다. 결과적으로 네 개의 양성자들이 하나의 헬륨 핵으로 전환되고, 그 과정에 두 개의 양전자와 많은 에너지가 방출된다.

이러한 과정들을 찾아낸 것은 제2차 세계대전이 일어나기 바로 전이었고, 별들의 내부에서 벌어지고 있는 일에 대해 더 많은 연구가 있으려면 세계가 정상 상태로 되돌아가는 1940년대 말까지 기다려야만 했다. 대신 전쟁 중에는 핵무기 연구와 최초의 핵원자로 개발이 이루어졌다. 1950년대 몇몇의 천문학자들은 무거운 원소들이 별 내부에서 어떻게 만들어지는가에 대한 문제를 다루었다. 그러던 중 세 개의 헬륨-4의 핵이 동시에 합쳐져 중간 단계인 매우 불안정한 베릴륨-8을 만들지 않고도 안정된 탄소-12의 핵을 만들 수 있다는 주장이 나왔다.

이 주장을 한 사람은 1953년 영국의 천문학자 호일이었다. 고전 물리학에서 두 개의 양성자는 태양과 같은 별의 내부 조건에서는 융합될 수 없다고 주장했듯이, 핵물리학의 가장 간단한 지식에 비추어보면 그와 같은 삼중-알파(triple-alpha) 상호작용은 일어날 수는 있지만 너무 드물게 일어나서 충분한 양의 탄소를 만들어낼 수 없다. 대부분의 경우, 그러한 삼중 충돌 과정에서 입자들은 하나의 핵 속으로 합쳐지기보다는 부서지게 된다.

별 내부에서 일어나고 있는 핵융합 과정을 이해하게 되면서 빅뱅이 일어났을 때 수소와 헬륨으로부터 어떻게 모든 원소들이 만들어지는지에 대해 설명이 가능했다. 게다가 이렇게 생성될 것이라 예측한 서로 다른 원소들의 비율은 우주 전체에서 발견되는 비율과 일치한다. 그러나 철보다 무거운 원소들의 존재에 대해서는 설명을 하지 못하고 있다. 철의 핵은 일상적인 물질 중에서 가장 안정된 상태, 즉 최저의 에너지를 가지고 있기 때문이다. 좀더 금이나 우라늄, 납 등과 같은 무거운 원소들의 핵을 만들기 위해서는 더 많은 에너지를 주입해야 한다.

태양보다 무거운 별들이 생애 마지막을 맞이하면서 핵연료가 다 떨어져 열을 만들어낼 수 없게 될 때 이런 일이 일어날 수 있다. 연료가 다 떨어지면 별들은 극적으로 폭발해버리고, 그와 동시에 거대한 양의 중력 에너지가 방출되어 열로 전환된다. 이런 작용의 결과, 하나의 별이 초신성이 되면서 평범한 별들로 이루어진 은하 전체만큼이나 밝은 빛을 몇 주 동안 뿜어낸다. 또한 에너지를 제공하여 핵들을 융합시켜 가장 무거운 원소들을 만들어낸다. 그리고 거대한 폭발을 일으켜 그 과정에서 무거운 원소들을 포함한, 별의 구성 물질 대부분이 성간 우주로 퍼져나가 새로운 별, 행성 그리고 아마도 사람까지 만들어내는 원재료의 일부를 형성한다.

1960년대와 1970년대에 많은 사람들이 다른 은하의 초신성에 대한 관측을 바탕으로 이 모든 것을 설명하는 가설 모형들을 만들어냈다. 그런데 1987년에 우리의 가까운 이웃인 대마젤란성운에서 초신성 하나가 폭발하는 것이 목격되었다. 수개월 동안 현대적 망원경들을 초신성 폭발에 맞춰놓고 관측된 결과를 자세히 분석한 결과, 초신성에서 일어나는 과정은 그런 모형들이 예측한 것과 맞아떨어졌다.

별의 질량은 진화를 결정하는데 가장 중요한 변수로서 별이 무거울수록 핵연료를 빨리 태우고 그만큼 빨리 수명을 다한다. 별의 질량은 또한 별의 마지막 상태가 백색왜성으로 끝날 것인지 아니면 중성자별이나 블랙홀로 끝날 것인지를 결정한다.

모든 별들은 수소를 태워서 헬륨을 만든다. 그리고 적색거성의 단계에 이르면 헬륨을 태워 탄소를 만든다. 태양 정도의 질량을 갖는 별은 탄소핵을 더 무거운 핵으로 변환시킬 만큼 중심부의 온도가 높지 않으므로 백색왜성으로 진화한다. 백색왜성에서는 자유전자들이 원자핵들 사이를 자유롭게 움직이기 때문에 마치 금속처럼 보인다.

태양보다 더 무거운 별들은 평형 상태를 유지할 수 없기 때문에 자유전자들이 원자핵에 포획되어 양성자가 중성자로 바뀔 때까지 붕괴를 계속한다. 이러한 원자핵은 불안정하기 때문에 별을 구성하는 원자들이 모두 중성자로 바뀌면서 중성자별이 된다. 이때 지름은 수 킬로미터에 불과하지만 밀도는 엄청나게 높아진다. 중성자별은 매우 빨리 회전하므로 강력한 자기장에 둘러싸여 있으며, 중성자들의 압력 때문에 더 이상 중력에 의해 붕괴하지 않는다. 별이 아주 무거우면 중성자별 단계를 지나서도 계속 붕괴해 마침내 블랙홀이 된다.

암흑에너지와 암흑물질

일반상대성이론은 우주의 기원과 진화 과정을 상당 부분 규명했다. 아인슈타인은 독일의 수학자 리만(Georg Friedrich Bernhard Riemann, 1826~1866)의 곡면기하학을 이용해 시간과 공간, 그리고 물질의 진화 과정을 정량적으로 기술했다. 더욱 놀라운 점은 우주의 크기가 시간이 흘러감에 따라 변한다는 것이었다. 이것은 우주가 일정한 크기로 머물러 있는 것이 아니라 팽창하거나 수축한다는 뜻이다.

항상 그 자리에 존재하면서 형태가 변하지 않는 정적인 우주의 관념을 포기할 수 없었던 아인슈타인은 어쩔 수 없이 자신의 방정식 일부를 수정하여 우주상수가 포함된 항을 첨부시켰다. 그러나 1920년대 초반에 소련의 프리드먼은 우주상수가 포함되지 않은 원래의 방정식을 이용하여 은하들이 빠른 속도로 서로 멀어져 가고 있다고 주장했다.

프리드먼이 상대성이론을 이용하여 우주가 팽창하고 있다고 주장한 지 5년 후 미국의 허블은 윌슨산 천문대에서 100인치 망원경으로 멀리 떨어진 은하계로부터 오는 스펙트럼을 조사해 은하계들이 지구로부터 점점 멀어져간다는 사실을 발견했다. 단위 거리당 은하계들이 멀어져 가는 비율을 허블상수라고 하는데, 그는 이 상수를 이용하여 허블의 법칙을 만들었다. 그는 또한 은하가 멀리 떨어져 있을수록 우리로부터 더욱 빠른 속도로 멀어진다는 사실도 알아냈다.

프리드먼은 우주가 팽창하는 것을 부풀어 오르는 풍선과 비슷하다고 설명했다. 풍선 표면에 여러 개의 점을 찍어 놓고 바람을 불어 넣으면, 풍선이 팽창하면서 점들 사이의 거리가 점차 멀어진다. 멀리 떨어져 있을수록 점들의 후퇴 속도는 더 빨라지지만, 어느 점도 팽창의 중심이라고 말할 수 없다.

프리드먼이 발견한 것은 한 가지 모형이지만, 실제로는 세 가지 모형이 존재한다. 프리드먼이 발견한 첫 번째 모형은 우주의 팽창 속도가 너무 느린 나머지 은하들이 끝내 정지하게 된다. 그 후 은하들은 인력에 의해 서로 끌어당기게 되고 수축하기 시작한다. 은하들 사이의 거리는 0에서 시작하여 시간이 흐름에 따라 최대치까지 늘어났다가 다시 0으로 줄어든다. 이렇게 다시 하나의 점으로 줄어드는 것을 '빅크런치(big crunch)'라고 하며, 이러한 우주 모형을 '닫힌 우주'라고 부른다. 첫 번째

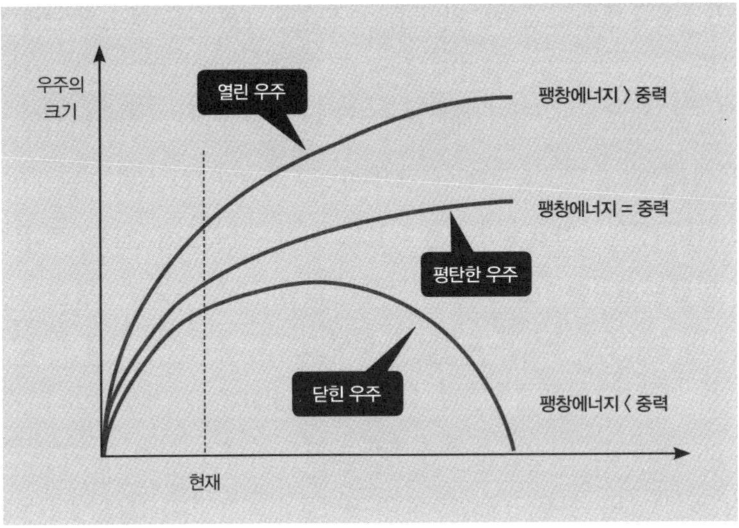

프리드먼의 우주모형

모형의 특징은 우주가 공간적으로 무한하지 않으면서 공간이 어떠한 경계도 없다는 점이다. 여기에서 공간은 중력에 의해 휘어져 마치 지구의 표면과 같이 둥근 구를 형성하고, 시간은 시작과 종말이라는 두 개의 경계를 가지는 하나의 직선과 같다.

두 번째 모형은 공간이 마치 말안장의 표면처럼 휘어져서 영원히 팽창하게 된다. 이때 공간은 무한하며, 이러한 우주 모형을 '열린 우주'라고 부른다. 마지막으로, 팽창이 임계속도로 지속된다면 공간은 평평해진다는 가정을 근거로 한다. 이때도 공간은 역시 무한하며, 이러한 우주 모형을 '평평한 우주'라고 부른다. 그렇다면 세 가지 모형 중에서 우주는 실제로 어떤 모습일까? 우주는 팽창을 멈추고 다시 수축할 것인가, 아니면 영원히 팽창을 계속할 것인가? 이 물음에 대한 답을 얻으려면 먼저 우주의 팽창 속도와 평균 밀도를 알아야 한다. 우주의 평균 밀도가 팽창 속도에 의해 결정되는 임계값보다 작으면 인력이 너무 약해서 우주는 영원히 팽창을 계속할 것이다. 만약 밀도가 임계값보다 크면 미래의 어느 한 시점에 인력이 팽창을 정지시키고 다시 수축하도록 만들 것이다.

도플러 효과를 이용하면 은하들이 서로 멀어지는 속도를 측정함으로써 현재의 팽창 속도를 결정할 수 있다. 그러나 은하들 사이의 거리는 오직 간접적으로만 측정할 수 있기 때문에 정확한 값을 알 수 없다. 우리가 알고 있는 사실은 단지 우주가 10억 년마다 5~10퍼센트의 크기로 팽창한다는 것뿐이다. 우주의 평균 밀도에 대한 불확실성은 훨씬 더 심각한 문제이다. 관측 가능한 별들의 질량을 모두 더해도, 전체 질량은 우주의 팽창을 정지시키는 데 필요한 양의 1퍼센트에 불과하다.

1930년대 초반 캘리포니아 공과대학의 천문학과 교수였던 프리츠 즈위키(Fritz Zwicky)는 지구로부터 약 370만 광년 떨어져 있는 코마성단의 외부를 이루고 있는 수천 개의 은하들이 비정상적으로 움직이는 현상을 발견했다. 가장자리에 있는 은하들은 자전거 바퀴에 붙어 있는 물방울들이 바퀴가 회전함에 따라 사방으로 튕겨 나가듯이 흩어져야 했지만, 망원경에 잡힌 모습은 전혀 그렇지 않았다.

은하들은 눈에 보이는 질량보다 훨씬 큰 중력이 작용하는 것처럼 한데 뭉쳐서 움직이고 있었던 것이다. 그는 빛을 발하지 않는 어떤 물질이 코마성단에 잔뜩 퍼져 있어서 성단 전체를 강한 중력으로 묶어 놓는다는 가설을 제기했다.

별을 태우는 핵연료가 고갈되면 핵융합반응에 의해 압력이 약해지면서 별은 자체 중력으로 인해 안으로 수축하며, 이 과정에서 중심부의 온도가 급격하게 상승하여 거대한 폭발을 일으키게 된다. 이러한 폭발을 '초신성(supernova)'이라고 하는데, 하나의 별이 초신성으로 변하면 태양의 수십억 배에 달하는 빛을 수주일 동안 발산하게 된다. 단 하나의 별이 거의 은하 전체와 맞먹는 양의 빛을 한꺼번에 방출하는 것이다.

별의 크기와 구성 성분에 따라 초신성의 폭발은 다양한 형태로 나타나지만, 어떤 특별한 초신성들은 거의 동일한 규모의 폭발을 일으킨다. 이러한 초신성을 'Ia형 초신성'이라 한다. Ia형 초신성이 되려면 먼저 백색왜성이란 과정을 거쳐야 한다. 백색왜성이란 핵연료는 모두 고갈되었지만 초신성 폭발을 초래할 만큼 충분한 질량을 갖고 있는 별인데, 근처에 있는 다른 별의 표면에 있는 물질들을 모두 빨아들이면서 자신의 몸집을 키워 나가다가 질량이 어느 임계값(태양의 1.4배)에 이르면 다시 핵반응이 시작되면서 초신성으로 변한다.

1990년대에 로렌스 버클리 연구소와 호주국립대학 천문학팀이 다양한 거리에 있는 초신성을 거의 50개 가까이 발견한 후, 각 초신성까지의 거리와 서로 멀어지는 속도로부터 우주의 팽창 속도를 연대별로 계산했는데, 그 결과는 놀라운 것이었다. 우주의 나이가 약 70억 살 되는 시점부터 공간의 팽창 속도가 갑자기 빨라졌던 것이다. 이로부터 약 80년 전에 아인슈타인이 중력 방정식에 끼워 넣었던 우주상수가 잘못 도입된 것이 아니라는 결론에 도달했다. 따라서 지금은 우주가 서로 끌어당기는 중력보다 밀어내는 중력이 더 강한 상태이다. 그들은 척력의 원인이 바로 우주상수에서 기인하는 암흑에너지의 양과 일치한다고 결론지었다.

1989년 우주배경복사를 더욱 자세히 관측하기 위해 발사한 COBE 위성의 관측 자료를 분석한 결과, 우주는 프리드만의 영원히 팽창한다는 열린 우주 모형을 따른다는 사실이 밝혀졌다. 따라서 물리학자들은 임계 밀도에 훨씬 못 미치는 우주의 질량을 보충해 줄 '암흑에너지(dark energy)'와 '암흑물질(dark matter)'이라는 새로운 물질의 존재를 가정하게 되었다. 2003년 우주배경복사를 연구하기 위해서 발사한 WMAP 위성에 따르면 우주 물질의 73퍼센트가 암흑에너지고 나머지 23퍼센트가 암흑물질이며 4퍼센트가 기존 물질로 되어있음을 밝혀냈다.

우주의 나이

지난 몇 년 동안 우주론 학자들은 우주의 나이가 행성과 별의 나이보다 적다는 모순에 직면하고 있었다. 이것은 관측 자료가 많이 부족했기 때문에 발생한 모순이었다. 과거에는 우주의 나이를 10억 내지 20억 년쯤으로 추정했었는데, 이는 지구의 나이(45억년)와 가장 오래된 별의 나이(120억년)와 비교할 때 말도 안 되는 값이었다.

하늘을 가득 메우고 있는 우주배경복사를 관측할 목적으로 1989년에 발사된 COBE 위성은 1992년에 처음으로 대략적인 데이터를 전송해왔다. 자료의 정확성이 떨어져 초기 우주의 모습을 정확하게 그려내지는 못했지만, 이것만으로도 당시 천문학계는 크게 흥분하여 '신의 얼굴'이라는 제목 아래 초기 우주의 모습을 재현한 사진을 전 세계에 발표했다.

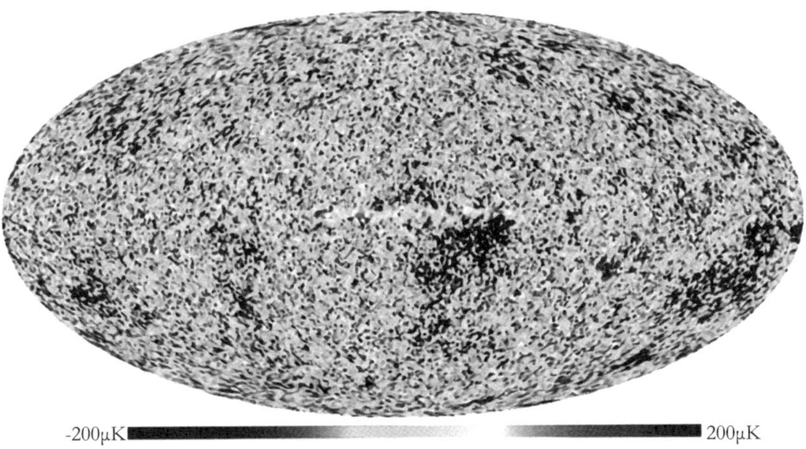

우주 탄생 직후의 무질서와 혼돈을 보여주는 우주배경복사

2001년 발사된 WMAP 위성이 빅뱅 후 38만 년이 지난 초기 우주에 관해 놀라울 정도로 정확한 데이터를 전송하기 시작했다. 별과 우주를 생성시키고 남은 원시 우주의 에너지가 현재까지 수십억 년 동안 우주를 배회하고 있다는 사실은 전부터 잘 알려진 사실이었지만, WMAP 위성이 보내온 우주배경복사의 지도는 학자들의 넋을 빼앗아 갈 정도로 정밀하기 그지없었다. 위성의 관측 자료는 우주론을 사색적인 이론에서 정밀한 과학의 장으로 끌어올렸다. 이처럼 자료가 정밀했던 이유는 거기 탑재된 망원경이 엄청나게 멀리 있는 천체를 관측할 수 있었기 때문이다.

온갖 반짝이는 별들로 가득 찬 우주 공간은 일종의 타임머신이다. 빛의 속도는 매우 빠르지만 무한히 빠르지는 않기 때문에, 지금 우리의 눈에 보이는 별은 현재의 모습이 아니다. 밤하늘에 빛나는 모든 별들은 각기 다른 시대의 모습을 보여준다. 예를 들어 지구로부터 10광년 떨어진 곳의 별이 망원경에 잡혔다면, 우리는 10년 전 그 별의 모습을 보고 있는 셈이다. 멀리 있는 은하로부터 방출된 빛은 수억 년 내지 수십억 년 동안 우주공간을 여행해야 우리 눈에 보인다. 따라서 이 빛들은 공룡이 태어나기도 전에 은하에서 만들어진 '빛의 화석'인 셈이다.

망원경으로 볼 수 있는 천체들 중 가장 멀리 있는 것은 퀘이사(준항성체, quasar)인데, 이들은 지구로부터 무려 120억 내지 130억 광년이나 떨어진 우주의 변방에서 지금도 외롭게 빛을 발하고 있다. 그런데 WMAP 위성은 이보다 먼 곳에서 날아온 복사를 관측하는 데 성공한 것이다. 우주론 학자들은 천체관측을 엠파이어스테이트 빌딩의 옥상에서 맨해튼 시의 전경을 내려다보는 것에 비유한다.

100층이 넘는 초고층건물의 옥상에서 시내를 굽어보면 지표에 붙어 있는 물체들은 거의 보이지 않는다. 건물의 지하실을 빅뱅이 일어난 시기로 간주한다면, 멀리 있는 은하는 10층 정도의 높이에 자리 잡고 있으며 망원경으로 관측 가능한 퀘이사는 7층 정도에 해당된다. 그리고 WMAP 위성이 관측한 우주배경복사는 지표로부터 1센티미터 남짓한 곳에서 방출된 것이다. 이로부터 예측된 우주의 나이는 약 137억 년이다.

130억 년이나 140억 년이 아닌 137억 년을 자신 있게 주장하는 이유는 이 값의 오차가 1퍼센트 이내임을 뜻한다. 현재 WMAP 위성은 천체 관측 역사상 가장 정밀한 우주배경복사 지도를 지구로 보내오고 있다. 우주배경복사의 분포상태와 온도는 1948년 조지 가모브에 의해 처음으로 예측되었는데, 가장 최근에 수신된 자료에 의하면 배경복사의 온도는 절대온도 2.7249K~2.7251K(영하 270도 근처)정도이다.

천문학자들은 위성이 보내온 자료를 토대로 하늘의 모습을 재현했다. 언뜻 보기에는 점들이 무작위로 찍혀 있는 썰렁한 추상화를 연상케 하지만, 사실 이 그림에는 우주 탄생 직후의 무질서와 혼돈이 고스란히 담겨 있다. 그림 속에 나타난 작은 점들은 '우주의 씨앗'으로서 격렬한 팽창을 통해 오늘날의 거대한 성단과 은하로 성장하여 밤하늘을 비추고 있다. 따라서 작은 점들의 분포상태를 분석하면 빅뱅이 일어났던 무렵의 우주 지도를 재현할 수 있다.

우주 탄생의 시나리오

최근까지 관측 자료와 우주론의 표준 모형에 따르면 우주는 온도가 식어감에 따라 여러 단계를 거치면서 대칭성이 붕괴되었다. 그에 따라 자연을 지배하는 힘이 여러 종류로 분리되면서 진화해왔다. 우주가 겪어온 진화과정을 연대별로 요약하면 다음과 같다.

10^{-43}초 이전 : 플랑크 시대

이 시기의 우주에 관해서는 알려진 내용이 거의 없다. 플랑크 에너지 영역에서(10^{19} 전자볼트) 중력은 다른 양자적 힘들과 거의 같은 세기로 작용했다. 그 결과 네 종류의 힘들은(중력, 전자기력, 핵력, 약력) 초힘(superforce)이라는 하나의 힘 속에 통합되어 있었으며, 우주는 완전한 무의 상태로 존재했을 것으로 추정된다. 또한 네 종류의 힘을 하나로 통합시켜서 모든 방정식을 똑같은 형태로 만들어준 신비한 대칭은 초대칭(supersymmetry)이었을 것으로 추정된다. 네 개의 힘을 통합시켰던 신비한 대칭이 붕괴되면서 양자 요동이 발생하였고, 이로부터 우주의 배아에 해당하는 기포가 형성되었다. 이 기포의 크기는 약 10^{-33}센티미터 정도였는데, 이 값을 '플랑크 길이(Planck length)'라고 한다.

10^{-43}초 : 대통일 이론(GUT, Grand Unified Theory) 시대

초기의 대칭이 붕괴되면서 기포는 빠른 속도로 팽창되기 시작했다. 기포가 커짐에 따라 초힘은 네 가지 힘으로 순식간에 분리되었는데, 이들 중 중력이 가장 먼저 분리되면서 우주 전역에 충격파를 발산했다. 초힘이 보유하고 있던 대칭은 좀더 작은 대칭으로 축소되었으며, 중력을 제외한 강력과 약력, 그리고 전자기력은 여전히 GUT 대칭 속에 통합되어 있었다. 이 시기에 우주는 빛보다 빠른 속도로 거의 10^{50}배까지 폭발적으로 팽창되었는데, 그 원인은 아직 알려지지 않았다. 이것을 빅뱅이라고 하며, 이 시기의 온도는 약 10^{32}도였던 것으로 추정된다.

10^{-34}초 : 표준적인 팽창 시대

온도가 10^{27}도까지 떨어지면서 핵력이 분리되었다. 이 순간에 인플레이션이 종료되면서, 우주는 표준적인 팽창을 겪기 시작했다. 우주는 쿼크와 글루온, 렙톤 등이 자유롭게 돌아다니는 고온의 플라스마 상태였다. 빅뱅이 발생한 지 10^{-5}초 후에는 빛에너지로 가득한 불덩어리가 계속 팽창을 했다. 이때 온도는 10^{13}K였으며, 쿼크가 셋씩 결합해 양성자와 중성자를 형성하게 되었다. 10^{-2}(0.01)초 후에는 원소의 주기율표에 존재하는 가벼운 원자핵들이 식어가는 플라스마 속에서 탄생했다. 이 시기의 우주는 지금의 태양계 정도였다. 물질과 반물질은 서로 충돌하면서 모두 소멸되었지만, 물질의 초과분(전체 양의 10억분의 1 정도)이 남아 장차 만들어질 천체의 재료가 되었다. 1초 후에는 원자폭탄이 폭발할 때 중심부의 온도에 해당하는 약 100억 도로 낮아졌으며, 쿼크들이 서로 뭉쳐 양성자와 중성자를 만들었다.

3분 : 핵자의 탄생

빅뱅 3분 후에는 우주의 온도가 수십 억 도까지 낮아져서 양성자와 중성자를 적절하게 섞어 원자핵을 만들었고, 이때 비로소 수소의 핵융합을 통해 헬륨과 리튬 등의 원소들이 생겨나기 시작했다. 그러나 일단 우주가 핵융합을 일으킬 수 있는 임계 온도 아래로 식어버리자, 베릴륨보다 무거운 원소들은 만들어질 수 없었다. 따라서 최초의 우주에는 빅뱅에서 생겨난 수소와 헬륨, 리튬, 베릴륨 같은 핵들로 가득했다. 온도가 충분히 낮아지면서 원자핵이 형성되기 시작했다. 수소원자의 핵이 융합반응을 일으키면서 헬륨 원자핵이 만들어졌는데, 오늘날 천체의 성분비인 수소(75%)와 헬륨(25%)이 형성되었다. 그러나 무거운 원자핵을 만들어내는 융합반응은 일어나지 않았다. 5개의 입자로 이루어진 원자핵이 안정된 상태를 유지하지 못했기 때문이다. 공간을 가득 채운 전자들이 빛을 산란시켰으므로 우주 공간은 상당히 불투명했다. 학자들은 이 시기를 원시 우주의 마지막 단계로 간주하고 있다.

38만 년 : 원자의 탄생

우주의 온도는 절대온도 3000K로 떨어지고 열에너지가 충분히 약해지면서 전기력에 의해 전자가 원자핵의 주변에 구속되기 시작하면서 원자가 만들어지기 시작했다. 따라서 빛(광자)는 더 이상 산란되거나 흡수되지 않고 자유롭게 공간을 여행할 수 있게 되었다. COBE 위성과 WMAP 위성이 관측한 우주배경복사는 이 시기에 방출된 것이다. 한때 플라스마로 가득 찬 채 불투명했던 공간은 비로소 투명해졌는데, 흰색이었던 우주 공간이 검은색으로 변했다.

10억 년 : 별의 탄생

그로부터 수십만 년 동안, 우주는 계속 팽창하면서 온도가 수천 도까지 떨어졌다. 이때 사방에 흩어져 있던 전자들이 원자핵에 포획되어 전기적으로 중성인 원자들이 생성되었다. 그리고 약 10억 년이 지난 후 중력에 의해 은하, 별, 행성 등이 만들어지기 시작했다. 별의 내부는 탄소와 산소, 질소 등 비교적 가벼운 원자들이 만들어지기 시작했고, 폭발하는 별은 철보다 무거운 원소들을 주변에 흩뿌렸다. 이 시기는 허블 망원경으로 관측할 수 있는 가장 먼 과거에 해당된다.

65억 년 : 빠른 팽창의 시작

과거의 팽창 모드는 서서히 종결되고, 아직 정체를 알 수 없는 반중력이 작용하면서 팽창 속도가 점차 빨라졌다.

137억 년 : 현재

우주 공간의 온도는 절대온도 2.7K(영하 271.3도)까지 떨어지고 별과 은하, 행성 등 현재와 같은 모습의 우주가 형성되었다. 우주는 지금도 팽창하고 있으며, 팽창 속도도 점차 빨라지고 있다.

16

정보혁명

HOMO SCIENTIFICUS

정보혁명

| 20~21세기의 과학기술사 연표 |

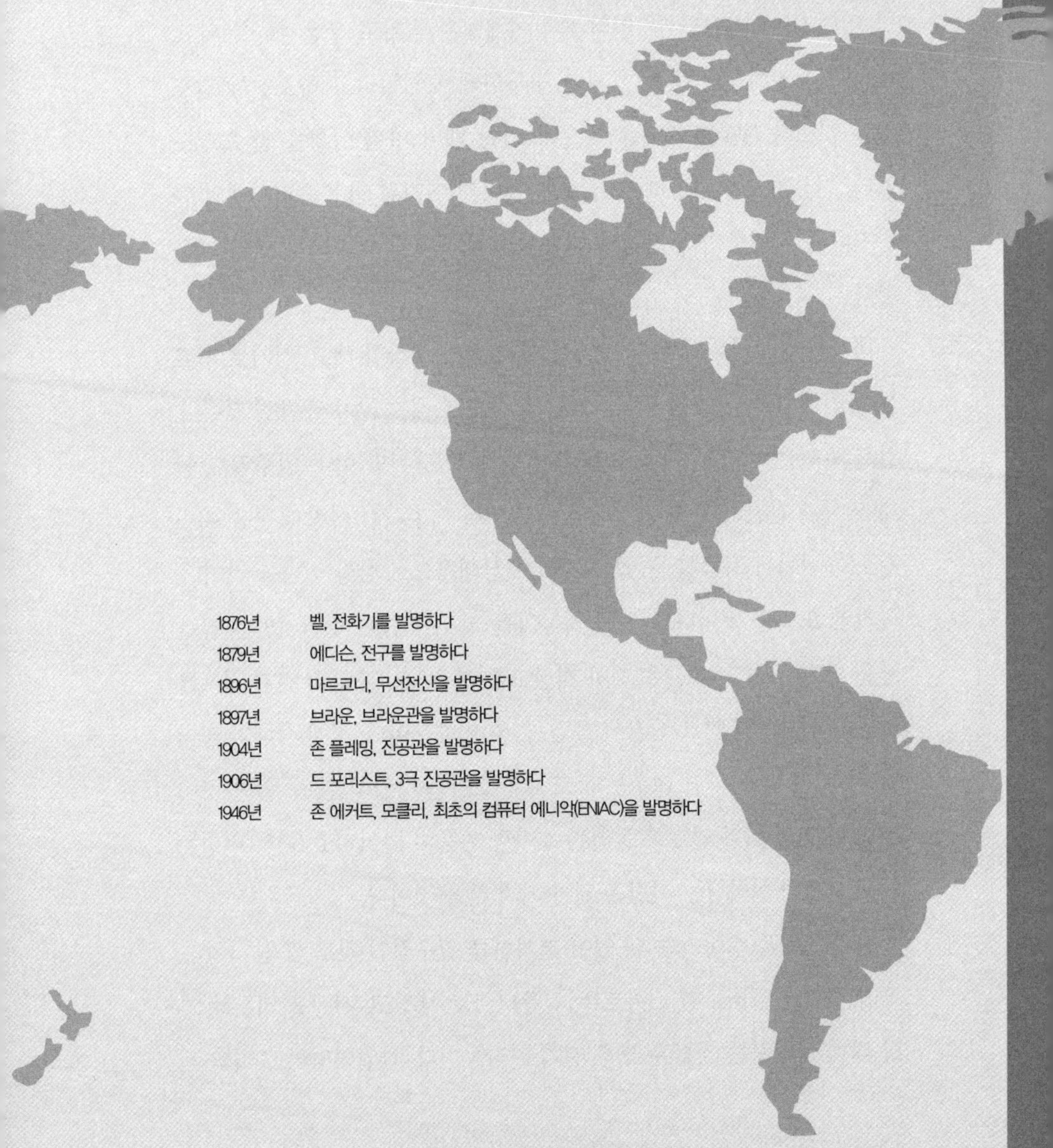

1876년 벨, 전화기를 발명하다

1879년 에디슨, 전구를 발명하다

1896년 마르코니, 무선전신을 발명하다

1897년 브라운, 브라운관을 발명하다

1904년 존 플레밍, 진공관을 발명하다

1906년 드 포리스트, 3극 진공관을 발명하다

1946년 존 에커트, 모클리, 최초의 컴퓨터 에니악(ENIAC)을 발명하다

2차 산업혁명

만일 어느 순간 갑자기 정전이 되어 시간이 지나도 복구되지 않는다면 어떤 일이 벌어질까? 인터넷과 이메일은 곧바로 무용지물이 되고, 다음에는 전화선이 먹통이 되어 누구한테 도와달라고 하소연할 길도 없을 것이다. 텔레비전과 라디오가 꺼질 테니 바깥 상황을 알 도리도 없다. 신용카드를 사용해 장을 보는 것마저 어려워진다. 슈퍼마켓의 단말기나 현금인출기가 전기로 작동되는 컴퓨터에 의존하고 있기 때문이다.

냉장고에 보관된 식품들이 가장 먼저 썩기 시작할 테고, 전기로 펌프를 돌리지 못하니 가정에 공급되는 식수도 오래지 않아 중단될 것이다. 잠시 동안은 비축된 식량과 물로 버틸 수 있겠지만 아마 일주일도 안 돼 도시는 완전히 붕괴할 것이다. 농촌이나 어촌처럼 식량과 물을 어느 정도 근처에서 자급할 수 있는 지역은 상대적으로 상황이 나을 것이다. 하지만 도시를 벗어나기 위해 자동차를 타도 기름이 떨어지면 기름을 넣을 방법이 없다. 요즘은 지하 저장고를 사용하기 때문에 전기 펌프를 가동하지 않으면 연료를 끌어 올릴 수 없기 때문이다. 정전 사태가 일어난 뒤 몇 주만 지나면 대부분의 도시와 교외는 사람이 살 수 없는 곳이 될 것이다. 음식과 연료를 둘러싼 절박한 싸움이 벌어지고 60억이 넘는 인구 가운데 살아남는 사람은 얼마 되지 않을 것이다.

현대 문명을 살아가는 데 있어 전기만큼 필수적인 것도 없을 것이다. 우리 주위를 둘러보면 스마트폰, 컴퓨터, TV, 냉장고, 전등을 비롯해 가장 많이 차지하는 것들은 모두 전기로 작동된다. 산업혁명이 증기의 시대였다면 2차 산업혁명은 전기의 시대였다. 전기의 시대는 발명왕 에디슨(Thomas Alva Edison)이 1879년에 백열등을 개발하는 것에서 시작됐다. 물론 에디슨 이전에도 전기는 사용됐지만 보편화되지는 않았다. 당시에 공장 및 거리에서는 가스등이나 아크등이 사용되고 있었는데, 가스등은 불빛이 약하고 가격이 비쌌으며 아크등은 너무 밝고 폭발의 위험성을 가지고 있었다. 에디슨은 가정에서도 사용할 수 있는 전등을 개발하는 것을 목표로 세웠다. 그는 전등에 충분한 에너지를 제공하면서도 경제적인 방법을 찾는 것이 중요하다고 생각했다.

에디슨은 엄밀한 비용 분석을 통해 값비싼 구리가 전등 시스템 개발에서 가장 큰 장애가 된다는 점을 알아냈다. 그는 전등에 필요한 에너지를 충분히 공급하면서 경제성을 보장하는 것을 핵심적인 문제로 규정했다. 그는 옴의 법칙과 줄의 법칙을 활용해 전도체의 길이를 줄이고 횡단 면적을 작게 하는 방법을 탐색했고, 결국 오늘날과 같은 1A(암페어) 100Ω(옴)짜리 고저항 필라멘트라는 개념에 도달했다. 이러한 백열등 개발에는 1,600가지 이상의 금속선이 동원됐고 그 때 작성된 노트는 4만 페이지가 넘었다고 한다.

에디슨은 전등을 시스템적인 차원에서 개발했을 뿐만 아니라 전등의 상업화를 위한 경영 활동도 시스템적으로 전개했다. 즉 전등의 개발을 담당하는 회사, 전력을 공급하는 회사, 발전기를 생산하는 회사, 전선을 생산하는 회사 등을 잇달아 설립해 전기에 관한 한 모든 서비스를 제공해 줄 수 있는 에디슨 제국을 구성했고, 이러한 기업들은 1889년에 에디슨 제너럴 일렉트릭사로 통합됨으로써 당시의 전기 산업을 장악했다. 에디슨의 회사는 1882년에 뉴욕 시의 펄(Pearl) 가에 세계 최초로 중앙 발전소를 설립하는 것을 계기로 미국의 전등 및 전력 산업을 석권하기 시작했다. 이러한 면에서 에디슨은 단순한 발명가가 아니라 시스템 구축가였으며 발명가 겸 기업가의 전형이라 할 수 있다.

그러나 에디슨 제국은 직류 시스템에 입각하고 있었기 때문에 발전소를 소비 지역과 인접한 곳에 설치해야 하는 약점을 가지고 있었다. 직류 시스템의 대안이 된 교류 시스템은 테슬라(Nikola Tesla)가 1888년에 교류용 유도전동기를 발명하고 웨스팅하우스사가 그의 특허를 매입함으로써 모습을 드러내기 시작했다. 직류 시스템과 교류 시스템 사이에는 전류 전쟁이라 불릴 정도로 격렬한 경쟁이 전개됐고, 결국 1893년에 시카고 만국박람회에서 웨스팅하우스가 에디슨을 제치고 전기 시설 독점권을 따내면서 일단락되었다.

하지만 그 과정에서 에디슨과 테슬라는 서로 원수가 되었는데, 그들은 노벨상 수상자로 거론되자 공동 수상을 거부하겠다고 선언함으로써 1912년도 노벨상은 다른 발명가에게 돌아갔다. 이 수상은 노벨 물리학상 100여 년을 통하여 최악의 수상으로 지목되었다. 이어서 1945년 노벨 화학상에 대해서도 구설수가 문제가 되어 그 후 발명가나 공학자들이 노벨상에서 제외되는 비운을 겪게 되었다.

1892년에 에디슨의 회사는 톰슨-휴스턴사와 통합되어 제너럴 일렉트릭(GE)으로 변모되었다. GE는 1900년에 기업체 연구소를 설립해 전등 연구를 제도화하기도 했다. GE는 우수한 과학자를 유치하기 위해 대학 교수보다 훨씬 많은 급여, 자유로운 연구 시간, 그리고 연구 주제의 자율적 선택 등을 보장했다. GE 연구소에서는 쿨리지(William D. Coolidge)가 1913년에 상업용 텅스텐 필라멘트를, 랭뮤어(Irving Langmuir)

가 1916년에 기체 충진 백열등을 개발하는 등 수많은 성과가 나왔다. 특히 랭뮤어는 연구소에 근무하면서 수많은 특허를 출원함과 동시에 학술적 논문도 왕성하게 출판했으며, 1932년에는 노벨 화학상을 수상했다. 이처럼 랭뮤어는 산업적 연구와 학문적 연구를 훌륭하게 병행함으로써 과학기술자의 새로운 역할을 창출했다.

전기는 전등과 가전제품에 활용되는 것은 물론 공장의 동력원과 운송 수단으로도 각광을 받았다. 1866년에 지멘스(Werner Siemens)가 상용 발전기를 개발하고 1882년에 에디슨에 의해 전력의 상업화가 가능해지는 것을 계기로 전기는 공장의 동력원으로 널리 사용되기 시작했다. 전기는 교통수단에도 활용돼 1879년에 전차가 등장한 후 1890년대부터는 세계 각국의 대도시에서 전차선이 구축됐다. 전기에 의한 동력 체계는 가격이 저렴하고 전달이 쉬우며 깨끗하고 응용 범위가 넓다는 점에서 증기 동력 체계를 급격히 대체해 나갔다. 예를 들어 1900년에 증기와 전기가 동력원에서 차지하는 비율은 80퍼센트와 5퍼센트이었지만 1930년에는 그 비율이 15퍼센트와 75퍼센트로 역전됐다.

전신, 전화, 라디오, 텔레비전

20세기는 정보를 저장하고 그것을 다른 곳으로 전달하는 통신 능력을 그 이전의 어느 때보다 비약적으로 향상시킨 혁명적인 시기였다. 인류는 이미 2,000 년 전부터 언어와 문자 그리고 종이를 발명해서 정보처리 능력을 지속적으로 확장시켜 왔다. 19세기를 지나는 동안 인류는 이런 전통적인 정보 전달 수단 이외에 전기를 이용해서 정보를 전달하는 새로운 방법을 창안해 내었다.

1820년에 외르스테드가 도선에 흐르는 전류가 자침을 움직인다는 사실을 발견한 직후, 이 현상을 전보를 보내는 데 이용해 보려는 시도가 있었다. 처음에는 프랑스의 앙페르가 도선 한 줄에 알파벳 한 자씩을 전송하는 것을 시도했다. 1831년에는 미국의 헨리가 회전하는 축에 놓아둔 자석막대를 이용하여 전신을 보내는 장치를 만들었다. 이 장치는 전류가 전자석을 통해 흐르면 옆에 있는 쇠막대 끝이 종을 치도록 고안했던 것으로, 전신 내용은 코드 조합으로 나타내었다.

1835년에 모스(Samuel Morse)는 전류가 흐르는 시간이 짧은 것과 긴 것으로 조합을 만들어 알파벳을 구분하여 나타내는 모스 부호를 이용하여 전신을 보냈다. 그는 약 32킬로미터 거리를 전송할 때 신호가 너무 약한 것을 발견하고는 헨리와 공동 작업으로 중계소를 두기도 했다. 1838년에 모스는 미국 대통령과 각료들 앞에서 전보를 보내는 시범을 보였고, 미국 의회는 1843년에 워싱턴과 볼티모어 간에 전선을 설치하는 법안을 통과시켜, 1844년에 이 전선이 개설되어 64킬로미터 떨어진 곳에 전보를 보낼 수 있게 되었다. 그러나 우정국장이 모스의 장난감은 경제적으로 자립할 수 없고, 따라서 정부지원을 중단한다는 결론을 내렸다. 이에 굴하지 않고, 모스는 민간자본을 유치하여 필라델피아까지 전신망을 확장하고 사업을 계속했다.

전신 서비스를 제공하는 수많은 기업들이 생겨나는 가운데 1866년에 웨스턴 유니언 전신이라는 대기업이 출현해 1890년대까지 전신 서비스를 거의 독점했다. 전신 시스템은 처음에 기차의 운행 시각을 통제하는 데 사용되다가 점차 언론과 기업으로 적용 범위를 확장했다. 이와 같은 전신방법은 이후 50여 년간 전화가 발명되기 전까지 사용되었다.

19세기 중엽에는 전신망이 영국, 유럽 대륙, 미국 대륙의 상당 부분에 설치되었다. 바다를 건너 전보를 보내는 최초의 해저전선은 1839년에 영국의 동인도회사에 의해 시도되었으며, 모스는 뉴욕 항을 건너는 케이블로 납 파이프에 전선을 넣은 것을 사용했다. 1850년에는 약 40 킬로미터의 도버해협을 건너는 해저전선이 10년간 사용하는 조건으로 가설되었는데, 이때 가장 문제가 된 것은 전선을 감싸는 절연체였다. 싱가포르에 거주하는 몽고메리가 일종의 천연고무를 견본으로 보내왔고, 패러데이는 이 고무가 적합하다는 판정을 했다.

우여곡절 끝에 1851년 영국과 프랑스 간의 해저전선이 개통되었으며, 이후 2년간에 걸쳐 아일랜드 해, 흑해, 지중해의 상당 부분을 횡단하는 해저전선이 구축되었다. 대서양을 횡단하는 해저전선은 1866년에, 그리고 태평양 횡단 해저전선은 1902~1903년에 완성되어 상업화되었다. 그러나 해저전선의 건설비가 막대하고 항해 중인 선박과는 통신을 할 수 없어 무선통신에 대한 기대는 여전히 높았다.

유선통신 수단의 다른 한 가지 방법인 전화는 미국의 벨(Alexander G. Bell)에 의해 발명되었다. 전화는 전신보다 더욱 큰 반향을 일으켰다. 전화는 사용자들 사이의 직접적인 통신을 가능하게 할 뿐만 아니라 인간의 감정까지도 전달할 수 있었다. 1876년 전화를 발명한 사람으로 알려져 있는 벨은 그레이(Elisha Gray)보다 2시간 빨리 특허를 제출했다. 그 덕분에 그레이는 후대의 사람들이 기억하지 못하는 인물이 되고 말았다. 전문 발명가였던 그레이는 상업적 가치가 없다고 판단해 전화에 집중하지 않았던 반면, 농아학교 선생으로서 인간의 목소리에 관심이 많았던 벨은 전화의 개발에 모든 정열을 바쳤다.

벨은 소리가 전파될 때 생기는 공기의 밀도 변화를 전류세기 변화로 바꿀 수 있을 것이라 생각하고 실험에 착수하여 성공했다. 처음 전화기는 송신기와 수신기에 코일을 감은 영구자석 가까이에 금속 진동판을 둔 것이었다. 송신기는 음파가 진동판을 진동시키면 자기장의 세기가 변화되고 이것이 전류의 세기로 전환되고 수신기는 이와 반대가 된다. 1878년에는 전류의 증폭을 위해 탄소분말을 사용하는 송수신기가 고안되어 사용되었다. 하지만 최근에 사용되는 송수화기는 대부분 압력을 전류로 직접 변화시키는 압전소자를 사용한다.

벨은 미국 독립 100주년을 기념해 1876년에 필라델피아에서 개최된 박람회에서 전화를 선보인 후 벨 전화사를 설립했고, 전화기기를 제작하는 기업들에게 자신의 특허를 대여하는 한편 특허를 침해한 기업을 고소하는 방식으로 전화 산업을 급속히 석권해 갔다. 벨 전화사는 1885년에 AT&T사로 확대, 개편됐다.

AT&T를 비롯한 초기의 전화 회사들은 전화를 전신과 마찬가지로 급한 용무를 전달하기 위한 수단으로 생각했다. 그들은 전화가 사무용이 아닌 사교용으로 사용될 수 있다는 점을 간과했고 1920년대까지 가정집을 주요 고객으로 생각하지 않았다. 그러나 중산층 여성을 비롯한 많은 사람들은 친구나 친지에게 안부를 전하고 이야기를 나누기 위해 전화를 활용하기 시작했다.

이러한 전화기의 용도는 전화 시스템의 변화에도 반영됐다. 처음에는 교환수가 플러그를 써서 전화선을 수동으로 연결시켜 주었지만, 교환수가 전화를 통한 대화를 엿듣는 상황이 빈번히 발생하자 자동 다이얼에 의한 전화 시스템이 정착됐다. 이후 전자공학의 발전으로 반전자식 아날로그 교환기를 거쳐, 반도체 집적회로와 소자 기술을 이용한 전자식 디지털 교환기가 1970년에 개발되어 사용됨으로써 전화 대중화의 시대가 열리게 되었다.

화상 전화는 1956년에 처음 제작되었는데, 하나의 영상을 2초 동안 보내는 것이었다. 미국의 벨 회사는 1964년에 처음으로 완전한 화상전화를 만들었고, 6년간의 시험 끝에 1970년에 상용화되었다. 그러나 화상전화는 값이 비싸고 사용이 제한적이었는데, 20년이 지난 후 소형 컴퓨터와 연결됨으로써 대중화되기 시작했다.

20세기 정보통신 혁명 시대를 여는 데 가장 획기적인 기여를 했던 발명 가운데 하나는 19세기말에 굴리엘모 마르코니(Guglielmo M. Marconi)가 발명한 무선 전신이었다. 공간을 통해 전달되는 전파를 이용한 무선 전신의 발명으로 무선 전화를 비롯해서 지구를 동시에 순간적으로 연결하는 지구촌의 무선 통신 시대가 가능하게 되었을 뿐만 아니라, 곧이어 라디오, 텔레비전을 비롯한 매스컴이 출현하게 되었다.

1888년에 독일의 물리학자 헤르츠는 맥스웰의 전자기 이론에 심취하였고, 베를린 과학아카데미가 현상금을 건 전자기 분야의 업적을 이루고자 했다. 그는 패러데이의 전자유도장치를 갖춘 다음 전기 스파크 유도장치를 만들어 전자기 공명이 일어남을 보여주었으며, 이 장치를 긴 파장의 전파를 잡는 안테나로 발전시켰다.

1894년에 이탈리아의 마르코니는 알프스에서 휴가를 즐기던 중 헤르츠의 사망과 그의 실험을 소개하는 추모기사를 접하게 되었는데, 그는 직감적으로 전파는 증폭, 개발, 조절될 수 있으며, 전파를 먼 거리에도 보낼 수 있을 것이라고 생각했다. 그는 휴가를 중단하고 집으로 돌아와서 실험한 결과 책상의 한쪽 끝에서 다른 쪽 끝으로 신호를 전달할 수 있었다. 당시 대부분의 과학자들은 전자파는 빛과 마찬가지로 직진하므로 먼 거리로 신호를 보내는 것은 불가능하다고 생각했지만, 그는 실험을 계속하여 새로운 원리를 발견했다. 그는 송신기에 두 도체를 연결하여 하나는 땅 위에 높이 올리고 다른 쪽은 습한 땅에 묻어 지표면에 연결했다. 당시에는 전파가 땅을 통해 전달되는 것으로 믿었기 때문이다. 그는 이 방법으로 신호를 320킬로미터 떨어진 곳까지 보낼 수 있었다.

1902년에는 대서양을 횡단하여 무선전보를 보내고 받는 것이 가능함을 보였다. 마르코니의 무선통신은 밤에는 3200킬로미터를 전파하나, 낮에는 3분의 1 거리에도 미치지 못함이 발견되었는데, 그는 파장이 긴 장파(파장이 1만 미터)를 사용하여 이 문제를 해결했다. 1907년에는 최초의 대서양 횡단 무선전보 서비스가 캐나다의 노바스코샤와 아일랜드 사이에 시작되었다.

1909년에 마르코니는 라디오와 TV 기술을 개발하고 음극선관을 발명한 브라운과 함께 노벨물리학상을 공동으로 수상했다. 1912년에 처녀항해 중이던 타이타닉호가 대서양에서 빙산과 충돌하여 침몰하였을 때 무선전신에 의한 구조요청으로 약 700명의 승객이 구조된 사실은 당시로는 기적에 가까운 것으로 무선통신의 가치를 단적으로 보여준 것이었다.

대서양 횡단 무선통신의 성공에도 불구하고 어떻게 전파가 그렇게 먼 거리까지 전달될 수 있는지에 대한 의문은 여전히 남아있었는데, 1902년에 케넬리가 그 해답을 제시했다. 그는 지구의 약 80킬로미터 상공에는 전기를 통하는 층, 즉 전리층이 있다고 생각했다. 당시에는 큰 전기도체 표면이 전파를 반사하는 것이 잘 알려져 있었는데, 1925년에 전리층의 존재가 실제로 확인되었다.1920년대에 미국과 영국의 아마추어 무선사들은 당시로는 상업적으로 쓸모없는 파장인 200미터 이하의 전파를 사용하여 대서양을 횡단하는 통신을 하고자 했지만 실패했다. 거의 모든 사람들은 실패가 당연한 것으로 여겼으나, 마르코니는 1921년에 또 한 차례의 시도에서 성공했다. 다만 특이한 것은 신호가 밤에만 수신된다는 점이었다.

다른 사람들의 무관심에도 불구하고 마르코니는 일련의 단파를 사용하는 통신을 시험한 결과 1924년에는 파장이 30미터인 단파는 낮에도 소멸되지 않아 장거리 통신에 장파만큼 유용하다는 것을 발견했다. 1932년에는 파장이 1미터 이하인 마이크로파의 전파는 지구 주위를 둘러싸고 있는 공기층에만 의존한다는 것을 알아냈다. 이를 계기로 원거리 통신에 단파 및 마이크로파가 사용되었다.

마르코니가 발명한 무선통신은 라디오, TV, 이동전화 등 전파를 사용하는 여러 가지 통신 수단으로 사용이 확대되어 컴퓨터의 개발과 더불어 정보통신 시대를 여는 데 크게 기여했다. 이동전화는 1940년 후반에 무전기 형태로 개발되었는데, 오늘날과 같은 무선 전화망은 1979년에 일본에서, 그리고 1983년에는 미국에서 사용하기 시작했다.

전화가 개인적인 의사소통을 위한 것이었다면 라디오는 특정한 사건을 전국적인 차원에서 동시에 체험할 수 있게 했다. 1918년에 암스트롱(Edwin H. Armstrong)은 수신기, 튜너, 증폭기를 하나의 기기에 집적시킨 라디오를 개발했고, 웨스팅하우스사는 1920년에 암스트롱의 특허를 매입했다. 1920년 11월 2일에 웨스팅하우스사는 KDKA 방송국을 설립해 최초의 상업방송을 시작했는데, 당시 미국 대통령 선거의 개표 결과를 중개했다. 하딩이 제29대 대통령으로 당선됐다는 소식이 다음 날 아침의 신문이 배달되기도 전에 전달되자 미국인들은 라디오의 위력을 실감하게 됐다. 이를 계기로 라디오 방송은 급속히 성장해 1924년에 이르러 미국 곳곳에 500개에 가까운 상업 방송국이 설립됐다.

라디오 방송이 시작되면서 많은 사람들은 라디오가 통신 수단의 최종적인 형태가 될 것이라고 생각했다. 하지만 1925년에 영국의 베어드(John L. Baird)가 '라디오비전'이라는 기계식 텔레비전을 개발한 후 영국방송공사(BBC)는 베어드의 장치로 방송 실험을 진행했다. 전자식 텔레비전은 1927년에 판즈워스(Philo T. Farnsworth)가 송신기와 수신기를 발명함으로써 모습을 드러내기 시작했다.

전자식 텔레비전 개발에 가장 많은 관심을 기울인 기업은 미국라디오방송공사(RCA)였다. RCA는 1930년에 러시아 출신 기술자인 즈보리킨(Vladimir K. Zworykin)을 고용했고, 즈보리킨은 10년에 걸쳐 감광성이 뛰어난 카메라 튜브를 제작하는 데 전념했다. RCA는 1938년에 텔레비전 사업을 위한 모든 준비를 갖추었지만 대공황과 제2차 세계대전으로 한동안 제한을 받았다.

텔레비전 사업은 1940년대 후반부터 급격히 성장해 미국의 경우에 1946년에는 8,000대에 불과했던 텔레비전이 1960년에는 4,570만 대로 증가했다. 1965년 통신위성이 발사된 이후에는 채널의 확장에 대한 기술적 제약이 없어지면서 수많은 케이블 채널이 생겼다.

컴퓨터와 마법의 돌

각종 정보를 저장하거나 처리하고 수학적 계산을 하고, 기기를 제어하는 도구인 컴퓨터를 개발하고자 하는 노력은 아주 오래전부터 있어왔다. 동양에서 수학적 계산을 빠르고 간편하게 하는 데 사용된 주판은 기원전 10세기 이전에 나타났다. 주판은 현대적 휴대용 전자계산기가 보편화되기 전인 1960년 말까지는 가게나 금융기관의 필수적 계산 도구였다. 서양에서는 계산자(Slide Rule)가 1600년대에 개발되어, 이 역시 휴대용 전자계산기가 나오기 전까지 사용되었다.

오늘날 사용되는 컴퓨터는 진공관의 발명과 더불어 출현되었고, 반도체의 발명과 집적 회로의 발전으로 획기적으로 성능이 개선되었다. 전자식 컴퓨터 이전에는 기계식 계산기가 사용되었는데, 이의 효시는 프랑스 수학자 파스칼이 19세 때 아버지의 세무서에서 일을 돕기 위해 만들었다. 1645년에 제작된 첫 번째 계산기는 톱니바퀴를 회전시켜 덧셈과 뺄셈을 하는 것이었는데 계산이 자주 틀렸다고 전해진다. 파스칼의 계산기는 1679년에 독일 수학자 라이프니츠에 의해 계단식 바퀴를 사용하여 곱셈까지 하는 것으로 개량되었다. 라이프니츠는 또한 현대 컴퓨터에 사용되는 2진법을 계산기에 사용할 것을 제안하였는데, 이런 점에서 그는 최초의 정보 이론가라고 볼 수 있다.

라이프니츠의 계산기는 1820년에 정밀공법으로 다시 제작되어 보급되기 시작했으며 약간의 개량을 거치면서 제2차 세계대전 때까지 생산되었다. 개량된 계산기는 8자리 숫자 2개의 곱을 18초 동안에 계산할 수 있는 수준이었다. 19세기에는 타자기의 개발에 영향을 받아 계산기에 자판을 붙이게 되었고, 20세기 초반에는 계산결과를 종이에 기록하고 전기로 바퀴를 움직이는 전기·기계식 계산기가 개발되었다. 또한 펀치 카드를 사용하여 정보를 빠르게 입력, 저장, 분석함으로써 컴퓨터의 처리시간을 크게 단축했다. 그러나 기계부품을 사용하는 계산기는 계산 속도가 느릴 수밖에 없었다.

이에 비해 전자식 계산기는 기계식 계산기의 움직이는 기계부품을 없앰으로써 계산 속도를 획기적으로 빠르게 만들었다. 제2차 세계대전은 오늘날 과학기술의 대명사라 할 수 있는 컴퓨터를 만들었다. 전자식 컴퓨터의 시초로는 콜로서스(Colossus)와 에니악(ENIAC)을 꼽는다. 콜로서스는 제2차 세계대전 중에 영국군이 독일군의 암호를 해독하기 위해 개발했다.

당시 독일군은 에니그마(Enigma)라는 장치를 이용해 암호를 만들고 있었고, 이를 해독하기 위한 방법을 찾기 위해 영국군은 1939년에 울트라 프로젝트를 출범시켰다. 런던 교외의 블레츨리 파크에 1만 명이 넘는 전문가들이 모여들었는데, 그 중에는 튜링(Alan Turing)이라는 젊은 수학자도 있었다.

튜링은 당시에는 생소했던 진공관을 채택하여 1943년 12월에 콜로서스 마크 Ⅰ이라는 암호 해독기를 고안했으며, 그것은 1944년 6월에 콜로서스 마크 Ⅱ로 개량되었다. 이를 통해 영국군은 독일군의 암호 중 90퍼센트 가량을 해독할 수 있었고, 제2차 세계대전의 결정적 승기가 된 노르망디 상륙작전을 구상할 수 있었다.

최초의 범용 전자식 컴퓨터로 알려진 에니악은 원래 포탄의 궤도를 계산할 목적으로 1946년에 미국 펜실베니아 대학교의 에커트(J. Presper Eckert)와 모클리(John W. Mauchly)에 의해 개발됐다. 에니악은 1만 8천 개의 진공관을 사용했고, 무게가 27톤이나 나갔으며, 150킬로와트라는 무지막지한 전력을 소모하는 괴물 같은 기계였다. 사실상 에니악이 가장 먼저 했던 작업은 수소폭탄의 이론적 가능성을 계산하는 데 있었다. 콜로서스의 용도가 암호 해독에 국한되어 있었던 반면, 에니악은 특정한 목적에 국한되지 않은 전자식 컴퓨터였던 것이다.

오늘날 컴퓨터의 기본 원리를 제안한 노이만(Johnvon Neumann)은 핵무기 설계에 필요한 데이터를 처리할 수 있는 컴퓨터를 개발하는 과정에서 프로그램 내장 방식과 2진법 논리 회로라는 개념을 만들었다. 컴퓨터는 입력, 출력, 제어, 연산, 기억장치의 5개 부분으로 구성되며, 기억장치에 프로그램과 데이터가 저장되어 있다가 제어장치, 연산장치와 명령이나 데이터를 주고받을 수 있다.

노이만의 개념을 적용한 최초의 상업적 컴퓨터는 1951년 유니박(UNIVAC)이었다. 유니박은 미국 인구조사국에 납품되었으며, 1952년에 대통령 선거의 결과를 정확하게 예측하여 명성을 날렸다. 당시의 여론조사에 따르면, 민주당의 스티븐슨 후보가 공화당의 아이젠하워 후보를 8대 7 정도로 리드하고 있었다. 그런데 유니박은 아이젠하워가 438대 93으로 압승한다는 예측을 내놓았고, 실제 결과는 아이젠하워 442표, 스티븐슨 89표로 나타났다. 유니박은 단 1퍼센트의 표본조사를 바탕으로 오차범위 1퍼센트 내의 정확한 예측을 내놓았던 것이다.

대형 컴퓨터와 소형 컴퓨터는 동일한 기술적 토대를 가지고 있지만 양자가 발전하는 과정은 매우 달랐다. 군사용, 우주개발, 연구용으로 사용되는 대형 컴퓨터의 경우에는 정부, 군대, 대자본, 연구소, 대학 등이 주요 사용자였다. 반면 소형 컴퓨터의 발전에는 개인적인 취미를 추구하는 컴퓨터 열광주의자들이 뚜렷한 흔적을 남겼다. 애플 컴퓨터를 개발한 잡스(Steven P. Jobs)와 워즈니악(Stephen Wozniak)이 대표적인 예다. 열광주의자들은 좋은 컴퓨터를 가지고 싶다는 소박한 꿈을 가지고 있었고, 그 꿈을 실현하기 위해 대학을 중도에 포기하기도 했다. 그들은 컴퓨터를 만드는 데 필요한 부품을 자체적으로 조달했으며, 그들과 손을 잡은 자본도 대자본이 아니라 모험 자본이었다.

1960년대에 들어서는 탁자만한 크기의 미니컴퓨터가 속속 등장했다. 그 중 가장 큰 인기를 누렸던 것은 1965년에 DEC사가 출시한 PDP-8이었다. PDP-8은 집적회로(IC) 기술을 적극적으로 수용하여 크기를 크게 축소시켰고, 대형 컴퓨터 가격의 1/10에 해당하는 1만 8천 달러에 판매되었다. 이어 1971년과 1974년에는 인텔사가 제어, 연산, 기억장치를 하나의 칩 속에 구현한 마이크로프로세서인 4004 칩과 8080 칩을 개발했다. 그것은 적절한 입출력 장치만 달면 간단한 컴퓨터의 기능을 할 수 있는 잠재력을 가지고 있었다.

마이크로프로세서에 입각한 컴퓨터를 의미하는 마이크로컴퓨터가 처음 등장한 것은 1975년의 일이었다. 그해 초에 MITS사는 인텔 8080 칩을 장착한 알테어(Altair) 8800을 출시했다. 초기의 알테어는 마이크로프로세서를 내장하고 전면에 온-오프 스위치와 네온 점등관을 갖춘 본체만 있었을 뿐 모니터와 키보드도 없었다.

1977년에 개발된 애플 Ⅱ는 컴퓨터의 대중화를 촉진했다. 애플 Ⅱ 컴퓨터는 모니터, 키보드, 본체, 플로피디스크 드라이브 등을 포함하고 있어서 일반 대중들이 편리하게 사용할 수 있었다. 이어 IBM은 개인용 컴퓨터(PC)라는 용어를 사용하면서 1981년에 오늘날 PC의 원조에 해당하는 IBM 5150을 선보였다.

컴퓨터는 진공관을 주요 소자로 하는 제1세대를 거쳐 트랜지스터에 의한 제2세대와 집적회로(IC)를 사용한 제3세대로 발전했으며, 판단 능력 및 적응 능력의 확보를 통해 성능이 대폭적으로 향상됐다. 수많은 기업이 흥망성쇠를 거듭하는 가운데 1950년대부터 최근에 이르기까지 컴퓨터 업계의 선두 자리를 차지한 기업은 IBM사였다. IBM은 전쟁 기간 중 많은 군수물자를 공급하면서 컴퓨터의 설계와 생산에 대한 기술적 경험을 축적했고, 1970년대까지의 중대형 컴퓨터는 물론 1980년대의 개인용 컴퓨터 시장도 석권했다.

특히 IBM은 1981년에 오늘날 PC의 원조로 평가되는 IBM 5150을 시장에 내놓았다. 하드웨어로는 인텔 8088 CPU와 5.25인치 플로피디스크 드라이브를 갖추었고, 소프트웨어는 마이크로소프트가 개발한 PC-DOS를 기반으로 삼았다. IBM은 PC를 출시하면서 설계사양과 운영체제를 공개하는 전략을 구사했으며, 이를 매개로 IBM PC는 컴퓨터 산업계에서 사실상의 표준으로 자리 잡을 수 있었다.

당시 MS-DOS라는 운영체계를 제공했던 마이크로소프트사는 1987년에 '윈도'라는 운영체제를 출시한 후, 1990년대 중반부터 소프트웨어 분야에서 세계적인 기업으로 성장했다. 처음에 IBM은 마이크로소프트사에게 거액의 자금을 지불할 테니 운영체제에 대한 소유권을 넘겨

1981년에 출시된 IBM 5150

달라고 요구했다. 그러나 빌 게이츠는 마이크로소프트가 소유권을 가지고 IBM이 그에 대한 로열티를 지불하는 방식을 주장하여 이를 관철시켰다. 이로써 마이크로소프트는 MS-DOS라는 이름으로 IBM의 호환기종을 생산하는 기업에게 운영체제를 판매할 수 있는 권리를 가졌다.

당시에 IBM은 거액의 자금을 뿌리친 빌 게이츠를 세상 물정을 모르는 대학원생 정도로 생각했다. 정장 차림으로 계약에 임했던 IBM의 임원들에게는 간편한 복장의 빌 게이츠가 대학원생 정도로 비추어졌지만, 빌 게이츠는 운영체제가 엄청난 가치가 있다는 선견지명을 가지고 있었다. IBM과 마이크로소프트의 계약은 훗날 세기의 협상으로 평가되었고, "IBM이 트로이의 목마를 끌어들였다."는 유행어를 낳기도 했다.

오늘날의 전자 및 통신기기는 거의 모두 반도체를 내장하고 있다. 반도체는 말 그대로 전기 저항이 도체와 부도체의 중간 정도인 물질이다. 반도체의 전기 저항은 외부 전기장에 따라 달라지는데, 이를 이용하여 전자의 흐름, 즉 전류를 제어할 수 있다. 반도체는 트랜지스터를 사용하는 각종 전자제품은 물론 태양 전지, 발광다이오드(LED) 등에도 광범위하게 사용되고 있다.

반도체가 출현되기 전에 라디오에는 영국의 존 플레밍(Sir John Fleming)이 발명한 진공관을 사용했다. 플레밍은 1880년에는 에디슨과 함께, 그리고 1890년대에는 무선통신을 발명한 마르코니와 함께 일했다. 1904년 그는 에디슨의 백열전구에서 뜨거운 필라멘트로부터 차가운 금속판으로 전기가 흐르는 에디슨 효과가 당시 새롭게 발견된 전자의 흐름이라는 것을 알아내고, 이를 이용하여 두 개의 전극 사이에 교류를 통과시킬 때 한쪽으로만 전류가 흐르는 정류기인 2극 진공관을 발명했다.

영상을 보내는 TV 방송은 유럽에서는 1920년대 말에서 1930년대 중반에 출현하였으며, 미국에서는 이보다 늦은 1941년에 처음 시작되었다. 칼라 TV 방송은 1954년에 미국에서 처음으로 시작되었다. 1800년대 말에 발명된 영화는 당시에는 소리가 없는 무성영화였는데, 미국의 드 포리스트(Lee de Forest)가 1923년에 사운드 트랙의 명암을 소리로 변환시켜 처음으로 유성 영화를 만들었다.

이처럼 진공관이 등장하게 됨으로써 인간에게 필요한 정보를 전기적으로 처리할 수 있게 되었으며, 전기적인 방법을 통한 신호처리가 가능해짐에 따라 통신기술이 발전했다. 또한 신호의 증폭과 저장 등이 가능해지면서 새로운 통신방법과 컴퓨터 등의 발명이 가능해졌다. 20세기 중반에 등장한 반도체는 진공관을 대체함으로써 우리의 일상생활에 대변혁을 가져왔다.

어떤 결정(crystal)은 2극 진공관처럼 정류작용을 한다는 것이 오래전부터 알려져 왔다. 미국 벨연구소의 물리학자 쇼클리는 2극 진공관 대신 이러한 종류의 결정을 이용하는 연구를 했다. 약간의 불순물이 함유된 게르마늄 결정이 탁월한 정류작용을 보인다는 것을 발견하고, 1948년에 두 종류의 반도체(불순물의 종류가 다른 것)를 접합시켜 고체상태 정류기인 다이오드를 만들었다. 이보다 앞서 같은 연구소의 바딘과 브래튼은 반도체 물질의 여러 성질들을 규명하였고, 전류를 증폭할 수 있는 반도체 트랜지스터를 만드는 데 성공했다. 이들 3명은 고체 트랜지스터를 발명한 공로로 1956년 노벨물리학상을 수상했다.

이것은 진공관을 대체하는 20세기 최대의 발명품인 트랜지스터의 효시이며, 1950~1960년대에 이를 상용화하는 과정에서 현재 미국 샌프란시스코 부근에 있는 전자공업기술의 메카인 실리콘 밸리가 형성되었다. 1950년대부터는 수많은 과학기술자들이 실리콘밸리에 몰려들어 반도체 개발에 인생을 걸기 시작했다.

그들이 시도한 최초의 작업은 집적회로의 개발로서 1958년에 텍사스 인스트루먼트사의 킬비(Jack Kilby)와 페어차일드사의 노이스(Robert Noyce)가 거의 동시에 IC 개발에 성공했다. 1960년대부터 반도체 산업은 본격적인 성장 궤도에 진입했으며, 그 용도는 군수용 장비를 비롯해 통신 장비와 산업용 기기 등으로 확대됐다.

트랜지스터가 진공관을 대체함에 따라 컴퓨터를 비롯한 전자기기의 크기가 획기적으로 줄어들었다. 일본의 에사키는 반도체 PN 접합에서 전자가 약 100개 원자 두께의 장벽을 관통하는 터널효과를 발견하고, 이를 스위치 목적에 사용하여 극히 소형이면서 빠른 터널다이오드를 1957년에 만들었는데, 그는 이 업적으로 1973년 노벨물리학상을 공동 수상했다.

전자 회로에는 트랜지스터 외에도 저항, 터널다이오드, 축전기와 같은 부품들도 들어간다. 이들을 기판 위에 트랜지스터와 함께 조립한 미세 전자회로가 집적회로인데, 1960년에 약 100개의 다이오드들을 집적시킨 것이 출현했다. 이후 집적도가 획기적으로 증대하여, 1974년에는 1만 개, 1989년에는 1백만 개, 2005년에는 10억 개, 그리고 2007년에는 100억 개의 트랜지스터를 집적시킨 IC 칩이 개발되어 컴퓨터의 주기억장치와 중앙처리장치로 사용되고 있다.

이를 크기로 비교해 보면, 굵은 소지지 크기의 진공관이 팥알 크기의 트랜지스터로 바뀌었고, 다시 100억 개의 트랜지스터가 손톱 크기의 IC 칩 한 개에 모여진다. 또한 트랜지스터의 발명과 집적화는 전기적 신호를 빛 신호로 변환시키는 광전소자의 개발로 이어졌다.

고집적 IC와 고속 전자소자 및 반도체 레이저 다이오드의 상용화는 정보통신기술의 급속한 발달을 가져다주었다. 1965년에 인텔사 공동 창업자인 무어는 IC 칩의 트랜지스터 숫자는 2년마다 두 배씩 증가한다는 '무어의 법칙'을 제시하였고, 2000년에 삼성전자의 사장이던 황

올해의 인물로 컴퓨터를 선정한 타임 1983년 1월 3일자의 표지

창규 박사는 반도체 메모리 용량은 1년마다 두 배씩 증가한다는 '황의 법칙'을 내어놓았는데, 이는 이 분야의 기술이 얼마나 빨리 획기적으로 발전하는가를 잘 대변하는 말이라고 할 수 있다.

트랜지스터의 집적화는 생산비용을 줄이고, 정보처리 능력을 증가시켰다. IC 칩의 집적화에 대한 무어의 법칙은 정보처리 능력과 비용에도 적용된다. 일반적으로 정보처리 기기가 가격 면에서는 큰 변동이 없지만, 능력 면에서는 10년에 약 100배씩 신장되었다. 오늘날 일상에서 쉽게 볼 수 있는 개인용 컴퓨터는 지난 반세기 동안 이룩한 반도체 기술의 결정체로서 메모리소자와 마이크로프로세서의 집적화 기술의 발전과 단위 비용 당 처리 능력의 확대가 없이는 상상조차 할 수 없다.

이제는 레코드판에 기록된 음악, 필름에 저장된 영화와 사진, 자기 테이프에 기록된 각종 음악, 영화, 종이에 쓰거나 인쇄된 기록물 등은 모두 IC 칩에 저장되고 재생된다. IC 칩은 또한 신분증이나 신용카드에 내장되고 있으며, IC 칩이 내장되지 않고도 자동제어 기능과 정보저장 기능을 갖는 기기를 찾아보기 힘들게 되었다. 또한 레이저 다이오드에 기초한 초고속 광통신시스템의 구축은 고속 전자소자의 개발과 더불어 정보의 세계화를 주도한 초고속 인터넷을 가능하게 했다. 이제는 반도체가 없는 현대사회는 상상할 수도 없을 만큼 반도체를 이용한 컴퓨터와 광통신은 이미 우리 생활에 깊숙이 자리 잡고 있다.

현재까지의 추세를 유지한다면, 반도체 IC 칩의 고집적화는 2020년경 궁극적인 물리법칙에 의해 한계에 봉착하게 될 것이다. 따라서 2020년 이후에는 반도체 IC 기술이 새로운 형태의 기술로 대체될 것이며, 이 새로운 기술은 아마도 현재 일부 연구되고 있는 광학 또는 양자 컴퓨터가 될 것이다.

정보의 바다를 항해하다

정보통신기술(ICT)은 제2차 세계대전 이후에 발전한 컴퓨터 기술과 20세기를 통해 꾸준히 성장해 온 통신 체계와의 결합이라고 할 수 있다. 초창기의 전자식 컴퓨터들은 단순히 계산을 빠르게 처리하기 위한 기계, 그 이상도 이하도 아니었다. 하지만 컴퓨터의 용도가 다양해지면서 컴퓨터는 단순한 계산기에서 벗어나 종합적인 정보 단말기로 거듭나기 시작했다. 그리고 컴퓨터가 처리하는 데이터가 다양화되고 용량이 방대해지면서 한 대의 컴퓨터로는 이를 모두 처리할 수 없는 상황에 이르렀다. 때문에 개발자들은 두 대 이상의 컴퓨터가 서로 데이터를 주고받을 수 있는 방안을 모색하기 시작했다.

초기에는 디스크로 대표되는 보조기억장치에 데이터를 저장하고 이를 직접 들고 다니며 데이터를 교환할 수밖에 없었지만, 이 과정에서 많은 시간이 소모되었다. 그 외에 2대의 컴퓨터를 케이블로 직접 연결해 데이터를 교환하는 방식도 도입되었지만, 케이블 길이의 제한도 있고 3대 이상의 컴퓨터와 데이터를 교환하기에는 여전히 불편했다. 거리의 제한을 거의 받지 않으면서도 많은 수의 컴퓨터와 데이터를 교환할 수 있는 수단의 도입이 필요한 상황이었다.

1960년 미국의 릭라이더(Joseph Licklider)는 여러 명의 사용자가 하나의 컴퓨터에 접속하여 작업하면서도 처리 효율을 높일 수 있는 시분할 시스템(TSS)의 기초 이론을 발표했다. 이는 컴퓨터의 연산 속도에 비해 사용자의 데이터 입출력 속도가 느리다는 것에 착안한 것인데, 예를 들어 A 사용자가 데이터를 입력하거나 출력하는 사이의 공백 시간 동안 컴퓨터는 B 사용자에게 입력 받은 데이터를 처리하는 것이다. 시분할 시스템은 이후 등장하는 거의 모든 컴퓨터 네트워크 시스템의 기본 이론이 되었다.

컴퓨터가 통신과 결합되면서 처음으로 나타난 것은 모뎀(modem)이었다. 모뎀이란 컴퓨터에서 주로 사용하고 있는 디지털 데이터를 아날로그 신호로 바꾸어 이미 광범위하게 설치되어 있는 전화선으로 컴퓨터 통신을 가능하게 하는 장치이다. 모뎀은 변조(modulation)와 복조(demodulation)의 합성어인데, 변조는 디지털 데이터를 아날로그 신호로 변환시켜 주고 복조는 그 반대의 경우를 의미한다.

모뎀은 미 국방부가 방공망 시스템을 구축하기 위해 1950년부터 MIT 대학의 링컨연구소를 중심으로 추진했던 SAGE 프로젝트를 통해 개발되었다. 1958년 미국 연방통신위원회(FCC)는 컴퓨터 사용자들이 모뎀을 이용해서 공공 전화선을 통해 데이터를 전송하도록 허용했고, 이에 따라 모뎀을 사용하는 컴퓨터 통신망이 발전하기 시작했다.

하지만 모뎀을 컴퓨터 통신망의 주요 통신 장치로 활용하기에는 많은 문제점이 있었다. 우선 모뎀이 컴퓨터 통신망의 주축이 되기 위한 가장 커다란 장애는 장거리 전화 요금이 너무 비싸다는 점이었다. 이외에도 모뎀은 중앙집중식 연결 방식이어서 한 전화국이 파괴되면 그 전화국이 연결하는 모든 통신이 두절된다.

미국 국방부는 핵전쟁을 비롯한 중대한 전쟁이 발생할 경우에도 컴퓨터들이 서로 작동할 수 있는 효과적인 방안을 찾게 되었고, 이에 따라 새로운 컴퓨터 네트워크의 개발에 착수했다. 즉 여러 컴퓨터 통신망 가운데 하나가 적의 공격으로 파괴되더라도 전체 통신 시스템에서 안정적으로 데이터를 전송할 수 있는 통신 체제의 구축이 필요했다. 1960년대에 미국 국방부의 한 부서에서 아르파넷(ARPAnet)을 연구하기 시작했는데, 이는 인터넷의 기원이라고 할 수 있다.

한편 1964년 RAND 회사의 폴 바란(Paul Baran)은 기존의 전화나 모뎀 방식이 채택했던 방식과는 전혀 다른 새로운 통신 방법을 제안했다.

바란이 제시한 패킷 교환(Packet Switching) 방식은 데이터가 한 번에 상대방에게 전달되는 것이 아니라 데이터를 작은 부분으로 나눈 다음 각각의 데이터 앞에 상대방 목적지의 주소를 기록해두어 패킷으로 목적지에 데이터를 전송하는 방식이었다.

1969년 아르파넷은 대규모의 기간 통신망을 구축해 이에 연결된 컴퓨터끼리 자유롭게 데이터를 주고받을 수 있는 백본(backbone) 방식을 도입했다. 이렇게 하면 핵전쟁이 일어나더라도 데이터의 보관 및 공유, 그리고 분산을 신속하게 할 수 있었기 때문이다. 이어 1970년부터 1972년까지 핵심 프로세서인 IMP를 비롯한 네트워크 하드웨어와 소프트웨어에 대한 체계적인 시험 가동이 시작되었다. 마침내 1972년 워싱턴에서 열린 제1회 국제 컴퓨터 통신회의에서 훗날 인터넷으로 발전해서 전 세계를 연결하게 될 아르파넷이 대중 앞에 첫 선을 보였다.

아르파넷은 당초에는 연구용으로만 쓰였으나 시간이 흐르고 참여 기관이 늘어나면서 다양한 목적으로 이를 쓰고자 하는 요구가 많아졌다. 또한 컴퓨터의 종류가 다양해지면서 프로토콜(protocol, 컴퓨터사이의 통신규약)을 재정비할 필요성이 부각되었다. 1973년 이후 아르파넷 에는 서로 다른 컴퓨터 네트워크를 연결하는 새로운 프로그램이 적용되었다. TCP/IP라고 불리게 된 이 통신 프로토콜은 나중에 인터넷을 구성하는 주요 프로토콜이 되었다.

인터넷의 발전에 있어서 커다란 획을 그은 또 다른 역사적 사건은 무선 및 위성 통신 데이터 전송을 가능하게 한 알로하넷(ALOHANET)의 등장이었다. 알로하넷은 하와이의 7개 대학 및 수많은 연구소들을 호놀룰루 근처의 대형 컴퓨터와 연결하는 네트워크였다.

한편 아르파넷은 1970년대에 출현된 이더넷(Ethernet)과 이를 바탕으로 한 근거리 통신망과 연결되었다. 1980년대 초에 이르러 이더넷과 연결된 수많은 워크스테이션들이 세계 도처에 나타났다. 더욱이 이들 워크스테이션들은 1969년 벨 전화연구소에서 만든 컴퓨터 운영 체계인 UNIX를 사용하게 되면서 더욱 강한 네트워크 기능을 발휘했다. 1983년에는 유닉스 버전에서 TCP/IP가 새롭게 포함되어 보다 많은 사람들이 아르파넷을 손쉽게 접할 수 있게 되었다. 결국 1983년 인터넷 사용자들의 합의에 의해서 아르파넷이 유일한 통신 프로토콜이 되었고, 이때부터 소위 진정한 의미의 '인터넷'이 탄생하게 되었다.

1983년 이후 인터넷은 전자 메일(E-Mail), 파일 전송(FTP), 고퍼(Gopher), 네트워크 뉴스, 공개 게시판 등 다양한 용도로 정부와 대기업 그리고 수많은 학술 전산망을 통해 퍼져 나갔다. 1980년대 말부터 인터넷은 급속도로 퍼지기 시작했지만, 메일을 주고받거나 특정 목적의 프로그램끼리 통신하는데 주로 쓰였기 때문에 이용형태 및 이용 가능한 데이터의 종류는 제한적일 수밖에 없었다.

이에 1989년 유럽입자물리연구소(CERN)의 팀 버너스 리(Tim Berners-Lee)는 문자 및 그림, 음성 등의 다양한 데이터를 포함한 방대한 데이터베이스를 구축한 뒤, 이를 시각적으로 표현할 수 있는 표준문서 형식을 규정하고 문서 속에 연결된 특정 항목은 또 다른 문서로 연결되는 정보 검색 시스템을 제시했다. 이는 월드와이드웹(WWW)이라는 세계적인 정보공유 및 이를 구성하는 하이퍼텍스트(Hypertext, 서로 연결되는 문서) 방식의 인터넷 표준문서인 HTML(Hyper Text Markup Language)의 개념이 등장하게 되는 계기가 되었다.

WWW는 1991년 8월 6일에 처음 서비스를 시작했으며, 세계 최초의 홈페이지도 이날 처음 공개되었다. 현재 일반인들이 생각하는 인터넷의 형태, 즉 웹 브라우저(web browser, HTML 문서를 화면에 표시하는 프로그램)를 구동해 각종 인터넷 문서를 읽고 검색하는 모습이 이때부터 자리를 잡았다고 할 수 있다. 그리고 팀 버너스 리는 인터넷 데이터의 위치를 표시하는 기준인 URL(Uniform Resource Locator), WWW 상에서 하이퍼텍스트를 교환하는 프로토콜인 HTTP(Hyper Text Transfer Protocol), 그리고 세계 최초의 웹 브라우저인 넥서스(NEXUS) 등의 설계 및 규격 제정에 참여하기도 했다. 그 결과 인터넷은 보다 대중에게 가까워졌으며 음성, 동영상 등 다양한 정보를 주고받는 인터넷 멀티미디어 시대가 열리게 되었다.

학술 연구자들의 정보 교환용으로 국한돼 있던 인터넷이 일반 사람들의 필수품으로 정착하기 시작한 것은 1994년을 전후한 해였다. 1993년에 일리노이 대학의 학생이었던 안드레센(Marc Andressen)은 HTML 문서를 쉽게 볼 수 있는 모자이크(Mosaic)란 웹브라우저 프로그램을 제작했다. 1994년 모자이크는 넷스케이프(Netscape)로 탈바꿈하면서 수많은 사람들을 인터넷으로 유인하게 만들었다. 넷스케이프를 사용하면 누구나 손쉽게 몇 번의 클릭만으로 전 세계의 웹사이트를 돌아다닐 수 있었다. "정보의 바다를 항해하다"는 말을 쓰게 된 것은 바로 넷스케이프의 로고가 항해사의 키를 사용했기 때문이었다.

인터넷이 폭발적으로 성장하면서 월드와이드웹을 항해하는 데 필요한 웹브라우저를 놓고 치열한 경쟁이 시작되었다. 1995년만 해도 넷스케이프가 웹브라우저 시장의 70퍼센트 이상을 점유하는 등 절대적인 우위를 지키고 있었다. 그러나 마이크로소프트의 추격도 만만치 않았다. 마이크로소프트는 매년 1억 달러 정도의 연구비를 쏟아 부었으며, 인터넷 익스플로러(Internet Explorer) 4.0이 나온 1998년에는 넷스케이프와 기술적으로 동등한 수준에 도달했다. 익스플로러는 같은 해에 출시된 윈도98에서 컴퓨터 운영체제의 일부로 포함돼 제공됐기 때문에 사용자들의 접근성도 훨씬 높았다. 넷스케이프와 익스플로러 사이의 브라우저 전쟁은 마이크로소프트가 운영체제의 독점력을 남용했는지 여부를 놓고 미국 법무부와 마이크로소프트 사이에 법정 소송으로 비화되기도 했다.

인터넷은 새로운 사업에 대한 기회를 제공하기도 했다. 야후!(Yahoo!)는 스탠퍼드 대학의 대학원생이던 파일로(David Filo)와 양(Jerry Yang)이 만든 목록 서비스로 시작된 지 얼마 지나지 않아 세계적인 포털 사이트로 성장했다. 온라인 서점인 아마존닷컴(Amazon.com)은 단지 책을 사고파는 공간을 넘어 책에 대한 다양한 정보와 다른 사람의 서평을 접할 수 있는 가상공동체로 발전했다.

이베이(eBay) 경매 사이트는 인터넷이라는 쌍방향 매체의 특성을 반영한 전자상거래의 모델을 제시하여 엄청난 인기를 누렸다. 스탠퍼드 대학의 학부생이던 페이지(Larry Page)와 브린(Sergey Brin)이 개발한 구글(google)은 원래의 페이지 링크뿐만 아니라 링크에 연결된 링크까지 계산하는 검색 엔진으로 "구글 신은 모든 것을 알고 있다."와 같은 유행어를 낳기도 했다.

20세기에 급격히 성장한 정보통신 분야의 발달은 사회를 혁명적으로 변화시켰다. 정보화 사회가 진행됨에 따라 나타나는 현상으로는 우선 미디어와 통신망의 통합을 들 수 있다. 즉 과거에는 서로 다른 분야의 컴퓨터, 통신, 연예, 방송, 신문, 오락 등 여러 표현 매체들이 서로 통합이 되어 나타났다. 표현 매체의 통합은 서로 다른 맥락에서 발전하던 전화, 케이블 TV, 방송망, 무선통신망 등의 통합에 의해서 더욱 가속화되고 있다. 즉 컴퓨터, 전화, 팩시밀리, 이동통신 등의 수많은 통신망들을 하나로 통합하는 종합정보통신망의 시대가 열린 것이다.

정보통신 혁명이 가속화되면서 나타나는 현상으로는 쌍방향 통신의 보편화를 들 수 있다. 쌍방향 텔레비전을 비롯해 과거에는 매스컴의 일방적인 대량 전달에 의존하던 통신 방식이 시청자들과 함께 하는 쌍방향 통신 방식으로 바뀌었다. 그리고 주문자의 요구에 의해 영화, 음악, 비디오 등 수많은 매체들이 주문형(On Demand) 방식으로 전달되고 있다.

통신과 컴퓨터가 결합된 미디어의 발달로 소위 사이버공간(Cyberspace)이라는 새로운 소통 공간이 만들어졌으며, 이에 따라 지금까지 존재하지 않았던 수많은 가상 사회가 나타나고 있다. 즉 전자출판이 더욱 발전되어 생겨난 사이버 학술잡지, 컴퓨터망을 통해 확산된 사이버 모임 등 수많은 가상공간 속의 공동체들이 나타나게 되었다. 컴퓨터 통신망과 인터넷을 이용한 전자 상거래를 가능케 할 수 있는 전자화폐라든지 전자 은행들도 현실화되고 있다.

사이버시대에 들어와서는 포르노그래피 유포, 통신망 파괴, 타인의 인적 사항을 도용하는 것과 같은 새로운 신종 범죄가 나타나고, 이런 범죄 행위로부터 네티즌들을 보호할 사이버 경찰이 나타나고 있다. 정보화 사회로 진행되면서 세계의 여러 나라들은 서로 자신의 생각을 더욱 쉽게 전달하게 될 것이며, 이에 따라 모든 인류가 문화적으로 통합하는 계기가 될 것이다. 또한 정보의 접근과 공유 가능성이 높아지면서 정보의 소유권 문제와 이를 법적으로 보장해줄 수 있는 새로운 지적 재산권 제도가 정비되어야 할 것이다.

17

4차 산업혁명

4차 산업혁명이란 무엇인가

2016년을 시작하며 세계경제포럼(WEF)은 향후 세계가 직면할 화두로 '4차 산업혁명'을 제시했다. 2016년 3월 알파고(AlphaGo)와 이세돌의 바둑 대결은 4차 산업혁명의 한 단면을 보여 주는 사건이었다. 인공지능과 로봇, 사물인터넷, 빅데이터 등을 통한 새로운 융합과 혁신이 빠르게 진행되고 있음을 보여준다.

세계경제포럼의 클라우스 슈밥(Klaus Schwab) 회장은 4차 산업혁명이 속도, 범위, 체제에 대한 세 가지 측면에서 3차 산업혁명과 확연히 다르다고 강조했다. 4차 산업혁명을 기존의 산업혁명들과 비교했을 때 일차원적인 변화가 아니라 완전히 차원이 다른 수준이라고 보았다. 그러면서 산업혁명을 다음과 같이 구분했다.

산업혁명의 변화

산업혁명 구분	시기	내용
1차 산업혁명	1784년	증기, 기계 생산
2차 산업혁명	1879년	전기, 노동 분업, 대량 생산
3차 산업혁명	1969년	전자, 인터넷, 정보 기술, 자동 생산
4차 산업혁명	?	사이버-물리 시스템

산업혁명은 새로운 기술이 등장해 새로운 산업 생태계를 만들고, 그것이 인간의 삶을 영위하는 방식을 획기적으로 변화시킬 때 붙일 수 있는 개념이다. 산업 분야의 변화에 그치지 않고 정치, 사회, 문화 등 모든 분야에 혁명적인 변화를 끌어낸다. 인간의 한계를 극복하고 인간의 삶과 사회에 변화를 주었을 때 이를 산업혁명이라고 부를 수 있다.

그런 면에서 1700년대 중반의 1차 산업혁명 당시 출현한 증기기관과 기계는 그런 역할을 충분히 해냈다. 증기기관의 발명과 그 후의 기술 진보는 인간의 물리적인 힘의 한계를 넘어서게 했다. 인간은 육체노동의 굴레에서 벗어날 수 있었고, 사회 전체의 생산량은 크게 늘어났다. 철도와 선박 등 이동수단의 발달로 물리적 거리가 급격히 좁혀지는 경험을 할 수 있었다.

1800년대 중반, 전기의 발명으로 인간은 다시 한 번 시간과 공간의 한계를 넘어설 수 있었다. 대량생산 방식이 가능해져서 상품과 서비스가 대중화되면서 물질적으로 풍요로운 시대를 맞게 되었다. 중산층이 증가하고 교육이 대중화되면서 민주주의가 발전하는 계기를 마련했다. 이를 2차 산업혁명으로 부르는 데 부족함이 없다.

1970년대 이후 전자를 기반으로 한 새로운 테크놀로지는 자동화를 가능하게 하고 제조업과 산업을 다시 한 번 뒤흔들었다. 여기에 인터넷의 등장은 시간과 공간의 거리를 해소하는 데 극적으로 기여했다. 소통 방식이 달라지고, 지구촌은 실시간으로 연결되고, 경제 행위를 크게 바꾸어 놓았다. 사회는 정보화라는 새로운 프레임으로 변모하게 되었다. 따라서 이러한 변화를 3차 산업혁명으로 명명할 수 있을 것이다.

그런데 놀라운 것은 1차 산업혁명부터 3차 산업혁명까지 시간의 간격이 급격히 짧아지고 있다는 점이다. 1차 산업혁명이 시작된 이후 불과 200여 년 만에 3차 산업혁명까지 이루어짐으로써, 이전까지 7만 년 동안 크게 변하지 않은 채 진행되어 온 인간의 역사와는 완전히 다른 양상을 보여준다.

그리고 이제 인간은 또 한 번의 도약을 앞두고 있다. 그것은 인간의 물리적인 한계를 넘어선 지금까지 과정과는 완전히 다른 맥락에서 진행되고 있다. 바로 인간의 지능까지 대체하려는 것이다. 인간의 지능을 닮은 기계를 만들어 인간이 하던 일을 대신하게 만드는 것이다. 이렇게 되면 인간의 역사와 삶은 또 다른 차원으로 넘어갈 것이다. 기계가 인간을 대신할 정도가 아니라 아예 인간의 지능을 초월하는 세계도 상상할 수 있다.

인공지능이 인간의 지능을 초월하는 역사적 시점이 언제일까? 레이 커즈와일(Ray Kuzweil)은 2006년 〈특이점이 온다(The Singularity is Near)〉에서 '기술적 특이점'에 대해 상세하게 고찰했다. 원래 특이점이란 블랙홀에서 중력이 너무 강해 빛조차 빠져나올 수 없는 지점을 말한다. 여기서 특이점이란 기술 변화의 속도가 빨라지고 그 영향이 매우 깊어서 인간의 생활이 되돌릴 수 없도록 변화하는 시기를 말한다. 그는 특이점의 시대에 이르러서는 인간과 기술 사이의 구별이 사라질 것이라고 보았다.

커즈와일은 인간이 진화해 온 패턴을 여섯 단계로 설명했다. 1단계에는 물리학과 화학의 패턴에서 생물학으로 진화했다. 그래서 20세기를 물리학의 시대라고 한다면 21세기는 뇌의 시대, 생물학의 시대라고 한다. 2단계는 생물학 패턴에서 뇌가 진화했다. 3단계는 뇌의 패턴에서 기술이 진화했다. 4단계에는 기술의 패턴에서 인공지능의 방향으로 진화했다. 5단계는 특이점의 패턴으로 기술과 인공지능의 융합으로 진화한다. 그리고 마지막 6단계에는 인공지능이 우주로 확대된다고 보았다. 그리고 이러한 특이점의 시기를 2045년으로 본 것이다.

세계경제포럼은 특이점의 시기가 도래하기 위해 많은 티핑 포인트(Tipping Point)가 나타날 것이라고 보았다. 2025년까지 로봇 약사가 등장하고, 3D프린터로 자동차를 생산할 것이며, 미국에서는 자율주행차가 10퍼센트를 넘고, 기업의 30퍼센트는 인공지능으로 회계 감사를 수행할 것이며, 정부는 블록체인(Block Chain)으로 세금을 징수하게 된다고 보았다.

세계경제포럼에 의하면 2027년까지 매년 티핑 포인트가 나타나는데, 2021년에는 로봇 서비스가 일반화되고, 2022년에는 3D프린터에 의한 대량생산, 2023년에는 빅데이터에 의한 의사 결정이 일반화되며, 2025년에는 인공지능이 화이트칼라 노동을 대체하고, 2026년에는 인공지능이 스스로 자신의 의사를 결정하게 될 것이라고 전망했다.

4차 산업혁명의 특징

오늘날 현대사회는 이전의 산업혁명과는 차원이 다르다. 인간과 사물을 포함한 모든 것들이 연결되며, 현실과 사이버가 융합하는 새로운 패러다임으로 변화한다. 사물인터넷 환경에서 빅데이터가 산출되며, 이것을 처리하고 활용하는 인공지능이 발전하고 현실 세계는 가상현실, 증강현실과 다시 연결된다. 그 결과 소유가 아니라 공유를 기반으로 한 '우버화(Uberization)'가 진행되고, 제조업의 서비스화가 이루어지게 된다. 인공지능과 로봇의 등장으로 무엇보다도 인간의 일자리가 커다란 영향을 받는다. 이런 4차 산업혁명이 가져오는 사회는 지능정보사회라고 할 수 있다.

4차 산업혁명은 기술적 측면에서 크게 3가지로 분류할 수 있다. 사물인터넷(IoT, Internet of Things), 인공지능(AI, Artificial Intelligence), 가상현실

(VR, Virtual Reality)이 그것이다. 4차 산업혁명의 핵심은 '연결'과 '지능'이다. 연결과 지능을 중심으로 새로운 산업혁명이 일어나고, 그것은 초연결 사회(Hyper Connectivity)를 가져온다. 인간의 역사는 연결을 확대해 온 역사로도 설명된다. 테크놀로지의 발전과 융합을 통해서 인간은 연결의 폭과 깊이를 한층 더해 왔다.

물리적 연결은 그 속도를 빠르게 좁히고 있다. 불과 100년 전까지만 해도 서울에서 뉴욕까지 가는 데 1개월이 걸리던 것이 이제 비행기로 14시간 정도로 좁혀졌다. 앞으로 초음속 여객기가 등장하면 이 시간이 3시간으로 앞당겨질 것이라고 한다. 물리적 연결보다 가상 세계에서의 연결은 더욱 극적이다. 웨어러블 기술은 '디지털 존재감'을 향상시켜 왔다. 이제는 인간과 인간의 연결뿐만 아니라 인간과 사물, 사물과 사물의 연결이 실현되고 있다.

사물인터넷은 이러한 연결을 가능하게 하는 기반이다. 2025년까지 1조 개 이상의 센서가 인터넷에 연결될 것으로 예상된다. 인간은 스마트한 센서를 갖춘 기기와 더욱 연결되고, 이는 우리 주변에 무한대로 도입된다. 가정, 교통, 도시, 에너지 등 모든 분야가 인터넷으로 연결된다. 심지어 센서가 인간의 몸에 주입되어 인터넷과 직접 연결해 소통할 수 있다. 이 경우 인간의 건강 상태를 항상 모니터해 질병을 예방할 수 있다. 하지만 프라이버시가 침해되거나 정부나 기업 등에서 인간을 감시하는 데 이용될 여지도 커진다.

또한 인공지능이 획기적으로 발전한다. 인공지능은 최근 등장한 것이 아니며, 인공지능의 역사는 오래 전부터 시작되었다. 그런데 최근 인공지능 분야에 놀라운 성과가 나타나면서 인공지능은 미래의 일이 아니라 현실이 되고 있다. 그것은 빅데이터의 출현과 기계 스스로가 학습할 수 있는 '딥러닝(Deep Learning)'이라는 알고리즘의 개발 덕분이다. 인터넷과 모바일은 텍스트, 동영상, 음성 등 엄청난 양의 데이터를 만들고 있는데, 예전에는 이런 데이터들을 분석할 수 있는 도구가 없었다. 그러나 스마트 기기들이 등장하고 딥러닝이 개발되는 등의 조건이 갖추어지면서 인공지능이 현실화되기에 이른 것이다.

그리고 가상현실은 인간의 경험을 크게 확장하는 데 기여할 수 있다. 오히려 현실보다 더 재미를 주고, 현실에서 경험하지 못한 것을 가능케 하는 새로운 현실감을 가져다줄 것이다. 시간과 공간의 제약, 환경의 제약을 극복하는 삶을 가능하게 하는 것이다. 인간은 현실의 모든 대상과 연결되어 상호작용하고, 가상 환경의 모든 대상과도 연결되어 상호작용하게 된다. 가상현실은 시뮬레이션 형태로 일부 도입되어 있지만 교육, 미디어, 의료 등의 분야에 커다란 변화를 가져올 수 있는 잠재력을 가지고 있다.

이렇게 사물인터넷, 인공지능, 가상현실 등으로 연결이 극대화한 사회를 지능정보사회라고 부를 수 있다. 기존의 정보사회가 지능이 결합되면서 한층 연결을 증진시키는 것이다. 이런 지능정보사회는 기존의 사회와 다른 특징을 갖는다. 사회적으로는 공동체를 넘어 세계화를 더욱 촉진시켜 개인의 공감화를 형성한다. 기술은 기계기술, 정보기술을 넘어 지능정보기술로 진화한다. 이에 따라 경제는 물질 경제를 넘어서 서비스 경제로 가고, 더 나아가 공유 경제와 체험 경제로 발전한다. 사회의 지배 양식은 예전의 수직적인 위계질서를 넘어 수평적인 질서로 변화하게 된다.

사람과 사물이 연결되다

가까운 미래에는 사람과 사물, 사물과 사물 사이의 연결에서 오는 데이터가 지능정보서비스의 기본이 될 것이다. 데이터가 서로 연결된 모든 사물에서 생산되고, 클라우드(Cloud)로 어디서든 접근과 공유가 가능하게 된다. 그러면 빅데이터 분석으로 상황을 인식하고, 지식을 축적하며, 지능적인 의사 결정이 자동으로 이루어진다. 이렇게 초연결 사회가 되어 기존과 다른 사회와 경제, 문화를 만들어 내고 새로운 문화와 가치를 형성해 나간다.

인류는 사회적이고 경제적인 생활을 위해 지속적으로 연결을 확장해 왔다. 예루살렘 히브리 대학교의 유발 하라리(Yuval Noah Harari)는 〈사피엔스(Sapiens)〉에서 현생 인류가 인지능력 혁명에 의해 다른 종들을 극복하게 됐다고 설명한다. 인지능력 혁명은 약 7만 년 전부터 3만 년 전 사이에 출현한 새로운 사고방식과 의사소통 방식을 말하는데, 여기에서 언어가 특별한 역할을 했다. 언어를 통해 다른 인류와 소통하고 연결의 폭을 넓힐 수 있었다. 언어는 유연하게 세상에 대한 정보를 공유하는 수단으로 진화했는데, 특히 추상적인 정보 전달 능력으로 인류의 지적인 능력을 확장하고 연결을 확장했다.

이 능력은 유목민이었던 인류가 정착생활을 하는 농업혁명으로 이어지고, 신대륙을 발견해 공간을 더욱 넓히면서 다양한 사회를 연결하는 세계화를 이루었다. 그리고 그 연결을 더욱 촉진하기 위해 1760년대 증기기관과 기계생산을 통해 1차 산업혁명을 만들어냈다. 석탄을 사용해 증기기관을 돌리는 기계생산은 인쇄술을 크게 발전시켜 연결을 한 차원 증대시켰다.

100년이 지난 1860년대에는 석유의 대량 공급으로 내연기관이 발전하고 전기가 발명되었다. 전신과 전화 등 정보통신기술은 그 연결을 폭발적으로 증대시킨 원동력이었다. 텔레비전과 라디오 등으로 인류의 생활과 경제가 한층 가까워지고 하나의 지구촌을 이루기 시작했다. 사실 지구촌 개념은 200년 전부터 제기되었지만 물리적 연결에 이어 정보의 연결을 늘리면서 비로소 정립되었다.

인류는 여기에 머물지 않고 1990년대 이후 인터넷을 기반으로 하는 새로운 사회를 만들었다. 인터넷은 저렴하고 전 세계를 연결하는 네트워크 사회를 만들어 정보화 사회를 끌어냈다. 온라인 산업이 등장하고 온라인으로 인간의 활동 범위를 확장할 수 있었다. 온라인 쇼핑, 온라인 교육, 온라인 소통 등은 우리 삶에 커다란 변화를 가져왔다. 여기까지는 인간의 연결이 중심이었다.

그러나 2010년 이후에는 모든 사물이 연결되는 사물인터넷 시대를 맞고 있다. 인간의 연결에 이어 사물과 기계의 연결로 이어진다는 점에서 종전의 연결과는 비교할 수 없는 전혀 새로운 차원의 연결 사회를 만들기 시작했다. 사물인터넷은 사람, 사물, 공간 등 모든 것들이 인터넷으로 서로 연결되어, 모든 것들에 대한 정보가 생성, 수집되고 공유, 활용되는 것을 말한다. 사물인터넷 시대에는 사물과 사물, 인간과 사물, 인간과 인간이 연결되는 초연결 사회가 된다.

연결 중심인 사물인터넷 환경은 기존의 온라인과 모바일 환경과는 다른 새로운 변화의 가능성을 보여 준다. 연결이 인간을 넘어서는 단계까지 진화할 수 있다는 것이다. 소통 수단의 개선이나 네트워크의 효율성 제고, 거래비용의 감소 등 경제적 측면뿐 아니라 인간과 기계의 경쟁과 공존, 문화적 변화 등에 커다란 영향을 미칠 것이다.

인간과 기계의 연결은 인간과 기계가 따로 존재하면서도 이루어지지만, 물리적으로 통합되는 단계를 거칠 것이다. 그럴 경우 인간의 정체성에 대한 문제점도 나타난다. 이를 '포스트휴먼(Post-Human)'이라고 한다. 인간의 생물학적인 몸이 도태되고 인간과 연결된 기계에 의해 완전히 성능이 증강되어 인간이면서 기계인 존재가 출현한다.

미국 국가정보위원회(NIC)는 2030년경에 지속적인 기술 발달에 의해 슈퍼휴먼(Super-Human)이 등장할 것이라고 예측했다. 레이 커즈와일도 2030년 안에 인간의 두뇌가 클라우드를 기반으로 한 기계적인 의식과 결합해 하이브리드적인 사고를 할 수 있을 것이라고 예상했다. 인간의 기계화와 기계의 인간화가 가능해지는 것이다.

사물인터넷은 세상의 모든 사물들이 네트워크로 연결되어 서로 소통할 수 있는 것을 말한다. 이는 인터넷 등장 이후 가장 획기적인 변화로 간주할 수 있다. 사물인터넷이 가능하기 위해서는 인터넷만 있어서는 안 된다. 센서와 네트워크 기술, 빅데이터, 클라우드 컴퓨팅, 인공지능, 3D프린팅 등의 다양한 기반 기술이 함께 어우러져야 한다. 4차 산업혁명은 사물인터넷으로 빅데이터를 얻고, 그것을 클라우드에 저장해, 인공지능으로 분석하고 활용하는 것이다. 사물인터넷은 지능화되어 스마트 자동차, 스마트 홈, 스마트 시티 등 스마트한 세계를 만들어낸다.

빅데이터는 인터넷에 존재하는 다양한 대규모 데이터를 구축하고 컴퓨터, 기계, 도구가 발생시키는 데이터를 실시간으로 수집하고 분석하는 것을 말한다. 기존 데이터 분석을 통한 서비스를 개발하거나 혹은 기

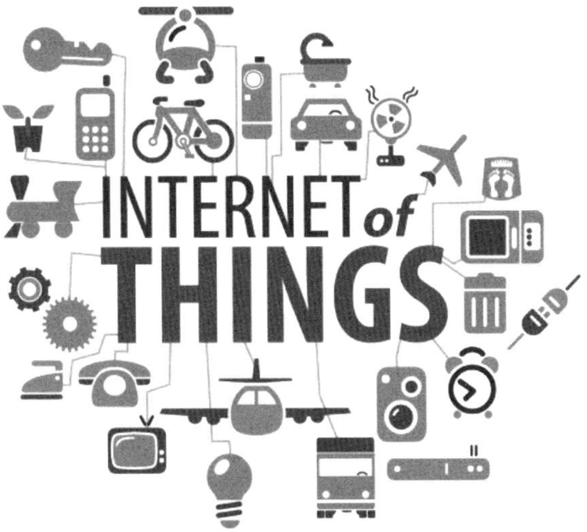

사람과 사물을 연결하는 사물 인터넷(IoT)

존의 서비스를 지능형 데이터 분석을 통해 보강하거나 추가 개발해 가치를 부여하는 것이다. 빅데이터 적용 분야는 무궁무진하다. 건강, 기상, 재난, 유통 등에서 잘 활용될 경우 이용자에게는 편리함을, 사회에는 새로운 경제 가치를 가져다줄 수 있다. 그러나 빅데이터 산업 발전은 아직 느리게 진행되고 있다. 그것은 아직도 데이터 확보가 어려운 경우가 많기 때문이다.

클라우드는 정보통신기술(ICT) 자원을 물리적으로 설치하지 않고 네트워크에 접속해 그때그때 이용하는 서비스로, 사물인터넷의 기반이다. 빅데이터를 저장하기 위해서는 엄청난 용량의 저장 인프라가 필요하다. 예전에는 그것을 하드에 저장했지만, 물리적인 한계를 감당할 수 없는 문제가 발생한다.

빅데이터와 클라우드 등의 상호 발전과 더불어 사물인터넷은 우리 주변의 여러 사물들로 확대되고 있다. 사물인터넷은 가정 내의 전등, 플러그, 스위치와 같은 사물을 연결하는 것을 기본으로 냉장고, 세탁기 등으로 확장되고 있다. 또한 헬스와 엔터테인먼트를 결합한 '헬스테인먼트'로 건강에 관심이 높은 이용자들을 연결하고 있다.

가정 외에서도 도시, 교통, 농업 등의 분야에서 센서를 탑재한 디바이스의 활용이 확대되고 있다. 특히 도로에 센서를 부착한 디바이스를 통해 교통량을 통제하고 신호를 제어하는 서비스는 기본이다. 농업 분야에서도 온도, 습도, 일조량 등을 센서로 파악해 농작물 관리와 수확 등에 활용하는 사례들이 늘고 있다. 이러한 사례는 아직 센서와 네트워크 기능을 활용한 단순 모니터링 및 제어 수준에서 구현되고 있다.

그러나 사물인터넷의 진정한 가치는 지능화, 고도화될 때 나타난다. 사물인터넷의 단계를 네 단계로 설명하면 다음과 같다. 첫째는 모니터링 단계로 센싱 데이터(Sensing Data)를 통해 제품 상태나 외부 환경에 대해 알리는 단계다. 둘째는 제품이나 이용자의 환경을 제어하는 단계다. 이 두 단계는 현재까지 수행되고 있는 사물인터넷의 모습이다. 그런데 셋째 단계부터는 지능화, 고도화된 단계로 발전한다. 셋째는 소프트웨어 알고리즘을 통해 성능을 진단하거나 예측하는 기능까지 갖추는 것이고, 넷째는 자율화된 기능을 수행하는 것이다.

현실보다 더 현실적인 세상

4차 산업혁명은 사이버 세계와 현실 세계의 융합을 그 특징으로 한다. 사이버 세계가 등장했을 때 현실과의 관계에 대해 논란이 많았다. 초기 사이버 세계는 현실과는 다른 독립적인 것으로 여겨졌다. 사이버는 사이버대로, 현실은 현실대로 다르게 운영되는 것으로 간주되었다. 그러나 이제는 사이버 세계와 현실 세계가 밀접하게 결합하고 있다. 특히 사이버가 현실을 보완하는 방향으로 변화하고 있다.

뉴 밀레니엄을 앞둔 지난 1999년 11월, 미국 CNN 방송은 마이크로소프트(MS)사의 미래가 그리 밝지 못하다고 전망했다. PC 사용 붐이 일었던 당시 MS는 PC 시대를 호령하던 기업이었다. 그럼에도 불구하고 CNN이 그런 전망을 내놓은 데엔 이유가 있었다. 새로운 세기엔 개인 휴대 정보단말기(PDA)와 스마트폰이 PC처럼 대량 보급될 것이라는 예측이 우세했던 것이다. CNN의 전망은 그대로 들어맞았다. 당시만 해도 PC를 통한 다양한 파생산업과 혁신이 줄을 이었다. 하지만 2007년 애플에서 개발한 스마트폰의 등장 이후 어떠한 혁신이나 성장도 PC 산업에서는 찾아보기 어렵게 되었다.

그런데 최근에는 스마트폰 역시 PC와 유사한 길을 걷게 될 것이라는 예상이 대두되고 있다. 심지어 스마트폰 시대는 끝났다며, 스마트폰 시대의 종말을 말하는 목소리도 나오고 있다. 실제로 최근 들어 스마트폰에 대한 혁신이 더디어지면서 더 이상의 혁신이 나타나지 않고 있는 상황이다. 그럼 스마트폰 이후, 즉 포스트 스마트폰 시대를 이끌어갈 새로운 기술은 과연 무엇일까. 요즘 스마트폰의 주요한 대체 후보로 부상하

가상현실은 미래가 아니라 현재 진행형이다

고 있는 것은 바로 가상현실(VR)과 증강현실(AR)이다.

사이버와 현실의 연결은 인터넷의 등장으로 예견되었으나, 상당한 시행착오의 시간을 거쳐 최근에서야 비로소 컴퓨팅 기술 발전으로 구체화되고 있다. 그런데 2000년대 이전과 달리 이제는 그러한 융합을 보다 원활히 해 주는 기반과 기술에 의해 새로운 전기를 맞았다. 그러나 그 과정이 순탄하지만은 않았다.

2007년에 온라인게임으로 발표된 〈세컨드라이프(Second Life)〉가 세계적으로 커다란 인기를 끈 바 있다. 〈세컨드라이프〉는 가상현실 공간에서 자신의 분신인 아바타를 통해 세계의 이용자들과 교류하는 새로운 개념의 가상공간이었다. 사이버와 현실을 넘나드는 발상으로 한때 2000만 명 이상의 이용자들이 이용할 정도로 인기를 끌었으나 지속되지는 못했다.

사이버와 현실을 융합하는 제2의 세컨드라이프는 인공지능의 발전을 통해 가시화되고 있다. 이번에는 인공지능 챗봇(Chatbot)이 사람과 대화하는 방식으로 시작한다. 챗봇은 인공지능을 적용해 컴퓨터가 인간의 대화를 기계적으로 학습해 사람과 대화하는 가상적인 대화 친구를 말한다. 인간이 메시지를 건네면 챗봇이 개인 맞춤형 대화를 한다. 챗봇이 인간처럼 정보를 대신 검색해 주고 쇼핑 주문 등을 대신해 준다. 구글, 아마존, 애플, 페이스북 등이 모두 인간을 보좌하는 인공지능 비서를 실현하기 위해 상당한 노력을 경주하고 있다.

2016년 세계가전박람회(CES)와 세계통신박람회(MWC)에서 모두 가상현실이 중요한 주제로 등장했다. 많은 기업들이 가상현실 기기를 통해 기존에 체험하지 못했던 영상을 보며 새롭게 관심을 갖기 시작했다. 다른 한편으로는 10년 전 영화 〈아바타(Avatar)〉(2009)가 몰고 온 3D 영화와 3D TV 열풍을 연상키고 있다. 당시 3D 영화와 3D TV는 기존 영화와 TV에서 느낄 수 없던 입체감을 주어 영상 매체의 미래로 주목을 끌었다. 많은 전문가들은 3D TV가 차세대 TV가 될 것으로 봤지만, 콘텐츠의 부족으로 3D 생태계를 만들지 못했다.

가상현실도 이제 초기여서 콘텐츠와 장비의 부족 등을 겪고 있기는 마찬가지다. 그러나 전문가들은 가상현실이 3D와는 다를 것으로 보고 있다. 우선 콘텐츠의 몰입도가 비교할 수 없을 정도라는 점을 든다. 가상현실은 가상의 세계를 한 개인이 존재하는 현실의 공간으로 착각하게 만들 정도의 몰입도를 보여 준다. 콘텐츠의 확장성도 높다. 3D 영상이 전문 제작사가 제작한 데 비해, 가상현실은 360도 카메라로 일반 이용자들도 자신이 촬영한 영상을 제공할 수 있다. 이용자와 다양한 상호 작용을 할 수 있는 것도 장점이다.

초기 VR 시장은 HMD(Head Mounted Display)와 게임 소프트웨어가 주류를 이루었다. 하지만 앞으로는 다양한 플랫폼, 소프트웨어, 콘텐츠가 지속적으로 증가하면서 전체 VR 시장을 주도할 것으로 예상된다. 특히 인공지능 기술이 결합된 VR 소프트웨어는 사용자의 말과 행동에 맞는 응답이 가능하므로 다양한 프로그램 개발에 기여할 것으로 보인다.

사람들 사이의 관계망을 구축해주는 SNS도 예외가 아니다. AR이나 VR을 이용하면 사이버 공간을 통한 사람과 사람과의 만남을 마치 실제 상황처럼 이루어지도록 할 수 있기 때문이다. 따라서 SNS의 선두주자 페이스북은 AR과 VR에 사활을 걸고 있는 상황이다. 2017년 페이스북은 최근 서로 다른 장소에 있는 친구들과 마치 같은 방에 있는 것처럼 대화할 수 있는 VR 애플리케이션의 베타 버전을 발표한 데 이어 주변 환경이나 실시간 방송 도중의 상호 작용 등에 반응하는 AR 스튜디오를 공개했다.

가상현실은 SNS뿐만 아니라 사회 여러 분야에 적용될 수 있다. 지금은 게임 위주로 이용되고 있지만, 방송과 영화 등 미디어 전 분야로 확산될 것이다. 영화계에는 VR 헤드셋을 이용한 VR 영화제작에 관심이 높다. 방송사도 가상현실을 이용한 다양한 영상 프로그램을 기획하고 있다. 스포츠는 가상현실을 대중화하기에 적합한 분야다. 이미 2016년 8월 리우올림픽에는 가상현실로 제작한 영상이 등장했다. 2018년 평창올림픽 이후에는 상당히 보편화될 전망이다.

교육 분야도 가상현실 기술이 적용될 때 교육의 효과를 크게 증진시킬 수 있는 분야다. 과학이나 의학 분야에서 실험 실습에 가상현실을 적용할 경우 실제 실험을 한 것과 같은 효과를 가져와서 몰입도 높은 교육이 가능하다. 일대일 가상 과외를 통해 기존의 대중적인 교육이 아니라 학습자 맞춤형 교육이 가능해지면서 창의적인 교육의 가능성을 열 수 있다.

의료와 헬스 산업에도 큰 영향을 미칠 것이다. VR 기기를 통해 원격 진료와 처방을 함으로써 의료 혁신을 가져올 수 있다. 또한 환자 장기의 3차원 시각화, 가상 내시경 등의 VR 기술을 비롯해 정교한 조직이나 세포 교정이 필요할 때 VR을 활용한 교육이 진행되고 있다. 이미 독일의 몇몇 병원에서는 수술 전 VR을 활용한 가상 수술이 의무사항이다. 헬스 산업도 VR 기기를 활용해 업그레이드할 수 있다. 비가 오는 날에도 화창한 해변을 달릴 수 있고, 자신의 운동 자세를 확인하고 운동 효과를 높여 건강 증진에 기여할 수 있다.

VR은 산업 설계 분야에서도 전망이 밝다. 제품을 생산하기 전에 설계도에 기초한 가상 이미지를 통해 오류 및 결함을 미리 발견할 수 있기 때문이다. 또한 건축물의 경우 공사를 시작하기 전에 가상 건물을 통해 의뢰인의 이해를 돕는 마케팅 도구로 활용이 가능하다는 장점을 지닌다.

가상현실을 이용한 실내 스포츠 체험이나 인체에 착용하는 웨어러블 기기들도 스포츠 산업에서 빼놓을 수 없다. 사물인터넷, 드론, 인공지능, 가상현실 등 4차 산업혁명을 대표하는 핵심기술들이 스포츠와 더불어 발전하고 있다. 스포츠 용품을 생산하는 방식도 대혁신이 이루어지고 있다. 대량생산 방식의 공장에서 벗어나 빅데이터, 클라우드, 인공지능,

사물인터넷 등 디지털 기술을 결합해 다품종 소량 생산을 가능하게 해주는 '스마트 팩토리'도 스포츠용품 산업에서 중요한 역할로 자리매김하고 있다.

최근에는 가상현실과 더불어 증강현실도 주목받고 있다. 가상현실은 컴퓨터 프로그램으로 만든 가상 세계에 접속해서 실제 세계에서처럼 시각, 청각 등의 감각을 경험할 수 있도록 만든 것이다. 하지만 증강현실은 실제 존재하는 현실 공간에 홀로그램 등으로 가상물체를 겹쳐 보여 준다는 점에서 차이가 있다. 증강현실은 현실 환경에 가상정보를 추가한 것으로 스마트폰의 위치 기반 서비스 등에서 찾아볼 수 있다. 거꾸로 가상환경에 현실 정보를 추가할 수도 있다. 2016년 7월에 세계를 놀라게 한 포켓몬고는 바로 포켓몬이라는 기존의 캐릭터와 스토리에 증강현실을 더해 새로운 게임으로 등장시킨 것이다.

인간보다 더 똑똑해진 기계

2016년 3월 12일, 이세돌 9단과 알파고의 3번째 대국이 알파고의 불계승으로 끝이 났다. 이세돌 9단은 초반부터 공격적으로 판을 풀어나가며 분전했으나, 알파고의 큰 그림을 그리는 계산을 넘어서지는 못했다. 3국까지 0대3의 스코어를 기록하면서 나머지 대국 결과와 상관없이 알파고의 승리가 확정됐다.

생각보다 큰 차이로 이세돌 9단이 패배하면서, 알파고를 개발한 구글이 사실은 '스카이넷'을 개발하고 있는 게 아니냐는 우스갯소리도 나온다. 스카이넷(Skynet)은 영화《터미네이터》시리즈에 등장하는 가상의 시스템으로, 스스로 학습하고 생각하는 인공지능이다. 영화 속 스카이넷은 자신의 발전을 두려워한 인간이 자신을 멈추려고 하자 인류를 적으로 간주하고 공격을 감행했다.

인공지능은 크게 '약한(Weak) AI'와 '강한(Strong) AI'의 두 가지로 나눌 수 있다. 약한 AI는 특정 영역의 문제를 푸는 기술이다. '단어를 입력하면 검색 결과를 보여라' 또는 '음성을 듣고 무슨 말인지 인식하라' 같은 문제를 푸는 것이다. 강한 AI는 이와 달리 어떤 문제든 해결할 수 있는 기술 수준을 말한다. 강한 AI는《터미네이터》의 스카이넷이나,《어벤저스2》의 울트론처럼 흔히 영화 속에서 볼 수 있는 로봇들이다.

약한 AI의 대표 사례는 스팸메일 필터링, 이미지 분류, 기계번역 기술 등이다. 알파고도 약한 AI의 사례다. 알파고가 인간이 둘 수 없는 창의적인 수를 둔다며 사람들이 경악하고 있지만, 알파고는 오직 확률만 따질 뿐이다. 알파고는 이길 수 있는 확률이 높은지 낮은지 여부만 연산해서 착수를 결정한다. 약한 AI을 구현할 때는 기계학습(Machine Learning)을 사용한다. 딥러닝과 머신러닝이라는 용어가 혼용되고 있지만, 머신러닝이 좀 더 큰 개념으로 머신러닝의 방법론 중 하나가 딥러닝이다.

인공지능은 오랜 침체기를 거쳐 클라우드 컴퓨팅 환경의 급속한 발전과 빅데이터가 뒷받침되어 딥러닝이 구현되는 극적인 돌파구가 열리면서 전환기를 맞았다. 인간의 지능을 가진 생각하는 기계를 만들겠다는 생각은 오랜 역사를 갖는다. 인공지능은 인간이 계산 방법을 발전시키면서 자연스럽게 대두되었다. 1930~1940년대부터 생각하는 기계에 대한 기대가 본격화되기 시작했다. 튜링테스트가 개발되고, 수리논리학이나 사이버네틱스(인공두뇌학), 정보 이론 등 인간의 사고 과정에 대한 이론들이 등장했다.

1956년 처음으로 인공지능이라는 용어가 등장했다. 그러나 일반적인 지능 프로그램을 만드는 것이 생각보다 어렵다는 것이 판명되어 1970년대까지 침체기를 겪기도 했다. 영국의 인공지능연구소는 해체되고, 미국의 연구재단은 인공지능 연구 지원을 중단했다.

그러다 1980년대 신경망 이론으로 인공지능이 다시 대두되었다. 신경망 이론은 인간의 사고를 두뇌 작용의 산물로 보고 이 두뇌 구조를 분석하고 처리하는 메커니즘을 통해 생각하는 기계를 만들 수 있다는 이론에서 출발했다. 그러나 이 이론을 적용하기에는 방대한 데이터를 관리할 방법이 없었다.

다시 침체기를 맞았다가 1990년대 인터넷의 발전으로 다시 부활했다. 검색 엔진 등을 통해 방대한 데이터를 수집할 수 있게 되었기 때문이다. 여기에 기계학습을 가능하게 하여 수많은 데이터를 분석하고 인공지능 스스로 학습하는 방식으로 진화했다. 더 나아가 인간의 뇌를 모방한 신경망 네트워크 구조로 이루어진 딥러닝 알고리즘으로 발전하면서 그 한계를 뛰어넘을 수 있었다.

1997년 5월에는 IBM의 슈퍼컴퓨터 딥블루(Deep Blue)가 당시 체스 세계챔피언이었던 게리 카스파로프(Gary Kasparov)를 물리치면서 주목을 받았다. 그리고 2011년 2월에는 IBM의 왓슨(Watson)이 미국의 텔레비전 방송 프로그램인 〈제퍼디(Jeopardy!)〉 퀴즈쇼에서 두 명의 참가자들을 누르고 우승을 차지했다.

기존의 컴퓨터는 인간의 연산능력을 배가하는 것만으로도 인간 사회

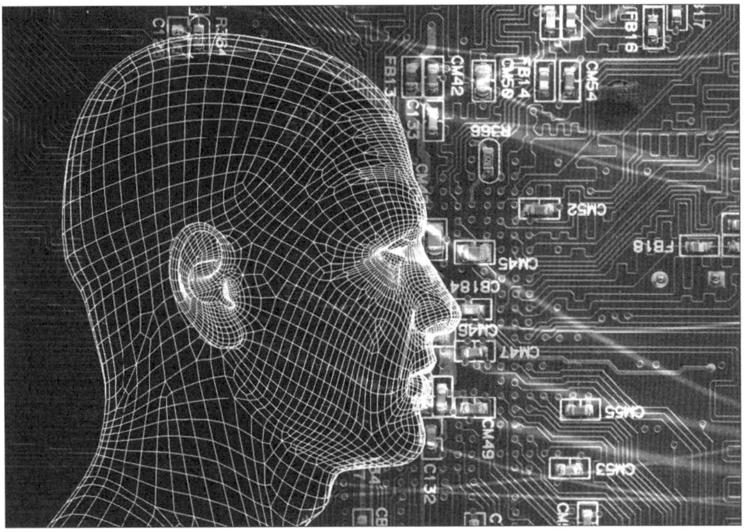

인간보다 더 똑똑한 인공지능

를 크게 변화시켜 왔다. 더욱이 이는 인간이 작성한 프로그램을 통해서만 이루어졌다. 그런데 컴퓨터가 인간의 관여 없이 스스로 학습해 결정하는 인공지능 능력을 만들어 낸 것이다. 지능은 인간만이 가진 고유한 능력으로 알려져 왔다. 물론 다른 동물 종도 약간의 지능을 가지고 있지만, 매우 미약해 지능이라고 불릴 정도는 아니었다. 그런데 이렇게 인간만이 가진 것으로 알았던 지능을 컴퓨터가 스스로 갖게 된 것은 놀라운 일이었다. 이는 기계학습이라는 방법으로 이루어졌다.

기계학습은 기계가 수학적 최적화 및 통계분석 기법을 기반으로 사람의 도움 없이 데이터로부터 일정한 신호와 패턴을 배우고, 그것을 바탕으로 다음에 일어날 일을 예측하며 적합한 의사 결정을 내리는 알고리즘이다. 기계학습 방법론에 기댄 인공지능 연구는 특히 2012년 6월 구글과 앤드루 응(Andrew Ng)이 기계학습의 한 분야인 딥러닝 알고리즘을 이용해 컴퓨터가 1000만 개의 유튜브 동영상 속에서 고양이 이미지를 74.8퍼센트의 정확도로 식별하는 프로젝트를 성공적으로 수행하면서 커다란 도약의 전환점을 맞게 되었다. 딥러닝은 신경망 네트워크 개념을 이용해 가능해졌으며, 클라우드 컴퓨팅 환경의 급속한 발전과 빅데이터가 뒷받침되어 비로소 구현된 것이다.

이렇게 극적인 돌파구가 열리자 인공지능은 큰 전환기를 맞게 되었다. 기계에게 이미지와 소리를 인식하는 방법을 가르치는 심화학습 기법이 영상인식, 음성인식, 번역 등 다양한 분야에 적용되면서 구체적인 결과를 만들어 내고 있다. 지금 주요 글로벌 기업들은 인공지능을 모두 미래의 최대 성장 동력으로 보고 있다. 구글, IBM, 마이크로소프트, 애플, 페이스북, 바이두, 알리바바, 삼성 등이 대거 참여하면서 인공지능 적용 분야가 의료기술 향상, 유전자 분석, 신약 개발, 금융거래 등으로 빠르게 확대되고 있다.

구글은 2001년 이후 인공지능 관련 기업을 인수합병하며 인공지능 분야를 선도하고 있다. 2014년에는 영국 인공지능 기업 딥마인드 테크놀로지를 6억 달러(6600억 원)에 인수했다. 딥마인드는 이세돌 9단과의 바둑 대결에서 승리해 인공지능에 대한 관심을 불러일으킨 알파고를 개발한 회사다. 구글은 또한 2009년부터 자율주행차 개발을 시작하는 등 인공지능 기술을 활용하는데 앞장서 왔으며, 로봇 분야에서도 앞서고 있다. 또한 구글은 스마트폰 이용자를 위해 이메일을 읽고 이용자의 모든 동작을 파악하며, 묻기도 전에 원하는 것을 알아서 검색하고 그 결과를 이용자가 원하는 상황까지 감안해서 알려 주는 진정한 의미의 사이버 도우미를 개발하고 있다.

IBM은 딥블루와 왓슨을 개발해 인공지능의 실제 사례를 보여 주며, 구글과 함께 인공지능 분야를 선도하고 있다. IBM은 각 산업 전반에 접목해 거대한 인공지능 생태계를 만드는 데 주력하고 있다. 왓슨의 데이터 검색 능력과 자연언어 이용 능력을 활용해 개발자들이 다양한 인공지능 서비스를 개발하도록 하는 것이다.

IBM은 특히 왓슨을 의료 분야에 적용하는 데 발군의 실력을 보여 주고 있다. 왓슨은 암 환자 치료에 암 환자의 데이터와 각종 의료 데이터를 동원해 암 발견과 최적의 치료를 수행하는 시스템으로 발전하고 있다. 또한 최근에는 사물인터넷 기술을 적용한 자율 주행 셔틀버스를 발표했다. 이 버스는 차량 외부에 장착된 센서들로 데이터를 수집하고 이를 활용해 인공지능이 운전한다. 또 승객과의 일상 대화가 가능해 승객이 목적지를 말하면 목적지와 최적 경로를 자동으로 운행한다.

마이크로소프트는 코타나(Cortana)를, 이용자가 가장 먼저 의존하는 디지털 개인 비서로 만드는 데 주력하고 있다. 코타나는 자연언어 인식과 기계학습 기능을 갖추고, 검색 엔진 빙(Bing)의 빅데이터를 활용해 정보 검색을 넘어 이용자가 원하는 것을 도와주는 서비스로 발전하고 있다. 애플은 음성인식 정보검색 서비스인 시리(Siri)의 생태계를 확대하는 데 주력하고 있다. 인공지능 시리를 외부의 앱과 연동해 서비스 확장성을 추진한다. 또한 그동안 아이폰과 아이패드 등에서만 작동되던 시리를 PC와 노트북PC 운영체제인 맥 OS에도 포함한다고 한다.

페이스북은 뒤늦게 2013년에 인공지능연구소를 설립하고, 인공지능

채팅플랫폼인 챗봇을 공개했다. 10억 이용자를 기반으로 인공지능 기반의 생태계를 만들겠다는 목표를 내세웠다. 한편 중국은 거대한 시장과 막대한 자본력을 바탕으로 인공지능 산업에 적극 나서고 있다. 바이두는 구글의 거의 모든 비즈니스 모델을 따라 하는 것으로 알려져 있다. 따라서 인공지능 분야도 예외가 아니다. 바이두의 인공지능 연구소는 진정한 의미에서 인간의 개입 없이 스스로 학습할 수 있는 지능을 개발하는 목표를 가지고 있다.

이렇게 글로벌 기업들은 인공지능 생태계를 만들어 선도하겠다는 공통된 전략을 가지고 있다. 이를 위해 공통적으로 인공지능 소프트웨어 기술을 오픈소스로 공개하고 있다. 이는 기술을 공개해 더 많은 개발자 우군을 확보, 인공지능 생태계 진화를 앞당기기 위한 것이다.

이런 환경에 따라 많은 스타트업 기업들도 인공지능 분야에 나서고 있다. 이에 따라 콘텐츠와 쇼핑 등 서비스 이용자들의 취향을 읽어서 상품을 추천해 주는 것부터 글이나 자료 작성, 자율 주행에 이르기까지 인공지능이 널리 활용되기 시작했다. 미국의 유력 일간지 〈워싱턴포스트〉는 2016년 여름 열린 리우데자네이루 올림픽 보도에 '헬리오그라프(Heliograf)'라는 인공지능 로봇이 기사를 썼다고 밝혔다.

알파고의 성공 역시 스타트업인 딥마인드의 작품이다. 딥마인드는 인간의 창의성이 작동해 수많은 경우의 수를 다루어야 하는 바둑 게임을 통해 인공지능의 수준을 한 단계 높였다는 평가를 받았다. 바둑의 세계 최고가 된 알파고는 〈스타크래프트(Starcraft)〉 게임에도 도전하며 계속 진화할 것이라고 한다.

알파고는 바둑 게임용 인공지능이지만 그 이면에는 방대한 양의 빅데이터를 기계가 스스로 학습하고 승리하는 방법을 터득하는 과정과 반복 학습을 통해 지식을 지속적으로 강화하는 과정 등이 핵심 기술로 구현되어 있다. 따라서 이러한 핵심 기술은 다른 많은 분야에 적용되어 활용될 수 있다.

금융 업무도 인공지능이 담당하게 된다. 챗봇은 인공지능 기술의 하나로 인간 방식의 대화를 하는 컴퓨터 프로그램이다. 과거 챗봇은 단순 패턴매칭 방식을 사용해 사전에 정의된 키워드만 인식해 입력된 응답을 출력하는 방식이었다. 트윗봇(twittbot)이나 언론사에서 단신기사 작성에 활용 중인 기사봇 등이 대표적이다.

인공지능에 기반을 둔 챗봇은 더욱 진화해 자연스러운 언어로 질문이나 명령을 하면 맥락을 파악해 응답하는 것이 가능해졌다. 또한 대화가 축적될수록 스스로 학습해서 정확도를 높이는 것이 특징이다. 방대한 양의 금융거래 정보, 경제 지표 등과 같은 전문 정보를 알아서 학습하고 학습된 지식을 스스로 강화해 사람을 대신한 투자 자문 인공지능으로 구현되는 것이다.

특히 인공지능이 사물인터넷과 결합해 지금과는 전혀 다른 서비스를 만들어 내는데 무궁무진한 잠재력이 있다. 예컨대 다양한 헬스케어 기기들이 왓슨과 같은 지능형 의료 플랫폼에 연결되면 단순한 건강 정보의 수집이나 모니터링을 넘어서 질병의 진단과 처방에 이르는 의료 서비스를 구현할 수 있다.

물론 아직 상용화된 인공지능은 대부분 서비스 영역에 그치고 있다. 인공지능을 활용한 대규모 사업이 실현되려면 아직 갈 길이 멀다. 인공지능이 아직도 오류를 내고 있는 것도 극복해야 할 문제다. 최근 테슬라 전기자동차의 자율 주행 기능이 트레일러를 인지하지 못해 운전자가 사망한 것이 대표적인 예다. 높은 수준의 신뢰도가 뒷받침되지 않으면 인공지능이 산업계 전반으로 확산하는 데 한계가 있다.

마치 인터넷이 그랬던 것처럼 인공지능은 경제, 사회, 문화를 변화시킬 것으로 예상된다. 우리의 소통 방식을 변화시키는 것은 물론 문화 자체가 바뀐다. 모든 산업 부문에도 인공지능이 연결되어 산업의 지형을 바꿀 것이다. 반면에 인공지능은 인간의 일자리를 빼앗아 고용에 커다란 충격을 줄 것이다.

미래의 교육과 직업

인공지능으로 촉발된 4차 산업혁명은 노동시장의 변화와 일자리 감소라는 중요한 문제를 제기하고 있다. 인공지능이 인간의 단순 노동직은 대체하지만 중요한 의사 결정과 감성에 기초한 직무는 여전히 인간이 맡는, 인간과 인공지능의 협업을 고민할 필요가 있으며 그 영역을 사회적으로 합의할 필요가 있다.

인공지능으로 촉발된 4차 산업혁명이 경제, 사회의 발전과 삶의 질을 향상시키는 긍정적인 효과를 가져올 것이라는 데에는 의문의 여지가 없다. 또한 노동시장의 변화와 일자리 감소라는 부정적인 문제가 제기될 것이라는 것 역시 공감대를 형성하고 있다.

사실 20세기 후반부터 새로운 노동력을 양성하고 교육하는 데 드는 비용과 시간을 줄이고 인간의 노동력을 대체하는 지능적인 기계들이 개발되고, 노동 현장에 투입되어 왔다. 이미 자동차 공장에는 인간보다 기계와 로봇이 많다. 생산성의 효율화가 이루어지면서 기술은 고비용의 인간을 대체하는 방향으로 계속 발전해 왔다. 그리고 그 기술은 인공지능 로봇에 의해 절정에 달할 전망이다.

따라서 많은 전문 기관들은 인공지능과 로봇이 인간을 얼마나 대체할 것인지에 대한 분석을 내놓고 있다. 세계경제포럼은 〈일자리의 미래(The Future of Jobs)〉(2016)라는 보고서에서 4차 산업혁명으로 인해 상당수의 직업이 사라지고, 새 일자리가 만들어진다고 전망했다.

각국의 인사 담당 임원들을 대상으로 한 조사에서 4차 산업혁명으로 인해 일반 사무직을 중심으로 제조, 예술, 미디어 분야 등에서 710만 개의 일자리가 사라질 것이라고 예상했다. 반면 컴퓨터, 수학, 건축 관련 일자리는 200만 개가 창출될 것으로 예상하여 결과적으로 500만 개 일자리가 2020년까지 없어진다고 보았다. 인공지능, 로봇, 생명과학, 3D프린팅, 드론 등이 궁극적으로 인간의 일자리를 빼앗는다는 것이다.

영국의 BBC는 지능기계가 빼앗아 갈 인간의 직업을 다음과 같이 보고 있다. 첫째, 택시기사로서 별도의 운전자를 차에 태울 필요가 없어져 택시비가 파격적으로 저렴해질 것이다. 둘째, 기자로서 이미 로봇 저널리즘이라는 단어가 널리 사용되고 있을 정도다. 소프트웨어가 사람들이 원하는 기사들을 파악해서 대량의 데이터를 효과적으로 수집하고 처리해서 기사를 작성하는 일은 이미 현실이 되었다. 이미 미국의 포브스(Forbes)나 AP통신은 일부 기사를 로봇이 작성한 바 있다. 내러티브사이언스사가 제공하는 퀼(Quill)이라는 소프트웨어는 데이터를 수집해 인간의 언어로 바꾸어 주는 기능을 하고 있다.

셋째, 의사로서 친절하고 유능한 로봇과 컴퓨터 의사들이 진단, 처방, 수술뿐 아니라 조언과 위로까지 해 준다. 그런데도 지불해야 하는 비용은 인간 의사에게 내야 하는 진료비보다 훨씬 저렴하다. IBM의 슈퍼컴퓨터 왓슨은 이미 미국의 수십 개 병원에 근무하고 있다.

넷째, 칵테일 웨이터로서 크루즈 여객선에는 메이커 셰이커(Maker Shaker)라는 이름의 로봇 바가 있다. 여기에서는 수년 전 MIT에서 개발된 기계가 칵테일을 만드는데 단지 정해진 메뉴의 칵테일뿐 아니라 독자적인 칵테일을 개발해 승객에게 대접하기도 한다.

미국의 시장 전문 조사 기관인 가트너(Gartner)는 인공지능이 지금과 같은 속도로 발전하면 10년 안에 전체 직업의 3분의 1이 사라질 것이라고 전망했다. 인공지능은 특히 단순 서비스 종사자, 단순 영업 판매, 단순 사무 종사자, 단순 생산직, 운반직 등을 빠르게 대체할 것으로 전망된다. 단순 반복 작업뿐만 아니라 전문적인 업무도 인공지능으로 대체할 수 있다.

IBM 왓슨은 방대한 데이터를 아주 짧은 순간에 읽어 내고 그중 상호관계가 있는 것을 통해 답을 추론한다. 이런 기술은 수많은 임상시험이나 연구 성과를 판독해 최선의 치료법을 찾아 적용해야 하는 의료산업, 특정 고객의 금융 상황뿐만 아니라 시장 전체 상황도 읽어내야 하는 금융업, 다양한 문의가 폭주하는 고객 서비스 콜센터 등에서 활용 가능하다.

인공지능은 감성, 지식 노동이 주를 이루는 판매직, 단순 사무직, 서비스직, 전문직, 연구직, 관리직 등에 직접적인 영향을 미칠 것으로 예상된다. 그런데 연구직, 관리직, 전문직은 그동안 자동화로부터 안전하다고 여겨졌던 분야이므로 충격이 더 크다. 이들 분야에서는 인공지능과 로봇이 인간을 대체하는 동시에 기계-인간 협업이 진행될 것이다.

한편 이러한 우려가 지나치다는 입장도 있다. 새로운 도구의 활용으로 일자리 구조가 변화하여 새 일자리를 창출한다는 것이다. 순다르 피차이(Sundar Pichai) 구글 최고경영자는 "인간은 늘 새로운 기술을 두려워해 왔지만 그것을 이겨냈다. 인공지능은 사람 일자리를 뺏기보다는 업무를 돕는 방식으로 진화할 것"이라고 주장했다.

그러면 과거 산업혁명 시대의 일자리의 변화는 어떨까? 인간은 기계의 등장으로 그전까지의 일자리가 크게 위협받고 감소할 것으로 우려했다. 19세기 초반 영국에서 일어났던 러다이트(Luddite) 운동은 그런 맥락에서 발생했다. 그러나 장기적으로 보면 오히려 더 많은 일자리가 생겼다. 산업혁명으로 인한 새로운 분야가 일자리를 만들어 준 것이다.

마찬가지로 인공지능과 빅데이터 분야에는 오히려 사람이 부족하다고 한다. 기업이나 정부는 물론이고 이용자들도 정보를 검색할 뿐 아니라 그 정보를 이용해 의사 결정을 하고 나아가 예측한다. 그러한 데이터 과학자들에 대한 수요는 앞으로도 크게 늘어나게 된다. 오히려 인공지능에 의한 대체가 아니라 인간과 인공지능 및 로봇의 협업이 해답일 수 있다. 인간과 깊게 소통하거나 인간의 감성과 관련된 분야는 인공지능이 대체하지 않고 인간이 여전히 필요하며, 따라서 인간과의 협업이 강조된다고 본다.

결국 산업의 변화에 따라 산업이 필요로 하는 인재의 성격이 바뀌고, 일자리 수요가 바뀌며, 일하는 방식이 변하고, 따라서 인재 교육의 수요도 바뀌는 것이다. 특히 인력 양성, 즉 교육이 바뀌어야 한다는 데 많은 전문가들이 공감하고 있다. 자본주의사회에 적응하는 인재를 양성하기 위해 오랫동안 유지되어 온 읽고 쓰고 계산하는 능력을 배양하는 위주의 교육이 수명을 다했다는 것이다. 그러한 교육으로 획득한 능력이 이제는 인공지능 로봇에 의해 간단하게 대체되고 있기 때문이다. 이제는 정서적 공감 능력, 동기 부여 능력 등을 키울 수 있는 교육이 필요한 때가 왔다고 한다. 그러나 워낙 전통적인 교육 시스템이 뿌리 박혀 있어서 이를 혁신하기란 쉬운 일이 아니다.

교육은 암기식 교육을 전면적으로 폐기할 수 있는 대폭적인 혁신이 필요하다. 정부 역시 이런 상황을 알고 있다. 국가의 개혁 과제에 노동개혁과 교육 개혁이 빠지지 않고 포함되어 있다. 교육 개혁의 과제로는 자유학기제 확산, 공교육 정상화 추진, 사회 수요 맞춤형 인력 양성, 선취업 후진학 활성화, 일과 학습 병행 확산, 지방교육재정 개혁 등 6개 과제가 제시되어 있다.

문제는 실천으로 일부 부작용을 무릅쓰고라도 혁신하겠다는 강력한 실행 의지가 필요하다. 이것은 단지 교육만의 문제가 아니라 단기적으로는 인간의 노동, 일자리, 더 나아가서는 인간의 미래에 직접 관련되어 있기 때문이다. 인간이 일자리를 빼앗겨 일하지 않고 무력화되면 결국 신체만을 가진 인간의 삶은 죽는 것이 된다.

벌써부터 일부 국가에서는 일하지 않는 인간에게도 기본임금을 주는 정책의 도입을 논의하며, 일자리를 빼앗기는 시대의 문제를 해결하려 한다. 그러나 그것은 근시안적이며 오히려 인간이 황폐해지는 결과를 초래하고 인간이 지구의 주도권을 잃는 사태로 이어질 수 있다. 교육을 혁신하고 4차 산업혁명 시대에 맞는 일자리를 창출하는 일은 인간의 미래를 위한 책임이다.

참고문헌

김대호, 『4차 산업혁명』, 커뮤니케이션북스, 2016
내셔널지오그래픽, 이창우 옮김, 『과학과 발명의 세계사』, 지식갤러리, 2013
레이 커즈와일, 김명남·장시형 옮김, 『특이점이 온다』, 김영사, 2006
로드니 P. 칼라일, 심장섭 옮김, 『사이언티픽 아메리칸 발명 발견 대사전』, 책보세, 2011
리처드 랭엄, 조현욱 옮김, 『요리 본능』, 사이언스북스, 2011
매트 리들리, 조현욱 옮김, 『이성적 낙관주의자』, 김영사, 2010
박준우, 『과학기술 발전의 발자취』, 자유아카데미, 2009
빌 브라이슨, 이덕환 옮김, 『거의 모든 것의 역사』, 2003
송성수, 『기술의 역사』, 살림, 2009
쑨자오룬, 심지언 옮김, 『지도로 보는 세계 과학사』, 시그마북스, 2009
앤드류 H. 놀, 김명주 옮김, 『생명 최초의 30억년』, 뿌리와 이파리, 2007
앤 루니, 김일선 옮김, 『물리학 오디세이』, 돋을새김, 2013
유발 하라리, 조현욱 옮김, 『사피엔스』, 김영사, 2015
임경순, 『과학사의 이해』, 다산출판사, 2014
재레드 다이아몬드, 김진준 옮김, 『총 균 쇠』, 문학사상, 2005
제이콥 브로노우스키, 김은국·김현숙 옮김, 『인간등정의 발자취』, 바다출판사, 2009
제임스 E. 매클렐란 3세, 전대호 옮김, 『과학과 기술로 본 세계사 강의』, 모티브북, 2006
존 그리빈, 강윤재·김옥진 옮김, 『과학』, 들녘, 2004
존 랭곤, 정영목 옮김, 『내셔널 지오그래픽의 과학 우주에서 마음까지』, 지호, 2008
주경철, 『문화로 읽는 세계사』, 사계절, 2005
칼 세이건, 홍승수 옮김, 『코스모스』, 사이언스북스, 2006
퍼트리샤 파라, 김학영 옮김, 『편집된 과학의 역사』, 21세기북스, 2011
하시모토 히로시, 오근영 옮김, 『하룻밤에 읽는 과학사』, 알에이치코리아, 2014.

찾아보기

인명

[ㄴ]

[ㄷ]

호모 사이언티피쿠스
과학으로 바라본 인류 문명사

초판 1쇄 발행 2017년 9월 6일
초판 2쇄 발행 2018년 7월 20일

지은이 정갑수
편집 한정윤
본문 디자인 김승일, 정희정
표지 디자인 김종민

펴낸이 정갑수
펴낸곳 열린과학
출판등록 2004년 5월 10일 제300-2005-83호
주소 06691 서울시 서초구 방배천로 6길 27, 104호
전화 02-876-5789
팩스 02-876-5795
메일 open_science@naver.com

ISBN 978-89-92985-59-8 (03400)

• 잘못 만들어진 책은 구입하신 곳에서 바꾸어 드립니다.
• 값은 뒤표지에 있습니다.

이 도서의 국립중앙도서관 출판예정도서목록(CIP)은 서지정보유통지원시스템 홈페이지(http://seoji.nl.go.kr)와 국가자료공동목록시스템(http://www.nl.go.kr/kolisnet)에서 이용하실 수 있습니다.(CIP제어번호:CIP2017030220)